地下工程围岩稳定分析与设计理论

郑颖人　朱合华
方正昌　刘怀恒　编著

人民交通出版社

内 容 提 要

本书从力学理论与地下工程设计角度详细阐述了地下工程围岩稳定分析的解析解、数值分析和数值极限分析,包括岩体原岩应力、围岩应力的线弹性分析、弹塑性分析、黏弹塑性分析、弱面体分析、线弹性分析有限元法、弹塑性分析有限元法、结构面分析有限元法、动力分析有限元法、围岩有限元反分析法、地下工程分析软件介绍、有限元极限分析法、隧洞围岩破坏机理、围岩压力理论、隧洞设计方法等内容。

本书适用于岩土工程勘察、设计和施工人员,亦可供大专院校相关专业师生使用。

图书在版编目(CIP)数据

地下工程围岩稳定分析与设计理论/郑颖人等编著
--北京:人民交通出版社,2012.12
ISBN 978-7-114-10249-3

Ⅰ.①地… Ⅱ.①郑… Ⅲ.①地下工程—围岩稳定性
—研究 Ⅳ.①TU94②TU457

中国版本图书馆 CIP 数据核字(2012)第 298260 号

书　　名:	地下工程围岩稳定分析与设计理论
著 作 者:	郑颖人　朱合华　方正昌　刘怀恒
责任编辑:	吴有铭　李　农　丁　遥　李　洁
出版发行:	人民交通出版社
地　　址:	(100011)北京市朝阳区安定门外外馆斜街 3 号
网　　址:	http://www.ccpress.com.cn
销售电话:	(010) 59757973
总 经 销:	人民交通出版社发行部
经　　销:	各地新华书店
印　　刷:	北京市密东印刷有限公司
开　　本:	787×1092　1/16
印　　张:	31
字　　数:	794 千
版　　次:	2012 年 12 月　第 1 版
印　　次:	2019 年 2 月　第 2 次印刷
书　　号:	ISBN 978-7-114-10249-3
定　　价:	128.00 元

(有印刷、装订质量问题的图书由本社负责调换)

前言
QIANYAN

地下工程围岩稳定分析与压力理论的发展已有近百年的历史,经历了古典压力理论、散体压力理论与弹塑性形变压力理论三个阶段,而后者又经历了解析计算法、数值计算法与数值极限分析法三个阶段。1983年出版的《地下工程围岩稳定分析》一书,在解析计算与数值计算上已做了较系统的阐述,近年来数值极限分析法及其相应的地下工程稳定分析、破坏机理认知与设计计算方法又有了新的发展,因而需要适应新的需求,在原有的基础上加以修改、补充、提高,形成系统的当代著作。

本书是一本比较系统和实用的论述地下工程围岩稳定分析和设计理论的学术著作,可作为研究生的教材与参考书。本书具有新颖性,与时俱进;内容比较全面系统,博览群论,能充分反映当代地下工程稳定分析理论;便于读者自学,有较好的启发性,适用于不同层次的研究生及其他读者。

本书内容反映了以下研究成果:

(1)1980年,用复变函数求解了圆形隧洞的无衬砌、有衬砌和有回填层的围岩应力与变形的线弹性解,以及非圆形隧洞的线弹性解。

(2)2007年,提出了能考虑中间主应力的岩土材料三剪能量屈服准则,它是岩土材料与金属材料的共同屈服准则,形成了材料的屈服准则体系。发展了德鲁克—普拉格(Druker-Prager)准则,推导出广义霍克—布朗(Hoek-Brown)准则,并建立了德鲁克—普拉格各准则间的转换关系。

(3)1978年,在国际上率先推导出轴对称条件下圆形隧洞的弹塑性位移解,并给出岩土介质与衬砌共同作用的围岩弹塑性形变压力解答。

(4)1980年,推导出轴对称条件下圆形隧洞黏弹性与黏弹塑性解,并给出岩土介质与衬砌共同作用的围岩黏弹性与黏弹塑性形变压力解答。

(5)在国家标准《建筑边坡工程技术规范》(GB 50330—2002)基础上补充发展了结构面的结合程度分类表,具有较好的科学性、实用性与可操作性,并被国家标准所采纳。

(6)在开挖荷载释放中,提出了基于不平衡力的应力释放与开挖步、增量步以及跨开挖步的开挖边界应力释放的两种新算法。

(7)在弹塑性求解中,推导了理想塑性条件下几种屈服条件的增量本构关系。

(8)提出了隧道施工动态增量反演分析与位移预报、横观各向同性黏弹性模型增量位移反演分析、偏压条件下隧洞衬砌结构压力反演分析等反演方法。采用复变量求导法(CVDM)提出以监测位移反演岩土力学参数的方法,在反演隧洞抗剪强度方面具有很高的精度和效率。

(9)指出了有限元强度折减法本质上是极限分析方法,与传统极限分析方法原理相同,只是方法不同,因而将其命名为数值极限分析方法或有限元(可以是有限元、有限差分、离散元等)极限分析方法。

(10)概括提出了判别岩土破坏的三种计算判据,尤其是指出了塑性区贯通是破坏的必要条件,而非充分条件。

(11)首次应用有限元强度折减法求解隧洞围岩稳定安全系数和极限荷载,从而给出了围岩稳定的定量指标,亦即隧洞的剪切安全系数与拉裂安全系数。

(12)导出了圆形隧洞滑移线方程,纠正了以往的错误公式。

(13)用模型试验验证了隧洞有限元极限分析解答的正确性,并首次提出隧洞破裂面的确定方法,扩展了有限元极限分析法的功能。

(14)指出了隧洞破坏机理随埋深不同而不同,浅埋隧洞破坏在顶部,深埋隧洞破坏在两侧;矩形隧洞在一定埋深下存在普氏压力拱,而拱形隧洞不存在普氏压力拱。

(15)提出了求解节理隧洞破坏形式和安全系数的方法,并得到模型试验的验证。

(16)消除浅埋隧洞松散压力公式推导中一些不切实际的假设,并考虑浅埋隧洞土体强度遇水降低的实际情况,提出了浅埋隧洞上松散压力的修正计算法,包括基于岩柱理论的修正算法和基于弹塑性理论的松散压力数值计算法。

(17)在原有隧道围岩分级的基础上,提出了隧洞围岩分级方法的新建议,并在围岩自稳能力判断中引入稳定性定量指标,按围岩等级的稳定性,对各级围岩分别给出无衬砌情况下围岩最小安全系数,并由此反算确定各级围岩的抗剪强度参数,提升了围岩分级的科学性与实用性。

(18)1988年提出了圆形隧洞锚喷支护的解析算法。

(19)提出了岩体块体理论赤平解析法,特别适用于节理岩体隧洞稳定性的分析,在国内外得到了应用。

(20)提出了隧洞设计的基本原则,更新了设计理念。由此给出土体和岩体深埋隧洞的设计计算方法,包括初次衬砌与二次衬砌的设计计算,并通过试验给出了初次衬砌混凝土的抗剪强度参数。

(21)指出了地震作用下隧洞会出现拉破坏和剪切破坏,并在有限元动力强度折减法基础上,提出了有限元静态动力时程分析法与完全动力时程分析法,后者能充分考虑动力效应,降低费用。

全书包括地下工程围岩力学的解析计算、数值计算、数值极限分析计算,以及地下工程破坏机理、围岩压力理论、隧洞设计计算方法等六方面内容,力求形成较为完善的力学体系,并便于自学、理解和富有启发性。为便于读者学习,各部分自成体系,章节安排中基础部分与专题部分分开,读者可择其所需进行阅读。

编著者最大的愿望是:希望本书能对我国岩土力学与地下工程的教学、科研和设计工作有所帮助。鉴于地下工程学科正处在发展与变革之中,本书引入了较多的新内容,有些内容还不够成熟,书中难免有错误与不当之处,恳请国内外专家和读者批评指正。

本书内容吸收了30年前作者与已故著名岩石力学与采矿学家于学馥先生共同编写的《地

下工程围岩稳定分析》一书中的部分内容,在新书出版之际特别感谢与怀念于学馥先生。本书是作者与后勤工程学院和同济大学相关科研团队共同的科研成果结晶,各章编写名单如下:

第1章　　朱合华,郑颖人

第2章　　朱合华,丁文其,张清照

第3章　　方正昌

第4章　　方正昌,郑颖人,朱合华,张琦

第5章　　方正昌,夏才初,郑颖人

第6章　　郑颖人,刘明维

第7章　　刘怀恒,蔡永昌

第8章　　刘怀恒,蔡永昌

第9章　　刘怀恒,丁文其,张清照

第10章　马险峰,陈之毅,朱合华

第11章　朱合华,刘明维,武威

第12章　朱合华,李晓军,唐晓松

第13章　郑颖人,赵尚毅,邱陈渝

第14章　郑颖人,张子新,张琦,邱陈渝,王永甫

第15章　郑颖人,孙辉,向钰周

第16章　郑颖人,丁文其,肖强

杨林德、王在泉、王谦源、孔亮、洪赓武、徐干成、苏生瑞、王成、张红、杨臻、丛余、徐浩、沈奕、朱宝林、春军伟、黄锋、薛凤忠、魏新欣、谢东武、卞跃威等提供了部分素材与诸多帮助,并付出了辛勤的劳动,在此一并表示衷心感谢。

目录 MULU

第1章 绪论

1.1 围岩稳定与围岩压力理论的发展和现状

早在原始社会,人类便开始使用地下洞穴居住。在漫长的岁月中,劳动人民在生活和生产中逐渐积累了若干使围岩稳定的经验。如人类建造黄土窑洞,认识到顶部必须是拱形,而不能采用平顶;什么样的黄土可以开挖窑洞,尺寸多大。人类对围岩❶稳定与围岩压力理论的提出和深入研究,是随着科学和工业的发展开始的。松散地层(主要是土层)围岩稳定与围岩压力理论的研究,至今已有百余年的历史,它与土力学的发展密切相关。随着采矿业的发展,坚硬岩层围岩稳定与围岩压力理论的研究也经历了近百年的发展。岩石力学作为一门学科提出,则是 20 世纪 50 年代的事。特别是最近 30 年来,这门学科发展极其迅速。隧道与地下工程的发展,一方面是由于采矿、交通、水利水电、军工及其他民用地下工程开发发展的需要;另一方面也与工程材料、施工工艺、施工机械、量测技术及其他学科的发展是分不开的,尤其是弹性、塑性和流变力学等基础理论,以及有限元法等数值方法和计算机技术的应用,使隧道与地下工程的理论分析与计算,获得了有效的手段。

地下工程围岩压力理论的发展大致可分为如下三个阶段:古典压力理论阶段、散体压力理论阶段、弹塑性压力理论阶段。而弹塑性压力理论阶段又经历了解析计算、数值计算与数值极限分析计算三个阶段。

20 世纪 20 年代以前,主要是古典压力理论阶段。该理论认为,作用在支护结构上的压力是其上覆岩层的重量 γH,γ、H 分别表示岩体的重度和地下工程埋置深度。可以作为古典压力理论代表的有海姆(Heim A.)、朗金(Rankine W. J. M.)和金尼克(Динник A. H.)理论。其不同之处在于,他们对地层水平压力的侧压系数有不同的理解。海姆依据静水压力认为侧压系数为1,朗金根据松散体理论认为是 $\tan^2(45° - \varphi/2)$,而金尼克根据弹性理论认为是 $\mu/(1-\mu)$,其中,μ、φ 分别表示岩体的泊松比和内摩擦角。由于当时地下工程埋置深度不大,因而曾一度认为这些理论是正确的。

---

❶围岩是隧道与地下工程行业中的一个术语,是指隧道与地下工程周围的岩体。由于隧洞通常所遇到的是岩体,因而称为围岩,而实际上隧洞周围的介质既可以是岩体也可以是土体,所以围岩也包括隧洞周围的土体。

随着开挖深度的增加,越来越多地发现,古典压力理论不符合实际情况。于是又出现了散体压力理论。该理论认为,当地下工程埋置深度较大时,作用在支护结构上的压力,不是上覆岩层重量,而只是围岩坍落拱内的松动岩体重量。对于浅埋隧洞,可以作为代表的有太沙基(Terzaghi K.)理论——支护上承受的压力是上覆土层重量与上覆土层和相邻土层摩阻力之差。对于深埋隧洞,代表性的有普氏(Протолъяконов M. M.)理论——支护上承受的压力是围岩坍落拱内的松动岩体重量。散体压力理论是相应于当时的支护形式和施工水平发展起来的。由于当时的掘进和支护所需的时间较长,支护工程与围岩不能及时紧密相贴,致使围岩最终往往有一部分破坏、坍落。但是散体压力理论没有认识到围岩的坍落并不是形成围岩压力的唯一来源,亦即不是所有的地下工程都存在坍落拱。更没有认识到地下工程主要围岩压力并不是松散压力而是形变压力;也无法理解通过稳定围岩,以充分发挥围岩的自承作用问题。此外,散体压力理论也没有能科学地确定坍落拱的高度及其形成过程。

由于围岩的复杂性和散体理论不够全面科学,必然导致基于工程类比的经验法广泛应用。进入 20 世纪 70 年代后,工程围岩分级由定性向半定量、由单因素向多因素综合评价方向发展,并由此得到了能够反映多因素的围岩压力估算公式。具有代表性的为挪威巴顿(Barton N.,1974)的 Q 系统分类、南非波兰籍学者比尼阿夫斯基(Bieniawskw Z. T.,1992)的 RMR 分类中的预测围岩压力的计算公式。这种类型的公式考虑了多方面因素的影响,但涉及的指标较多,且这些指标的选取存在很大的主观性。因此,其计算结果在很多情况下因人而异,不利于工程技术人员的使用。国外的分级大多数是学者个人进行的,其水平和适用性与我国的国家标准和行业标准存在差异,如国家标准《锚杆喷射混凝土支护技术规范》(GB 50086—2001)、《工程岩体分级标准》(GB 50218—94)和行业标准《公路隧道设计规范》(JTG D70—2004)、《铁路隧道设计规范》(TB 10003—2005)等。围岩分级的经验方法还会持续一个很长的阶段,但经验方法也必须发展,更加科学化、精确化、实用化,这也是当前围岩压力研究的重要方面。

随着工业的发展,人们认识到地下工程围岩压力主要是围岩与结构之间的形变压力。1962 年,卡斯特奈(Kastner H.)称之为真正的地层压力。20 世纪 70 年代中期,我国教科书上称之为变形压力或形变压力。加上地下工程施工工艺的进步、弹塑性理论与数值分析的发展,围岩压力理论进入弹塑性阶段。

人们首先应用弹塑性解析解理论求解围岩形变压力,但由于问题的复杂性,能够求解的围岩压力不多,重点是研究隧洞的弹性解与塑性解。尽管围岩压力理论中直接引用线弹性分析的地方不多,但线弹性分析是弹塑性、黏弹性、黏弹塑性及弱面体力学分析的共同基础。对于强度很高、完整性很好、埋深不大的岩体,隧洞的围岩一般处于弹性阶段;对于节理岩体,如果围岩应力不高,或者当采用紧跟作业面的施工方法及支护向围岩提供很大的抗力时,围岩也有可能处于弹性状态,如再略去其各向异性的影响,那么可应用线弹性理论分析。经典的基尔西(Kirsch G.)公式是这方面的代表性例子。

实践证明,土体和软弱、松散岩体围岩常常进入塑性,直至破坏状态,所以研究围岩稳定就不能不考虑塑性问题和破坏问题。从 20 世纪 50 年代后期开始,有学者引用弹塑性理论来研究围岩稳定问题。著名的芬纳(Fenner R.)—塔罗勃(Talobre J.)公式和卡斯特奈(Kastner H.)公式就是这方面的代表性例子。他们导出了圆形隧洞的弹塑性应力解。此外,由于岩土的流变特性,也有学者开始将流变理论引用到围岩稳定分析中来,以研究围岩应力、变形的时间效应。然而当时还没有求出隧洞围岩的弹塑性位移解析解,因而无法得到考虑支护与围岩共同作用的围岩压力理论解,当然也无法获得形变压力。1978年国际隧道工程专家在巴黎的会议上指出,有望采用基于围岩与支护共同作用的特征线法解决地下工程设计问题,随后国际上获得了相应的解答,特征线法成为当时隧洞设计的流行解法。而在我国,1978～1982年间导出了圆形隧洞的弹塑性、黏弹塑性位移解与围岩压力解析解。这些成果都录入1983年出版的《地下工程围岩稳定分析》一书中。然而,解析解只能导出简单情况下的围岩压力解,对复杂的围岩压力问题必须采用有限元法等数值方法解决。数值方法有连续体方法(如有限元法、有限差分法、边界元法等)和非连续体方法(离散单元法、流形法、DDA法等),已逐渐成为分析围岩二次应力状态和确定塑性区范围的重要研究手段之一。国内外编制了Plaxis、FLAC、Madas、GeoFBA等许多岩土及地下工程的专用软件,而华裔学者石根华和我国学者在岩土力学数值计算方面也作出了卓有成效的成就。总体来看,从20世纪60年代至80年代,主要发展了弹塑性解析解及其相应的隧洞设计计算方法,如奥地利学者勒布希维兹(Rabcewicz L. V.)的基于破裂楔体理论的锚喷支护计算方法以及我国的基于解析解的锚喷支护计算方法等;在80年代以后,我国应用数值分析方法求解围岩形变压力逐渐普遍;现在我国科研、设计和教学等部门,在一些重大工程的设计中,基于数值分析方法的隧道围岩与衬砌结构共同作用理论来求解实际工程问题,已经逐渐普遍起来,并开始纳入规范。

运用共同作用理论解决实际工程问题,必须以原岩体应力和真实岩体强度作为前提条件,由此进行理论分析才能把围岩和支护的共同变形与支护上的作用力(围岩压力)、支护设置时间、支护刚度等关系,正确地联系起来。否则,使用假设的外荷载条件和假设的岩体强度进行计算,就失去了它的真实性,降低了计算成果的科学价值和实用意义。因而目前应用共同作用理论解决实际生产问题还有一定的困难,如计算所需要的真实原岩应力和岩体力学参数还难以准确确定,对支护设置前围岩变形量的释放尚缺乏正确的估计,尤其是对围岩破坏机理认识不足和缺乏围岩破坏、失稳的判断准则等,导致围岩稳定性的定量分析无法满足设计要求。因此,目前根据共同作用理论所得的计算结果,一般只能作为设计的参考依据,即它们仅具有定性使用价值,达不到严格力学意义上的设计要求。

在岩石力学中,为了获得真实的原岩应力来满足设计要求,岩体地应力的测试和监测技术迅速得以发展。同时,为了获得准确的岩体力学参数,以参数辨识为主的反分析预测法近十几年来在岩石力学中迅速发展。它以隧道施工中的大量监控量测信息为基础,通过参数反演,从而获得衬砌结构上的真实围岩压力,为当前解决岩体参数不够准确的问题提供了有效方法。与此同时,以测试为手段的现场监控设计法也正在发展,通过现场实测来获得设计的定量参数作为工程设计依据,以修正围岩压力值,提高设计的可靠性。

随着力学的发展,人们逐渐认识到材料的塑性屈服并不等于材料的破坏,因而需要建立材料的破坏准则,这对岩土材料尤为必要。然而,材料的破坏准则至今仍未解决,致使隧洞围岩稳定性评价一直缺乏一个定量的评判指标。尽管传统的极限分析法可以提供岩土材料整体失稳的判据,但这种方法需要事先知道岩土的潜在破坏面。对于一些比较简单的岩土工程问题,如均质材料中的边(滑)坡问题、地基承载力问题可以获得潜在破坏面,从而求出岩土工程的稳定安全系数或极限荷载,以满足岩土工程设计的需要。然而,由于隧洞工程的复杂性,至今尚无法采用传统极限分析法求解隧洞工程的稳定安全系数和极限荷载。

传统有限元法仅凭位移、应力及拉应力区和塑性区大小不能确定地下工程的安全度与破裂面,致使地下工程设计无法进入严格力学的定量分析阶段。1975年英国力学家辛克维兹(Zienkiewicz O. C.)提出有限元强度分析法和超载法,可以应用数值分析方法求解材料的稳定安全系数和极限荷载。2004年,本书作者认识到有限元强度折减法和超载法实质上是应用有限元法求解极限分析,因而把上述方法称为有限元极限分析法并应用于地下工程稳定分析,进一步拓展了该方法的功能,不仅能求得稳定安全系数和极限荷载,而且能求得材料的破坏形态,例如隧洞的破坏区与破坏面。有限元极限分析法的基本原理是通过对岩土体强度参数的折减或增加荷载,使岩土体处于极限状态,因而自动生成破坏面而求得安全系数,不仅不需要事先找出潜在破坏面,反而可求得破坏面。它为隧洞围岩稳定性提供了具有严格力学意义的定量指标,从而为隧洞的设计计算提供了有力的技术支撑。正如我国著名岩石力学与采矿专家于学馥先生在《地下工程围岩稳定分析》著作的前言中所说:

"由于岩石力学被引入地下工程,才有可能使今日的地下工程逐步摆脱工程类比的认识方法,进行科学理论与定量计算阶段。并可预见,在不久的将来,地下工程也会像结构力学和地基基础被引入地面建筑一样,出现一个前所未有的迅速发展,使对围岩稳定性的评价稳妥可靠,维护方法和支护设计更科学、更安全可靠和经济合理。目前正在走入科学理论和定量计算阶段。"

本书的目的之一是推动有限元极限分析法在隧洞工程中应用,推动围岩压力理论进入数值极限分析阶段。尽管该方法目前尚处于开始阶段,还存在一些问题或缺少足够的验证,但其前景无限,必然会逐步发展与完善。

此外,除弹塑性材料破坏理论外,另一些破坏力学理论(如断裂力学、损伤力学)也进入到岩石力学研究中,人们逐渐意识到围岩渐进性破坏过程与围岩压力间的关系,已有学者将这些破坏力学理论用于围岩稳定性分析和围岩压力预测。

总的来说,由于地下工程围岩压力本身的复杂性使其计算方法和计算参数受到制约,难以达到理想的结果。而且围岩压力受到工程地质条件、初始地应力、洞室形状和尺寸、施工方法及时间效应、支护结构形式和刚度等多方面因素的影响,任何一种方法都很难把所有因素考虑周全,因而围岩压力理论需要不断发展与完善。与此同时,围岩压力的经验方法将会长期存在,但经验方法也需要不断提炼与升华,例如将围岩稳定安全系数指标引入围岩分级有助于围岩参数准确性的提升。

值得指出的是,虽然当前围岩稳定与围压理论有了很大的发展,但仍然是粗浅的。各种理论也还处在验证和发展阶段。企图采用一种理论,解决各种不同地质条件下和不同目的的地下工程围岩稳定分析问题是不现实的。比如围岩稳定不仅取决于因松散压力与形变压力诱导的岩体整体失稳,而且还由于围岩结构面与临空面的不利组合而造成块体局部失稳,所以围岩稳定分析中也需要考虑这一因素,尤其是大跨度地下工程。因此对于块状和层状的坚硬岩体,还需要运用工程地质和力学计算相结合的分析方法,即所谓岩石块体极限平衡分析法,来研究岩块的形状和大小及其失稳条件,与有限元法相结合的块体理论方法也是当前岩石力学发展的一个方向。随着地下工程埋深的增大,深埋隧洞的岩石力学成为人们关注的另一个焦点,而以能量突然释放为特征的岩爆力学是解决深埋地下工程问题的关键。

1.2 围岩稳定与围岩压力理论的研究内容和方法

围岩稳定与围岩压力理论是研究围岩应力、变形、破坏规律,以及围岩压力和支护原理的科学。由于围岩应力、变形、破坏和围岩压力都是地层开挖前原岩应力历史发展的延续,所以必须从原岩应力状态出发,结合岩石力学性质、本构关系和赋存条件开展研究。

围岩稳定与围压理论研究的方法有:理论分析、室内力学性质和模型试验、数值分析和现场实测等方法。其主要内容包括:

(1)岩土介质的力学性质、力学模型及本构关系,岩土力学性质的室内和现场测试。

(2)围岩地层的原岩应力状态及其测试技术。

(3)各种洞形围岩应力、变形和破坏规律,围岩压力的计算。

(4)围岩应力、变形、破坏过程、围岩压力和支护应力、变形状态的现场测试与模型试验,支护的设计与计算。

(5)围岩稳定性及其分级。

(6)围岩破坏的防治和加固处理。

在上述研究内容中,本书着重讨论围岩稳定的理论分析,有关原岩应力、岩石强度试验、现场测试和模型试验等内容,不作叙述。

生产实践和科学实验是围岩稳定与围岩压力理论研究的物质基础。诸如原岩应力的量测、岩石和岩体力学性质的测定、围岩应力和变形的现场试验,以及各种模型试验等,都是建立围岩稳定与围岩压力理论的物质基础。任何脱离物质基础的理论研究,都是缺乏科学依据的。

然而围岩稳定分析离开理论研究也是不可想象的。地下工程围岩稳定分析脱离理论研究只能使其永远在经验的工程类比之中徘徊不前。必须指出,现有的围岩稳定与围岩压力理论几乎都是建立在已有的力学理论基础上的,例如弹性理论、塑性理论、松散介质理论和流变理论等。这些理论都有一定假设条件,它虽然与复杂多变的自然地质体之间存在着一定的差异,但在科学发展的进程中是允许把复杂的条件加以简化和抽象的,并在发展中逐步提高。因此地下工程设计目前还主要凭借人们在生产实践中所获得的有限的经验作为依据。但是人们不应当满足于这些经验,更不能因此而阻碍理论的发展。相反,应当积极地去促进理论的发展,因为实践一旦插上理论的翅膀就可自由翱翔。

现代计算技术正在迅速发展,计算机的应用使围岩稳定分析进入崭新阶段。过去许多不能计算的问题,现在已经可以进行计算了。此外,岩体作为自然体,它所反映的性态是多变的,带有一定的概率性,大量的科学实验数据也需要利用计算机进行处理。因此,计算机对岩石力学是十分有用的工具。但是它也只能在人们所规定的模式(模型和程序)下工作。在计算技术和手段高度发展的今天,计算模型和物理过程的研究与提炼,就显得比以前更重要。岩土力学与地下工程的监测化、数字化与信息化是当前总的发展方向。

还应当指出,岩体是天然地质体,它经历了漫长的自然历史过程,各类岩体有各自的成因,也经受了各种地质构造变动过程,所以围岩稳定与围岩压力理论研究,与工程地质和地质力学的研究是分不开的。

建立合理的围岩稳定与围岩压力理论,应当应用各种研究手段。综合利用生产实践经验、现场测试、模型试验、理论与数值分析研究成果,才能获得更好的效果。

参 考 文 献

[1] Динник А Н. Статън логорному Делу,Углетехнздат,1957.

[2] 于学馥,郑颖人,刘怀恒,等.地下工程围岩稳定分析[M].北京:煤炭工业出版社,1983.

[3] 塔罗勃 J.岩石力学(中译本)[M].北京:中国工业出版社,1965.

［4］ 卡斯特奈 H. 隧道与坑道静力学（中译本）［M］.上海：上海科技出版社，1980.

［5］ Zienkiewicz O C, Humpheson C, Lewis R W. Associated and non-associated viscoplasticity and plasticity in soil mechanics［J］. Geotechnique，1975，25(4)：671-689.

［6］ 郑颖人.圆形洞室围岩压力理论探讨［J］.地下工程，1979(3).

［7］ 孙钧.岩土材料流变及其工程应用［M］.北京：中国建筑工业出版社，1999.

［8］ 孙钧.地下工程设计理论与实践［M］.上海：上海科技出版社，1996.

［9］ 杨林德，朱合华，丁文其，等.岩土工程问题安全性的预报与控制［M］.北京：科学出版社，2010.

［10］ 石根华.数值流形方法与非连续变形分析［M］.北京：清华大学出版社，1997.

［11］ 郑颖人，孔亮.岩土塑性力学［M］.北京：中国建筑工业出版社，2010.

［12］ 郑颖人，赵尚毅.岩土工程极限分析有限元法及其应用［J］.土木工程学报，2005，38(1)：91-99.

［13］ 郑颖人，胡文清，王敬林.强度折减有限元法及其在隧道与地下洞室工程中的应用［C］//中国土木工程学会第十一届、隧道及地下工程分会第十三届年会论文集.2004：239-243.

［14］ 何满朝，景海河，孙晓明.软岩工程力学［M］.北京：科学出版社，2002.

［15］ 张黎明，郑颖人，王在泉，等.有限元强度折减法在公路隧道中的应用探讨［J］.岩土力学，2007，28(1)：97-101.

［16］ 谷兆祺，彭守拙.地下洞室工程［M］.北京：清华大学出版社，1994.

［17］ 关宝树.隧道力学概论［M］.成都：西南交通大学出版社，1993.

［18］ 郑颖人，赵尚毅，李安洪，等.有限元极限分析法及其在边坡中的应用［M］.北京：人民交通出版社，2011.

［19］ 郑颖人.岩土数值极限分析方法的发展与应用［J］.岩石力学与工程学报，2012，31(7)：1297-1316.

第2章 原岩应力

DI'ERZHANG

2.1 概 述

　　未受到任何工程扰动影响而处于自然平衡状态的岩体称为原岩,原岩中存在的应力称为原岩应力,亦称初始应力或地应力。原岩应力在岩体空间有规律的分布状态称为原岩应力场或初始应力场。原岩应力场呈三维状态有规律地分布于岩体中。人类在岩体表面或岩体内部进行的活动,扰动了原岩的自然平衡状态,使一定范围的原岩应力状态发生改变。变化后的应力则称为二次应力、扰动应力或次生应力。次生应力直接影响着岩体工程的稳定,为了控制岩体工程的稳定,必须明确次生应力,然而次生应力是在原岩应力基础上产生的。为此,首先要对原岩应力有一定的认识。

　　岩体的原岩应力,是指岩体在天然状态下所存在的内在应力,在地质学中,也称天然地应力或地应力。岩体的原岩应力主要是由岩体的自重和地质构造运动所引起的。由地壳构造运动在岩体中所引起的应力称之为构造应力,岩体的地质构造应力与岩体的特性(例如岩体中的裂隙发育密度与方向,岩体的弹性、塑性、黏性等)有密切关系,也与正在发生过程中的地质构造运动以及与历次构造运动所形成的各种地质构造现象(例如断层、褶皱等)有密切关系。此外,原岩应力还有如上覆岩体的重量所引起的自重应力、气温变化所引起的温度应力等,人类工程活动,比如筑坝、在岩体中开挖洞室,也会引起岩体中应力的变化,只是把这种情况下的应力状态称为重分布应力、二次应力或扰动应力。对于岩体工程来说,主要考虑自重应力和构造应力,二者叠加起来构成岩体的初始应力场。

　　地面和地下工程的稳定状态与岩体的原岩应力状态密切相关。岩体的原岩应力状况对岩体工程建设有重要影响,了解岩体的原岩应力对岩体中工程结构的设计和施工都是必要的。工程实践中,原岩初始应力状态对开挖引起的变形、支护的荷载以及对围岩稳定的影响是显著的。在岩体中进行开挖以后,改变了岩体的原岩应力状态,使岩体中的应力重新分布,引起岩体变形,甚至破坏。在高地应力地区,开挖后常会出现岩爆、洞壁剥离、钻孔缩径等岩体变形破坏现象。

对于地下洞室工程来讲，一般把与洞室本身稳定密切相关的周围岩体称为围岩。洞室的开挖引起围岩的应力重分布和变形，这不仅会影响洞室本身的稳定状态，而且为了维持围岩的稳定，需施作一定的支护结构或衬砌。合理地设计支护结构，确定经济合理的衬砌尺寸，是与岩体的原岩应力状态紧密相关的。所以，研究岩体的原岩应力状态，就是为了正确地确定开挖过程中岩体的应力变化，合理地设计岩体工程的支护结构和措施。

自然界岩体条件决定了原岩应力状况的复杂性，目前对于原岩应力的大小和分布规律的研究有了一定进展，但还缺乏完整的系统理论。在有些情况下，利用计算的方法获取地应力资料似乎是可行的。但是，如果没有测量作为依据，就难以确定它的误差范围，也使得计算结果的工程意义有很大的局限性。因此，对于原岩应力状况的研究，进行现场应力测量是一种重要途径。本章在阐述目前对原岩应力状况所取得的规律性认识的同时，也将介绍一些岩体应力测量的适用技术和方法。

2.2 原岩应力的分类

产生岩体初始应力的原因是十分复杂的，也是至今尚不十分清楚的问题。岩体初始应力是自然界多种因素综合影响的结果，其中主要影响因素有：组成地壳物质的自重（即岩体自重）、地球永恒的运动及其内力引起的地质构造运动、温度、岩层内部物理化学因素（如结晶、变质作用），以及孔隙含水和瓦斯压力等。这些因素中，起主导作用的、最基本的因素是岩体自重和地质构造运动。岩体自重引起的应力称为自重应力，而地质构造运动形成的应力称为构造应力，这两种应力形式是原岩应力的主要贡献。

2.2.1 自重应力

地壳上部各种岩体由于受地心引力的作用而引起的应力称为自重应力。也就是说自重应力是由岩体的自重引起的。岩体自重作用不仅产生垂直应力，而且由于岩体的泊松效应和流变效应也会产生水平应力。研究岩体的自重应力时，一般把岩体视为均匀、连续且各向同性的弹性体，因而，可以引用连续介质力学原理来探讨岩体的自重应力问题。将岩体视为半无限体，即上部以地表为界，下部及水平方向均无界限，那么，岩体中某点的自重应力可按以下方法求得。

设岩体为半无限均质体，地面为水平面，距地表深度 H 处，有一单元体，其上作用的应力为 σ_z、σ_y、σ_x，形成岩体单元的自重应力状态（图 2-1）。垂直应力 σ_z 为单元体上覆岩体的重量，即：

$$\sigma_z = \gamma H \tag{2-1}$$

式中：γ——上覆岩体的重度（kN/m³）；

H——岩体单元的埋置深度（m）。

若岩体由多层不同重度的岩层组成（图 2-2），则：

$$\sigma_z = \sum_{i=1}^{n} \gamma_i h_i \tag{2-2}$$

式中：γ_i——第 i 层岩体的重度（kN/m³）；

h_i——第 i 层岩体的厚度（m）。

把岩体视为均匀、连续且各向同性的弹性体,由于岩体单元在各个方向都受到与其相邻岩体的约束,不可能产生横向变形,即 $\varepsilon_x = \varepsilon_y = 0$,由广义胡克定律:

$$\varepsilon_x = \frac{1}{E}\big[\sigma_x - \mu(\sigma_y + \sigma_z)\big] = 0$$

$$\varepsilon_y = \frac{1}{E}\big[\sigma_y - \mu(\sigma_z + \sigma_x)\big] = 0$$

(2-3)

联立后可得:

$$\sigma_x = \sigma_y = \frac{\mu}{1-\mu}\sigma_z$$

(2-4)

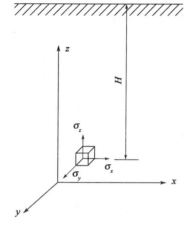

图 2-1　岩体单元自重应力状态

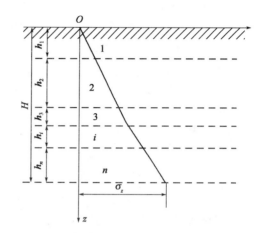

图 2-2　多层岩体自重应力计算

令 $\lambda = \dfrac{\mu}{1-\mu}$,$\lambda$ 称为侧压力系数,在数值上等于某点的水平应力与该点垂直应力的比值。一般岩石的泊松比 $\mu = 0.2 \sim 0.3$,因此 $\lambda = 0.25 \sim 0.43$,即水平应力 σ_x、σ_y 为垂直应力 σ_z 的 25%～43%。

岩体的自重应力随着深度呈线性增长,在一定的深度范围内,岩体基本上处于弹性状态。但当埋深较大时,岩体的自重应力就会超过岩体的弹性限度,岩体将处于潜塑状态或塑性状态。所谓潜塑状态,是指在初始应力状态下岩体处于弹性状态,但开挖卸荷后即处于塑性状态。由弹性状态转变为塑性状态的深度,对不同岩体而言是不一样的,砂岩约为 500m,花岗岩约为 2 500m,而黏土质软岩可能在地表下不深处即表现为塑性变形特性。

岩体处于潜塑性状态或塑性状态时,其泊松比 μ 近于 0.5,则侧压力系数 λ 也近似等于 1.0,表明岩体所受的垂直自重应力和水平应力相等,即处于静水压力状态。这种现象首先由瑞士地质学家海姆(Heim A.)于 1878 年在研究阿尔卑斯山深大隧道地质问题时发现,故称为海姆假说。海姆认为,岩体长期受重力作用产生塑性变形,甚至在深度不大时也会发展成各向应力相等的潜塑状态。

2.2.2　构造应力

地壳中的各种地质构造,如褶皱、断层、构造节理等,是在地质构造运动作用下形成的。在各个不同的地质年代里,都有不同的地质构造运动发生。在地壳中长期存在着一种促使构造运动发生和发展的内在力量,这就是构造应力。构造应力在空间上有规律的分布状态称为构造应力场。在同一个地区,一次构造运动结束之后,或者就在这个构造运动发生的过程中,可能又有新的构造运动发生,使得新构造应力场与老构造应力场叠加,形成复杂的复合构造应力场。地质构造运动包括水平运动(造山运动)和垂直运动(造陆运动)两种形式。通常,水平方向的构造运动如板块移动、碰撞对岩体构造应力的形成起控制作用,即构造应力以水平应力为主。构造应力一般可分为以下三种情况:

(1)原始构造应力。每一次构造运动地壳中都留下构造形迹,如褶皱、断层等,有的地点构造应力在这些构造形迹附近表现强烈,而且有密切联系。原始构造应力场的方向可以应用地质力学的方法判断,因为构造形迹与形成时期的应力方向有一定的关系,根据各构造的力学性质,可以判断原始构造应力的方向。

(2)残余构造应力。有的地区虽有构造运动形迹,但是构造应力不明显或不存在,原岩应力基本属于重力应力。其原因是,虽然远古时期地质构造运动使岩体变形,以弹性能的方式储存于地层之内,形成构造应力,但是经过漫长的地质年代,由于应力松弛,应力随之减小,而且每一次新的构造运动都将引起上一次构造运动形成的应力发生变化,包括应力释放,各种外动力地质作用也会引起应力释放,故使原始构造应力大大降低。这种经过显著降低的原始构造应力称为残余构造应力。各地区原始构造应力的松弛与释放程度很不相同,所以残余构造应力的差异很大。

(3)现代构造应力。许多实测资料表明,有的地区构造应力不是与构造形迹有关,而是与现代构造运动密切相关。这些地区不能用古老的构造形迹来说明现代构造应力,必须注重研究现代构造应力场。

目前,岩体的构造应力大小和方向尚无法用数学力学方法直接计算给出,而只能采用现场应力量测的方法求得。但是,构造应力场的方向可以根据地质力学的方法加以判断。因为各种形态不同的地质构造是各地质历史时期构造运动的产物,地质构造的遗迹,例如断层、褶曲等保留在岩体中,它的走向与其形成时的应力有密切的联系。根据地质构造和岩石强度理论,一般认为自重应力是主应力之一,另一主应力与断层正交。对于正断层,自重应力为最大主应力,即 $\sigma_1 = \gamma H$,最小主应力 σ_3 则为水平方向且与断层带正交;对于逆断层,自重应力为最小主应力,而最大主应力为水平方向且与断层带正交;对于平移断层,自重应力是中主应力,σ_1 与断层面成 $30° \sim 45°$ 的夹角,且 σ_1 与 σ_3 均为水平方向。其他,如岩脉和褶皱,均可推断构造应力的方向(图2-3)。

地壳垂直运动引起地面抬升,使地壳表面岩体经受剥蚀,可使岩体初始应力场发生变化。如图2-4所示,剥蚀前埋深 Z_0 的一岩体单元,其侧压力系数为 λ_0,当上覆岩体剥蚀了 ΔZ 后,自重应力 σ_z 减小了 $\gamma \Delta Z$,水平应力 σ_h 按弹性卸载考虑则减小了 $\dfrac{\mu}{1-\mu} \gamma \Delta Z$,则剥蚀后岩体单元的侧压力系数 λ 为:

$$\lambda = \frac{\sigma_h}{\sigma_z} = \frac{\lambda_0 \gamma Z_0 - \dfrac{\mu}{1-\mu} \gamma \Delta Z}{\gamma Z_0 - \gamma \Delta Z} = \lambda_0 + \left(\lambda_0 - \frac{\mu}{1-\mu}\right)\frac{\Delta Z}{Z_0 - \Delta Z} \tag{2-5}$$

一般 $\lambda_0 > \dfrac{\mu}{1-\mu}$。由式(2-5)可见,当上覆岩体剥蚀后,侧压力系数 λ 增大,这是造成浅部岩体单元水平应力大于垂直应力的原因之一。

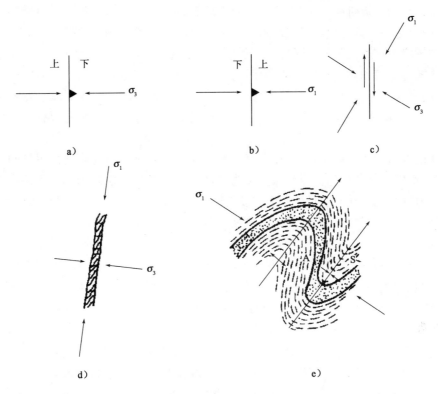

图 2-3　由地质特征推断的主应力方向(均为平面图)
a)正断层;b)逆断层;c)平移断层;d)岩脉;e)褶皱

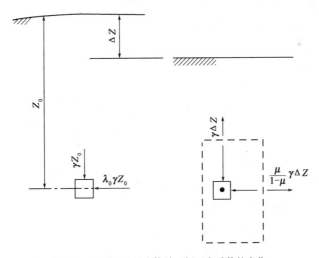

图 2-4　地层剥蚀后岩体单元侧压力系数的变化

2.3　原岩应力的分布规律与特征

由于地应力的非均匀性,以及地质、地形、构造和岩石物理力学性质等方面的影响,使得我们在概括原岩应力状态及其变化规律方面,遇到很大困难。通过理论研究、地质调查和大量的地应力测量资料的分析研究,已初步认识到地壳浅部岩体初始应力场分布的一些基本规律。

(1)地应力是一个具有相对稳定性的非稳定应力场,它是时间和空间的函数。

岩体初始应力在绝大部分地区是以水平应力为主的三向不等压应力场。三个主应力的大小和方向是随着空间和时间而变化的,因而它是个非稳定的应力场。初始应力在空间上的变化,从小范围来看,其变化是很明显的;但就某个地区整体而言,初始应力的变化是不大的。如我国的华北地区,初始应力场的主导方向为北西到近于东西的主压应力,但具体地区应力有所变化。

在某些地震活动活跃的地区,初始应力的大小和方向随时间的变化是很明显的。在地震前,处于应力积累阶段,应力值不断升高,而地震时使集中的应力得到释放,应力值突然大幅度下降。主应力方向在地震发生时会发生明显改变,在震后一段时间又会恢复到震前的状态。

(2)实测垂直应力基本等于上覆岩层的重量。

对全世界实测垂直应力 σ_v 的统计资料分析表明,在 $25\sim2\,700\text{m}$ 的深度范围内,σ_v 呈线性增长,大致相当于按岩体平均重度 27kN/m^3 计算出来的自重应力。但在某些地区的测量结果有一定幅度的偏差,如我国 $\sigma_v/(\gamma H)=0.8\sim1.2$(一般以此数据作为大体相等指标)的仅有 5%,$\sigma_v/(\gamma H)<0.8$ 的占 16%,而 $\sigma_v/(\gamma H)>1.2$ 的占 79%;前苏联测量资料表明,$\sigma_v/(\gamma H)<0.8$ 的占 4%,$\sigma_v/(\gamma H)=0.8\sim1.2$ 的占 23%,$\sigma_v/(\gamma H)>1.2$ 的占 73%。这些偏差除有一部分可能归结于测量误差外,板块移动、岩浆侵入、扩容、不均匀膨胀等也都可引起垂直应力的异常。

值得注意的是,在世界多数地区并不存在主应力真正为垂直应力,即没有一个主应力的方向完全与水平地表面垂直。但在绝大多数测点都发现确有一个主应力接近于垂直方向,其与垂直方向的偏差不大于 $20°$。这一事实说明,地应力的垂直分量主要受重力的控制,但也受到其他因素的影响。图 2-5a)是霍克(Hoek E.)和布朗(Brown E. T.)总结出的世界部分国家和地区实测垂直应力 σ_v 随深度 H 变化的规律,图 2-5b)是我国实测垂直应力 σ_v 随深度 H 变化的规律。

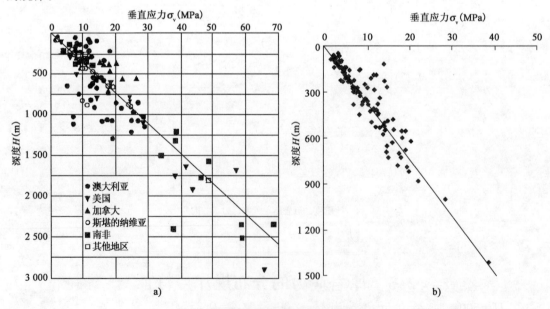

图 2-5　垂直应力 σ_v 随深度 H 的变化规律图
a)世界部分国家和地区;b)我国

（3）实测资料表明,水平应力一般大于垂直应力。

当前地应力实测资料表明,在几乎所有地区均有两个主应力位于水平或接近水平的平面内,其与水平面的夹角一般不大于 $30°$。最大水平主应力 $\sigma_{h,max}$ 通常大于垂直应力 σ_v,两者之间的比值一般为 $0.5 \sim 5.5$,在很多情况下比值大于 2。最大水平主应力与最小水平主应力的算术平均值 $\sigma_{h,av}$ 与 σ_v 的比值一般为 $0.5 \sim 5.0$,大多数为 $0.8 \sim 1.5$。这说明在地壳浅部岩体平均水平应力一般大于垂直应力,垂直应力在多数情况下为最小主应力,在少数情况下为中间主应力,只在个别情况下为最大主应力。也说明水平方向的构造运动如板块移动、碰撞对地壳浅层地应力的形成起控制作用。然而,已经测试地应力的地区大多是位于地应力迹象明显和地质构造比较复杂的地区,上述结论是否能代表地壳浅层地应力的普遍状况,还有待继续观察。目前隧洞工程中,对地应力迹象不明显和地质构造比较简单的地区,一般都不做地应力测试,认为地应力以垂直自重应力为主。

图 2-6a)是我国最大水平主应力与垂直应力之比随埋深分布图,图 2-6b)是我国最小水平主应力与垂直应力之比随埋深分布图。

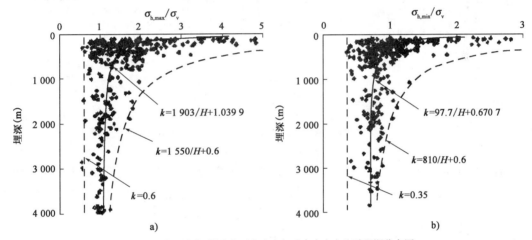

图 2-6 我国最大、最小水平主应力与垂直应力之比随埋深分布图

a)最大水平主应力与垂直应力之比随埋深分布图;b)最小水平主应力与垂直应力之比随埋深分布图

（4）平均水平应力与垂直应力的比值随深度增加而减小。

$\sigma_{h,av}/\sigma_v$ 的比值 λ 也是表征地区地应力场特征的指标。该值是随着深度增加而减小的,但在不同地区,也有差异。图 2-7a)为世界部分国家和地区取得的实测结果,图 2-7b)是我国平均水平地应力与垂直地应力比值随深度的变化规律。图 2-7a)表明,在深度不大的情况下,λ 的值相当分散;随着深度增加,该值的变化范围逐步缩小,并趋近于 1。这说明在地壳深部有可能出现静水压力状态。

霍克和布朗根据图 2-7a)所示结果回归出以下公式:

$$\frac{100}{H} + 0.3 \leqslant \lambda \leqslant \frac{1\,500}{H} + 0.5 \tag{2-6}$$

式中：H——深度(m)。

当 $H=500\text{m}$ 时,$\lambda=0.5 \sim 3.5$;当 $H=2\,000\text{m}$ 时,$\lambda=0.35 \sim 1.25$。

（5）水平主应力随深度呈线性增长关系。

与垂直应力不同的是,在水平主应力线性回归方程中的常数项比垂直应力线性回归方程中常数项的数值要大些，这反映了在某些地区近地表处仍存在显著水平应力的事实。通过研究南部非洲、美国、日本、冰岛及加拿大等地区的初始应力测量结果可以看出，尽管随着地质环境的变化其结果有所差异，但揭示出地壳内水平应力随深度增加呈线性关系增大是普遍规律。斯蒂芬森（Stephansson O.）等人根据实测结果给出了芬诺斯堪的亚古陆最大水平主应力 $\sigma_{h,max}$(MPa)和最小水平主应力 $\sigma_{h,min}$(MPa)随深度 H(m)变化的线性方程：

$$\sigma_{h,max} = 6.7 + 0.044\,4H \tag{2-7}$$

$$\sigma_{h,min} = 0.8 + 0.032\,9H \tag{2-8}$$

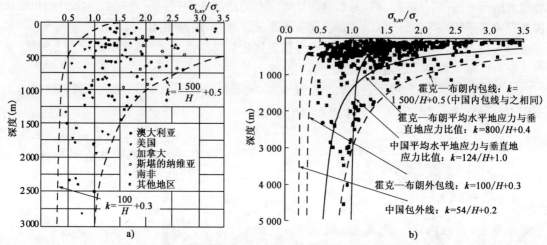

图 2-7 平均水平应力与垂直应力的比值随深度的变化规律
a)世界部分国家和地区；b)我国

我国大陆地区 $\sigma_{h,max}$、$\sigma_{h,min}$ 随埋深的分布规律见图 2-8，其中 $\sigma_{h,max}$ 最大统计深度约为 5 500m，$\sigma_{h,min}$ 最大统计深度约为 4 000m。图 2-8 表明，$\sigma_{h,max}$、$\sigma_{h,min}$ 总体上随埋深增大而增大，散点在一个基本平行的条带内变化。条带宽度反映了我国不同地区和岩性在相同埋深条件下的差别，其基本上在 20MPa 以内，最高可达 50MPa 以上。

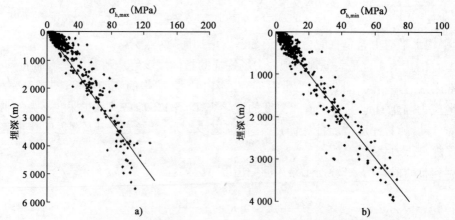

图 2-8 我国最大水平主应力、最小水平主应力随埋深分布图
a)最大水平主应力随埋深分布图；b)最小水平主应力随埋深分布图

（6）两个水平主应力一般相差较大。

一般，最小水平主应力 $\sigma_{h,min}$ 与最大水平主应力 $\sigma_{h,max}$ 的比值相差较大，显示出很强的方向性，其比值通常为 0.2～0.8，多数情况为 0.4～0.8，见表 2-1。图 2-9 是我国最大和最小水平

主应力之比随埋深分布图。

世界部分国家和地区两个水平主应力比值统计表　　　　　　　　表 2-1

实测地点	统 计 数	$\sigma_{h,min}/\sigma_{h,max}$（％）				
		1.0～0.75	0.75～0.50	0.50～0.25	0.25～0	合计
斯堪的纳维亚等	51	14	67	13	6	100
北美	222	22	46	23	9	100
中国	25	12	56	24	8	100
中国华北地区	18	6	61	22	11	100

　　地应力的上述分布规律还会受到地形、地表剥蚀、风化、岩体结构特征、岩体力学性质、温度、地下水等因素的影响,特别是地形和断层的扰动影响最大。

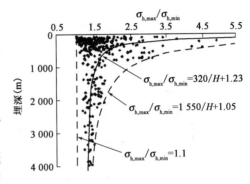

图 2-9　我国最大和最小水平主应力之比随埋深分布图

　　地形对原始地应力的影响是十分复杂的。在具有负地形的峡谷或山区,地形的影响在侵蚀基准面以上及以下一定范围内表现特别明显。一般来说,谷底是应力集中的部位,越靠近谷底应力集中越明显。最大主应力在谷底或河床中心近于水平,而在两岸岸坡则向谷底或河床倾斜,并大致与坡面相平行。近地表或接近谷坡的岩体,其地应力状态和深部及周围岩体显著不同,并且没有明显的规律性。随着深度不断增加或远离谷坡,地应力分布状态逐渐趋于规律化,并且显示出和区域应力场的一致性。

　　在断层和结构面附近,地应力分布状态将会受到明显的扰动。断层端部、拐角处及交汇处将出现应力集中的现象。端部的应力集中与断层长度有关,长度越大,应力集中越强烈;拐角处的应力集中程度与拐角大小及其与地应力的相互关系有关。当最大主应力的方向和拐角的对称轴一致时,其外侧应力大于内侧应力。由于断层带中的岩体一般都较软弱和破碎,不能承受高的应力和不利于能量积累,所以成为应力降低带,其最大主应力和最小主应力与周围岩体相比均显著减小。同时,断层的性质不同,对周围岩体应力状态的影响也不同。压性断层中的应力状态与周围岩体比较接近,仅是主应力的大小比周围岩体有所下降,而张性断层中的地应力大小和方向与周围岩体相比均发生显著变化。

2.4　影响原岩应力的主要因素

　　岩体初始应力状态主要受地质构造和自重应力影响,除此之外,还受地形、岩体力学性质、温度等因素的影响。

1. 地形地貌和剥蚀作用

　　地形地貌对地应力的影响是复杂的。从理论上看,孤山的垂直应力应符合 γH 的规律,但从有限元计算中又发现在某一水平面上的地应力分布状态与地表形状不相适应的情况。剥蚀作用对地应力有显著的控制作用。剥蚀前,地壳内存在一定水平应力。剥蚀后,由于岩体内颗粒结构的变化和应力松弛赶不上这种变化，导致岩体内仍然存在着比现有地层厚度所引起的自重应力还要大得多的应力值。所以剥蚀可以造成巨大的水平应力。

图 2-10a)为地表水平情况下的初始应力分布，其一主应力水平分布，另一主应力垂直分布。图 2-10b)为斜坡沟谷地形初始应力分布，在斜坡坡面附近，最大主应力方向与斜坡坡面大致平行；在沟谷底部应力集中，最大主应力方向近于水平分布。因此有山峰处岩体初始应力低而沟谷处岩体初始应力高的现象。而且，河谷地区地应力随深度变化呈现三带型模型，即卸荷带、集中带和稳定带。

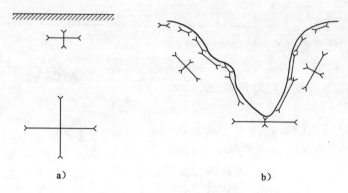

a)　　　　　　　　　　　　　　　b)

图 2-10　地形对岩体初始应力的影响

a)地表水平情况下的初始应力分布；b)斜坡沟谷地形初始应力分布

2.地质构造

地质构造对地应力的影响，主要表现在影响应力的分布和传递方面。

(1)在静应力场中，断裂构造对地应力大小和方向的影响是局部的。

(2)在同一构造单元体内，被断层或其他大结构面切割的各个大块体中的地应力大小和方向均较一致，而靠近断裂或其他分离面附近，特别是拐角处、交叉处及端部，因为都是应力集中的地方，所以它的大小和方向才有较大变化。

(3)在活动断层附近和地震地区，地应力大小和方向都有较大变化，以地震地区最为明显。一旦地震发生，断层运动，应力便迅速释放，且越靠近断裂带应力释放得越大，越远则越小。主应力方向也显示出随时间而变化的现象，即越靠近断裂带，偏离区域主应力方向的程度越大，距离越远，偏离程度越小。

图 2-11a)所示为背斜褶曲，其两翼自重应力大，而中部自重应力小，显示承载拱的受力特点。可以推测，对于向斜褶曲，其两翼较褶曲中部自重应力低。图 2-11b)所示为断层组合对自重应力的影响，由于断层两侧的岩块形成了应力传递，使上大下小的楔体 A 产生了卸荷作用，使得自重应力降低；而下大上小的楔体 B 受到了加荷作用，致使自重应力升高。

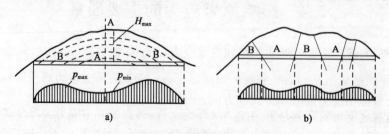

a)　　　　　　　　　　　　　　　b)

图 2-11　地质构造形态对岩体初始应力的影响

3.岩体力学性质

坚硬而完整的岩体内因积聚大量应变能而产生较高的初始地应力,而软弱或破碎岩体内积聚的应变能很小,只有很低的初始地应力。耶格(Jaeger J. C.)曾提出初始地应力大小与岩体抗压强度成正比的概念。但是,如果以弹性模量 E 为主要因素来探索两者的关系,则更具有重要意义。从实测资料来看两者的关系,弹性模量 E 为 50GPa 以上的岩体中,最大主应力 σ_1 一般为 10~30MPa,而弹性模量为 10GPa 以下的岩体中初始应力很少超过 10MPa。

在相同的地质构造环境中,岩体的应力大小是岩性因素的函数。这样,弹性模量较大的岩体有利于地应力积累,所以地震和岩爆容易发生在这些部位,而塑性岩体容易产生变形,不利于应力积累。在软硬相交和互层情况下,就会由变形不均匀而产生附加应力。

此外,软硬不同的岩石和重度不同的岩体,会使重力应力分布不均匀,出现塑性状态程度不等的现象。

4.温度

岩浆侵入使岩体受热膨胀,而周围岩体限制受热岩体的膨胀,使得在岩体中增加热应力。此外,随着岩体埋深的增加,地温逐渐上升,地温升高也会使岩体内部初始应力增加。一般地温梯度 $\alpha=3℃/100m$,岩体的体膨胀系数 β 约为 10^{-5},一般岩体的弹性模量 E 为 10^4MPa,则地温梯度引起的温度应力 σ^T(MPa)约为:

$$\sigma^T = \alpha\beta EZ = 0.03 \times 10^{-5} \times 10^4 Z = 0.003Z \qquad (2-9)$$

式中:Z——深度(m)。

岩体的温度应力是压缩应力,并随深度增加。温度应力约为自重应力的 1/9。从这个意义来讲,有人认为岩体温度应力场可以忽略不计,但在许多情况下,特别是在深部采矿工程中,实际上温度应力是应当考虑的。

岩体温度应力场一般是静水压力场,即:

$$\sigma_x^T = \sigma_y^T = \sigma_z^T = \sigma^T \qquad (2-10)$$

它的三个主轴是互相垂直的任意三轴,因此,温度应力场也可以与重力应力场直接叠加。

2.5 原岩应力的分析方法简述

地应力是围岩变形、破坏的根本作用力,因此,在围岩稳定理论分析中,不能随便对地应力进行假设,而应当对工程所在地区地应力场进行充分研究。研究地应力的主要方法有下列几种:①结构面的力学分析法;②构造应力场分析法;③地应力实测与地质力学综合分析法;④地应力的反演分析法;⑤地质构造和岩石强度理论估算法;⑥高应力区定性观察法。

1.结构面的力学分析法

一切构造形迹(褶皱、断层、节理等)都是在一定地应力作用下发生的,它们各有其力学特征。因此,如果能够根据它们的某些特征确切鉴别各自形成时所受应力的性质,就可以通过它们来了解该处岩体中应力的活动方式和方向。

地质力学着重鉴别各项构造形迹的力学性质。把结构面按其形成的力学机理划分为压性、张性、扭(剪)性、压性兼扭性,以及张性兼扭性五种。通过对结构面力学特征及其组合形式的分析,就可确定岩体受力状态。国外亦有类似方法,通过测量节理面的方向来查明构造应力场的主轴方向,并认为这是一种良好的方法。

2. 构造应力场分析法

构造体系是在同一地区、同一动力作用方式下形成的许多不同形态、不同性质、不同序次、不同级别,但具有成生联系的构造要素组成的构造带,以及它们之间所夹的岩块或地块组合而成的总体。一个构造体系,可以当做一幅应变图像来看待,它反映一定形式的应力场,是一定方式的区域性构造运动的产物。

分析工程地段的应力状态,首先应进行区域性的调查研究,从分析构造体系入手,查明区域构造应力场的方向。构造体系的研究,除了野外工作外,还须通过数学、力学工具对其力学本构关系进行研究。在进行区域构造应力场分析时,还要针对地下工程地段所处的构造部位进行具体分析,查明局部应力场的性态,判断其对岩体稳定性的影响。在局部应力场分析时,决不可脱离区域构造应力的分析,否则可能得出错误的结论。对构造体系进行鉴定之后,就可通过力学分析图对应力场进行力学分析,确定构造应力场。

3. 地应力实测与地质力学综合分析法

应用地质力学方法分析构造应力场只是定性的方法,而且只能确定地应力的方向。要同时取得地壳中现在的地应力的大小和方向的定量资料,最可靠的办法是进行地应力实测。目前世界上已有几十个国家开展了地应力测量工作,测量方法有十余类,测量仪器达数百种。依据基本原理的不同,地应力测试方法主要有:应力恢复法、应力解除法、水压致裂法、地球物理法(包括:光弹性应力法、X 射线法、超声波测量法、放射性同位素法、原子磁性共振法等)。

4. 地应力的反演分析法

现场实测地应力是获得地应力场准确资料的最直接途径,但是由于场地、经费及时间等方面的限制,不可能对工程区域进行全面系统的测试;同时,工程岩体结构复杂,测量结果很大程度上仅反映局部应力场,且所测结果受到各种因素影响,测量误差较大、离散度较高。因此,人们必须根据有限的地应力资料,借助数学方法计算出复杂的地应力场分布形式,其中最为常用的方法就是反演分析法。许多学者提出了不同的方法进行初始应力场的计算和分析,其中以数值计算为手段的数学回归的方法最为普遍。主要有以下两种方法:

(1)边界荷载法或边界位移法。该方法假定构造应力服从某种分布,并给定相应参数,通过某些测点的应力测量值,采用灰色建模理论,利用多元线性回归原理等使试算所求应力值在相应测点与实际测量值达到较好地吻合,从而得到计算区域的初始地应力场。当计算域内已有初始地应力实测资料时,使用这种方法较为直接、简单。其缺点是边界调整对解的唯一性没有理论依据,解的收敛性难以判断。

(2)位移反分析法。利用开挖扰动实测位移值反演小范围的岩体初始地应力,适用于计算域内缺乏地应力实测资料或实测地应力值是扰动地应力的情况,该方法是一种较为可行的方法。然而,在位移反分析法中,如何检验反分析的质量是人们不得不面对的一个问题。总的说来,该方法是一种间接的方法,只能起到对原有设计的校核和修正作用,在设计阶段无法采用。

此外,由于计算技术的飞速发展,当前,已经有不少学者应用 BP、RBF 网络,结合有限元或边界元等算法,进行初始应力场的反演分析。

5. 地质构造和岩石强度理论估算法

这种方法是由安德森提出的。他认为垂直应力是自重应力(γH)并且是主应力之一,然后根据断层判断最大主应力方向。对于正断层,垂直应力为最大主应力 σ_1,见图 2-12a);对于逆断层,垂直应力为最小主应力 σ_3,见图 2-12b);对于平移断层,垂直应力是中间应力 σ_2,而最大主应力和最小主应力都是水平的,σ_1 与断层面交角小于 45°,见图 2-12c)。进而用岩石破坏理论的莫尔包络线,估算水平应力大小。地应力实测结果表明,垂直应力与按自重应力场计算结果接近。安德森方法的关键在于对水平应力值的估算。

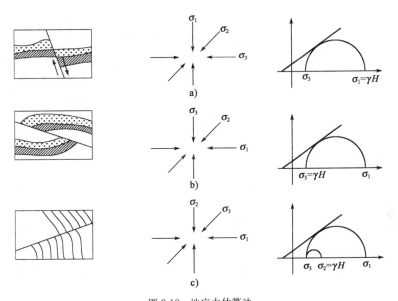

图 2-12　地应力估算法
a)正断层 σ_1 垂直;b)逆断层 σ_3 垂直;c)平移断层 σ_2 垂直

6.高应力区的定性观察法

通过岩芯取样发现,在高度受力的坚硬岩体中,岩芯往往破碎成薄的圆片状,即岩饼;在地表和地下工程开挖过程中,出现基坑底部隆起、岩体板裂、爆裂。这些都定性地说明岩体处于高应力带位置。

2.6　原岩应力的测试方法简述

岩体应力测量的目的是了解岩体中存在的应力大小和方向,从而为分析岩体工程的受力状态以及为支护和岩体加固提供依据,同时也可用来预报岩体失稳破坏和岩爆的发生。岩体应力测量可以分为岩体初始地应力量测和地下工程应力分布量测,前者是为了测定岩体初始地应力场,后者则是为了测定岩体开挖后引起的应力重分布状况。从岩体应力现场量测技术来讲,这两者并无原则区别。

近半个世纪以来,特别是近 40 年来,随着地应力测量工作的不断开展,各种测量方法和测量仪器也不断发展起来。就世界范围而言,目前主要测量方法有数十种之多,而测量仪器则有数百种之多。有学者根据测量原理的不同将其分为应力恢复法、应力解除法、应变恢复法、应变解除法、水压致裂法、声发射法、X 射线法、重力法等八类。以下介绍水压致裂法、应力解除法(包括孔底应力解除法、孔壁应变法和孔径变形法)、应力恢复法和声发射法等初始应力测量方法。

2.6.1 水压致裂法

水压致裂法是通过液压泵向钻孔内拟定测量深度处加液压将孔壁压裂,测定压裂过程中各特征点的压力及开裂方位,以此计算测点附近岩体中初始应力大小和方向。图 2-13 为水压致裂法测量系统示意图。

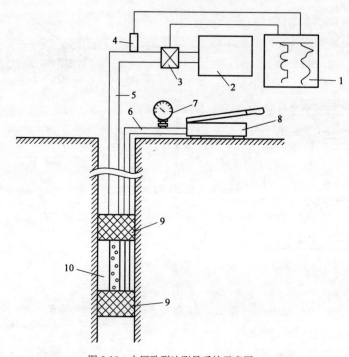

图 2-13 水压致裂法测量系统示意图
1-记录仪;2-高压泵;3-流量计;4-压力计;5-高压钢管;6-高压胶管;7-压力表;8-泵;9-封隔器;10-压裂段

如图 2-14 所示,从弹性力学理论可知,当一个位于无限体中的钻孔受到无穷远处二维应力场(σ_1、σ_2)的作用时,离开钻孔端部一定距离的部位处于平面应变状态。在这些部位,钻孔周边的应力为:

$$\sigma_\theta = \sigma_1 + \sigma_2 - 2(\sigma_1 - \sigma_2)\cos2\theta \tag{2-11}$$
$$\sigma_r = 0 \tag{2-12}$$

式中:σ_θ、σ_r——钻孔周边的周向应力和径向应力;

θ——周边一点与 σ_1 轴的夹角。

由式(2-11)可知,当 $\theta = 0°$ 时,σ_θ 取得极小值,即:

$$\sigma_\theta = 3\sigma_2 - \sigma_1 \tag{2-13}$$

如图 2-14 所示,当水压超过 $3\sigma_2 - \sigma_1$ 与岩石抗拉强度 σ_t 之和后,在 $\theta = 0°$ 处,也即 σ_1 所在方位将发生孔壁开裂。钻孔壁发生初始开裂时的水压为 p_i,有:

$$p_i = 3\sigma_2 - \sigma_1 + \sigma_t \tag{2-14}$$

继续向封隔段注入高压水使裂隙进一步扩展,当裂隙深度达到 3 倍钻孔直径时,此处已接近原岩初始应力状态,停止加压,保持压力恒定,该恒定压力即为 p_s,则由图 2-14 可见,p_s 应和初始应力 σ_2 相平衡,即:

$$p_s = \sigma_2 \tag{2-15}$$

由式(2-14)和式(2-15),只要测出封隔段岩石抗拉强度 σ_t,即可由 p_i 和 p_s,求出 σ_1 和 σ_2。

但是,知道 σ_t 往往是很困难的。为了克服这一困难,在水压致裂试验中增加一个环节,即在初始裂隙产生后,将水压卸除,使裂隙闭合,然后再重新向封隔段加压,使裂隙重新打开,裂隙重开的压力即为 p_r,封隔段处岩体静止裂隙水压力为 p_0,则有:

$$p_r = 3\sigma_2 - \sigma_1 - p_0 \qquad (2\text{-}16)$$

由式(2-15)和式(2-16)求 σ_1 和 σ_2 就无须知道岩石的抗拉强度。因此,由水压致裂法测量岩体初始应力可不涉及岩体的物理力学性质,而可由测量和记录的压力值来决定。

水压致裂法是测量岩体深部应力的方法,目前测深度已达 5 000m 以上。这种方法不需要套取岩芯,也不需要精密的电子仪器;测试方法简单;孔壁受力范围广,避免了地质条件不均匀的影响。但测试精度不高,仅可用于区域内应力场的

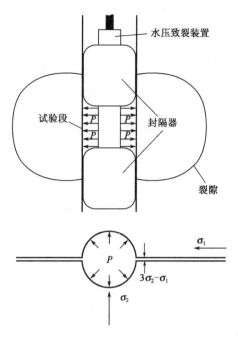

图 2-14 水压致裂应力测量原理

估算。经在相同条件下与使用应力解除法对比,水压致裂法的结果是可靠的、可信的。

水压致裂测量结果只能确定垂直于钻孔平面内的最大主应力和最小主应力的大小和方向,所以它是一种二维应力测量方法。若要确定测点的三维应力状态,必须打设互不平行的交汇于一点的 3 个钻孔,这相当困难。一般情况下,假定钻孔方向为一个主应力方向,例如将钻孔打在垂直方向,并认为垂直应力是一个主应力,其大小等于单位面积上覆岩层的重量,则由单孔水压致裂结果也就可以确定三维应力场。

水压致裂法认为初始开裂发生在钻孔壁周向应力最小的部位,亦即平行于最大主应力的方向,这是基于岩石为连续、均质和各向同性的假设。如果孔壁本来就有天然节理裂隙存在,那么初始裂痕很可能发生在这些部位,而并非周向应力最小的部位,因而,水压致裂法较为适用于完整的脆性岩体中。

2.6.2 应力解除法

应力解除法的基本思想是:采用套钻孔或切割槽等方法把岩样全部或部分地从孔壁周围岩体中分离开来,同时监测被解除部位的应变或位移的响应,然后再根据岩石的本构关系(被解除的应变或位移与围岩远场应力之间的关系)来确定原位地应力。在采用应力解除法测定原位地应力时,测量结果的好坏关键取决于以下几个方面:建立尽可能合理的岩石本构关系,即应力与应变或位移的关系;能够较准确地确定岩样的力学性质;要有足够灵敏的测试仪器,以精确测定岩样因局部扰动引起的微小应变值或位移值。

应力解除法的具体方法有很多种,按测试变形或应变的方法不同,可分为孔底应力解除法、孔壁应变法和孔径变形法。

1.孔底应力解除法

把应力解除法用到钻孔孔底就称为孔底应力解除法(图 2-15)。这种方法是先在围岩中

钻孔,在孔底平面上粘贴应变传感器,然后用套钻使孔底岩芯与母岩分开,进行卸载,观测卸载前后的应变,间接求出岩体中的应力。

单一钻孔孔底应力解除法,只有在钻孔轴线与岩体的一个主应力方向平行的情况下,才能测得另外两个主应力的大小和方向。若要测量三维状态下岩体中任意一点的应力状态,至少要用空间方位不同并交汇于一点的 3 个钻孔,分别进行孔底应力解除测量,3 个钻孔可以相互斜交,也可以相互正交。

孔底应力解除法是一种比较可靠的应力测量方法。由于采取岩芯较短,因此适应性强,可用于完整岩体及较破碎岩体中,但在用 3 个钻孔测一点的应力状态时,孔底很难处在一个共面上,而影响测量结果。

2.孔壁应变法

孔壁应变法(图 2-16)是在钻孔壁上粘贴三向应变计,通过测量应力解除前后的应变,来推算岩体应力,利用单一钻孔可获得一点的空间应力分量。

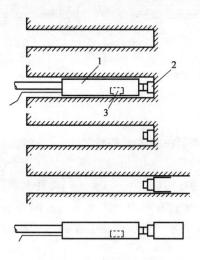

图 2-15 孔底应力解除法示意图

1-安装器;2-探头;3-温度补偿器

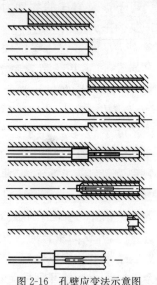

图 2-16 孔壁应变法示意图

孔壁应力解除过程中的测量工作,是进行应力测量的关键。应力解除过程可用应变 ε 随解除深度 h 变化过程曲线来表示,见图 2-17。它反映了随着解除深度增加,测得应力释放及孔壁应力集中影响的复杂变化过程,是判断量测成功与否和检验测量数据可靠性的重要依据。图 2-17 上曲线 1 为沿孔壁周向且近于岩体最大主应力方向的解除应变,曲线 2 为沿孔壁周向但近于岩体小主应力方向的解除应变,曲线 3 为沿钻孔轴向的解除应变。

采用孔壁应变法时,只需打一个钻孔就可以测出一点的应力状态,测试工作量小,精度高。研究得知,为避免应力集中的影响,解除深度不应小于 45cm。因此,这种方法适用于整体性好的岩体中,但应变计的防潮要求严格,目前尚不适用于有地下水的场合。

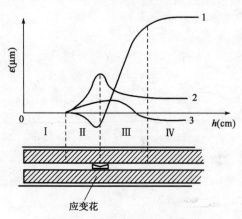

应变花

图 2-17 解除过程曲线示意图

3. 孔径变形法

孔径变形法(图 2-18),是在岩体小钻孔中埋入变形计,测量应力解除前后的孔径变化量,来确定岩体应力的方法。

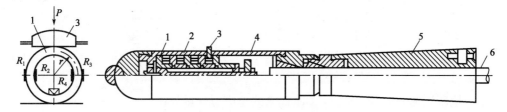

图 2-18 钢环式孔径变形计

1-弹性钢环;2-钢环架;3-触头;4-外壳;5-定位器;6-电缆

为了确定岩体的空间应力状态,至少要用交汇于一点的 3 个钻孔,分别进行孔径变形法的应力解除。孔径变形法的测试元件具有零点稳定性好,直线性、重复性和防水性也好,适应性强,操作简便的优点,能测量解除应变的全过程,还可以重复使用。但此法采取的应力解除岩芯仍较长,一般不能小于 28cm,因此不宜在较破碎的岩层中应用。在岩石弹性模量较低、钻孔围岩出现塑性变形的情况下,采用孔径变形法要比孔底应力解除法和孔壁应变法效果好。

2.6.3 应力恢复法

应力恢复法是用来直接测定岩体应力大小的一种测试方法,目前此法仅用于岩体表层。当已知某岩体中的主应力方向时,采用本方法较为方便。

如图 2-19 所示,当洞室某侧墙上的表层围岩应力的主应力 σ_1、σ_2 的方向分别为垂直与水平方向时,就可用应力恢复法测得 σ_1 的大小。在侧墙上沿测点 O,在水平方向(垂直所测的应力方向)开一个解除槽,则在槽上下附近围岩的应力得到部分解除,应力状态重新分布。在槽的中垂线 OA 上的应力状态,根据穆斯海里什维里(Мусхелишвили Н. И.)理论,可把槽看做一条缝,得到:

$$\sigma_{1x} = 2\sigma_1 \frac{\rho^4 - 4\rho^2 - 1}{(\rho^2 + 1)^3} + \sigma_2 \tag{2-17}$$

$$\sigma_{1y} = \sigma_1 \frac{\rho^6 - 3\rho^4 + 3\rho^2 - 1}{(\rho^2 + 1)^3} \tag{2-18}$$

式中:σ_{1x}、σ_{1y}——OA 线上某点 B 的应力分量;

ρ——B 点离槽中心 O 的距离的倒数。

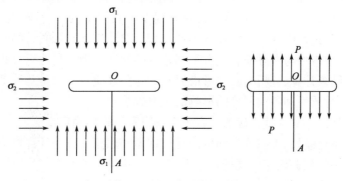

图 2-19 应力恢复法示意图

在槽中埋设压力枕(图 2-20),并由压力枕对槽加压,若施加压力为 p,则在 OA 线上 B 点产生的应力分量为:

$$\sigma_{2x} = -2p\frac{\rho^4 - 4\rho^2 - 1}{(\rho^2 + 1)^3} \tag{2-19}$$

$$\sigma_{2y} = 2p\frac{3\rho^4 + 1}{(\rho^2 + 1)^3} \tag{2-20}$$

当压力枕所施加的力 $p = \sigma_1$ 时,这时 B 点的总应力分量为:

$$\sigma_x = \sigma_{1x} + \sigma_{2x} = \sigma_2 \tag{2-21}$$

$$\sigma_y = \sigma_{1y} + \sigma_{2y} = \sigma_1 \tag{2-22}$$

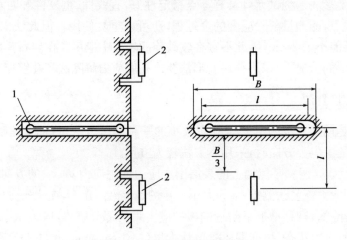

图 2-20 应力恢复法布置示意图
1-压力枕;2-应变计

可见,当压力枕所施加的力 p 等于 σ_1 时,岩体中的应力状态已完全恢复,所求的应力 σ_1 即由 p 值而得知。

除了上述地应力测量方法以外,还有断层滑移资料分析、地震震源机制解,以及声波观测法、超声波法、原子磁性共振法、放射性同位素法等地球物理探测方法。这些方法的重要意义在于探测大范围内的地壳应力状态。

需要指出的是,传统的地应力测量和计算理论是建立在岩石为线弹性、连续、均质和各向同性的理论假设基础之上的,而一般岩体都具有程度不同的非线性、不连续性、不均质和各向异性。在由应力解除过程中获得的钻孔变形或应变值求地应力时,如忽视岩石的这些性质,必将导致计算出来的地应力与实际应力值有不同程度的差异。为提高地应力测量结果的可靠性和准确性,在进行结果计算、分析时必须考虑岩石的这些性质。下面是几种考虑和修正岩体非线性、不连续性、不均质性和各向异性的影响的主要方法:

(1)岩石非线性的影响及其正确的岩石弹性模量和泊松比确定方法。

(2)建立岩体不连续性、不均质性和各向异性模型并用相应程序计算地应力。

(3)根据岩石力学试验确定的现场岩体不连续性、不均质性和各向异性修正测量应变值。

(4)用数值分析方法修正岩体不连续性、不均质性、各向异性和非线性弹性的影响。

参 考 文 献

[1] 谢和平,陈忠辉.岩石力学[M].北京：科学出版社,2004.

[2] 蔡美峰.岩石力学与工程[M].北京：科学出版社,2002.

[3] 沈明荣.岩体力学[M].上海：同济大学出版社,2006.

[4] 张永兴.岩石力学[M].北京：中国建筑工业出版社,2004.

[5] 刘佑荣,唐辉明.岩体力学[M].武汉：中国地质大学出版社,1999.

[6] 于学馥,郑颖人,刘怀恒,等.地下工程围岩稳定分析[M].北京：煤炭工业出版社,1984.

[7] 李造鼎.岩体测试技术(修订版)[M].北京：冶金工业出版社,1993.

[8] 孔宪立,石振明.工程地质学[M].北京：中国建筑工业出版社,2001.

[9] 陶振宇.对天然岩体初始应力的几点认识[J].水文地质工程,1980,20.

[10] 潘别桐.地壳浅部岩体中地应力分布规律及其影响因素的探讨[R].武汉地质学院,1979.

[11] 景锋,盛谦,张勇慧,等.中国大陆浅层地壳实测地应力分布规律研究[J].岩石力学与工程学报,2007,26(10)：2057-2062.

[12] 赵德安,陈志敏,蔡小林,等.中国地应力场分布规律统计分析[J].岩石力学与工程学报,2007,26(6)：1266-1271.

[13] 李光汉,潘别桐.岩体力学[M].北京：地质出版社,1980.

[14] 廖椿庭.地应力测量及其在矿区中的应用[R].中国地质科学院地质力学研究所等,1979.

[15] 葛修润,侯明勋.三维地应力BWSRM测量新方法及其测井机器人在重大工程中的应用[J].岩石力学与工程学报,2011,30(11)：2161-2180.

第3章 围岩应力与变形的弹性分析
DISANZHANG

3.1 概 述

3.1.1 岩土材料的受力过程

固体材料从受力到破坏一般要经历三个阶段:弹性、塑性与破坏。固体材料随着受力的增大,一般都是先进入弹性状态,随后材料中有些点达到弹性极限,即材料屈服进入塑性状态,然后塑性发展到塑性极限进入破坏。屈服的本质就是材料中某点的应力达到屈服强度。材料初始屈服时,只有个别点达到屈服,由于受到周围未屈服材料的抑制,材料不会出现破坏。所以屈服并不等于破坏,但屈服使材料进入塑性,并造成材料损伤。通常,塑性力学规定材料进入无限塑性状态,即应力不变,应变无限增大时称作破坏。因此塑性发展到一定程度后就会在应力集中的地方出现局部裂隙,可称为材料的点破坏,对此人们还缺乏足够的研究。继续加载后材料的局部裂隙就会贯通,直至破坏面形成,材料整体破坏失稳。虽然目前还没有公认的材料整体破坏准则,但传统极限分析实质上已经提供了材料的整体破坏准则,并在工程中应用,由此求出工程的极限荷载或稳定安全系数。

研究弹性阶段的受力与变形应采用弹性力学,在这一阶段内力与变形存在着完全对应的关系,当力消除后变形就完全恢复。塑性力学用来研究材料在塑性阶段内的受力与变形,这一阶段内的应力应变关系要受到加载状态、应力水平、应力历史与应力路径的影响,但材料达到塑性极限后,已与历史参量和应力路径无关,可采用理想塑性进行研究。

岩土类材料是天然形成的,由颗粒组成的多相体,也称为多相体的摩擦型材料。岩土材料的强度由黏聚力和摩擦力组成,其强度极限曲线对土体为直线,而对岩石一般为二次曲线。为简化起见,在实际应用中岩石的强度极限曲线也常视为直线。

通常,理想塑性的初始屈服面就是破坏面。对于理想塑性材料[图 3-1a)],尽管初始屈服点与破坏点的应力相同,但是它们的应变是不同的。前者的应变对应着材料刚进入屈服状态,而后者的应变对应着材料从塑性状态进入破坏状态。软、硬化岩土[图 3-1b)、图 3-1c)]从初始屈服起经过塑性阶段才能达到破坏,所以屈服面逐渐发展直至破坏面为止。图 3-1 中列出了岩土的典型应力—应变关系曲线图。

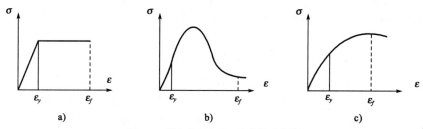

图 3-1　岩土典型应力—应变关系曲线

a)理想塑性应力—应变曲线;b)软化型应力—应变曲线;c)硬化型应力—应变曲线

3.1.2　隧洞线弹性分析方法概述

隧洞开挖前,岩体处于静止平衡状态。开挖后由于洞周卸荷,破坏了这种平衡,隧洞周围各点应力状态发生变化,产生位移,应力重新调整,以达到新的平衡。由于开挖,洞周岩体应力大小和主应力方向发生变化,这种现象叫做应力重分布。应力重分布后岩体中的应力状态叫做围岩应力状态,以区别原岩应力状态。如果围岩应力小于岩体弹性极限,那么围岩处于弹性状态。本章就是研究围岩处于弹性状态下的应力和变形。

计算围岩应力和变形,可采用内部加载方式或外部加载方式。如果开挖前岩体在原岩应力$\{P\}$作用下处于平衡状态,开挖后由于洞周卸荷而产生的应力为$\{\sigma'\}$,则实际的围岩应力状态$\{\sigma\}$为上述两者之和,即:

$$\{\sigma\} = \{P\} + \{\sigma'\} \tag{3-1}$$

这种加载方式称为内部加载[图 3-2a)]。外部加载方式是用无限大平板中的孔口问题来求解围岩应力和变形,在无限大平板的周边上作用有原岩应力 P 和 λP[图 3-2b)]。在线弹性分析中,如果计算条件相同,那么上述两种加载方式所算得的应力结果相同。对于变形计算,采用外部加载时,必须扣除挖洞前岩体的变形量。

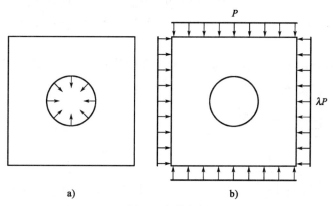

图 3-2　加载方式

a)内部加载;b)外部加载

研究中假定围岩满足古典线弹性理论的全部假定,即:连续、完全弹性、均匀、各向同性、小变形,且主要研究平面应变状态。当隧洞在长度方向的尺寸比横截面尺寸大得多,且在不考虑掘进面的影响时,平面应变的假定被认为是可以采用的。

弹性的概念是对客观实体的一种抽象。严格说来,自然界没有任何一种岩体是符合"纯弹性"假定的,更何况还要"均匀各向同性"。要找出一种模型使之能符合岩体的一切特性,看来是不可能的,至少也是非常困难的。合理的要求应该是使所抽象的模型能反映该工程条件下岩体的主要性状。

对于完整均匀坚硬的岩体,本章的研究结果无论是用来分析围岩的应力与变形、评定无支护隧洞的稳定性,还是计算作用在支护上的围岩压力,应该都是可行的。

对于成层的和裂隙较发育的岩体,如果层理或裂隙等不连续面的间距尺寸与岩体的整个尺寸相比较小,则连续性假定对这一类岩体同样适用,因而同样可以用本章的结果来讨论该类围岩的应力与变形。对于裂隙特别发育的岩体,则应运用非连续介质力学的模型。尽管如此,运用线弹性理论所得到的一些基本关系仍将是今后进行其他分析的基础。为了以后分析上的方便,在 3.2 节中列出了线弹性理论平面问题的基本方程,详细的推导可参阅有关教科书。

本章先分析圆形隧洞围岩的应力和变形,重点是研究围岩与支护或围岩、回填层、支护之间的共同作用。尽管在实际工程中隧洞很少做成圆形,但对圆形隧洞所得到的一些结果在定性上不会失其一般性。然后给出非圆形隧洞围岩应力的基本公式。

3.2　线弹性理论平面应变问题基本方程

3.2.1　笛卡尔坐标系的基本方程

1. 平衡方程

$$\left.\begin{array}{l} \dfrac{\partial \sigma_x}{\partial x} + \dfrac{\partial \tau_{yx}}{\partial y} + \gamma_x = 0 \\[3mm] \dfrac{\partial \tau_{xy}}{\partial x} + \dfrac{\partial \sigma_y}{\partial y} + \gamma_y = 0 \end{array}\right\} \tag{3-2}$$

式中,当应力的作用面外法线与平行坐标轴正向一致时,法向和切向应力指向坐标轴负向的为正,反之为负(即法向应力压为正、拉为负)。图 3-3 中所示各应力均为正。

2. 几何方程

在小变形范围内(图 3-4),位移分量 u、v 与应变分量 ε_x、ε_y、γ_{xy} 间的几何方程为:

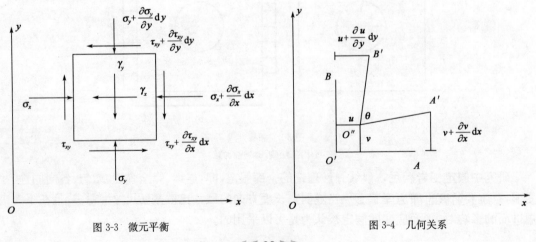

图 3-3　微元平衡　　　　　　　　　　图 3-4　几何关系

$$\left.\begin{array}{l} \varepsilon_x = \dfrac{\partial u}{\partial x} \\[2mm] \varepsilon_y = \dfrac{\partial v}{\partial y} \\[2mm] \gamma_{xy} = \dfrac{\partial u}{\partial y} + \dfrac{\partial v}{\partial x} \end{array}\right\} \tag{3-3}$$

3. 物理方程

在均匀各向同性岩体中,平面应变问题的物理方程为:

$$\left.\begin{array}{l} \varepsilon_x = \dfrac{1-\mu^2}{E}\left(\sigma_x - \dfrac{\mu}{1-\mu}\sigma_y\right) \\[3mm] \varepsilon_y = \dfrac{1-\mu^2}{E}\left(\sigma_y - \dfrac{\mu}{1-\mu}\sigma_x\right) \\[3mm] \gamma_{xy} = \dfrac{1}{G}\tau_{xy} \end{array}\right\} \tag{3-4}$$

式中:E——弹性变形模量;

μ——泊松比;

G——剪切变形模量,有:

$$G = \frac{E}{2(1+\mu)} \tag{3-5}$$

令

$$E_1 = \frac{E}{1-\mu^2}, \mu_1 = \frac{\mu}{1-\mu} \tag{3-6}$$

则式(3-4)可写为:

$$\left.\begin{array}{l} \varepsilon_x = \dfrac{1}{E_1}(\sigma_x - \mu_1\sigma_y) \\[3mm] \varepsilon_y = \dfrac{1}{E_1}(\sigma_y - \mu_1\sigma_x) \\[3mm] \gamma_{xy} = \dfrac{1}{G}\tau_{xy} \end{array}\right\} \tag{3-7}$$

此即平面应力条件下的物理方程。

4. 变形协调方程

将式(3-3)3个方程消去 u、v,即得变形协调方程:

$$\frac{\partial^2 \varepsilon_x}{\partial y^2} + \frac{\partial^2 \varepsilon_y}{\partial x^2} = \frac{\partial^2 \gamma_{xy}}{\partial x \partial y} \tag{3-8}$$

将物理方程(3-4)代入变形协调方程,可得用应力分量表示的变形协调方程,有:

$$\left(\frac{\partial^2}{\partial x^2} + \frac{\partial^2}{\partial y^2}\right)(\sigma_x + \sigma_y) = \frac{1}{1-\mu}\left(\frac{\partial \gamma_x}{\partial x} + \frac{\partial \gamma_y}{\partial y}\right) \tag{3-9}$$

在地下工程的静力学问题中,体积力 γ_x、γ_y 即为重力,通常可认为是常量,则式(3-9)即为:

$$\left(\frac{\partial^2}{\partial x^2} + \frac{\partial^2}{\partial y^2}\right)(\sigma_x + \sigma_y) = \nabla^2(\sigma_x + \sigma_y) = 0 \tag{3-10}$$

式中，$\nabla^2 = \dfrac{\partial^2}{\partial x^2} + \dfrac{\partial^2}{\partial y^2}$称为拉普拉斯(Laplace)算子，方程(3-10)称为拉普拉斯方程(或调和方程)。如果变形协调方程满足，则意味着岩体在变形前是连续的，在变形后仍将是连续的。

5. 边界条件

如图 3-5，在静力边界上内应力与外力荷载(X_n, Y_n)间的边界条件为：

$$\left.\begin{array}{l} X_n = \sigma_x\cos\alpha + \tau_{yx}\sin\alpha \\ Y_n = \tau_{xy}\cos\alpha + \sigma_y\sin\alpha \end{array}\right\} \tag{3-11}$$

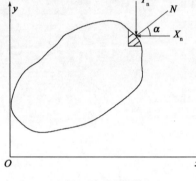

在线弹性理论平面应变问题中引入艾雷(Airy G. B.)应力函数，将可使求解大大简化。令

$$\left.\begin{array}{l} \sigma_x = \dfrac{\partial^2 U}{\partial y^2} + V = \sigma'_x + V \\[2mm] \sigma_y = \dfrac{\partial^2 U}{\partial x^2} + V = \sigma'_y + V \\[2mm] \tau_{xy} = \dfrac{\partial^2 U}{\partial x \partial y} = \tau'_{xy} \end{array}\right\} \tag{3-12}$$

式中：$U = U(x, y)$——艾雷应力函数；

$\qquad\qquad V$——体力势函数；

$\qquad\qquad \sigma'_x \, 、\sigma'_y \, ' \, 、\tau'_{xy}$——无体力时的应力。

图 3-5　边界条件

在自重作用下，$V = -\gamma y$，有 $\gamma_x = -\dfrac{\partial V}{\partial x} = 0$，$\gamma_y = -\dfrac{\partial V}{\partial y} = \gamma$。此时平衡方程(3-2)自动满足，变形协调方程为：

$$\nabla^2(\sigma_x + \sigma_y) = \nabla^2 \nabla^2 U = 0 \tag{3-13}$$

此方程称为双调和方程，$U(x, y)$为双调和函数。于是线弹性理论平面问题的求解就可归结为寻求一满足边界条件的双调和函数 $U(x, y)$。对于地下工程问题，在自重作用下，$V = -\gamma y$，$\gamma_x = 0$，$\gamma_y = \gamma$，边界条件为：

$$\left.\begin{array}{l} X'_n = X_n + \gamma_y\cos\alpha = \sigma'_x\cos\alpha + \tau'_{yx}\sin\alpha \\ Y'_n = Y_n + \gamma_y\sin\alpha = \tau'_{xy}\cos\alpha + \sigma'_y\sin\alpha \end{array}\right\} \tag{3-14}$$

综合式(3-13)及式(3-14)，可见计体力与不计体力，解题基本方程相同，只需将边界荷载 X_n、Y_n 改为边界荷载 X'_n、Y'_n 即可。该边界荷载是在实际的边界荷载 X_n、Y_n 上叠加一法向静水压力 V。求得 σ'_x、σ'_y、τ'_{xy} 后利用式(3-12)即可得到计体力时的应力 σ_x、σ_y、τ_{xy}。由于计体力的问题在求解上总可化为不计体力的形式，故以下将着重研究不计体力的情况。

3.2.2　极坐标系下基本方程

极坐标系中的应力分量见图 3-6。

1. 平衡方程

$$\left.\begin{array}{l} \dfrac{\partial \sigma_r}{\partial r} + \dfrac{1}{r}\dfrac{\partial \tau_{\theta r}}{\partial \theta} + \dfrac{\sigma_r - \sigma_\theta}{r} = 0 \\[3mm] \dfrac{\partial \tau_{r\theta}}{\partial r} + \dfrac{1}{r}\dfrac{\partial \sigma_\theta}{\partial \theta} + \dfrac{2\tau_{r\theta}}{r} = 0 \end{array}\right\} \tag{3-15}$$

2. 几何方程

$$\left.\begin{array}{l} \varepsilon_r = \dfrac{\partial u}{\partial r} \\[2mm] \varepsilon_\theta = \dfrac{1}{r}\dfrac{\partial v}{\partial \theta} + \dfrac{u}{r} \\[2mm] \gamma_{r\theta} = \dfrac{1}{r}\dfrac{\partial u}{\partial \theta} + \dfrac{\partial v}{\partial r} - \dfrac{v}{r} \end{array}\right\} \tag{3-16}$$

式中：u、v——径向和周向位移。

3. 物理方程

$$\left.\begin{array}{l} \varepsilon_r = \dfrac{1-\mu^2}{E}\left(\sigma_r - \dfrac{\mu}{1-\mu}\sigma_\theta\right) \\[2mm] \varepsilon_\theta = \dfrac{1-\mu^2}{E}\left(\sigma_\theta - \dfrac{\mu}{1-\mu}\sigma_r\right) \\[2mm] \gamma_{r\theta} = \dfrac{2(1+\mu)}{E}\tau_{r\theta} \end{array}\right\} \tag{3-17}$$

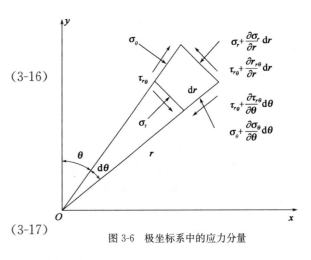

图 3-6　极坐标系中的应力分量

4. 变形协调方程

$$\frac{1}{r^2}\frac{\partial^2 \varepsilon_r}{\partial \theta^2} - \frac{1}{r}\frac{\partial \varepsilon_r}{\partial r} + \frac{2}{r}\frac{\partial \varepsilon_\theta}{\partial r} + \frac{\partial^2 \varepsilon_\theta}{\partial r^2} - \frac{1}{r^2}\frac{\partial}{\partial r}\left(r\frac{\partial \gamma_{r\theta}}{\partial \theta}\right) = 0 \tag{3-18}$$

若引入应力函数 $U(r,\theta)$，令

$$\left.\begin{array}{l} \sigma_r = \dfrac{1}{r}\dfrac{\partial U}{\partial r} + \dfrac{1}{r^2}\dfrac{\partial^2 U}{\partial \theta^2} \\[2mm] \sigma_\theta = \dfrac{\partial^2 U}{\partial r^2} \\[2mm] \tau_{r\theta} = -\dfrac{\partial}{\partial r}\left(\dfrac{1}{r}\dfrac{\partial U}{\partial \theta}\right) \end{array}\right\} \tag{3-19}$$

则变形协调方程同样可写成：

$$\nabla^2 \nabla^2 U = 0 \tag{3-20}$$

式中：∇^2——拉普拉斯算子，在极坐标系中有：

$$\nabla^2 = \frac{\partial^2}{\partial r^2} + \frac{1}{r}\frac{\partial}{\partial r} + \frac{1}{r^2}\frac{\partial^2}{\partial \theta^2} \tag{3-21}$$

3.2.3　线弹性理论平面应变问题的复变函数解

采用复变函数求解隧洞工程问题具有显著的优点。下面给出利用复变函数求解隧洞工程问题时要用到的一些基本关系，详细内容可参阅相关文献。

1. 应力函数 $U(x,y)$ 的复数表示

设复数 $z = x + iy$，其共轭 $\bar{z} = x - iy$，则用复数表示的满足双调和方程的应力函数有：

$$U(x,y) = U(z,\bar{z}) = \mathrm{Re}[\bar{z}\varphi(z) + \chi(z)] \tag{3-22}$$

式中：$\varphi(z)$、$\chi(z)$——解析函数；

　　　　Re——表示函数之实部。

2. 直角坐标系中应力与位移的复数表示

$$\left.\begin{array}{l} \sigma_x + \sigma_y = 2[\Phi(z) + \overline{\Phi(z)}] + 2V \\[2mm] \sigma_y - \sigma_x + 2i\tau_{xy} = 2[\bar{z}\Phi'(z) + \Psi(z)] \\[2mm] 2G(u+iv) = \kappa\varphi(z) - z\overline{\varphi'(z)} - \overline{\Psi(z)} + 2(\kappa-1)r_1(z) \end{array}\right\} \tag{3-23}$$

其中：

$$\Phi(z) = \varphi'(z), \Phi'(z) = \varphi''(z), \psi(z) = \chi'(z), \Psi(z) = \psi'(z) = \chi''(z)$$

$$\kappa = 3 - 4\mu, G = \frac{E}{2(1+\mu)}$$

$$V = -\gamma y = \frac{1}{2}i\gamma(z - \bar{z}), r_1(z) = \frac{1}{8}i\gamma z^2$$

式中：V——势函数；

γ——围岩重度，当不考虑体力时 $\gamma=0$。

利用式(3-23)并分解实部和虚部即可得 σ_y、σ_x、τ_{xy} 与 u、v。

3. 极坐标系中应力与位移的复数表示

$$\left.\begin{aligned} \sigma_r + \sigma_\theta &= 2\left[\Phi(z) + \overline{\Phi(z)}\right] + 2V \\ \sigma_\theta - \sigma_r + 2i\tau_{r\theta} &= 2e^{2i\alpha}\left[\bar{z}\Phi'(z) + \Psi(z)\right] \\ 2G(u_r + iv_\theta) &= e^{-i\alpha}\left[\kappa\varphi(z) - z\overline{\varphi'(z)} - \overline{\Psi(z)} + 2(\kappa-1)r_1(z)\right] \end{aligned}\right\} \quad (3\text{-}24)$$

分解实部和虚部即可得 σ_θ、σ_r、$\tau_{r\theta}$ 与 u_r、v_θ。

4. 解析函数 $\varphi(z)$、$\psi(z)$ 的通式

由上可知，线弹性理论平面应变问题的求解可归结为寻求满足给定边界条件的两个解析函数 $\varphi(z)$、$\psi(z)$。

对于下面要讨论的隧洞工程问题，在数学上归结为无限域单连通问题，若其内外边界上合力为零，则解析函数 $\varphi(z)$、$\psi(z)$ 有：

$$\varphi(z) = \sum_{K=-\infty}^{\infty} a_K z^K + \frac{1-\lambda}{8}\gamma i z^2$$

$$\psi(z) = \sum_{K=-\infty}^{\infty} b_K z^K - \frac{1-\lambda}{8}\gamma i z^2 \quad (3\text{-}25)$$

式中：λ——侧压力系数；

γ——围岩重度，当不考虑体力时 $\gamma=0$。

3.3 圆形隧洞围岩应力与变形的弹性分析

隧洞围岩应力与变形系指隧洞开挖卸荷后在洞周围岩中所出现的应力与变形。显然，它不仅与开挖前岩体的初始应力状态、隧洞的形状及位置、岩体的物理力学性质等因素有关，而且也与施工方法、支护时间及支护的几何特征、力学性质等因素有关。在力学处理上，如前所述，考虑自重的问题在求解上可以化为不考虑自重的形式，并可简化为在外边界上作用着均匀分布的垂直荷载和水平荷载。由此而引起的计算误差，在洞周是不大的，并随着隧洞埋深的增加而减小，当埋深大于 10 倍洞跨时，可略去不计。因此，我们可以用图 3-7 所示的计算简图来分析圆形隧洞围岩应力及变形。应该指出的是，在计算变形时应扣除隧洞开挖前岩体在原岩

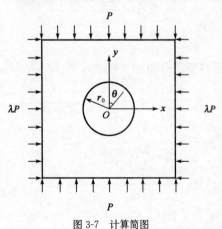

图 3-7 计算简图

应力 P 和 λP 作用下所产生的变形。

3.3.1 无衬砌时

计算简图如图 3-7 所示。由于该无限域内外边界上外力的合力为零,故解析函数 $\varphi(z)$、$\psi(z)$ 如式(3-25),代入到应力表达式(3-24),考虑到应力在整个无限域内有限且常数项不影响应力分布,则不考虑体力(自重)时解析函数 $\varphi(z)$、$\psi(z)$ 为:

$$\left.\begin{array}{l} \varphi(z) = \Gamma z + \sum_{K=1}^{\infty} a_K z^{-K} \\ \psi(z) = \Gamma' z + \sum_{K=1}^{\infty} b_K z^{-K} \end{array}\right\} \tag{3-26}$$

并由边界条件 $r = r_0$,有:

$$\sigma_r = 0, \tau_{r\theta} = 0 \tag{3-27}$$

及 $r = \infty$,

$$\left.\begin{array}{l} \sigma_r = \dfrac{1}{2}(1+\lambda)P + \dfrac{1}{2}(1-\lambda)P\cos 2\theta \\[2mm] \sigma_\theta = \dfrac{1}{2}(1+\lambda)P - \dfrac{1}{2}(1-\lambda)P\cos 2\theta \\[2mm] \tau_{r\theta} = -\dfrac{1}{2}(1-\lambda)P\sin 2\theta \end{array}\right\} \tag{3-28}$$

解之得:

$$\left.\begin{array}{l} \varphi(z) = \dfrac{1}{4}(1+\lambda)Pz + \dfrac{1}{2}(1-\lambda)Pr_0^2 z^{-1} \\[2mm] \psi(z) = -\dfrac{1}{2}(1-\lambda)Pz - \dfrac{1}{2}(1+\lambda)Pr_0^2 z^{-1} + \dfrac{1}{2}(1-\lambda)Pr_0^4 z^{-3} \end{array}\right\} \tag{3-29}$$

将式(3-29)代入式(3-24),分解实部与虚部,并考虑到由初始应力所产生的初始位移在隧洞开挖前已经完成,因此在讨论由开挖而引起的围岩位移时不应将其计入,故在无衬砌时圆形隧洞围岩应力及位移应为:

$$\left.\begin{array}{l} \sigma_r = \dfrac{P}{2}\Big[(1+\lambda)\Big(\underline{1} - \dfrac{r_0^2}{r^2}\Big) + (1-\lambda)\Big(\underline{1} - \dfrac{4r_0^2}{r^2} + \dfrac{3r_0^4}{r^4}\Big)\cos 2\theta\Big] \\[3mm] \sigma_\theta = \dfrac{P}{2}\Big[(1+\lambda)\Big(\underline{1} + \dfrac{r_0^2}{r^2}\Big) - (1-\lambda)\Big(\underline{1} + \dfrac{3r_0^4}{r^4}\Big)\cos 2\theta\Big] \\[3mm] \tau_{r\theta} = -\dfrac{P}{2}(1-\lambda)\Big(\underline{1} + \dfrac{2r_0^2}{r^2} - \dfrac{3r_0^4}{r^4}\Big)\sin 2\theta \end{array}\right\} \tag{3-30}$$

$$\left.\begin{array}{l} u = \dfrac{Pr_0^2}{4Gr}\Big\{(1+\lambda) + (1-\lambda)\Big[(\kappa+1) - \dfrac{r_0^2}{r^2}\Big]\cos 2\theta\Big\} \\[3mm] v = -\dfrac{Pr_0^2}{4Gr}(1-\lambda)\Big[(\kappa-1) + \dfrac{r_0^2}{r^2}\Big]\sin 2\theta \end{array}\right\} \tag{3-31}$$

式(3-30)中的应力分量由两部分组成:一是由初始应力所产生的(底下杠以"_"标出);二是由洞周开挖卸载而引起的。式(3-31)中的 u 为径向位移,v 为周向位移,$\kappa = 3 - 4\mu$,下同。

若令 $a = \dfrac{r_0}{r}$,则式(3-30)和式(3-31)也可写为:

$$\sigma_r = \frac{P}{2}\left[(1+\lambda)(1-a^2) + (1-\lambda)(1-4a^2+3a^4)\cos2\theta\right]$$

$$\sigma_\theta = \frac{P}{2}\left[(1+\lambda)(1+a^2) - (1-\lambda)(1+3a^4)\cos2\theta\right]$$
(3-32)

$$\tau_{r\theta} = -\frac{P}{2}(1-\lambda)(1+2a^2-3a^4)\sin2\theta$$

$$u = \frac{Pr_0^2}{4Gr}\left\{(1+\lambda) + (1-\lambda)\left[(\kappa+1) - a^2\right]\cos2\theta\right\}$$
(3-33)

$$v = -\frac{Pr_0^2}{4Gr}(1-\lambda)\left[(\kappa-1) + a^2\right]\sin2\theta$$

在洞周边 $r = r_0$ 处,有:

$$\sigma_r = 0$$

$$\sigma_\theta = P\left[(1+\lambda) - 2(1-\lambda)\cos2\theta\right]$$
(3-34)

$$\tau_{r\theta} = 0$$

$$u = \frac{Pr_0}{4G}\left[(1+\lambda) + (1-\lambda)(3-4\mu)\cos2\theta\right]$$
(3-35)

$$v = -\frac{Pr_0}{4G}(1-\lambda)(3-4\mu)\sin2\theta$$

在拱顶 $\theta = 0°$,

$$\sigma_\theta = (3\lambda - 1)P$$
(3-36)

当 $\lambda = \frac{1}{3}$ 时,$\sigma_\theta = 0$;$\lambda < \frac{1}{3}$ 时,$\sigma_\theta < 0$,即出现拉应力。

当 $\lambda = 1$,即围岩初始应力为轴对称分布时,有:

$$\sigma_r = P\left(1 - \frac{r_0^2}{r^2}\right)$$

$$\sigma_\theta = P\left(1 + \frac{r_0^2}{r^2}\right)$$
(3-37)

$$\tau_{r\theta} = 0$$

$$u = \frac{Pr_0^2}{2G}\frac{1}{r}$$
(3-38)

$$v = 0$$

图 3-8 是 $\lambda = 1$ 时径向应力 σ_r 和周向应力 σ_θ 沿径向的分布图。由于应力与 $\frac{r_0^2}{r^2}$ 成比例,故随着 $\frac{r_0}{r}$ 的增加,σ_r 和 σ_θ 均迅速接近初始应力 P。在 $r = 5r_0$ 处,σ_r、σ_θ 与初始应力 P 之差小于 4%。

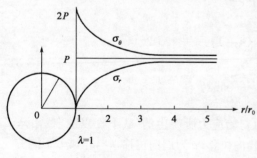

图 3-8　洞周应力分布

3.3.2　有衬砌时

如图 3-9,假定衬砌是封闭的,其外径 r_0 与隧洞开挖半径相等,且与开挖是同时完成的。相应于衬砌的量加脚标 c 表示。在衬砌与围岩接触面($r = r_0$)上略去摩擦力,因而有边界条件:

$$r = r_1 : \sigma_{cr} = 0, \tau_{cr\theta} = 0$$

$$r = r_0 : \sigma_r = \sigma_{cr}, u = u_c$$

$$\tau_{r\theta} = \tau_{cr\theta} = 0$$

$$r = \infty : \sigma_r = \frac{P}{2}(1+\lambda) + \frac{P}{2}(1-\lambda)\cos2\theta$$

$$\sigma_\theta = \frac{P}{2}(1+\lambda) - \frac{P}{2}(1-\lambda)\cos2\theta$$

$$\tau_{r\theta} = -\frac{P}{2}(1-\lambda)\sin2\theta$$

$$(3-39)$$

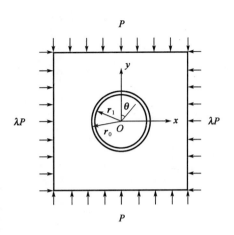

图 3-9　计算简图

在围岩与衬砌的定义域中相应的解析函数形式上同式(3-26),将其代入应力与位移表达式,由上述边界条件式(3-39),即可确定相应解析函数中的各系数,并可进而求得相应介质的应力分量及位移分量。围岩应力与位移为:

$$\sigma_r = \frac{P}{2}\left[(1+\lambda)\left(1-\frac{\gamma r_0^2}{r^2}\right) + (1-\lambda)\left(1-\frac{2\beta r_0^2}{r^2} - \frac{3\delta r_0^4}{r^4}\right)\cos2\theta\right]$$

$$\sigma_\theta = \frac{P}{2}\left[(1+\lambda)\left(1+\frac{\gamma r_0^2}{r^2}\right) - (1-\lambda)\left(1-\frac{3\delta r_0^4}{r^4}\right)\cos2\theta\right] \qquad (3-40)$$

$$\tau_{r\theta} = -\frac{P}{2}(1-\lambda)\left(1+\frac{\beta r_0^2}{r^2} + \frac{3\delta r_0^4}{r^4}\right)\sin2\theta$$

$$u = \frac{P r_0^2}{8Gr}\left\{2\gamma(1+\lambda) + (1-\lambda)\left[\beta(\kappa+1) + \frac{2\delta r_0^2}{r^2}\right]\cos2\theta\right\}$$

$$v = -\frac{P r_0^2}{8Gr}(1-\lambda)\left[\beta(\kappa-1) - \frac{2\delta r_0^2}{r^2}\right]\sin2\theta \qquad (3-41)$$

衬砌应力与位移为:

$$\sigma_{cr} = (2A_1 + A_2 r^{-2}) - (A_5 + 4A_3 r^{-2} - 3A_6 r^{-4})\cos2\theta$$

$$\sigma_{c\theta} = (2A_1 - A_2 r^{-2}) + (A_5 + 12A_4 r^{-2} - 3A_6 r^{-4})\cos2\theta \qquad (3-42)$$

$$\tau_{cr\theta} = (A_5 + 6A_4 r^2 - 2A_3 r^{-2} + 3A_6 r^{-4})\sin2\theta$$

$$u_c = \frac{1}{2G_c}\left\{\left[(\kappa_c-1)A_1 r - A_2 r^{-1}\right] + \left[(\kappa_c-3)A_4 r^3 - A_5 r + (\kappa_c+1)A_3 r^{-1} - A_6 r^{-3}\right]\cos2\theta\right\}$$

$$v_c = \frac{1}{2G_c}\left[(\kappa_c+3)A_4 r^3 + A_5 r - (\kappa_c-1)A_3 r^{-1} - A_6 r^{-3}\right]\sin2\theta$$

$$(3-43)$$

其中:

$$\gamma = \frac{G[(\kappa_c-1)r_0^2 + 2r_1^2]}{2G_c(r_0^2 - r_1^2) + G[(\kappa_c-1)r_0^2 + 2r_1^2]}$$

$$\beta = 2\frac{GH + G_c(r_0^2 - r_1^2)^3}{GH + G_c(3\kappa+1)(r_0^2 - r_1^2)^3} \qquad (3-44)$$

$$\delta = -\frac{GH + G_c(\kappa+1)(r_0^2 - r_1^2)^3}{GH + G_c(3\kappa+1)(r_0^2 - r_1^2)^3}$$

$$H = r_0^6(\kappa_c+3) + 3r_0^4 r_1^2(3\kappa_c+1) + 3r_0^2 r_1^4(\kappa_c+3) + r_1^6(3\kappa_c+1)$$

$$A_1 = \frac{P}{4}(1+\lambda)(1-\gamma)\frac{r_0^2}{r_0^2-r_1^2}$$

$$A_2 = -\frac{P}{2}(1+\lambda)(1-\gamma)\frac{r_0^2 r_1^2}{r_0^2-r_1^2}$$

$$A_3 = \frac{3P}{4}(1-\lambda)(1+\delta)\frac{r_0^2 r_1^2(2r_0^4+r_0^2 r_1^2+r_1^4)}{(r_0^2-r_1^2)^3}$$

$$A_4 = \frac{P}{4}(1-\lambda)(1+\delta)\frac{r_0^2(r_0^2+3r_1^2)}{(r_0^2-r_1^2)^3} \qquad (3\text{-}45)$$

$$A_5 = -\frac{3P}{2}(1-\lambda)(1+\delta)\frac{r_0^2(r_0^4+r_0^2 r_1^2+2r_1^4)}{(r_0^2-r_1^2)^3}$$

$$A_6 = \frac{P}{2}(1-\lambda)(1+\delta)\frac{r_0^2 r_1^4(3r_0^4+r_0^2 r_1^2)}{(r_0^2-r_1^2)^3}$$

当 $G_c=0$，即无衬砌时，有 $\gamma=1,\beta=2,\delta=-1$。将此代入式(3-40)及式(3-41)，围岩应力与位移即如式(3-30)及式(3-31)所示。

当 $\lambda=1$，即初始应力为轴对称分布时，围岩应力与位移为：

$$\sigma_r = P\left(1-\gamma\frac{r_0^2}{r^2}\right)$$

$$\sigma_\theta = P\left(1+\gamma\frac{r_0^2}{r^2}\right) \qquad (3\text{-}46)$$

$$\tau_{r\theta} = 0$$

$$u = \frac{Pr_0^2}{2Gr}\cdot\gamma = u^N\cdot\gamma \qquad (3\text{-}47)$$

$$v = 0$$

式中：$u^N=\dfrac{Pr_0^2}{2Gr}$——无衬砌隧洞的径向位移。

衬砌的应力与位移为：

$$\sigma_{cr} = 2A_1+A_2 r^{-2} = P(1-\gamma)\frac{r_0^2}{r_0^2-r_1^2}\left(1-\frac{r_1^2}{r^2}\right)$$

$$\sigma_{c\theta} = 2A_1-A_2 r^{-2} = P(1-\gamma)\frac{r_0^2}{r_0^2-r_1^2}\left(1+\frac{r_1^2}{r^2}\right) \qquad (3\text{-}48)$$

$$\tau_{cr\theta} = 0$$

$$u_c = \frac{1}{2G_c}\left[(\kappa_c-1)A_1 r - A_2 r^{-1}\right]$$

$$= \frac{P}{4G_c}(1-\gamma)\frac{r_0^2}{r_0^2-r_1^2}\left[(\kappa_c-1)r+\frac{2r_1^2}{r}\right] \qquad (3\text{-}49)$$

$$v_c = 0$$

从上述各式及图 3-10 中可以看出：

(1)因为 γ 值总是小于 1，故有衬砌的隧洞围岩位移总比无衬砌时小。衬砌的设置使围岩径向应力 σ_r 比无衬砌时大，周向应力 σ_θ 比无衬砌时小，因而应力差($\sigma_r-\sigma_\theta$)大大减小，提高了隧洞的稳定性。

(2)γ 值随着衬砌材料弹性模量 E_c 与围岩弹性模量 E 之比 $m=\dfrac{E_c}{E}$ 及衬砌厚跨比 $n=\dfrac{t}{r_0}$ 的增加而增加，当 m 及 n 值较小时增加速率较大，当 m 及 n 值较大时，增加速率显著减小，其间呈双曲线关系。

(3)当模量比 m 及厚跨比 n 达到一定值后，继续提高衬砌材料弹性模量或增加衬砌截面厚度并不能有效地减少洞周围岩位移及应力差($\sigma_r-\sigma_\theta$)，因而试图通过采用高弹性模量的衬砌材料或增加衬砌截面厚度，以保证隧洞稳定性的做法，其效果是不显著的(除非由于衬砌材料强度不足而影响隧洞稳定性时)。

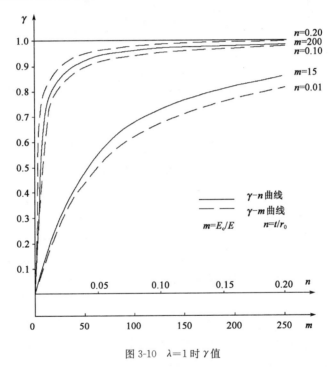

图 3-10　$\lambda=1$ 时 γ 值

[**例 3-1**]　某圆形隧洞开挖半径 $r_0=310\text{cm}$，$P=0.54\text{MPa}$，$\lambda=1$，围岩弹性模量 $E=100\text{MPa}$，泊松比 $\mu=0.3$，衬砌厚度 $t=10\text{cm}$，衬砌材料弹性模量 $E_c=2\times10^3\text{MPa}$，泊松比 $\mu_c=0.167$。假定衬砌与开挖是同时完成的，求无衬砌及有衬砌时洞周围岩应力与位移分布情况。

无衬砌洞，由式(3-37)得围岩应力为：

$$\sigma_r=P\left(1-\frac{r_0^2}{r^2}\right)=P(1-a^2)$$

$$\sigma_\theta=P\left(1+\frac{r_0^2}{r^2}\right)=P(1+a^2)$$

其中：

$$a=\frac{r_0}{r}$$

围岩位移 u 为：

$$u = \frac{Pr_0^2}{2Gr} = \frac{5.4 \times 1.3 \times 310}{1\,000}a = 2.176\,2a \text{ (cm)}$$

计算结果列于表 3-1。

有衬砌洞，按式(3-44)算得：

$$\gamma = \frac{G[(\kappa_c - 1)r_0^2 + 2r_1^2]}{2G_c(r_0^2 - r_1^2) + G[(\kappa_c - 1)r_0^2 + 2r_1^2]} = 0.101\,8$$

按式(3-46)及式(3-47)得围岩应力与位移：

$$\sigma_r = P\left(1 - \gamma\frac{r_0^2}{r^2}\right) = P(1 - 0.101\,8a^2), \sigma_\theta = P\left(1 - \gamma\frac{r_0^2}{r^2}\right) = P(1 + 0.101\,8a^2)$$

$$u = \frac{Pr_0^2}{2Gr} \cdot \gamma = 0.221\,5a \text{ (cm)}$$

计算结果列于表 3-1。

计 算 结 果　　　　　　　　　　　表 3-1

$a = \dfrac{r_0}{r}$		1	0.8	0.5	0.4	0.3	0.2
无衬砌	$\sigma_r(P)$	0	0.36	0.75	0.84	0.91	0.96
	$\sigma_\theta(P)$	2	1.64	1.25	1.16	1.09	1.04
	u(cm)	2.18	1.74	1.09	0.87	0.65	0.44
有衬砌	$\sigma_r(P)$	0.90	0.93	0.97	0.98	0.99	1.00
	$\sigma_\theta(P)$	1.10	1.07	1.03	1.02	1.02	1.00
	u(cm)	0.22	0.18	0.11	0.09	0.07	0.04

由计算结果可知，即使衬砌厚度仅为跨度的 1.6%，若假定衬砌是与开挖同时完成的，则洞周围岩的应力差及位移也将大大减少。洞壁处的应力差由无衬砌时的 $2P$ 减至 $0.2P$，位移由无衬砌时的 2.18cm 减至 0.22cm，均减少约 90%。可见衬砌的设置(即使厚度极薄)将大大改善洞周围岩的应力及变形状态，有利于提高隧洞的稳定性。

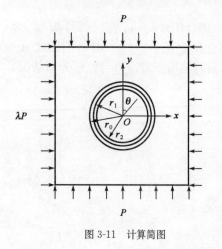

图 3-11　计算简图

3.3.3　有回填层时

在不少土质隧洞中广泛采用装配式衬砌，因而衬砌与围岩之间的空隙就必须以某种材料回填，形成一回填层。回填层的存在对围岩和衬砌的应力与位移都有很大影响，因此有必要分析一下有回填层后，围岩、回填层和衬砌的应力与位移。

计算简图如图 3-11 所示。有回填层时，衬砌、回填层和围岩的应力与位移在形式上同式(3-40)～式(3-43)。

对于围岩，应力和位移分量为：

$$\sigma_r = \frac{P}{2}\left[(1+\lambda)\left(1-\frac{\gamma r_0^2}{r^2}\right)+(1-\lambda)\left(1-\frac{2\beta r_0^2}{r^2}-\frac{3\delta r_0^4}{r^4}\right)\cos2\theta\right]$$

$$\sigma_\theta = \frac{P}{2}\left[(1+\lambda)\left(1+\frac{\gamma r_0^2}{r^2}\right)-(1-\lambda)\left(1-\frac{3\delta r_0^4}{r^4}\right)\cos2\theta\right] \tag{3-50}$$

$$\tau_{r\theta} = -\frac{P}{2}(1-\lambda)\left(1+\frac{\beta r_0^2}{r^2}+\frac{3\delta r_0^4}{r^4}\right)\sin2\theta$$

$$u = \frac{Pr_0^2}{8Gr}\left\{2\gamma(1+\lambda)+(1-\lambda)\left[\beta(\kappa+1)+\frac{2\delta r_0^2}{r^2}\right]\cos2\theta\right\}$$

$$v = -\frac{Pr_0^2}{8Gr}(1-\lambda)\left[\beta(\kappa-1)-\frac{2\delta r_0^2}{r^2}\right]\sin2\theta \tag{3-51}$$

对于回填层,相应的应力、位移分量以及材料常数用脚标 b 表示,其应力与位移分量为:

$$\sigma_{br} = (2B_1+B_2r^{-2})-(B_5+4B_3r^{-2}-3B_6r^{-4})\cos2\theta$$

$$\sigma_{b\theta} = (2B_1-B_2r^{-2})+(B_5+12B_4r^{-2}-3B_6r^{-4})\cos2\theta \tag{3-52}$$

$$\tau_{br\theta} = (B_5+6B_4r^2-2B_3r^{-2}+3B_6r^{-4})\sin2\theta$$

$$u_b = \frac{1}{2G_b}\{[(\kappa_b-1)B_1r-B_2r^{-1}]+$$

$$[(\kappa_b-3)B_4r^3-B_5r+(\kappa_b+1)B_3r^{-1}-B_6r^{-3}]\cos2\theta\} \tag{3-53}$$

$$v_b = \frac{1}{2G_b}[(\kappa_b+3)B_4r^3+B_5r-(\kappa_b-1)B_3r^{-1}-B_6r^{-3}]\sin2\theta$$

衬砌应力与位移分量为:

$$\sigma_{cr} = (2A_1+A_2r^{-2})-(A_5+4A_3r^{-2}-3A_6r^{-4})\cos2\theta$$

$$\sigma_{c\theta} = (2A_1-A_2r^{-2})+(A_5+12A_4r^{-2}-3A_6r^{-4})\cos2\theta \tag{3-54}$$

$$\tau_{cr\theta} = (A_5+6A_4r^2-2A_3r^{-2}+3A_6r^{-4})\sin2\theta$$

$$u_c = \frac{1}{2G_c}\{[(\kappa_c-1)A_1r-A_2r^{-1}]+$$

$$[(\kappa_c-3)A_4r^3-A_5r+(\kappa_c+1)A_3r^{-1}-A_6r^{-3}]\cos2\theta\} \tag{3-55}$$

$$v_c = \frac{1}{2G_c}[(\kappa_c+3)A_4r^3+A_5r-(\kappa_c-1)A_3r^{-1}-A_6r^{-3}]\sin2\theta$$

式中：　　　　　　G、G_b、G_c、κ、κ_b、κ_c——分别为围岩、回填层、衬砌的材料常数,其中 $\kappa_n=3-4\mu_n$;

μ_n——相应介质材料泊松比;

G_n——相应介质材料剪切模量,有 $G_n=\dfrac{E_n}{2(1+\mu_n)}$;

E_n——相应介质材料弹性模量;

γ、β、δ、B_1、$\cdots$、B_6、A_1、$\cdots$、A_6——待定常数,由边界条件确定。

边界条件为:

$$r=r_0：\sigma_{r_0}=\sigma_{br_0},u_{r_0}=u_{br_0},\tau_{r\theta}=\tau_{br\theta}=0$$

$$r=r_1：\sigma_{br_1}=\sigma_{cr_1},u_{br_1}=u_{cr_1},\tau_{br\theta}=\tau_{cr\theta}=0 \tag{3-56}$$

$$r=r_2：\sigma_{cr_2}=0,\tau_{cr\theta}=0$$

及无穷远处 $(r=\infty)$ 应力条件[式(3-28)]和位移条件 $(u_{r=\infty}=0,v_{r=\infty}=0)$。

将应力和位移代入边界条件,得 15 个线性方程,足以确定 γ、β、δ 等 15 个常数。15 个方程可归纳为两个相互独立的方程组,其中第一个方程组用来确定描述均匀应力和位移的 5 个常

数 γ、B_1、B_2、A_1、A_2，第二个方程组确定其余常数。有：

$$2B_1 + B_2 r_0^{-2} = \frac{P}{2}(1+\lambda)(1-\gamma)$$

$$\frac{1}{2G_b}\left[(\kappa_b - 1)B_1 r_0 - B_2 r_0^{-1}\right] = \frac{Pr_0}{8G}(1+\lambda) \cdot 2\gamma$$

$$2B_1 + B_2 r_1^{-2} = 2A_1 + A_2 r_1^{-2}$$

$$\frac{1}{2G_b}\left[(\kappa_b - 1)B_1 r_1 - B_1 r_1^{-1}\right] = \frac{1}{2G_c}\left[(\kappa_c - 1)A_1 r_1 - A_2 r_1^{-1}\right]$$

$$2A_1 + A_2 r_2^{-2} = 0$$

$$\left.\right\} \quad (3\text{-}57)$$

$$-B_5 - 4B_3 r_0^{-2} + 3B_6 r_0^{-4} = \frac{P}{2}(1-\lambda)(1-3\beta-3\delta)$$

$$\frac{1}{G_b}\left[(\kappa_b - 3)B_4 r_0^3 - B_5 r_0 + (\kappa_b + 1)B_3 r_0^{-1} - B_6 r_0^{-3}\right] = \frac{Pr_0}{4G}(1-\lambda)\left[\beta(\kappa+1)+2\delta\right]$$

$$1+\beta+3\delta = 0$$

$$B_5 + 6B_4 r_0^2 - 2B_3 r_0^{-2} + 2B_6 r_0^{-4} = 0$$

$$B_5 + 4B_3 r_1^{-2} - 3B_6 r_1^{-4} = A_5 + 4A_3 r_1^{-2} - 3A_6 r_1^{-4}$$

$$\frac{1}{2G_b}\left[(\kappa_b - 3)B_4 r_1^2 - B_5 + (\kappa_b + 1)B_3 r_1^{-2} - B_6 r_1^{-4}\right]$$

$$= \frac{1}{2G_c}\left[(\kappa_c - 3)A_4 r_1^2 - A_5 + (\kappa_c + 1)A_3 r_1^{-2} - A_6 r_1^{-4}\right]$$

$$B_5 + 6B_4 r_1^2 - 2B_3 r_1^{-2} + 3B_6 r_1^{-4} = 0$$

$$A_5 + 6A_4 r_1^2 - 2A_3 r_1^{-2} + 3A_6 r_1^{-4} = 0$$

$$A_5 + 4A_3 r_2^{-2} - 3A_6 r_2^{-4} = 0$$

$$A_5 + 6A_4 r_2^2 - 2A_3 r_2^{-2} + 3A_6 r_2^{-4} = 0$$

$$\left.\right\} \quad (3\text{-}58)$$

解之，得：

$$\gamma = \frac{G\left[(\kappa_b - 1)r_0^2 + 2r_1^2 - (\kappa_b + 1)r_1^2 f_1\right]}{G\left[(\kappa_b - 1)r_0^2 + 2r_1^2 - (\kappa_b + 1)r_1^2 f\right] + 2G_b(r_0^2 - r_1^2)}$$

$$\beta = 2\frac{G(H - Lf_2) + G_b(r_0^2 - r_1^2)^3}{G(H - Lf_2) + G_b(3\kappa + 1)(r_0^2 - r_1^2)^3}$$

$$\delta = -\frac{G(H - Lf_2) + G_b(r_0^2 - r_1^2)^3}{G(H - Lf_2) + G_b(3\kappa + 1)(r_0^2 - r_1^2)^3}$$

$$\left.\right\} \quad (3\text{-}59)$$

$$B_1 = \frac{P}{4}(1+\lambda)(1-\gamma)\frac{r_0^2}{r_0^2 - r_1^2}\left(1 - \frac{r_1^2}{r_0^2}f_1\right)$$

$$B_2 = -\frac{P}{2}(1+\lambda)(1-\gamma)\frac{r_0^2 r_1^2}{r_0^2 - r_1^2}(1 - f_1)$$

$$B_3 = \frac{3P}{4}(1-\lambda)(1+\delta)\frac{r_0^2 r_1^2(2r_0^4 + r_0^2 r_1^2 + r_1^4)}{(r_0^2 - r_1^2)^3} \cdot \left(1 - \frac{r_0^4 + r_0^2 r_1^2 + 2r_1^4}{2r_0^4 + r_0^2 r_1^2 + r_1^4}f_2\right)$$

$$B_4 = \frac{P}{4}(1-\lambda)(1+\delta)\frac{r_0^2(r_0^2 + 3r_1^2)}{(r_0^2 - r_1^2)^3} \cdot \left[1 - \frac{r_1^2(3r_0^2 + r_1^2)}{r_0^4 + 3r_0^2 r_1^2}f_2\right]$$

$$B_5 = -\frac{3P}{2}(1-\lambda)(1+\delta)\frac{r_0^2(r_0^4 + r_0^2 r_1^2 + 2r_1^4)}{(r_0^2 - r_1^2)^3} \cdot \left[1 - \frac{r_1^2(2r_0^4 + r_0^2 r_1^2 + r_1^4)}{r_0^2(r_0^4 + r_0^2 r_1^2 + 2r_1^4)}f_2\right]$$

$$B_6 = \frac{P}{2}(1-\lambda)(1+\delta)\frac{r_0^2 r_1^4(3r_0^4 + r_0^2 r_1^2)}{(r_0^2 - r_1^2)^3} \cdot \left(1 - \frac{r_0^2 + 3r_1^2}{3r_0^2 + r_1^2}f_2\right)$$

$$\left.\right\} \quad (3\text{-}60)$$

$$A_1 = \frac{P}{4}(1+\lambda)(1-\gamma)\frac{r_1^2}{r_1^2-r_2^2}f_1$$

$$A_2 = -\frac{P}{2}(1+\lambda)(1-\gamma)\frac{r_1^2 r_2^2}{r_1^2-r_2^2}f_1$$

$$A_3 = \frac{3P}{4}(1-\lambda)(1+\delta)\frac{r_1^2 r_2^2(2r_1^4+r_1^2 r_2^2+r_2^4)}{(r_1^2-r_2^2)^3}f_2$$

$$A_4 = \frac{P}{4}(1-\lambda)(1+\delta)\frac{r_1^2(r_1^2+2r_2^2)}{(r_1^2-r_2^2)^3}f_2 \tag{3-61}$$

$$A_5 = -\frac{3P}{2}(1-\lambda)(1+\delta)\frac{r_1^2(r_1^4+r_1^2 r_2^2+2r_2^4)}{(r_1^2-r_2^2)^3}f_2$$

$$A_6 = \frac{P}{2}(1-\lambda)(1+\delta)\frac{r_1^4 r_2^4(3r_1^2+r_2^2)}{(r_1^2-r_2^2)^3}f_2$$

其中：

$$f_1 = \frac{G_c(\kappa_b+1)r_0^2(r_1^2-r_2^2)}{G_c(r_1^2-r_2^2)[(\kappa_b-1)r_1^2+2r_0^2]+G_b(r_0^2-r_1^2)[(\kappa_c-1)r_1^2+2r_2^2]}$$

$$f_2 = \frac{2G_c r_0^2(r_1^2-r_2^2)(\kappa_b+1)(3r_2^4+2r_2^2 r_1^2+3r_1^4)}{G_c(r_1^2-r_2^2)[r_0^6(3\kappa_b+1)+3r_0^4 r_1^2(\kappa_b+3)+3r_0^2 r_1^4(3\kappa_b+1)+r_1^6(\kappa_b+3)] \rightarrow}$$

$$\rightarrow +G_b(r_0^2-r_1^2)[r_1^6(\kappa_c+3)+3r_1^4 r_2^2(3\kappa_c+1)+3r_1^2 r_2^4(\kappa_c+3)+r_2^6(3\kappa_c+1)]$$

$$L = 2r_1^2(\kappa_b+1)(3r_0^4+2r_0^2 r_1^2+3r_1^4) \tag{3-62}$$

H 同式(3-44)。

从式(3-62)不难看出，当 $G_c=0$，即仅为两种介质时，有 $f_1=f_2=0$ 及 $A_1=A_2=A_3=A_4=A_5=A_6=0$，式(3-59)、式(3-60)即同式(3-44)、式(3-45)；当 $G_b=0$ 时，相当于无衬砌，有 $f_1=f_2=1$ 及 $\gamma=1,\beta=2,\delta=-1$。

当 $\lambda=1$，即初始应力为轴对称分布时，从式(3-50)～式(3-55)又求得相应介质的应力与位移。在 $r=r_0$ 处，有：

$$\sigma_{r_0}=\sigma_{br_0}=P(1-\gamma) \tag{3-63}$$

相应的围岩位移为：

$$u_{r_0}=u_{br_0}=\frac{Pr_0}{2G}\gamma=u_{r_0}^N \tag{3-64}$$

从上两式中消去 P，得：

$$\sigma_{br_0}=K_b u_{br_0} \tag{3-65}$$

式中：K_b——回填层和衬砌的综合刚度系数；

$$K_b = \frac{2G_b(r_0^2-r_1^2)\{2G_b(r_0^2-r_1^2)+[r_1^2(1-2\mu_b)+r_0^2]r_1 K_c\}}{r_0[r_1^2+r_0^2(1-2\mu_b)]\{2G_b(r_0^2-r_1^2)\rightarrow}$$

$$\rightarrow +[r_1^2(1-\mu_b)+r_0^2]r_1 K_c\}-4r_0^3 r_1^3(1-\mu_b)K_c \tag{3-66}$$

K_c——衬砌刚度系数。

$$K_c = \frac{2G_c(r_1^2-r_2^2)}{r_1[(1-2\mu_c)r_1^2+r_2^2]} \tag{3-67}$$

在 $r=r_1$ 处，有：

$$\sigma_{br_1}=\sigma_{cr_1}=P(1-\gamma)f_1=\sigma_{br_0}\cdot f_1 \tag{3-68}$$

衬砌外缘位移为：

$$u_{br_1} = u_{cr_1} = P(1-\gamma)f_1 \cdot \frac{1}{K_c} \tag{3-69}$$

衬砌内缘位移为：

$$u_{cr_2} = \frac{Pr_2}{G_c}(1-\gamma)(1-\mu_c)f_1 \cdot \frac{r_1^2}{r_1^2 - r_2^2} \tag{3-70}$$

图 3-12 给出了初始应力为轴对称分布（$\lambda=1$，$\mu=0.5$），衬砌和回填层材料泊松比 $\mu_c = \mu_b = 0.5$ 时的几组 r 值。

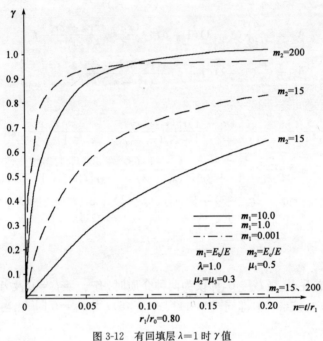

图 3-12 有回填层 $\lambda=1$ 时 γ 值

从图中大致可以看出：

（1）应力和位移与衬砌厚跨比 $n = \dfrac{t}{r_1}$ 及模量比 $m_2 = \dfrac{E_c}{E}$ 呈双曲线规律变化。

（2）当回填层松软，即回填层的弹性模量大大低于围岩弹性模量时（如 $\dfrac{E_b}{E} = 0.001$），有回填层的隧洞衬砌应力和位移要比无回填层时小得多，相应的洞周围岩位移则大大增加。

（3）当回填层的弹性模量与围岩弹性模量相等，即 $m_1 = \dfrac{E_b}{E} = 1$ 时，有回填层与无回填层隧洞衬砌应力近似相等。

（4）当回填层弹性模量大于围岩弹性模量（如 $m_1 = \dfrac{E_b}{E} = 10$）时，若衬砌弹性模量与围岩弹性模量之比 m_2 较小（如 $m_2 = \dfrac{E_c}{E} = 15$），则有回填层的衬砌应力要比无回填时小，但若衬砌弹性模量与围岩弹性模量之比 m_2 较大（如 $m_2 = \dfrac{E_c}{E} = 200$），则当衬砌厚跨比 n 也较大时，有回填层的衬砌应力较无回填层时大，衬砌厚跨比 n 较小时，有回填层的衬砌应力较无回填层时小。

（5）若增加回填层厚度（如 $\dfrac{r_1}{r_0}$ 由 0.90 变为 0.80），在模量比 $m_2 = \dfrac{E_c}{E}$ 较小时（如 $m_2 = \dfrac{E_c}{E} = 15$），可

减少衬砌应力;在模量比 $m_2 = \dfrac{E_c}{E}$ 较大情况下(如 $m_2 = 200$),当衬砌厚跨比 n 较小时,衬砌应力略为减少,当衬砌厚跨比 n 较大时,衬砌应力略有增加。

上述分析对 $\lambda \neq 1$ 的情况同样适用。可见在有回填层的隧洞中,各相应介质的应力及位移取决于围岩、回填层、衬砌这三种介质的材料常数以及衬砌和回填层的厚度等一系列因素。如何使回填层的设置既不有碍于围岩稳定,又能减少衬砌应力,必须具体情况具体分析。

3.4 非圆形隧洞围岩应力与变形的弹性分析

对于非圆形隧洞,人们自然会想到若能找到一个单值的解析函数,使隧洞所在的无限平面与有圆孔的无限平面之间建立起一一对应的函数关系——映射函数,那么就可利用上述确定圆形隧洞围岩应力与位移的表达式来求解非圆形隧洞围岩应力与位移。

求得映射函数 $Z = w(\zeta)$ 后,还需建立用新变量 ζ 来表示的应力分量与位移分量的表达式。经推导,在直角坐标系有:

$$
\left.
\begin{aligned}
\sigma_x + \sigma_y &= 4\mathrm{Re}\left[\frac{\varphi'(\zeta)}{w'(\zeta)}\right] \\
\sigma_y - \sigma_x + 2i\tau_{xy} &= 4\left[\frac{\overline{w(\zeta)}}{w'(\zeta)}\right]\frac{w'(\zeta)\varphi''(\zeta) - w''(\zeta)\varphi'(\zeta)}{[w'(\zeta)]^2} + 2\frac{\psi(\zeta)}{w'(\zeta)} \\
2G(u + iv) &= \kappa\varphi(\zeta) - \frac{w(\zeta)}{\overline{w'(\zeta)}}\,\overline{\varphi'(\zeta)} - \overline{\psi(\zeta)}
\end{aligned}
\right\}
\tag{3-71}
$$

同理可推得在极坐标系中应力分量与位移分量的表达式。

下面作为一个算例给出工程中常见的半圆直墙拱(图 3-13)洞周周向应力计算结果。

由单位圆外域到半圆直墙拱洞形外域的映射函数为:

$$
Z = w(\zeta) = c\left(\zeta - B_2\zeta^{-1} - \frac{1}{2}B_3\zeta^{-2} - \frac{1}{3}B_4\zeta^{-3} - \frac{1}{4}B_5\zeta^{-4}\right)
\tag{3-72}
$$

$$
B_2 = b_2,\ B_4 = b_4,\ B_3 = b_3 i,\ B_5 = b_5 i
$$

式中:b_2、b_3、b_4、b_5——均为实常数,对不同跨高比的洞形,相应的实常数 b_i 及 c 见表 3-2。

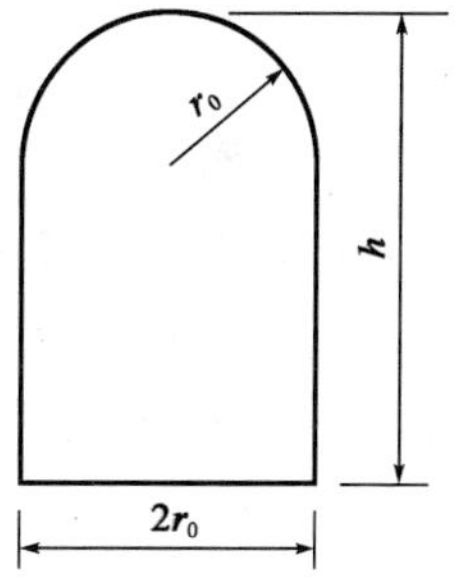

图 3-13 半圆直墙拱形洞孔

不同跨高比洞形 b_i 及 c 值 　　　　　表 3-2

跨高比 $f = 2r_0/h$	$c(\times r_0)$	b_2	b_3	b_4	b_5
2.00	0.769 231	−0.309 824	0.293 811	0.124 203	−0.020 974
1.40	0.907 935	−0.162 465	0.226 258	0.202 057	−0.116 518
1.20	0.986 291	−0.090 864	0.196 138	0.236 913	−0.143 382
1.00	1.088 613	−0.010 532	0.166 783	0.268 950	−0.162 444
0.90	1.159 555	0.040 608	0.150 239	0.285 217	−0.169 627
0.80	1.240 695	0.092 179	0.133 955	0.299 870	−0.172 253
0.70	1.343 544	0.152 708	0.116 465	0.313 001	−0.171 288
0.60	1.486 370	0.223 168	0.097 844	0.323 053	−0.165 089

将表 3-2 中数值代入映射函数,并进而代入解析函数及应力表达式,即可求得相应的应力。图 3-14 是考虑围岩自重时无衬砌隧洞的洞周周向应力分布,在这些图中地面荷载为零。

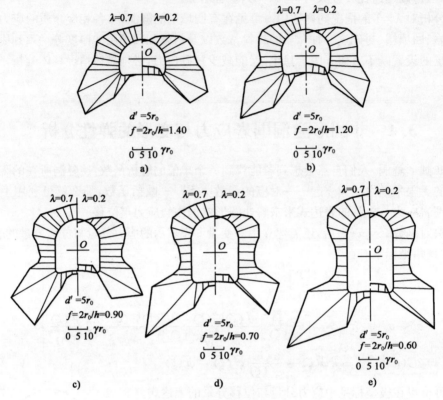

图 3-14　洞周周向应力分布
d'-洞中心至地面距离

从图 3-14 可以看出:

初始应力静止侧压力系数 λ 对于计算围岩应力是个很重要的参数。当 λ 值较小时,如 $\lambda=0.2$,洞顶出现拉应力。当 λ 值由小变大时,洞顶及洞底中部的拉应力值趋于减小,直到出现压应力,且压应力随着 λ 值的增加而增加,同时两侧压应力趋于减小。

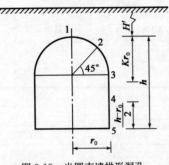

图 3-15　半圆直墙拱形洞孔

随着跨高比 $f=\dfrac{2r_0}{h}$ 的减小,洞顶及洞底中部拉应力趋于减小,压应力趋于增大,而洞孔两侧压应力趋于减小。

随着跨高比 $f=\dfrac{2r_0}{h}$ 的依次减小,只是相应地增大了洞腰高度,而洞顶及洞底的形状并无变化。与此相应,洞顶及洞底应力值的变化幅度远小于洞腰部分的幅度。换言之,局部地改变某区段曲线,对该区段上的应力分布影响较大,对其他区段上的影响较小。

为方便起见,下面给出这些洞形周边某些点(图 3-15)的周向应力计算公式:

$$\sigma_\theta = \gamma(\alpha+\beta\lambda)(H'+Kr_0) \tag{3-73}$$

式中:γ——围岩重度;

H'——洞顶以上覆盖层厚度；

r_0——隧洞半跨；

α、β、K——计算系数，查表3-3。

计算系数 α、β、K 值表　　　　　　　　　　　表3-3

点号	1		2		3		4		5		
跨高比 $f=2r_0/h$	α	β	α	β	α	β	α	β	α	β	K
2.00	-0.9280	2.5400	1.7524	-0.0770	5.4252	-0.2106	5.4252	-0.2106	5.4252	-0.2106	0.6161
1.40	-0.9714	2.9163	1.4335	0.5339	2.7482	-0.8982	3.1439	-0.6553	3.6350	0.3412	0.8284
1.20	-0.9762	3.0536	1.1530	0.8783	2.3131	-0.8975	2.5824	-0.7284	3.5037	0.7096	0.9509
1.00	-0.9758	3.2138	0.8131	1.2639	2.1908	-0.9001	2.1704	-0.7653	3.4704	1.8451	1.1145
0.90	-0.9736	3.3255	0.6212	1.4994	2.2502	-0.8898	1.9628	-0.7835	3.5827	1.3652	1.2327
0.80	-0.9687	3.4274	0.4458	1.7531	2.3569	-0.8224	1.8105	-0.7932	2.4990	4.0506	1.3676
0.70	-0.9622	3.5595	0.2674	2.0586	2.4112	-0.5884	1.6639	-0.8027	1.2286	4.7732	1.5443
0.60	-0.9540	3.7312	0.0755	2.4482	2.1890	-0.0169	1.5173	-0.8114	0.2020	4.6026	1.7921

注：1. 系数 α、β 是在用边界均布荷载代替自重荷载情况下算得的。

　　2. 计算结果以受压为正，受拉为负。

参 考 文 献

[1] 于学馥,郑颖人,刘怀恒,等. 地下工程围岩稳定分析[M]. 北京:煤炭工业出版社,1983.

[2] 铁摩辛柯 S,古地尔 J N. 弹性理论[M]. 北京:人民教育出版社,1964.

[3] 萨文 R H. 孔附近应力集中[M]. 北京:科学出版社,1965.

[4] 王桂芳. 无衬砌隧道围岩应力的计算[J]. 土木工程学报,1965(2):30-37.

[5] 方正昌. 圆形洞室变形地压解——考虑地层、回填层、衬砌的共同工作[J]. 地下工程,1980(4).

第4章 围岩应力与变形的弹塑性分析

DISIZHANG

4.1 概　　述

如第 3 章所述,隧洞开挖后围岩应力重分布,并出现应力集中。如果围岩应力处处小于岩体强度,这时岩体物性状态不变,围岩仍处于弹性状态。反之,当围岩局部区域的应力超过岩体强度,则岩体物性状态改变,围岩进入塑性状态或拉破坏状态。围岩的塑性状态是局部区域的剪应力达到岩体抗剪强度,从而使这部分围岩进入塑性状态,但其余部分围岩仍处于弹性状态;围岩的拉破坏状态是围岩局部区域的拉应力达到了抗拉强度,产生局部受拉分离破坏。在无支护情况下,可以应用第 3 章式(3-32)第二式,判断围岩是否进入塑性状态或受拉破坏状态。

当洞室周边周向应力 σ_θ 满足下式时,即认为围岩进入塑性状态:

$$\sigma_\theta = P[(1+\lambda) - 2(1-\lambda)\cos2\theta] \geqslant R_c \tag{4-1}$$

当满足下式时,则围岩中出现拉裂破坏:

$$-\sigma_\theta = -P[(1+\lambda) - 2(1-\lambda)\cos2\theta] \geqslant R_t \tag{4-2}$$

式中:R_c——岩石抗压强度;

R_t——岩石抗拉强度。

在 $\lambda < 1$ 的情况下,受剪破坏发生在隧洞两侧,受拉破坏则发生在隧洞顶部和底部。一般说来,λ 值越小越不利。当 $\lambda > 0.33$ 时,圆形隧洞围岩将不出现拉应力。通常,出现拉应力对围岩十分不利,所以设计人员常常通过改变隧洞形状来消除围岩中的拉应力。因此,在这种情况下,围岩主要是受压剪破坏。

围岩内塑性区的出现,一方面使应力不断地向围岩深部转移,另一方面又不断地向隧洞方向变形并逐渐解除塑性区的应力。塔罗勃(Talober J.)、卡斯特奈(Kastner H.)等给出了 $\lambda=1$ 时,圆形隧洞弹塑性围岩中的应力图形(图 4-1)。与开挖前的初始应力相比,围岩中的塑性区应力可分为两部分:塑性区外圈是应力高于初始应力的区域,它与围岩弹性区中应力升高部分合在一起称作围岩承载区;塑性区内圈应力低于初始应力的区域称作松动区。松动区内应力和强度都有明显下降,裂隙扩张增多,容积扩大,出现了明显的塑性滑移,这时若没有足够的支护抗力就不能使围岩维持平衡状态,松动区内出现破裂而整体破坏。

塑性区内应力逐渐解除显然不同于未破坏岩体的应力卸载。前者是伴随塑性变形被迫产生的,它是强度降低的体现,而后者则是应力的消失,并不影响岩体强度。当岩体应力达到岩体极限强度后,强度并未完全丧失,而是随着变形增大,逐渐降低,直至降到残余强度为止。这种形式的破坏称为应变软化或强度弱化。试验表明,强度弱化时 c 值明显降低,而 φ 值则降低不多。在围岩塑性区中,沿塑性区深度各点的应力与变形状态不同,c、φ 值也相应不同,靠近弹塑性区交界面的点 c、φ 值高,而靠近洞壁的点 c、φ 值低。与此同时,塑性区中随着塑性变形增大,变形模量 E 逐渐减小,而泊松比 μ 却逐渐增大,所以塑性区 E

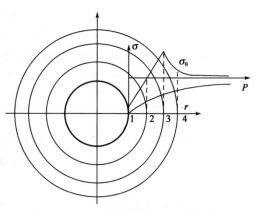

图 4-1 弹塑性围岩应力状态图
1、2-塑性区;3、4-弹性区
1-松动区;2、3-承载区;4-初始应力区

和 μ 也随塑性区深度而变化。因此,在围岩应力与变形的计算中应考虑塑性区物性参数 c、φ、E、μ 值的变化。即使为简化计算,而视物性参数为常数,也应选取一个合适的平均值作为计算参数。

4.2 一点的应力状态和应变状态

在小变形情况下,塑性区平衡方程和几何方程与弹性区一样,但物理方程已不再是胡克定律,而代之以表征塑性变形规律的本构方程。本节介绍一点的应力状态和应变状态。

4.2.1 应力张量及其分解

物体内任一点的应力状态由 9 个应力分量表示,即 σ_x、σ_y、σ_z、τ_{xy}、τ_{yx}、τ_{yz}、τ_{zy}、τ_{zx}、τ_{xz}。9 个应力分量的总体称为应力张量 $\boldsymbol{T}_\sigma$,且为对称张量,并写成如下形式:

$$\boldsymbol{T}_\sigma = \begin{vmatrix} \sigma_x & \tau_{xy} & \tau_{xz} \\ \gamma_{yx} & \sigma_y & \tau_{yz} \\ \tau_{zx} & \tau_{zy} & \sigma_z \end{vmatrix} = (\sigma_{ij}) \tag{4-3}$$

上式可分解为:

$$\boldsymbol{T}_\sigma = \sigma_\mathrm{m}\boldsymbol{I} + \boldsymbol{D}_\sigma = \begin{vmatrix} \sigma_\mathrm{m} & 0 & 0 \\ 0 & \sigma_\mathrm{m} & 0 \\ 0 & 0 & \sigma_\mathrm{m} \end{vmatrix} + \begin{vmatrix} \sigma_x - \sigma_\mathrm{m} & \tau_{xy} & \tau_{xz} \\ \tau_{yx} & \sigma_y - \sigma_\mathrm{m} & \tau_{yz} \\ \tau_{zx} & \tau_{zy} & \sigma_z - \sigma_\mathrm{m} \end{vmatrix} \tag{4-4}$$

式中:σ_m——该点的平均应力,$\sigma_\mathrm{m} = \dfrac{1}{3}(\sigma_x + \sigma_y + \sigma_z)$;

I——单位张量。

第一式是应力球张量,表征着体积变形;第二式是应力偏张量,表征着形状变形。

通过数学推演可以证明,应力偏张量的不变量 J_1、J_2、J_3 和应力张量的不变量 I_1、I_2、I_3 之间有一定关系。所以一点的应力状态可以用不变量 I_1、I_2、I_3 表示,也可以用不变量 J_1、J_2、J_3 表示。其中,表征着剪应力强度的应力偏张量第二不变量 J_2 和表征着平均应力的应力张量第一不变量 I_1,在岩土力学的塑性理论中起着重要作用。

4.2.2　八面体应力、偏应力和广义应力

研究塑性状态时,应用应力张量可简化应力状态的表达方式。采用八面体应力等这些特殊面上的应力,也可达到同样目的,而且这些特殊面上的应力与张量不变量关系密切。

设已知物体内某点的应力主轴和主应力。通过该点作一特殊面,令该面法线 N 与3个应力主轴1、2、3成相等的夹角($54°44'$),则法线的方向余弦彼此相等。又因为方向余弦的平方和等于1,所以:

$$l = m = n = \frac{1}{\sqrt{3}} \tag{4-5}$$

我们称这样的面为等斜面。为研究等斜面上的应力,取等斜面与3个主应力面所组成的四面体为考察对象,受力情况如图4-2所示。令等斜面 abc 的面积为 $\mathrm{d}A$,则在3个主应力面上的三角形面积等于 $\mathrm{d}A/\sqrt{3}$。则四面体的平衡方程为:

$$\sigma_{\mathrm{oct}} - \sigma_1 \cdot \frac{\mathrm{d}A}{\sqrt{3}} \cdot \frac{1}{\sqrt{3}} - \sigma_2 \cdot \frac{\mathrm{d}A}{\sqrt{3}} \cdot \frac{1}{\sqrt{3}} - \sigma_3 \cdot \frac{\mathrm{d}A}{\sqrt{3}} \cdot \frac{1}{\sqrt{3}} = 0 \tag{4-6}$$

由此得等斜面上的正应力 σ_{oct},有:

$$\sigma_{\mathrm{oct}} = \frac{1}{3}(\sigma_1 + \sigma_2 + \sigma_3) = \frac{1}{3}I_1 = \sigma_{\mathrm{m}} \tag{4-7}$$

根据平衡原理,在四面体上,作用在等斜面上法向力和切向力的合力 R_{oct},应等于作用在3个主应力面上力的合力,即:

$$R_{\mathrm{oct}} = \sqrt{\left(\sigma_1 \frac{\mathrm{d}A}{\sqrt{3}}\right)^2 + \left(\sigma_2 \frac{\mathrm{d}A}{\sqrt{3}}\right)^2 + \left(\sigma_3 \frac{\mathrm{d}A}{\sqrt{3}}\right)^2} = \left(\frac{1}{3}\sqrt{\sigma_1^2 + \sigma_2^2 + \sigma_3^2}\right)\mathrm{d}A$$

因而在等斜面上的全应力 P_{oct} 为:

$$P_{\mathrm{oct}} = \frac{R_{\mathrm{oct}}}{\mathrm{d}A} = \frac{1}{\sqrt{3}}\sqrt{\sigma_1^2 + \sigma_2^2 + \sigma_3^2} \tag{4-8}$$

以全应力 P_{oct} 减去正应力 σ_{oct} 就得到剪应力:

$$\tau_{\mathrm{oct}} = \sqrt{P_{\mathrm{oct}}^2 - \sigma_{\mathrm{oct}}^2} = \frac{1}{3}\sqrt{(\sigma_1 - \sigma_2)^2 + (\sigma_2 - \sigma_3)^2 + (\sigma_3 - \sigma_1)^2} = \sqrt{\frac{2}{3}} \cdot \sqrt{J_2} \tag{4-9}$$

其中:

$$\sqrt{J_2} = \frac{1}{\sqrt{6}}\sqrt{(\sigma_1 - \sigma_2)^2 + (\sigma_2 - \sigma_3)^2 + (\sigma_3 - \sigma_1)^2}$$

$$= \frac{1}{\sqrt{6}}\sqrt{(\sigma_x - \sigma_y)^2 + (\sigma_y - \sigma_z)^2 + (\sigma_z - \sigma_x)^2 + 6(\tau_{xy}^2 + \tau_{yz}^2 + \tau_{zx}^2)}$$

在已知物体内某点附近,可以作出 8 个上述等斜面(图 4-2),每个象限内有 1 个,它们形成一个封闭的正八面体。因此上述的 σ_{oct} 和 τ_{oct} 也称八面体上的正应力和剪应力。

在塑性理论中,除八面体应力外,还常用主应力坐标空间 π 平面上的应力,即偏应力。如用 σ_1、σ_2、σ_3 作为笛卡尔坐标系上的 3 个轴,就可得到一个主应力空间。任何一种主应力状态 σ_1、σ_2、σ_3,都可用图 4-3 中某一点 P 来表示。图 4-3 中的 OS 轴与 σ_1、σ_2、σ_3 轴的倾角都相等,即等于 $\cos^{-1}(1/\sqrt{3})=54°44'$。该 OS 轴被称为空间对角线,在此轴上各点 $\sigma_1=\sigma_2=\sigma_3$,并称与此轴垂直的平面为 π 平面。凡是在同一 π 平面上的点,其 $\sigma_1+\sigma_2+\sigma_3$ 值都相等,亦即平均应力 σ_m 相等。例如图 4-3 中 P 点与在空间对角线上的 Q 点同在一 π 平面上,σ_m 相等。可以证明,π 平面上的正应力 σ_π 和偏剪应力 τ_π 为:

$$\left.\begin{aligned}
\sigma_\pi &= \overline{Q'Q} = \frac{1}{\sqrt{3}}(\sigma_1+\sigma_2+\sigma_3) = \sqrt{3}\sigma_m \\
\tau_\pi &= \overline{PQ} = \frac{1}{\sqrt{3}}\sqrt{(\sigma_1-\sigma_2)^2+(\sigma_2-\sigma_3)^2+(\sigma_3-\sigma_1)^2} = \sqrt{2}\sqrt{J_2}
\end{aligned}\right\} \tag{4-10}$$

由式(4-10)可见,偏剪应力 τ_π 与应力偏张量的第二不变量 J_2 有关,它们仅相差 $\sqrt{2}$ 倍。

为了描述工程问题中的塑性现象,在塑性理论中,还经常采用广义应力 (p,q),其定义为:

$$\left.\begin{aligned}
p &= \frac{1}{3}(\sigma_x+\sigma_y+\sigma_z) = \frac{1}{3}(\sigma_1+\sigma_2+\sigma_3) = \sigma_m \\
q &= \frac{1}{\sqrt{2}}\sqrt{(\sigma_x-\sigma_y)^2+(\sigma_y-\sigma_z)^2+(\sigma_z-\sigma_x)^2+6(\tau_{xy}^2+\tau_{yz}^2+\tau_{zx}^2)} \\
&= \frac{1}{\sqrt{2}}\sqrt{(\sigma_1-\sigma_2)^2+(\sigma_2-\sigma_3)^2+(\sigma_3-\sigma_1)^2} = \sqrt{3}\sqrt{J_2}
\end{aligned}\right\} \tag{4-11}$$

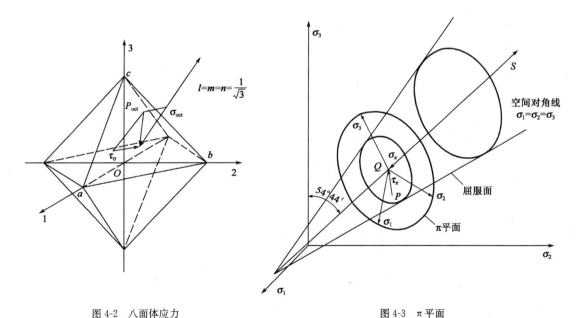

图 4-2　八面体应力　　　　　　　　　　图 4-3　π 平面

广义剪应力 q 是塑性理论中应用最广的,它又称为应力强度(σ_i)或等效应力(σ_{eff})。八面体剪应力,偏剪应力或广义剪应力,与坐标轴无关,与应力球张量,即平均应力 σ_m 也无关,所以当各正应力增加或减少一个相同数值时,其值保持不变。

上述广义剪应力 q、八面体剪应力 τ_{oct}、偏剪应力 τ_π 与偏应力张量第二不变量 J_2 的关系见表 4-1。

各剪应力与偏应力张量第二不变量 J_2 的关系 表 4-1

各剪应力或偏应力第二不变量		q	τ_{oct}	τ_π	J_2
广义剪应力	q	q	$\dfrac{3}{\sqrt{2}}\tau_{oct}$	$\sqrt{\dfrac{3}{2}}\tau_\pi$	$\sqrt{3J_2}$
八面体剪应力	τ_{oct}	$\dfrac{\sqrt{2}}{3}q$	τ_{oct}	$\dfrac{1}{\sqrt{3}}\tau_\pi$	$\sqrt{\dfrac{2}{3}J_2}$
偏剪应力	τ_π	$\sqrt{\dfrac{2}{3}}q$	$\sqrt{3}\tau_{oct}$	τ_π	$\sqrt{2J_2}$
偏应力张量第二不变量	J_2	$\dfrac{1}{3}q^2$	$\dfrac{3}{2}\tau_{oct}^2$	$\dfrac{1}{2}\tau_\pi^2$	J_2

4.2.3 洛德(Lode)角与主应力关系

为了表达塑性准则方便,引入洛德角 θ_σ,以代替偏应力张量的第三不变量 J_3。与求解主应力和主应力方向一样,3 个主偏应力是下述三次方程的 3 个根:

$$S^3 - J_2 S - J_3 = 0 \tag{4-12}$$

直接解上述方程是困难的,但可以下述三角恒等式模拟上述方程:

$$\sin^3\theta_\sigma - \frac{3}{4}\sin\theta_\sigma + \frac{1}{4}\sin 3\theta_\sigma = 0$$

若以 $S = r\sin\theta_\sigma$ 代入方程(4-12),即得:

$$\sin^3\theta_\sigma - \frac{J_2}{r^2}\sin\theta_\sigma - \frac{J_3}{r^3} = 0 \tag{4-13}$$

与方程(4-13)恒等,得:

$$\left.\begin{aligned}
r &= \frac{2}{\sqrt{3}}\sqrt{J_2} = \frac{2}{3}q \\
\sin 3\theta_\sigma &= -\frac{4J_3}{r^3} = -\frac{27J_3}{2q^3} = -\frac{3\sqrt{3}}{2}\cdot\frac{J_3}{(J_2)^{3/2}}
\end{aligned}\right\} \tag{4-14}$$

并有 $-\dfrac{\pi}{6} \leqslant \dfrac{1}{3}\sin^{-1}\left(-\dfrac{27}{2}\cdot\dfrac{J_3}{q^3}\right) = \dfrac{1}{3}\sin^{-1}\left(-\dfrac{3\sqrt{3}}{2}\cdot\dfrac{J_3}{(J_2)^{3/2}}\right) \leqslant \dfrac{\pi}{6}$

p、q、θ_σ 是 3 个独立的不变量,可以取代 σ_1、σ_2、σ_3 或 I_1、I_2、I_3 或 J_1、J_2、J_3,它与主应力 σ_1、σ_2、σ_3 有如下关系:

$$\begin{Bmatrix}\sigma_1\\\sigma_2\\\sigma_3\end{Bmatrix} = \frac{2}{3}q\begin{Bmatrix}\sin(\theta_\sigma+\frac{2}{3}\pi)\\\sin\theta_\sigma\\\sin(\theta_\sigma-\frac{2}{3}\pi)\end{Bmatrix} + p = \frac{2}{\sqrt{3}}\sqrt{J_2}\begin{Bmatrix}\sin(\theta_\sigma+\frac{2}{3}\pi)\\\sin\theta_\sigma\\\sin(\theta_\sigma-\frac{2}{3}\pi)\end{Bmatrix} + \sigma_m \tag{4-15}$$

式中: $\sigma_1 \geqslant \sigma_2 \geqslant \sigma_3$。

4.2.4 应变张量

与应力分量 σ_x、σ_y、σ_z、τ_{xy}、τ_{yx}、τ_{yz}、τ_{zy}、τ_{xz}、τ_{zx} 相对应的应变分量为 ε_x、ε_y、ε_z、$\dfrac{1}{2}\gamma_{xy}$、$\dfrac{1}{2}\gamma_{yx}$、

$\frac{1}{2}\gamma_{yz}$、$\frac{1}{2}\gamma_{zy}$、$\frac{1}{2}\gamma_{zx}$、$\frac{1}{2}\gamma_{xz}$。9 个应变分量总称为应变张量 E_z,且为对称张量,应变张量也可分解为应变球张量和应变偏张量。令平均应变 ε_m 为:

$$\varepsilon_m = \frac{1}{3}(\varepsilon_x + \varepsilon_y + \varepsilon_z) \tag{4-16}$$

则:

$$\boldsymbol{E}_\varepsilon = \varepsilon_m \boldsymbol{I}' + \boldsymbol{D}_\varepsilon = \begin{vmatrix} \varepsilon_x & \frac{1}{2}\gamma_{xy} & \frac{1}{2}\gamma_{xz} \\ \frac{1}{2}\gamma_{yx} & \varepsilon_y & \frac{1}{2}\gamma_{yz} \\ \frac{1}{2}\gamma_{zx} & \frac{1}{2}\gamma_{zy} & \varepsilon_z \end{vmatrix}$$

$$= \begin{bmatrix} \varepsilon_m & 0 & 0 \\ 0 & \varepsilon_m & 0 \\ 0 & 0 & \varepsilon_m \end{bmatrix} + \begin{vmatrix} \varepsilon_x - \varepsilon_m & \frac{1}{2}\gamma_{xy} & \frac{1}{2}\gamma_{xz} \\ \frac{1}{2}\gamma_{yx} & \varepsilon_y - \varepsilon_m & \frac{1}{2}\gamma_{yz} \\ \frac{1}{2}\gamma_{zx} & \frac{1}{2}\gamma_{zy} & \varepsilon_z - \varepsilon_m \end{vmatrix} = (\varepsilon_{ij}) \tag{4-17}$$

应变球张量 $\varepsilon_m \boldsymbol{I}'$ 表示各方向有相同的伸缩应变,它代表体积变化。应变偏张量 $\boldsymbol{D}_\varepsilon$ 中 3 个正应变分量之和等于零,表示体积变化为零。所以应变偏张量是与形状变化相应的应变部分。

应变张量也有应变主轴,主应变 ε_1、ε_2、ε_3 等等。应变偏张量的第二不变量 J_2':

$$J_2' = \frac{1}{6}\left[(\varepsilon_x - \varepsilon_y)^2 + (\varepsilon_y - \varepsilon_z)^2 + (\varepsilon_z - \varepsilon_x)^2 + \frac{3}{2}(\gamma_{xy}^2 + \gamma_{yz}^2 + \gamma_{zx}^2)\right]$$

$$= \frac{1}{6}\left[(\varepsilon_1 - \varepsilon_2)^2 + (\varepsilon_2 - \varepsilon_3)^2 + (\varepsilon_3 - \varepsilon_1)^2\right] \tag{4-18}$$

与八面体法向应力 p 相对应的应变为平均体积应变 ε_m。与八面体剪应力 q 相对应的应变为应变强度 ε_i,即:

$$\varepsilon_i = \frac{\sqrt{2}}{3}\sqrt{(\varepsilon_x - \varepsilon_y)^2 + (\varepsilon_y - \varepsilon_z)^2 + (\varepsilon_z - \varepsilon_x)^2 + \frac{3}{2}(\gamma_{xy}^2 + \gamma_{yz}^2 + \gamma_{zx}^2)}$$

$$= \frac{\sqrt{2}}{3}\sqrt{(\varepsilon_1 - \varepsilon_2)^2 + (\varepsilon_2 - \varepsilon_3)^2 + (\varepsilon_3 - \varepsilon_1)^2} \tag{4-19}$$

4.3 塑性屈服准则

4.3.1 屈服准则的定义及其应遵循的力学原则

固体受到荷载作用后,随着荷载增大,由弹性状态过渡到塑性状态,这种过渡被称为屈服,而物体内某一点开始产生塑性应变时,应力或应变所必需满足的条件叫做屈服准则(条件),即是弹性条件下的界限或称弹性极限。其数学方程可写成:

$$F(\sigma_{ij}) = 0 \tag{4-20}$$

在简单拉伸情况下,当拉应力达到材料拉伸屈服极限 σ_s 时,$\sigma = \sigma_s$;在纯剪状态,当剪应力达到材料剪切屈服极限 τ_s 时，$\tau = \tau_s$。一般情况下，屈服准则与应力的 6 个分量有关，但在不考虑应力主轴旋转情况下，它与 3 个主应力分量或不变量有关，而且是它们的函数，这个函数 F 称为屈服函数：

$$\left.\begin{array}{l} F(\sigma_1, \sigma_2, \sigma_3) = 0 \\ F(I_1, I_2, I_3) = 0 \\ F(I_1, J_2, J_3) = 0 \\ F(\sigma_m, J_2, \theta_\sigma) = 0 \\ F(p, q, \theta_\sigma) = 0 \end{array}\right\} \qquad (4\text{-}21)$$

在传统塑性力学中，由于体积变形或静水应力状态与塑性变形无关，因而上述式子均与 I_1、σ_m、p 无关，则可表达成如下形式：

$$\left.\begin{array}{l} F(\sigma_1, \sigma_2, \sigma_3) = 0 \\ F(I_2, I_3) = 0 \\ F(J_2, J_3) = 0 \\ F(J_2, \theta_\sigma) = 0 \\ F(q, \theta_\sigma) = 0 \\ F(S_1, S_2, S_3) = 0 \end{array}\right\} \qquad (4\text{-}22)$$

在应力空间内屈服函数表示为屈服曲面。当以应力分量作为变量时，则屈服面为六维应力空间内的超曲面。若以主应力分量表示时，则为主应力空间内一个曲面，称为屈服曲面（图 4-4）。

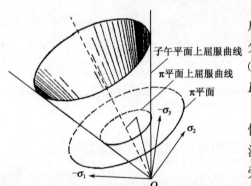

图 4-4 屈服曲线与屈服面

屈服曲面也就是初次屈服的应力点连起来构成的一个空间曲面。它把应力空间分成两个部分，应力点在屈服面内属弹性状态，此时 $F(\sigma_{ij}) < 0$；对于理想塑性材料，在屈服面上材料开始屈服，$F(\sigma_{ij}) = 0$。应力点不可能跑出屈服面之外。

如上所述，屈服准则是弹塑性的分界点，是弹性的极限，它只代表材料某应力点达到了屈服或流动，但不能表示材料已出现整体破坏，因为该点旁边的点仍处于弹性状态，它会抑制材料的流动。可见屈服准则只是材料破坏的必要条件，而非充分条件。既然屈服是弹性的极限，因而可应用弹性力学来推导屈服准则，也就是说，不管屈服准则以何种形式表示，如应力、应变或能量形式，它们都必须满足弹性力学（线弹性与非线性弹性）基本理论，如弹性的应力—应变关系及弹性能量理论等。这就是屈服准则需要遵循的力学原则。对于金属，一般情况下，应力—应变关系为线性的；而对岩土材料，一般也可近似视为线弹性。因而应力与应变关系必须服从胡克定律，应力屈服准则与应变屈服准则可以依据胡克定律相互转换。同时，由于应力与应变成正比，材料的弹性应变能必须与应力或应变的平方成正比，因而材料的能量屈服准则必然与应力或应变条件成平方关系。可见，应力、应变与能量表述的屈服准则都必须满足上述力学关系。

4.3.2 Tresca（屈瑞斯卡）屈服准则

在传统塑性理论中，对金属材料应用最早的屈服准则是 Tresca 准则。这是 1864 年由 Tresca 提出来的，他假设当最大剪应力达到某一极限值 k 时，材料发生屈服，显然这是剪切屈服准则。如规定 $\sigma_1 \geqslant \sigma_2 \geqslant \sigma_3$，Tresca 屈服准则可表示为：

$$\tau_{\max} = \frac{\sigma_1 - \sigma_3}{2} = k \tag{4-23}$$

在一般情况下，即 σ_1、σ_2、σ_3 不按大小次序排列，若下列表示最大剪应力的 6 条件中任一个成立，材料则开始屈服：

$$\left.\begin{aligned}
\sigma_1 - \sigma_2 &= \pm 2k \\
\sigma_2 - \sigma_3 &= \pm 2k \\
\sigma_3 - \sigma_1 &= \pm 2k
\end{aligned}\right\} \tag{4-24}$$

或写成

$$\left[(\sigma_1 - \sigma_2)^2 - 4k^2\right]\left[(\sigma_2 - \sigma_3)^2 - 4k^2\right]\left[(\sigma_3 - \sigma_1)^2 - 4k^2\right] = 0 \tag{4-25}$$

如用不变量 J_2 和 J_3 表示，则式(4-24)可写成：

$$4J_2^3 - 27J_3^2 - 36k^2J_2^2 + 96k^4J_2 - 64k^6 = 0 \tag{4-26}$$

在应力空间中，$\sigma_1 - \sigma_3 = \pm 2k$ 表示一对平行于 σ_2 及 π 面法线 on(等倾线)的平面。因此按式(4-24)所建立的屈服面由 3 对相互平行的平面组成，为垂直于 π 平面的正六柱体，在 π 平面上的屈服曲线如图 4-5 所示。

关于 k 值的确定，若做材料单向拉伸屈服试验，则有 $\sigma_1 = \sigma_s$，$\sigma_2 = \sigma_3 = 0$，$\sigma_1 - \sigma_3 = 2k = \sigma_s$，得 $k = \dfrac{\sigma_s}{2}$；若做纯剪屈服试验，则有 $\sigma_1 = \tau_s$，$\sigma_2 = 0$，$\sigma_3 = -\tau_s$，$\sigma_1 - \sigma_3 = 2\tau_s = 2k$，得 $k = \tau_s$。比较此两式，若 Tresca 屈服准则正确，则应有：

$$\sigma_s = 2\tau_s \tag{4-27}$$

Tresca 屈服准则比较简单，没有考虑中间主应力影响，与试验结果稍有差异。

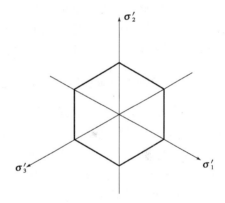

图 4-5　Tresca 屈服准则在 π 平面上的几何形状

4.3.3 Mises(米赛斯)屈服准则

Tresca 条件不考虑中间主应力影响，另外当应力处在两个屈服面交线上时，处理时要遇到数学上的困难；在主应力大小未知时，屈服准则又十分复杂。因此，Mises 在研究了试验结果后，提出了另一种屈服准则，即：

$$J_2 = C \tag{4-28}$$

或

$$(\sigma_1 - \sigma_2)^2 + (\sigma_2 - \sigma_3)^2 + (\sigma_3 - \sigma_1)^2 = 6C$$

式(4-28)称为 Mises(米赛斯)屈服准则，是屈服准则中一种最简单的形式。因为在这一条件中只含有 J_2。

对 Mises 屈服准则有：$r_\sigma = \sqrt{2J_2} = \sqrt{2C} = $ 常数。因此，在 π 平面上 Mises 屈服准则必为一圆(图 4-6)，它比有角点的曲线应用起来更为方便。Mises 屈服面为正圆柱体。

若用简单拉伸来确定 C 值，有：$J_2 = \dfrac{\sigma_s^2}{3} = C$；若用纯剪来确定 C 值，则有：$J_2 = \tau_s^2 = C$。因

此,如果 Mises 屈服准则成立,则有:

$$\sigma_{\mathrm{s}} = \sqrt{3}\tau_{\mathrm{s}} \tag{4-29}$$

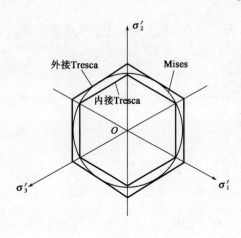

图 4-6　内接 Tresca 六边形

对于多数金属,此式能较好符合。Mises 屈服准则考虑了中间主应力的影响,比 Tresca 屈服准则更符合实际。

郑颖人、高红用能量理论和应力矢量相加,从理论上导出了 Mises 公式。Mises 屈服准则是 J_2 的函数,而 J_2 与八面体上的剪应力 τ_{s} 和 π 平面上的剪应力分量 τ_{π} 有关,而且还与物体形状改变的弹性比能有关,所以 Mises 屈服准则的物理意义可解释为,当八面体上的剪应力或 π 平面上的剪应力分量达到某一极限时,材料开始屈服;或解释为物体的形状改变弹性比能(畸比能)达到某一极限时,材料开始屈服。所以,Mises 屈服准则既是应力屈服准则,也是能量屈服准则。

上述两种屈服准则主要适用于金属材料,对于岩土类介质材料一般不能很好适用,这是因为岩土类介质材料的屈服与体积变形或静水应力状态有关。所以要使上述两个屈服准则适用于岩土类介质材料,还须将上述准则推广为广义 Mises 屈服准则与广义 Tresca 屈服准则。

4.3.4　Mohr-Coulomb(莫尔—库仑)屈服准则

岩土屈服准则的特点是考虑了岩土体内的内摩擦力。应用的岩土屈服准则有多种,应用最广和应用时间最长的是 Mohr-Coulomb 屈服准则(简称 M-C 屈服准则),其他尚有广义 Mises 屈服准则、广义 Tresca 屈服准则。最近又导出岩土三剪能量屈服准则(高红—郑颖人屈服准则),它概括了一切线性屈服准则。

对于一般受力下的岩土介质,所考虑的任何一个受力面,其极限抗剪强度通常可用库仑定律表示。

$$\tau_{\mathrm{n}} = c - \sigma_{\mathrm{n}}\tan\varphi \tag{4-30}$$

式中:τ_{n}——极限抗剪强度;

σ_{n}——受剪面上的法向压应力,以拉为正;

c、φ——岩土的黏聚力及内摩擦角。

式(4-30)在 $\sigma\tau$ 平面上是线性关系。在更一般的情况下,$\sigma\tau$ 曲线可表达成双曲线、抛物线、摆线等非线性曲线,统称为莫尔强度条件或称强度极限条件。本章只研究线性情况下的强度极限条件。

利用莫尔定律,可以把式(4-30)推广到平面应力状态而成为 M-C 屈服准则(图 4-7)。

因为　　　　　$\tau_{\mathrm{n}} = R\cos\varphi$

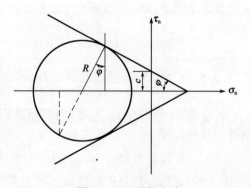

图 4-7　M-C 屈服准则

$$\sigma_n = \frac{1}{2}(\sigma_x + \sigma_y) + R\sin\varphi = \frac{1}{2}(\sigma_1 + \sigma_3) + R\sin\varphi$$

所以，由式(4-30)得：

$$R = c\cos\varphi - \frac{1}{2}(\sigma_x + \sigma_y)\sin\varphi \qquad (4\text{-}31)$$

式中：R——莫尔应力圆半径，$R = \left[\frac{1}{4}(\sigma_x - \sigma_y)^2 + \tau_{xy}^2\right]^2 = \frac{1}{2}(\sigma_1 - \sigma_3)$。

式(4-31)还可用主应力 σ_1、σ_3 表示成：

$$\frac{1}{2}(\sigma_1 - \sigma_3) = c\cos\varphi - \frac{1}{2}(\sigma_1 + \sigma_3)\sin\varphi \qquad (4\text{-}32)$$

或

$$\sigma_1(1 + \sin\varphi) - \sigma_3(1 - \sin\varphi) = 2c\cos\varphi \qquad (4\text{-}33)$$

写成一般屈服准则形式，为：

$$F = \frac{1}{2}(\sigma_1 - \sigma_3) + F_1\left[\frac{1}{2}(\sigma_1 + \sigma_3)\right] = 0 \qquad (4\text{-}34)$$

由塑性力学中 I_1、J_2、θ_σ 与主应力关系，以 I_1、J_2、θ_σ 代以 σ_1、σ_3，则可得：

$$F = \frac{1}{3}I_1\sin\varphi + \left(\cos\theta_\sigma - \frac{1}{\sqrt{3}}\sin\theta_\sigma\sin\varphi\right)\sqrt{J_2} - c\cos\varphi = 0 \qquad (4\text{-}35)$$

式中：$-\frac{\pi}{6} \leqslant \theta_\sigma \leqslant \frac{\pi}{6}$。

M-C 屈服准则的屈服面是一个不规则的六角形截面的角锥体表面(图 4-8)，其中 π 平面上的投影如图 4-9 所示。

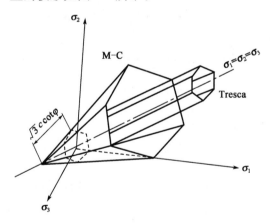

图 4-8 M-C 屈服面

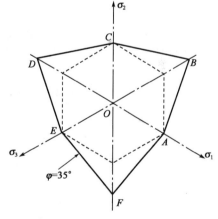

图 4-9 π 平面上的 M-C 屈服曲线

4.3.5 广义 Mises 屈服准则或 Drucker-Prager(德鲁克—普拉格)屈服准则

在 Mises 屈服准则的基础上，对岩土材料考虑平均应力 p(即 σ_m)或 I_1，而将 Mises 屈服准则推广成为如下形式：

$$aI_1 + \sqrt{J_2} = k \qquad (4\text{-}36)$$

此即广义 Mises 屈服准则。此式是 1952 年由 Drucker-Prager 提出的，他们是在平面应变状态下应用关联流动法则与 M-C 公式对比导出的。式中，$\alpha = \dfrac{\sin\varphi}{\sqrt{3}\sqrt{3 + \sin^2\varphi}}$，$k = \dfrac{\sqrt{3}c\cos\varphi}{\sqrt{3 + \sin^2\varphi}}$。

所以通常也将式(4-36)叫做 Drucker-Prager 屈服准则(简称 D-P 屈服准则)。当 $\varphi = 0°$ 时,式(4-36)即为 Mises 屈服准则。

后来又导出许多式(4-36)的 α、k 值。为此,规定式(4-36)及其各种 α、k 值统称为广义 Mises 屈服准则,或称为 D-P 屈服准则。

广义 Mises 屈服准则在 π 平面上的屈服曲线仍是一个圆,因为 α、I_1 只影响 π 平面上圆的大小,不影响 π 平面上的图形。所以广义 Mises 屈服准则的屈服曲面为一圆锥形(图 4-10)。

不同的 α、k 在 π 平面上代表不同的圆(图 4-11),共有 5 种与 M-C 屈服准则相关的 α、k 值,相对应的有 5 个圆:M-C 屈服准则的外角点外接圆、内角点外接圆、等面积圆、平面应变圆和内切圆(关联法则下平面应变圆)。各屈服准则的 α、k 见表 4-2。

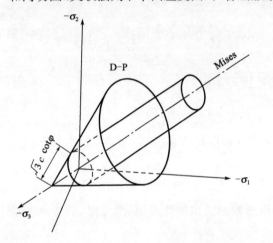

图 4-10　广义 Mises 条件的屈服曲面

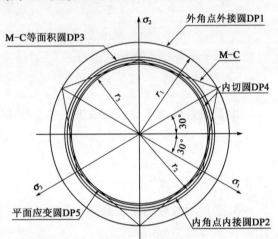

图 4-11　各屈服准则在 π 平面上的形状

各屈服准则的 α、k 参数表　　　　　　　　　　　　表 4-2

编　号	种　　类	α	k
DP1	外角点外接圆	$\dfrac{2\sin\varphi}{\sqrt{3}(3-\sin\varphi)}$	$\dfrac{6c\cos\varphi}{\sqrt{3}(3-\sin\varphi)}$
DP2	内角点外接圆	$\dfrac{2\sin\varphi}{\sqrt{3}(3+\sin\varphi)}$	$\dfrac{6c\cos\varphi}{\sqrt{3}(3+\sin\varphi)}$
DP3	M-C 等面积圆	$\dfrac{2\sqrt{3}\sin\varphi}{\sqrt{2\sqrt{3}\pi(9-\sin^2\varphi)}}$	$\dfrac{6\sqrt{3}c\cos\varphi}{\sqrt{2\sqrt{3}\pi(9-\sin^2\varphi)}}$
DP4	内切圆(平面应变关联法则下 M-C 准则)	$\dfrac{\sin\varphi}{\sqrt{3(3+\sin^2\varphi)}}$	$\dfrac{3c\cos\varphi}{\sqrt{3(3+\sin^2\varphi)}}$
DP5	平面应变圆(平面应变非关联法则下 M-C 准则)	$\dfrac{\sin\varphi}{3}$	$c\cos\varphi$

从图 4-11 可见,不同的圆都是相应于 M-C 屈服准则在洛德角为常数下获得的,因而可用 M-C 屈服准则推导 α、k 值,推导过程从略。

广义 Mises 屈服准则在主应力空间的屈服面为一圆锥面,在 π 平面上为圆形,不存在尖角产生的数值计算问题,因此目前国际上流行的大型有限元软件 ANSYS 以及美国 MSC 公司的 MARC、NASTRAN 等均采用了广义 Mises 屈服准则,一般用它来近似替代 M-C 屈服准则。

4.3.6 高红—郑颖人三剪能量屈服准则

用应力表述岩土材料的单剪应力（只考虑 $\sigma_1 - \sigma_3$ 剪应力）屈服准则就是 M-C 屈服准则，而实际上岩土承受 3 个主剪应力（$\sigma_1 - \sigma_3$、$\sigma_1 - \sigma_2$、$\sigma_2 - \sigma_3$），因而必须考虑三剪应力下的岩土屈服准则。高红、郑颖人从能量角度导出了三剪应力下的岩土屈服准则：

$$p\sin\varphi + \frac{q}{3}(\sqrt{3}\cos\theta_\sigma - \sin\theta_\sigma\sin\varphi) = 2c\cos\varphi\sqrt{\frac{1 - \sqrt{3}\tan\theta_\sigma\sin\varphi}{3 + 3\tan^2\theta_\sigma - 4\sqrt{3}\tan\theta_\sigma\sin\varphi}} \tag{4-37}$$

式(4-37)表示三剪应力屈服准则，单剪情况下即可简化为 M-C 屈服准则。

式(4-37)与 M-C 屈服准则相似，只是常数项为一与洛德角 θ_σ 有关的常数。由此可知，其子午平面上的屈服曲线为一直线(图 4-12)，并与 M-C 线平行，只是其值略大于 M-C 线。表明 M-C 屈服准则比三剪能量屈服准则更为保守。在偏平面上屈服曲线为一曲边三角形(图 4-13)，这与国内外大量真三轴的试验结果一致，如国外拉德(Lade)、松冈元(Masouka)、德赛(Desai)等，国内清华、郑颖人—陈瑜瑶等按土体真三轴试验拟合得到的屈服曲线基本上都是曲边三角形，表明三剪能量屈服准则符合岩土材料实际。同样，π 平面上屈服曲线也稍大于 M-C 屈服曲线。

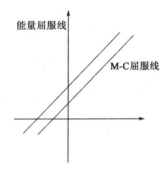

图 4-12 子午面上能量屈服曲线图

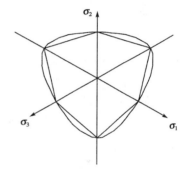

图 4-13 π 平面上能量屈服曲线

式(4-37)中常数项含有洛德角 θ_σ，反映了中间主应力的影响。

与 M-C 屈服准则相似，当洛德角 θ_σ 为常数时，可得到单剪应力状态下 D-P 屈服准则。同样，可由式(4-37)写出三剪能量与三剪应力状态下的 D-P 屈服准则：

$$\alpha_a I_1 + \sqrt{J_2} - k_a = 0 \tag{4-38}$$

式中：α_a、k_a 见表 4-3。

4.3.7 Hoek-Brown(霍克—布朗)屈服准则

上述屈服准则一般适用于土体与软岩，对硬质岩体霍克(Hoek)和布朗(Brown)(1980)依据岩石试验结果，提出了一个经验性的岩石屈服准则，形式为：

$$F = \sigma_1 - \sigma_3 - \sqrt{m_i\sigma_c\sigma_3 + s\sigma_c^2} \tag{4-39}$$

式中：σ_c——单轴抗压强度；

m_i、s——岩石材料常数，取决于岩石性质和破碎程度。

Hoek-Brown 屈服准则(简称 H-B 屈服准则)考虑了岩体质量和与围压有关的岩石强度，比 M-C 屈服准则更适用于岩体材料。H-B 屈服准则与 M-C 屈服准则一样没考虑中间主应力，但与 M-C 屈服准则不同的是，H-B 屈服准则在子午面上的破坏包络线是一条曲线。若以

不变量 σ、J_2、θ_σ 来表示 H-B 屈服准则,则只需将式(4-15)中的 σ_1 和 σ_3 代入式(4-39),即得:

$$F = m_i\sigma - \frac{4}{\sigma_c}J_2\cos^2\theta_\sigma - m_i\sqrt{J_2}\cos\theta_\sigma - m_i\sqrt{\frac{J_2}{3}}\sin\theta_\sigma + s\sigma_c = 0 \qquad (4\text{-}40)$$

对于质量较差的岩体,Hoek 和 Brown 对 H-B 屈服准则作了修正:

$$F = \sigma_1 - \sigma_3 - (m_b\sigma_c\sigma_3 + s\sigma_c^2)^a \qquad (4\text{-}41)$$

式中:m_b、s、a——反映岩体特征的经验参数。

为考虑中间主应力的影响,Lianyang Zhang 和朱合华(2007)提出了广义三维 H-B 屈服准则:

$$F = \frac{1}{\sigma_c^{(1/a-1)}}\left(\frac{3}{\sqrt{2}}\tau_{oct}\right)^{1/a} + \frac{m_b}{2}\left(\frac{3}{\sqrt{2}}\tau_{oct}\right) - m_b\sigma_{m,2} - s\sigma_c = 0 \qquad (4\text{-}42)$$

其中:

$$\tau_{oct} = \frac{1}{3}\sqrt{(\sigma_1-\sigma_2)^2 + (\sigma_2-\sigma_3)^2 + (\sigma_3-\sigma_1)^2}$$

$$\sigma_{m,2} = \frac{\sigma_1+\sigma_3}{2}$$

若以不变量 σ、J_2、θ_σ 来表示广义三维 H-B 屈服准则,则只需将式(4-15)中的 σ_1 和 σ_3 代入式(4-42),即得:

$$F = m_b\sigma - \frac{1}{\sigma_c^{(1/a-1)}}(\sqrt{3J_2})^{1/a} - \frac{m_b}{2}\sqrt{3J_2} - m_b\sqrt{\frac{J_2}{3}}\sin\theta_\sigma + s\sigma_c = 0 \qquad (4\text{-}43)$$

该屈服准则可以更加精确地反映岩石的强度,和 H-B 屈服准则具有相同的参数 σ_c、m_b、s,且能与 H-B 屈服准则相互转换,引入了中间主应力,它是真三维强度准则。

从上述各塑性准则表达式可以看出,Tresca 屈服面是一个六边形柱体,Mises 屈服面是圆柱体,M-C 屈服准则和 H-B 屈服准则表示一不等角六边形锥体,D-P 屈服准则代表与 M-C 六边形锥体内接的圆锥。上述这些柱体、锥体的主轴都是与空间对角线重合的。如将这些柱、锥体与 π 平面相交的曲线画出来,则所得的图形如图 4-14 所示。

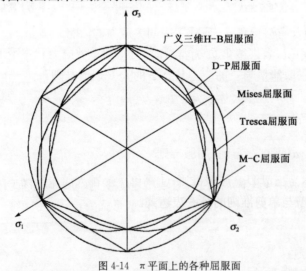

图 4-14 π 平面上的各种屈服面

4.3.8 材料屈服准则的体系

屈服准则或准则建立的依据有三种途径:一定的理论条件、试验结果拟合和经验条件。传统塑性力学中,Tresca屈服准则与M-C屈服准则是依据理论建立的,但没有考虑中间主应力的影响,而且也不能很好地与试验结果吻合,表明这种理论存在一定缺陷;反之,Mises屈服准则最初是拟合试验结果提出的,后来又发现它有明确的物理意义,因而它是既有充分理论依据,又符合实际的屈服准则,但它只适用于金属材料;三剪能量屈服准则同样是既有充分理论依据,又符合实际的屈服准则,它既适用于岩土材料,又适用于金属材料;H-B屈服准则则是在试验结果和经验的基础上提出来的,较好地符合实际情形。

表4-3列出了有严格力学理论导出的应力表述的几种屈服准则。这里不包括一些试验拟合得到的屈服准则,也不包括双剪应力、松冈元三剪切角屈服准则与H-B屈服准则。

应力表述的屈服准则体系

表4-3

剪切状态	单 剪 情 况			三 剪 情 况		
	名称		公式	名称		公式
金属材料	Tresca		$\sigma_1 - \sigma_3 = k$	Mises		$J_2 = C$
岩土材料	M-C		$p\sin\varphi + \dfrac{q}{3}(\sqrt{3}\cos\theta_\sigma - \sin\theta_\sigma\sin\varphi) = c\cos\varphi$	高红—郑颖人		$p\sin\varphi + \dfrac{q}{3}(\sqrt{3}\cos\theta_\sigma - \sin\theta_\sigma\sin\varphi) =$ $2c\cos\varphi\sqrt{\dfrac{1-\sqrt{3}\tan\theta\sin\varphi}{3+3\tan^2\theta-4\sqrt{3}\tan\theta\sin\varphi}}$
	D-P	θ_σ为常数	$\alpha I_1 + \sqrt{J_2} - k = 0$	三剪D-P	θ_σ为常数	$\alpha_\text{a} I_1 + \sqrt{J_2} - k_\text{a} = 0$
		$\theta_\sigma = 30°$（三轴压缩）	$\alpha = \dfrac{2\sin\varphi}{\sqrt{3}(3-\sin\varphi)}$ $k = \dfrac{6c\cos\varphi}{\sqrt{3}(3-\sin\varphi)}$		$\theta_\sigma = 30°$（三轴压缩）	$\alpha_\text{a} = \dfrac{2\sin\varphi}{\sqrt{3}(3-\sin\varphi)}$ $k_\text{a} = \dfrac{6c\cos\varphi}{\sqrt{3}(3-\sin\varphi)}$
		$\theta_\sigma = -30°$（三轴拉伸）	$\alpha = \dfrac{2\sin\varphi}{\sqrt{3}(3+\sin\varphi)}$ $k = \dfrac{6c\cos\varphi}{\sqrt{3}(3+\sin\varphi)}$		$\theta_\sigma = -30°$（三轴拉伸）	$\alpha_\text{a} = \dfrac{2\sin\varphi}{\sqrt{3}(3+\sin\varphi)}$ $k_\text{a} = \dfrac{6c\cos\varphi}{\sqrt{3}(3+\sin\varphi)}$
		$\theta_\sigma = 0°$（非关联平面应变）	$\alpha = \sin\varphi$ $k = c\cos\varphi$		$\theta_\sigma = 0°$（非关联平面应变）	$\alpha_\text{a} = \sin\varphi$ $k_\text{a} = \dfrac{2}{\sqrt{3}}c\cos\varphi$

关于表4-3中所列各屈服准则的特点与适用性描述为:①M-C屈服准则是单剪应力准则,也是单剪能量准则,它是单剪情况下的统一表达式;②Mises屈服准则既是金属材料三剪能量准则,也是三剪应力准则,是金属材料的统一准则;③D-P屈服准则是岩土材料在单剪情况下洛德角θ_σ为常数时的屈服准则,与此相应,表中列出了岩土材料三剪情况下洛德角θ_σ为常数时的屈服准则,也可称为三剪D-P屈服准则;④高红—郑颖人屈服准则适用于任何情况,这是岩土与金属材料的三剪与单剪准则的统一表达式。

4.4　轴对称条件下围岩应力与变形的弹塑性分析

如第3章所述,隧洞开挖后由于应力重分布,洞周局部区域应力有可能超过岩体弹性极限而进入塑性状态,处于塑性状态的岩体在洞周形成一个塑性区,塑性区外的围岩则仍处于弹性状态。本节仅讨论平面应变条件下侧压力系数 $\lambda = 1$ 时，圆形隧洞围岩应力与变形的弹塑性解。由于荷载及洞形均是轴对称的，因此无论是弹性区还是塑性区，应力与变形均仅是 r 的函数，而与 θ 无关，且塑性区是一等厚圆。计算简图如图 4-15 所示。由于塑性区中应力状态是非均匀的，因此作为应力状态函数的塑性区岩体强度 c、φ 值也应是变数。这里为了分析的方便，首先给出视 c、φ 值为常数时的解，然后再考虑假定 c、φ 值沿塑性区厚度 r 呈线性变化时的情况。

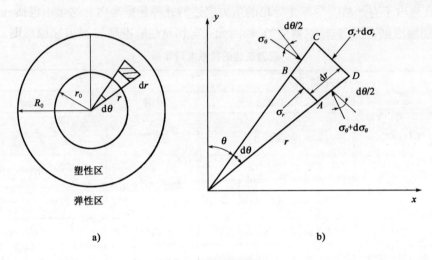

a)   b)

图 4-15 塑性区计算简图

4.4.1 假定塑性区 c、φ 值为常数

对于轴对称问题，当不考虑体力时，平衡方程为：

$$\frac{\partial \sigma_r}{\partial r} + \frac{\sigma_r - \sigma_\theta}{r} = 0 \tag{4-44}$$

塑性区应力除满足平衡方程外，尚需满足塑性准则。这里我们取 M-C 屈服准则为塑性准则，式(4-30)所示的 M-C 屈服准则可写为：

$$\frac{\sigma_r^p + c\cot\varphi}{\sigma_\theta^p + c\cot\varphi} = \frac{1 - \sin\varphi}{1 + \sin\varphi} \tag{4-45}$$

角标 p 表示塑性区的分量（下同）。联立解式(4-44)及式(4-45)，得：

$$\ln(\sigma_r^p + c\cot\varphi) = \frac{2\sin\varphi}{1 - \sin\varphi}\ln r + C_1 \tag{4-46}$$

式中：C_1——积分常数，由边界条件确定。

当有支护时，支护与围岩界面($r = r_0$)上的应力边界条件为 $\sigma_r^p = p_i$，p_i 为支护抗力，解得积分常数：

$$C_1 = \ln(p_i + c\cot\varphi) - \frac{2\sin\varphi}{1 - \sin\varphi}\ln r_0 \tag{4-47}$$

代入式(4-46)及式(4-45)，即得塑性区应力，有：

$$\left.\begin{aligned}\sigma_r^{\mathrm{p}} &= (p_i + c\cot\varphi)\left(\frac{r}{r_0}\right)^{\frac{2\sin\varphi}{1-\sin\varphi}} - c\cot\varphi \\[2mm] \sigma_\theta^{\mathrm{p}} &= (p_i + c\cot\varphi)\left(\frac{1+\sin\varphi}{1-\sin\varphi}\right)\left(\frac{r}{r_0}\right)^{\frac{2\sin\varphi}{1-\sin\varphi}} - c\cot\varphi\end{aligned}\right\} \quad (4\text{-}48)$$

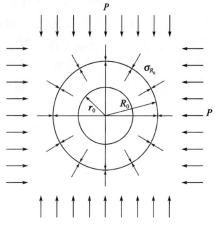

由上式可见,塑性应力将随着 c、φ 及 p_i 的增大而增大,而与原岩应力 P 无关。为求得塑性区半径,需应用塑性区和弹性区交界面上的应力协调条件。如图 4-16,若令塑性区半径为 R_0,则当 $r = R_0$ 时,有:

$$\sigma_r^e = \sigma_r^{\mathrm{p}} = \sigma_{R_0},\ \sigma_\theta^e = \sigma_\theta^{\mathrm{p}} \qquad (4\text{-}49)$$

式中:角标 e 表示弹性分量,角标 p 表示塑性分量。

图 4-16 塑性区半径计算图

对于弹性区 $(r \geqslant R_0)$ 围岩的应力与变形[式(3-46)和式(3-47)]为:

$$\left.\begin{aligned}\sigma_r^e &= P\left(1 - \frac{R_0^2}{r^2}\right) + \sigma_{R_0}\frac{R_0^2}{r^2} = P\left(1 - \gamma'\frac{R_0^2}{r^2}\right) \\[2mm] \sigma_\theta^e &= P\left(1 + \frac{R_0^2}{r^2}\right) - \sigma_{R_0}\frac{R_0^2}{r^2} = P\left(1 + \gamma'\frac{R_0^2}{r^2}\right) \\[2mm] u^e &= \frac{(P - \sigma_{R_0})R_0^2}{2Gr} = \gamma'\frac{PR_0^2}{2Gr}\end{aligned}\right\} \quad (4\text{-}50)$$

式中:σ_{R_0}——弹塑性区交界面上的径向应力。

$$\gamma' = 1 - \frac{\sigma_{R_0}}{P}$$

将式(4-50)中第一、二式相加,得:

$$\sigma_r^e + \sigma_\theta^e = 2P \qquad (4\text{-}51)$$

因而在弹塑性界面 $(r = R_0)$ 上也有:

$$\sigma_r^{\mathrm{p}} + \sigma_\theta^{\mathrm{p}} = 2P \qquad (4\text{-}52)$$

将式(4-52)代入塑性屈服准则式(4-45)中,整理后即得 $r = R_0$ 处的应力:

$$\left.\begin{aligned}\sigma_r &= P(1 - \sin\varphi) - c\cos\varphi = \sigma_{R_0} \\[2mm] \sigma_\theta &= P(1 + \sin\varphi) + c\cos\varphi = 2P - \sigma_{R_0}\end{aligned}\right\} \quad (4\text{-}53)$$

式(4-53)表明弹塑性界面上应力是一个取决于 P、c、φ 值的函数,而与 p_i 无关。

将 $r = R_0$ 代入式(4-48),并考虑式(4-53),得到塑性区半径 R_0 与 p_i 的关系式:

$$p_i = (P + c\cot\varphi)(1 - \sin\varphi)\left(\frac{r_0}{R_0}\right)^{\frac{2\sin\varphi}{1-\sin\varphi}} - c\cot\varphi \qquad (4\text{-}54)$$

或

$$R_0 = r_0\left[\frac{(P + c\cot\varphi)(1 - \sin\varphi)}{p_i + c\cot\varphi}\right]^{\frac{1-\sin\varphi}{2\sin\varphi}} \qquad (4\text{-}55)$$

方程式(4-54)和式(4-55)就是修正了的芬纳(Fenner R.)公式。它描述了支护抗力 p_i 与 R_0 的关系。从公式可知,p_i 越小,则 R_0 越大;反之,R_0 越大,则为维持极限平衡状态所需的支护抗力 p_i 就越小。图 4-17 示出了 p_i-R_0 曲线。由此可见,在围岩稳定的前提下,扩大塑性区

半径 R_0 就可降低为维持极限平衡状态所需的支护抗力 p_i，也就是说，这种情况下充分发挥了围岩的自承作用。但是必须指出，围岩的这种作用是有限的，当 p_i 降低到一定值后，塑性区再扩大，围岩就要出现松动塌落。刚出现松动塌落时的围岩压力称为最小围岩压力 $p_{i\min}$，过此点后围岩压力就要大大增加，上述 p_i-R_0 曲线就不再适用。

芬纳在推演过程中，曾一度假设 $c=0$，因此所得结果与上述修正公式稍有差异，其式为：

$$p_i = \left[c\cot\varphi + P(1-\sin\varphi) \right]\left(\frac{r_0}{R_0}\right)^{\frac{2\sin\varphi}{1-\sin\varphi}} - c\cot\varphi \tag{4-56}$$

或

$$R_0 = r_0\left[\frac{c\cot\varphi + P(1-\sin\varphi)}{p_i + c\cot\varphi}\right]^{\frac{1-\sin\varphi}{2\sin\varphi}} \tag{4-57}$$

比较式(4-54)与式(4-56)，可见在同样的 R_0 情况下，按芬纳公式所算得的 p_i 值将比按修正后的芬纳公式大 $c\cos\varphi\left(\dfrac{r_0}{R_0}\right)^{\frac{2\sin\varphi}{1-\sin\varphi}}$，$c$ 值越大，增大愈多，而 φ 的情况则相反。

若令

$$\left.\begin{aligned} R_c &= \frac{2c}{\tan\left(45° - \dfrac{\varphi}{2}\right)} \\ \xi &= \frac{1+\sin\varphi}{1-\sin\varphi} \end{aligned}\right\} \tag{4-58}$$

式中：R_c——围岩单轴抗压强度(图 4-18)。

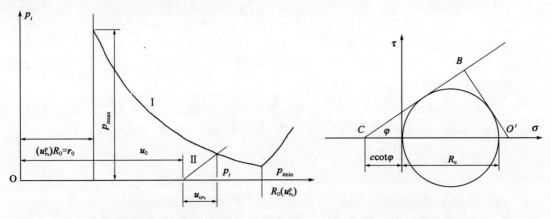

图 4-17　p_i-R_0 曲线

图 4-18　τ-σ 曲线

注：I 为 p_i-$u^p_{r_0}$ 曲线或 p_i-R_0 曲线；II 为 p_i-$u_{\sigma_{r_0}}$ 曲线；$(u^p_{r_0})_{R_0=r_0}$ 为刚出现塑性区时洞壁径向位移。

则塑性区围岩应力、支护抗力及塑性区半径的表达式[式(4-48)、式(4-54)及式(4-55)]变换为：

$$\left.\begin{aligned} \sigma_r^p &= \left(p_i + \frac{R_c}{\xi-1}\right)\left(\frac{r}{r_0}\right)^{\xi-1} - \frac{R_c}{\xi-1} \\ \sigma_\theta^p &= \left(p_i + \frac{R_c}{\xi-1}\right)\xi\left(\frac{r}{r_0}\right)^{\xi-1} - \frac{R_c}{\xi-1} \end{aligned}\right\} \tag{4-59}$$

$$p_i = \frac{2}{\xi^2 - 1}[R_c + P(\xi - 1)]^{\xi-1} - \frac{R_c}{\xi - 1} \qquad (4\text{-}60)$$

或

$$R_0 = r_0\left[\frac{2}{\xi + 1} \cdot \frac{R_c + P(\xi - 1)}{R_c + P_i(\xi - 1)}\right]^{\frac{1}{\xi-1}} \qquad (4\text{-}61)$$

此即卡斯特奈(Kastner H.)的计算公式。

由式(4-53)可知：

$$\gamma' = 1 - \frac{\sigma_{R_0}}{P} = \sin\varphi + \frac{c}{P}\cos\varphi \qquad (4\text{-}62)$$

令弹塑性界面上的应力差为 M，

$$\sigma_\theta^p - \sigma_r^p = M = 2P\sin\varphi + 2c\cos\varphi \qquad (4\text{-}63)$$

则式(4-62)可改写为：

$$\gamma' = \frac{2M}{P} \qquad (4\text{-}64)$$

因而围岩弹性区应力与位移[式(4-50)]为：

$$\left.\begin{aligned}
\sigma_r^e &= P\left(1 - \frac{M}{2P} \cdot \frac{R_0^2}{r^2}\right) = P - (P\sin\varphi + c\cos\varphi)\frac{R_0^2}{r^2}\\
\sigma_\theta^e &= P\left(1 + \frac{M}{2P} \cdot \frac{R_0^2}{r^2}\right) = P + (P\sin\varphi + c\cos\varphi)\frac{R_0^2}{r^2}\\
u^e &= \frac{MR_0^2}{4Gr} = \frac{(P\sin\varphi + c\cos\varphi)R_0^2}{2Gr}
\end{aligned}\right\} \qquad (4\text{-}65)$$

为了求得塑性区位移 u^p，可假定在小变形情况下塑性区体积不变，即：

$$\varepsilon = \varepsilon_r^p + \varepsilon_\theta^p + \varepsilon_z^p = 0 \qquad (4\text{-}66)$$

将几何方程代入，得：

$$\frac{\partial u^p}{\partial r} + \frac{u^p}{r} = 0 \qquad (4\text{-}67)$$

该微分方程通解为：

$$u^p = \frac{A}{r} \qquad (4\text{-}68)$$

A 为待定常数，由弹塑性界面($r = R_0$)上变形协调条件：

$$u^e = u^p \qquad (4\text{-}69)$$

求得，将弹性区及塑性区位移表达式[式(4-65)及式(4-68)]代入，得：

$$A = \frac{(P\sin\varphi + c\cos\varphi)R_0^2}{2G} = \frac{MR_0^2}{4G} \qquad (4\text{-}70)$$

因而塑性区围岩位移为：

$$u^p = u = \frac{(P\sin\varphi + c\cos\varphi)R_0^2}{2Gr} = \frac{MR_0^2}{4Gr} \qquad (r_0 \leqslant r \leqslant R_0) \qquad (4\text{-}71)$$

应该指出，塑性区体积不变仅仅是一种假定。实际上，由于岩体存在着剪胀现象，塑性区将扩容。

若令式(4-54)或式(4-55)中 $p_i = 0$，即得无支护情况下塑性区半径，并可相应地求得无支护时围岩的应力和变形。由式(4-65)可知，弹塑性界面($r = R_0$)上的应力值仅取决于 P 和 c、φ 值，而与支护抗力 p_i 无关，支护抗力 p_i 只能改变塑性区大小而不能改变弹塑性界面上的围岩应力。

当 $R_0 = r_0$，即塑性区为零时，

$$p_{imax} = P(1 - \sin\varphi) - c\cos\varphi \tag{4-72}$$

可见最大支护抗力就是弹塑性界面上的应力，其值要比原岩应力 P 小。

图 4-19 给出了无支护和有支护时围岩塑性区应力变化情况。从图中可见，在围岩周边加上支护抗力 p_i 后，使洞周从双向应力状态转入三向应力状态。从而在维持极限平衡状态情况下，使切向应力增大了 $\dfrac{1+\sin\varphi}{1-\sin\varphi}p_i$ 的数值，这在图中表现为莫尔圆内移。

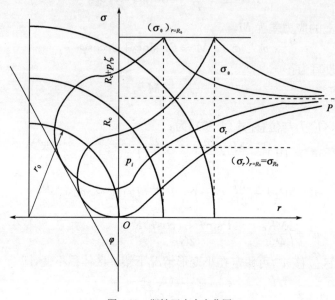

图 4-19　塑性区应力变化图

将 $r = r_0$ 的塑性位移 $u_{r_0}^p$ 值代入式(4-56)，即得支护抗力 P 与洞周围岩塑性位移 $u_{r_0}^p$ 关系式：

$$p_i = -c\cot\varphi + (P + c\cot\varphi)(1 - \sin\varphi)\left(\frac{Mr_0}{4Gu_{r_0}^p}\right)^{\frac{\sin\varphi}{1-\sin\varphi}} \tag{4-73}$$

由上式可知，支护抗力 p_i 随着洞壁塑性位移增大而逐渐减小，直至达到 p_{imin}，如图 4-17 所示，表明洞壁塑性位移增大是与塑性区增大相对应的。

式(4-73)和式(4-74)中围岩洞壁位移 $u_{r_0}^p$ 应是支护外壁位移 u_{cr_0} 及支护前围岩洞壁已释放了的位移 u_0 之和，即在洞周边 $r = r_0$ 上有：

$$u_{r_0}^p = u_{cr_0} + u_0 \tag{4-74}$$

因而式(4-73)可写为：

$$p_i = -c\cot\varphi + (P + c\cot\varphi)(1 - \sin\varphi)\left[\frac{Mr_0}{4G(u_{cr_0} + u_0)}\right]^{\frac{\sin\varphi}{1-\sin\varphi}} \tag{4-75}$$

由式(4-71)可得支护外壁位移：

$$u_{cr_0} = \frac{MR_0^2}{4Gr_0} - u_0 \tag{4-76}$$

式中：u_0——与支护施工条件及岩性有关，它可由实际量测、经验估算或考虑空间与时间效应的计算方法确定。

64

上述各计算应力与位移的公式中均含有尚未确定了的塑性区半径 R_0。为了确定这些数值，必须考虑支护与围岩的共同工作。

由式(3-46)及式(3-47)第一式，当 $r=r_0$ 时，

$$\sigma_{cr} = p_i = P(1-\gamma) \tag{4-77}$$

$$u_{cr_0} = \frac{P(1-\gamma)}{K_c} \tag{4-78}$$

因而

$$P(1-\gamma) = K_c u_{cr_0} \tag{4-79}$$

得：

$$p_i = K_c u_{cr_0} \tag{4-80}$$

式中：K_c——支护刚度系数；

$$K_c = \frac{2G_c(r_0^2 - r_1^2)}{r_0\left[(1-2\mu_c)r_0^2 + 2r_1^2\right]} \tag{4-81}$$

G_c、μ_c——支护剪切模量和泊松比。

将式(4-80)代入式(4-75)即得 p_i，并由式(4-56)得 R_0，也可将式(4-76)代入式(4-80)，得：

$$p_i = K_c\left(\frac{MR_0^2}{4Gr_0} - u_0\right) \tag{4-82}$$

代入式(4-54)而得塑性区半径：

$$R_0 = r_0\left[\frac{(P+c\cot\varphi)(1-\sin\varphi)}{K_c\left(\frac{MR_0^2}{4Gr_0} - u_0\right) + c\cot\varphi}\right]^{\frac{1-\sin\varphi}{2\sin\varphi}} \tag{4-83}$$

无论是通过试算求出 p_i 或 R_0，都可按式(4-48)、式(4-65)、式(4-71)确定围岩弹塑性区的应力和位移。

将式(4-79)代入式(4-64)及式(4-65)，即得支护的应力和位移，有：

$$\left.\begin{aligned}
\sigma_{cr} &= \left(\frac{MR_0^2}{4Gr_0} - u_0\right)\frac{K_c r_0^2}{r_0^2 - r_1^2}\left(1 - \frac{r_1^2}{r^2}\right) = p_i\frac{r_0^2}{r_0^2 - r_1^2}\left(1 - \frac{r_1^2}{r^2}\right) \\
\sigma_{c\vartheta} &= \left(\frac{MR_0^2}{4Gr_0} - u_0\right)\frac{K_c r_0^2}{r_0^2 - r_1^2}\left(1 + \frac{r_1^2}{r^2}\right) = p_i\frac{r_0^2}{r_0^2 - r_1^2}\left(1 + \frac{r_1^2}{r^2}\right) \\
u_c &= \frac{1}{2G_c}\left(\frac{MR_0^2}{4Gr_0} - u_0\right)\frac{K_c r_0^2}{r_0^2 - r_1^2}\left[(\kappa_c - 1)\frac{r}{2} + \frac{r_1^2}{2}\right] \\
&= \frac{p_i}{2G_c}\frac{r_0^2}{r_0^2 - r_1^2}\left[(\kappa_c - 1)\frac{r}{2} + \frac{r_1^2}{2}\right]
\end{aligned}\right\} \tag{4-84}$$

图 4-20 给出了某土质隧洞洞周塑性区半径与支护设置早晚(以支护前洞周围岩已释放的位移为表征)及支护厚跨比(表征着支护刚度)的关系。该隧洞埋深 3m，毛洞跨度 6.6m，土体重度 $\gamma = 18\text{kN/m}^3$，平均黏聚力 $c = 0.1\text{MPa}$，内摩擦角 $\varphi = 30°$，土体平均剪切模量 $G = 38.5\text{MPa}$，支护材料变形模量 $E_c = 2\times10^4\text{MPa}$，泊松比 $\mu_c = 0.167$。

如果不支护，围岩塑性区半径可令 $K_c = 0$，由式(4-83)算得 $R_0 = 1.43r_0 = 4.72\text{m}$。因而塑性区厚度达 1.42m，相应的洞周土体位移 $u_{r_0}^p = 2.2\text{cm}$。

支护设置时测得洞周位移 $u_0 = 1.65\text{cm} = 0.75u_{r_0}^p$。支护厚度 $t = 8\text{cm}$。由式(4-83)算得塑性区半径 $R_0 = 1.07r_0$。可见即使厚度仅为 8cm 的支护，也能有效地减少塑性区范围，从而保证隧洞稳定性。

从图 4-20 中可以看出：①从不设置支护到设置极薄的支护，塑性区显著减小，因而支护的设置（即使厚度极小）对保证洞室稳定性是非常有利的。当支护有一定厚度后，继续增加支护厚度，塑性区减小不明显。可见试图通过增加支护厚度来改善隧洞稳定性的做法，其效果是不显著的（除非由于支护强度不够而危及隧洞稳定性时）。②支护设置得越早，即支护前洞周围岩位移 u_0 越小，则隧洞塑性区越小；反之，支护设置得越晚，即支护前洞周围岩位移 u_0 越大，则塑性区越大。可见及早设置支护对保证隧洞稳定性要比增加支护厚度有效得多。

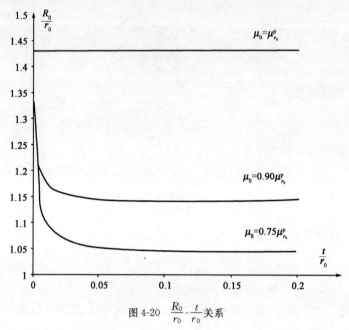

图 4-20　$\dfrac{R_0}{r_0} - \dfrac{t}{r_0}$ 关系

注：围岩，$c=0.1\text{MPa}$，$\varphi=30°$，$E=100\text{MPa}$；支护，$E_c=2\times10^4\text{MPa}$，$\mu_c=0.167$，$u_{r_0}^p$ 为无支护时洞周处围岩塑性位移。

然而塑性区的存在并不意味着隧洞失稳、破坏。在隧洞是稳定的前提下，适当迟缓支护，使洞周塑性区有一定发展，以充分发挥围岩的自承能力，减少支护抗力，从而减薄支护厚度，达到既保证隧洞稳定性又降低工程造价的目的。但围岩塑性区的发展切忌进入松动破坏，一旦围岩出现松动破坏，围岩压力将大大增加并有可能危及隧洞稳定。

4.4.2　黏聚力 c 沿塑性区深度下降时，塑性区的应力方程及其半径

设 $r=r_0$ 处，$c=c_0$（洞壁处围岩的黏聚力数值）；$r=R_0$ 处，$c=c_1$（原岩的黏聚力数值）。由图 4-21 可知有如下关系：

$$\frac{c_1}{R_0+h}=\frac{c_0}{r_0+h}=\frac{c}{r+h} \tag{4-85}$$

可得：

$$h=\frac{c_0R_0-c_1r_0}{c_1-c_0} \tag{4-86}$$

$$c=\frac{c_0R_0-c_1r_0+c_1r-c_0r}{R_0-r_0} \tag{4-87}$$

或

$$c=c'(r+h) \tag{4-88}$$

其中：

$$c' = \frac{c_1}{R_0 + h} = \frac{c_1 - c_0}{R_0 - r_0} \tag{4-89}$$

当 $c_0 = 0$ 时，由式(4-87)得：

$$c = \frac{c_1(r - r_0)}{R_0 - r_0} \tag{4-90}$$

从图 4-22 看出，此时塑性区中每一点的 M-C 圆都是不同的。莫尔包络线为一组平行的直线，具有相同的 φ 角而有不同的 c 值。由于每一点的应力圆都与其相应的莫尔包络线相切，因此仍满足塑性方程(4-45)，不过此时 c 值是 r 的函数：

$$\frac{\sigma_r^p + c\cot\varphi}{\sigma_\theta^p + c\cot\varphi} = \frac{\sigma_r^p + c'(r+h)\cot\varphi}{\sigma_\theta^p + c'(r+h)\cot\varphi} = \frac{1 - \sin\varphi}{1 + \sin\varphi} = \frac{1}{\xi} \tag{4-91}$$

平衡方程(4-44)仍满足，由此得：

$$\frac{\mathrm{d}\sigma_r^p}{\sigma_r^p + c'(r+h)\cot\varphi} = \frac{\mathrm{d}r}{r}\left[\frac{\sigma_\theta^p + c'(r+h)\cot\varphi}{\sigma_r^p + c'(r+h)\cot\varphi} - 1\right]$$

即

$$\frac{\mathrm{d}\sigma_r^p}{\mathrm{d}r} + \sigma_r^p\frac{1 - \xi}{r} = c'(\xi - 1)\cot\varphi + \frac{\xi'}{r} \tag{4-92}$$

其中：

$$\xi' = c'h\cot\varphi(\xi - 1)$$

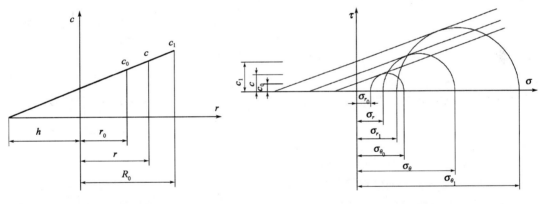

图 4-21　c-r 关系曲线　　　　　　　图 4-22　莫尔包络线

由式(4-92)解得：

$$\sigma_r^p = h_1 r + h_2 + A r^{\xi - 1} \tag{4-93}$$

其中：

$$\left.\begin{array}{l}
h_1 = \dfrac{c'(\xi - 1)\cot\varphi}{2 - \xi} = \dfrac{(c_1 - c_0)(\xi - 1)\cot\varphi}{(2 - \xi)(R_0 - r_0)} \\[3mm]
h_2 = \dfrac{\xi'}{1 - \xi} = \dfrac{(c_0 R_0 - c_1 r_0)\cot\varphi}{R_0 - r_0}
\end{array}\right\} \tag{4-94}$$

按边界条件 $r=r_0$ 时,有 $\sigma_r=\sigma_i$,由此得积分常数 A:

$$A = (p_i - h_1 r_0 - h_2)\left(\frac{1}{r_0}\right)^{\xi-1} \tag{4-95}$$

代入式(4-93)得:

$$\sigma_r^p = h_1 r_0 + h_2 + (p_i - h_1 r_0 - h_2)\left(\frac{r}{r_0}\right)^{\xi-1} \tag{4-96}$$

将式(4-96)代入式(4-91)得:

$$\sigma_\theta^p = [h_1\xi + c'\cot\varphi(\xi-1)]r + [h_2\xi + c'h\cot\varphi(\xi-1)] + (p_i - h_1 r_0 - h_2)\xi\left(\frac{r}{r_0}\right)^{\xi-1} \tag{4-97}$$

当 $c_0=c_1=c$ 时,式(4-96)和式(4-97)即为式(4-48)。

将式(4-96)、式(4-97)代入式(4-52)即可得支护抗力:

$$p_i = \left\{P - \left[\frac{3(c_1-c_0)(\xi-1)}{2(R_0-r_0)(2-\xi)}\cot\varphi\right]R_0 + \frac{c_0 R_0 - c_1 r_0}{R_0 - r_0}\cot\varphi\right\}(1-\sin\varphi)\left(\frac{r_0}{R_0}\right)^{\xi-1} +$$
$$\left[\frac{(c_1-c_0)(\xi-1)}{(R_0-r_0)(2-\xi)}\cot\varphi\right]r_0 - \frac{c_0 R_0 - c_1 r_0}{R_0 - r_0}\cot\varphi \tag{4-98}$$

当 $c_0=c_1=c$ 时,上式即为修正了的芬纳公式[式(4-54)]。

令式(4-96)、式(4-97)中 $r=r_0$ 及 $r=R_0$,即得洞壁及弹塑性区交界面上的应力,洞壁应力为:

$$\left.\begin{array}{l}\sigma_r^p = p_i \\[2mm] \sigma_\theta^p = p_i\xi + c_0\cot\varphi(\xi-1)\end{array}\right\} \tag{4-99}$$

弹塑性区交界面应力为:

$$\left.\begin{array}{l}\sigma_r^p = \left[P - \frac{(c_1-c_0)(\xi-1)}{R_0-r_0}\frac{R_0}{2}\cot\varphi\right](1-\sin\varphi) - \frac{c_0 R_0 - c_1 r_0}{R_0 - r_0}\cos\varphi \\[2mm] \quad = P(1-\sin\varphi) - c_1\cos\varphi \\[2mm] \sigma_\theta^p = 2P - \sigma_r^p = P(1+\sin\varphi) + c_1\cos\varphi\end{array}\right\} \tag{4-100}$$

可见弹塑性交界面上的应力仍与 p_i 及 R_0 无关。

[例 4-1] 在软弱泥灰岩中开挖圆形隧洞,隧洞直径 6.6m,$R_c=12$MPa,$\varphi=36.9°$,$P=31.2$MPa,$p_i=0$。①求得 $c=3.0$MPa 后,按芬纳公式、修正芬纳公式、卡斯特奈公式分别计算塑性区厚度;②假定塑性区中 c 值沿深度变化,设洞壁处 $c_0=0$,弹塑性界面上 $c_1=c$,按考虑塑性区中 c 值变化的公式计算塑性区厚度。

计算结果列于表 4-4。

不同方法计算得到的塑性区厚度(m)　　　　　　　　　　　　　　　　　　表 4-4

芬 纳 公 式	修正芬纳公式	卡斯特奈公式	塑性区 c 值变化公式
1.22	1.06	1.06	2.50

由表 4-4 可见,塑性区中 c 值变化对计算结果影响较大。

4.5 非轴对称情况下围岩塑性区边界线的近似计算

上节关于圆形隧洞围岩塑性区应力及边界线的解都是在静水初始地应力($\lambda = 1$)下获得的。当$\lambda \neq 1$时,对塑性区应力和边界线至今无法求得严格的解析解,只能求得近似解答,目前可借助有限单元法获得数值解。为此不再讲述$\lambda \neq 1$时塑性区应力的近似解;但塑性区边界线对读者形成正确的塑性区分布概念十分重要,用数值解不易说清,本节讲述围岩塑性区边界线的近似计算法。

卡斯特奈曾经提出过一种计算塑性区边界线的近似方法,这一方法是将弹性应力代入到下面塑性准则中(图 4-23):

$$\sin\varphi = \frac{\sqrt{(\sigma_\theta^e - \sigma_r^e)^2 + (2\tau_{r\theta}^e)^2}}{\sigma_\theta^e + \sigma_r^e + 2c\cot\varphi} \tag{4-101}$$

由此获得塑性区边界方程如下:

$$\cos^2 2\theta + \frac{2}{\omega}\left[\frac{1+\lambda}{4(1-\lambda)}(1-2\alpha^2+3\alpha^4) - \frac{\left(1+\lambda+2\dfrac{x}{P}\right)\sin^2\varphi}{2(1-\lambda)}\right]\cos 2\theta -$$

$$\frac{1}{\omega}\left[\frac{(1+\lambda)^2\alpha^2}{4(1-\lambda)^2} + \frac{(1+2\alpha^2-3\alpha^4)^2}{4\alpha^2} - \frac{\left(1+\lambda+2\dfrac{x}{P}\right)\sin^2\varphi}{4\alpha^2(1-\lambda)^2}\right] = 0 \tag{4-102}$$

其中:

$$\omega = \alpha^2\sin^2\varphi + 2 - 3\alpha^2$$
$$x = c\cot\varphi$$
$$\alpha = \frac{r_0}{R_0}$$

式中:R_0——所求点塑性区半径。

按式(4-102)算得的塑性区没有考虑塑性应力重分布,充其量只能算是塑性区的第一次近似。实际上由于应力重分布,应力不断调整,塑性区会不断扩大。所以,按式(4-102)所算得的塑性区,总要比实际的塑性区小。

为了获得比较准确的塑性区边界线,下面提出一种能考虑塑性重分布的近似计算方法。这种方法是再用卡斯特奈计算法进行一次近似计算。即先由卡斯特奈方法初次算得塑性区半径,然后按塑性区应力方程求得所求点的应力值σ_r^p和$\tau_{r\theta}^p$,并假定塑性区为一圆形(按所求点的塑性区半径作圆),在σ_r^p和$\tau_{r\theta}^p$作用下,再仿照卡斯特奈方法导出新的塑性区边界线方程,这样就能获得较准确的塑性区半径。

为推导围岩洞壁上作用有σ_r^p和$\tau_{r\theta}^p$时的塑性区边界线方程,先要写出以σ_r^p、$\tau_{r\theta}^p$为洞壁作用力p_i和τ_i时的弹性应力场公式:

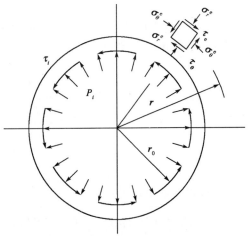

图 4-23 塑性区边界线计算简图

$$\sigma_r^e = \frac{P}{2}\left[(1+\lambda)(1-\alpha^2) + (1-\lambda)(1+3\alpha^4-4\alpha^2)\cos2\theta + \mu\alpha^2\right]$$

$$\sigma_\theta^e = \frac{P}{2}\left[(1+\lambda)(1+\alpha^2) - (1-\lambda)(1+3\alpha^4)\cos2\theta - \mu\alpha^2\right] \qquad (4\text{-}103)$$

$$\tau_{r\theta}^e = \frac{P}{2}\left[(1+2\alpha^2-3\alpha^4)(1-\lambda)\sin2\theta + \mu'\alpha^2\right]$$

其中：

$$\mu = \frac{2p_i}{P}$$

$$\mu' = \frac{2\tau_i}{P}$$

式中：p_i、τ_i——作用在洞壁上的径向力和剪切力。

以式(4-103)代入塑性准则式(4-101)，即可导得围岩洞壁上作用有 p_i 和 τ_i 时的塑性区边界线方程：

$$\cos^2 2\theta + \frac{2}{\omega}\left[\frac{1+\lambda-\mu}{4(1-\lambda)}(1-2\alpha^2+3\alpha^4) - \frac{(1+\lambda+2\frac{x}{P})\sin^2\varphi}{2(1-\lambda)}\right]\cos2\theta - \frac{1}{\omega}\times$$

$$\left[\frac{(1+\lambda-\mu)^2\alpha^2}{4(1-\lambda)^2} + \frac{(1+2\alpha^2-3\alpha^4)^2}{4\alpha^2} - \frac{(1+\lambda+2\frac{x}{P})\sin^2\varphi}{4\alpha^2(1-\lambda)^2} + \frac{\alpha^2\mu'^2}{4(1-\lambda)^2} + \right.$$

$$\left.\frac{\mu'(1+2\alpha^2-3\alpha^4)\sin2\theta}{2(1-\lambda)\omega}\right] = 0 \qquad (4\text{-}104)$$

由此即可近似地算得塑性区边界线。

[例 4-2] 数据同例 4-1，求 $\theta=90°$ 处塑性区半径。

由式(4-102)算得 $\theta=90°$ 处，边界线上 $\alpha = \frac{r_0}{R'_0} = \frac{1}{1.24}$，$R'_0=1.24r_0$（$R'_0$ 为用卡斯特奈方法算得的塑性区半径）。

以此式代入如下塑性区径向应力的近似式，这是依据轴对称情况下的理论解对塑性区径向应力进行修正而得到的：

$$\sigma_r^p = \frac{R_c}{2(\xi-1)}\left[(\alpha^{1-\xi}-1)(1+\lambda) + (\alpha^{1-\xi}-4+3\alpha^{1-\xi})(1-\lambda)\cos2\theta\right] \qquad (4\text{-}105)$$

其中：

$$\xi = \frac{1+\sin\varphi}{1-\sin\varphi}$$

由此得到如下结果：

$$\sigma_r^p = 0.259\text{MPa} = p_i < \sigma_r^e = 0.344\text{MPa}, \tau_i = 0, \mu = \frac{2p_i}{P} = 0.512, \mu' = 0$$

将上述数值代入式(4-104)，得：

$$\alpha = \frac{R'_0}{R_0} = \frac{1}{1.08}$$

$$R_0 = 1.08R'_0 = 1.08 \times 1.24r_0 = 1.34r_0$$

它比按卡斯特奈方法算得的塑性区半径 $R'_0 = 1.24r_0$ 有所增大,而且更接近实际情况。

表 4-5 中引用了卡斯特奈著作中的算例(图 4-24)。当 $\varphi = 30°$, $c = 2.5$MPa, $P = 15$MPa,侧压力系数 $\lambda = 0$、0.3、0.5、0.75、1 时,按上述方法和卡斯特奈方法计算的结果列于表 4-5,并与 ANSYS 软件的数值解和轴对称情况下的理论解作了比较。由表 4-5 可见,围岩实际的塑性区半径将比按卡斯特奈方法所算出的要大很多。

由图 4-24 和表 4-5 可见,围岩塑性区形状随侧压力系数 λ 值而有明显变化。当 $\lambda = 1$ 时,塑性区围绕着开挖隧洞成环形分布;$\lambda = 0.5$ 时,塑性区位于隧洞两侧呈镰刀形;$\lambda = 0.3$ 时,塑性区开始向 45° 方向扩展;$\lambda = 0.2$ 时,呈舌状,并沿 45° 方向斜伸到岩层中相当远的地方,所以围岩剪切破坏,一般都先从侧壁开始。在两侧距洞壁一定距离出现弹性核,即不论 λ 为何值,核内各点围岩均处于弹性状态,尽管侧向围岩是塑性区高度集中的地方,但 λ 值较低时,塑性区不再向侧向扩展,而是逐渐转向 45° 方向扩展。

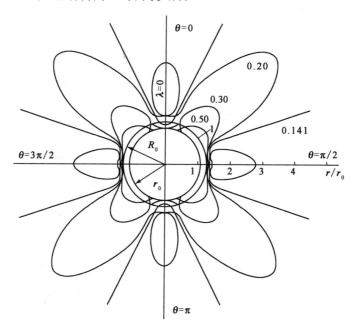

图 4-24　卡斯特奈方法计算的塑性区边界线

不同方法计算塑性区半径 R_0 与隧洞半径 r_0 之比值　　　　　表 4-5

λ \ R_0/r_0	卡斯特奈方法		上 述 方 法		有 限 元 解		理 论 解	
	$\theta = 90°$	$\theta = 45°$	$\theta = 90°$	$\theta = 45°$	$\theta = 90°$	$\theta = 45°$	$\theta = 90°$	$\theta = 45°$
0	1.36	∞	1.65	∞				
0.3	1.30	2.2	1.58	6.4	2.38	9.78		
0.5	1.285	1.4	1.54	1.82	1.96	2.24		
0.75	1.27	1.3	1.50	1.59	1.81	1.63		
1	1.25	1.25	1.46	1.46	1.59	1.59	1.5	1.5

参 考 文 献

[1] 郑颖人. 圆形洞室围岩压力理论探讨[J]. 地下工程,1979(3).

[2] 于学馥,郑颖人,刘怀恒,等. 地下工程围岩稳定分析[M]. 北京:煤炭工业出版社,1983.

[3] 塔罗勃 J. 岩石力学(中译本)[M]. 北京:中国工业出版社,1965.

[4] 卡斯特奈 H. 隧道与坑道静力学(中译本)[M]. 上海:上海科技出版社,1980.

[5] Hoek E, Brown E T. Empirical strength criterion for rock-masses[J]. Journal of Geotechnical Engineering Division ASCE,1980,106(GT9):1013-1035.

[6] Zhang Lianyang, Zhu Hehua. Three-Dimensional Hoek-Brown Strength Criterion for Rocks[J]. Journal of Geotechnical and Geoenvironmental Engineering, 2007, 133(9): 1128-1135.

[7] Zhang Lianyang. A generalized three-dimensional Hoek-Brown strength criterion [J]. Rock Mechanics Rock Engineering, 2008, 41: 893-915.

[8] 关宝树. 隧道力学概论[M]. 成都:西南交通大学出版社,1993.

[9] 郑颖人,沈珠江,龚晓南. 岩土塑性力学原理[M]. 北京:中国建筑工业出版社,2002.

[10] 郑颖人,孔亮. 岩土塑性力学[M]. 北京:中国建筑工业出版社,2010.

[11] 高红,郑颖人,冯夏庭. 岩土材料能量屈服准则研究[J]. 岩石力学与工程学报,2007,26(12):2437-2443.

[12] 郑颖人,高红. 材料强度理论的讨论[J]. 广西大学学报,2008,33(4):337-345.

第5章　围岩应力与变形的黏弹塑性分析

DIWUZHANG

5.1　概　　述

某些岩体和土具有比较明显的流变特性,因此,在围岩稳定性分析中,必须涉及围岩应力、变形、破坏失稳及其形成的时间过程。

物体受力后,除了产生可恢复的弹性变形外,有的还会出现不可恢复的塑性流动变形和黏性流动变形。所谓黏性流动,是指物体中存在速度梯度为 $\dot{\gamma} = \dfrac{\mathrm{d}\gamma}{\mathrm{d}t}$ 的流动。而塑性流动则是指物体中的应力超过屈服极限时才会出现的流动。当应力低于屈服极限时不会发生塑性流动。据此,可以把物体分为黏弹性体和黏塑性体(或黏弹塑性体)。黏弹性体研究应力小于屈服极限时的应力、变形与时间的关系;而黏塑性体研究应力超过屈服极限时应力、变形与时间的关系。当应力不变时,岩石应变随时间增长而增加的现象称为蠕变。当应力被卸除以后,蠕变应变随时间而可完全恢复的现象,称为弹性后效。当应变保持一定时,应力随时间增长而减少的现象称为松弛。图 5-1 为岩石试件的典型蠕变试验曲线。

由图 5-1 可见,试件在恒压 σ 的作用下,首先出现瞬时变形 ε_m,随着时间的增长,应变沿 AB 线(I 段)增加,该阶段内应变—时间曲线向下凹,应变速率逐渐减小,称为第一阶段蠕变或衰减蠕变。随后,应变沿 BC 段增加,该阶段应变—时间曲线接近直线,应变速率近似常数,所发生的蠕变称为第二阶段蠕变或等速蠕变。C 点以后,应变—时间曲线呈上凹,应变加速增长,直至破坏,称为第三阶段蠕变或加速蠕变。

如果在第一阶段中将所施加的外力突然卸掉,则卸荷变形将沿着 PQR 曲线发展,其中 PQ 等于瞬时弹性变形 ε_{me},而 QR 随着时间增长逐渐减少,QR 为可恢复的蠕变应变 ε_{ce}。如果在第二阶段内将

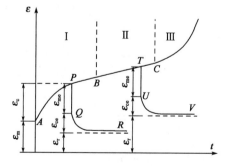

图 5-1　岩石蠕变试验曲线

所施加的外力突然减为零,则卸荷变形将沿着 TUV 曲线发展,其中 TU 等于瞬时弹性变形 ε_{me},UV 随时间增长而逐渐减少,直至最终保留一残余变形。

残余应变或永久应变 $\varepsilon_r = (\varepsilon_m + \varepsilon_c) - (\varepsilon_e + \varepsilon_{ce})$,是在加载过程中永远不能恢复的应变。瞬时变形部分中,若 $\varepsilon_m = \varepsilon_e$,材料是完全弹性体;若 $\varepsilon_e = 0$,材料是完全塑性体;若 $\varepsilon_m > \varepsilon_e$,材料同时具有弹性和塑性。蠕变变形部分中,若 $\varepsilon_c = \varepsilon_{ce}$,则材料是黏弹性体,卸载后,蠕变应变可以随时间的增长而完全恢复;当 $\varepsilon_c > \varepsilon_{ce}$ 时,材料具有黏弹塑性特征,可能具有黏弹塑性,也可能同时具有黏弹性和黏弹塑性;当 $\varepsilon_{ce} = 0$ 时,材料不具有黏弹性,卸载后,流变变形完全不能恢复。

上述蠕变应变 ε 可由下式表示:

$$\varepsilon = \varepsilon_m + \varepsilon_1(t) + \dot{\varepsilon}_2 t + \varepsilon_3(t) \tag{5-1}$$

式中:ε_m——瞬时应变;

　　$\varepsilon_1(t)$——衰减蠕变;

　　$\dot{\varepsilon}_2$——等应变速率;

　　$\varepsilon_3(t)$——加速蠕变。

在实际工程中,通常只考虑第一、二阶段的蠕变。为了描述这两个蠕变阶段的变形特性,目前有各种经验公式,其一般表达式可以写为:

$$\varepsilon(t) = \varepsilon_0 + \beta t^n + Kt \tag{5-2}$$

式中:ε_0——瞬时应变;

　　β、K、n——与材料有关的常数,其中 n 的取值范围为 $0 \sim 1$。

上式第二项为衰减蠕变,第三项为等速蠕变。

一些典型的经验蠕变定律(代数律)有:

1. 幂函数型

其基本形式为:

$$\varepsilon(t) = At^n \tag{5-3}$$

式中:A、n——经验常数,其大小与应力水平、材料特性以及温度等其他外界因素有关。

该模型多用来描述流变的初始阶段。

2. 对数型

其基本形式为:

$$\varepsilon(t) = \varepsilon_e + B\lg t + Dt \tag{5-4}$$

式中:ε_e——瞬时弹性应变;

　　B、D——与应力水平等因素有关的参数。

该模型多用来描述加速蠕变阶段。

3. 指数型

其基本形式为:

$$\varepsilon(t) = A[1 - \exp(f(t))] \tag{5-5}$$

式中:A——试验常数;

　　$f(t)$——时间的函数。

该模型多用来描述等速蠕变阶段。

这类模型的优点是能利用简单的形式描述岩石随时间的变化关系,在各种复杂的状态下得出较为合理的流变本构关系。虽然经验流变模型能够很好地拟合流变试验的结果,但是得到的模型一般都只是针对具体的岩石、特定的应力路径得出的拟合公式,无法从本质上解释岩石流变的内在机理,很难进行推广,也无法应用到数值计算中。

岩石的蠕变随应力的不同而显示出两种不同的情况。当应力小于某一值 σ_∞ 时,物体变形先随着时间迅速增长,但变形达到一定程度后将保持不变。当应力超过 σ_∞ 而接近强度极限时,变形会随着时间增大直至破坏,越接近强度极限,则破坏所需的时间越短。通常我们称这一应力 σ_∞ 为长期强度。例如对苏长岩进行试验,得出岩石的长期强度等于强度极限的 74%。

研究材料变形和流动的学科称为流变学。蠕变、松弛和弹性后效是材料在常应力、常应变和卸载等特殊条件下的流变现象。近年来,流变学被越来越多地应用到岩土工程中,1979 年召开的第四届国际岩石力学会议把岩石的流变性质作为第一等的研究课题。经过三十多年的发展,岩石流变学已是一门很活跃且仍在发展的学科。

5.2 几个常用的流变模型

为了研究岩体的流变特性,需要用到一些与真实岩体性状相似的力学模型。当然力学模型不可能与真实岩体完全吻合,但是可以反映真实岩体在一定力学条件下的主要特征。流变学所用到的一些模型通常由表征材料性质(弹性、黏性和塑性)的几个主要元件组成。在物理上岩体可以认为是由固体骨架和介于固体骨架之间的胶结物质和充填于固体骨架之中的填充物质组成。当所加的外力不超过岩体屈服极限时,固体骨架将产生弹性变形,胶结物质和填充物质将产生随时间增长的黏性变形;当所加的外力超过岩体屈服极限时,固体骨架颗粒还要产生相对错位。

固体骨架的弹性变形可用完全弹性的弹簧元件表示[图 5-2a)],在单向应力状态下,其应力—应变关系为:

$$\sigma = E\varepsilon \tag{5-6}$$

式中:E——弹性模量。

应力—应变关系符合上式的物体称为线弹性体或胡克体。

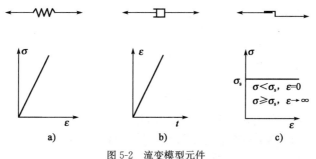

图 5-2 流变模型元件

a)弹性元件;b)黏性元件;c)塑性元件

胶结物质和填充物质随时间的增长而增加的黏性变形可由黏性元件来表示[图 5-2b)],在单向应力状态下,其应力—应变关系为:

$$\sigma = \eta\dot{\varepsilon} \tag{5-7}$$

式中:η——黏性系数。

若 $t=0$ 时相应的应变 $\varepsilon=0$,则有:

$$\varepsilon = \frac{\sigma}{\eta}t \tag{5-8}$$

表示变形随时间的增长而增加，相当于黏性液体的流动。应力—应变关系符合上式的物体称为理想黏性体或牛顿液体。

由固体骨架颗粒相对错位而产生的干摩擦阻力可由滑块表示[图 5-2c]。当应力 $\sigma < \sigma_s$（σ_s 为屈服极限）时变形为零；当 $\sigma \geqslant \sigma_s$ 时，在理论上只要应力保持不变，变形可以无限增大。应力—应变关系符合上述关系的物体称为圣维南体。

利用上述三个元件的不同组合可以得到一些表征岩体不同流变特性的力学模型。元件之间的组合可以是并联和串联。并联时，每个元件担负的荷载之和等于总荷载，而它们的应变相等。串联时，每个元件担负的荷载相等，而模型的总应变为各元件应变之和。为了叙述方便，将先讨论单向受力状态，然后再推广到三向应力状态，其结论是一致的。

5.2.1　Maxwell(麦克斯威尔)模型

将弹簧元件和黏性元件串联即为 Maxwell 模型[图 5-3a]。此时两元件上所受的应力 σ 相同，而应变则为两元件应变之和。如果用 ε_1 和 ε_2 分别表示每个元件的应变，则由式(5-6)和式(5-7)得：

$$\varepsilon_1 = \frac{\sigma}{E}, \dot{\varepsilon}_2 = \frac{\sigma}{\eta} \tag{5-9}$$

因而总应变 $\varepsilon = \varepsilon_1 + \varepsilon_2$，对其求导有 $\dot{\varepsilon} = \dot{\varepsilon}_1 + \dot{\varepsilon}_2$，将式(5-9)代入，得：

$$\dot{\varepsilon} = \frac{\dot{\sigma}}{E} + \frac{\sigma}{\eta} \tag{5-10}$$

此即 Maxwell 模型的本构关系。

如果在 $t = 0$ 时突然施加一不变的应力 σ_0，因为有 $\sigma = \sigma_0$ 及 $\dot{\sigma} = 0$，式(5-10)变为 $\dot{\varepsilon} = \frac{\sigma_0}{\eta}$，解之得：

$$\varepsilon = \varepsilon_0 + \frac{\sigma_0}{\eta}t \tag{5-11}$$

由于在施加外力的瞬时($t = 0$)弹簧元件产生一瞬时弹性应变 $\frac{\sigma_0}{E}$，而黏性元件还来不及变形，因而有初始条件 $\varepsilon_0 = \frac{\sigma_0}{E}$。代入上式得：

$$\varepsilon = \frac{\sigma_0}{E} + \frac{\sigma_0}{\eta}t \tag{5-12}$$

说明黏性元件随着时间的增长而变形增大，且只要 σ_0 保持不变，则黏性元件的应变速率也不变，整个模型产生等速的变形[图 5-3b]，这就是等速蠕变。

如果在 $t = 0$ 时突然施加一不变的应力 σ_0，如上所述，此时黏性元件还来不及变形，而弹簧元件产生一瞬时弹性应变 ε_0。若使 ε_0 保持常数不变，即 $\dot{\varepsilon}_0 = 0$，则由式(5-10)得：

$$\dot{\sigma} = -\frac{E}{\eta}\sigma \tag{5-13}$$

解之得：

$$\sigma = \sigma_0 e^{-\frac{E}{\eta}t} = \varepsilon_0 E e^{-\frac{E}{\eta}t} = \varepsilon_0 E e^{-\frac{t}{t_1}} \tag{5-14}$$

式中：t_1——Maxwell 松弛时间，$t_1 = \dfrac{\eta}{E}$，它表征应力减少到 $\dfrac{1}{e}$ 倍时所需的时间。

可见在应变 ε_0 保持不变的条件下，应力 σ 随时间增长而减少，此即松弛现象[图 5-3c)]。

这个模型可以用来描述应力保持不变的情况下岩体仍以等速率变形的等速蠕变现象和应变保持不变的情况下应力逐渐衰减的松弛现象。它适用于埋深大的岩石缓慢流动。由于它所描述的性状本质上是液体的性状，故可将其描述的对象称为 Maxwell 液体。

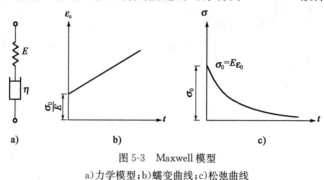

图 5-3　Maxwell 模型
a)力学模型；b)蠕变曲线；c)松弛曲线

5.2.2　Kelvin(开尔文)模型

将弹簧元件和黏性元件并联，即可得到 Kelvin 模型[图 5-4a)]。此时两元件上应变相等，而总的应力则为两元件应力之和。若用 σ_1 和 σ_2 分别表示元件上的应力，则由式(5-6)和式(5-7)得：

$$\sigma_1 = \eta \dot{\varepsilon}_1 = \eta \dot{\varepsilon}, \sigma_2 = E \varepsilon_2 = E \varepsilon$$

因而有：

$$\sigma = \eta \dot{\varepsilon} + E \varepsilon \tag{5-15}$$

此即 Kelvin 模型的本构关系。

如果在 $t = 0$ 时突然施加一不变的应力 σ_0，因而有 $\sigma = \sigma_0$ 及 $\dot{\sigma} = 0$，此时由于黏性元件还来不及变形，所以整个模型应变 $\varepsilon = 0$。式(5-15)变为：

$$\eta \dot{\varepsilon} + E \varepsilon = \sigma_0$$

解之得：

$$\varepsilon = \frac{\sigma_0}{E}(1 - e^{-\frac{t}{t_1}}) \tag{5-16}$$

式中：t_1——Kelvin 松弛时间，$t_1 = \dfrac{\eta}{E}$。

式(5-16)可见，$t = 0$ 时由于黏性元件还来不及变形，因此整个模型应变为零。但此时黏性元件的应变速率并不等于零，而外力全部由黏性元件承担，而弹簧元件上的应力为零。随着时间的增长，外力有两元件共同承担。当 $t \to \infty$ 时，外力全部由弹簧承担，整个模型的应变等于弹簧元件的弹性应变 $\dfrac{\sigma_0}{E}$ [图 5-4b)]，此即弹性后效现象。

如果 $t = 0$ 时模型在外力作用下产生应变 ε_0，随后将外力突然释放，此时式(5-15)变为：

$$\eta \dot{\varepsilon} + E \varepsilon = 0$$

解之得：

$$\varepsilon = \varepsilon_0 e^{-\frac{t}{t_1}} \tag{5-17}$$

式中：t_1 同前。

可见在 $t = 0$ 时应力虽然减为零，但由于黏性元件变形不会立即恢复，因此整个模型也有一个逐渐变为零的弹性恢复过程［图 5-4c）］。

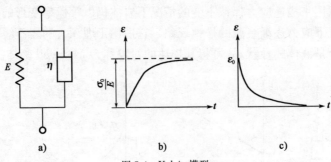

图 5-4　Kelvin 模型
a）力学模型；b）蠕变曲线；c）卸载曲线

这个模型可以用来描述在应力作用下应变不是立即产生弹性应变值，而是有一个滞后过程的现象。由于它所描述的性状本质上是固体的性状，故可将其描述的对象称为 Kelvin 固体。

5.2.3　广义 Kelvin 模型

将弹簧元件和 Kelvin 模型串联即得到广义 Kelvin 模型［图 5-5a）］。此时弹簧元件和 Kelvin 模型上的应力相等，而总的应变为弹簧元件上的应变和 Kelvin 模型上的应变之和。若用 σ_1 和 σ_2 分别表示模型上的应力，则由式（5-6）和式（5-10）得：

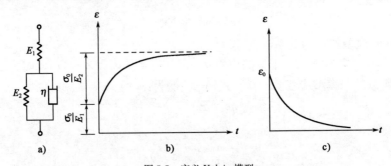

图 5-5　广义 Kelvin 模型
a）力学模型；b）蠕变曲线；c）卸载曲线

$$\sigma_1 = \varepsilon_1 E_1, \dot{\varepsilon}_2 + \frac{E_2}{\eta}\varepsilon_2 = \frac{\sigma}{\eta} \tag{5-18}$$

因为是串联，利用 $\varepsilon = \varepsilon_1 + \varepsilon_2$ 得 $\varepsilon_2 = \varepsilon - \varepsilon_1 = \varepsilon - \dfrac{\sigma}{E_1}$，消去式（5-18）中的 ε_1 及 ε_2，得：

$$\dot{\varepsilon} + \frac{E_2}{\eta}\varepsilon = \frac{\dot{\sigma}}{E_1} + \frac{E_1 + E_2}{\eta E_1}\sigma \tag{5-19}$$

此即广义 Kelvin 模型的本构关系。

如果在 $t = 0$ 时突然施加一不变的应力 σ_0，因而有 $\sigma = \sigma_0$ 及 $\dot{\sigma} = 0$，此时黏性元件还来不及变形，而弹簧元件却产生瞬时弹性应变 $\varepsilon_1 = \dfrac{\sigma_0}{E_1}$，式（5-19）变为：

$$\dot{\varepsilon} + \frac{E_2}{\eta}\varepsilon = \frac{E_1 + E_2}{\eta E_1 E_2}\sigma_0$$

解之得：

$$\varepsilon = \frac{\sigma_0}{E_1} + \frac{\sigma_0}{E_2}\left(1 - e^{-\frac{E_2}{\eta}t}\right) \tag{5-20}$$

可见 $t = 0$ 时，初始应变 $\varepsilon_0 = \dfrac{\sigma_0}{E_1}$，而当 $t \to \infty$ 时，$\varepsilon = \dfrac{\sigma_0}{E_1} + \dfrac{\sigma_0}{E_2}$，外力全部由弹簧元件承担。

如果在 $t = 0$ 时模型在外力作用下产生一应变 ε_0，随后将外力突然释放，此时式(5-19)变为：

$$\dot{\varepsilon} + \frac{E_2}{\eta}\varepsilon = 0$$

解之得：

$$\varepsilon = \varepsilon_0 \exp\left(-\frac{E_2}{\eta}t\right) = \varepsilon_0 \exp\left(-\frac{t}{t_1}\right) \tag{5-21}$$

式中：t_1——松弛时间，$t_1 = \dfrac{\eta}{E_2}$。

从上式可见，当 $t \to \infty$ 时，应变恢复到零。本模型除了与 Kelvin 模型一样可以用来描述有弹性滞后现象的岩体外，还可以避免 Kelvin 模型不能考虑瞬时变形这一重要物理现象的缺点，因而在岩体工程中得到广泛的应用。它可以用来描述砂岩、灰岩、砂质页岩、黏土质板岩、喷出岩等岩石的变形性状。

5.2.4 Burgers(伯格斯)模型

将 Kelvin 模型和 Maxwell 模型串联即得到 Burgers 模型[图 5-6a)]，此时两模型上的应力相等。对于 Maxwell 模型有：

$$\dot{\varepsilon}_1 = \frac{\dot{\sigma}}{E_1} + \frac{\sigma}{\eta_1}$$

对于 Kelvin 模型有：

$$\sigma = E_2\varepsilon_2 + \eta_2\dot{\varepsilon}_2$$

由 $\varepsilon_2 = \varepsilon - \varepsilon_1$ 和 $\dot{\varepsilon}_2 = \dot{\varepsilon} - \dot{\varepsilon}_1$ 消去 ε_1 和 ε_2，得 Burgers 模型本构关系：

$$\sigma + \left(\frac{\eta_1 + \eta_2}{E_2} + \frac{\eta_1}{E_1}\right)\dot{\sigma} + \frac{\eta_1\eta_2}{E_1E_2}\ddot{\sigma} = \eta_1\dot{\varepsilon} + \frac{\eta_1\eta_2}{E_2}\ddot{\varepsilon} \tag{5-22}$$

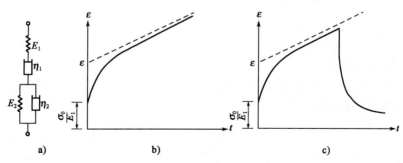

图 5-6　Burgers 模型

a)力学模型；b)蠕变曲线；c)卸载曲线

如果 $t = 0$ 时突然施加一不变的应力 σ_0，因而有 $\sigma = \sigma_0$ 及 $\dot{\sigma} = 0$，此时黏性元件还来不及变形，这个模型的瞬时应变即是弹簧元件 E_1 的瞬时应变，有 $\varepsilon_0 = \dfrac{\sigma_0}{E_1}$，解之得：

$$\varepsilon = \frac{\sigma_0}{E_1} + \frac{\sigma_0}{\eta_1}t + \frac{\sigma_0}{E_2}\left[1 - \exp\left(-\frac{t}{t_1}\right)\right] \tag{5-23}$$

式中：t_1——松弛时间，$t_1 = \dfrac{\eta_2}{E_2}$。

此解也即是两串联模型相应解的叠加。由式(5-23)可见，当 $t=0$ 时变形全部由弹簧元件产生，随着时间的增长，黏性元件接近等速率变形，整个模型产生流动。

当在某一时刻突然全部卸载，则变形曲线如图 5-6c)所示。卸载瞬时，有一瞬时回弹，随着时间的增长，变形慢慢全部恢复。故此模型可用来描述有瞬时弹性变形、衰减蠕变、等速蠕变变形的岩体，可见这一模型对岩体较适用，尤其是软岩，如板岩、页岩、黏土等。但这一模型相对于前几种模型较为复杂，式(5-22)是二阶的微分方程。

5.2.5　Bingham(宾汉姆)模型

Bingham 模型又称黏塑性模型，它是由黏性元件和塑性元件并联而成[图 5-7a)]。

由于两元件并联，因而黏塑性模型总应变等于黏性元件应变 ε_1 或塑性元件应变 ε_1，即：$\varepsilon = \varepsilon_1 = \varepsilon_2$，而总的应力等于黏性元件应力 σ_1 和塑性元件应力 σ_2 之和，有：$\sigma = \sigma_1 + \sigma_2$，且：黏性元件 $\sigma_1 = \eta\dot{\varepsilon}_1$，塑性元件 $\sigma_2 = \sigma_s$（σ_s 为屈服极限）。因而有黏塑性模型的本构方程：

$$\sigma > \sigma_s, \sigma = \sigma_s + \eta\dot{\varepsilon}$$
$$\sigma < \sigma_s, \varepsilon = 0 \tag{5-24}$$

当 $\sigma \geqslant \sigma_s$ 时，$\varepsilon = \dfrac{\sigma - \sigma_s}{\eta}t$，变形随时间无限增长；当 $\sigma < \sigma_s$ 时，$\varepsilon = 0$。式(5-24)即为黏塑性模型的本构方程。

5.2.6　村山模型

村山模型又称黏弹塑性模型，它是由一个胡克体(弹簧元件)、圣维南体(滑块)和黏壶并联而成的模型，如图 5-8 所示。

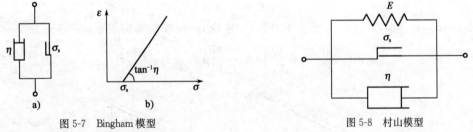

图 5-7　Bingham 模型

a)力学模型；b)应力—应变曲线

图 5-8　村山模型

由于三元件并联，因此总的应力为三元件应力之和，总的应变为各元件的应变。仿前，可得到该黏弹塑性模型的本构关系为：

$$\begin{cases} \varepsilon = 0 & \sigma < \sigma_s \\ \dot{\varepsilon} + \dfrac{E}{\eta}\varepsilon = \dfrac{\sigma - \sigma_s}{\eta} & \sigma \geqslant \sigma_s \end{cases} \tag{5-25}$$

如果在 $t=0$ 时突然施加一不变的应力 σ_0，因而有 $\dot{\sigma}=0$，解之得该模型的蠕变方程：

$$\begin{cases} \varepsilon = \dfrac{\sigma_0 - \sigma_s}{E_2}(1 - e^{-\frac{E_2}{\eta}t}) & \sigma_0 \geqslant \sigma_s \\ \varepsilon = 0 & \sigma_0 < \sigma_s \end{cases} \tag{5-26}$$

5.2.7 流变模型间的关系与统一流变模型

从 3 个元件中分别取出 1 个、2 个和 3 个元件进行并联组合产生的模型总数为 7 个（$N = C_3^1 + C_3^2 + C_3^3 = 3 + 3 + 1 = 7$），其中与黏壶并联的有 4 个模型，分别为黏壶（1 个元件）、Kelvin 模型（2 个元件）、宾汉模型（2 个元件）和村山模型（3 个元件），是与时间有关的。这 4 个流变模型称为基本流变模型，可描述岩石黏性、黏弹性、黏塑性和黏弹塑性四种基本流变力学性态。

4 个基本流变模型及其力学特征见表 5-1。将 4 个基本流变模型及其所对应描述的流变力学性态归纳如下：

(1)黏性岩石既没有流变下限，也没有长期强度；

(2)黏弹性岩石没有流变下限；

(3)黏塑性岩石的长期强度等于其流变下限；

(4)黏弹性岩石和黏弹塑性岩石的流变会趋于稳定，因而其长期强度取决于瞬时强度。

岩石基本力学流变模型性态的变形特征　　　　　　　　　　　　　表 5-1

序　　号	流 变 性 态	应变可恢复性	流 变 下 限	蠕变曲线类型	长 期 强 度
1	黏性	不可恢复	无	定常蠕变	0
2	黏弹性	完全恢复	无	衰减蠕变	瞬时强度
3	黏塑性	不可恢复	有	定常蠕变	有限
4	黏弹塑性	部分恢复	有	衰减蠕变	有限

从 4 个基本流变模型中分别取出 1 个、2 个、3 个和 4 个模型进行串联组合产生的模型总数为 15（$N = C_4^1 + C_4^2 + C_4^3 + C_4^4 = 4 + 6 + 4 + 1 = 15$），即由反映岩土介质四种基本流变性态的 4 个基本流变模型的串联组合可形成 15 个流变力学模型，这 15 个流变力学模型包括 4 个基本流变模型本身，以及将这 4 个基本流变力学模型一同串联形成的统一流变力学模型，统一流变力学模型包含全部四种基本流变力学性态，如图 5-9 所示。

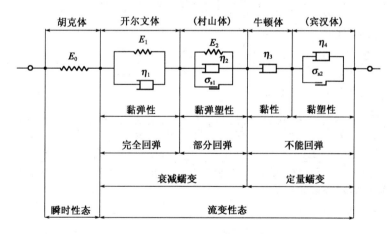

图 5-9　统一流变力学模型

对于这 15 个流变力学模型，可用基本流变性态名称间加"—"来命名，如 Burgers 模型：黏弹性—黏性模型；统一流变力学模型：黏弹性—黏弹塑性—黏塑性—黏性模型。这样，模型的名称与模型的结构及其所描述的流变力学性态之间是一一对应的。而以往的文献中将 Kelvin 模型、广义 Kelvin 模型、Maxwell 模型和 Burgers 模型等都称为黏弹性模型，而事实上，它们都是线性流变模型，但它们之间的流变性质相差很大，前两者的流变变形是能收敛的，具有黏弹性固体的属性，而后两者只要受到应力作用，其流变变形是不会收敛的，具有黏性流体的属性。现有文献中的模型组合方式各种各样，有些模型并不在上述 15 个模型中，但实际上，它们都可以等效为这 15 个模型中的一个，如，弹簧与 Maxwell 模型并联而成的 Poyting-Thomson 模型，与广义 Kelvin 模型是等效的。

流变模型等效性简化的方法是：在并联结构中不包含任何串联结构，也即并联只发生在弹簧、黏壶、摩擦片之间。若并联结构中有串联结构存在，都可将其变换成在并联结构中不包含任何串联结构的形式，变换方法如下：

设 A、B、C 分别代表 3 个基本元件，$A_i(i=1,2,3)$ 是与 A 同性质的基本元件，并用：“—”表示串联，用“/”表示并联，则有：$A_1/(A-B-C)=A_1/A-A_1/B-A_1/C=A_2-A_1/B-A_1/C$。其中：$A_2=A_1/A$。

即结构元件运算符合分配律，同性质的元件并联或串联后，其力学性质不变，因而，可以以该性质的一个元件表示。此外，结构元件变化过程中应该使模型中串联的组合结构中不再与其他结构或元件并联，同样，并联的组合结构中不再与其他结构或元件串联，因此，对任一流变力学模型作结构元件运算的最终结果将是一个或几个基本流变模型的串联，最终变换到统一流变模型或 14 个特例之一。

统一流变模型的本构方程为：

(1)当 $\sigma \leqslant \sigma_{s1}$，并且 $\sigma \leqslant \sigma_{s2}$ 时，

$$\dddot{\varepsilon}+\left(\frac{E_1}{\eta_1}+\frac{E_2}{\eta_2}\right)\ddot{\varepsilon}+\frac{E_1E_2}{\eta_1\eta_2}\dot{\varepsilon}=\frac{\dddot{\sigma}}{E_0}+\left(\frac{1}{\eta_1}+\frac{1}{\eta_3}+\frac{E_1}{\eta_1E_0}\right)\dot{\sigma}+\frac{E_1}{\eta_1\eta_3}\sigma \tag{5-27}$$

(2)若 $\sigma_{s1} \leqslant \sigma_{s2}$，当 $\sigma_{s1} \leqslant \sigma \leqslant \sigma_{s2}$ 时，

$$\dddot{\varepsilon}+\left(\frac{E_1}{\eta_1}+\frac{E_2}{\eta_2}\right)\ddot{\varepsilon}+\frac{E_1E_2}{\eta_1\eta_2}\dot{\varepsilon}=\frac{\dddot{\sigma}}{E_0}+\left(\frac{1}{\eta_1}+\frac{1}{\eta_2}+\frac{1}{\eta_3}+\frac{E_1}{\eta_1E_0}+\frac{E_2}{\eta_2E_0}\right)\ddot{\sigma}+$$
$$\left(\frac{E_1+E_2}{\eta_1\eta_2}+\frac{E_1}{\eta_1\eta_3}+\frac{E_2}{\eta_2\eta_3}+\frac{E_1E_2}{\eta_1\eta_2E_0}\right)\dot{\sigma}+\frac{E_1E_2}{\eta_1\eta_2\eta_3}\sigma-\frac{E_1E_2\sigma_{s1}}{\eta_1\eta_2\eta_3} \tag{5-28}$$

(3)若 $\sigma_{s2} \leqslant \sigma_{s1}$，当 $\sigma_{s2} \leqslant \sigma \leqslant \sigma_{s1}$ 时，

$$\ddot{\varepsilon}+\frac{E_1}{\eta_1}\dot{\varepsilon}=\frac{\ddot{\sigma}}{E_0}+\left(\frac{1}{\eta_1}+\frac{1}{\eta_3}+\frac{1}{\eta_4}+\frac{E_1}{\eta_1E_0}\right)\dot{\sigma}+\left(\frac{E_1}{\eta_1\eta_3}+\frac{E_1}{\eta_1\eta_4}\right)\sigma-\frac{E_1\sigma_{s2}}{\eta_1\eta_4} \tag{5-29}$$

(4)当 $\sigma \geqslant \sigma_{s1}$，并且 $\sigma \geqslant \sigma_{s2}$ 时，

$$\dddot{\varepsilon}+\left(\frac{E_1}{\eta_1}+\frac{E_2}{\eta_2}\right)\ddot{\varepsilon}+\frac{E_1E_2}{\eta_1\eta_2}\dot{\varepsilon}=\frac{\dddot{\sigma}}{E_0}+\left(\frac{1}{\eta_1}+\frac{1}{\eta_2}+\frac{1}{\eta_3}+\frac{1}{\eta_4}+\frac{E_1}{\eta_1E_0}+\frac{E_2}{\eta_2E_0}\right)\ddot{\sigma}+$$
$$\left(\frac{E_1+E_2}{\eta_1\eta_2}+\frac{E_1}{\eta_1\eta_3}+\frac{E_2}{\eta_2\eta_3}+\frac{E_1E_2}{\eta_1\eta_2E_0}\right)\dot{\sigma}+\left(\frac{1}{\eta_3}+\frac{1}{\eta_4}\right)\frac{E_1E_2}{\eta_1\eta_2}\sigma-\frac{E_1E_2\sigma_{s2}}{\eta_1\eta_2\eta_4} \tag{5-30}$$

统一流变模型的蠕变方程为：

(1)当 $\sigma \leqslant \sigma_{s1}$，并且 $\sigma \leqslant \sigma_{s2}$ 时，

$$\varepsilon=\frac{\sigma_0}{E_0}+\frac{\sigma_0}{E_1}(1-e^{-\frac{E_1}{\eta_1}t})t+\frac{\sigma_0}{\eta_3}t \tag{5-31}$$

(2)若 $\sigma_{s1} \leqslant \sigma_{s2}$，当 $\sigma_{s1} \leqslant \sigma \leqslant \sigma_{s2}$ 时，

$$\varepsilon=\frac{\sigma_0}{E_0}+\frac{\sigma_0}{E_1}(1-e^{-\frac{E_1}{\eta_1}t})+\frac{\sigma_0-\sigma_{s1}}{E_2}(1-e^{-\frac{E_2}{\eta_2}})+\frac{\sigma_0}{\eta_3}t \tag{5-32}$$

(3)若 $\sigma_{s2} \leqslant \sigma_{s1}$，当 $\sigma_{s2} \leqslant \sigma \leqslant \sigma_{s1}$ 时，

$$\varepsilon = \frac{\sigma_0}{E_0} + \frac{\sigma_0}{E_1}(1 - e^{-\frac{E_1}{\eta_1}t}) + \frac{\sigma_0}{\eta_3}t + \frac{\sigma_0 - \sigma_{s2}}{\eta_4}t \tag{5-33}$$

(4)当 $\sigma \geqslant \sigma_{s1}$，并且 $\sigma \geqslant \sigma_{s2}$ 时，

$$\varepsilon = \frac{\sigma_0}{E_0} + \frac{\sigma_0}{E_1}(1 - e^{-\frac{E_1}{\eta_1}t}) + \frac{\sigma_0 - \sigma_{s1}}{E_2}(1 - e^{-\frac{E_2}{\eta_2}t}) + \frac{\sigma_0}{\eta_3}t + \frac{\sigma_0 - \sigma_{s2}}{\eta_4}t \tag{5-34}$$

5.3　流变问题的一般解法

上述模型中不含塑性元件的模型，其本构方程都是含有 σ 和 ε 的线性齐次微分方程，所描述的物体可以称为线性流变体。其本构关系的一般形式为：

$$P(D)\sigma = Q(D)\varepsilon \tag{5-35}$$

式中：$P(D)$、$Q(D)$——D 的多项式；

D——对时间 t 的微分算子，有 $D^n = \dfrac{\partial^n}{\partial t^n}$。

如对于 Burgers 模型：

$$\left.\begin{aligned} P(D) &= \frac{\eta_1 \eta_2}{E_1 E_2}D^2 + \left(\frac{\eta_1 + \eta_2}{E_2} + \frac{\eta_1}{E_1}\right)D + 1 \\ Q(D) &= \frac{\eta_1 \eta_2}{E_2}D^2 + \eta_1 D \end{aligned}\right\} \tag{5-36}$$

含有塑性元件的流变模型为结构非线性流变模型，就不能写成式(5-36)的形式，因此线性流变体仅有：黏性模型、Maxwell 模型、Kelvin 模型、广义 Kelvin 模型和 Burgers 模型。

在线弹性理论中，复杂应力状态下的应力—应变关系可以由单向应力时的胡克定律推广而得：

$$\left.\begin{aligned} s_{ij} &= 2Ge_{ij} \\ \sigma_{ii} &= 3K\varepsilon_{ii} \end{aligned}\right\} \tag{5-37}$$

第一式描述了形状的改变，系由 6 个方程式组成，s_{ij} 和 e_{ij} 为应力偏量和应变偏量；i、j 为 x、y、z 的置换；第二式描述了物体的体积变形；K、G 分别为体积变形模型和剪切变形模量。借用 s_x、s_y、s_z 表示 s_{xx}、s_{yy}、s_{zz}，有：

$$\left.\begin{aligned} s_x &= \sigma_x - \frac{1}{3}\sigma_{ii}, \quad s_y = \sigma_y - \frac{1}{3}\sigma_{ii}, \quad s_z = \sigma_z - \frac{1}{3}\sigma_{ii} \\ s_{xy} &= \tau_{xy}, \quad s_{yz} = \tau_{yz}, \quad s_{xz} = \tau_{xz} \end{aligned}\right\} \tag{5-38}$$

类似地有：

$$\left.\begin{aligned} e_x &= \varepsilon_x - \frac{1}{3}\varepsilon_{ii}, \quad e_y = \varepsilon_y - \frac{1}{3}\varepsilon_{ii}, \quad e_z = \varepsilon_z - \frac{1}{3}\varepsilon_{ii} \\ e_{xy} &= \frac{1}{2}\gamma_{xy}, \quad e_{yz} = \frac{1}{2}\gamma_{yz}, \quad e_{xz} = \frac{1}{2}\gamma_{xz} \end{aligned}\right\} \tag{5-39}$$

而

$$\left.\begin{aligned} \sigma_m &= \frac{1}{3}\sigma_{ii} = (\sigma_x + \sigma_y + \sigma_z) \\ e_m &= \frac{1}{3}\varepsilon_{ii} = \frac{1}{3}(\varepsilon_x + \varepsilon_y + \varepsilon_z) \end{aligned}\right\} \tag{5-40}$$

为平均应力及平均应变。

与此相仿,复杂应力状态下线性流变体的本构关系也可由简单应力状态推广而得:

$$\left.\begin{array}{l} P(D)s_{ij} = 2Q(D)e_{ij} \\ P_1(D)\sigma_{ii} = 3Q_1(D)\varepsilon_{ii} \end{array}\right\} \tag{5-41}$$

第一式中的 $P(D)$ 和 $Q(D)$ 同式(5-35),与所采用的模型相应。s_{ij} 和 ε_{ij} 分别为应力偏量和应变偏量。比较式(5-41)和式(5-37),并假设在流变理论中同样存在着与弹性理论中相似的体积模量和剪切模量,则有:

$$\left.\begin{array}{l} G(t) = \dfrac{s_{ij}}{2e_{ij}} = \dfrac{Q(D)}{P(D)} \\[3mm] K(t) = \dfrac{\sigma_{ii}}{3e_{ii}} = \dfrac{Q_1(D)}{P_1(D)} \end{array}\right\} \tag{5-42}$$

按照弹性理论中 $E\text{-}\mu$ 模型和 $K\text{-}G$ 模型之间的关系:

$$\left.\begin{array}{l} E = \dfrac{9KG}{3K+G} \\[3mm] \mu = \dfrac{3K-2G}{6K+2G} \end{array}\right\} \tag{5-43}$$

式中:E、μ——分别为弹性模量和泊松比。

将式(5-42)代入式(5-43),有黏性模量和黏弹性泊松比,为:

$$E(t) = \frac{9K(t)G(t)}{3K(t)+G(t)} = \frac{9Q_1(D)Q(D)}{3P(D)Q_1(D)+Q(D)P_1(D)} \tag{5-44}$$

$$\mu(t) = \frac{3K(t)-2G(t)}{6K(t)+2G(t)} = \frac{3P(D)Q_1(D)-2P_1(D)Q(D)}{6P(D)Q_1(D)+2P_1(D)Q(D)} \tag{5-45}$$

复杂应力状态下流变本构方程中的球张量和偏张量可以分别选取不同的流变模型,亦可用相同的流变模型,其依据是对材料的实际观测结果。为了简化,通常假设体积模量与时间无关,即材料在静水压力作用下其变形表现为弹性,则有:

$$K(t) = K = 常数 \tag{5-46}$$

由于体积模量为常数,材料的时间效应仅存在于偏张量之间。有些硬岩,在静水压力作用下表现为不可压缩的性质,即体积模量为无穷大,这时 $P_1(D) = 0$,代入式(5-44)和式(5-45)有:

$$E(t) = 3\frac{Q(D)}{P(D)} , \ \mu(t) = \frac{1}{2}$$

式(5-41)是一线性常微分方程组,它与平衡微分方程及相应的边界条件、初始条件一起构成对整个问题的解。对于一般工程问题要求这一系列方程组的解析解是非常困难的。

利用 Laplace 变换,把微分方程(5-41)变换为代数方程,将使求解大为方便。Laplace 变换理论可参见有关的数学教程,这里仅将解黏弹性解问题的有关内容作一概述。

如果 $f(t)$ 是时间 t 的函数(同时也是空间坐标的函数),那么,当 $t > 0$ 时,其对时间 t 的 Laplace 变换 $\tilde{f}(s)$ 定义为:

$$\tilde{f}(s) = \int_0^\infty \mathrm{e}^{-st} f(t)\mathrm{d}t \tag{5-47}$$

式中：s——实的正数；

$\sim$——表示对时间坐标的 Laplce 变换。

例如 $f(t) = e^{at}$ ，其 Laplace 变换为：

$$\widetilde{f}(s) = \int_0^\infty e^{-st} e^{at} dt = \int_0^\infty e^{-(s-a)t} dt = \frac{1}{s-a}$$

几个常用函数的 Laplce 变换列于表 5-2。

Laplace 变换常用关系式　　　　　　　　　表 5-2

编　号	原函数 $f(t)$	象函数 $\widetilde{f}(s)$	编　号	原函数 $f(t)$	象函数 $\widetilde{f}(s)$
1	$H(t)$	$\dfrac{1}{s}$	6	a	$\dfrac{1}{s}$
2	$H(t-\alpha)$	$\dfrac{e^{-as}}{s}$	7	t	$\dfrac{1}{s^2}$
3	$\delta(t) = \dot{H}(t)$	1	8	$e^{-\alpha t}$	$\dfrac{1}{a+s}$
4	$\delta(t-\alpha)$	e^{-as}	9	$\dfrac{1}{\alpha}(1-e^{-\alpha t})$	$\dfrac{1}{s(a+s)}$
5	$\dot{\delta}(t) = \dfrac{d\delta(t)}{dt}$	s	10	$(1-e^{at})$	$\dfrac{\alpha}{s(a+s)}$

如果 $t = 0$ 时 $f(t) = f(0)$ ，则函数 $f(t)$ 的一阶导数 $f'(t)$ 的 Laplace 变换为：

$$\int_0^\infty e^{-st} f'(t) dt = s\widetilde{f}(s) - f(0) \tag{5-48}$$

如果初始条件 $f(t) = 0$ ，则 $f'(t)$ 之 Laplace 变换即为 $s\widetilde{f}(s)$ 。这里，只需用 s 置换 D ，$\widetilde{f}(s)$ 置换 $f(t)$ 。同样，如果在 $t = 0$ 时，$f(t)$ 及其各阶导数 $f'(t)$、$f''(t)$……均为零，则有：

$$\widetilde{f}^n(t) = s^n \widetilde{f}(s) \tag{5-49}$$

换言之，$f^n(t)$ 之 Laplace 变换只需形式地用 $s^n \widetilde{f}(s)$ 置换即可。经过 Laplace 变换后，微分方程变为代数方程，用代数的方法求解出 $\widetilde{f}(s)$ ，然后利用 Laplace 变换表反演之，即可求得 $f(t)$ 。

由于在小变形范围内，无论是弹性变形还是黏弹性变形，其平衡微分方程和几何微分方程完全相同，仅物理方程有所不同，因此如果已知某边界条件下问题的弹性解，则只需对弹性解取 Laplace 变换，并代入黏弹性本构方程，然后经过 Laplace 逆变换反演求得黏弹性问题的解。

上述求解方法称为黏弹性问题的对应性原理求解方法。弹性—黏弹性对应性原理存在的前提是荷载边界与位移边界的交界面不随时间而变，如刚性柱体直立于半无限黏弹性介质上。但刚性球体搁置于半无限黏弹性介质上，其两类边界的交界面(线)是随时间而变，是不符合对应性原理应用条件的。

采用对应性原理推演黏弹性问题的解答的具体步骤可以归纳为：

(1)求解相应弹性问题的解答。

(2)对弹性解中与时间有关的量取 Laplace 变换。

(3)弹性解中的物理力学性质参数 E、μ、G、K 分别用 $\widetilde{E}(s)$、$\widetilde{\mu}(s)$、$\widetilde{G}(s)$、$\widetilde{K}(S)$ 代替；而力、应力、弯矩等相关的量 p 用 p/s 代替。

(4)将黏弹性本构关系的具体表达式代入相应的 $\widetilde{E}(s)$、$\widetilde{\mu}(s)$、$\widetilde{G}(s)$、$\widetilde{K}(s)$ 中，做适当的运算，对照 Laplace 变换的解答求反演，求得以 t 为表示的黏弹性解。

5.4 圆形隧洞围岩应力与变形的黏弹性分析

利用第 3 章第 3.3 节的解法,求圆形隧洞围岩应力与变形的黏弹性解。计算简图及边界条件如图 5-10 所示,其中,a、b 分别为衬砌的外半径(隧洞开挖半径)、内半径,P、λP 为计算边界处的竖直应力和水平应力,θ 为计算点与水平方向夹角。支护材料假定为弹性的,其弹性模量和泊松比分别为 E_c、μ_c。围岩体积变形为弹性的,偏应变服从广义 Kelvin 模型,如图 5-11 所示。

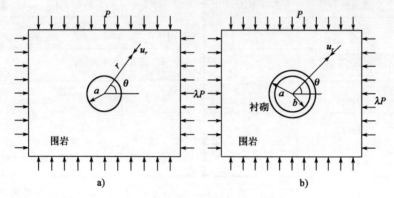

图 5-10 隧洞计算模型

a)未支护隧洞;b)衬砌支护隧洞

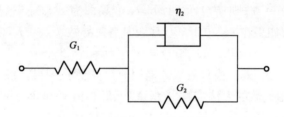

图 5-11 广义 Kelvin 模型

因而有本构关系:

$$\begin{cases} \left(1 + \dfrac{\eta_2}{G_1 + G_2}D\right)S_{ij} = \left(\dfrac{G_1 G_2}{G_1 + G_2} + \dfrac{\eta_2 G_1}{G_1 + G_2}D\right)e_{ij} \\ \sigma_m = 3K\varepsilon_m \end{cases} \tag{5-50}$$

即:

$$\begin{cases} P_1(D) = 1 + \dfrac{\eta_2}{G_1 + G_2}D \\ Q_1(D) = \dfrac{G_1 G_2}{G_1 + G_2} + \dfrac{\eta_2 G_1}{G_1 + G_2}D \\ P_2(D) = 1 \\ Q_2(D) = K = \text{常数} \end{cases} \tag{5-51}$$

式中:　　　　　　　　G_1、G_2、η_2——广义 Kelvin 模型的模型系数;

　　　　　　　　　　K——围岩体积变形模量;

$P_1(D)$、$Q_1(D)$、$P_2(D)$、$Q_2(D)$——与时间有关的微分算子,其中 $D = \partial/\partial t$。

对式(5-42)进行 Laplace 变换，并代入式(5-51)可得：

$$
\begin{cases}
\widetilde{G}(s) = \dfrac{\widetilde{Q}_1(s)}{\widetilde{P}_1(s)} = \dfrac{\dfrac{G_1 G_2}{G_1 + G_2} + \dfrac{\eta_2 G_1}{G_1 + G_2}s}{1 + \dfrac{\eta_2}{G_1 + G_2}s} \\[4mm]
\widetilde{K}(s) = \dfrac{\widetilde{Q}_2(s)}{\widetilde{P}_2(s)}K
\end{cases}
\tag{5-52}
$$

5.4.1 无支护隧洞

未支护时隧洞围岩位移弹性解为式(3-31)，由于无支护隧洞中围岩应力分布的解与围岩的力学性质参数无关，因而隧洞围岩的应力分布仍为第 3 章第 3.3 节的解。以下仅对隧洞围岩位移进行黏弹性分析。根据对应性原理，对式(3-31)进行 Laplace 变换得到：

$$
\left.
\begin{aligned}
u &= \frac{P r_0^2}{4s\widetilde{G}r}\left\{(1+\lambda) + (1-\lambda)\left[(\kappa+1) - \frac{r_0^2}{r^2}\right]\cos 2\theta\right\} \\
v &= -\frac{P r_0^2}{4s\widetilde{G}r}(1-\lambda)\left[(\kappa-1) + \frac{r_0^2}{r^2}\right]\sin 2\theta
\end{aligned}
\right\}
\tag{5-53}
$$

注意：围岩材料参数 $\kappa = 3 - 4\mu = 3 - 2(3K - 2G(t))/(3K + G(t))$ 是随时间而变化的，按照对应性原理求解时，应该对该参数求 Laplace 变换。这里为了求解过程的方便近似取 κ 为常数（即 μ 为常数），对于该常数随时间而变化的情况，有余力的读者可以仿照本节的求解过程自行推导。

对式(5-53)进行 Laplace 逆变换可以求得未支护隧洞围岩位移解：

$$
\left.
\begin{aligned}
u(t) &= \frac{P}{2}\left[(1+\lambda)u' + (1-\lambda)u''\cos 2\theta\right] \\
v(t) &= \frac{P}{2}(1-\lambda)v''\sin 2\theta
\end{aligned}
\right\}
\tag{5-54}
$$

其中：

$$
\left.
\begin{aligned}
u' &= \frac{R_0^2}{2r}\left\{\frac{1}{G_1}\exp\left(-\frac{G_1}{\eta_2}t\right) + \frac{1}{G_\infty}\left[1 - \exp\left(-\frac{G_1}{\eta_2}t\right)\right]\right\} \\
u'' &= \frac{R_0^2}{2r}\left(\kappa + 1 - \frac{R_0^2}{r^2}\right)\left\{\frac{1}{G_1}\exp\left(-\frac{G_1}{\eta_2}t\right) + \frac{1}{G_\infty}\left[1 - \exp\left(-\frac{G_1}{\eta_2}t\right)\right]\right\} \\
v'' &= -\frac{R_0^2}{2r}\left(\kappa - 1 + \frac{R_0^2}{r^2}\right)\left\{\frac{1}{G_1}\exp\left(-\frac{G_1}{\eta_2}t\right) + \frac{1}{G_\infty}\left[1 - \exp\left(-\frac{G_1}{\eta_2}t\right)\right]\right\}
\end{aligned}
\right\}
$$

$$
G_\infty = \frac{G_1 G_2}{G_1 + G_2}
$$

式中：u'——表示均匀分布的径向位移；

　u''、v''——分别表示与角度有关的径向和周向位移；

　其余符号意义同前。

　相应的应变为：

$$\left.\begin{array}{l}
\varepsilon_r(t) = \dfrac{P}{2}\left[(1+\lambda)\varepsilon'_r + (1-\lambda)\varepsilon''_r\cos2\theta\right] \\[2mm]
\varepsilon_\theta(t) = \dfrac{P}{2}\left[(1+\lambda)\varepsilon'_\theta + (1-\lambda)\varepsilon''_\theta\cos2\theta\right] \\[2mm]
\gamma_{r\theta}(t) = P(1-\lambda)\gamma''_{r\theta}\sin2\theta \\[2mm]
\varepsilon_{\mathrm{m}}(t) = \dfrac{P}{2}(1-\lambda)\varepsilon''_{\mathrm{m}}\cos2\theta
\end{array}\right\} \tag{5-55}$$

其中：

$$\varepsilon'_r = -\frac{R_0^2}{2r^2}\left\{\frac{1}{G_1}\exp\left(-\frac{G_1}{\eta_2}t\right) + \frac{1}{G_\infty}\left[1-\exp\left(-\frac{G_1}{\eta_2}t\right)\right]\right\}$$

$$\varepsilon'_\theta = \frac{R_0^2}{2r^2}\left\{\frac{1}{G_1}\exp\left(-\frac{G_1}{\eta_2}t\right) + \frac{1}{G_\infty}\left[1-\exp\left(-\frac{G_1}{\eta_2}t\right)\right]\right\}$$

$$\varepsilon''_r = -\frac{R_0^2}{2r^2}\left(\kappa+1-3\frac{R_0^2}{r^2}\right)\left\{\frac{1}{G_1}\exp\left(-\frac{G_1}{\eta_2}t\right) + \frac{1}{G_\infty}\left[1-\exp\left(-\frac{G_1}{\eta_2}t\right)\right]\right\}$$

$$\varepsilon''_\theta = \frac{R_0^2}{2r^2}\left(3-\kappa-3\frac{R_0^2}{r^2}\right)\left\{\frac{1}{G_1}\exp\left(-\frac{G_1}{\eta_2}t\right) + \frac{1}{G_\infty}\left[1-\exp\left(-\frac{G_1}{\eta_2}t\right)\right]\right\}$$

$$\gamma''_{r\theta} = -\frac{R_0^2}{2r^2}\left(2-3\frac{R_0^2}{r^2}\right)\left\{\frac{1}{G_1}\exp\left(-\frac{G_1}{\eta_2}t\right) + \frac{1}{G_\infty}\left[1-\exp\left(-\frac{G_1}{\eta_2}t\right)\right]\right\}$$

$$\varepsilon''_{\mathrm{m}} = -\frac{R_0^2}{3r^2}(\kappa-1)\left\{\frac{1}{G_1}\exp\left(-\frac{G_1}{\eta_2}t\right) + \frac{1}{G_\infty}\left[1-\exp\left(-\frac{G_1}{\eta_2}t\right)\right]\right\}$$

5.4.2 有衬砌隧洞

支护结构在隧洞开挖后一段时间才能构筑,构筑支护结构时围岩部分应力已经重分布,所以围岩与支护结构相互作用时的初始边界条件与未支护隧洞的初始边界条件不同。将广义 Kelvin 模型表示成极坐标形式可以写为：

$$\left.\begin{array}{l}
\sigma_r + \dfrac{G_2}{G_1}\eta_{\mathrm{rel}}\dot{\sigma}_r = 2G_\infty\left(\varepsilon_r + \dfrac{3\mu}{1-2\mu}\varepsilon_{\mathrm{m}}\right) + 2G_2\eta_{\mathrm{rel}}\left(\dot{\varepsilon}_r + \dfrac{3\mu}{1-2\mu}\dot{\varepsilon}_{\mathrm{m}}\right) \\[3mm]
\sigma_\theta + \dfrac{G_2}{G_1}\eta_{\mathrm{rel}}\dot{\sigma}_\theta = 2G_\infty\left(\varepsilon_\theta + \dfrac{3\mu}{1-2\mu}\varepsilon_{\mathrm{m}}\right) + 2G_2\eta_{\mathrm{rel}}\left(\dot{\varepsilon}_\theta + \dfrac{3\mu}{1-2\mu}\dot{\varepsilon}_{\mathrm{m}}\right) \\[3mm]
\tau_{r\theta} + \dfrac{G_2}{G_1}\eta_{\mathrm{rel}}\dot{\tau}_{r\theta} = 2G_\infty\gamma_{r\theta} + 2G_2\eta_{\mathrm{rel}}\dot{\gamma}_{r\theta}
\end{array}\right\} \tag{5-56}$$

式中：η_{rel}——围岩的松弛时间,$\eta_{\mathrm{rel}} = \dfrac{\eta_2}{G_1+G_2}$。

对上式进行 Laplace 变换得到：

$$\left.\begin{array}{l}
\left(1+\dfrac{G_2}{G_1}\eta_{\mathrm{rel}}s\right)\tilde{\sigma}_r - \dfrac{G_2}{G_1}\eta_{\mathrm{rel}}\sigma_r^0 = (2G_\infty + 2G_2\eta_{\mathrm{rel}}s)\left(\tilde{\varepsilon}_r + \dfrac{3\mu}{1-2\mu}\tilde{\varepsilon}_{\mathrm{m}}\right) - \\[3mm]
\qquad 2G_2\eta_{\mathrm{rel}}\left(\varepsilon_r^0 + \dfrac{3\mu}{1-2\mu}\varepsilon_{\mathrm{m}}^0\right) \\[3mm]
\left(1+\dfrac{G_2}{G_1}\eta_{\mathrm{rel}}s\right)\tilde{\sigma}_\theta - \dfrac{G_2}{G_1}\eta_{\mathrm{rel}}\sigma_\theta^0 = (2G_\infty + 2G_2\eta_{\mathrm{rel}}s)\left(\tilde{\varepsilon}_\theta + \dfrac{3\mu}{1-2\mu}\tilde{\varepsilon}_{\mathrm{m}}\right) - \\[3mm]
\qquad 2G_2\eta_{\mathrm{rel}}\left(\varepsilon_\theta^0 + \dfrac{3\mu}{1-2\mu}\varepsilon_{\mathrm{m}}^0\right) \\[3mm]
\left(1+\dfrac{G_2}{G_1}\eta_{\mathrm{rel}}s\right)\tilde{\tau}_{r\theta} - \dfrac{G_2}{G_1}\eta_{\mathrm{rel}}\tau_{r\theta}^0 = (2G_\infty + 2G_2\eta_{\mathrm{rel}}s)\tilde{\gamma}_{r\theta} - 2G_2\eta_{\mathrm{rel}}\gamma_{r\theta}^0
\end{array}\right\} \tag{5-57}$$

式中：上标 0——表示相应变量的初始值；

其余符号意义同前。

由式(5-57)可以得到应力分量在 Laplace 空间中的表达式：

$$\left.\begin{aligned}
\tilde{\sigma}_r &= \frac{2G_\infty + 2G_2\,\eta_{\text{rel}}\,s}{1+\dfrac{G_2\,\eta_{\text{rel}}\,s}{G_1}}\left(\tilde{\varepsilon}_r + \frac{3\mu}{1-2\mu}\tilde{\varepsilon}_{\text{m}}\right) + \\[2mm]
&\quad \frac{\eta_{\text{rel}}}{1+\dfrac{G_2\,\eta_{\text{rel}}\,s}{G_1}}\frac{G_2}{G_1}\left[\sigma_r^0 - 2G_1\eta_{\text{rel}}\left(\varepsilon_r^0 + \frac{3\mu}{1-2\mu}\varepsilon_{\text{m}}^0\right)\right] \\[3mm]
\tilde{\sigma}_\theta &= \frac{2G_\infty + 2G_2\eta_{\text{rel}}\,s}{1+\dfrac{G_2\,\eta_{\text{rel}}\,s}{G_1}}\left(\tilde{\varepsilon}_\theta + \frac{3\mu}{1-2\mu}\tilde{\varepsilon}_{\text{m}}\right) + \\[2mm]
&\quad \frac{\eta_{\text{rel}}}{1+\dfrac{G_2\,\eta_{\text{rel}}\,s}{G_1}}\frac{G_2}{G_1}\left[\sigma_\theta^0 - 2G_1\left(\varepsilon_\theta^0 + \frac{3\mu}{1-2\mu}\varepsilon_{\text{m}}^0\right)\right] \\[3mm]
\tilde{\tau}_{r\theta} &= \frac{2G_\infty + 2G_2\,\eta_{\text{rel}}\,s}{1+\dfrac{G_2\,\eta_{\text{rel}}\,s}{G_1}}\tilde{\tau}_{r\theta} + \frac{\eta_{\text{rel}}}{1+\dfrac{G_2\,\eta_{\text{rel}}\,s}{G_1}}\frac{G_2}{G_1}\left(\tau_{r\theta}^0 - 2G_1\eta_{\text{rel}}\gamma_{r\theta}^0\right)
\end{aligned}\right\} \tag{5-58}$$

令

$$\left.\begin{aligned}
\tilde{L}_r &= \tilde{\sigma}_r - \frac{\eta_{\text{rel}}}{1+\dfrac{G_2\,\eta_{\text{rel}}\,s}{G_1}}\frac{G_2}{G_1}\left[\sigma_r^0 - 2G_1\eta_{\text{rel}}\left(\varepsilon_r^0 + \frac{3\mu}{1-2\mu}\varepsilon_{\text{m}}^0\right)\right] \\[3mm]
\tilde{L}_\theta &= \tilde{\sigma}_\theta - \frac{\eta_{\text{rel}}}{1+\dfrac{G_2\,\eta_{\text{rel}}\,s}{G_1}}\frac{G_2}{G_1}\left[\sigma_\theta^0 - 2G_1\left(\varepsilon_\theta^0 + \frac{3\mu}{1-2\mu}\varepsilon_{\text{m}}^0\right)\right] \\[3mm]
\tilde{L}_{r\theta} &= \tilde{\tau}_{r\theta} - \frac{\eta_{\text{rel}}}{1+\dfrac{G_2\,\eta_{\text{rel}}\,s}{G_1}}\frac{G_2}{G_1}\left(\tau_{r\theta}^0 - 2G_1\eta_{\text{rel}}\gamma_{r\theta}^0\right)
\end{aligned}\right\} \tag{5-59}$$

将式(5-59)代入式(5-48)，并将 $\dfrac{2G_\infty + 2G_2\eta_{\text{rel}}\,s}{1+\dfrac{G_2\eta_{\text{rel}}\,s}{G_1}}$ 替换为 $2G_{\text{L}}$ 得到：

$$\left.\begin{aligned}
\tilde{L}_r &= 2G_{\text{L}}\left(\tilde{\varepsilon}_r + \frac{3\mu}{1-2\mu}\tilde{\varepsilon}_{\text{m}}\right) \\[2mm]
\tilde{L}_\theta &= 2G_{\text{L}}\left(\tilde{\varepsilon}_\theta + \frac{3\mu}{1-2\mu}\tilde{\varepsilon}_{\text{m}}\right) \\[2mm]
\tilde{L}_{r\theta} &= 2G_{\text{L}}\tilde{\gamma}_{r\theta}
\end{aligned}\right\} \tag{5-60}$$

从式(5-59)可以看出，$\tilde{L}_r$、$\tilde{L}_\theta$ 以及 $\tilde{L}_{r\theta}$ 仍然满足平衡微分方程，并且式(5-60)的形式与广义胡克定律的形式相似，因而可以得到这样的结论：将经过 Laplace 变换后的应力按照式(5-59)进行线性变换并且以 $2G_{\text{L}}$ 代替 $2G$，则可由相应条件下的弹性解得到黏弹性解的 Laplace 变换形式，然后再经过逆变换即可得到黏弹性解。

由此可由围岩与支护结构相互作用的弹性解式(3-38)得到围岩应力的变换形式:

$$\tilde{L}_r = \frac{\tilde{L}_0}{2}\left[(1+\lambda)\left(1-\tilde{\gamma}\frac{r_0^2}{r^2}\right)+(1-\lambda)\left(1-2\tilde{\beta}\frac{r_0^2}{r^2}-3\tilde{\delta}\frac{r_0^4}{r^4}\right)\cos2\theta\right]$$

$$\tilde{L}_\theta = \frac{\tilde{L}_0}{2}\left[(1+\lambda)\left(1+\tilde{\gamma}\frac{r_0^2}{r^2}\right)-(1-\lambda)\left(1-3\tilde{\delta}\frac{r_0^4}{r^4}\right)\cos2\theta\right] \tag{5-61}$$

$$\tilde{L}_{r\theta} = -\frac{\tilde{L}_0}{2}(1-\lambda)\left(1+\tilde{\beta}\frac{r_0^2}{r^2}+3\tilde{\delta}\frac{r_0^4}{r^4}\right)\sin2\theta$$

同理可以由式(3-39)得到围岩位移的变换形式:

$$\tilde{u} = \frac{\tilde{L}_0 R_0^2}{8G_L r}\left\{2\tilde{\gamma}(1+\lambda)+(1-\lambda)\left[\tilde{\beta}(\kappa+1)+\frac{2\tilde{\delta}r_0^2}{r^2}\right]\cos2\theta\right\}$$

$$\tilde{v} = -\frac{\tilde{L}_0 R_0^2}{8G_L r}(1-\lambda)\left[\tilde{\beta}(\kappa-1)-\frac{2\tilde{\delta}r_0^2}{r^2}\right]\sin2\theta \tag{5-62}$$

式中：$\tilde{\gamma}$、$\tilde{\beta}$、$\tilde{\delta}$——待定参数，可由边界条件确定；

　　　$\tilde{L}_0$——无穷远处边界条件的变换形式。

由式(3-37)得到无穷处的径向应力 σ_r 的 Laplace 变换形式为:

$$\tilde{\sigma}_r = \frac{P}{2s}\left[(1+\lambda)+(1-\lambda)\cos2\theta\right] \tag{5-63}$$

代入式(5-59)第一式得到 $r = \infty$ 时:

$$\tilde{L}_r = \tilde{\sigma}_r - \frac{\dfrac{G_2\eta_{rel}}{G_1}}{1+\dfrac{G_2\eta_{rel}s}{G_1}}\left[\sigma_r^0 - 2G_1\eta_{rel}\left(\varepsilon_r^0 + \frac{3\mu}{1-2\mu}\varepsilon_m^0\right)\right]$$

$$= \frac{1}{2}\left[(1+\lambda)+(1-\lambda)\cos2\theta\right]\frac{P}{s\left(1+\dfrac{G_2\eta_{rel}s}{G_1}\right)} \tag{5-64}$$

从而得到:

$$\tilde{L}_0 = \frac{P}{s\left(1+\dfrac{G_2\eta_{rel}s}{G_1}\right)}$$

对支护结构而言，其初始应力与变形均为零，因而可以直接通过式(3-40)和式(3-41)得到其变换形式:

$$\tilde{\sigma}_{cr} = (2\tilde{A}_1 + \tilde{A}_2 r^{-2}) - (\tilde{A}_5 + 4\tilde{A}_3 r^{-2} - 3\tilde{A}_6 r^{-4})\cos2\theta$$

$$\tilde{\sigma}_{c\theta} = (2\tilde{A}_1 - \tilde{A}_2 r^{-2}) + (\tilde{A}_5 + 12\tilde{A}_4 r^{-2} - 3\tilde{A}_6 r^{-4})\cos2\theta \tag{5-65}$$

$$\tilde{\tau}_{c\theta} = (\tilde{A}_5 + 6\tilde{A}_4 r^2 - 2\tilde{A}_3 r^{-2} + 3\tilde{A}_6 r^{-4})\sin2\theta$$

$$\tilde{u}_c = \frac{1}{2G_c}\{[(\kappa_c-1)\tilde{A}_1 r - \tilde{A}_2 r^{-1}] +$$

$$[(\kappa_c-3)\tilde{A}_4 r^3 - \tilde{A}_5 r + (\kappa_c+1)\tilde{A}_3 r^{-1} - \tilde{A}_6 r^{-3}]\cos2\theta\} \tag{5-66}$$

$$\tilde{v}_c = \frac{1}{2G_c}[(\kappa_c+3)\tilde{A}_4 r^3 + \tilde{A}_5 r - (\kappa_c-1)\tilde{A}_3 r^{-1} - \tilde{A}_6 r^{-3}]\sin2\theta$$

式中：$\tilde{A}_1$、$\cdots$、$\tilde{A}_6$——由边界条件确定的变量。

在围岩与支护结构交界面处($r=R_0$)，边界条件为:

$$\tilde{L}_r = \tilde{\sigma}_{cr} - \frac{\eta_{rel}}{1 + \frac{G_2\,\eta_{rel}\,s}{G_1}} \frac{G_2}{G_1} \left[\sigma_r^0 - 2G_1\left(\varepsilon_r^0 + \frac{3\mu}{1-2\mu}\varepsilon_m^0\right)\right]$$

$$\tilde{L}_{r\theta} = \tilde{\tau}_{cr\theta} = 0 \tag{5-67}$$

$$\tilde{u}_c = \tilde{u} - \frac{u^0}{s}$$

在支护结构内边界处（$r = R_1$），边界条件为：

$$\tilde{\sigma}_{cr\theta} = 0$$
$$\tilde{\tau}_{cr\theta} = 0 \tag{5-68}$$

围岩初始位移 u^0 及初始应变 ε_r^0 及 ε_m^0 可以由式(5-54)和式(5-55)确定，围岩与支护结构交界面处的径向应力 $\sigma_r^0 = 0$。进而，将式(5-61)、式(5-62)、式(5-65)以及式(5-66)代入边界条件式(5-67)和式(5-68)中，再将与 θ 无关的均匀部分和与 θ 有关的非均匀部分分解，然后利用多项式系数对应相等的关系得到：

$$\frac{P(1+\lambda)(1-\tilde{\gamma})}{2s(1+G_2\eta_{rel}\,s/G_1)} = 2\tilde{A}_1 + \tilde{A}_2 R_0^{-2} + \frac{2G_2\eta_{rel}P(1+\lambda)\varepsilon_r^{0'}}{1+G_2\eta_{rel}\,s/G_1}$$

$$\frac{P(1-\lambda)(1-2\tilde{\beta}-3\tilde{\delta})}{2s(1+G_2\eta_{rel}\,s/G_1)} = -(\tilde{A}_5 + 4\tilde{A}_3 R_0^{-2} - 3\tilde{A}_6 R_0^{-4}) +$$

$$\frac{2G_2\eta_{rel}P(1-\lambda)}{1+G_2\eta_{rel}\,s/G_1}\left(\varepsilon_r^{0''} + \frac{3\mu}{1-2\mu}\varepsilon_m^{0''}\right)$$

$$1 + \tilde{\beta} + 3\tilde{\delta} = 0$$

$$\tilde{A}_5 + 6\tilde{A}_4 R_0^2 - 2\tilde{A}_3 R_0^{-2} + 3\tilde{A}_6 R_0^{-4} = 0$$

$$\frac{1}{2G_c}\left[(\kappa_c - 1)\tilde{A}_1 R_0 - \tilde{A}_2 R_0^{-1}\right] = \frac{PR_0\tilde{\gamma}(1+\lambda)}{4G_L s(1+G_2\eta_{rel}\,s/G_1)} - \frac{(1+\lambda)Pu^{0'}}{2s} \tag{5-69}$$

$$\frac{1}{2G_c}\left[(\kappa_c - 3)\tilde{A}_4 R_0^3 - \tilde{A}_5 R_0 + (\kappa_c + 1)\tilde{A}_3 R_0^{-1} - \tilde{A}_6 R_0^{-3}\right]$$

$$= \frac{PR_0(1-\lambda)[\tilde{\beta}(\kappa+1) + 2\tilde{\delta}]}{8G_L s(1+G_2\eta_{rel}\,s/G_1)} - \frac{(1-\lambda)Pu^{0''}}{2s}$$

$$2\tilde{A}_1 R_1 + \tilde{A}_2 R_1^{-1} = 0$$

$$\tilde{A}_5 + 4\tilde{A}_3 R_1^{-2} - 3\tilde{A}_6 R_1^{-4} = 0$$

$$\tilde{A}_5 + 6\tilde{A}_4 R_1^2 - 2\tilde{A}_3 R_1^{-2} + 3\tilde{A}_6 R_1^{-4} = 0$$

求解上述 9 个式子得到待定参数 $\tilde{\gamma}$、$\tilde{\beta}$、$\tilde{\delta}$ 以及变量 $\tilde{A}_1 \sim \tilde{A}_6$。

$$\tilde{\gamma} = \frac{(2G_\infty + 2G_2\eta_{rel}\,s)\left\{1 + u^{0'}\left[\dfrac{K_s}{s} + \dfrac{2G_2\eta_{rel}}{R_0(1+G_2\eta_{rel}\,s/G_1)}\right]\left(1 + \dfrac{G_2}{G_1}\eta_{rel}\,s\right)s\right\}}{(2G_\infty + R_0 K_s) + (2G_0 + R_0 K_s)\eta_{rel}/s}$$

$$\tilde{\beta} = -1 - 3\tilde{\delta}$$

$$\tilde{\delta} = \frac{1}{2G_L H + 2G_c(3\kappa + 1)(R_0^2 - R_1^2)^3}\left\{2G_L H + 2G_c(\kappa+1)(R_0^2 - R_1^2)^3 - \right.$$

$$\left.\left[\frac{2G_2\eta_{rel}H}{3(1+G_2\eta_{rel}\,s/G_1)}\left(\varepsilon_r^{0''} + \frac{3\mu}{1-2\mu}\varepsilon_m^{0''}\right) - \frac{4G_c u^{0''}(R_0^2 - R_1^2)^3}{R_0 s}\right]2G_L s(1+G_2\eta_{rel}\,s/G_1)\right\} \tag{5-70}$$

$$\widetilde{A}_1 = \frac{(1+\lambda)PR_0^2}{4(1+G_2\eta_{rel}s/G_1)(R_0^2-R_1^2)}\left[\frac{1-\widetilde{\gamma}}{s}-2G_2\eta_{rel}\varepsilon_r^{0\prime}\right]$$

$$\widetilde{A}_2 = \frac{(1+\lambda)PR_0^2R_1^2}{4(1+G_2\eta_{rel}s/G_1)(R_0^2-R_1^2)}\left[\frac{1-\widetilde{\gamma}}{s}-2G_2\eta_{rel}\varepsilon_r^{0\prime}\right]$$

$$\widetilde{A}_3 = \frac{P(1-\lambda)R_0^2R_1^2(2R_0^4+R_0^2R_1^2+R_1^4)}{4(1+G_2\eta_{rel}s/G_1)(R_0^2-R_1^2)^3}\left[\frac{3(1+\widetilde{\delta})}{s}-2G_2\eta_{rel}\left(\varepsilon_r^{0\prime\prime}+\frac{3\mu}{1-2\mu}\varepsilon_m^{0\prime\prime}\right)\right]$$

$$\widetilde{A}_4 = \frac{P(1-\lambda)R_0^2(R_0^2+3R_1^2)}{4(1+G_2\eta_{rel}s/G_1)(R_0^2-R_1^2)^3}\left[\frac{1+\widetilde{\delta}}{s}-\frac{2}{3}G_2\eta_{rel}\left(\varepsilon_r^{0\prime\prime}+\frac{3\mu}{1-2\mu}\varepsilon_m^{0\prime\prime}\right)\right]$$

$$\widetilde{A}_5 = \frac{P(1-\lambda)R_0^2(R_0^4+R_0^2R_1^2+2R_1^4)}{2(1+G_2\eta_{rel}s/G_1)(R_0^2-R_1^2)^3}\left[\frac{3(1+\widetilde{\delta})}{s}-2G_2\eta_{rel}\left(\varepsilon_r^{0\prime\prime}+\frac{3\mu}{1-2\mu}\varepsilon_m^{0\prime\prime}\right)\right]$$

$$\widetilde{A}_6 = \frac{P(1-\lambda)R_0^4R_1^4(3R_0^2+R_1^2)}{2(1+G_2\eta_{rel}s/G_1)(R_0^2-R_1^2)^3}\left[\frac{1+\widetilde{\delta}}{s}-\frac{2}{3}G_2\eta_{rel}\left(\varepsilon_r^{0\prime\prime}+\frac{3\mu}{1-2\mu}\varepsilon_m^{0\prime\prime}\right)\right]$$

$$\left.\right\}\quad(5\text{-}71)$$

其中：

$$K_s = \frac{2G_c(R_0^2-R_1^2)}{R_1[(1-2\mu_c)R_0^2+R_1^2]}$$

式中：初始位移及应变均为 $r=R_0$ 处的值，由式(5-54)和式(5-55)确定，其余符号意义同前。

将式(5-70)和式(5-71)代入式(5-61)和式(5-62)得到围岩的应力与变形的 Laplace 变换形式，然后再进行 Laplace 逆变换得到围岩的应力与变形：

$$\sigma_r(t) = \mathscr{L}^{-1}(\widetilde{L}_r)+\mathscr{L}^{-1}\left\{\frac{\eta_{rel}}{1+\dfrac{G_2\eta_{rel}s}{G_1}}\frac{G_2}{G_1}\left[\sigma_r^0-2G_1\eta_{rel}\left(\varepsilon_r^0+\frac{3\mu}{1-2\mu}\varepsilon_m^0\right)\right]\right\}$$

$$\sigma_\theta(t) = \mathscr{L}^{-1}(\widetilde{L}_\theta)+\mathscr{L}^{-1}\left\{\frac{\eta_{rel}}{1+\dfrac{G_2\eta_{rel}s}{G_1}}\frac{G_2}{G_1}\left[\sigma_\theta^0-2G_1\left(\varepsilon_\theta^0+\frac{3\mu}{1-2\mu}\varepsilon_m^0\right)\right]\right\}$$

$$\tau_{r\theta}(t) = \mathscr{L}^{-1}(\widetilde{L}_{r\theta})+\mathscr{L}^{-1}\left\{\frac{\eta_{rel}}{1+\dfrac{G_2\eta_{rel}s}{G_1}}\frac{G_2}{G_1}\left(\tau_{r\theta}^0-2G_1\eta_{rel}\gamma_{r\theta}^0\right)\right\}$$

$$\left.\right\}\quad(5\text{-}72)$$

$$u(t) = \frac{R_0^2}{8G_L r}\left\{2(1+\lambda)\mathscr{L}^{-1}(\widetilde{L}_0\widetilde{\gamma})+(1-\lambda)\left[(\kappa+1)\mathscr{L}^{-1}(\widetilde{L}_0\widetilde{\beta})+\frac{2r_0^2}{r^2}\mathscr{L}^{-1}(\widetilde{L}_0\widetilde{\delta})\right]\cos2\theta\right\}$$

$$\nu(t) = -\frac{R_0^2}{8G_L r}(1-\lambda)\left[(\kappa-1)\mathscr{L}^{-1}(\widetilde{L}_0\widetilde{\beta})-\frac{2r_0^2}{r^2}\mathscr{L}^{-1}(\widetilde{L}_0\widetilde{\delta})\right]\sin2\theta$$

$$\left.\right\}$$

$$(5\text{-}73)$$

同理可以得到支护结构的应力与变形：

$$\sigma_{cr}(t) = \left[2\mathscr{L}^{-1}(\widetilde{A}_1)+r^{-2}\mathscr{L}^{-1}(\widetilde{A}_2)\right]-\left[\mathscr{L}^{-1}(\widetilde{A}_5)+4r^{-2}\mathscr{L}^{-1}(\widetilde{A}_3)-3r^{-4}\mathscr{L}^{-1}(\widetilde{A}_6)\right]\cos2\theta$$

$$\sigma_{c\theta}(t) = \left[2\mathscr{L}^{-1}(\widetilde{A}_1)-r^{-2}\mathscr{L}^{-1}(\widetilde{A}_2)\right]+\left[\mathscr{L}^{-1}(\widetilde{A}_5)+12r^{-2}\mathscr{L}^{-1}(\widetilde{A}_4)-3r^{-4}\mathscr{L}^{-1}(\widetilde{A}_6)\right]\cos2\theta$$

$$\tau_{c\theta}(t) = \left[\mathscr{L}^{-1}(\widetilde{A}_5)+6r^2\mathscr{L}^{-1}(\widetilde{A}_4)-2r^{-2}\mathscr{L}^{-1}(\widetilde{A}_3)+3r^{-4}\mathscr{L}^{-1}(\widetilde{A}_6)\right]\sin2\theta$$

$$\left.\right\}\quad(5\text{-}74)$$

$$u_c(t) = \frac{1}{2G_c}\left\{\left[(\kappa_c-1)r\mathscr{L}^{-1}(\widetilde{A}_1)-r^{-1}\mathscr{L}^{-1}(\widetilde{A}_2)\right]+\right.$$

$$\left.\left[(\kappa_c-3)r^3\mathscr{L}^{-1}(\widetilde{A}_4)-r\mathscr{L}^{-1}(\widetilde{A}_5)+(\kappa_c+1)r^{-1}\mathscr{L}^{-1}(\widetilde{A}_3)-r^{-3}\mathscr{L}^{-1}(\widetilde{A}_6)\right]\cos2\theta\right\}$$

$$\nu_c(t) = \frac{\sin2\theta}{2G_c}\left[(\kappa_c+3)r^3\mathscr{L}^{-1}(\widetilde{A}_4)+r\mathscr{L}^{-1}(\widetilde{A}_5)-(\kappa_c-1)r^{-1}\mathscr{L}^{-1}(\widetilde{A}_3)-r^{-3}\mathscr{L}^{-1}(\widetilde{A}_6)\right]$$

$$(5\text{-}75)$$

式中：$\mathscr{L}^{-1}$——Laplace 逆变换符号；

其余符号意义同前。

求解过程中假定支护结构构筑以后在 $r=R_0$ 处围岩的径向应力与支护结构径向应力相等，那么将 $r=R_0$ 分别代入式（5-72）和式（5-74）中的第一式，由两式所得结果是相同的，即为围岩的变形压力：

$$p_i(t)=(1+\lambda)P\frac{2R_0^2+R_1^2}{4(R_0^2-R_1^2)}\mathscr{L}^{-1}\left\{\frac{1}{1+G_2\eta_{rel}s/G_1}\left(\frac{1-\tilde{\gamma}}{s}-2G_2\eta_{rel}\varepsilon_r^{0\prime}\right)\right\}+$$

$$\frac{(1-\lambda)P}{2(R_0^2-R_1^2)^3}\big[R_0^2(R_0^4+R_0^2R_1^2+2R_1^4)-2R_1^2(R_0^4+R_0^2R_1^2+R_1^4)+$$

$$3R_1^4(3R_0^2+R_1^2)\big]\mathscr{L}^{-1}\left\{\frac{1}{1+G_2\eta_{rel}s/G_1}\left[\frac{3(1+\tilde{\delta})}{s}-\right.\right.$$

$$2G_2\eta_{rel}\left(\varepsilon_r^{0\prime\prime}+\frac{3\mu}{1-2\mu}\varepsilon_m^{0\prime\prime}\right)\Big]\Big\}\cos2\theta \tag{5-76}$$

由式（5-70）和式（5-71）可以确定式（5-72）～式（5-75）中的 Laplace 逆变换项，进而得到围岩及支护结构的应力和变形的精确解。下面以具体例子说明求解方法的应用。

[**例 5-1**]　某圆形隧洞开挖半径为 $r=3.3\text{m}$，垂直和水平初始地应力分别为 $p_1=0.54\text{MPa}$，$p_2=0.81\text{MPa}$，则侧压力系数 λ 为 1.5。围岩服从广义 Kelvin 模型，其流变参数 $G_1=33.33\text{MPa}$，$G_2=100\text{MPa}$，$\eta_2=300\text{MPa}\cdot\text{d}$，$K=72.22\text{MPa}$。支护内半径为 3.24m，支护参数 $E_c=2\times10^4\text{MPa}$，$\mu_c=0.169$，则其剪切模量 $G_c=8.569\text{GPa}$。计算围岩支护前后在不同时刻的黏弹性径向位移。

根据式（5-54）、式（5-72）～式（5-75），取 $\theta=0°$ 和 $r=3.3\text{m}$，用 Matlab 编制程序，分别计算支护前围岩泊松比为常数和变量以及支护后围岩泊松比为常数和变量四种情况下的洞壁处围岩的黏弹性径向位移随时间的变化曲线。其中对于泊松比为常数的情况，取 $\mu_0=0.3$。计算结果如图 5-12 所示。

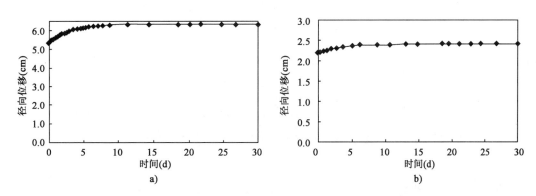

图 5-12　隧洞水平轴线方向洞壁处围岩黏弹性径向位移历时曲线

a）无支护隧洞；b）支护隧洞

分析图 5-12 的结果，可见不考虑支护结构和考虑支护结构的两种计算结果相差较大，前者是后者的两倍多，说明支护结构对围岩位移有显著约束作用。

5.5　围岩应力与变形的黏弹塑性分析

在流变性岩体中开挖隧洞,洞周围岩也可能进入塑性状态。本节将对圆形隧洞进行黏弹塑性分析,分析中假定原岩应力场为静水压力,计算模型见图 5-13,$R_0(t)$ 为塑性区半径,其余符号意义见图 5-10 说明。

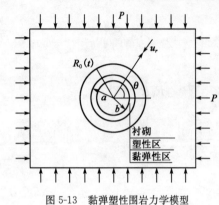

图 5-13　黏弹塑性围岩力学模型

黏弹性区采用广义 Kelvin 模型,塑性区采用 Bingham 模型(黏塑性模型),但考虑塑性区域形成过程中围岩应力塑性重分布的时间效应。下面具体计算黏弹性区与塑性区围岩应力与变形。

由围岩弹塑性分析可知,无论塑性半径如何,且洞周是否有支护抗力,在弹塑性区界面上的应力永远是一常数。

$$\left.\begin{array}{l}\sigma_{R_0} = P(1 - \sin\varphi) - c\cos\varphi \\ \sigma_\theta = 2P - \sigma_{R_0}\end{array}\right\} \tag{5-77}$$

式中:σ_{R_0}、σ_θ——弹塑性界面处的径向和周向应力;

$\qquad P$——原岩应力;

$\qquad \varphi$——围岩内摩擦角。

这对黏弹性区和塑性区界面同样适用,只是 R_0 此时为 t 的函数,即 R_0 随时间而变。令所求点半径 $r = aR_0(t)$,黏弹性区中,对于这一随 $R_0(t)$ 面而变的点,其应力状态将不随时间而变。参见第 3 章第 3.3 节,在轴对称条件下,考虑在岩体中开挖洞室不出现体积应变,由此将广义 Kelvin 本构方程写成:

$$\left.\begin{array}{l}\sigma_r - P = 2G_\infty\varepsilon_r + 2\eta_{\rm rel}G_\infty\dfrac{{\rm d}\varepsilon_r}{{\rm d}t} \\[3mm] \sigma_\theta - P = 2G_\infty\varepsilon_\theta + 2\eta_{\rm rel}G_\infty\dfrac{{\rm d}\varepsilon_\theta}{{\rm d}t}\end{array}\right\} \tag{5-78}$$

其中:

$$G_\infty = \frac{G_1 G_2}{G_1 + G_2}$$

$$\eta_{\rm rel} = \frac{\eta_1}{G_1}$$

$$G_0 = G_2$$

式中符号意义同前。

按体积应变为零的条件,有:

$$\varepsilon_\theta + \varepsilon_r = \frac{u}{r} + \frac{\partial u}{\partial r} = 0 \tag{5-79}$$

解之,得:

$$u = \frac{A(t)}{r(t)} = \frac{A(t)}{aR_0(t)} \tag{5-80}$$

其中：

$$R_0(t) = a\left[\frac{(P + c\cot\varphi)(1 - \sin\varphi)}{p_i(t) + c\cot\varphi}\right]^{\frac{1 - \sin\varphi}{2\sin\varphi}}$$

$$p_i(t) = k_c\left[u_0 P(t) - u_0\right]$$

由此得：

$$\left. \begin{array}{l} \varepsilon_r = \dfrac{\partial u}{\partial r} = -\dfrac{A(t)}{r^2(t)} \\[3mm] \varepsilon_\theta = \dfrac{u}{r} = \dfrac{A(t)}{r^2(t)} \\[3mm] \dfrac{\mathrm{d}\varepsilon_r}{\mathrm{d}t} = -\dfrac{\mathrm{d}A(t)}{r^2(t)} + \dfrac{2A(t)}{r(t)}\dfrac{\mathrm{d}r(t)}{\mathrm{d}t} \\[3mm] \dfrac{\mathrm{d}\varepsilon_\theta}{\mathrm{d}t} = \dfrac{\mathrm{d}A(t)}{r^2(t)} - \dfrac{2A(t)}{r(t)}\dfrac{\mathrm{d}r(t)}{\mathrm{d}t} \end{array} \right\} \tag{5-81}$$

将式(5-81)中第一、第三式代入式(5-78)中第一式，并考虑 $r = R_0$，$\sigma_r = \sigma_{R_0} = P(1 - \sin\varphi) - c\cos\varphi$，得：

$$\frac{\mathrm{d}A(t)}{\mathrm{d}(t)} + \left(\frac{1}{\eta_{\text{rel}}} - \frac{2}{R_0(t)}\frac{\mathrm{d}R_0(0)}{\mathrm{d}t}\right)A(t) = \frac{MR_0^2(t)}{4G_\infty\eta_{\text{rel}}} \tag{5-82}$$

考虑到 $t = 0$，$A(0) = \dfrac{MR_0^2(t)}{4G_0}$，式(5-82)的解为：

$$A(t) = \frac{MR_0^2(t)}{4}\left\{\frac{1}{G_\infty}\left[1 - \exp\left(-\frac{t}{\eta_{\text{rel}}}\right)\right] + \frac{1}{G_0}\exp\left(-\frac{t}{\eta_{\text{rel}}}\right)\right\} \tag{5-83}$$

将式(5-83)代入式(5-80)和式(5-79)中，得到黏弹性区位移和应力分别为：

$$\left. \begin{array}{l} u_r = \dfrac{MR_0^2(t)}{4r}\left\{\dfrac{1}{G_\infty}\left[1 - \exp\left(-\dfrac{t}{\eta_{\text{rel}}}\right)\right] + \dfrac{1}{G_0}\exp\left(-\dfrac{t}{\eta_{\text{rel}}}\right)\right\} \\[4mm] \sigma_r = P - \dfrac{M}{2}\dfrac{R_0^2(t)}{R^2} \\[4mm] \sigma_\theta = P + \dfrac{M}{2}\dfrac{R_0^2(t)}{R^2} \end{array} \right\} \tag{5-84}$$

由式(5-84)可见，对 r 随 $R_0(t)$ 而变的点，其应力不随时间而变，但位移随时间变化。

假定塑性区体积应变不变，则有：

$$\varepsilon_\theta + \varepsilon_r = \frac{u^{\text{p}}}{r} + \frac{\mathrm{d}u^{\text{p}}}{\mathrm{d}r} = 0 \tag{5-85}$$

解之，得：

$$u^{\text{p}} = \frac{A'(t)}{r} \tag{5-86}$$

式中：$A'(t)$——待定常数。

应用 $r = R_0(t)$ 界面上的变形协调条件：

$$u_{R_0} = u_{R_0}^{\text{p}} \tag{5-87}$$

得：

$$A'(t) = \frac{MR_0^2(t)}{4G_\infty}\left[1 - \exp\left(-\frac{t}{\eta_{\mathrm{rel}}}\right)\right] + \frac{MR_0^2(t)}{4G_0}\exp\left(-\frac{t}{\eta_{\mathrm{rel}}}\right) \tag{5-88}$$

由此得塑性区中的位移：

$$u^{\mathrm{p}}(t) = \frac{R_0^2(t)}{r}\left\{\frac{M}{G_\infty}\left[1 - \exp\left(-\frac{t}{\eta_{\mathrm{rel}}}\right)\right] + \frac{M}{4G_0}\exp\left(-\frac{t}{\eta_{\mathrm{rel}}}\right)\right\} \tag{5-89}$$

塑性区形成过程中，塑性区应力的计算仍可采用第 5.3 节方式计算，但需将其中的 $\frac{1}{G}$ 改写成 $\frac{1}{G_\infty}\left[1 - \exp\left(-\frac{t}{\eta_{\mathrm{rel}}}\right)\right] + \frac{1}{G_0}\exp\left(-\frac{t}{\eta_{\mathrm{rel}}}\right)$。

$$
\left.
\begin{aligned}
\sigma_r^{\mathrm{p}} &= \left\{K_c\left[\frac{MR_0^2(t)}{4a}\left[\frac{1}{G_\infty}\left(1 - \exp\left(-\frac{t}{\eta_{\mathrm{rel}}}\right)\right) + \frac{1}{G_0}\exp\left(-\frac{t}{\eta_{\mathrm{rel}}}\right)\right] - u_0\right] + c\cot\varphi\right\} \cdot \\
&\quad \left(\frac{r}{a}\right)^{\frac{2\sin\varphi}{1-\sin\varphi}} - c\cot\varphi \\
\sigma_r^{\mathrm{p}} &= \left\{K_c\left[\frac{MR_0^2(t)}{4a}\left[\frac{1}{G_\infty}\left(1 - \exp\left(-\frac{t}{\eta_{\mathrm{rel}}}\right)\right) + \frac{1}{G_0}\exp\left(-\frac{t}{\eta_{\mathrm{rel}}}\right)\right] - u_0\right] + c\cot\varphi\right\} \cdot \\
&\quad \left(\frac{1+\sin\varphi}{1-\sin\varphi}\right)\left(\frac{r}{a}\right)^{\frac{2\sin\varphi}{1-\sin\varphi}} - c\cot\varphi
\end{aligned}
\right\} \tag{5-90}
$$

黏弹塑性围岩与弹塑性围岩不同，在塑性区形成后还存在蠕变阶段，并由此对支护形成蠕变压力。与此同时，塑性区缩小。

由式(5-89)得洞壁位移为：

$$u_a^{\mathrm{p}}(t) = \frac{R_0^2(t)}{a}\left\{\frac{M}{4G_\infty}\left[1 - \exp\left(-\frac{t}{\eta_{\mathrm{rel}}}\right)\right] + \frac{M}{4G_0}\exp\left(-\frac{t}{\eta_{\mathrm{rel}}}\right)\right\} \tag{5-91}$$

由式(5-90)第二式得到隧洞内壁处的压力为：

$$p_i(t) = K_c\left\{\frac{MR_0^2(t)}{4G_\infty a}\left[1 - \exp\left(-\frac{t}{\eta_{\mathrm{rel}}}\right)\right] + \frac{MR_0^2(t)}{4G_0 a}\exp\left(-\frac{t}{\eta_{\mathrm{rel}}}\right) - u_0\right\} \tag{5-92}$$

$$
\begin{aligned}
R_0(t) &= a\left[\frac{(P+c\cot\varphi)(1-\sin\varphi)}{p_i(t)+c\cot\varphi}\right]^{\frac{1-\sin\varphi}{2\sin\varphi}} \\
&= a\left[\frac{(P+c\cot\varphi)(1-\sin\varphi)}{K_c\left\{\dfrac{MR_0^2(t)}{4G_\infty a}\left[1 - \exp\left(-\dfrac{t}{\eta_{\mathrm{rel}}}\right)\right] + \dfrac{MR_0^2(t)}{4G_0 a}\exp\left(-\dfrac{t}{\eta_{\mathrm{rel}}}\right) - u_0\right\} + c\cot\varphi}\right]^{\frac{1-\sin\varphi}{2\sin\varphi}}
\end{aligned} \tag{5-93}
$$

由此即能解出 $R_0(t)$、$p_i(t)$ 和 $u_a^{\mathrm{p}}(t)$。

将式(5-92)代入塑性区应力方程，则得蠕变阶段塑性区应力方程，其形式与式(5-90)相同，但此时 $R_0(t)$ 需按式(5-93)求得。

从以上公式可见，塑性区形成阶段中，$R_0(t)$ 不断增大，直至 $t = t_2$ 时达到最大值 R_0；t_2 以后的蠕变阶段中，塑性区反而缩小，至 $t \to \infty$ 时，$R_0(t)$ 又趋于某一稳定值 R'_0：

$$R'_0 = a \left[\frac{(P + c\cot\varphi)(1 - \sin\varphi)}{\dfrac{K_c R'_0 M}{4G_\infty a} - K_c u_0 + c\cot\varphi} \right]^{\frac{1-\sin\varphi}{2\sin\varphi}} \tag{5-94}$$

同时,塑性区形成阶段中,$p_i(t)$ 不断增大,此时围岩压力主要由围岩塑性位移产生;蠕变阶段中 $p_i(t)$ 继续增大,但此时围岩压力则由围压蠕变位移产生。$t \to \infty$ 时,$p_i(t)$ 趋于某一稳定值:

$$p_i(t) = K_c \left[\frac{M(R'_0)^2}{4G_\infty a} - u_0 \right] \tag{5-95}$$

[例 5-2] 某圆形隧洞开挖半径为 $a = 3.3\text{m}$,初始地应力 $p_1 = p_2 = 0.54\text{MPa}$。围岩流变服从广义 Kelvin 模型,其流变参数 $G_1 = 33.33\text{MPa}$,$G_2 = 100\text{MPa}$,$\eta_2 = 300\text{MPa} \cdot \text{d}$,$K = 36.47\text{MPa}$。屈服遵循 M-C 准则,$c = 0.1\text{MPa}$,$\varphi = 30°$。支护内半径为 3.24m,支护参数 $E_c = 2 \times 10^4\text{MPa}$,$\mu_c = 0.2$,则其剪切模量 $G_c = 8\,569\text{MPa}$,支护刚度为 114.89MPa/m。求解围岩塑性圈半径随支护时间的变化函数式。

令 $K_c = 0$,按照式(5-91)可计算出无支护隧洞的围岩径向位移 u_0,见图 5-14;令 K_c 为式(4-81),则可计算得到有支护隧洞的围岩径向位移 u_0,见图 5-15;按照式(5-93),分别取支护前围岩的变形时间为 1、2、3……、10d,围岩总的变形时间取为 30d,采用牛顿法,$R_0(t)$ 迭代初值选为 5m,编制 Matlab 程序,可以得到塑性圈半径随支护时间的变化曲线,见图 5-16。由计算结果可知,支护得越晚,塑性圈半径越大。

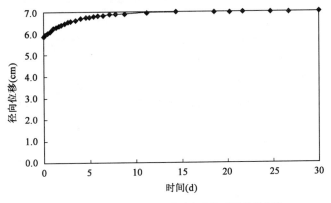

图 5-14 支护前围岩径向位移与支护时间关系曲线

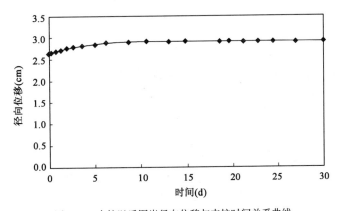

图 5-15 支护以后围岩径向位移与支护时间关系曲线

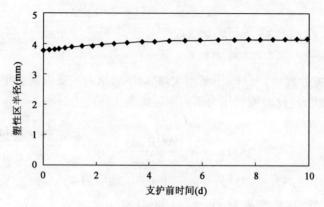

图 5-16 围岩塑性圈半径与支护时间关系曲线

参 考 文 献

［1］ 于学馥,郑颖人,刘怀恒,等.地下工程围岩稳定分析［M］.北京:煤炭工业出版社,1983.

［2］ 夏才初,许崇帮,王晓东,等.用统一流变力学模型确定流变参数方法［J］.岩石力学与工程学报,2009,28(2):425-432.

［3］ 夏才初.蠕变试验中流变模型辨识及参数确定［J］.同济大学学报,1996,24(5):498-503.

［4］ 郑颖人,刘怀恒.隧洞粘弹塑性分析及其在锚喷支护中的应用［J］.土木工程学报,1982(4).

［5］ 郑颖人,刘宝琛.软弱地层中圆形洞室锚喷支护的计算与设计［A］.第一次矿山岩石力学会议论文选集［C］,北京:冶金工业出版社,1982.

［6］ 方正昌.圆断面隧道变形地压的弹塑粘性解［J］.地下工程,1982.

［7］ Jaeger J C,Cook N G W. Fundamentals of Rock Mechanics［M］. Chapman and Hall Limited,1976.

［8］ 铃木光.岩体力学及其在工程上的应用［M］.昆明:昆明工学院出版社,1980.

［9］ 周德培.流变力学原理及其在岩土工程中的应用［M］.成都:西南交通大学出版社,1995.

第6章 弱面体围岩应力分析
DILIUZHANG

6.1 岩体结构面的概述与分类

6.1.1 概述

岩石是组成地壳的主要成分,它是由矿物和岩屑在地质作用下,按一定规律聚集而成的有一定固结力的地质体。岩体经受过各种不同构造运动的改造和风化次生作用的演化,所以在岩体中存在着各种不同的地质界面,这种地质界面称为结构面,例如层理面、节理面、裂隙和断层等。由这些结构面所切割和包围的岩块体,称为结构体。因此岩体是由结构面和结构体两种单元所组成的地质体,称之为岩体结构。岩体的力学性质是结构面和结构体这两个基本单元体力学性质的综合,通常由工程现场岩体的力学试验而获得,但现场试验尺寸远小于真实岩体的尺寸,实际上现场试验也很难得出岩体的力学参数,这是岩体力学中的一个难题。

岩体的地质特征是岩体中存在着纵横交错的各类结构面,而在力学上则表现为存在着弱面或弱夹层,这是岩体与其他均质连续体的本质区别。岩体力学模型就是有各种弱面(或弱夹层)的各向异性和非均匀强度的弱面体。岩体力学方法必须考虑各向异性和非均匀强度的特点,并逐渐形成弱面体(或弱夹层体)力学方法。

6.1.2 几种结构面定性分类方法

岩体结构面分类是岩体力学性质研究的重要组成部分。目前,国内外有多种岩体结构面分类方法,但这些分类方法多数是定性分类,很少定量给出结构面力学参数,难以在岩土工程设计中应用。当前国内各种规范采用实用分类方法,它们是根据结构面的一些主要特性进行综合分类,并给出相应的结构面强度,可供相关岩土工程实践应用。

岩体结构面的复杂特征包括:成因、几何尺度、规模、性质(性状)等。从不同的角度,可以有不同的分类方法,包括成因分类、规模分级、地质力学分类等,还有各种规范中采用的实用分类方法。

1. 结构面的成因分类

岩体结构面按其成因有三种类型，即原生结构面、构造结构面、次生结构面。原生结构面主要是指在岩体形成过程中形成的结构和构造面，如岩浆岩冷却收缩时形成的原生节理面、流动构造面、与早期岩体接触的各种接触面；沉积岩体内的层理面，不整合面；变质岩体内的片理面、片麻理面等。构造结构面是在岩体形成后，地壳运动过程中在岩体内产生的各种破裂面，如断层面、错动面、节理面及劈理面等。次生结构面是指在外营力作用下产生的风化裂隙面及卸荷裂隙面等。

结构面的成因不同，所具有的地质特征也不一样，其对工程岩体的影响也各有不同。表 6-1 给出了各种结构面的成因类型、主要特征及工程地质评价。

岩体结构面的成因类型及其主要特征（据潘别桐，1990）　　　　　　　　　表 6-1

成因类型		地质分类	主要特征			工程地质评价
			产状	分布	性状	
原生结构面	沉积结构面	层理结构面	一般与岩层产状一致，属层间结构面	海相岩层中分布稳定，陆相岩层中呈交错状	层面、软弱夹层较为平整，不整合面和沉积间断面多由碎屑和泥质物质组成且不整合	很多坝基滑动及滑坡由这类结构面造成，如圣弗连西坝的破坏、瓦扬坝大滑坡等
		软弱夹层				
		不整合面				
		假整合面				
		沉积间断面				
	火成结构面	侵入岩与围岩接触面岩脉、岩墙接触面原生冷凝节理	岩脉受构造结构面控制，原生节理受岩体接触面控制	接触面延伸较远，而原生节理短小密集	接触面可具熔改及破裂两种不同的特征，原生节理一般为张裂面	一般不造成大规模的岩体破坏，但有时与构造断裂配合，也可造成岩体的滑移
	变质结构面	千枚理	产状与岩层或构造线方向一致	片理短小且分布极密，板理延伸较稳定	结构面平直光滑，千枚理表面较粗糙	对岩体工程稳定有一定影响，但影响程度相对较小
		板理				
		片理				
		片麻理				
		片岩软弱夹层				
构造结构面		节理	产状与构造线呈一定关系，层间错动与岩层产状基本一致	张性断裂较短小，剪切断裂延展较远，压性断裂规模巨大	张性断裂不平整，常有次生充填，呈锯齿状；剪切断裂	对岩体稳定性影响较大，常造成坝肩岩体失稳，边坡滑移破坏，地下洞室塌方等
		断层				
		挤压破碎带				
		羽状裂隙				
		劈理				
		层间错动带				
		层内错动带				
次生结构面		卸荷裂隙	受地形、临空面产状和原生结构面产状的控制	横向不连续，多透镜状，延展性较差，且主要在近地表发育	一般张性或张剪性，透水性强，多有泥质物充填，其水理性质很差	在天然斜坡或人工边坡上造成危害，对坝基、坝肩及浅埋隧道稳定不利
		卸荷剪切带				
		风化裂隙				
		风化夹层				
		泥化夹层				

工程实践表明,对边坡稳定性影响较大的结构面多属沉积结构面,主要包括层理面、原生软弱夹层,沉积间断面(不整合及假整合面)等。它们的共同特点是与沉积岩的成层性有关,它们的产状与岩层一致,空间延续性强,表面平整。接近地表岩体,由于风化卸荷,这些结构面会张拉裂开。由于后期构造变动,可能沿层面错动。在进行岩体结构面分类方法研究中,应该重视这方面的影响。

总体来讲,成因分类法能从宏观上表征结构面的主要性质,为进一步定量研究结构面性质提供依据。

2. 结构面的规模分类

谷德振(1979)指出,岩体稳定性受结构面所控制,而各种结构面随其发育的规模不同,其在稳定性分析时所起的作用将不同。他根据结构面的走向延展性、纵深发育和宽度(厚度)大小,将岩体结构面分为五级。

(1)Ⅰ级结构面:一般指对区域构造起控制作用的断裂带,包括大小构造单元接壤的深大断裂带,是地壳内巨型地质结构面。走向延伸远,一般数十公里以上,纵深方向延伸至少切穿一个构造层,破碎带宽度多在数米以上,其规模在工程范围内可以认为是不变的。该级结构面控制了区域稳定性和工程范围内岩体的构造格局,对区域稳定性、山体稳定性和工程岩体稳定性都有不同程度的影响。

(2)Ⅱ级结构面:包括严重性强而宽度有限的地质界面,如不整合面、假整合面、原生软弱夹层、风化夹层、接触破碎带,以及延伸数百米至数千米、宽度1m以上但不超过3~5m的断层。这级结构面往往贯穿整个工程岩体范围,它们的存在与组合控制了工程岩体的稳定性。

(3)Ⅲ级结构面:走向上和纵深方向上延伸有限(一般数百米)、宽度小于1m的断层、挤压或接触破碎带、风化夹层、原生软弱夹层和层间错动带等。Ⅲ级结构面直接影响工程具体部位的岩体稳定,制约着块体滑移机理。

(4)Ⅳ级结构面:主要是岩体中断续分布的节理和层理,包括岩浆岩、变质岩中的原生结构面和岩体中的次生结构面等。其特征是结构面数量众多但规模较小,一般延伸数米到数十米,不能切穿整个工程岩体,只能局部地把岩体切割成块体。Ⅳ级结构面的存在不仅破坏了岩体的完整性和连续性,直接影响岩体的力学性质和应力分布状态,而且很大程度上影响岩体的破坏方式。

(5)Ⅴ级结构面:延展性甚差(一般延伸小于0.5m),无厚度之别,分布随机,是为数甚多的细小结构面,主要包括微小的节理、劈理、隐微裂隙、不发育的片理、线理、微层理等。它们的存在降低了由Ⅴ级结构面所包围的岩块强度,而对工程岩体稳定影响不大。

Ⅰ级结构面属区域稳定性研究领域;Ⅱ级、Ⅲ级结构面控制着工程岩体的稳定性,往往构成岩体力学作用的边界;Ⅳ级结构面直接影响岩体的完整性,控制了岩体的强度和变形,其结构面组合对岩体的破坏形式构成影响;Ⅴ级结构面可以认为是隐结构面,在天然状态下对岩体的工程性质影响不大,但在开挖、振动、风化和卸荷等作用下可分离成显结构面,其作用与Ⅳ级结构面类似。对常见公路、城市建筑边坡而言,Ⅲ、Ⅳ级结构面控制了具体边坡岩体的稳定性,是边坡结构参数研究的重点。

3. 结构面地质力学分类

王思敬(1990)考虑了影响结构面力学特性的主要因素(充填情况、组成结构及状态、平整度和光滑度、两侧岩石的力学性质)的综合作用,将岩体结构面划分为以下四种地质力学类型。

(1)破裂结构面:岩体中的破裂面或物质分异的不连续面,包括节理、片理、劈理和坚硬岩体的层面等。破裂结构面在法向应力作用下很易密合，从而呈刚性接触，属于硬性结构面。

（2）破碎结构面：破碎结构面为岩体内的破坏分离面，包括断层破碎带、风化破碎带、断层及层间错动面等。破碎结构面多具有带状或透镜状分布的填充物，在法向应力作用下可产生显著的压密。

（3）层状结构面：岩体中成层的不连续面，如层面、软弱夹层及软弱岩层的顺层接触面等属于层状结构面。层状结构面一般有一定程度的胶结，其剪切强度取决于结构面的胶结程度及软弱岩层本身的剪切强度。

（4）泥化结构面：泥化结构面是岩体中最软弱的一类结构面，它完全由塑性泥质物构成，如断层泥、次生夹层泥等。泥化结构面的抗剪强度主要取决于充填物的厚度、黏土矿物成分、微观结构、含水量和固结程度等。泥化结构面往往构成工程岩体的破坏滑移面，对岩体稳定极为不利。

6.1.3 各种规范采用的实用分类方法

随着岩土工程学科的快速发展和城市建筑、交通及水利水电建设需要，目前针对岩体结构面分类方法，在水利水电、建筑边坡等领域已经发布了相关规范、标准。实用分类方法给出了具体抗剪强度参数，可供工程应用。

1. 国家标准《工程岩体分级标准》（GB 50218—94）

工程岩体分级标准中关于结构面抗剪断峰值强度指标的取值如表 6-2。

岩体结构面抗剪断峰值强度（GB 50218—94） 表 6-2

序　号	两侧岩体的坚硬程度及结构面的结合程度	内摩擦角 $\varphi(°)$	黏聚力 c(MPa)
1	坚硬岩，结合好	＞37	＞0.22
2	坚硬～较坚硬岩，结合一般；较软岩，结合好	37～29	0.22～0.12
3	坚硬～较坚硬岩，结合差；较软～软岩，结合一般	29～19	0.12～0.08
4	较坚硬岩～较软岩，结合差～结合很差；软岩，结合差；软质岩的泥化面	19～13	0.08～0.05
5	较坚硬岩及全部软质岩，结合很差；软质岩泥化层本身	＜13	＜0.05

该国家标准主要从结构面的岩壁强度和结构面的结合程度来进行分类，这是国内岩体结构面最早的实用分类，但其表述还不够具体，有些强度参数取值尚待斟酌。

2. 国家标准《水利水电工程地质勘察规范》（GB 50287—99）

该国家标准关于结构面抗剪强度指标的取值如表 6-3。

结构面抗剪强度指标标准值（GB 50287—99） 表 6-3

结构面类型	f'	黏聚力 c(MPa)
胶结的结构面	0.80～0.60	0.250～0.100
无充填的结构面	0.70～0.45	0.150～0.050
岩块岩屑型	0.55～0.35	0.250～0.100
岩屑夹泥型	0.45～0.35	0.100～0.050
泥夹岩屑型	0.35～0.25	0.050～0.020
泥	0.25～0.18	0.005～0.002

注：1. 表中参数限于硬质岩中胶结或无充填的结构面。

　　2. 软质岩中的结构面应进行折减。

　　3. 胶结或无充填的结构面抗剪断强度，应根据结构面的粗糙程度选取大值或小值。

该规范主要从结构面的结合程度、充填状况来进行分类,在水利部门应用较广,能初步对结构面性质进行必要的判断,分类未考虑结构面的张开度、粗糙起伏度等因素。这种分类比较适用水利水电工程,但因每一类结构面取值范围较宽,实际具体工程中应用存在一定的困难。

3. 国家标准《建筑边坡工程技术规范》(GB 50330—2002)

该国家标准规定了边坡力学参数的取值方法,对无条件进行试验的边坡工程可按表6-4、表6-5确定。标准中关于岩体结构面实用分类部分参考了国家标准《工程岩体分级标准》(GB 50218—94),并根据建筑边坡的自身特点进行了细化和补充。结构面的分类依据主要是考虑结构面的结合程度,而结合程度又与结构面的胶结程度、张开度、粗糙起伏度、充填物性质及岩壁软硬有关,考虑较全面,经过十年左右的应用,反映良好。在此基础上做了进一步的工作,进行了结构面现场试验与室内中型试验,并吸收各行业的工程应用数据,最后提出了新的实用分类方法。该表取值是抗剪断试验中的低值,偏于安全,适用于建筑边坡等重要边坡工程。

结构面抗剪强度指标标准值(GB 50330—2002) 表6-4

结构面类型		结构面结合程度	内摩擦角 $\varphi(°)$	黏聚力 c(MPa)
硬性结构面	1	结合好	>35	>0.13
	2	结合一般	35~27	0.13~0.09
	3	结合差	27~18	0.09~0.05
软弱结构面	4	结合很差	18~12	0.05~0.02
	5	结合极差(泥化夹层)	根据地区经验确定	

注:1. 无经验时取表中的低值。
2. 极软岩、软岩取表中的较低值。
3. 岩体结构面连通性差取表的高值。
4. 岩体结构面浸水时取表中较低值。
5. 临时边坡可取表中的中高值。
6. 表中数值已考虑结构面的时间效应。

结构面结合程度(GB 50330—2002) 表6-5

结 合 程 度	结构面特征
结合好	张开度小于1mm,胶结良好,无充填物;张开度1~3mm,为硅质或铁质胶结
结合一般	张开度1~3mm,钙质胶结;张开度大于3mm,结构面粗糙,钙质胶结
结合差	张开度1~3mm,结构面平直,无胶结;张开度大于3mm,岩屑充填或岩屑夹泥质充填
结合很差、结合极差(泥化夹层)	表面平直光滑、无胶结;泥质充填或泥夹岩屑充填,充填物厚度大于起伏差;分布连续的泥化夹层;未胶结的或强风化的小型断层破碎带

实用分类方法一般应遵守下述原则:

(1)针对性。不同岩土工程对结构面分类有不同的要求,对边坡的要求高于隧道,因为边坡的稳定性主要取决于结构面强度,而隧道的稳定性主要取决于岩体强度,综合了岩块强度与结构面强度。

(2)综合性。分类要求涵盖面广,即能包含各类结构面。但实际上不同岩土工程常遇的结构面类型是有限的,如一般岩质边坡常遇的岩体结构面是硬性结构面与厚度不大的软弱结构面。但与这两类结构面有关的影响因素也很多,如裂隙张开度、胶结程度、充填物性质、起伏粗糙度、岩壁软硬与水的影响等。分类中必须综合考虑这些因素,而且愈具体愈好。

(3)科学性。要求分类表中结构面分类指标与强度参数尽量反映客观实际,也就是结构面分类指标的描述要与提供的强度参数准确对应。

(4)简单实用性与可操作性。从这一要求出发,分类不宜太多、太细,指标要尽量具体明确,指标范围不能太宽,但指标的应用还要依据个人经验有一定的灵活性。

为了对表6-5加以补充、完善,以加强其综合性、科学性与可操作性,作者进行了研究,收集了结构面试验资料,范围涉及铁路、水利、公路、城市建筑等领域岩体结构面试验成果共计30余组,并根据需要补充完成了结构面现场试验和室内中型试验共21组作为修订的依据,结构面性状包括层面和裂隙,主要考虑因素包括结构面的结合程度、裂隙宽度、充填物性状、起伏粗糙度、岩壁软硬及水的影响等。通过分析整理,对表6-5进行了完善和补充,见表6-6。具体说明如下:

(1)结构面仍然分为五类,对边坡工程实用而言,应该重点研究Ⅱ、Ⅲ、Ⅳ类岩石边坡结构面的性质。

(2)表6-5主要考虑了结构面张开度、充填性质、岩壁粗糙起伏程度,总体说来还比较笼统。本次提出的分类方法更为具体,分别考虑了结构面结合状况、起伏粗糙度、结构面张开度、充填状况、岩壁状况等5个因素。将结构面类型细分为更多的亚类,力求与实际结构面强度相对应。

(3)根据使用意见和研究成果,对各类结构面的表述与指标也作了一些修改,使其更为完善准确,但并无原则性的变动。

结构面的结合程度

表 6-6

结合程度	结合状况	起伏粗糙度	结构面张开度(mm)	充填状况	岩体状况
结合好	铁硅钙质胶结	起伏粗糙	≤3	胶结	硬岩或较软岩
结合一般	铁硅钙质胶结	起伏粗糙	3~5	胶结	硬岩或较软岩
	铁硅钙质胶结	起伏粗糙	≤3	胶结	软岩
	分离	起伏粗糙	≤3(无充填时)	无充填或岩块、岩屑充填	硬岩或较软岩
结合差	分离	起伏粗糙	≤3	干净无充填	软岩
	分离	平直光滑	≤3(无充填时)	无充填或岩块、岩屑充填	各种岩层
	分离	平直光滑		岩块、岩屑夹泥或附泥膜	各种岩层
结合差	分离	平直光滑、略有起伏		泥质或泥夹岩屑充填	各种岩层
	分离	平直很光滑	≤3	无充填	各种岩层
结合极差	结合极差	—	—	泥化夹层	各种岩层

注:1.起伏度:当$R_A<1\%$时,平直;当$1\%<R_A<2\%$时,略有起伏;当$2\%<R_A$时,起伏,其中$R_A=A/L$,A为连续结构面起伏幅度(cm),L为连续结构面取样长度(cm),测量范围L一般为1~3m。

2.粗糙度:很光滑,感觉非常细腻如镜面;光滑,感觉比较细腻,无颗粒感觉;较粗糙,可以感觉到一定的颗粒状;粗糙,明显感觉到的颗粒状。

如上所述,岩体结构面有硬性结构面和软弱结构面之分。硬性结构面一般具有较高的强度、极小的厚度和成组出现的特点,力学上可作为弱面处理;软弱结构面一般具有单独分布,强度远弱于两侧岩石和有一定厚度的特点,因而力学上可作为弱夹层处理。但是,在某些情况下,也可把岩体简化为均质连续体或散体来处理。例如,当弱面强度较高且十分稀疏时,通常可视为均质连续体。

岩体力学方法中,根据岩石强度与弱面强度的差异情况、弱面组数的多少,有时还可在力学处理上再作简化。由于弱面体强度取决于岩石强度和弱面强度,因此要求分别对岩石和弱面进行验算,以判明是弱面还是岩石进入破坏。但当岩石强度远高于弱面强度或存在多组弱面,以及遇弱夹层体时,只需验算弱面强度,因为在这些情况下,岩石本身不可能先进入破坏。

在当前的力学方法中,还没有对弱夹层体和弱面体形成系统的力学方法。弱面体力学的分析解,一般也只限于无限密集的遍节理岩体。当岩体处于弹性阶段时,可采用各向异性弹性力学方法;当岩体进入塑性阶段时,可应用 M-C 屈服准则进行弱面的塑性分析。

6.2 弱面屈服准则

6.2.1 应力的坐标变换

弱面岩体的应力分析,往往需要将应力进行坐标变换,下面列出坐标变换公式。

若已知在直角坐标系 $oxyz$ 中某点的应力分量为 σ_x、σ_y、σ_z、τ_{xy}、τ_{yz}、τ_{zx},则对于新直角坐标系 $ox'y'z'$,该点的应力分量 $\sigma_{x'}$、$\sigma_{y'}$、$\sigma_{z'}$、$\tau_{x'y'}$、$\tau_{y'z'}$、$\tau_{z'x'}$ 为:

$$
\left.
\begin{aligned}
\sigma_{x'} &= \sigma_x l_1^2 + \sigma_y m_1^2 + \sigma_z n_1^2 + 2\tau_{xy} l_1 m_1 + 2\tau_{yz} m_1 n_1 + 2\tau_{zx} l_1 n_1 \\
\sigma_{y'} &= \sigma_x l_2^2 + \sigma_y m_2^2 + \sigma_z n_2^2 + 2\tau_{xy} l_2 m_2 + 2\tau_{yz} m_2 n_2 + 2\tau_{zx} l_2 n_2 \\
\sigma_{z'} &= \sigma_x l_3^3 + \sigma_y m_3^2 + \sigma_z n_3^2 + 2\tau_{xy} l_3 m_3 + 2\tau_{yz} m_3 n_3 + 2\tau_{zx} l_3 n_3 \\
\tau_{x'z'} &= \sigma_x l_1 l_3 + \sigma_y n_1 n_3 + \sigma_z m_1 m_3 + \tau_{xy}(l_3 m_1 + l_1 m_3) + \tau_{yz}(m_1 n_3 + m_3 n_1) + \\
&\quad \tau_{zx}(l_1 n_3 + l_3 n_1) \\
\tau_{y'z'} &= \sigma_x l_2 l_3 + \sigma_y n_2 n_3 + \sigma_z m_2 m_3 + \tau_{xy}(l_3 m_2 + l_2 m_3) + \tau_{yz}(m_2 n_3 + m_3 n_2) + \\
&\quad \tau_{zx}(l_2 n_3 + l_3 n_2) \\
\tau_{x'y'} &= \sigma_x l_1 l_2 + \sigma_y n_1 n_2 + \sigma_z m_1 m_2 + \tau_{xy}(l_2 m_1 + l_1 m_2) + \tau_{yz}(m_1 n_2 + m_2 n_1) + \\
&\quad \tau_{zx}(l_1 n_2 + l_2 n_1)
\end{aligned}
\right\}
\tag{6-1}
$$

式中:l_i、m_i、$n_i (i= 1, 2, 3)$——分别为新直角坐标系 $ox'y'z'$ 对于原直角坐标系 $oxyz$ 的方向余弦,其关系见表 6-7。

平面问题中(图 6-1),应力变换公式可写作如下:

$$
\left.
\begin{aligned}
\sigma_{x'} &= \sigma_x \cos^2\theta + 2\tau_{xy} \sin\theta\cos\theta + \sigma_y \sin^2\theta \\
\sigma_{y'} &= \sigma_x \sin^2\theta - 2\tau_{xy} \sin\theta\cos\theta + \sigma_y \cos^2\theta \\
\tau_{x'y'} &= \frac{1}{2}(\sigma_y - \sigma_x)\sin 2\theta + \tau_{xy} \cos 2\theta
\end{aligned}
\right\}
\tag{6-2}
$$

新、原直角坐标系关系   表 6-7

坐　标	x	y	z
x'	l_1	m_1	n_1
y'	l_2	m_2	n_2
z'	l_3	m_3	n_3

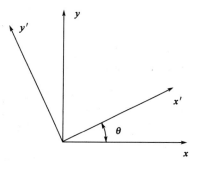

图 6-1　坐标变换简图

6.2.2 屈服准则

1. 平面弱面屈服准则

弱面岩体强度由岩石强度和弱面强度两部分组成,因而岩体的破坏有两种可能:一种是岩石部分出现受拉破坏或压剪屈服与破坏,即:

$$\left.\begin{array}{r} -\sigma \geqslant R_t(\text{或 } 0) \\ \tau \geqslant \sigma\tan\varphi + c \end{array}\right\} \tag{6-3}$$

式中:R_t——岩石抗拉强度,不带负号,即 $R_t = |R_t|$。

式(6-3)第二式用主应力 σ_1 和 σ_3 表示时,即有式(4-30)形式,或

$$\sigma_1 = \frac{2c + \sigma_3(\sqrt{1+\tan^2\varphi} + \tan\varphi)}{\sqrt{1+\tan^2\varphi} - \tan\varphi} \tag{6-4}$$

用图表示就是极限曲线与应力圆相切。

另一种是弱面出现受拉或压剪破坏,即:

$$\left.\begin{array}{r} -\sigma \geqslant R_t^j(\text{或 } 0) \\ \tau \geqslant \sigma\tan\varphi^j + c^j \end{array}\right\} \tag{6-5}$$

式中:R_t^j、φ^j、c^j——弱面的抗拉强度、内摩擦角和黏聚力。

若弱面与最小主应力方向 σ_3 的夹角为 β,则有:

$$\left.\begin{array}{l} \sigma = \dfrac{1}{2}(\sigma_1+\sigma_3) + \dfrac{1}{2}(\sigma_1-\sigma_3)\cos2\beta \\[2mm] \tau = \dfrac{1}{2}(\sigma_1-\sigma_3)\sin2\beta \end{array}\right\} \tag{6-6}$$

设 σ_m 为平均应力,τ_m 为最大剪应力,则有:

$$\left.\begin{array}{l} \sigma_m = \dfrac{1}{2}(\sigma_1+\sigma_3) \\[2mm] \tau_m = \dfrac{1}{2}(\sigma_1-\sigma_3) \end{array}\right\} \tag{6-7}$$

因而式(6-6)可写为:

$$\left.\begin{array}{l} \sigma = \sigma_m + \tau_m\cos2\beta \\ \tau = \tau_m\sin2\beta \end{array}\right\} \tag{6-8}$$

将式(6-8)代入式(6-5)得:

$$\tau_m a = \sigma_m\tan\varphi^j + c^j \tag{6-9}$$

或

$$\tau_m = (\sigma_m + c^j\cot\varphi^j)\sin\varphi^j\csc(2\beta-\varphi^j) \tag{6-10}$$

式中:$a = \sin2\beta - \tan\varphi^j\cos2\beta$。

将式(6-7)代入式(6-9)得:

$$(\sigma_1+\sigma_3)\tan\varphi^j - a(\sigma_1-\sigma_3) = -2c^j \tag{6-11}$$

$$\sigma_1 - \sigma_3 = \frac{2c^j + 2\sigma_3\tan\varphi^j}{a - \tan\varphi^j} = \frac{2c^j + 2\sigma_3\tan\varphi^j}{\sin2\beta(1 - \tan\varphi^j\cot\beta)}$$

$$= \frac{2c^j\cos\varphi^j + 2\sigma_3\sin\varphi^j}{\sin(2\beta-\varphi^j) - \sin\varphi^j} \tag{6-12}$$

或

$$\sigma_1 = \frac{2c^j + \sigma_3(a + \tan\varphi^j)}{a - \tan\varphi^j} \qquad (6\text{-}13)$$

由式(6-10)可得：

$$\sigma_1 = \frac{2c^j \cot\varphi^j}{\left(1 - \dfrac{\sigma_3}{\sigma_1}\right)\sin(2\beta - \varphi^j)\csc\varphi^j - \left(1 + \dfrac{\sigma_3}{\sigma_1}\right)} \qquad (6\text{-}14)$$

上述式(6-5)和式(6-9)~式(6-14)都是弱面屈服准则。从这些方程可知，当弱面进入塑性状态时，弱面上的应力与弱面强度均是弱面方向函数，即 $\sigma_1 = f(\beta)$。因此，岩体强度与岩石材料不同，它不是一个常数，而是随弱面的方向改变的。

弱面的 M-C 破坏准则还可用图解形式表示。由图 6-2 可见，代表弱面应力状态的那个点就是与 σ 轴成 β 角的 AB 线与应力圆的交点 M，AB 线可称为弱面应力线，M 点则称为弱面应力点。若 M 点位于强度极限线下方，表示在该应力条件下弱面不会屈服；若 M 点正好在强度极限曲线上，表示岩体将沿此弱面剪切屈服，当然 M 点超出强度极限曲线是不可能的。所以，图示的弱面屈服条件是弱面的强度极限曲线与弱面应力点相遇（与莫尔圆相交）。它显然不同于一般均质体中莫尔圆与强度极限曲线相切的屈服条件。

由图 6-2 还可看出，当弱面的 2β 角落在 $2\beta_{10}$ 和 $2\beta_{20}$ 之间时，弱面就发生屈服。弱面屈服由 PQR 线表示，由于 $\angle PRS$ 为 $2\beta_{10} - \varphi^j$，则：

$$\frac{SR}{\sin\varphi^j} = \frac{PS}{\sin(2\beta_{10} - \varphi^j)} \qquad (6\text{-}15)$$

或

$$\tau_{\mathrm{m}}\sin(2\beta_{10} - \varphi^j) = (\sigma_{\mathrm{m}} + c^j\cot\varphi^j)\sin\varphi^j \qquad (6\text{-}16)$$

由此得：

$$\left.\begin{array}{l} 2\beta_{20} = \pi + \varphi^j - \sin^{-1}\left(\dfrac{\sigma_{\mathrm{m}} + c^j\cot\varphi^j}{\tau_{\mathrm{m}}}\sin\varphi^j\right) \\[4mm] 2\beta_{10} = \varphi^j + \sin^{-1}\left(\dfrac{\sigma_{\mathrm{m}} + c^j\cot\varphi^j}{\tau_{\mathrm{m}}}\sin\varphi^j\right) \end{array}\right\} \qquad (6\text{-}17)$$

上述弱面屈服准则，都以主应力 σ_1 和 σ_3 表示。下面以更一般的应力分量表示。设任意坐标系为 $r o\theta$，其相应的应力分量为 σ_r、σ_θ、$\tau_{r\theta}$，弱面与水平坐标轴 r 之间的夹角为 β_1，则由应力的坐标变换式(6-2)可确定弱面上的应力 σ、τ（如图 6-3，设 τ 正方向与弹性力学中的规定相反）如下：

$$\left.\begin{array}{l} \sigma = \dfrac{1}{2}(\sigma_\theta + \sigma_r) + \dfrac{1}{2}(\sigma_\theta - \sigma_r)\cos 2\beta_1 - \tau_{r\theta}\sin 2\beta_1 \\[4mm] \tau = \dfrac{1}{2}(\sigma_\theta - \sigma_r)\sin 2\beta_1 + \tau_{r\theta}\cos 2\beta_1 \end{array}\right\} \qquad (6\text{-}18)$$

当水平坐标轴方向为最小主应力方向时，$\beta_1 = \beta$，可见式(6-6)是式(6-18)的特殊情况。将式(6-18)代入式(6-5)中第二式，得到：

$$(\sigma_\theta + \sigma_r)\tan\varphi^j - a(\sigma_\theta - \sigma_r) = b\tau_{r\theta} - 2c^j \qquad (6\text{-}19)$$

或

$$\sigma_\theta = \frac{\sigma_r(\tan\varphi^j + a) - b\tau_{r\theta} + 2c^j}{a - \tan\varphi^j} \qquad (6\text{-}20)$$

其中：

$$a = \sin2\beta_1 - \cos2\beta_1\tan\varphi^j, \quad b = \cos2\beta_1 + \sin2\beta_1\tan\varphi^j$$

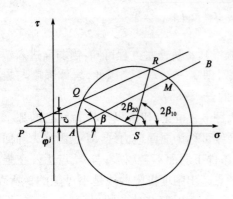

图 6-2 M-C 破坏准则图解

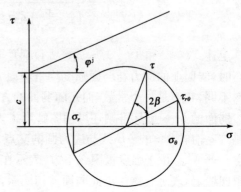

图 6-3 弱面 τ-σ 曲线

式(6-19)和式(6-20)就是以一般应力分量表示的弱面屈服准则。

图 6-4 中相应于 PQR 线的弱面与给定坐标轴间的夹角 β_{10} 和 β_{20} 可按如下步骤求得。设 ψ 为给定的坐标轴方向与最小主应力方向间的夹角,则可由式(6-17)推广得：

$$\left.\begin{aligned}
2(\beta_{20} + \psi) &= \pi + \varphi^j - \sin^{-1}\left(\frac{\sigma_m + c^j c\tan\varphi^j}{\tau_m}\sin\varphi^j\right) \\[2mm]
2(\beta_{10} + \psi) &= \varphi^j + \sin^{-1}\left(\frac{\sigma_m + c^j c\tan\varphi^j}{\tau_m}\sin\varphi^j\right)
\end{aligned}\right\} \qquad (6\text{-}21)$$

其中：

$$\sigma_m = \frac{\sigma_\theta + \sigma_r}{2}, \quad \tau_m = \sqrt{\tau_{r\theta}^2 + \left(\frac{\sigma_\theta - \sigma_r}{2}\right)^2}$$

当 $\psi = 0$ 时,$\tau_{r\theta} = 0$,$\tau_m = \dfrac{\sigma_1 - \sigma_3}{2}$,$\sigma_m = \dfrac{\sigma_1 + \sigma_3}{2}$,此时式(6-21)即为式(6-17)。

当存在多组弱面时,就有多条弱面强度极限曲线 $(\tau - \sigma)_1$、$(\tau - \sigma)_2$ ······也有同样多的 β 角 (β^1、β^2 ······)。与上述一样,可分别应用上述图示方法进行检验,以确定何组弱面进入屈服。

如图 6-5 所示,有三组弱面,相应的强度极限曲线为 $(\tau - \sigma)_1$、$(\tau - \sigma)_2$、$(\tau - \sigma)_3$;β 角分别为 $\beta_{(1)}$、$\beta_{(2)}$、$\beta_{(3)}$。相应的弱面应力点为 M_1、M_2、M_3。M_2 点在 $(\tau - \sigma)_2$ 强度曲线下方,M_3 在 $(\tau - \sigma)_3$ 下方,表明这两组弱面不会屈服。但 M_1 在 $(\tau - \sigma)_1$ 上方,所以这组弱面在进入这一应力状态前早已屈服,因而其应力状态只能如图 6-5 中的虚线所示。

2. 空间弱面屈服准则

上面研究的弱面都属平面情况,即假定弱面走向与隧洞轴线方向平行。因而表示这组弱面位置只需一个参数——倾角 β_0($\beta_0 = \pm90°$)(图 6-6)。然而,弱面通常处于空间状态,即弱面走向与隧洞轴线方向不平行。所以还需增加一个参数,即水平面上弱面走向相对于洞轴方向的夹角 γ_0(图 6-7),才能确定空间弱面位置。

弹性状态中，垂直洞轴方向的平面上，各点的平面应力 σ_θ、σ_r、$\tau_{r\theta}$ 均为已知，在该平面上剪应力分量为零，而垂直该平面的轴向力 σ_z 为：

$$\sigma_z = \mu(\sigma_\theta + \sigma_r) \tag{6-22}$$

式中：μ——岩体泊松比。

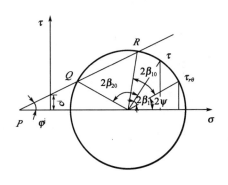

图 6-4　弱面 τ-σ 曲线

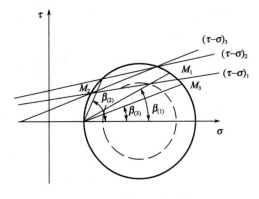

图 6-5　三组弱面 τ-σ 关系曲线

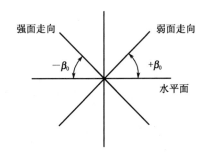

图 6-6　弱面方向与水平面倾角关系

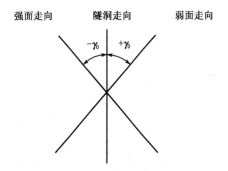

图 6-7　弱面走向相对于洞轴夹角关系

若空间弱面与洞轴线在水平面相交成 γ_0 角（图 6-8），为求空间弱面上应力，我们可把已知的空间应力分量也绕垂直轴旋转 γ_0 角，则根据应力变换公式（设 τ 正方向与弹性力学中的规定相反）有：

$$
\begin{aligned}
\sigma_z' &= \sigma_z \cos^2 \gamma_0 + \sigma_r \sin^2 \gamma_0 \\
&= \sigma_\theta \mu \cos^2 \gamma_0 + \sigma_r (\sin^2 \gamma_0 + \mu \cos^2 \gamma_0) \\
\sigma_r' &= \sigma_z \sin^2 \gamma_0 + \sigma_r \cos^2 \gamma_0 \\
&= \sigma_\theta \mu \sin^2 \gamma_0 + \sigma_r (\cos^2 \gamma_0 + \mu \sin^2 \gamma_0) \\
\sigma_\theta' &= \sigma_\theta \\
\tau_{zr}' &= \sigma_z \cos \gamma_0 \sin \gamma_0 - \sigma_r \cos \gamma_0 \sin \gamma_0 \\
&= \sigma_\theta \mu \cos \gamma_0 \sin \gamma_0 - \sigma_r (1-\mu) \sin \gamma_0 \cos \gamma_0 \\
\tau_{r\theta}' &= \tau_{r\theta} \cos \gamma_0 \\
\tau_{\theta z}' &= \tau_{\theta r} \sin \gamma_0
\end{aligned}
\right\} \tag{6-23}
$$

在新坐标系上，再应用莫尔圆理论，即得空间弱面上的应力：

$$\sigma' = \frac{1}{2}(\sigma'_\theta + \sigma'_r) + \frac{1}{2}(\sigma'_\theta - \sigma'_r)\sin2\beta_1 - \tau'_{r\theta}\cos2\beta_1$$

$$\tau'^2 = \left[\frac{1}{2}(\sigma'_\theta - \sigma'_r)\sin2\beta_1 + \tau'_{r\theta}\cos2\beta_1\right]^2 + (\tau'_{\theta z}\sin\beta_1)^2 + (\tau'_{\theta z}\cos\beta_1)^2 \tag{6-24}$$

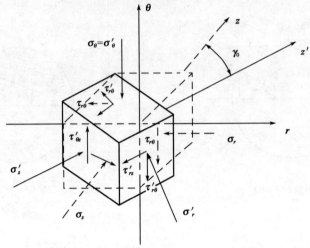

图 6-8 弱面空间关系

将式(6-24)代入式(6-5)第二式得：

$$\left[\frac{1}{2}(\sigma'_\theta - \sigma'_r)\sin2\beta_1 + \tau'_{\theta r}\cos2\beta_1\right]^2 + (\tau'_{\theta z}\sin\beta_1)^2 + (\tau'_{\theta z}\cos\beta_1)^2$$
$$= \left\{\left[\frac{1}{2}(\sigma'_\theta + \sigma'_r) + (\sigma'_\theta - \sigma'_r)\sin2\beta_1 - \tau'_{r\theta}\cos2\beta_1\right]\tan\varphi^{\mathrm{j}} + c^{\mathrm{j}}\right\}^2 \tag{6-25}$$

式(6-25)就是空间弱面的屈服准则。不过此式较繁，近似计算时可令 $\tau'_{\theta z}\sin\beta_1$ 和 $\tau'_{\theta z}\cos\beta_1$ 为零，以获得空间弱面的近似屈服准则：

$$(\sigma'_\theta + \sigma'_r)\tan\varphi^{\mathrm{j}} - a(\sigma'_\theta - \sigma'_r) = b\tau'_{r\theta} - 2c^{\mathrm{j}} \tag{6-26}$$

将式(6-23)代入式(6-26)得：

$$\sigma_\theta(A_2 - aB_2) + \sigma_r(D_2 + C_2 a) = b\tau_{r\theta}\cos\gamma_0 - 2c^{\mathrm{j}} \tag{6-27}$$

其中：

$$A_2 = (1 + \mu\sin^2\gamma_0)\tan\varphi^{\mathrm{j}}$$
$$B_2 = 1 - \mu\sin^2\gamma_0$$
$$C_2 = \cos^2\gamma_0 + \mu\sin^2\gamma_0$$
$$D_2 = (\cos^2\gamma_0 + \mu\sin^2\gamma_0)\tan\varphi^{\mathrm{j}}$$

当 $\gamma_0 = 90°$ 时，式(6-27)变为：

$$\sigma_\theta[(1+\mu)\tan\varphi - a(1-\mu)] + \sigma_r(\mu\tan\varphi^{\mathrm{j}} + \mu a) = 2c^{\mathrm{j}} \tag{6-28}$$

在 $\gamma_0 = 0°$ 和 $\gamma_0 = 90°$ 时，式(6-27)为精确公式。当 γ_0 值接近 $0°$ 和 $90°$ 时或在轴对称情况下，式(6-27)具有较好的近似效果。

6.2.3 弱面的最不利位置

1.平面弱面的最不利位置

由弱面屈服准则方程式(6-12)可知，当 $\beta\rightarrow\varphi$ 或 $\frac{\pi}{2}$ 时，$\sigma_1 - \sigma_3 \rightarrow \infty$，所以有 $\varphi^{\mathrm{j}} < \beta < \frac{\pi}{2}$。

图 6-9a)中示出了 σ_3 为常数情况下,弱面处于屈服状态时 σ_1 与 β 的关系曲线。图中水平迹线表示岩石的屈服迹线,它与弱面屈服曲线相交两点 β_{min} 和 β_{max}(图 6-9),在此两点之间就是沿弱面屈服时的 σ_1-β 关系曲线。在此两点之外,岩体只能通过岩石而发生屈服。显然,与图中 σ_1 极小值相应的 β 角就是最不利的 β 角,当弱面的倾角为 β 时最易出现屈服。将弱面屈服准则方程式(6-12)对 β 求导,并令其为零,得:

$$(\sigma_1 - \sigma_3)(-\cos2\beta - \sin2\beta\tan\varphi^j) = 0$$

即:

$$\cot2\beta = -\tan\varphi^j$$

由此得弱面的最不利 β 角为 β_L,有:

$$\beta_L = 45° + \frac{\varphi^j}{2} \tag{6-29}$$

代入式(6-12),则得 σ_1 的最小值 σ_{1min},有:

$$\sigma_{1min} = 2(c^j + \sigma_3\tan\varphi^j)\left[(1 + \tan^2\varphi^j)^{\frac{1}{2}} + \tan\varphi^j\right] + \sigma_3$$
$$= 2(c^j + \sigma_3\tan\varphi^j)\tan\left(45° + \frac{\varphi^j}{2}\right) + \sigma_3 \tag{6-30}$$

岩体的最小强度 σ_{1min} 表示在图 6-9b)上,即为莫尔应力圆与弱面强度极限曲线相切时的最大主应力值。而 σ_{1min} 是岩石材料达到极限平衡时的最大主应力值,其值亦可按式(6-30)计算,只不过需将 φ^j、c^j 变换成 φ、c,即:

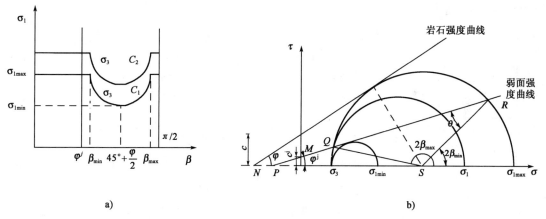

图 6-9　弱面强度破坏曲线

a)弱面屈服时 σ_1-β 的关系曲线(σ_3 为常数时);b)莫尔应力圆与弱面强度极限曲线

$$\sigma_{1max} = 2(c + \sigma_3\tan\varphi)\left[\sqrt{1 + \tan^2\varphi} + \tan\varphi\right] + \sigma_3$$
$$= 2(c + \sigma_3\tan\varphi)\tan\left(45° + \frac{\varphi}{2}\right) + \sigma_3 \tag{6-31}$$

由图 6-9b)可知,极限莫尔圆半径 r 为:

$$r = (r + \sigma_3 + ON)\sin\varphi$$
$$ON = c\cot\varphi$$

所以

$$r = \frac{\sigma_3\sin\varphi + c\cos\varphi}{1 - \sin\varphi} \tag{6-32}$$

在 $\triangle PRS$ 中

$$2\beta_{min} = \varphi^j + \theta \tag{6-33}$$

在 $\triangle POM$ 中

$$OP = c^j \cot\varphi^j \tag{6-34}$$

由正弦定律

$$\sin\theta = \frac{(r + \sigma_3 + OP)\sin\varphi^j}{r} = \left(1 + \frac{OP + \sigma_3}{r}\right)\sin\varphi^j \tag{6-35}$$

将式(6-32)和式(6-34)代入式(6-35)即得：

$$\theta = \sin^{-1}\left\{\left[1 + \frac{(c^j\cot\varphi^j + \sigma_3)(1 - \sin\varphi)}{\sigma_3\sin\varphi + c\cos\varphi}\right]\sin\varphi^j\right\} \tag{6-36}$$

把式(6-36)代入式(6-33)，得：

$$2\beta_{min} = \varphi^j + \sin^{-1}\left\{\left[1 + \frac{(c^j\cot\varphi^j + \sigma_3)(1 - \sin\varphi)}{\sigma_3\sin V + c\cos\varphi}\right]\sin\varphi^j\right\} \tag{6-37}$$

由图 6-9b)可知：

$$2\beta_{max} = 180° - (\theta - \varphi^j)$$

将式(6-33)代入，即为：

$$\beta_{max} = 90° + \varphi^j - \beta_{min} \tag{6-38}$$

对于以一般应力分量表示的弱面屈服准则方程式(6-19)，同样可通过求导，并令其为零，求得最不利 β_1 角为 $(\beta_1)_L$：

$$(\beta_1)_L = \frac{1}{2}\cot^{-1}\left(\frac{\tan2\psi - \tan\varphi^j}{1 + \tan2\psi\tan\varphi^j}\right) \tag{6-39}$$

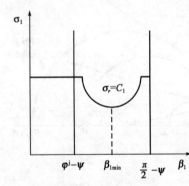

图 6-10　σ_1-β_1 关系曲线

由式(6-39)可见，弱面的最不利 β_1 角不仅与 φ 有关，而且还与主应力方向有关。所以，弱面的最不利 β_1 角随坐标位置而变。σ_1-β_1 关系曲线与图 6-10 一样，因为 β_1 与 β 两者只相差 ψ 角。

2. 空间弱面的最不利位置

对于空间弱面的最不利位置，既要确定平面情况下最不利的 β 角，还要确定弱面走向与洞轴在平面上的最不利 γ_0 角。显然，平面情况下最不利 β 角仍是 $45° + \frac{\varphi}{2}$。由于 $\sigma_z = \mu$ $(\sigma_r + \sigma_\theta)$ 通常是中间主应力，所以弱面走向与洞轴最不利夹角是 $\gamma_0 = 0°$，表明空间弱面要比平面弱面有利。

[**例 6-1**]　绘制有一组弱面时岩体的强度曲线。设有一岩体，其岩石强度为 $c = 2MPa$，$\varphi = 45°$，含有一组弱面，弱面强度性质为 $c^j = 0.5MPa$，$\varphi^j = 20°$。当 $\sigma_3 = 0$ 和 $\sigma_3 = 2MPa$ 时，作弱面倾角 β 改变时岩体的强度曲线。

(1)最小主应力 $\sigma_3 = 0$ 时的强度曲线

作强度曲线的步骤如下：

把上述参数代入式(6-37)，得：

$$\beta_{min} = \frac{1}{2}\left\{20° + \sin^{-1}\left[\left(1 + \frac{0.5\cot20°(1 - \sin45°)}{2\cos45°}\right)\sin20°\right]\right\}$$

$$= 23.03°$$

代入式(6-12),有:

$$\sigma_1 = \frac{2 \times 0.5 \times \cos20°}{\sin(2\beta - 20°) - \sin20°} = \frac{0.94}{\sin(2\beta - 20°) - 0.342}$$

代入式(6-38),有:

$$\beta_{\max} = 90° + 20° - 23.03° = 86.97°$$

代入式(6-31),有:

$$\sigma_{1\max} = 2 \times 2 \times \tan\left(45° + \frac{45°}{2}\right) = 9.657\text{MPa}$$

代入式(6-29),有:

$$\beta_L = 45° + \frac{20°}{2} = 55°$$

由式 $\dfrac{0.94}{\sin(2\beta - 20°) - 0.342}$ 列出计算数据如表6-8。

计 算 数 据 表 　　　　表 6-8

弱面倾角 β	$2\beta - 20°$	$\sin(2\beta - 20°)$	σ_1(MPa)
(min)23.03°	26.06°	0.439 3	9.657(max)
30°	40°	0.642 8	3.124
40°	60°	0.866 0	1.793
45°	70°	0.939 7	1.572
50°	80°	0.984 8	1.462
55°	90°	1.000 0	1.428(min)
60°	100°	0.984 8	1.462
70°	120°	0.866 0	1.793
80°	140°	0.642 8	3.124
(max)86.97°	153.94°	0.439 3	9.657(max)

由上述数据在图6-11中画出强度曲线,图中以实线表示。

(2)最小主应力 $\sigma_3 = 2$MPa 时的强度曲线

按上述步骤得 $\beta_{\min} = 23.74°$,$\beta_{\max} = 86.26°$,$\sigma_1 = \dfrac{2.308}{\sin(2\beta - 20°) - 0.342} + 2$,$\sigma_{1\max} = 21.314$MPa,$\beta_L = 55°$。列出 σ_1 数据于表6-9。

计 算 数 据 表 　　　　表 6-9

结构面倾角 β	$2\beta - 20°$	$\sin(2\beta - 20°)$	σ_1(MPa)
(min)23.74°	27.48°	0.461 5	21.314(max)
30°	40°	0.642 8	9.673
40°	60°	0.866 0	6.405
45°	70°	0.939 7	5.861
50°	80°	0.984 8	5.591
55°	90°	1.000 0	5.508(min)
60°	100°	0.984 8	5.591
70°	120°	0.866 0	6.405
80°	140°	0.642 8	9.673
(max)86.26°	152.52°	0.461 5	21.314(max)

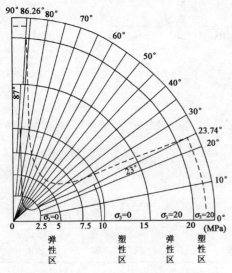

图 6-11 一组弱面岩体强度曲线

由上表数据画出的强度曲线列于图 6-11，图中以虚线表示。有了这样的强度曲线就可以判断岩体的弱面或岩石是否已进入塑性状态。如果已知岩体的应力场，也即已知岩体中每一单元的主应力大小及方向，然后再把岩体单元中弱面方向标出，即可得出它与最小主应力方向之间的夹角 β。将这个 β 值与最小主应力值在强度曲线图上标出其位置。如这个标点落在强度曲线的内侧，表示岩体处于弹性状态，即岩体是稳定的。反之，如落在强度曲线外侧，则表示岩体（或是弱面，或是岩石）进入塑性状态，当塑性发展到一定程度，岩体就失稳破坏。

在图 6-11 中，$\sigma_3 = 0$ 时的强度曲线位于内侧，它的弹性区范围较小，而 $\sigma_3 = 2MPa$ 时的强度曲线位于外侧，它的弹性范围较大。从 $\sigma_3 = 0$ 增到 $\sigma_3 = 2MPa$ 还可见：最小强度值从 1.428MPa 增加到 5.507MPa，约提高 3 倍；最大强度值从 9.657MPa 增加到 21.314MPa，提高 1 倍多。因此从岩体稳定的角度，就需要尽可能地提高 σ_3 值，从而增大弹性区的范围。另外，如果增大 φ、c、φ^i、c^i 也能起到增大岩体弹性区范围的作用。

在自然界与工程中，在岩体内往往有好几组结构面共生。在此复杂条件下，通常是采用叠加原理加以组合，以获得岩体强度曲线。但严格说来，这样的做法是值得商榷的，因为一组弱面进入屈服时就会影响另一组弱面的内力。不过一般可以先进入屈服的这组弱面来判断岩体的稳定状态。

当有两组弱面时，弱面之间必有一交角 α（图 6-12）。此时，可以令其中一组最发育的，或最有代表性的弱面法线方向与最大主应力方向之间夹角为 β，另一组势必与最大主应力方向之间有一个 $(\beta \pm \alpha)$ 的夹角。先画出第一组弱面的强度曲线，而第二组弱面即可将相应的 β 值用 $(\beta \pm \alpha)$ 来代替后作图。只要将第二组所得的强度曲线 0° 位置与第一组强度曲线上 α 重合即可。至于 0°～α 之间或者 α～90° 之间的空缺，可按对称性画出。

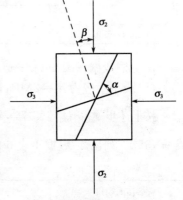

图 6-12 两组弱面夹角 α 及一个弱面法线方向与最大主应力之间夹角 β 关系

对称性处理方法：凡出现 β 在 90°～180° 之间的情况，都用换算角 $\beta_0 = 180° - \beta$ 来代替原来的 β 角代入公式计算；凡出现 β 在 0°～90° 之间的情况，都用 $\beta'_0 = -\beta$ 来代替原来的 β 值代入公式计算。

[例 6-2] 例 6-1 中 $\sigma_3 = 2MPa$ 时，令其原弱面为第一组 $c^i_1 = 0.5MPa$，$\varphi^i_1 = 20°$，同时又有第二组弱面 $c^i_2 = 0$，$\varphi^i_2 = 10°$，与第一组弱面逆时针相交成 45° 角。求岩体的强度曲线。具有第一组弱面的岩体强度曲线示于图 6-12 上用虚线画出。第二组弱面强度曲线的有关参数用前述公式同样可求得：

$$\beta_{min} = 11.062°, \quad \beta_{max} = 88.938°$$

$\beta_L = 50°$, $\sigma_{1min} = 2.837 \text{MPa}$

$\sigma_{1max} = 21.3 \text{MPa}$

$$\sigma_1 = \frac{0.695}{\sin(2\beta - 10°) - 0.174} + 2$$

列出相应的数据见表 6-10。

在图 6-13 上用以上数据作出第二组弱面的强度曲线（实曲线表示）。从图 6-13 可见，在这两组曲线内侧的区域是两组弱面都达到塑性的区域，在这区域内岩体有可能塌落；在一组曲线内侧的区域是一组弱面达到塑性的区域；在两组曲线外侧的区域是弹性区；由此即可判断岩体在一定应力状态下的稳定程度。当岩体具有多组弱面时，岩体的强度主要取决于弱面强度。这里尚需重复说明，应用叠加原理确定岩体强度的方法不是精确的方法。

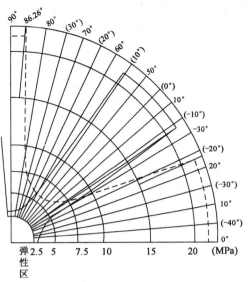

图 6-13 两组弱面岩体强度曲线

计 算 数 据 表 表 6-10

弱面倾角 β	$2\beta - 10°$	$\sin(2\beta - 10°)$	σ_1 (MPa)
11.062°	12.124°	0.210	21.300
20°	30°	0.500	4.132
30°	50°	0.766	3.177
40°	70°	0.940	2.907
45°	80°	0.985	2.668
50°	90°	1.000	2.837
由于对称性，负角作正角计算			
−11.062°	12.124°	0.210	21.300
−20°	30°	0.500	4.132
−30°	50°	0.766	3.177
−40°	70°	0.940	2.907
−45°	80°	0.985	2.668

6.3 圆形隧洞遍节理围岩塑性区应力的近似计算

对于成组出现的遍节理围岩（假定弱面间的间距为零），且当弱面强度与岩石强度的差值较大时，只需考虑弱面破坏，而不需考虑岩石破坏。适用于遍节理岩体的非连续数值分析方法有 DDA 和离散元法，作为复杂数值计算的简化和内容的补充，本节和下节分别介绍一种塑性区应力的近似计算方法与边界线近似方程。

6.3.1 平面弱面塑性区应力的近似计算

当圆形隧洞围岩应力低于弱面强度时，围岩处于弹性状态，如果不考虑弱面的各向异性，则可应用各向同性的弹性力学计算围岩的应力与位移。围岩弹性应力可按第 3 章中有关公式计算。

当围岩弱面应力高于弱面强度时，围岩中出现塑性区。已知：

$$\tau_{r\theta} = \frac{(\sigma_\theta - \sigma_r)\tan2\psi}{2} \tag{6-40}$$

将式(6-40)代入式(6-19)，则得：

$$(\sigma_\theta + \sigma_r)\tan\varphi^j - \left(a + \frac{b\tan2\psi}{2}\right)(\sigma_\theta - \sigma_r) = -2c^j \tag{6-41}$$

由于一般情况下，围岩塑性区中径向塑性应力 σ_r^p 的数值和分布形状与弹性应力 σ_r^e 大致相近，主应力方向也与弹性应力场类似，因而可近似假定 $\sigma_r^p = \sigma_r^e$，并具有与弹性应力场相同的主应力方向，由此有：

$$\sigma_r^p = \sigma_r^e = \frac{p}{2}\left[(1+\lambda)(1-a^2) + (1-\lambda)(1-4a^2+3a^4)\cos2\theta\right] \tag{6-42}$$

和

$$\tan2\psi = \frac{2\tau_{r\theta}^e}{\sigma_\theta^e - \sigma_r^e} = \frac{(1+2a^2-3a^4)(1-\lambda)\sin2\theta}{a^2(1+\lambda) - (1-\lambda)(1-2a^2+3a^4)\cos2\theta} \tag{6-43}$$

其中：

$$\alpha = \frac{r_0}{r}$$

式中：ψ——给定的坐标轴方向与最小主应力方向间的夹角。

将式(6-42)和式(6-43)代入式(6-41)，并令 $\sigma_\theta = \sigma_\theta^p$，$\sigma_r = \sigma_r^p$，$\tau_{r\theta} = \tau_{r\theta}^p$，则得塑性应力：

$$\sigma_\theta^p = \frac{\sigma_r^e\left(a + \tan\varphi^j + \frac{1}{2}b\tan2\psi\right) + 2c^j}{a - \tan\varphi^j + \frac{1}{2}b\tan2\psi} \tag{6-44}$$

式(6-44)中 a、b 中均含有 β_1，所以此式就是 σ_θ^p 与 β_1 的关系式(图 6-10)。由式(6-40)得：

$$\tau_{r\theta}^p = \frac{(\sigma_\theta^p - \sigma_r^p)\tan2\psi}{2} \tag{6-45}$$

当 $\lambda = 1$ 时，$\tan2\psi = 0$，$\tau_{r\theta}^p = 0$，

$$\sigma_\theta^p = \frac{P(1-a^2)(a+\tan\varphi^j) + 2c^j}{a - \tan\varphi^j} \tag{6-46}$$

弱面上的法向应力和切向应力可按式(6-18)求得，其中切向应力也可按库仑公式算得。

6.3.2 空间弱面塑性区应力的近似计算

将式(6-25)以坐标变换前的应力分量表示，并代入 $\sigma_r^p = \sigma_r^e$，$\tau_{r\theta}^p = \frac{1}{2}(\sigma_\theta^p - \sigma_r^p)\tan2\psi$，则得：

$$(A_3\sigma_\theta^p + B_3\sigma_r^e + c^j) = (C_3\sigma_\theta^p - D_3\sigma_r^e)^2 + (E_3\sigma_\theta^p - F_3\sigma_r^e)^2 + (G_3\sigma_\theta^p - G_3\sigma_r^e)^2 \tag{6-47}$$

其中：

$$A_3 = \left(\cos^2\beta_1 + \mu\sin^2\beta_1\sin^2\gamma_0 - \frac{1}{2}\sin2\beta_1\cos\gamma_0\tan2\psi\right)\tan\varphi^j$$

$$B_3 = \left[(\cos^2\gamma_0 + \mu\sin^2\gamma_0)\sin^2\beta_1 + \frac{1}{2}\sin2\beta_1\cos\gamma_0\tan2\psi\right]\tan\varphi^j$$

$$C_3 = \frac{1}{2}(1 - \mu\sin^2\gamma_0)\sin2\beta_1 + \frac{1}{2}\cos2\beta_1\cos\gamma_0\tan2\psi$$

$$D_3 = \frac{1}{2}(\cos^2\gamma_0 + \mu\sin^2\gamma_0)\sin2\beta_1 + \frac{1}{2}\cos2\beta_1\cos\gamma_0\tan2\psi$$

$$E_3 = \frac{1}{2}\mu\sin2\gamma_0\cos\beta_1$$

$$F_3 = \frac{1}{2}(1-\mu)\sin2\gamma_0\cos\beta_1$$

$$G_3 = \frac{1}{2}\sin\gamma_0\sin\beta_1\tan2\psi$$

当设 $\tau'_{\theta z} = \tau'_{rz} = 0$ 时,由屈服准则的近似方程得:

$$\sigma_\theta^p = \frac{-\sigma_r^e\left(D_2 + C_2 a + \frac{1}{2}b\cos\gamma_0\tan2\psi\right) - 2c^j}{A_2 - aB_2 - \frac{1}{2}b\cos\gamma_0\tan2\psi} \tag{6-48}$$

当 $\gamma_0 = 90°$ 时,则有:

$$\sigma_\theta^p = \frac{-\sigma_r^e\mu(\tan\varphi^j + a) - 2c^j}{\tan\varphi^j(1+\mu) - a(1-\mu)} \tag{6-49}$$

将 σ_r^e 和 $\tan2\psi$ 值代入式(6-47)或式(6-49),或近似式(6-48)解得 σ_θ^p。再由式(6-23)得 σ'_θ、σ'_r、$\tau'_{r\theta}$ 和 τ'_{rz},由此即可按式(6-24)确定弱面上应力 σ' 和 τ'。同时,τ' 也可按库仑公式算得。

[例 6-3] 一圆形隧道,开挖半径 $r_0 = 5m$,岩体初始应力 $P = 5MPa$,岩体弱面 $\varphi^j = 25°$,$c^j = 2MPa$,倾角 $\beta_0 = 30°$。求 $\lambda = 1$ 和 $\lambda = 0.5$ 情况下,$\theta = 90°$ 和 $\alpha^2 = 0.9$ 与 $\alpha^2 = 0.8$ 时的 σ_r^p、σ_θ^p、$\tau_{r\theta}^p$ 和弱面上的 σ、τ 值。表 6-11 列出了计算结果。

塑性区塑性应力(MPa)　　　　　　　　　　　表 6-11

α^2	λ	σ_r^p	σ_θ^p	$\tau_{r\theta}^p$	σ	τ
0.9	1	0.50	5.42	0	4.19	2.15
0.9	0.5	0.165	3.36	0	2.56	1.39
0.8	1	1	8.85	0	6.88	3.40
0.8	0.5	0.40	4.90	0	3.77	1.95

[例 6-4] 设 $\gamma_0 = 90°$,$\mu = 0.3$,倾角 $\beta = 60°$,其余条件同例 6-3。求 $\lambda = 1$ 时,$\alpha^2 = 0.9$ 处的 σ_θ^p、σ_r'、σ' 和 τ'。计算结果列于表 6-12,它表示坐标变换前后的应力分量和弱面上的应力(MPa)。本例按式(6-47)和式(6-49)计算结果相同。

坐标变换前后的应力分量和弱面上的应力(MPa)　　　　　　表 6-12

$\sigma_r^p = \sigma_r^e$	σ_θ^p	$\tau_{r\theta}$	σ_z	σ_θ'	σ_r'	$\tau_{r\theta}'$	σ'	τ'
0.50	3.85	0	1.30	3.85	1.30	0	2.04	1.14

6.4　圆形隧洞围岩塑性区边界线的近似计算

6.4.1　平面弱面塑性区边界线的近似计算

如第 4 章所述,在均质岩体中,作为一次近似,可把围岩弹性应力代入塑性方程,以求得塑性区边界线的近似值。这一方法同样可用于弱面岩体,只需把围岩弹性应力 σ_θ^e、σ_r^e 和 $\tau_{r\theta}^e$ 相应地代替弱面屈服准则方程(6-19)中 σ_θ、σ_r 和 $\tau_{r\theta}$,即得:

$$A_4 a^4 + B_4 a^2 + C_4 = 0 \tag{6-50}$$

其中:

$$A_4 = 3P\left(a\cos2\theta + \frac{b}{2}\sin2\theta\right)(1-\lambda)$$

$$B_4 = -P\{a(1+\lambda) + (1-\lambda)[2(a+\tan\varphi^j)\cos2\theta + b\sin2\theta]\}$$

$$C_4 = P\left[(1+\lambda)\tan\varphi^j + \left(a\cos2\theta - \frac{b}{2}\sin2\theta\right)(1-\lambda)\right] + 2c^j$$

解式(6-50),得:

$$a^2 = \frac{-B_4 \pm \sqrt{B_4^2 - 4A_4C_4}}{2A_4} \tag{6-51}$$

当 $\lambda=1$ 时,式(6-50)变为:

$$2aPa^2 = 2P\tan\varphi^j + 2c^j$$

$$a = \sqrt{\frac{P\tan\varphi^j + c^j}{aP}} \tag{6-52}$$

在给定 θ 值情况下,按式(6-51)或式(6-52)即能解出 α,由此就确定了围岩塑性区边界线的位置。所以式(6-51)或式(6-52)就是塑性区边界线方程。按式(6-51)或式(6-52)求得的塑性区边界线没有考虑屈服后所引起的应力转移,因此按式(6-51)或式(6-52)算出的塑性区范围总要比实际塑性区小。为了弥补这一缺点,可按第 4 章第 4.5 节所述方法加以修正。

[**例 6-5**] 一圆形隧道,开挖半径 $r_0=5\text{m}$,$P=5\text{MPa}$,岩体弱面 $\varphi^j=25°$,$c^j=2\text{ MPa}$,倾角 $\beta_0=30°$。求 $\lambda=1$ 和 $\lambda=0.5$ 时在 $\theta=90°$ 方向上的应力分布图和塑性区半径。按上述步骤算得 $\theta=90°$,$\lambda=1$ 时,塑性区半径 $R_0=5.78\text{m}$;当 $\theta=90°$,$\lambda=0.5$ 时,算得塑性区半径 $R_0=5.65\text{m}$。$\lambda=1$ 和 $\lambda=0.5$ 时,$\theta=90°$ 方向上的应力分布情况见图 6-14。

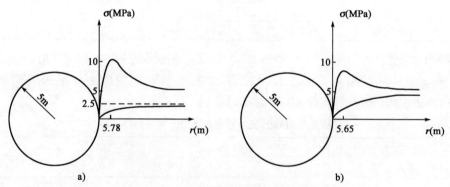

图 6-14 $\theta=90°$方向塑性区应力分布图
a)$\lambda=0.5$;b)$\lambda=1$

6.4.2　空间弱面塑性区边界线的近似计算

将弹性应力计算公式(3-30)中的值 σ_θ^e、σ_r^e、$\tau_{r\theta}^e$,代入式(6-23)和式(6-25)即获得空间弱面情况下塑性区边界线方程。不过,这时需解四次方程,计算稍繁。若将 σ_θ^e、σ_r^e 和 $\tau_{r\theta}^e$ 代入式(6-26),则得塑性区边界线近似方程(当 $\gamma_0=0°$ 和 $\gamma_0=90°$ 时为准确方程),有:

$$A_5 a^4 + B_5 a^2 + C_5 = 0 \tag{6-53}$$

其中：

$$A_5 = -\frac{3}{2} P \{ [(A_2 - aB_2) - (D_2 + aC_2)] \cos 2\theta - b \cos\gamma_0 \sin 2\theta \} (1-\lambda)$$

$$B_5 = \frac{P}{2} \{ (1+\lambda)(A_2 - aB_2 - D_2 - aC_2) - 4(D_2 + aC_2)(1-\lambda)\cos 2\theta - 2b(1-\lambda)$$
$$\cos\gamma_0 \sin 2\theta \}$$

$$C_5 = \frac{P}{2} \{ (1+\lambda)(A_2 - aB_2 + D_2 + aC_2) - (1-\lambda)(A_2 - aB_2 - D_2 - aC_2)\cos 2\theta -$$
$$b(1-\lambda)\cos\gamma_0 \sin 2\theta \} + 2c^j$$

解式(6-53)得：

$$a^2 = \frac{-B_5 \pm \sqrt{B_5^2 - 4A_5 C_5}}{2A_5} \tag{6-54}$$

当 $\gamma_0 = 90°$ 时

$$a^2 = \frac{-B_6 \pm \sqrt{B_6^2 - 4A_6 C_6}}{2A_6} \tag{6-55}$$

其中：

$$A_6 = \frac{3P}{2}(1-\lambda)(a - \tan\varphi^j)\cos 2\theta$$

$$B_6 = \frac{P}{2} [(1+\lambda)(\tan\varphi^j - a) - 4(\tan\varphi^j + a)(1-\lambda)\cos 2\theta]$$

$$C_6 = \frac{P}{2} [(1+\lambda)(\tan\varphi^j - a + 2a\mu + 2\mu\tan\varphi^j) - (\tan\varphi^j - a)(1-\lambda)\cos 2\theta] + 2c^j$$

当 $\gamma_0 = 90°, \lambda = 1$ 时

$$a = \sqrt{\frac{-C_7}{B_7}} \qquad 且 \frac{C_7}{B_7} < 0 \tag{6-56}$$

其中：

$$B_7 = P(\tan\varphi^j - a)$$

$$C_7 = P(\tan\varphi^j - a + 2a\mu + 2\mu\tan\varphi^j) + 2c^j$$

由计算可知，当具有同一 β_1 角时，空间弱面岩体情况下的塑性区将较平面弱面岩体情况下减小。

[**例 6-6**] 设 $\gamma_0 = 90°$，$\mu = 0.3$，倾角 $\beta_0 = 30°$ 和 $60°$，其余假设条件同例 6-5。求 $\lambda = 1$ 和 $\lambda = 0.5$ 时，$\theta = 90°$ 处的塑性区半径 R_0。计算结果列于表 6-13。

塑性区半径 R_0(m) 表 6-13

λ	$\beta_0 = 30°$	$\beta_0 = 60°$
	R_0	R_0
1	未屈服	6.45
0.5	未屈服	6.74

应当指出，在平面弱面岩体中，应满足条件：

$$a + \frac{b\tan 2\psi}{2} > \tan\varphi^j \tag{6-57}$$

以保证弱面中 τ 永远是正值（因为 M-C 屈服准则公式是 $|\tau| = \sigma\tan\varphi^j + c^j$），这一条件也

可通过 $\varphi - \psi < \beta_1 < \dfrac{\pi}{2} - \psi$ 来表示。所以，无论何种情况下，应用弱面屈服准则时都需满足上述条件。

此外，由式(6-44)或式(6-46)求平面弱面围岩中的应力 σ_β^f 时，要求 σ_β^f 不大于岩石破坏时的切向应力 σ_θ，当 $\sigma_\beta^f = \sigma_\theta$ 时，岩石和弱面同时进入屈服，因此不可能出现 $\sigma_\beta^f > \sigma_\theta$ 的情况。

在空间弱面岩体中，对于坐标变换后的应力分量仍应满足条件(6-57)，而对于坐标变换前的应力分量则需满足如下条件：

$$a(1 - \mu \sin^2 \gamma_0) + \frac{b \cos \gamma_0 \tan 2\psi}{2} > (1 + \mu \sin^2 \gamma_0) \tan \varphi^j \tag{6-58}$$

当式(6-57)或式(6-58)不能满足时，表明在所采用的 β_1 值情况下弱面并未进入屈服。

平面弱面情况下当 $\lambda = 1$ 时，圆形隧洞围岩塑性区的位置取决于弱面的倾角 β_0；当 $\lambda \neq 1$ 时，围岩塑性区不仅与节理面位置有关，还与 λ 值有关；对于空间节理面的塑性区位置仍与平面节理情况相同，只是随着 γ_0 角增大塑性区缩小。这样复杂的问题目前只有采用数值解法求解。

参 考 文 献

[1] Jaeger J C, Cook N G W. Fundamentals of Rock Mechanics[M]. Chapman and Hall, 1976.

[2] 郑颖人，刘怀恒. 弱面体(弱夹层体)力学方法——岩体力学方法[J]. 水文地质工程地质，1981(5).

[3] 郑颖人. 圆形洞室围岩塑性区应力和边界线的近似计算[J]. 地下工程，1980(3).

[4] 郑颖人，孔亮. 岩土塑性力学[M]. 北京：中国建筑工业出版社，2010.

[5] 洪赓武. 结构面方向对岩体强度的影响[J]. 中国矿业学院学报，1981(3).

[6] Kuters H K. Failure mechanism of joint rock[J]. Rock Mechanics, L. Muller, 1974.

[7] 谷德振. 岩体工程地质力学基础[M]. 北京：科学出版社，1979.

[8] 王思敬. 坝基岩体工程地质分析[M]. 北京：科学出版社，1990.

[9] 潘别桐. 岩体力学[M]. 武汉：中国地质大学出版社，1990.

第7章 岩石弹性分析有限元法

DIQIZHANG

7.1 概　　述

　　地下工程多数位于岩体之中，因而岩石是地下工程研究的主体。尽管岩土性质不同，但都属于摩擦材料，因而数值分析方法大致相同。为便于研究，下述几章都以岩石为对象，其计算原理与方法也可用于土体。

　　前面几章介绍了应用连续体力学的方法解答岩石力学课题的基本原理，并导出某些实用公式。这些讨论表明：尽管岩石及岩体具有复杂的力学性态和结构特征，层理、节理及几乎遍布岩体中的裂隙的存在破坏了岩体的连续性，然而在多数情况下用连续体力学的方法来解答岩石力学课题仍然是有效的。

　　由于在工程的影响范围内岩体可能是非匀质的（涉及不同的岩层及软弱带），显著的结构面对岩体的应力状态及稳定性都有很大的影响，加之实际工程情况又是十分复杂多样的，传统的解析方法往往遇到难以克服的困难。在这种情况下，通常有两种可供选择的途径：其一是模拟试验的方法，其二是数值解法。在所用的各类数值方法中，有限元法可以提供最简明、最一般化的计算格式，并且在处理复杂的结构、复杂的边界条件及荷载条件时显示了独特的效能。

　　有限元法实质上是变分法的一种特殊的有效形式，它把连续体的基本原理进一步推广到处理岩体的非匀质、不连续性，以及岩石的各种复杂的非线性性态，特别对岩土工程施工过程中支护结构与围岩变化动态的模拟更具有独特优势和实用价值。

　　线弹性分析的有限元法是处理各种岩体非线性问题的基础，在大多数情况下必须采用非线性的模型，其中包括考虑岩石的弹塑性、蠕变、不抗拉特性，以及结构面的影响。早在20世纪七八十年代，国内外学者在岩体结构面的力学特性与破坏机理、应力—应变—时间关系方面就做了大量的试验研究，为有限元法模拟提供了理论和试验的基础，采用有限元法综合分析这些复杂的力学行为已经不是困难的事情，然而要使岩体工程设计人员掌握和运用这一方法来解答工程提出的复杂课题却是一件不容易的事情。

应当指出:在解答工程计算课题时,难点是来自对岩石性态的了解和正确的计算参数选取。由于岩石性态及赋存条件的复杂多样,仅靠若干试件或个别的现场原位试验来评定岩石性态是远远不够的,加强关于岩石性态的研究,在工程施工中进一步掌握岩石力学行为,提供更有效的资料以修正设计计算是必不可少的环节。

如今,有限元法已经是一种比较成熟的工程物理问题的计算分析方法,并日益广泛地应用于岩土工程设计和研究工作,成为解答工程中疑难问题的重要手段。基于数值分析和可视化技术的计算机仿真模拟分析,在工程设计和研究中更是一种高效经济、快速的方法,是传统的物理模拟试验无法比拟的。

近些年来,计算机技术的飞速发展,更为有限元分析的广泛应用提供了强有力的支持。本章对弹性问题有限元法进行了介绍,重点放在关于有限元法在岩土工程中一些特殊问题的应用上。

7.2 有限元法的基本概念

有限元法如今已成为大学本科许多相关专业的必修或选修课程,有多种教科书系统地介绍有限元法的基本理论和方法可供参考。本节仅为讲述的连贯性考虑,对该方法的基本概念予以简单的概述。弹性力学的解答通常是在满足给定的边界条件(应力或位移)下求解基本方程,得到问题的连续解析解。事实上,在边界条件或物理对象比较复杂的情况下,一般无法给出全域上的解析解函数。在这种情况下,只有通过对求解区域的离散化处理给出相应的近似解。

有限元法即是通过离散化的处理,利用弹性力学的基本原理把弹性力学问题的基本方程及应力边界转化为等价的多元代数方程组,把位移边界转化为在边界节点上的已知位移,并借助于电子计算机来求解的一种近似解法,但与其他近似解法不同,有限元法的高效率、高精度以及广泛的通用性是其他方法无法相比的。

7.2.1 有限元离散化的物理涵义

首先,把要分析的物理对象(结构或连续体)划分成许多个较小的区域,称它为单元。并且假定这些单元都以节点相互连接,连续体内各部分的应力及变形也都是通过节点相互传递的。每一个单元可以具有不同的物理特性。这样我们就得到一个在物理意义上与原来的连续体近似的模型。这个划分单元的处理过程通常称为物理模型离散化。图7-1是隧洞离散化网格的示例。

在应力分析的课题中,有限元法通常是以连续体内各点的位移作为基本的未知量。在连续体被离散化为单元的情况下,则是以各节点的位移作为基本未知量,这种方法称为位移法,它是有限单元分析中的最主要的方法,此外,也还有力法及混合法。在单元体内部各点的位移则可以由节点位移来表示。由于通常单元都划分得足够细小,因而可以把单元内各点位移表示成节点位移的某种简单的函数(通常采取线性的或二次、三次代数多项式的形式)。然后,可以应用结构力学的方法或变分原理建立单元的节点位移与节点力之间的关系,这样的关系就完全确定了单元的物理特性。由于连续体被看做是由这些小的单元体的集合,因此,连续体的物理特性也可以由单元体特性的某种组合来表示。单元体的集合以及全部求解过程则遵循着一个统一的计算格式,这种计算格式的统一为利用计算机求解提供了有利的条件。通常为某类问题而编制的程序,可以适用于求解该类问题的各种复杂课题,并且只需对其略加修改甚至无须修改就可以用于另一类不同领域的物理问题。计算机程序的通用性是有限元法的重要特点之一。

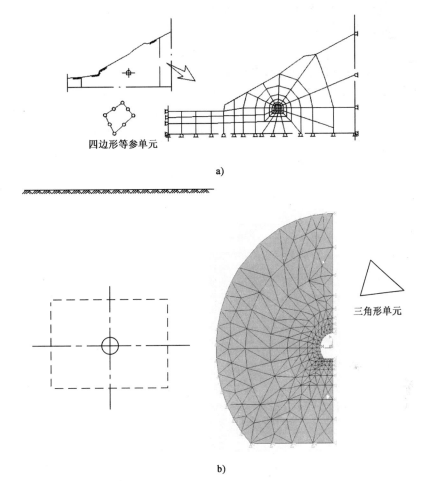

图 7-1　离散化网格示例
a)浅埋隧洞离散化网格;b)深部隧洞

如前所述,在连续体被离散化为单元的情况下,每一单元都存在一组单元的节点力、节点位移、应变及应力等物理量,以矩阵符号依次表示为:$\{P\}_e$,$\{\delta\}_e$,$\{\varepsilon\}_e$,$\{\sigma\}_e$,它们都是列矩阵或称为矢量,其下标"e"表示它们是属于编号为 e 的那一个单元(为简便计,以后我们将省去下标e),组成各矢量的分量数目取决于所取单元类型及问题的类型。例如,对于二维问题,应变矢量及应力矢量为:

$$\{\varepsilon\} = \begin{bmatrix} \varepsilon_x & \varepsilon_y & \gamma_{xy} \end{bmatrix}^{\mathrm{T}}$$
$$\{\sigma\} = \begin{bmatrix} \sigma_x & \sigma_y & \tau_{xy} \end{bmatrix}^{\mathrm{T}}$$

图 7-1 中的三角形单元,单元节点位移及节点力为:

$$\{\delta\} = \begin{bmatrix} u_i & v_i & u_j & v_j & u_m & v_m \end{bmatrix}^{\mathrm{T}}$$
$$\{F\} = \begin{bmatrix} x_i & y_i & x_j & y_j & x_m & y_m \end{bmatrix}^{\mathrm{T}}$$

在线弹性的情况下，应变—位移关系由弹性理论的几何方程给出。如前所述，在离散化的情况下，可以把单元体内的位移表示为节点位移的简单函数，一般可写为：

$$\{u_e\} = [N]\{\delta\} \tag{7-1}$$

式中：$\{u_e\}$——单元体内的位移，在二维情况下等于 $\begin{bmatrix} u & v \end{bmatrix}^{\mathrm{T}}$；

$[N]$——插值函数或形状函数，不同的单元类型具有不同的插值函数，由它建立起单元内任一点的位移与节点位移的联系。

应变—位移关系可写为：

$$\{\varepsilon\} = [B]\{\delta\} \tag{7-2}$$

式中：$[B]$——几何矩阵，可直接由几何方程导出。

由物理方程可将应力—应变关系写为：

$$\{\sigma\} = [D]\{\varepsilon\} = [D][B]\{\delta\} \tag{7-3}$$

其中，$[D]$ 为由广义胡克定律给出的弹性矩阵。对于平面问题有：

平面应力问题

$$[D] = \frac{E}{1-\mu^2} \begin{bmatrix} 1 & \mu & 0 \\ \mu & 1 & 0 \\ 0 & 0 & \dfrac{1-\mu}{2} \end{bmatrix} \tag{7-4}$$

平面应变问题

$$[D] = \frac{E(1-\mu)}{(1+\mu)(1-2\mu)} \begin{bmatrix} 1 & & （对称） \\ \dfrac{\mu}{1-\mu} & 1 & \\ 0 & 0 & \dfrac{1-2\mu}{2(1-\mu)} \end{bmatrix} \tag{7-5}$$

式(7-4)及式(7-5)有如下关系：将式(7-4)中的 E 和 μ 分别以 $E/(1-\mu^2)$ 和 $\mu/(1-\mu)$ 取代即可得到式(7-5)。这一关系对程序编制是有方便之处的，可以按平面应力编制程序，对于平面应变问题则以上述关系置换 E、μ 即可。

对于单元的节点力及节点位移，可写成如下的关系式：

$$\{F\} = [K_e]\{\delta\} \tag{7-6}$$

式中：$[K_e]$——单元刚度矩阵，刚度这一术语即包含了它的物理含义；在适当假定单元位移函数的情况下，刚度矩阵可由能量原理或结构力学的方法导出。

对于整个系统，由全部节点的平衡条件（结构力学的方法）或能量原理可导出一系列的平衡方程——系统整体平衡方程组，可简写为：

$$\{P\} = [K]\{U\} \tag{7-7}$$

式中：$\{P\}$——由系统各节点的外力组成的荷载矢量；

$[K]$——整个系统的总体刚度矩阵；

$\{U\}$——整个系统的位移矢量，它由系统各节点位移所构成。

解方程(7-7)即可求得各节点位移分量，写为：

$$\{U\} = [K]^{-1}\{P\} \tag{7-8}$$

各单元节点位移 $\{\delta\}_e$ 可直接由 $\{U\}$ 中相应的分量来确定。从变形一致考虑，节点位移 $\{\delta\}_e$ 的分量即等于 $\{U\}$ 中具有相同下标的同一分量。在求得 $\{\delta\}_e$ 后即可由式(7-2)及式(7-3)求得单元应变及应力。

7.2.2 有限元离散化的数学涵义

从数学涵义而论,在物理模型离散化基础上,有限元法即是通过能量原理(或更一般化的变分原理)把以偏微分方程组表述的平衡方程及相应的应力边界条件转化为等价的多元线性代数方程组来求解。

建立离散化的计算模型只要具有基本的工程力学知识就不会遇到大的困难。建立单元刚度矩阵及组集总刚度矩阵则是有限元法的核心。下面对单元刚度矩阵的一般化公式的推导及总刚度矩阵的组集原理予以简要阐述。

在连续体被离散化为单元体的情况下,弹性系统的总势能可写为求和的形式:

$$W = \sum_{e=1}^{n} W_e \tag{7-9}$$

式中:n——单元体的总数目。

对于单元体,弹性系统的总势能包括内力势能(或应变能)及体力和面力势能,有:

$$W_e = W_1 + W_2 + W_3 \tag{7-10}$$

其中应变能 W_1:

$$W_1 = \frac{1}{2} \int_v \{\varepsilon\}^{\mathrm{T}} \{\sigma\} \mathrm{d}v = \frac{1}{2} \int_v \{\sigma\}^{\mathrm{T}} [B]^{\mathrm{T}} [D] [B] \{\delta\} \mathrm{d}v$$

体力 $\{Q\}$ 的势能 W_2:

$$W_2 = -\int_v \{f\}^{\mathrm{T}} \{Q\} \mathrm{d}v = -\int_v \{\delta\}^{\mathrm{T}} [N]^{\mathrm{T}} \{Q\} \mathrm{d}v$$

面力 $\{q\}$ 的势能 W_3:

$$W_3 = -\int_{s_0} \{f\}^{\mathrm{T}} \{q\} \mathrm{d}s = -\int_{s_0} \{\delta\}^{\mathrm{T}} [N]^{\mathrm{T}} \{q\} \mathrm{d}s$$

由此可得系统弹性势能为:

$$W = \sum W_e = \frac{1}{2} \sum \int \{\delta\}^{\mathrm{T}} [B]^{\mathrm{T}} [D] [B] \{\delta\} \mathrm{d}v - \sum \int_v \{\delta\}^{\mathrm{T}} [N]^{\mathrm{T}} \{Q\} \mathrm{d}v -$$

$$\sum \int_{s_0} \{\delta\}^{\mathrm{T}} [N]^{\mathrm{T}} \{q\} \mathrm{d}s \tag{7-11}$$

总势能的一阶变分,对具有 n 个节点的单元有:

$$\left\{ \frac{\partial W_e}{\partial \delta} \right\} = \left\{ \frac{\partial W_e}{\partial u_1} \ \frac{\partial W_e}{\partial v_1} \cdots \frac{\partial W_e}{\partial v_n} \right\}^{\mathrm{T}}$$

在此我们把节点内力定义为:

$$\frac{\partial W_e}{\partial u_1} = X_1, \frac{\partial W_e}{\partial u_2} = X_2, \cdots, \frac{\partial W_e}{\partial u_n} = X_n$$

$$\frac{\partial W_e}{\partial v_1} = Y_1, \frac{\partial W_e}{\partial v_2} = Y_2, \cdots, \frac{\partial W_e}{\partial v_n} = Y_n$$

对式(7-11)变分则可得到:

$$\{F\} = \left\{ \frac{\partial W}{\partial \delta} \right\} = \sum \left\{ \frac{\partial W_e}{\partial \delta} \right\} = \sum \int_v [B]^{\mathrm{T}} [D] [B] \mathrm{d}v \{\delta\} - \sum \int_v [N]^{\mathrm{T}} \{Q\} \mathrm{d}v -$$

$$\sum \int_{s_0} [N]^{\mathrm{T}} \{q\} \mathrm{d}s \tag{7-12}$$

可以简写为:

$$\{F\} = \sum [k_e] \{\delta\} - \sum \{p\} \quad \text{或} \{F\} + \sum \{p\} = \sum [k_e] \{\delta\} = \sum \{F\}_e \tag{7-12a}$$

式中：$\{F\}$——系统内力矢量；

$\{F\}_e$——单元等效内力矢量；

$\{p\}$——单元的等效节点外力矢量。

在外荷载（体力 Q 及面力 q）为零的情况下则有：

$$\{F\} = \sum [k_e]\{\delta\} = \sum \{F\}_e$$

由此可得到单元刚度矩阵的一般化公式：

$$[k_e] = \int_v [B]^T [D][B] \mathrm{d}v \qquad (7-13)$$

体力和面力（即分布荷载）的等效节点力分别为：

$$\{p\} = [p_1] + \{p_2\}$$

$$\{p_1\} = \int_v [N]^T \{Q\} \mathrm{d}v \qquad (7-14)$$

$$\{p_2\} = \int_{s_0} [N]^T \{q\} \mathrm{d}s$$

为了说明由单元刚度矩阵组集总刚度矩阵的原理，对单元刚度矩阵、单元节点力及节点荷载暂作形式上的改变，即把它们扩大为与总刚度矩阵相同的阶数。扩大的办法是把扩大的矩阵中与本单元无关的部分填写为零。设离散模型总的节点数目为 m，节点自由度数为 l，则总体方程数目即为 $r = m \times l$，总刚度矩阵即为 $r \times r$ 阶。由此可将式（7-11）写为：

$$\left\{ \frac{\partial W_e}{\partial \delta} \right\}_{r \times 1} = [k_e]_{r \times r} \{\delta\}_{r \times 1} - \{p\}_{r \times 1}$$

由式（7-14）可知，对整个系统取总势能的变分则有：

$$\frac{\partial W}{\partial \{U\}} = \sum_{e=1}^{n} \left([k_e]_{r \times r} \{\delta\}_{r \times 1} - \{P\}_{r \times 1} \right)$$

由最小位能原理可知：

$$\frac{\partial W}{\partial \{U\}} = \sum \left\{ \frac{\partial W_e}{\partial \delta} \right\} = 0$$

故有：

$$\sum_{e=1}^{n} \left([k_e]\{\delta\} - \{P\} \right) = 0$$

或简写为：

$$[K]\{U\} = \{P\} \qquad (7-15)$$

这就是系统的总刚度方程。其中：

$$[K] = \sum_{e=1}^{n} [k_e], \{P\} = \sum \{P\}, \{U\} = \sum \{\delta\}$$

这一结果表明，系统的总刚度矩阵可以由各单元刚度矩阵的相应元素叠加而得（实际为在相同位置上的非零项的叠加），系统的位移矢量包含所有节点的位移分量，荷载矢量 $\{P\}$ 则为作用在所有单元上的节点外荷载的叠加，所有单元节点内力的总和为零，这是符合系统的平衡条件的。

显然，上述的推导方法以及所得到的结果适用于以位移为基本未知量的各类单元。式（7-12）及式（7-15）是通用于各类单元的一般化公式。建立各类单元刚度矩阵时，一般可以直接利用式（7-12）而无须再由变分原理来推导。

总体刚度矩阵的组集的具体处理方法以及如何在计算机程序中实现,在一般有限元法教科书中都有具体说明,这里不再赘述。

7.3 平面问题的几种常用单元

7.3.1 常应变三角形单元

三节点六自由度的三角形单元如图 7-2 所示。节点位移及节点力矢量为:

$$\{\delta\} = \begin{bmatrix} u_i & v_i & u_j & v_j & u_m & v_m \end{bmatrix}^{\mathrm{T}}$$

$$\{F\} = \begin{bmatrix} x_i & y_i & x_j & y_j & x_m & y_m \end{bmatrix}^{\mathrm{T}}$$

单元的位移假定为线性变化,位移函数为:

$$\begin{cases} u = a_1 + a_2 x + a_3 y \\ v = a_4 + a_5 x + a_6 y \end{cases}$$

利用上节导出的一般化公式可以导出其单元刚度矩阵为:

$$[k_e] = [B]^T [D][B] \cdot \Delta \cdot t \qquad (7\text{-}16)$$

式中:Δ——三角形的面积;

t——单元体的厚度,对于平面应变问题通常取单位厚度;

$[D]$——平面应力或平面应变问题的弹性矩阵;

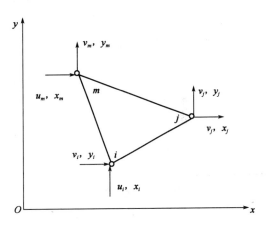

图 7-2　常应变三角形单元

$[B]$——取决于单元形状的几何矩阵,$[B] = \dfrac{1}{2\Delta} \begin{bmatrix} b_i & 0 & b_j & 0 & b_m & 0 \\ 0 & c_i & 0 & c_j & 0 & c_m \\ c_i & b_i & c_j & b_j & c_m & b_m \end{bmatrix}$。

三节点三角形单元是最简单的平面单元,因而常为多数初学有限元法的人们所采用。然而这种单元因在一个单元体内其应力及应变为常量(故被称为常应变三角形单元),其精度最差。为提高三角形单元的计算精度,可在各边上增加节点,从而形成六节点、九节点等三角形单元系列。然而由于三角形系列的单元在计算成果的整理及图形化处理上都较麻烦,人们更倾向于采用更为灵活适用的四边形等参数单元。

7.3.2 四边形等参数单元

图 7-3 所示为四节点的任意四边形单元。这种单元的位移函数可采用不完全的二次多项式的形式:

$$\begin{cases} u = a_1 + a_2 x + a_3 y + a_4 xy \\ v = a_5 + a_6 x + a_7 y + a_8 xy \end{cases} \qquad (a)$$

然而由于导出的几何矩阵$[B]$为含有 x、y 一次项的形式,单元刚度矩阵的推导必须进行积分运算。在仍然采用整体直角坐标系 oxy 的情况下,这种积分运算是很麻烦的。为了克服这一困难,采用了坐标轴为 ξ、η 的局部自然坐标系。这种局部自然坐标以四边形两对边的中点连线作为坐标轴,坐标原点为 0,单元节点的坐标值为 ±1。显然,这样规定的局部自然坐标系中,任意四边形和图 7-3b)所示的正方形具有完全相同的坐标值。

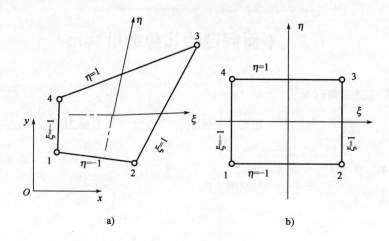

图 7-3 任意四边形等参数单元

因此,对于这种局部自然坐标与整体直角坐标之间的关系,我们可以解释为将整体直角坐标中的任意四边形映射为局部自然坐标中的正方形。我们称这个正方形单元为任意四边形的母体单元或参考单元。它主要起到"对照"和"参考"的作用。

这里直接采用假定插值函数的方法,把单元体的位移表示为:

$$\begin{cases} u = N_1 u_1 + N_2 u_2 + N_3 u_3 + N_4 u_4 \\ v = N_1 v_1 + N_2 v_2 + N_3 v_3 + N_4 v_4 \end{cases} \tag{a'}$$

一般情况下,插值函数可以应用数值分析的标准多项式插值法导出。对于最常采用的一次、二次、三次多项式,参考文献中已给出有现成的形式。四节点的四边形单元,采用下式所示的线性(一次多项式)插值函数:

$$N_i = \frac{1}{4}(1 + \xi\xi_i)(1 + \eta\eta_i) \qquad (i = 1,2,3,4) \tag{b}$$

式中:ξ_i、η_i——四边形各节点的局部坐标值。

插值函数 N_i 在节点 i 处应等于 1,在其他节点处应等于零。显然式(b)是满足这一条件的。

局部自然坐标与整体直角坐标的关系可假定为:

$$\begin{cases} x = a_1 + a_2\xi + a_3\eta + a_4\ \xi\eta \\ y = a_5 + a_6\xi + a_7\eta + a_8\xi\eta \end{cases} \tag{c}$$

以单元节点的整体坐标 x_i、y_i 及局部自然坐标 ξ_i、η_i 分别代入上式两端,则可导出坐标变换关系为:

$$\begin{cases} x = N_1 x_1 + N_2 x_2 + N_3 x_3 + N_4 x_4 \\ y = N_1 y_1 + N_2 y_2 + N_3 y_3 + N_4 y_4 \end{cases} \tag{c'}$$

位移函数式(a')及坐标变换式(c')可简写为如下形式:

$$u = \sum_{i=1}^{4} N_i u_i, \quad v = \sum_{i=1}^{4} N_i v_i$$

$$x = \sum_{i=1}^{4} N_i x_i, \quad y = \sum_{i=1}^{4} N_i y_i \tag{7-17}$$

这里可以看出,位移函数及坐标变换具有相同的插值函数,等参数也即由此而得名。上述的变换方法还可以推广到具有更多节点的单元。

在采用局部自然坐标的情况下,几何矩阵 $[B]$ 可由对 ξ-η 坐标系的位移求导得出。两种坐标系的求导关系可由复合函数的求导规则得出:

$$\left\{ \begin{array}{c} \dfrac{\partial N_i}{\partial \xi} \\[2mm] \dfrac{\partial N_i}{\partial \eta} \end{array} \right\} = \left[\begin{array}{cc} \dfrac{\partial x}{\partial \xi} & \dfrac{\partial y}{\partial \xi} \\[2mm] \dfrac{\partial x}{\partial \eta} & \dfrac{\partial y}{\partial \eta} \end{array} \right] \left\{ \begin{array}{c} \dfrac{\partial N_i}{\partial x} \\[2mm] \dfrac{\partial N_i}{\partial y} \end{array} \right\} = [J] \left\{ \begin{array}{c} \dfrac{\partial N_i}{\partial x} \\[2mm] \dfrac{\partial N_i}{\partial y} \end{array} \right\} \quad (i=1,2,3,4) \tag{7-18}$$

式中:$[J]$——雅可比矩阵。

由此得出:

$$\left\{ \begin{array}{c} \dfrac{\partial N_i}{\partial x} \\[2mm] \dfrac{\partial N_i}{\partial y} \end{array} \right\} = [J]^{-1} \left\{ \begin{array}{c} \dfrac{\partial N_i}{\partial \xi} \\[2mm] \dfrac{\partial N_i}{\partial \eta} \end{array} \right\} \quad i=(1,2,3,4) \tag{7-19}$$

利用式(7-18)的坐标变换式可得出雅可比矩阵为:

$$[J] = \left[\begin{array}{cc} \sum\limits_{i=1}^{n} \dfrac{\partial N_i}{\partial \xi} x_i & \sum\limits_{i=1}^{n} \dfrac{\partial N_i}{\partial \xi} y_i \\[4mm] \sum\limits_{i=1}^{n} \dfrac{\partial N_i}{\partial \eta} x_i & \sum\limits_{i=1}^{n} \dfrac{\partial N_i}{\partial \eta} y_i \end{array} \right] \tag{7-20}$$

式中:n——节点数目,这里 $n=4$。

平面问题的几何方程为:

$$\left\{ \begin{array}{c} \varepsilon_x \\ \varepsilon_y \\ \gamma_{xy} \end{array} \right\} = \left[\begin{array}{cccc} 1 & 0 & 0 & 0 \\ 0 & 0 & 0 & 1 \\ 0 & 1 & 1 & 0 \end{array} \right] \left\{ \begin{array}{c} \dfrac{\partial u}{\partial x} \\[2mm] \dfrac{\partial u}{\partial y} \\[2mm] \dfrac{\partial v}{\partial x} \\[2mm] \dfrac{\partial v}{\partial y} \end{array} \right\} = \left[\begin{array}{cccc} 1 & 0 & 0 & 0 \\ 0 & 0 & 0 & 1 \\ 0 & 1 & 1 & 0 \end{array} \right] \left[\begin{array}{cc} [J]^{-1} & 0 \\ 0 & [J]^{-1} \end{array} \right] \left\{ \begin{array}{c} \dfrac{\partial u}{\partial \xi} \\[2mm] \dfrac{\partial u}{\partial \eta} \\[2mm] \dfrac{\partial v}{\partial \xi} \\[2mm] \dfrac{\partial v}{\partial \eta} \end{array} \right\}$$

将式(7-17)所示的位移函数代入上式则得到:

$$\{\varepsilon\} = [B]\{\delta\} = [B_1 \quad B_2 \quad B_3 \quad B_4]\{\delta\} \tag{7-21}$$

几何矩阵 $[B]$ 为 3×8 阶,其子矩阵 $[B_i]$ 为 3×2 阶矩阵,可写为:

$$[B_i] = \left[\begin{array}{cccc} 1 & 0 & 0 & 0 \\ 0 & 0 & 0 & 1 \\ 0 & 1 & 1 & 0 \end{array} \right] \left[\begin{array}{cc} [J]^{-1} & 0 \\ 0 & [J]^{-1} \end{array} \right] \left[\begin{array}{cc} [N_i'] & 0 \\ 0 & [N_i'] \end{array} \right] \tag{7-22}$$

其中:

$$[N_i'] = \left\{ \begin{array}{c} \dfrac{\partial N_i}{\partial \xi} \\[2mm] \dfrac{\partial N_i}{\partial \eta} \end{array} \right\} = \dfrac{1}{4} \left\{ \begin{array}{c} \xi_i(1+\eta\eta_i) \\[2mm] \eta_i(1+\xi\xi_i) \end{array} \right\} \quad (i=1,2,3,4)$$

单元刚度矩阵仍由一般化公式 $\int_v [B]^{\mathrm{T}}[D][B]\mathrm{d}v$ 积分求得。这里采用了 ξ-η 自然坐标系,

由微分几何可知,两种坐标系的微分关系为:

$$dv = dxdydz = \det[J]d\xi d\eta d\zeta$$

对平面问题,若单元厚度为 t,则有:

$$dv = dxdy \cdot t = \det[J]d\xi d\eta \cdot t$$

由此可将单元刚度的积分化为:

$$[K_e] = \int_{-1}^{1}\int_{-1}^{1}[B]^{\mathrm{T}}[D][B]\det[J]d\xi d\eta \cdot t \qquad (7\text{-}23)$$

式中:$\det[J]$——矩阵 $[J]$ 的行列式值。

由式(7-23)表示的单元刚度矩阵,利用高斯求积法来完成积分运算是十分方便的。详细地介绍这种方法已不属本书的任务。

上述建立单元刚度矩阵的方法可以推广至具有更多节点的四边形单元。例如,在四个边的中点各加一个节点即形成了八节点的曲边四边形单元,如图7-4a)所示。它的母体单元仍然是一个八节点的正方形,如图7-4b)所示。

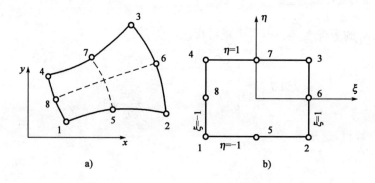

图 7-4　八节点曲边四边形等参数单元

这种单元由于采用更高阶的位移函数,以及具有曲线形的边界,因而具有更好的精度和适应复杂边界形状的能力。其插值型的位移函数及坐标变换具有类似式(7-17)的形式:

$$u=\sum_{i=1}^{8}N_i u_i,\ v=\sum_{i=1}^{8}N_i v_i,\ x=\sum_{i=1}^{8}N_i x_i,\ y=\sum_{i=1}^{8}N_i y_i$$

形函数 N_i 为二次式:

$$N_i = \frac{1}{4}(1+\xi\xi_i)(1+\eta\eta_i)(\xi\xi_i+\eta\eta_i-1) \qquad (\text{在四角点}) \qquad (a)$$

$$N_i = \frac{1}{2}(1-\xi^2)(1+\eta\eta_i) \qquad (\text{在 } \xi_i=0 \text{ 之点,即 } i=5,7) \qquad (b)$$

$$N_i = \frac{1}{2}(1+\xi\xi_i)(1-\eta^2) \qquad (\text{在 } \eta_i=0 \text{ 之点,即 } i=6,8) \qquad (c)$$

单元刚度矩阵可按上述完全相同的格式推导。几何矩阵 $[B]$ 对应于八节点的等参单元为:

$$[B] = [\begin{matrix} B_1 & B_2 & B_3 & B_4 \cdots B_8 \end{matrix}]$$

其中,$[B_i]$ 具有与式(7-22)相同的形式。区别仅在于 $\{N'_i\} = \left[\begin{matrix} \dfrac{\partial N_i}{\partial \xi} & \dfrac{\partial N_i}{\partial \eta} \end{matrix}\right]^{\mathrm{T}}$,这时求导应分别按上式(a)或(b)或(c)。单元刚度矩阵仍按式(7-23)由高斯积分求得。

7.4 岩石性态的模拟

均质、连续、弹性、各向同性是经典弹性理论的基本假定。然而,实际的岩体及土体则很少是均质、各向同性的。像节理、裂隙等地质构造面破坏了岩体的均质连续性。岩石的应力—应变关系在大多数情况下也呈现明显非线性特性。

非均质性如果是有规律的,例如不同力学性质的岩层,则应用有限元法时只需对不同岩层考虑不同的力学参数,无须特别处理。如果是薄层结构的岩层,则岩体有明显的正交异性的特征,即在层面内及垂直于层面两个相互垂直的方向上具有不同的力学参数。这种层状的正交异性的岩体(图 7-5),用 5 个独立的弹性常数 E_1、μ_1、E_2、μ_2、G_2 分别表示在层面及垂直于层面两个方向上的弹性特征,另外两个力学参数 c_1、φ_1 及 c_2、φ_2 分别表示在两个方向上的黏结力及内摩擦角。

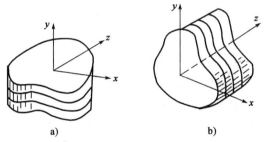

a)   b)

图 7-5 正交异性岩体

考虑到岩层的正交异性的平面问题应力—应变关系有如下形式:

(1)层面平行于 z 轴时的平面应力问题:

$$\begin{Bmatrix} \sigma_x \\ \sigma_y \\ \tau_{xy} \end{Bmatrix} = \frac{E_2}{1-n\mu_2^2} \begin{bmatrix} n & & \text{(对称)} \\ n\mu_2 & 1 & \\ 0 & 0 & m(1-n\mu_2^2) \end{bmatrix} \begin{Bmatrix} \varepsilon_x \\ \varepsilon_y \\ \gamma_{xy} \end{Bmatrix} \tag{7-24}$$

其中:

$$n = E_1/E_2, \quad m = G_2/E_2$$

(2)平面应变问题,弹性矩阵 $[D]$ 为:

$$[D] = \frac{E_2}{(1+\mu_2)(1-\mu_1-2n\mu_2^2)} \begin{bmatrix} n(1-n\mu_2^2) & & \text{(对称)} \\ n\mu_2(1+\mu_2) & 1-\mu_1^2 & \\ 0 & 0 & m(1+\mu_1)(1-\mu_1-2n\mu_2^2) \end{bmatrix} \tag{7-25}$$

对于图 7-5b)所示层面与 xy 平面重合时,则有:

$$E_x = E_y = E_1, \quad \mu_{xy} = \mu_{yx} = \mu_1, \quad G_{xy} = G_1 = \frac{E_1}{2(1+\mu_1)}$$

$$E_z = E_2, \quad \mu_{zx} = \mu_{zy} = \mu_2, \quad G_{zx} = G_{zy} = G_2$$

这时,平面应变问题的弹性矩阵为:

$$[D] = \frac{E}{(1+\mu_1)(1-\mu_1-2n\mu_2^2)} \times \begin{bmatrix} 1-n\mu_2^2 & & \text{(对称)} \\ \mu_1+n\mu_2^2 & 1-n\mu_2^2 & \\ 0 & 0 & (1-\mu_1-2n\mu_2^2)/2 \end{bmatrix} \tag{7-26}$$

平面应力问题与各向同性的情况相同。

岩体中通常具有节理(及层理、裂隙、断层等)不连续面。这些结构面对岩体的力学性态有很大的影响。对于分布有大量密集的细小节理(或裂隙)的岩体,可以采用适当降低了的材料性态参数来近似地按连续体处理。对于较大不连续面(断层、软弱夹层及其他大型的独立的断裂面),则必须作为一个独立结构看待,采用专门的单元。关于节理及断裂面处理,我们将在后面关于节理岩体有限单元模拟一章中作详细讨论。

普遍存在于岩体中的细小节理使得岩体的抗拉强度降低到很小,因而岩石一般具有很低的抗拉强度,常作为不抗拉材料考虑。在出现拉应力的部位,将会因受拉而开裂。拉裂区的估算,对判断工程中岩体的可靠性是十分有用的。然而,为了更真实地反映这种无拉力特性,还必须考虑由此而产生的应力重新分布。考虑拉裂后的岩体应力重新分布则是复杂的非线性问题,我们将在第8章予以介绍。

岩石的应力—应变关系一般为非线性的,特别是较软弱的岩石以及地下深部岩体,呈现明显的弹—塑性力学性态,此时须采用弹—塑性本构模型。有关岩石的弹—塑性性态及考虑塑性变形的非线性分析也将在下面讨论。

在这类岩体中,时间效应对岩体的应力分布及变形有着重要的作用。对于地下工程中围岩稳定及支护结构的受力情况,时间效应是一个重要的影响因素。在软岩或膨胀性软弱岩体中常会产生很大的变形且变形的发展会持续数月乃至数年之久,用通常的弹性或弹塑性分析就难以得到正确的结果。考虑这种变形随时间发展的特性以及它对支护结构的影响,应采用考虑岩石流变特性的黏弹、黏塑性分析模型。

总的来说,由于岩石的材质不同、成因不同以及长期受各种地质作用的结果,其物理力学性质是十分复杂多样的。有限元分析必须充分了解岩石及岩体的结构特征及力学性态,选定正确的计算模型才可得到满意的解答。

由于重力及地质构造的作用,在原始的天然岩体中,早在工程开挖之前就存在不同程度的应力,称之为地应力或原岩应力(详见第2章有关叙述)。岩体的原岩应力状态是有限元分析的一个重要的初始条件。因为一切工程因素引起的岩体应力的变化都是在一定的初始应力状态下发生的。

然而,由于岩体性质及地质构造的复杂性,使得确定岩体力学性质及地应力至今仍是未能很好解决的问题。而岩体的力学参数及原岩应力又是有限元分析重要的参数,决定了有限元分析结果的正确性及可信度。这也是在一些情况下,计算结果与工程实际情况有较大差距的主要原因。为了更有效地解决这一难题,许多工程科技人员和研究工作者,曾做过多方面的探索,寻求可能的解决途径,并已取得了可喜的成果。例如,基于工程现场位移量测而发展起来的确定岩体原岩应力及岩体力学参数的位移反分析法,基于应力及(或)位移量测的支护(衬砌)结构荷载反分析法,有限元极限分析法,强度折减系数法等等,在适宜的条件下都是行之有效的方法。这些方法对有限元分析在工程中的广泛应用发挥了积极的作用,本书有关章节中有相应的介绍,不在此重述。

7.5　开挖及施工过程的模拟

岩土工程问题有限元分析的主要任务就在于考察在施工中岩体开挖导致的围岩应力及位移的变化,特别是模拟各施工阶段应力及位移发展变化,是有限元分析独具的优势之一。

7.5.1 开挖释放荷载

在地下工程中，另一个与原岩应力有关的问题就是荷载。除了某些外部的荷载(例如,作用在岩基上的结构物、加固锚杆的预加应力等),对工程施工及设计有实际意义的是由于某些边界的应力"解除"而引起的应力变化。这些边界点(例如地下工程的周边)原来处于一定的原始应力状态,开挖使这些边界点的应力"解除",从而引起围岩应力场的变化并产生相应的位移。模拟这一开挖效果是按照所谓"等效释放荷载"进行计算的。这些力可以认为是由边界点的应力"解除"而形成的。显然,这种"等效释放荷载"可以由沿预定的开挖边界线上的原始应力来决定。地下隧洞分析中模拟开挖效果、确定释放荷载的方法,最先由邓肯(Duncan J. M.)等人提出,命名为"反转应力释放法",是目前在地下工程围岩应力分析中广泛采用的。反转应力释放法,简单地说是先计算得到开挖面上的节点荷载,然后将这个力反转,通过一个比例系数来控制这个反转后的力来达到预想的释放率。

反转应力释放法有单元应力法与 Mana 法两种,两者都可以用于计算释放荷载,但因 Mana 法在建立具体算法时对边界节点间围岩应力场变化规律的假设与有限元法相同,易于编制程序,因而优先被采用。具体介绍如下:

1. 单元应力法

图 7-6 表示在预定的一段开挖边界两侧的单元及边界上的节点。假定这些边界点上的应力($i-1$、i、$i+1$ 点)为已知,相邻两边界点之间的应力近似视为呈线性分布[图 7-6b)]。应注意,边界点编号以逆时针顺序排列。

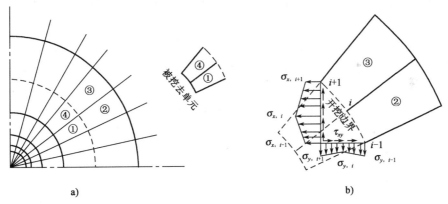

a)   b)

图 7-6　在预定的一段开挖边界两侧单元及边界上的节点

在第 i 点的"释放荷载"的等效节点力为:

$$\left.\begin{aligned}
P_{xi} &= \frac{1}{6}\left[2\sigma_{x,i}(b_1+b_2)+\sigma_{x,i-1}b_2+\sigma_{x,i+1}b_1\right]+\\
&\quad 2\tau_{xy,i}(a_1+a_2)+\tau_{xy,i+1}a_2+\tau_{xy,i-1}a_1\\
P_{yi} &= \frac{1}{6}\left[2\sigma_{y,i}(a_1+a_2)+\sigma_{y,i-1}b_1+\sigma_{y,i+1}b_2\right]+\\
&\quad 2\tau_{xy,i}(b_1+b_2)+\tau_{xy,i-1}b_1+\tau_{xy,i+1}b_2
\end{aligned}\right\}
\tag{7-27}$$

其中:

$$a_1=(x_{i-1}-x_i),a_2=(x_i-x_{i+1})$$
$$b_1=(y_i-y_{i-1}),b_2=(y_{i+1}-y_i)$$

若原始应力场为均匀应力(各点原始应力相等,深部隧洞及矿山巷道的原始应力在分析的有限范围内可认为是均匀应力场),则:

$$\sigma_{x,i} = \sigma_{x,i+1} = \sigma_{x,i-1} = \sigma_{x0}$$
$$\sigma_{y,i} = \sigma_{y,i+1} = \sigma_{y,i-1} = \sigma_{y0}$$
$$\tau_{xy,i} = \tau_{xy,i+1} = \tau_{xy,i-1} = \tau_{xy0}$$

式中:σ_{x0}、σ_{y0}、τ_{xy0}——原岩体的应力。

则式(7-27)可简化为:

$$\left.\begin{array}{l} P_{xi} = \dfrac{1}{2}\left[\sigma_{x0}(b_1 + b_2) + \tau_{xy0}(a_1 + a_2)\right] \\[3mm] P_{yi} = \dfrac{1}{2}\left[\sigma_{y0}(a_1 + a_2) + \tau_{xy0}(b_1 + b_2)\right] \end{array}\right\} \tag{7-27a}$$

若原始地应力的主应力方向为竖直和水平方向,即 $\tau_{xy0} = 0$,则有:

$$\left.\begin{array}{l} P_{xi} = \dfrac{1}{2}\sigma_{x0}(b_1 + b_2) \\[3mm] P_{yi} = \dfrac{1}{2}\sigma_{y0}(a_1 + a_2) \end{array}\right\} \tag{7-27b}$$

若原始应力为非均匀应力场(例如浅部的隧洞、特大型地下洞库,及受山岭、河谷地形影响的地下工程等),则有限元分析一般应按两步进行:第一步首先计算开挖前的应力场;第二步按前一步计算结果所得的在预定(设计)的开挖边界两侧单元的应力,按插值法求得边界点的应力(也可以对边界节点在有限单元分析时直接计算其应力,应用等参数单元时,这一点也很容易做到)。

有限单元分析大多是计算单元中心点或积分点处的应力值,插值求边界节点应力的方法是:对于某一边界点 i[图 7-6a],由该点四周的 4 个单元①、②、③、④进行线性插值。插值函数假定为:

$$\sigma_x = a_1 + a_2 x + a_3 y + a_4 xy \tag{a}$$

欲求边界点 i 的某一应力分量,例如:求 $\sigma_{x,i}$,首先把边界点周围的单元①~④中心点处的坐标代入上式,则得到:

$$\sigma_{x,1} = a_1 + a_2 x_1 + a_3 y_1 + a_4 x_1 y_1$$
$$\sigma_{x,2} = a_1 + a_2 x_2 + a_3 y_2 + a_4 x_2 y_2$$
$$\sigma_{x,3} = a_1 + a_2 x_3 + a_3 y_3 + a_4 x_3 y_3$$
$$\sigma_{x,4} = a_1 + a_2 x_4 + a_3 y_4 + a_4 x_4 y_4$$

写成矩阵简式为:

$$\{\sigma_x\} = [M]\{a\} \tag{b}$$

式中:$\sigma_{x,1}$、$\cdots$、$\sigma_{x,4}$——单元①~④中心点处应力;

x_1、y_1、$\cdots$、x_4、y_4——单元①~④中心点处坐标。

由式(b)可得出待定系数 $a_1 \cdots a_4$,简写为:

$$\{a\} = [M]^{-1}\{\sigma_x\} \tag{c}$$

然后可把边界点 i 的坐标代入式(a),这时由于待定系数 $\{a\}$ 已知,即可求得 i 点的 $\sigma_{x,i}$:

$$\sigma_{x,i} = a_1 + a_2 x_i + a_3 y_i + a_4 x_i y_i$$

或写为:

$$\sigma_{x,i} = [1, x_i, y_i, x_i y_i]\{a\} = [1, x_i, y_i, x_i y_i][M]^{-1}\{\sigma_x\} \tag{7-28}$$

对于开挖边界上的 i 点,各应力分量 $\sigma_{x,i}$、$\sigma_{y,i}$、$\tau_{xy,i}$ 均可按上述方法求得。即直接利用式(7-28)将单元①～④的同一应力分量及中心点坐标代入 $\{\sigma\}$ 及 $[M]$ 中求解。

这里需要注意几点:①由边界点 i 四周的单元①～④插值 i 点的应力 $\sigma_{x,i}$、$\sigma_{y,i}$、$\tau_{xy,i}$ 时,直接用式(7-28),无须上述的推导过程;②第一步计算原始应力场时应按边界加载或单元自重,第二步计算开挖释放效果时则把外边界固定;把求得的开挖边界点的应力反转方向,并由式(7-27)计算各开挖边界点的等效节点力,如图 7-7 所示;③第二步开挖释放后的最终应力场是在前一步计算所得的原始应力场的基础叠加而得。而各点的位移则仅保留第二步的计算结果。它就是因开挖释放而产生的隧洞围岩的位移。

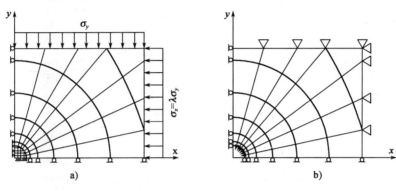

图 7-7　开挖效果模拟

假如有限元程序是以各节点的应力形式给出计算结果,或者规定对于预定的开挖边界的部分节点计算节点应力,则上述由式(7-28)计算边界节点应力可以省去,直接由开挖边界上的节点应力计算等效释放荷载。

2. Mana 法

Mana 法通过单元应变矩阵将所有被挖除单元高斯点处的应力等效到节点上,进而求得等效节点力。

初始地应力场为重力场时,第 j 步开挖时的释放荷载 $\{P\}_j$ 的计算表达式为:

$$\{P\}_j = \sum_{i=1}^{M} \int_{V_i} [B]^{\mathrm{T}} \{\sigma\}_{j-1} \mathrm{d}V - \sum_{i=1}^{M} \int_{V_i} [N]^{\mathrm{T}} \{\gamma\} \mathrm{d}V \tag{7-29}$$

式中:M——第 j 步开挖被挖去的单元总数;

　　$[B]$——单元应变矩阵;

　$\{\sigma\}_{j-1}$——第 $j-1$ 步开挖后的单元应力;

　　$[N]$——单元位移形函数矩阵;

　　$\{\gamma\}$——该步开挖被挖去的单元的体力。

第一步开挖时的释放荷载为:

$$\{P\}_1 = \sum_{i=1}^{M} \int_{V_i} [B]^{\mathrm{T}} \{\sigma\}_0 \mathrm{d}V - \sum_{i=1}^{M} \int_{V_i} [N]^{\mathrm{T}} \{\gamma\} \mathrm{d}V \tag{7-30}$$

式中:$\{\sigma\}_0$——初始地应力场;

　　M——该开挖步被挖去的单元数。

此外,在 FLAC 软件中作者提出了一种基于不平衡力的应力释放方法。所谓不平衡力其实质就是计算模型中单元对网格节点施加的力,因为在没有达到平衡前网格节点两边的力是不平衡的,所以就产生了不平衡力,它是遍布于整个计算模型的,而不仅是开挖界面上。这种应力释放的手段显然比较接近实际,它在 FLAC 软件中的计算过程如下:速度场——应变率——应变增量——应力增量——不平衡力——新的节点速度——位移场——几何更新。首先在自重计算平衡之后,模型处于平衡状态,各个节点不平衡力为零,开挖之后,第一步计算时其速度场和应变率、应变增量、应力增量均为零,所以根据快速拉格朗日法计算原理,第一步的不平衡力计算公式为:

$$F_i^m = (p_i)^m + p_i^m \tag{7-31}$$

式中:F_i^m——节点 m 处 i 向不平衡力;

$\quad p_i^m$——施加的荷载和集中力在节点 m 处的贡献;

$(p_i)^m$——和 i 节点相关的所有单元中 p_i 向量对 m 节点所作的贡献,p_i^m 由下式进行计算:

$$p_i^m = \frac{1}{3}\sigma_{ij}n_j^{<m>}S^{<m>} + \frac{1}{4}\rho b_i V \tag{7-32}$$

$\quad \sigma_{ij}$——单元应力分量;

$\quad n_j^{<m>}$——单元中面 m 的方向向量;

$\quad S^{<m>}$——单元 m 面的面积;

$\quad \rho$——单元密度;

$\quad b_i$——单元体积力;

$\quad V$——单元体积。

在 FLAC 软件中当开挖体部分被赋予空单元,而开挖后相应的开挖边界节点处的来自于开挖体单元的贡献将变成零,由此先前的平衡状态被打破而产生不平衡力。第一步计算出来的不平衡力显然可视为最初始的将被释放的应力,以这个不平衡力为参照按照规定的释放率释放就实现了开挖过程的应力自然释放。

FLAC 软件中应用最大不平衡力实现应力释放的过程:

[例 7-1]　开挖一个半径为 5m 的隧洞,隧洞左右两侧取隧洞直径的 3 倍为 30m,底部也取隧洞直径的 3 倍为 30m,上部取到自由边界为 25m,模型示意图和各关键点位置如图 7-8 所示。

分析对象为黄土隧洞,简单起见,视黄土为弹塑性材料,采用 M-C 屈服准则,材料参数见表 7-1。

材料物理力学参数　　　　　　　　　　　　　　　　　　表 7-1

材　料	重度(kN/m³)	黏聚力(MPa)	内摩擦角(°)	弹性模量 (10⁻³GPa)	泊　松　比	抗拉强度 (MPa)
黄土	17	0.02	25	40.00	0.35	0.01

具体实现步骤:

第一步,计算使模型在自重作用下达到平衡;

第二步,应用"model null"开挖隧洞,然后应用 FLAC 软件中的命令"step 1"计算一步,可以得到开挖后此时整个模型的最大不平衡力,如图 7-9 红线所示,在命令窗口可以得到此时的最大不平衡力,此例题得到的最大不平衡力为 1.136×10^5;

第三步,将第二步得到的整个模型的最大不平衡力视为要释放力的全部,然后按照规定的释放率(如 50%、40%、30% 等)进行隧洞初期支护前的应力释放,如要释放 50% 则将第二步得到的最大不平衡力 1.136×10^5 乘以 50%,其值为 5.68×10^5,应用命令"set mech force 5.68×10^5"使软件计算到此值暂停,然后施作初期支护就完成了初期支护前围岩的应力释放;

第四步,如果初期支护后、二次衬砌前还要释放部分应力可同样参考第三步进行;

第五步,施作二次衬砌后计算到平衡结束。

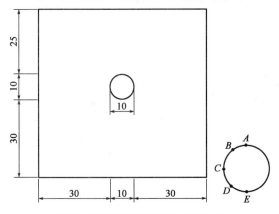

图7-8　隧洞模型示意图(尺寸单位:m)

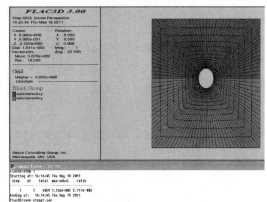

图7-9　FLAC软件中应用最大不平衡力实现应力释放
（彩图见457页）

开挖施工步骤对于岩体的稳定性也常有很大影响。例如,对于大断面的地下洞室,分步开挖,以及挖掘与支护工作交替进行时,正确地选择施工步骤是十分重要的。利用上述计算边界"释放荷载"的方法,可以很方便地模拟施工步骤,了解各个施工阶段岩体的应力状态。这对指导施工决定合理的开挖顺序是有实际意义的。

有限元分析对于荷载都规定为作用在节点的集中力。上面介绍的是为模拟开挖效果对开挖边界线上应力释放的等效节点力的计算。对于一般的分布荷载(例如单元体的重力、作用在边界上的分布荷载等),则应按前面的式(7-13)计算等效节点力:

体力 Q $$\{p\}_e = \int_v [N]^{\mathrm{T}}\{Q\}\mathrm{d}v$$

面力 q $$\{p\} = \int_{s_0} [N]^{\mathrm{T}}\{q\}\mathrm{d}s$$

式中:$\{Q\}$、$\{q\}$——分别为体力或面力在各坐标轴方向的分量;

s_0——有分布面力的单元边界。

同济曙光(GeoFBA®)还提出了开挖步、增量步以及跨开挖步的开挖边界应力释放方法。某一开挖步内开挖边界荷载没有完全释放包括:其一是在某一开挖步内,开挖释放尚未完成100%、支护结构即施作上去;其二是上一开挖步开挖边界荷载在后续开挖前未完成100%的释放。同济曙光软件对于上述情形是这样实现的:①设定开挖步、增量步分别描述开挖施工顺序和某一开挖步内的结构施工顺序(按增量释放率考虑);②对于某一开挖步的预定开挖边界,先按单元应力法或Mana法计算该开挖步完全释放的边界荷载;③确定开挖步和增量释放步数量与释放率的大小。例如,某隧洞分上下台阶开挖,并在本步开挖面一定距离设置初期支护和二次衬砌,即开挖步为2,增量步为3。开挖步1挖去隧道上台阶,将开挖步1又分为3个增量步,增量步1为开挖面释放30%,增量步2为初期支护施作时释放30%,增量步3为剩下的40%释放荷载。对于开挖步2,可以同样考虑。跨开挖步释放则指开挖步1的上述3个增量步释放荷载率为30%、30%、20%,开挖步2增量步释放荷载率为30%、30%、40%,但开挖步1尚有20%的荷载在开挖步2内释放(此即跨开挖步释放)。增量步荷载的逐步释放,是以荷载释放系数来控制的,可根据不同的地质情况自行调整。

现今,已有诸多有限元分析的功能强大的商品软件可供利用,某些软件也具备了模拟开挖的功能(例如 ANSYS、PLAXIS 等),上述关于开挖释放荷载可由程序自动完成。尚不具备该功能的软件也都备有链接用户程序的接口,专业从事岩土工程数值分析的科技人员,可按上述方法自行编写一段计算开挖释放荷载程序模块与之链接应用。

7.5.2 边界处理

在应力分析问题中,通常遇到的边界条件为边界约束及已知的节点位移两种类型。边界条件的确定则要根据求解问题的具体条件而定,以正确地反映系统的实际状态为原则。以平面问题为例,前面的图 7-7a)及 b)即是地下工程围岩应力分析的一般处理方法。地下洞体、岩石边坡一类的课题,通常都属于半无限域或无限域问题。从理论上来讲,开挖对周围岩体应力状态的影响在距开挖部位无限远处消失,或者说在距离开挖部位无限远处,其应力及位移不受开挖的影响。

然而,有限元法分析必须是在有限的区域内进行,不可能把分析的范围取为无限大。幸好根据理论分析可知洞室岩体的局部开挖只是对一定范围围岩有明显的影响,在距开挖部位稍远一些的地方,其应力变化是微不足道的。例如,对于地下洞室,开挖仅在其周围距离洞室中心点 3~5 倍跨宽(或高度)的范围内有实际影响。在 3 倍跨宽(或高度)处其应力变化一般在 10% 以下,在 5 倍跨宽处一般在 3% 以下,显然,这样微小的变化对工程设计来说并无实际意义。有限元法所需要分析的区域可以限于这个范围内。在这个边界上可以认为其因开挖引起的位移为零,或者认为其边界上的应力即为原岩应力,开挖不引起应力变化。

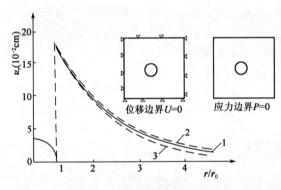

图 7-10 无限域问题有限元解的比较

作者曾就地下洞室有限元分析时外边界约束条件的影响进行了计算分析对比。计算按两种状态处理,一为在外边界处位移为零(即有约束的边界或叫位移边界),二为外边界自由无约束(相当于 $P=0$ 的应力边界)。按在开挖释放荷载下进行有限元分析,其结果示于图 7-10,计算中取洞径的 4~5 倍作为有限元剖分区域。

图 7-10 中给出了在洞周边不同距离处围岩的变化。曲线 1 为弹性力学精确解结果,曲线 2 为应力边界 $P=0$(即自由边界)的有限元结果,曲线 3 为位移等于 0(有约束)边界的有限元结果。从图中的对比可看出,不同的外边界处理方式,计算结果同精确解相比,误差都不大,且愈靠近内边界(洞周边)其误差也愈加微小。

7.5.3 支护结构模拟

用于模拟支护结构的单元,常用的有杆单元、连续体单元,以及"弹簧单元"等,如图 7-11 所示。

图 7-11 中 a)为一维的轴力杆单元;b)为刚架单元(或叫梁单元);c)为有刚臂的曲梁单元。这些单元特性及其刚度矩阵,在一般的有限元教科书中不难找到,这里不再赘述。图 7-11 中的 d)、e)为一般平面等参数单元,在第 7.1~7.3 节中已有介绍。

图 7-11a)、b)、c)中的一维轴力杆单元主要用于模拟锚杆,以及较薄的喷层、有刚臂的曲梁单元及普通的梁单元,d)、e)中的连续体单元则可用于模拟各种支护结构。

锚喷支护是目前地下工程施工中重要支护形式之一。常见的锚杆有两种类型:一类为点锚固的锚杆,这类锚杆通常在安装时施加一定的预应力;另一类为全胶结式锚杆。对于前一类锚杆可把预应力作为作用在锚固点的一对集中荷载考虑,在两端锚固点之间的锚杆则以一个轴力杆单元来模拟,后一类全胶结式锚杆则可按锚杆全长分为若干个小单元,如图 7-12b)所示。

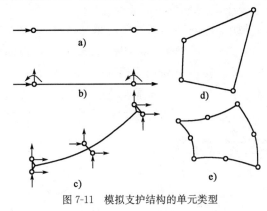

图 7-11　模拟支护结构的单元类型

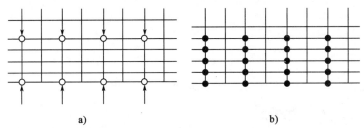

图 7-12　锚杆模拟

同时,由于锚固作用,改善了岩石的力学性态,将使其 c、φ 值提高,这一点已由试验所证实。对具有全胶结式锚杆的相似材料模拟试件进行强度试验表明,锚杆的加固作用表现在使岩石试件达到屈服后的强度较无锚杆的试件有所提高。从定量上给出锚杆对岩石破坏强度的影响还有待进一步的试验。如何正确地反映锚杆的实际作用,是一项值得进一步研究的课题。对全胶结式锚杆,可以按照等效方式提高施锚区的围岩 c、φ 值以反映锚杆加固的作用,一般认为内摩擦角改变不大,而锚固前后岩体的黏聚力存在如下关系:

$$c' = c[1 + a(i/l)^b] \qquad (7\text{-}33a)$$

式中:c、c'——分别为锚固前后岩体的黏聚力;

　　　　i——锚杆横向间距;

　　　　l——锚杆长度,$i/l \leqslant 0.5$;

　　a、b——分别为锚固岩体的几何参数和特性参数。

对于软弱岩体,在式(7-33a)的基础上可给出如下经验公式:

$$c' = c\frac{\tau_a A}{ie} \qquad (7\text{-}33b)$$

式中:e——锚杆纵向间距;

　　　τ_a——锚杆抗剪强度;

　　　A——锚杆截面积。

喷射混凝土通常是紧随开挖面的掘进而及时施工的。应当把它同围岩视为统一体来处理。常用图 7-11b)、d)、e)几种单元。采用刚架单元可直接计算出喷层中的轴力、弯矩及剪力,这对于已经习惯于按结构力学方法进行支护设计的人员来说是方便和易于接受的。然而,它的缺点在于与支护的实际工作状态不尽相符。原则上讲,按照传统的结构力学方法把隧洞支护作为一种独立的承重结构是不适宜的。此外,把刚架的转角位移作特殊处理[图 7-11c)的端部有刚臂的单元即为克服转角带来的麻烦]更有利于与只考虑线位移的连续体单元耦合。不同类型的单元增加了计算准备及成果分析的麻烦。

用普通的连续体单元,例如平面问题中用四边形等参数单元[图 7-11d)及 e)]处理喷层及永久衬砌结构是较方便的,由于支护及围岩都采用连续体单元,可以同时对支护结构及围岩统一进行离散化,有效地解决了考虑支护与围岩的相互作用。需要强调,为保证计算精度,必须取洞径(或隧洞最大轮廓尺寸)的 3~4 倍的围岩范围作为计算区域,如图 7-13 所示。

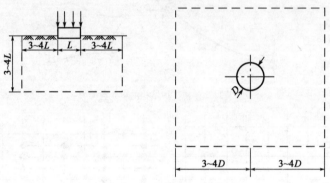

图 7-13 有限元离散化的计算范围

7.5.4 空间效应与时间因素

支护的作用不应当只是被动地承受荷载,正确的支护观念及措施应当是避免围岩过分的松动和强度降低,保持岩石具有较好的自身稳定性,这就需要从有效限制围岩变形发展着手。因而支护时间具有特别重要的意义,支护受力主要是由于阻止围岩变形的发展而产生的压力。

考虑支护时间以及随着时间支护受力状态的变化,需要考虑到支护前隧洞围岩的变形和岩石的流变特性。然而,关于流变的试验研究目前还甚少进行,流变参数的确定困难,必须借助于施工过程中系统的现场量测来反演确定围岩的流变力学参数。对于紧随开挖面推进的锚喷支护设置,开挖面"空间效应"也是必须考虑的重要因素。

有限元法计算锚喷支护有时假定锚杆支护是在岩石一经开挖就立即完成并发挥作用。这样的一个假定仅仅是为了计算处理上简便,既不符合实际又毫无根据。计算结果与实际情况差距甚大。事实上,锚喷施工毕竟是在开挖之后才进行的,支护的施工以及喷射混凝土达到可以承受荷载要有一个过程。在这之前,围岩是在无支护的情况下自由变形的,应当考虑到这一实际情况。

理论上弹性变形是在卸荷之后立即恢复的,也就是说一经开挖应力释放,洞周的弹性位移就立即完成了。在一般弹性甚至弹塑性解中无法考虑支护前后的变形影响。然而,对于紧跟开挖面支护的情况下,这里忽视了一个重要的因素——开挖面空间约束效应的影响。如图 7-14 所示的隧洞,在靠近开挖面前壁的 A 点,显然仍处于受前壁的约束影响之下,隧洞周边应力并未完全释放,其位移远未达到最终值,在稍远一点的 B 点,也受同样的影响,只是程度要小一些,只有在距离前壁一定距离之外(如 C 点),才完全不再受开挖面前壁的影响。

对于圆形隧洞,考虑开挖面前壁的影响进行的空间问题有限元分析表明,在线弹性的情况下,紧邻开挖面的 A 点处大约产生洞周总变位的 25%;在离开开挖面前壁 1/4 洞径的距离上大约是 70%;前壁的空间效应的影响范围是 1.5~2.0 倍洞径的距离。

对于考虑围岩塑性的情况下,这个影响范围应当更大一些,一般在洞周边总变位的 30%左右。在一些隧道的测试资料也得到同样的结果。所以对于紧跟开挖面的支护应当考虑到在支护完成并能发挥支护作用之前围岩的自由变形。

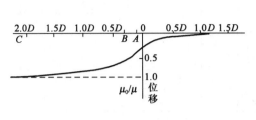

距离	位移 μ_0/μ
0	0.28
$D/8$	0.59
$D/4$	0.77
$D/2$	0.89
$1.0D$	0.98
$1.5D$	1.00

图 7-14 隧洞开挖面空间效应的影响

在解析方法中考虑这种空间效应的影响已在前面有关章节中提及。有限元分析中,建议采取如下的近似处理。

首先需要配以必要的观测,以确定在支护前的变形与总变形的比值。由于变形同荷载之间是密切相关的,把支护前的变形以相应比例的释放荷载来考虑。在这一部分荷载作用下按无支护进行分析,在此基础上,以后继续对其余释放荷载进行分析时,按已完成支护的情况下进行计算。采用增量加载的方式进行计算,以及利用单元的生、死处理技术(即某步计算中使一部分单元死亡——变其为空单元,在后继的计算中的适当时机,使部分死亡单元重生——即重新赋予新材料特性)来解决支护前及支护后的计算是很容易实现的。

至于支护前及支护后的荷载各占总释放荷载多大的比例,则因隧洞的大小、断面形状及支护的施工时机有关。作者曾对如下三种常见断面形式的隧洞(图 7-15)进行了三维有限元分析以考查随着开挖面的推进,围岩变形的发展过程,并综合出相应的"释放系数",分列于表 7-2,可供在确定释放系数时参考。

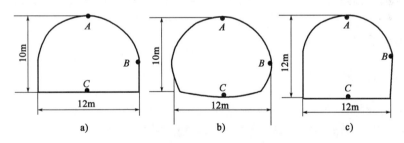

图 7-15 三种常见的隧洞断面形式
a)洞型 a;b)洞型 b;c)洞型 c

三种断面形式的"释放系数"β *   表 7-2

洞型 \ 位置 距开挖面位置	顶板中点 A			侧墙中点 B			底板中点 C			平 均 值		
	a	b	c	a	b	c	a	b	c	a	b	c
$2.5D$	1.00	1.00	1.00	1.00	1.00	1.00	1.00	1.00	1.00	1.00	1.00	1.00
$2.0D$	0.99	0.98	0.99	0.99	0.99	0.99	0.99	0.99	0.99	0.99	0.99	0.99
$1.5D$	0.97	0.95	0.98	0.97	0.98	0.97	0.97	0.98	0.98	0.97	0.97	0.98

位置 洞型 距开挖面位置	顶板中点 A			侧墙中点 B			底板中点 C			平 均 值		
	a	b	c	a	b	c	a	b	c	a	b	c
1.0D	0.89	0.87	0.96	0.92	0.94	0.94	0.89	0.90	0.96	0.90	0.90	0.95
0.5D	0.80	0.79	0.90	0.84	0.87	0.88	0.79	0.80	0.90	0.81	0.82	0.89
0.25D	0.71	0.70	0.80	0.72	0.76	0.76	0.67	0.68	0.73	0.70	0.71	0.76
0	0.25	0.27	0.25	0.22	0.21	0.24	0.22	0.20	0.23	0.23	0.23	0.24

注*：表列值仅为计算的三种洞型和给定的计算条件，供作计算时参考。

由表 7-2 知，定量表示开挖面的空间效应的释放系数沿洞周不同位置是不同的，这种差异与洞形、地应力的状态（可由侧压力系数反映）、泊松比等因素有关。作者曾提出"广义位移释放系数"的概念，即距离掘进面一定距离之外某点 P 沿任一方向洞壁围岩变形值与距开挖面足够远处（不受开挖面空间约束效应影响处）同一位置、同一方向上的位移之比，以反映这种变化，详见参考文献[11]：

$$\lambda_1(z, P) = \frac{u_1(z, P)}{u_1(\infty, P)} \tag{7-34}$$

7.6 计算模型的建立及计算示例

正确的计算模型是能否获得符合实际的计算结果的前提。实际的工程问题往往是十分复杂的，必须进行适当的简化以便于计算处理。在简化的同时，又需要使计算模型尽可能地接近真实情况，才可望得到正确的解答。为此，根据已有的经验和某些研究结果，对地下工程的有限元模拟提出如下的基本要求。

7.6.1 单元类型的选择

常应变单元（例如二维问题的三角形单元、三维问题的四面体单元）是最简单的单元，公式简洁、程序也很简便，因而应用普遍。但这种单元精度较差，即使采用较密的网格，其精度仍受到限制，三角形网格所得的计算结果常出现数值间隔跳跃的现象，必须采用适当的平均方法处理（单元应力按节点平均或相邻二单元取平均值），增加了成果加工的工作量。

为了改善精度，获得满意的计算结果，应当采用较高精度的单元。高精度的单元采用了高次多项式的位移函数（二次、三次以上），单元的精度有显著提高。由图 7-16 所示悬梁的计算比较，可以明显看出其效果。为比较各类单元的精度而采用了极为粗略的网格，以精确解为1.00，各类单元求解与精确解的比较（相对精度）列表 7-3 中。可以看出，八节点的四边形单元已有很高的精度。

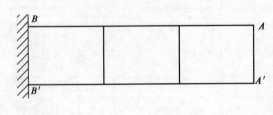

图 7-16 悬梁的计算比较

单元类型	A 点竖向力		A 点作用力偶	
	AA′面旋转	BB′最大应力	AA′面旋转	BB′最大应力
（四节点四边形带对角线）	0.26	0.19	0.22	0.22
（四节点四边形）	0.65	0.56	0.67	0.67
（八节点四边形）	0.99	0.99	1.00	1.00
（九节点四边形）	1.00	1.00	1.00	1.00
精确解	1.00	1.00	1.00	1.00

对于地下工程来说，由于地质条件的复杂性，许多基本的原始数据不可能很精确地确定，因此，采用很高精度的单元是不必要的。此外，高精度的单元，由于单元自由度及节点数目的增加，大大增加了总刚度矩阵的半带宽，从而使要求的计算机存储量及解题时间增加，增加了计算费用。因此，建议对地下工程中平面问题有限元分析以采用线性应变或二次应变的单元为宜。

根据作者进行的实际问题计算认为：从计算机程序便于实现自动划分网格以及保证较好的精度考虑，采用四节点或八节点的等参数单元是最适宜的，采用更高精度的单元，并无实际意义，而简单的常应变三角形单元精度较差，特别对于非线性分析不适宜采用。

7.6.2 网格细度及精度要求

为了保证必要的计算精度，离散化网格必须有适当的细度。网格的粗细则取决于计算所要求的精度。过高的精度要求势必使节点数目增加，这就大大增加了计算数据的准备及成果整理等辅助工作量，以及增加计算时间和费用。

鉴于地下工程中，许多原始参数难于很精确地确定，要求过高的精度并无实际意义。一般从工程要求能够使计算误差控制在 $5\%\sim10\%$ 以内已经足够了。对于隧洞围岩应力分析的平面课题，为保证这一精度要求，处在单一的均质岩层中的小型圆形或拱形隧洞（面积在 $20m^2$ 以下），在线性应变单元的情况下，离散化网格应满足以下要求：

（1）当有 x、y 两个对称轴而仅取分析范围的 1/4 进行离散化时，节点数目应不少于 100 个；

（2）当只有一个对称轴而取其一半进行离散化时，节点数目应为 200 个以上；

（3）当非对称的情况下取全部分析的区域离散化时，节点数目不应少于 300 个。

随着隧洞面积的增大，网格也应相应地加密。此外，对于形状较复杂、地质条件较复杂时，单元数目也须相应增加。局部应力集中、变化急剧的部位（例如隧洞周边附近），应采用较密的网格。应力梯度较小的部分则应稀疏一些。这种疏密变化有可能达到更理想的计算结果。过分稀疏的网格不能达到必要的计算精度。若采用高精度单元（八节点四边形等参数单元）节点数目可减少一半以上。

7.6.3 开挖效果的正确模拟

地下洞室有限元模拟常采用两类计算方法：内边界荷载释放法和外边界加载法。采用外边界加载法时,首先取出洞室及其周围 3~5 倍跨度范围的岩体作为分析区域,然后在该区域的外边界上作用着等于原岩应力的荷载。这种方法的缺点是:它与岩体应力变化的实际原因不符,故所得隧洞周边的位移是不真实的(必须从计算结果中减去在开挖之前由于原始应力引起的那一部分位移);此外,当隧洞断面很大,必须分多步开挖及挖掘、支护交替进行时,这一方法无法模拟施工顺序对围岩变形及应力状态的影响。即使在线弹性的情况下,开挖步骤也影响最终计算结果。而且,在某一开挖阶段时某些部位的应力达到最大值,而不是在开挖全部完成后,例如图 7-17 所示的隧洞,分别按全断面法、上下台阶法和侧壁导坑法开挖,其数值模拟结果如图 7-18~图 7-21 所示。可见上下台阶开挖时,上台阶挖去后出现的最大应力 0.265 1 $\times 10^7$ Pa 比最终整个断面开挖后的最大应力 0.260 1 $\times 10^7$ Pa 还要大。说明隧洞围岩应力可能是在其开挖的某一步时达到最大值,如果此时应力已超过岩石的极限强度,就可能导致破坏。而按照全断面一次开挖,该处岩石的应力可能达不到其极限强度。并且不同的开挖方案对于各部岩体的应力影响可能是不同的。如采用中隔壁法,先开挖左洞,再开挖右洞,最终的围岩应力分布与一次全断面开挖有很大不同的。如图 7-18 所示,全断面一次开挖,最大应力在拱脚部位,而图 7-19 中,采用上下台阶法时,最大应力则出现在上台阶开挖完成后上台阶拱脚部位,相对全断面来说,最大应力位置升高了。按外边界加载的计算方法或者一次全断面施加内力边界荷载计算都无法反映上述情况。

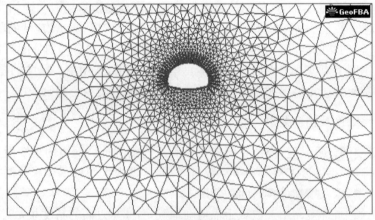

图 7-17　隧洞模型(彩图见 457 页)

如果考虑岩石的弹塑性以及其他非线性模型进行非线性分析时,不同的施工方案和开挖步骤,其最终的计算结果也将是不同的;再加上挖掘、支护顺序的不同,外边界加载的计算方法更无法考虑这些特点。

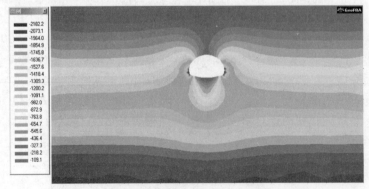

图 7-18　全断面一次开挖最大应力分布(彩图见 457 页)

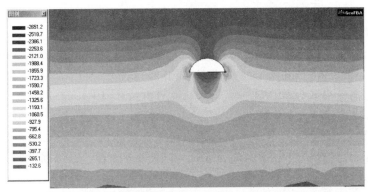

图 7-19　上台阶开挖后最大应力分布(彩图见 458 页)

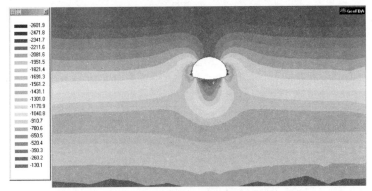

图 7-20　上下台阶法开挖最大应力分布(彩图见 458 页)

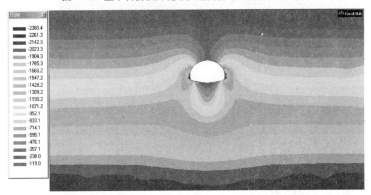

图 7-21　左右导洞(中隔壁法)开挖结果(彩图见 458 页)

采用沿开挖边界的荷载释放法(见 7.5.1),能够正确模拟开挖效果及施工步骤,按照实际的开挖支护工序逐步进行分析并考虑支护时间效应,可以使计算结果更接近于真实情况。

参 考 文 献

[1] 王龙甫. 弹性理论[M]. 北京:科学出版社,1978.

[2] 华东水利学院. 弹性力学问题的有限单元法(修订版)[M]. 北京:水利电力出版社,1978.

[3] Desai C S,Abel J F. 有限元素法引论(中译本)[M]. 北京:科学出版社,1978.

[4] Cheung Y K, Yeo M F. A Practical Introduction to Finite Element Analysis[M]. London,1979.

［5］ Stagg K G，Zienkiewicz O C. Rock Mechanics in Enginee-ring Practice［M］. London,1975.

［6］ Wittke W. Numerical Methods in Geomechanics［A］. Proceedings of the third International Conference on Numerical Methods in Geomechanics［C］，Aachen，2-6 April1979.

［7］ 周维垣,等.高等岩石力学［M］. 北京:水利电力出版社,1990.

［8］ 刘怀恒. 结构及弹性力学有限元法［M］. 西安:西北工业大学出版社,2007.

［9］ 于学馥,郑颖人,刘怀恒,等. 地下工程围岩稳定分析［M］. 北京:煤炭工业出版社,1983.

［10］ 王来贵,赵娜,刘建军,等. 岩石(土)类材料拉张破坏有限元法分析［M］. 北京:北京师范大学出版社,2011.

［11］ 朱合华,陈清军,杨林德. 边界元法及其在岩土工程中的应用［M］. 上海:同济大学出版社,1997.

第8章 岩石弹塑性分析有限元法
DIBAZHANG

8.1 岩石的变形破坏与非线性

岩石材料随着受力的增大，一般都是先进入弹性状态，随后材料中有些点达到弹性极限，即材料屈服进入塑性状态，最后塑性发展达到塑性极限，材料进入破坏。屈服的本质就是材料中某点的应力达到屈服强度，材料初始屈服时，只有个别点达到屈服，由于受到周围未屈服材料的抑制，材料不会出现破坏。所以初始屈服并不是破坏，但屈服使材料进入塑性，并造成材料损伤，塑性发展到一定程度后就会在应力集中和应变大的地方出现局部裂隙，可称为材料的点破坏或局部破坏，对此尚缺乏足够的研究。对于塑性的发展，塑性力学中给出了初始屈服（即达到弹性极限）、后继屈服和塑性破坏（即达到塑性极限）三个过程。继续加载后材料的局部裂隙就会贯通，直至岩石中破坏面形成，岩石整体破坏失稳。虽然目前还没有公认的材料整体破坏准则，但传统极限分析实质上已经提供了材料的整体破坏准则，并在工程中应用，由此求出工程的极限荷载或稳定安全系数。本书的第13章将介绍这一内容。

通常，塑性力学规定材料进入无限塑性状态，即应力不变、应变无限增大时称作破坏，因此，理想塑性的初始屈服面就是破坏面。不过初始屈服与塑性破坏的应变状态是不同的，前者的应变对应着材料刚进入屈服状态，而后者的应变对应着材料从塑性状态进入破坏状态。硬、软化材料从初始屈服起经过塑性阶段才能达到破坏，所以屈服面逐渐发展直至破坏面为止。初始屈服面与破坏面共同的特点是它们与历史参量无关。

图 8-1 中列出了典型材料应力—应变关系曲线图。图中，ε_y 表示材料的初始屈服应变，即极限弹性应变；ε_f 表示材料后继屈服中的极限塑性应变。

由图 8-1 看出材料从屈服到破坏的发展过程。对于理想塑性材料[图 8-1a)]，尽管初始屈服点与破坏点的应力相同，但是它们的应变是不同的，两者有本质的差别。所以除屈服准则外，还必须找到发生破坏时的应变点，由此才能确定点破坏准则。

岩土的各种本构模型一般都有各自的塑性破坏确定方法。土体的极限应变通常应用英国著名土力学家罗斯科（Roscoe）提出的土的临界状态来确定，如著名的剑桥土体模型中，常以临界状态描述土的破坏。罗斯科指出,临界状态就是破坏状态,它与应力历史和应力路径无关,不管采用何种路径,只要达到临界状态就会破坏,据此可以采用理想塑性来研究岩土的破坏。

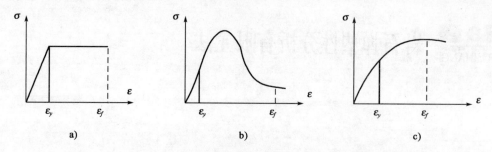

图 8-1　典型应力—应变关系曲线
a)理想塑性应力—应变曲线;b)软化型应力—应变曲线;c)硬化型应力—应变曲线

在复杂的应力状态下岩石可能的破坏形式有:受拉破裂、脆性剪切破坏和塑性破坏。从塑性理论的广义概念,可以把上述各种破坏形式广义地理解为"塑性破坏",从而可以应用塑性理论建立相应的本构关系。

应当指出的是,最基础的塑性理论是从理想塑性的假定来处理。对于理想塑性来说,当用应力表述时,屈服和破坏是一致的。在达到初始屈服后应力不变,而塑性变形发展直至破坏,如图 8-1a)所示。然而,大多数岩石不能作为理想塑性材料,岩石的塑性特征与其受力状态有关。在研究位移计算时,采用理想塑性模型必然会有较大的误差。但正如上述,在研究岩石的稳定问题时,由于破坏与应力路径无关,可以应用理想塑性模型求出岩石的破坏状态与极限荷载(或安全系数),因此理想塑性模型十分有用。

在单轴或较低的侧限压力下,由位移控制的"刚性试验机"所得到的应力—应变全程曲线具有如图 8-1b)所示的形式。其残余强度远低于初始屈服限或峰值强度,呈现明显的塑性应变软化的特征。很明显,在这种情况下,可以把达到残余强度时的应力点定义为破坏点。由初始屈服至破坏点这一区段,可以认为是岩石破坏的发展过程或简称为渐进破坏阶段。

在有效高侧限压力的三轴压缩试验时,岩石则具有显著的硬化特性。在这种情况下,"破坏极限"远高于初始屈服限,如图 8-1c)所示。

由上可见,实际的岩石应力—应变曲线都是非线性的,其计算远比线弹性复杂。

地下工程围岩塑性变形的发展并不意味着围岩—支护系统失去稳定及"承载力"。因为地下岩体以及衬砌通常是处于各向受约束、变形的发展限制的状态,即使局部岩石的应力达到屈服限或强度极限,受周围岩体及衬砌的约束作用仍能保持相对稳定和一定的承载能力。因此,对于岩石来说,在不同的受力状态下,初始屈服以后的变形及渐进破坏特征具有重要的工程价值。在不同侧限压力下进行三轴压缩试验的岩石应力—应变曲线如图 8-2 所示。其主要特征是:

(1)不同受力状态(指侧限压力)表现出不同的变形及破坏特征;

(2)在较低围压时表现为塑性的应变软化,高围压时呈现硬化特性,理想塑性仅仅是一种特殊情况,用理想塑性模型可以求出极限荷载和安全系数;

(3)塑性的体积变形与岩石的塑性性态应当在计算模型中得到反映,忽略这些特性按理想塑性模型计算位移必将导致较大的误差。

岩石的抗拉强度很低,在岩体中由于局部岩石受拉断裂而导致应力的重新分配也是重要的非线性问题。对于多裂隙的岩体,也可以近似地看做是"不抗拉"材料。按照所谓"无拉力模型"所得的解答将是在任一点都不再有拉应力的无拉力平衡状态,给出的关于可能的拉裂破坏区的估计对于分析工程中的稳定和安全度问题都是很有价值的。

对于比较完整的岩体,也可以考虑其实际的抗拉强度,当实际的拉应力超过抗拉强度时将发生应力重新分配。有限元分析模拟岩石的不抗拉(或低抗拉)特性是不难实现的。对于较坚硬的岩石,考虑不抗拉特性的有限元分析已可以相当近似地反映其主要特性,获得较满意的解答。

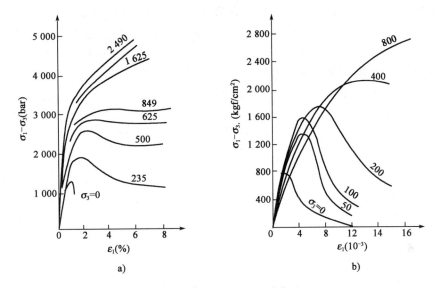

图 8-2　岩石的应力—应变曲线图

注:1bar=10^5Pa;1kgf/cm^2=0.098MPa。

8.2　弹塑性增量应力—应变关系

有限元法用于求解非线性问题,通常是以分段线性化为基础。因此,应用塑性的增量理论建立相应的基本公式比较方便。按照增量理论,材料达屈服后的应变增量可表示为弹性应变增量及塑性应变增量之和,即:

$$\{d\varepsilon\} = \{d\varepsilon^e\} + \{d\varepsilon^p\} \tag{8-1}$$

式中:上标 e、p——分别表示弹性和塑性。

弹性应变增量可由弹性模型确定,塑性应变增量则由相应的塑性本构关系确定。屈服准则(又称塑性准则或塑性条件)、流动法则、应变硬化(包括软化)规律,以及本构关系是增量塑性理论的基本内容。在此作一简述,以便于以后章节中应用。

8.2.1　屈服准则

屈服准则,指的是塑性(或屈服)函数 F 在材料达到屈服(塑性)时应满足的条件。在第 4 章中对其概念和常见的几种塑性准则已有过阐述,本节将根据有限元分析的需要作相应的补充。

材料是否达到塑性状态取决于其加载历史、当时的应力状态以及材料本身的塑性性态。塑性条件一般可表示为:

$$F(\{\sigma\},h) = 0 \tag{8-2}$$

式中:h——与材料塑性性态有关的参数,对于理想塑性 h 为仅取决于屈服限的常量;对具有应变硬化(软化)特性的材料,h 还是应力状态的函数。

如前所述，塑性条件在三维的主应力空间中是一个凸曲面。故塑性条件又常被称为屈服面方程，所有满足塑性条件的应力点都将落在屈服面上。对于理想塑性材料，屈服面是一个不变的曲面，$F>0$ 是没有意义的。屈服面和破坏面是重合的。对于具有硬化特性的材料，屈服面则是随硬化或软化而变的一族曲面。对于硬化材料，在达到初始屈服之后，要继续发展塑性变形就需要更大一些的应力，亦即应力点将落在初始屈服面之外，屈服面将随硬化而向外扩大。对于应变软化材料，在达到初始屈服后随着塑性变形的发展，屈服限下降，屈服面应随之缩小。而最后的破坏面则是屈服面扩大或收缩的极限状态，一般采用临界状态。

对于理想塑性模型，在岩石的弹塑性分析中较通用的是 M-C 或 D-P 屈服准则。M-C 屈服准则适用于岩土材料，没有考虑中间主应力的影响，因而它比三剪能量屈服准则较为保守，但误差仅为 15.7%，相差不大，而且形式较为简洁，目前已广为应用。D-P 屈服准则也叫广义 Mises 屈服准则，在岩土工程中广为应用，它有多种形式，其一般形式为：

$$\alpha I_1 + \sqrt{J_2} = k \tag{8-3}$$

式中：I_1、J_2 详见第 4 章；参数 α、k 对于不同的 D-P 准则列于表 4-2 中。

H-B 屈服准则适用于岩石，因其参数难以确定，目前应用很少。如果采用理想塑性准则计算位移，在工程实用中只能给出一个近似的分析结果，但也能给工程设计提供一定的参考。这类塑性准则与实验结果不尽一致。

根据在不同侧限压力下三轴压缩试验的应力—应变全程曲线(图 8-2)还可以看到：

(1)土及岩石通常具有塑性应变软化及硬化特性，理想塑性只是其特殊状态；

(2)与岩石的应变硬化及软化特性相应具有明显的塑性体积变形；

(3)M-C 屈服准则意味着材料的屈服限随平均应力 σ_m 而线性增加，在三轴等压时不会屈服；试验则表明在很高围压时屈服限会有下降的趋势，高的三轴等压时仍然会有明显的塑性变形(土及软弱岩石这种情况更明显)。

上述准则只适用理想塑性情况，对硬、软化塑性模型应力—应变关系更为复杂，统称为岩土本构关系，需要通过严格的力学试验才能获得，而且它与应力路径有关，不同的应力路径会得到不同的本构关系。多年来，诸多研究者对岩土塑性模型进行了大量研究，提出了一些能够更全面反映岩土多种性态的塑性模型。这些模型对土体比较适用，但至今还没有一个能够得到广泛认可和推广的岩石模型。

8.2.2 流动法则

流动法则又称塑性流动定律，它是联系塑性应变增量与应力的关系的规律。如前所述，塑性应变增量与加载历史、应力状态及材料的塑性性态有关。假定以函数 G 表示，则

$$G = G(\{\sigma\}, h) \tag{8-4}$$

根据经典塑性位势理论，可以把塑性应变增量表示为：

$$\{d\epsilon^p\} = \lambda \left\{ \frac{\partial G}{\partial \sigma} \right\} \tag{8-5}$$

式中：λ——待定的标量因子，函数 G 通常称为塑性势函数。

式(8-5)称为塑性势流动理论，或叫"流动法则"。

按塑性理论，塑性势可以与屈服面取相同函数，这时称为相关联的流动法则，其塑性势面与屈服面一致；也可以取不同的形式，这时称为非相关联的流动法则。在 I_1、$J_2^{1/2}$ 平面内，塑性

势为一凸曲线，由式(8-5)表示的塑性应变矢量指向其外法线方向，如图8-3所示。显然，其水平应变分量对应于塑性的体积应变增量，竖向分量则为塑性的剪切应变(或叫应变偏量)增量。

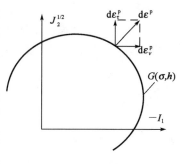

图8-3 塑性势曲线

在岩石力学的弹塑分析中，大多采用相关联的流动法则来建立相应本构方程，但相关联的流动法则同岩石的试验结果不尽相符，其塑性流动应当是非关联的。按照非关联的流动法则在建立本构关系，以及有限元分析的程序处理上要复杂一些。但目前各种通用软件中都有相关联计算与非相关联计算方法。对于变形计算采用非关联流动法则，对岩土材料更为准确。而对岩土稳定计算来讲，采用关联流动法则与非关联流动法则其结果是一样的。因为岩土的极限稳定分析与本构关系无关，尽管两者算出的位移不同，但其应力与安全系数等是相同的。

8.2.3 应变硬化规律

对于具体材料而言，应变硬化(软化)是其固有的力学特性之一。应变硬化规律实际是一种用以一般化的表述材料硬化特性的设想(或假设)。前已述及，材料性态参数 h 是决定屈服面的主要因素之一。由 $F(\{\sigma\}, h)$ 可知，若 h 为常量，则相当于理想塑性的情况；若 h 随应力减小，则屈服面也随之收缩，相当于"软化"的情况。由于"硬化"及"软化"随之有相应的塑性体积变形，通常可以假定与硬化特性有关的参数 h 是塑性应变能或塑性体积应变增量的函数。

(1)若假定 h 为塑性应变能的函数，并取为：

$$dh = \{\sigma\}^{\mathrm{T}}\{d\varepsilon^{\mathrm{p}}\}$$

由流动法则式(8-5)可得：

$$dh = \{\sigma\}^{\mathrm{T}}\lambda\left\{\frac{\partial G}{\partial \sigma}\right\} \tag{8-6a}$$

在此，dh 实为塑性应变能增量，可以由试验求得。

(2)若假定 h 为塑性体积应变增量的函数，并取为：

$$dh = d\varepsilon_v^{\mathrm{p}}$$

则有：$dh = -\lambda\left\{\dfrac{\partial G}{\partial \sigma_{11}} + \dfrac{\partial G}{\partial \sigma_{22}} + \dfrac{\partial G}{\partial \sigma_{33}}\right\}$，或简写为：

$$dh = -\lambda\left\{\frac{\partial G}{\partial I_1}\right\} \tag{8-6b}$$

当 $dh = 0$ 时，表明塑性的体积变形为零，它对应于理想塑性的情况。

8.2.4 弹塑性模型的应力—应变规律

如前所述，在塑性状态，全应变增量可表示为弹性应变增量和塑性应变增量两部分，见式(8-1)，其中弹性应变增量可由胡克定律给出：

$$\{d\varepsilon^{\mathrm{e}}\} = [D]^{-1}\{d\sigma\} \tag{8-7}$$

塑性应变增量决定于流动法则，即 $\{d\varepsilon^{\mathrm{p}}\} = \lambda\left\{\dfrac{\partial G}{\partial \sigma}\right\}$，由此可将全应变增量表示为：

$$\{d\varepsilon\} = [D]^{-1}\{d\sigma\} + \left\{\frac{\partial G}{\partial \sigma}\right\}\lambda \tag{8-8}$$

式中:$[D]$——弹性矩阵;

λ——塑性流动法则中待定的标量因子,在下面的推导中可以消去。

塑性条件的一般表达式如前面给出的式(8-2),对其微分即可得到:

$$\frac{\partial F}{\partial \sigma_1}\mathrm{d}\sigma_1 + \frac{\partial F}{\partial \sigma_2}\mathrm{d}\sigma_2 + \cdots + \frac{\partial F}{\partial h}\mathrm{d}h = 0$$

可简写为:

$$\left\{\frac{\partial F}{\partial \sigma}\right\}^{\mathrm{T}}\{\mathrm{d}\sigma\} - A\lambda = 0 \tag{8-9}$$

由此可得:

$$A\lambda = \left\{\frac{\partial F}{\partial \sigma}\right\}^{\mathrm{T}}\{\mathrm{d}\sigma\} \tag{8-10}$$

将式(8-8)两边同乘以$\left\{\dfrac{\partial F}{\partial \sigma}\right\}^{\mathrm{T}}[D]$,并以式(8-10)代入则有:

$$\left\{\frac{\partial F}{\partial \sigma}\right\}^{\mathrm{T}}[D]\{\mathrm{d}\varepsilon\} = \left\{\frac{\partial F}{\partial \sigma}\right\}^{\mathrm{T}}\{\mathrm{d}\sigma\} + \left\{\frac{\partial F}{\partial \sigma}\right\}^{\mathrm{T}}[D]\left\{\frac{\partial G}{\partial \sigma}\right\}\lambda$$

$$= A\lambda + \left\{\frac{\partial F}{\partial \sigma}\right\}^{\mathrm{T}}[D]\left\{\frac{\partial G}{\partial \sigma}\right\}\lambda$$

由此可得到:

$$\lambda = \frac{\left\{\dfrac{\partial F}{\partial \sigma}\right\}^{\mathrm{T}}[D]\{\mathrm{d}\varepsilon\}}{A + \left\{\dfrac{\partial F}{\partial \sigma}\right\}^{\mathrm{T}}[D]\left\{\dfrac{\partial G}{\partial \sigma}\right\}} \tag{a}$$

由前面式(8-8)可得到:

$$\{\mathrm{d}\sigma\} = [D]\{\mathrm{d}\varepsilon\} - [D]\left\{\frac{\partial G}{\partial \sigma}\right\}\lambda \tag{b}$$

以式(a)代入(b)得到:

$$\{\mathrm{d}\sigma\} = \left[[D] - \frac{[D]\left\{\dfrac{\partial G}{\partial \sigma}\right\}\left\{\dfrac{\partial F}{\partial \sigma}\right\}^{\mathrm{T}}[D]}{A + \left\{\dfrac{\partial F}{\partial \sigma}\right\}^{\mathrm{T}}[D]\left\{\dfrac{\partial G}{\partial \sigma}\right\}}\right]\{\mathrm{d}\varepsilon\} \tag{c}$$

或者简写为:

$$\{\mathrm{d}\sigma\} = [D_{\mathrm{ep}}]\{\mathrm{d}\varepsilon\} \tag{8-11}$$

式中:$[D_{\mathrm{ep}}]$——弹塑性矩阵。

由式(c)可知,塑性矩阵$[D_{\mathrm{p}}]$可定义为:

$$[D_{\mathrm{p}}] = \frac{[D]\left\{\dfrac{\partial G}{\partial \sigma}\right\}\left\{\dfrac{\partial F}{\partial \sigma}\right\}^{\mathrm{T}}[D]}{A + \left\{\dfrac{\partial F}{\partial \sigma}\right\}^{\mathrm{T}}[D]\left\{\dfrac{\partial G}{\partial \sigma}\right\}} \tag{8-12}$$

弹塑性矩阵:

$$[D_{\mathrm{ep}}] = [D] - [D_{\mathrm{p}}] \tag{8-13}$$

式(8-12)及式(8-13)为塑性矩阵及弹塑性矩阵的一般表达式,式(8-11)即弹塑性问题的应力—应变关系的一般表达式,或叫本构方程。当屈服面及塑性势方程确定时,即可导出相应的弹塑性矩阵$[D_{\mathrm{ep}}]$。

式(8-12)中的A通常称为应变硬化参数,可由相应的应变硬化规律得出。由式(8-9)可知:

$$A\lambda = -\frac{\partial F}{\partial h}dh \tag{8-14}$$

若 dh 取为式(8-6a)，则可得到：

$$A = -\left\{\frac{\partial F}{\partial \sigma}\right\}\{\sigma\}^{\mathrm{T}}\left\{\frac{\partial G}{\partial \sigma}\right\} \tag{8-15a}$$

若 dh 取为式(8-6b)，则有：

$$A = \left\{\frac{\partial F}{\partial h}\right\}\left\{\frac{\partial G}{\partial I_1}\right\} \tag{8-15b}$$

式中：h 是取决于试验材料塑性性态的参数。若 $A=0$ 即为理想塑性的情况，$A>0$ 对应于应变硬化，$A<0$ 则对应于应变软化。

8.3 弹塑性模型

岩石力学弹塑性模型是否正确和符合岩石的基本特性将直接影响到计算结果，然而，提出能够很好地反映岩石特性的模型并非易事，在这方面尚有许多问题有待研究。

长期以来，岩石本构模型一直是岩石力学理论研究者们十分关注的课题，并开展了大量的研究工作，取得诸多有价值的成果。已提出多种适应不同土和岩石特征的本构模型，主要有：可以考虑在不同应力水平下的硬化、软化特性的临界状态模型，基于广义塑性的多重屈服面模型，适用于软弱岩体及特殊工程条件考虑塑性大变形、大位移的弹塑性模型，考虑岩体固有缺陷(损伤)及其扩展规律的损伤力学模型等，详见有关参考文献，不在此一一描述。这些研究无疑对推动岩石力学及其数值分析的发展有着积极的作用。然而所有这些成果在工程中广泛应用还有待于更多的实践检验和不断的改进。

计算参数的正确性直接影响有限元分析的成果。自然形成的岩石地层复杂历史使得其参数的确定十分困难，即使同一种岩石，在不同地段由于地质构造的影响，其力学参数也可能相差数倍甚至十数倍。而且岩体与岩块的力学参数是不同的，通常由实验室试件得到的岩块力学参数要高于工程岩体的实际力学性质，而现场原位大尺寸试验，工程耗费巨大，也难以反映实际状况。这是岩石力学计算中的一个难题。为了解决这一问题，采用位移反分析法来确定岩石力学参数，不失为一个较好的途径。

8.3.1 理想塑性模型

1. M-C 屈服准则

在理想塑性模型中，M-C 屈服准则是广为流行的。通常以相关联的流动法则建立其本构关系。利用前已导出的式(8-12)，并由 $G=F$ 即可导出其弹塑性矩阵的具体形式：

$$[D_{\mathrm{p}}] = \frac{1}{S_0}\begin{bmatrix} S_1^2 & & & & & \\ S_1 S_2 & S_2^2 & & & (\text{对称}) & \\ S_1 S_3 & S_2 S_3 & S_3^2 & & & \\ S_1 S_4 & S_2 S_4 & S_3 S_4 & S_4^2 & & \\ S_1 S_5 & S_2 S_5 & S_3 S_5 & S_4 S_5 & S_5^2 & \\ S_1 S_6 & S_2 S_6 & S_3 S_6 & S_4 S_6 & S_5 S_6 & S_6^2 \end{bmatrix} \tag{8-16}$$

其中：

$$S_i = D_{i1}\bar{\sigma}_x + D_{i2}\bar{\sigma}_y + D_{i3}\bar{\sigma}_z \qquad [D_{i1}、D_{i2}、D_{i3} 见式(7-25)或式(7-26),i=1,2,3]$$

$$S_i = G\bar{\tau}_{kj} \qquad (kj=xy,yz,zx,分别对应于 i=4,5,6)$$

$$S_0 = A + S_1\bar{\sigma}_x + S_2\bar{\sigma}_y + S_3\bar{\sigma}_z + S_4\bar{\tau}_{xy} + S_5\bar{\tau}_{yz} + S_6\bar{\tau}_{zx}$$

由 M-C 屈服准则 $F = \dfrac{1}{3}I_1\sin\varphi + (\cos\theta_\sigma - \dfrac{1}{\sqrt{3}}\sin\theta_\sigma\sin\varphi)\sqrt{J_2} - c\cos\varphi = 0$ 可得：

$$\bar{\sigma}_x = \frac{\partial F}{\partial \sigma_x} = a + (\sigma_x - \sigma_m)/(2J_2^{1/2}) \qquad (x,y,z) \tag{8-17}$$

$$\bar{\tau}_{xy} = \tau_{xy}/J_2^{1/2} \qquad (xy,yz,zx) \tag{8-18}$$

$$\sigma_m = \frac{1}{3}(\sigma_x + \sigma_y + \sigma_z) \tag{8-19}$$

对上述的 M-C 屈服准则及其各种修正模型,均不考虑岩石的硬化特性,即 $A=0$。在 M-C 屈服准则中取 $\varphi=0$ 即得到 Mises 屈服准则的弹塑性矩阵。

2. D-P 屈服准则

对于平面应变问题,维依斯(Reyes S. F.)曾导出如下的弹塑性矩阵[按式(8-3)所示的D-P 屈服准则]:

$$[D_{ep}] = \begin{bmatrix} D_{11} & D_{12} & D_{13} \\ D_{21} & D_{22} & D_{23} \\ D_{31} & D_{32} & D_{33} \end{bmatrix} \tag{8-20}$$

其中：

$$D_{11} = 2G(1 - h_2 - 2h_1\sigma_x - h_2\sigma_x^2)$$

$$D_{22} = 2G(1 - h_2 - 2h_1\sigma_y - h_2\sigma_y^2)$$

$$D_{33} = 2G(0.5 - h_3\tau_{xy}^2)$$

$$D_{12} = D_{21} = -2G[h_2 + h_1(\sigma_x + \sigma_y) + h_3\sigma_x\sigma_y]$$

$$D_{13} = D_{31} = -2G(h_1\tau_{xy} + h_3\sigma_x\tau_{xy})$$

$$D_{32} = D_{23} = -2G(h_1\tau_{xy} + h_3\sigma_y\tau_{xy})$$

$$h_1 = \frac{\dfrac{3k\alpha}{2G} - \dfrac{I_1}{6J_2^{1/2}}}{J_2^{1/2}\left(1 + 9\alpha^2\dfrac{k}{G}\right)}$$

$$h_2 = \frac{\left(\alpha - \dfrac{I_1}{6J_2^{1/2}}\right)\left(\dfrac{3k\alpha}{G} - \dfrac{I_1}{3J_2^{1/2}}\right)}{1 + 9\alpha^2\dfrac{k}{G}} - \frac{3\mu Kk}{EJ_2^{1/2}\left(1 + 9\alpha^2\dfrac{k}{G}\right)}$$

$$h_3 = \frac{1}{2J_2\left(1 + 9\alpha^2\dfrac{k}{G}\right)}$$

$$K = \frac{E}{3(1-2\mu)}$$

$$G = \frac{E}{2(1+\mu)}$$

式中：α、k——详见表 4-2 中的第 1 行(DP1);

E、μ——材料的弹性常数。

就理想塑性来说,屈服面即破坏面,不反映塑性的应变硬化(软化)特性是上述模型的基本特点,也正是它们的不足之处。

3.理想塑性条件下一般形式

已知加载条件的通式为:

$$\Phi = \Phi(\sigma_m, \sqrt{J_2}, \theta_\sigma, H_\alpha) = 0 \qquad F(\{\sigma\}, h) = 0 \tag{8-21}$$

塑性势面通常亦具有类似形式:

$$G = G(\sigma_m, \sqrt{J_2}, \theta_\sigma, H_\alpha) = 0 \tag{8-22}$$

根据上述弹塑性增量本构关系,我们只需知道 A、$\dfrac{\partial \Phi}{\partial \sigma_{ij}}$、$\dfrac{\partial G}{\partial \sigma_{ij}}$ 即能求出弹塑性矩阵,在理想塑性条件下,$A=0$,$\Phi = F = G$。为简单起见,下面只列出 M-C 屈服准则与 D-P 屈服准则增量本构关系。

M-C 屈服准则为:

$$F = \sigma_m \sin\varphi + \sqrt{J_2}\left(\cos\theta_\sigma - \frac{1}{\sqrt{3}}\sin\theta_\sigma \sin\varphi\right) - c\cos\varphi \tag{8-23}$$

对应力的导数为:

$$\frac{\partial F}{\partial \sigma_{ij}} = \frac{\partial F}{\partial \sigma_m}\frac{\partial \sigma_m}{\partial \sigma_{ij}} + \frac{\partial F}{\partial \sqrt{J_2}}\frac{\partial \sqrt{J_2}}{\partial \sigma_{ij}} + \frac{\partial F}{\partial J_3}\frac{\partial J_3}{\partial \sigma_{ij}}$$

或写成:

$$\frac{\partial F}{\partial \sigma_{ij}} = C_1\frac{\partial \sigma_m}{\partial \sigma_{ij}} + C_2\frac{\partial \sqrt{J_2}}{\partial \sigma_{ij}} + C_3\frac{\partial J_3}{\partial \sigma_{ij}} \tag{8-24}$$

其中:

$$\left. \begin{array}{l} C_1 = \dfrac{\partial F}{\partial \sigma_m} \\[2mm] C_2 = \dfrac{\partial F}{\partial \sqrt{J_2}} \\[2mm] C_3 = \dfrac{\partial F}{\partial J_3} \end{array} \right\} \tag{8-25}$$

$$\frac{\partial \sigma_m}{\partial \sigma_{ij}} = \frac{1}{3}\begin{bmatrix} 1 & 1 & 1 & 0 & 0 & 0 \end{bmatrix}^T$$

$$\frac{\partial \sqrt{J_2}}{\partial \sigma_{ij}} = \frac{\partial \sqrt{J_2}}{\partial J_2}\frac{\partial J_2}{\partial \sigma_{ij}} = \frac{1}{2\sqrt{J_2}}\begin{bmatrix} S_x & S_y & S_z & 2\tau_{yz} & 2\tau_{zx} & 2\tau_{xy} \end{bmatrix}^T \tag{8-26}$$

$$\frac{\partial J_3}{\partial \sigma_{ij}} = \begin{Bmatrix} S_y S_z - \tau_{yz}^2 \\ S_z S_x - \tau_{zx}^2 \\ S_x S_y - \tau_{xy}^2 \\ 2(\tau_{xy}\tau_{zx} - S_x\tau_{yz}) \\ 2(\tau_{yz}\tau_{xy} - S_y\tau_{zx}) \\ 2(\tau_{zx}\tau_{yz} - S_z\tau_{xy}) \end{Bmatrix} + \frac{1}{3}J_2\begin{Bmatrix} 1 \\ 1 \\ 1 \\ 0 \\ 0 \\ 0 \end{Bmatrix} \tag{8-27}$$

因此对于任何类型的屈服面,仅需确定常量 C_1、C_2、C_3,因为其他各项对所有屈服面来说都是一样的。对 M-C 屈服准则,由式(8-23)得:

$$C_1 = \frac{\partial F}{\partial \sigma_m} = \sin\varphi \tag{8-28}$$

$$C_2 = \frac{\partial F}{\partial \sqrt{J_2}} = \sqrt{J_2}\frac{\partial \cos\theta_\sigma}{\partial \theta_\sigma}\frac{\partial \theta_\sigma}{\partial \sqrt{J_2}} + \cos\theta_\sigma - \frac{\sqrt{J_2}}{\sqrt{3}}\sin\varphi\frac{\partial \sin\theta_\sigma}{\partial \theta_\sigma}\frac{\partial \theta_\sigma}{\partial \sqrt{J_2}} - \frac{1}{\sqrt{3}}\sin\theta_\sigma \sin\varphi \tag{8-29}$$

其中：

$$\frac{\partial \theta_{\sigma}}{\partial \sqrt{J_2}} = \frac{\partial \left[\frac{1}{3} \sin^{-1} \left(\frac{-3\sqrt{3}}{2} \frac{J_3}{(\sqrt{J_2})^3} \right) \right]}{\partial \sqrt{J_2}} = \frac{1}{3\sqrt{1-\sin^2 3\theta_{\sigma}}} \frac{3\sqrt{3} \cdot 3J_3}{2(\sqrt{J_2})^4}$$

$$= \frac{-\sin 3\theta_{\sigma}}{\cos \theta_{\sigma}} \frac{1}{\sqrt{J_2}} = -\tan 3\theta_{\sigma} \frac{1}{\sqrt{J_2}} \tag{8-30}$$

$$\frac{\partial \cos \theta_{\sigma}}{\partial \theta_{\sigma}} = -\sin \theta_{\sigma}, \frac{\partial \sin \theta_{\sigma}}{\partial \theta_{\sigma}} = \cos \theta_{\sigma} \tag{8-31}$$

将式(8-30)和式(8-31)代入式(8-29)中,得:

$$C_2 = \tan 3\theta_{\sigma} \sin \theta_{\sigma} + \cos \theta_{\sigma} + \frac{1}{\sqrt{3}} \sin \varphi \cos \theta_{\sigma} \tan 3\theta_{\sigma} - \frac{1}{3} \sin \theta_{\sigma} \sin \varphi$$

$$= \cos \theta_{\sigma} \left[1 + \tan \theta_{\sigma} \tan 3\theta_{\sigma} + \frac{1}{\sqrt{3}} \sin \varphi (\tan 3\theta_{\sigma} - \tan \theta_{\sigma}) \right] \tag{8-32}$$

$$C_3 = \frac{\partial F}{\partial J_3} = \frac{\partial F}{\partial \theta_{\sigma}} \frac{\partial \theta_{\sigma}}{\partial J_3} = \left[(-\sin \theta_{\sigma}) \sqrt{J_2} - \frac{\sqrt{J_2}}{\sqrt{3}} \sin \varphi \cos \theta_{\sigma} \right] \frac{\partial \theta_{\sigma}}{\partial J_3} \tag{8-33}$$

其中：

$$\frac{\partial \theta_{\sigma}}{\partial J_3} = \frac{1}{3\sqrt{1-\sin^2 3\theta_{\sigma}}} \frac{-3\sqrt{3}}{2\sqrt{J_2^3}} = \frac{-\sqrt{3}}{2\sqrt{1-\sin^2 3\theta_{\sigma}}} \frac{1}{\sqrt{J_2^3}} = \frac{-\sqrt{3}}{2\sqrt{J_2^3} \cos 3\theta_{\sigma}}$$

将其代入式(8-33),得:

$$C_3 = \frac{\sqrt{3} \left(\sin \theta_{\sigma} + \frac{1}{\sqrt{3}} \cos \theta_{\sigma} \sin \varphi \right)}{2\sqrt{J_2^2} \cos 3\theta_{\sigma}} \tag{8-34}$$

分别令式(8-28)、式(8-32)及式(8-34)中 $\varphi = 0$,即得 Tresca 函数的导数值。

$$\left. \begin{array}{l} C_1 = 0 \\ C_2 = \cos \theta_{\sigma} (1 + \tan \theta_{\sigma} \tan 3\theta_{\sigma}) \\ C_3 = \dfrac{\sqrt{3} \sin \theta_{\sigma}}{2(\sqrt{J_2})^2 \cos 3\theta_{\sigma}} \end{array} \right\} \tag{8-35}$$

对于 D-P 屈服准则：

$$F = 3\alpha \sigma_{\mathrm{m}} + \sqrt{J_2} - k = 0$$

采用与上同样道理求导,得:

当 $\theta_{\sigma} = \dfrac{\pi}{6}$ 时

$$\left. \begin{array}{l} C_1 = \dfrac{6\sin \varphi}{\sqrt{3}(3-\sin \varphi)} = 3\alpha \\ C_2 = 1 \\ C_3 = 0 \end{array} \right\} \tag{8-36}$$

当 $\theta_{\sigma} = -\dfrac{\pi}{6}$ 时

$$\left.\begin{array}{l} C_1 = \dfrac{6\sin\varphi}{\sqrt{3}(3+\sin\varphi)} = 3\alpha \\[2mm] C_2 = 1 \\[1mm] C_3 = 0 \end{array}\right\} \tag{8-37}$$

当 $\theta_\sigma = \tan^{-1}\left[-\dfrac{\sin\varphi}{\sqrt{3}}\right]$ 时，对 D-P 屈服准则有：

$$\left.\begin{array}{l} C_1 = \dfrac{\sqrt{3}\sin\varphi}{\sqrt{3+\sin^2\varphi}} = \dfrac{3\tan\varphi}{\sqrt{9+12\tan^2\varphi}} = 3\alpha \\[2mm] C_2 = 1 \\[1mm] C_3 = 0 \end{array}\right\} \tag{8-38}$$

对于广义 Tresca 屈服准则，只需将式(8-35)中的 C_1 值改为式(8-36)～式(8-38)中的 C_1 即可，得：

$$\left.\begin{array}{l} C_1 = 3\alpha \\[1mm] C_2 = \cos\theta_\sigma(1+\tan\theta_\sigma\tan3\theta_\sigma) \\[2mm] C_3 = \dfrac{\sqrt{3}\sin\theta_\sigma}{2(\sqrt{J_2})^2\cos3\theta_\sigma} \end{array}\right\} \tag{8-39}$$

表 8-1 中列出几种简单屈服条件下的不变量导数，以便应用。

各种屈服条件的不变量导数 表 8-1

屈服准则		$C_1 = \dfrac{\partial F}{\partial\sigma_m}$	$C_2 = \dfrac{\partial F}{\partial\sqrt{J_2}}$	$C_3 = \dfrac{\partial F}{\partial J_3}$
Mises		0	1	0
广义 Mises (D-P)	外角外接圆锥（DP1）	$\dfrac{6\sin\varphi}{\sqrt{3}(3-\sin\varphi)}$	1	0
	内角点外接圆锥（DP2）	$\dfrac{6\sin\varphi}{\sqrt{3}(3+\sin\varphi)}$	1	0
	内切圆锥（DP4）	$\dfrac{\sqrt{3}\sin\varphi}{\sqrt{3+\sin^2\varphi}}$	1	0
Tresca		0	$\cos\theta_\sigma(1+\tan\theta_\sigma\tan3\theta_\sigma)$	$\dfrac{\sqrt{3}\sin\theta_\sigma}{2(\sqrt{J_2})^2\cos3\theta_\sigma}$
广义 Tresca		3α	$\cos\theta_\sigma(1+\tan\theta_\sigma\tan3\theta_\sigma)$	$\dfrac{\sqrt{3}\sin\theta_\sigma}{2(\sqrt{J_2})^2\cos3\theta_\sigma}$
M-C		$\sin\varphi$	$\begin{array}{l}\cos\theta_\sigma[1+\tan\theta_\sigma\tan3\theta_\sigma \\ +\dfrac{1}{\sqrt{3}}\sin\varphi(\tan3\theta_\sigma-\tan\theta_\sigma)]\end{array}$	$\dfrac{\sqrt{3}\left(\sin\theta_\sigma+\dfrac{1}{\sqrt{3}}\cos\theta_\sigma\sin\varphi\right)}{2(\sqrt{J_2})^2\cos3\theta_\sigma}$

8.3.2 应变硬化（及软化）的模型

对于硬、软化塑性岩石材料，不能采用理想塑性模型。目前应用较多的是临界状态模型。临界状态模型（或帽式模型）是较好全面反映岩石塑性性态方面的理想模型。尽管在屈服面的形式、岩石的塑性应变硬化特性方面尚有不少值得进一步研究的问题，然而这种模型在反映岩石破坏的渐进过程，在不同围压下的应变硬化（软化）特性，以及破坏的临界状态等方面的优点是毋庸置疑的。

临界状态可定义为岩石的塑性体积变形增量为零的状态，它对应于岩石经塑性应变硬化或软化而达到类似理想塑性的状态。

临界状态模型可把岩石的初始屈服和最后的破坏予以区别，它是同试验的应力—应变全程曲线的特点相对应的。初始屈服是完整岩石破坏发展过程的开始，而临界状态则与破坏点相对应，它是完整岩石变形发展到碎裂破坏的转折点。对于在单轴及较低围压的情况，初始屈服点及破坏点的含义可如图8-4所示。在初始屈服点与破坏点之间的区段则是伴随破坏的发展而有相应的应变软化的情况，与此同时，有塑性的体积膨胀。

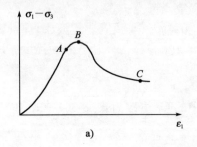 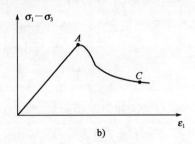

图 8-4　应变软化及其简化曲线
A-初始屈服点；B-峰值强度；C-破坏点

对于图8-4a)所示的应变软化情况，可以足够近似地取其初始屈服限等于峰值强度，由此可简化为图8-4b)的形式。这种简化对于由试验确定岩石相应的力学参数及计算分析都是较方便的。

考虑到岩石在不同侧限压力时表现出软化、硬化、理想塑性不同的性态，以及在三轴等压

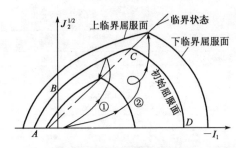

图 8-5　临界状态模型的屈服面

时也可能有塑性变形的试验结果，临界状态模型的屈服面为一封闭的曲面，并以临界状态为限把屈服面分为反映岩石硬化特性及软化特性的两部分，其一般形式和基本概念可用图8-5予以形象地说明。上屈服面反映塑性应变软化，下屈服面则反映应变硬化。软化或硬化均以临界状态为限，两者以临界状态作为拟合条件，拟合点 C 随应变硬化或软化而沿临界状态面上下移动。达残余强度或理想塑性的应力状态将落在临界状态面上。图8-5中的加载路径①及②分别表示出软化及硬化的情况。

临界状态由前述的定义可知它对应于岩石破坏包络面。对于岩石的破坏而言，莫尔—库仑准则一般是与试验情况相符的，因此，可以把临界状态面规定为莫尔—库仑型的破坏面，即：

$$F_{cs} = \alpha_{cs} I_1 + J_1^{1/2} - k_{cs} = 0 \tag{8-40}$$

式中：α_{cs}、k_{cs}——由对应于破坏点的 σ_{cs}、φ_{cs} 而确定的常数。

上屈服面可以采用能反映塑性应变软化的塑性准则，前面所提到的莫尔—库仑型锥面、双曲线型或抛物线型屈服面均可。但它们应当以岩石在不同三轴压缩时的初始屈服限（或峰值强度）来确定其初始屈服面，并且随岩石的应变软化及硬化而变化其参数（α、k 或 a、b、d）值，以使屈服面相应地收缩或扩大。

下屈服面反映应变硬化，惯常采用具有常偏心率的椭圆方程作为下屈服面，拟合点 C 恰为椭圆轴线之端点。

土力学中熟知的邓肯—张模型以及"剑桥模型"属于早期的临界状态模型之例。图8-6及图8-7所示则是岩石力学中较实用的模型。

图8-6a)是由莫尔—库仑型屈服锥面加以半椭圆形盖帽所组成的。其锥面采用与前述的

式(8-3)类似的形式：

$$F_1 = \beta I_1 + J_2^{1/2} - k(h) = 0 \tag{8-41}$$

在此，β、$k(h)$取决于岩石初始屈服时的c_0、φ_0值以及岩石的硬化（软化）特性。下临界屈服面的椭圆方程为：

$$F_2 = (I - a)^2 + bJ_2 - d = 0 \tag{8-42}$$

临界状态仍用式(8-42)。式中a、b、d为岩石性态参数，取决于试验。

为了消除莫尔—库仑锥的尖顶（奇异点），也可用抛物线型或双曲线型屈服面，如图8-6b)所示，详见参考文献[10]。

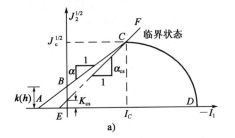 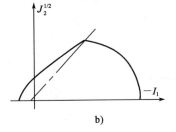

图8-6 两种不同屈服面

图8-7则为辛克维奇（Zienkiewicz O. C.）等人所建议的一种椭圆形屈服面。在此，我们改用式(8-42)，并以莫尔—库仑型的破坏面作为临界状态。系数a、b、d随岩石硬化特性而变化，构成一组椭圆形屈服面。该模型使下临界屈服面与上临界屈服面形成一连续的曲面，并具有统一的方程。

在工程中已习惯于用岩石的黏聚力c及内摩擦角φ来表示岩石的力学特性。为了处理简化，可假定φ保持其初值，c随着硬化或软化而变化。屈服面方程(8-41)中$k(h)$与c值有关，c值的变化使$k(h)$随之变化，屈服面也随之扩大或收缩。

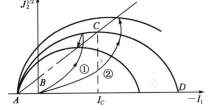

图8-7 椭圆形屈服面

图8-6的上、下屈服面的弹塑性本构关系已在前面导出[见式(8-16)~式(8-19)]。图8-7所示的椭圆形屈服面，其弹塑性矩阵具有与式(8-16)相同的形式，唯其S_i计算中取：

$$\left.\begin{array}{l} \bar{\sigma}_x = (2I_1 - 2a) + b(\sigma_x - \sigma_m) \\ \bar{\sigma}_y = (2I_1 - 2a) + b(\sigma_x - \sigma_m) \\ \bar{\sigma}_z = (2I_1 - 2a) + b(\sigma_x - \sigma_m) \\ \bar{\tau}_{xy} = 2b\tau_{xy} \qquad (xy, yz, zx) \end{array}\right\} \tag{8-43}$$

由于应变软化及硬化都伴随有塑性的体积变形，应变硬化规律采用前面式(8-6b)的形式。由图8-6可得：

$$a = I_C, b = d/J_C, d = (I_D - I_C)^2 = (I_C + I_E)^2$$

式中：I_E、I_C、J_C——对应于E、C点的I_1及J_2值。

$$I_A = \frac{k(h)}{a}, I_B = \frac{k_{cs}}{\alpha_{cs}}, (I_C - I_A)a = (I_C - I_E)\alpha_{cs}$$

$$I_C = \frac{k(h) - K_{cs}}{a - \alpha_{cs}} \tag{8-44}$$

$$J_C^{1/2} = a(I_C + I_A) = \alpha_{cs}(I_C + I_E) \tag{8-45}$$

由此，可采用岩石的参数 c、φ 及 c_{cs} 及 φ_{cs} 来确定椭圆方程。通常可以令 φ 值为常量，c 值随应变硬化特性而变。其变化规律假定与塑性体积变形有如下关系：

$$k(h) = k_0 \exp(X_0 h) \tag{8-46}$$

式中：h——塑性体积变形，$h = \int \mathrm{d}\varepsilon_v^p$；

X_0——试验参数；

k_0——同初始屈服面对应的 $k(h)$ 的初值。

由此，所需的基本参数仅限于 φ_0、c_0、φ_{cs}、c_{cs} 及 X_0 五个参数，它们都可直接由岩石的三轴压缩应力—应变全程曲线得到。

8.4　有限元非线性分析的基本方法

有限元法求解非线性问题是以线性问题的处理方法为基础，通过一系列线性运算来逼近非线性解。基本方法可分为三种类型：直接迭代法、增量—变刚度法、增量—迭代法。在弹塑性分析中常用的初应力法及初应变法为常刚度的增量—迭代法。三种方法的基本原理简述如下。

8.4.1　直接迭代法

这种方法也常称为"割线模量法"，是发展最早的一种全量分析方法。在每次迭代中系统受全部荷载的作用，并取与前一次迭代终了时的应力状态相对应的割线刚度。在本次迭代后以新的应力状态来修正刚度，进行下一次迭代，直至前后两次迭代所得结果充分接近（即误差足够小）为止。这一迭代过程如图 8-8 所示。

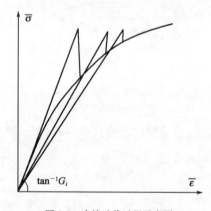

图 8-8　直接迭代过程示意图

在复杂的应力状态下，材料的应力—应变关系不能像单向应力那样简单地由 σ-ε 曲线表示。若假定应力状态与应变存在单值的、唯一的关系，即对应于某一应力状态，应变是唯一确定的，则应力—应变关系可以由与应力偏量的第二不变量相应的八面体剪应力 σ_{OTC} 与八面体剪应变 ε_{OTC} 来表示：

$$\sigma_{OTC} = \frac{1}{3}\left[(\sigma_1 - \sigma_2)^2 + (\sigma_2 - \sigma_3)^2 + (\sigma_3 - \sigma_1)^2\right]^{1/2} \tag{8-47}$$

$$\varepsilon_{OTC} = \frac{2}{3}\left[(\varepsilon_1 - \varepsilon_2)^2 + (\varepsilon_2 - \varepsilon_3)^2 + (\varepsilon_3 - \varepsilon_1)^2\right]^{1/2} \tag{8-48}$$

在线弹性范围内有 $\sigma_{OTC}/\varepsilon_{OTC} = G$，且 G 为常量。在塑性范围内 G 不再为常量，而是应力或应变的某种已知函数，具体由试验获得的 σ_{OTC}-ε_{OTC} 曲线得到。直接迭代程序可按如下步骤进行：

（1）由初始的弹性常数确定系统的刚度，求解节点位移、单元应力及应变。

（2）由上一步计算结果对每一单元进行塑性判别，已进入塑性的单元按非线性的应力—应变关系进行修正，并由式(8-47)及式(8-48)求得单元的 σ_{OTC}、ε_{OTC}。

(3)由 $G=\sigma_{\text{OTC}}/\varepsilon_{\text{OTC}}$ 求得新的割线模量 G_i，并利用 $G=\dfrac{E}{2(1+\mu)}$ 求得相应的材料常数 E_i、μ_i。

事实上，在塑性范围内材料的 E、μ 均不再是常量，若假定塑性的体积变形为零，取为 $\mu=0.5$，则利用上述关系仅调整弹性模量 E 比较方便。

(4)按新的弹性常数重复进行(1)～(3)步计算，直到收敛至要求的精度为止(亦即前后两次迭代解充分接近为止)。

直接迭代法简单易行、收敛性较好，程序简洁，处理材料的正交异性及不抗拉特性等非线性问题也很方便。然而，其缺点是假定应力—应变的非线性性态仍然具有单值——对应的关系，与岩石的实际性态是不相符的。众所周知，在塑性范围内，卸载时的变形恢复与原来加载时的路径是不同的，并且要留下不可逆的塑性变形。此外，岩石在不同侧限压力时其应力—应变特性也是不同的。这些都表明，所谓应力—应变的单值性、唯一性是不存在的。

另一个缺点是一次施加全部荷载，不能表现加载过程中应力与应变的变化及发展情况，而这种情况在某些问题研究中又往往是十分有意义的。此外，一次加载也与前述的增量形式表示的塑性本构关系不相适应。因此，必须有已知的试验曲线或全量的本构关系。

在每次迭代时都必须形成新的单元刚度及系统的总体刚度。而有限元法求解中，单元刚度及总刚度的组合是最占用计算时间的，因此这种方法一般情况下要耗费较多的计算费用。

8.4.2 增量—变刚度法

增量—变刚度法是采用分段线性化的处理方法来求解非线性问题，又称切线模量法。把荷载划分为许多很小的荷载增量，逐渐地施加于结构上，在每一级增量时结构均假定为线性，在增量范围内刚度为定值。对于各级荷载增量，其刚度取不同值，以此来反映非线性特性。这一方法的基本特点可图 8-9 所示。

若总的荷载被分为 m 个增量，则可将荷载表示为：

$$\{P\}=\sum_{i=1}^{m}\{\Delta P_i\} \tag{8-49}$$

当荷载施加到第 j 级增量时，增量型的刚度方程可以写为：

$$[K_{j-1}]\{\Delta U_j\}=\{\Delta P_j\} \qquad (j=1,2,\cdots,m) \tag{8-50}$$

每级荷载增量时的刚度是由前一次荷载终了时的应力状态所决定。第一级荷载增量时可取为初始的弹性刚度$[K_0]$。每一级荷载增量后，可直接利用前已给出的塑性条件及相应的本构关系对每一单元作判别，并确定其弹塑性矩阵$[D_{\text{ep}}^i]$，作为第 $j+1$ 次增量时的应力—应变关系确定其刚度矩阵$[K_j]$。

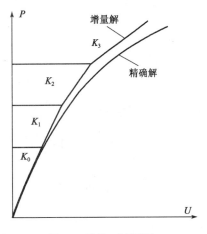

图 8-9 增量—变刚度法

对于第 j 次荷载增量，已经施加的总荷载为：

$$\{P_j\}=\sum_{i=1}^{j}\{\Delta P_i\} \tag{8-51}$$

相应的位移、应力、应变为：

$$\{U_j\} = \sum_{i=1}^{j}\{\Delta U_i\} \tag{8-52}$$

$$\{\delta_j\} = \sum_{i=1}^{j}\{\Delta \delta_i\}, \{\varepsilon_j\} = \sum_{i=1}^{j}\{\Delta \varepsilon_i\} \tag{8-53}$$

在求解弹塑性问题时,增量的应力—应变关系可表示为:

$$\{\Delta \sigma\} = [D_{ep}]\{\Delta \varepsilon\} \tag{8-54}$$

显然,每一级荷载增量的求解完全采用线弹性的计算格式,仅需按新的应力确定与之相对应的$[D_{ep}]$,并据此重新形成单元刚度矩阵及系统的总刚度矩阵以进行下一次增量的计算,直到最后一次荷载增量完成为止。

增量—变刚度法的原则可以适用于各类非线性问题,并且能了解在加载各阶段中应力及应变的变化过程。

可以看出,求解的精度取决于荷载增量的划分大小。欲获得较精确的解答必须使每次荷载增量足够小,由此也就增加了增量次数以及总的求解时间。荷载增量的步距可以是等距的也可以是不等距的,步距的大小以力求能逼近精确解为宜。

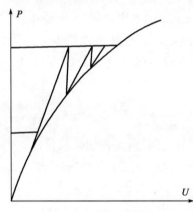

图 8-10 增量—迭代法

增量—变刚度法的主要缺点之一在于事先很难知道荷载增量应该取多大才能获得满意的精度。增量次数及步距大小是难以确定的。此外,每次增量都必须修正单元刚度及系统的总体刚度,因而要花费较多的计算时间及费用。因此,为了改善求解精度及缩短计算时间,发展了一种由上述两种基本方法结合的混合方法,即所谓"增量—迭代法"。这一方法是在增量—变刚度法的基础上,在每一级增量内进行迭代至要求的精度(图 8-10)。为克服由于每次迭代都必须重新形成单元刚度及总体刚度耗用大量的计算时间的缺点,进一步发展了一种常刚度的增量—迭代法。例如,在弹塑性分析中的增量—初应力法及增量—初应变法即属于这一类方法。

常刚度的增量—迭代法对于不同问题可以有不同的具体处理措施,而它们的共同特点是以作用在线性系统上的"等效附加荷载"的方法来考虑非线性引起的附加位移。因此,可以把这类方法统一称为"增量—附加荷载法"。

8.4.3 增量—附加荷载法

常刚度的增量—迭代法是在每一级增量及每次迭代中都采用系统的初始刚度(线性刚度),通过与非线性性态相对应的"等效附加荷载"来考虑非线性的影响。为了说明这一方法的基本原理,在此对非线性系统的总体刚度定义为在线性刚度上作相应的非线性修正,即把非线性刚度表示为:

$$[K]_p = [K]_e - [\Delta K] \tag{8-55}$$

式中:下标 p、e——分别表示非线性和线性;

[ΔK]——表示考虑非线性对线性刚度矩阵的修正。

由此,可将增量形式的总体刚度方程写为:

$$([K]_e - [\Delta K])\{\Delta U\} = \{\Delta P\} \tag{8-56}$$

假定总的位移增量可表示为线性增量及非线性增量之和,则:

$$\{\Delta U\} = \{\Delta U\}_e + \{\Delta U\}_p$$

$$([K]_e - [\Delta K])(\{\Delta U\}_e + \{\Delta U\}_p) = \{\Delta P\}$$

将其展开、移项得到：

$$[K]_e(\{\Delta U\}_e + \{\Delta U\}_p) = \{\Delta P\} + [\Delta K](\{\Delta U\}_e + \{\Delta U\}_p)$$

可简写为：

$$[K]_e(\{\Delta U\}_e + \{\Delta U\}_p) = \{\Delta P\} + \{\Delta F_0\}$$

对于线性系统已知其刚度方程为$[K]_e\{\Delta U\}_e = \{\Delta P\}$，由此可知，必有：

$$[K]_e\{\Delta U\}_p = \{\Delta F_0\} \tag{8-57}$$

或

$$\{\Delta U\}_p = [K]_e^{-1}\{\Delta F_0\} \tag{8-58}$$

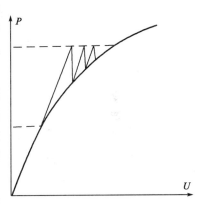

图 8-11 增量—附加荷载法

这就表明，只需要把适当的"附加荷载"$\{\Delta F_0\}$施加于线性系统，即可以在保持线性刚度的情况下，按照线性分析的方法求得非线性的附加位移增量$\{\Delta U\}_p$。这一方法的分析步骤可由图 8-11 来表示。

由式(8-58)可以看出，$\{\Delta U\}_p$及$\{\Delta F_0\}$均未知，利用该式来求解时必须进行迭代运算。附加荷载$\{\Delta F_0\}$可以借助于不同方法来确定，取决于求解问题的类型。对于弹塑性分析的初应力或初应变法，则是由相应的应力或应变的差值来确定，下一节将作进一步的讨论。

增量—附加荷载法同前两种方法相比较，主要优点在于，它不但可以反映在全部加载过程中应力—应变的发展情况，而且由于在整个计算过程中无须改变系统的刚度矩阵，计算时间可望有较大的节省。然而，在某些情况下，这种方法也可能收敛缓慢、迭代次数增加，从而也增长了计算时间。为了进一步改善收敛性还可以灵活结合各种方法，以收到更经济的效果。

8.5 弹塑性分析的初应变法与初应力法

上述几种非线性分析的基本方法都可以用于求解应力分析中的弹塑性问题。然而，弹塑性分析最常用的是增量—初应变法及增量—初应力法，或简称为初应变法及初应力法。以上两方法的原理及分析步骤分述如下。

8.5.1 初应变法

如前所述，按照塑性增量理论，总的应变增量可表示为弹性应变增量及塑性应变增量之和：

$$\{\Delta\varepsilon\} = \{\Delta\varepsilon^e\} + \{\Delta\varepsilon^p\} \tag{8-59}$$

此处把塑性增量$\{\Delta\varepsilon^p\}$看做"初始应变"。这是因为这种方法的计算格式同具有"初始应变"的弹性系统类似，初应变法的名称也由此而来。以后的叙述中$\{\Delta\varepsilon^p\}$同$\{\Delta\varepsilon_0\}$有相同的含义。

对于某一级荷载增量$\{\Delta P_1\}$，可利用线弹性刚度$[K]$求解出对应于 A 点的线性位移增量$\{\Delta U_A\}$，然而，由于非线性的 P-U 曲线使对于该荷载增量的正确位移应当在 B 点，故位移增量应当是$\{\Delta U_B\}$，如图 8-12 所示。位移增量之差$\{\Delta U_0\}$即为塑性引起的附加位移，或叫"初始位移"。

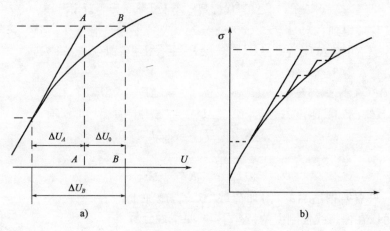

图 8-12　初应变法

与系统的"初位移"$\{\Delta U_0\}$相对应的单元节点的初位移现用$\{\Delta\delta_0\}$表示，则单元的初应变可表示为：

$$\{\Delta\varepsilon_0\} = [B]\{\Delta\delta_0\} \tag{8-60}$$

因此，欲在弹性的基础上得到非线性的真实位移$\{\Delta U_B\}$，必须对系统施加一相当于产生$\{\Delta U_0\}$的附加荷载，又因为$\{\Delta\varepsilon_0\}$与$\{\Delta U_0\}$相对应，这一附加荷载应由各单元的初始应变求得：

$$\{\Delta f_0\} = \int_v [B]^{\mathrm{T}}[D]\{\Delta\varepsilon_0\}\mathrm{d}v \tag{8-61a}$$

$$\{\Delta F_0\} = \sum\{\Delta f_0\} \tag{8-61b}$$

式中：求和$\sum$是对所有塑性单元按节点叠加。

对各塑性的单元可求得其相应的附加结点荷载$\{\Delta f\}$，在同一节点上把各单元的附加节点荷载相加即得到整个系统的附加荷载$\{\Delta F_0\}$。在此，等效节点荷载的意义在于为使弹性系统的位移达到非线性要求的位移，并保持系统原有的平衡状态所必需的、假想的荷载。在按式(8-58)的格式迭代求解时，按$\{\Delta F_0\}$求解即可得到塑性的附加位移。即前已导出的迭代格式：

$$\{\Delta U^{\mathrm{p}}\} = [K]^{-1}\{\Delta F_0\}$$

现在的问题是在每次迭代运算中，如何确定相应的初应变增量$\{\Delta\varepsilon_0\}$，据此可以求得$\{\Delta F_0\}$以进行下一次迭代。在此有两种途径可供选择，即所谓常应力法及常应变法。

增量常刚度法求解非线性问题的基本方程可写成如下形式：

$$[K]\{\Delta U_i\}_j = \{\Delta P_i\} + \sum_{i=1}^{m}\{\Delta F_0\}_j \tag{8-62}$$

式中：i——荷载增量次数；

j——本次增量内的迭代次数。

在每一级荷载增量开始时可假定附加荷载的初值$\{\Delta F_0\}$等于零。亦即先以线弹性求解出系统的位移增量$\{\Delta U_i\}_0$，以及与之对应的单元应力及应变增量：

$$\{\Delta\varepsilon_i^{\mathrm{e}}\}_0 = [B]\{\Delta\sigma_i\}_0 \tag{8-63}$$

$$\{\Delta\sigma_i\}_0 = [D]\{\Delta\varepsilon_i\}_0 \tag{8-64}$$

由塑性条件判别单元是否屈服，对于已处于塑性范围的单元由前面已导出的弹塑性本构关系求得与之对应的全应变增量：

$$\{\Delta\varepsilon_i^{ep}\} = [D_{ep}]^{-1}\{\Delta\sigma_i\} \qquad (8\text{-}65a)$$

由此可得本次迭代后的初始应变：

$$\{\Delta\varepsilon_0\}_i = \{\Delta\varepsilon_i^{ep}\} - \{\Delta\varepsilon_i^{e}\} \qquad (8\text{-}65b)$$

下次迭代的等效附加荷载可按下式求得：

$$\{\Delta f_0\}_i = -\int_v [B]^{T}[D_{ep}]\{\Delta\varepsilon_0\}\mathrm{d}v \qquad (8\text{-}66)$$

由各塑性单元的$\{\Delta f_0\}$按节点进行叠加求得$\{\Delta F_0\}$，在$\{\Delta F_0\}$作用下进行下一次迭代求解。至收敛到要求的精度后再进行下一级荷载增量的计算。

原则上讲，迭代应当一直进行到$\{\Delta F_0\} = \{0\}$为止。然而这一理想情况对应于迭代次数无限多时的解。从实用考虑，一般需规定一个充分小的允许误差值，以使前后两次迭代误差不大于此规定误差为止。这一要求可用下式表示：

$$\left|\frac{\{\Delta\varepsilon_j^{ep}\} - \{\Delta\varepsilon_{j-1}^{ep}\}}{\Delta\varepsilon_j^{ep}}\right| \leqslant eps \qquad (8\text{-}67)$$

式中：j——当前的迭代次数；

eps——允许的相对误差值。

以上的迭代运算在每一次迭代之后保持其应力增量$\{\Delta\sigma_i\}$而修正应变增量$\{\Delta\varepsilon_i\}$。故称它为"常应力法"。此外，也可以采用"常应变法"来进行迭代。计算格式与上述颇类似，在每一次迭代中首先计算出单元应变$\{\Delta\varepsilon_i\}$并以此作为全应变。对于塑性范围的单元可由已知的弹塑性本构关系求得相应的应力增量：

$$\{\Delta\sigma_i\} = [D_{ep}]\{\Delta\varepsilon_i\} \qquad (8\text{-}68)$$

于是，单元的初应变（即塑性应变增量）为：

$$\{\Delta\varepsilon_0\} = \{\Delta\varepsilon^{p}\} = \{\Delta\varepsilon_i\} - [D]^{-1}\{\Delta\sigma_i\} \qquad (8\text{-}69)$$

此后由$\{\Delta\varepsilon_0\}$求算附加荷载以及有关运算与前面的"常应力法"相同。迭代格式可示意于图 8-12b)。

综上所述，对于初应变法求解程序可按下述步骤来实现：

(1)首先把荷载划分为若干增量，对某一增量先以线弹性求解，得每一单元的应力增量及应变增量。

(2)按塑性准则对每一单元进行判别，对于处于塑性范围的单元求得与应力增量相应的弹—塑性应变及初应变。

(3)由初应变$\{\Delta\varepsilon_0\}$求得$\{\Delta f_0\}$，对整个系统的塑性单元按节点叠加得$\{\Delta F_0\}$。

(4)以$\{\Delta F_0\}$作为附加荷载，求解系统在$\{\Delta F_0\}$作用下的线性解及相应的应变增量、应力增量以及本次迭代后的初应变$\{\Delta\varepsilon_0\}_i$。

(5)重复上述步骤至迭代收敛为止，再以第$i+1$次荷载量进行上述运算，至全部荷载增量均已施加于系统上并收敛至要求精度为止。

初应变法的迭代程序框图示于图 8-13 中。其中：eps 为设定的收敛误差；ep 为未达到收敛精度的塑性元单数目。由以上介绍的计算原则可以看出，在整个计算过程中均采用系统的初始刚度而无须改变和重新形成。因而计算时间有可能大为缩短，并且可以考虑弹性卸载的情况，与塑性变形不可逆的特性相一致。然而，这种方法通常收敛缓慢，从而使迭代次数增多，计算时间也因之会延长。当系统近于理想塑性的情况，这种方法可能不收敛。

同初应变法相比，下面介绍的初应力法则具有较好的收敛性。

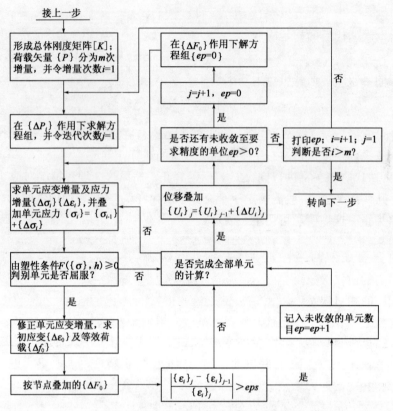

图 8-13 初应变法的迭代程序框图

8.5.2 初应力法

由辛克维奇等人提出的求解弹塑性问题的初应力法,同初应变法相比在计算格式上有类似之处,但一般较之初应变法有更好的收敛性,因而是目前非线性分析中广为采用的一种方法。

初应力法仍是采取增量加载,对于每一级荷载增量首先以线弹性方法求解节点位移增量及应力增量、应变增量。并把由线性解所得的应力增量 $\{\Delta\sigma_i\}$ 称为"全应力增量",它相当于图 8-14 中的 $\{\Delta\sigma_{AB}\}$。

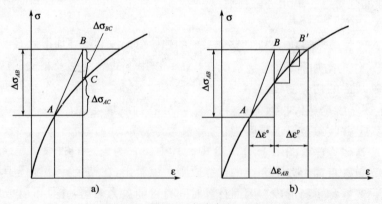

图 8-14 初应力法

非线性的应力—应变关系表明,与此应变增量 $\{\Delta\varepsilon_i\}$ 相对应的应力实际在 C 点,按照图 8-14所示暂以 $\{\Delta\sigma_{AC}\}$ 表示。它同全应力增量有一差值 $\{\Delta\sigma_{BC}\}$,此差值即定义为"初应力"。按照非线性的应力—应变关系,把应力由$\{\Delta\sigma_{AB}\}$改为实际的$\{\Delta\sigma_{AC}\}$,为保持系统原有的平衡状态,必须同时施加以与$\{\Delta\sigma_{BC}\}$等效的节点荷载,即:

$$\{\Delta f_0\} = \int_v [B]^T \{\Delta\sigma_{BC}\} dv \tag{8-70a}$$

$$\{\Delta F_0\} = \sum \{\Delta f_0\} \tag{8-70b}$$

式中:求和是对所有处于塑性范围的单元等效节点荷载按节点进行叠加。

按附加荷载$\{\Delta F_0\}$重新求解,以确定出塑性的附加位移及塑性应变增量,如图8-14b)所示。重复进行迭代运算,最终使为了保持系统的平衡状态而施的附加荷载$\{\Delta F_0\}$趋近于零。由于附加荷载取决于初应力增量,故通常是控制按前后两次迭代的应力差值或每次迭代中线性解与非线性应力增量之差值小于规定误差。

根据上述原理,初应力法的分析程序可按下述步骤进行:

(1)对于每一级荷载增量或附加荷载,首先按线弹性分析求得单元应力增量$\{\Delta\sigma_i\}_j$及$\{\Delta\varepsilon_i\}_j$,在此,$i$表示荷载增量次数,$j$表示迭代次数。

(2)求得各单元当前的应力值:

$$\{\sigma_i\}_j = \{\sigma_i\}_{j-1} + \{\Delta\sigma_i\}_j \tag{8-71}$$

并按相应的塑性条件$[F(\{\sigma\}, h) = 0]$判别各单元是否屈服($F \geqslant 0?$),对于屈服的单元,修正其应力增量,并计算出初应力$\{\Delta\sigma_0\}_j$。这里,下标0表示该应力增量$\{\Delta\sigma_0\}_j$为初应力。

$$\{\Delta\sigma_i'\}_j = [D_{\text{ep}}]\{\Delta\varepsilon_i\}_j \tag{8-72}$$

$$\{\Delta\sigma_0\}_j = \{\Delta\sigma_i\}_j - \{\Delta\sigma_i'\}_j \tag{8-73}$$

(3)在本次增量及本次迭代后屈服单元的实际应力按下式进行调整:

$$\{\sigma_i'\}_j = \{\sigma_i\}_{j-1} + \{\Delta\sigma_i'\}_j$$
$$= \{\sigma_i\}_j - \{\Delta\sigma_0\}_j \tag{8-74}$$

(4)由计算的单元初应力$\{\Delta\sigma_0\}_j$计算单元的等效附加荷载($\{\Delta f_0\} = \int_v [B]^T \{\Delta\sigma_0\} dv$),并按节点叠加得系统总体的附加荷载$\{\Delta F_0\}$。

(5)在$\{\Delta F_0\}$作用下重复以上步骤,直到所有的单元都收敛至要求的精度,再施加下一级荷载增量,至全部荷载增量计算完成为止。

迭代收敛误差可以由前后两次迭代的应力差值来控制,或者以$\{\Delta\sigma_0\}$的绝对值小于某一规定的充分小的值控制,也可以由每次迭代中初始的线性解和调整后的非线性解的差值来控制(即$|\{\sigma_i\}_j - \{\sigma_i'\}_j|$)。后两种控制实际上是等价的,同前者相比各有优缺点。以前一种方法控制误差可表示为:

$$\left|\frac{\{\sigma_i\}_j - \{\sigma_i\}_{j-1}}{\{\sigma_i\}_j}\right| \leqslant eps \tag{8-75}$$

需要指出的是,在增量求解时可能遇到部分单元在本次荷载增量之前处于弹性范围(即$F < 0$),本次荷载增量时进入塑性范围($F' > 0$),这种过渡状态的单元,屈服点的应力对应于两次荷载增量之间的某一值。该屈服点须以插值求得,其初次迭代的弹塑性应力增量的计算应当把式(8-72)改为如下形式:

$$\{\Delta\sigma_i'\}_j = ([D] - \beta[D_p])\{\Delta\varepsilon_i\}_j \tag{8-76}$$

其中:

$$\beta = \frac{F'}{F' - F}$$

此外,在某一计算阶段也可能出现卸载情况,仍按弹性卸载考虑。卸载情况出现在本次增

量开始时的 F' 小于前一次增量的最后一次迭代时的 F 值。

初应力法一般总是收敛的,发散意味着系统已失去了维持平衡的基本条件,表示系统已不再能保持稳定和正常状态。然而,初应力法的收敛速度仍是较缓慢的,特别是当应力水平较高、塑性的单元数目较多时,求解时间较长。采用"松弛因子"以加速收敛可收到较好效果。通常的做法是将用于计算附加荷载的初应力乘以因子 δ:

$$
\left.
\begin{aligned}
\{\Delta\sigma_0\}_j &= \delta(\{\Delta\sigma_i\}_j - \{\Delta\sigma'_i\}_j) \\
\{\sigma'_i\}_j &= \{\sigma_i\}_j - \{\Delta\sigma_0\}_j
\end{aligned}
\right\}
\tag{8-77}
$$

式中:δ 值在 $1.0\sim1.5$ 之间。

此外,荷载增量的大小对收敛速度也有很大影响,一般不应过大,也不宜采用等步长,而应随应力水平而变化,对应于较高应力时取步长小一些会有显著效果。

为了改善收敛速度,一些研究者也曾建议常刚度与变刚度的结合以取长补短。但这种结合应当注意到能保证在出现卸载情况时能很方便地实现弹性卸载为宜。例如,常见的两类方法中,其一为每次增量开始时用常刚度(即原来的线性刚度),而在每次增量内的迭代用变刚度。它的好处是出现在某荷载增量的卸载情况时自然地实现了弹性卸载,而迭代的变刚度会显著加速收敛。缺点是总刚度存储须占用较多的存储(保留线性刚度阵)或者要利用外存储。另一方法则与之相反,每级增量为变刚度,增量内为常刚度。在弹性卸载时会增加计算上的麻烦。

图 8-15 为常刚度初应力法的框图。

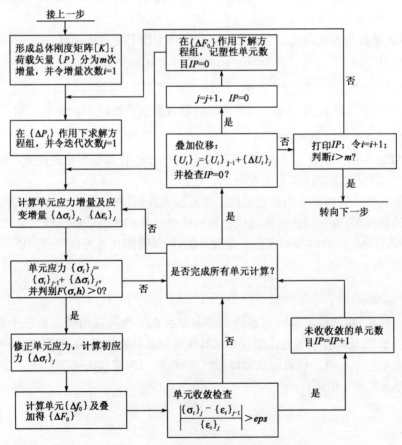

图 8-15　常刚度初应力法的框图

8.6 拉破坏的非线性分析

对于土、岩石、混凝土一类材料,其抗拉强度极低,当拉应力超过抗拉强度时将发生拉裂破坏。通过裂缝的方向将不能承受拉应力(即该方向上抗拉强度为零)。考虑这种破坏情况,其应力—应变全曲线可以近似表示为图 8-16 的形式。

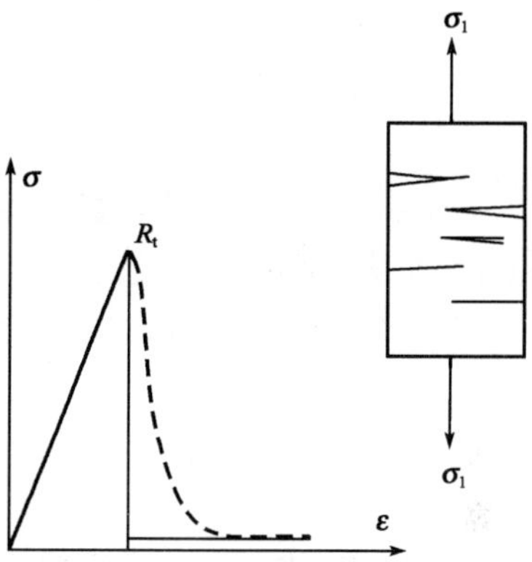

岩石拉破坏的有限元模拟习惯上称为"无拉力"分析。所谓"无拉力"在这里可以理解为在发生拉裂破坏的情况下,该拉应力将被消除并发生应力重新分配。拉破坏的本构关系按照前述的增量塑性理论也不难建立。

拉破坏条件可以写成:

初次拉裂前 $\qquad F = \sigma_i - R_t \leqslant 0$

初次拉裂后 $\qquad F = \sigma_i \leqslant 0$ $\qquad (i = 1, 2, 3)$

$$(8\text{-}78)$$

式中:σ_i——主应力分量;

R_t——岩石单轴抗拉强度。

图 8-16 拉破坏的应力—应变全曲线

为了利用前述的增量理论建立本构关系,在此作如下假定:

(1)拉破坏之前应力—应变关系服从胡克定律,即具有线弹性性质。

(2)在任一方向的拉应力超过岩石抗拉强度时,该应力分量将因开裂而变为零。

(3)开裂应变可假定为开裂前的线性应变及破裂后的非线性应变之和,可表示为:

$$\mathrm{d}\varepsilon = \mathrm{d}\varepsilon^e + \mathrm{d}\varepsilon^p$$

(4)在裂缝重新闭合以后,仍可承受压应力。

由上所述,在弹性范围内主应力增量及主应变增量之关系可表示为:

$$\begin{Bmatrix} \mathrm{d}\sigma_1 \\ \mathrm{d}\sigma_2 \\ \mathrm{d}\sigma_3 \end{Bmatrix} = \frac{E(1-\mu)}{(1+\mu)(1-2\mu)} \begin{bmatrix} 1 & & \text{（对称）} \\ \dfrac{\mu}{1-\mu} & 1 & \\ \dfrac{\mu}{1-\mu} & \dfrac{\mu}{1-\mu} & 1 \end{bmatrix} \begin{Bmatrix} \mathrm{d}\varepsilon_1 \\ \mathrm{d}\varepsilon_2 \\ \mathrm{d}\varepsilon_3 \end{Bmatrix} \qquad (8\text{-}79)$$

按照前面介绍的建立弹塑性本构关系的类似方法可以导出拉破坏的相应关系。我们把拉破坏后主应力增量与主应变增量的关系假定表示为:

$$\{\mathrm{d}\sigma\} = [D_{ep}^t]\{\mathrm{d}\varepsilon\}$$

式中:上角标 t——表示受拉破坏,以使其与一般的塑性流动加以区别(注意:这里的讨论是对主应力与主应变)。

出现拉破坏可能有以下三种情况:

(1)有一个主应力分量达到或超过抗拉强度。假定为 $\sigma_1 \geqslant R_t$,$\sigma_2 < R_t$,$\sigma_3 < R_t$,则:

$$F = \sigma_1 - R_t = 0$$

以此作为"屈服准则"，利用前面导出的一般化公式(8-14)及式(8-15)，考虑到图8-16拉破坏后类似"理想塑性"的情况，则$A=0$，取$F=G$，即可导出：

$$[D_p] = \frac{E(1-\mu)}{(1+\mu)(1-2\mu)} \begin{bmatrix} 1 & & \text{（对称）} \\ \dfrac{\mu}{1-\mu} & \dfrac{\mu^2}{(1-\mu)^2} & \\ \dfrac{\mu}{1-\mu} & \dfrac{\mu^2}{1-\mu^2} & \dfrac{\mu}{1-\mu^2} \end{bmatrix} \tag{8-80}$$

$$[D_{ep}^t] = [D] - [D_p] = \frac{E}{1-\mu^2} \begin{bmatrix} 0 & & \text{（对称）} \\ 0 & 1 & \\ 0 & \mu & 1 \end{bmatrix} \tag{8-81}$$

式(8-81)与平面应力问题的弹性矩阵同，这表明由于沿一个主应力方向拉裂使拉应力降为零，从而使三向应力转为二向应力状态，如图8-17a)所示。这是与实际破坏状态相一致的。

(2)两个方向的主应力达到或超过抗拉强度。假定$\sigma_1 \geqslant R_t$，$\sigma_2 \geqslant R_t$，$\sigma_3 < R_t$。这时

$$\left. \begin{array}{l} F_1 = \sigma_1 - R_t = 0 \\ F_2 = \sigma_2 - R_t = 0 \end{array} \right\}$$

同时以F_1、F_2两个条件(即$F=[F_1 \quad F_2]$)代入式(8-14)及式(8-15)，并对公式略加修正，则可得到：

$$[D_{ep}^t] = [D] - [D_p] = \begin{bmatrix} 0 & 0 & 0 \\ 0 & 0 & 0 \\ 0 & 0 & E \end{bmatrix} \tag{8-82}$$

此时，由于两个主应力方向发生拉破坏，使该处转入单向受力，如图8-17b)所示。

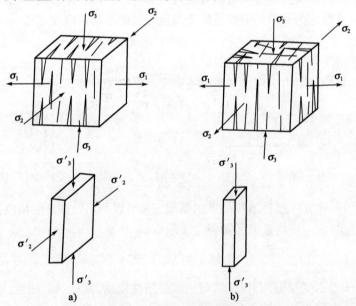

图8-17 两种不同拉破坏状态

(3)三个方向的主应力均达到或超过抗拉强度，则该单元不能再承受应力。拉破坏使得$\sigma_1=0$，$\sigma_2=0$，$\sigma_3=0$。由上述方法利用式(8-14)及式(8-15)可导出同样结果($[D_{ep}]=[0]$)。

以上是以一般三向应力状态的情况导出相应的本构关系。对于平面问题也可建立相应的

本构关系。假定在 x,y 平面内主应力为 σ_1、σ_2，则：

$$\begin{Bmatrix} \mathrm{d}\sigma_1 \\ \mathrm{d}\sigma_2 \end{Bmatrix} = \begin{bmatrix} D_{11} & D_{12} \\ D_{21} & D_{22} \end{bmatrix} \begin{Bmatrix} \mathrm{d}\varepsilon_1 \\ \mathrm{d}\varepsilon_2 \end{Bmatrix} \tag{8-83}$$

当有一个主应力为拉应力时，例如 $\sigma_1 - R_t \geqslant 0$，则采用同样方法可导出平面应力及平面应变问题的本构关系。

平面应力问题：

$$[D_{ep}^t] = \begin{bmatrix} 0 & 0 \\ 0 & E \end{bmatrix} \tag{8-84}$$

平面应变问题：

$$[D_{ep}^t] = \frac{E}{1-\mu^2} \begin{bmatrix} 0 & 0 \\ 0 & 1 \end{bmatrix} \tag{8-85}$$

同样，当 $\sigma_1 \geqslant \sigma_t$ 及 $\sigma_2 \geqslant \sigma_t$ 时，单元将由双向拉裂而破坏，即 $[D_{ep}^t] = [0]$。

模拟材料低的抗拉强度及拉破坏的非线性分析也可以按前述的非线性分析的基本方法进行。由辛克维奇首先提出的"应力转移"技术是模拟拉破坏后应力重新分布的有效方法。它的不足之处在于它只是简单地"消除"拉应力，而没有考虑到由于某方向上发生拉破坏之后，对另外方向与该方向之间的应变相互传递的情况也遭破坏，必须同时调整另外两个主应力分量。上述本构关系的推导则可正确地考虑到这种变化，使拉破坏的非线性分析理论更合理一些。

在一般的三向应力状态下，考虑低抗拉强度及拉破坏的非线性分析可按下述步骤进行：

(1)首先对每级荷载增量按线弹性求解，并计算出单元的应力增量 $\{\Delta\sigma_i\}_j$。对于第 j 次迭代后单元应力为：

$$\{\sigma_i\}_j = \{\sigma_i\}_{j-1} + \{\Delta\sigma_i\}_j$$

(2)计算单元主应力及其方向余弦。由弹性理论可知，单元主应力可由下述方程求得：

$$\sigma^3 - I_1\sigma^2 + I_2\sigma - I_3 = 0 \tag{8-86}$$

式中：I_1、I_2、I_3——应力张量的 3 个不变量，它们依次称为第一、第二、第三不变量。

$$I_1 = \sigma_x + \sigma_y + \sigma_z$$
$$I_2 = \sigma_x\sigma_y + \sigma_y\sigma_z + \sigma_z\sigma_x - \tau_{xy}^2 - \tau_{yz}^2 - \tau_{zx}^2$$
$$I_3 = \sigma_x\sigma_y\sigma_z + 2\tau_{xy}\tau_{yz}\tau_{zx} - \sigma_x\tau_{yz}^2 - \sigma_y\tau_{zx}^2 - \sigma_z\tau_{xy}^2$$

解方程(8-86)得 3 个实根，依次排列为 σ_1、σ_2、σ_3。然后将其任一个主应力代入下面方程组 (8-87)中的任意两个方程中，并同式(8-88)联解，即可得出该主应力的 3 个方向余弦：

$$\left.\begin{aligned} (\sigma_x - \sigma_i)l_i + \tau_{xy}m_i + \tau_{xz}n_i &= 0 \\ \tau_{xy}l_i + (\sigma_y - \sigma_i)m_i + \tau_{yz}n_i &= 0 \\ \tau_{xz}l_i + \tau_{zy}m_i + (\sigma_z - \sigma_i)n_i &= 0 \end{aligned}\right\} \tag{8-87}$$

式(8-87)可写为矩阵形式：

$$\begin{bmatrix} (\sigma_x - \sigma_i) & (对称) & \\ \tau_{yz} & (\sigma_y - \sigma_i) & \\ \tau_{zx} & \tau_{zy} & (\sigma_z - \sigma_i) \end{bmatrix} \begin{Bmatrix} l_i \\ m_i \\ n_i \end{Bmatrix} = \{0\}$$

同时 3 个方向余弦有如下几何关系：

$$l_i^2 + m_i^2 + n_i^2 = 1 \tag{8-88}$$

按上述方法可求得 3 个主应力的方向余弦 l_1、m_1、n_1、$\cdots$、l_3、m_3、n_3。单元主应力与按整体坐标求得的单元应力有如下变换关系：

$$\{\sigma_i\}_j' = [T_0]\{\sigma_i\}_j$$

其中：

$$\{\sigma_i\}'_j=[\sigma_1 \quad \sigma_2 \quad \sigma_3]^T$$

$$\{\sigma_i\}_j = [\sigma_x \quad \sigma_y \quad \sigma_z \quad \tau_{xy} \quad \tau_{yz} \quad \tau_{zx}]^T$$

$$[T_0] = \begin{bmatrix} l_1^2 & m_1^2 & n_1^2 & 2l_1m_1 & 2m_1n_1 & 2l_1n_1 \\ l_2^2 & m_2^2 & n_2^2 & 2l_2m_2 & 2m_2n_2 & 2l_2n_2 \\ l_3^2 & m_3^2 & n_3^2 & 2l_3m_3 & 2m_3n_3 & 2l_3n_3 \end{bmatrix} \tag{8-89}$$

调整后的应力须转回整体坐标以计算需要进行应力转移的等效节点力,即：

$$\{\sigma_i\}''_j = [T_1]\{\sigma_i\}''_j$$

$$[T_1] = \begin{bmatrix} l_1^2 & l_2^2 & l_3^2 & 2l_1l_2 & 2m_1m_2 & 2n_1n_2 \\ m_1^2 & m_2^2 & m_3^2 & 2l_2l_3 & 2m_2m_3 & 2n_2n_3 \\ n_1^2 & n_2^2 & n_3^2 & 2l_3l_1 & 2m_3m_1 & 2n_3n_1 \end{bmatrix} \tag{8-90}$$

(3)对于出现拉应力达到或超过抗拉强度的单元,按照拉破坏的本构关系消除拉应力并调整有关的主应力分量,即：

$$\{\Delta\sigma_i'\}_j = [D_{ep}^t]\{\Delta\varepsilon_i'\}_j$$

要注意,这里的 $\Delta\sigma'$ 及 $\Delta\varepsilon'$ 是指主应力及主应变增量。单元主应变可由按整体坐标求得的单元应变通过以下坐标变换关系得到：

$$\{\varepsilon'\} = [T_2]\{\varepsilon\}$$

$$[T_2] = \begin{bmatrix} l_1^2 & m_1^2 & n_1^2 & l_1m_1 & m_1n_1 & n_1l_1 \\ l_2^2 & m_2^2 & n_2^2 & l_2m_2 & m_2n_2 & n_2l_2 \\ l_3^2 & m_3^2 & n_3^2 & l_3m_3 & m_3n_3 & n_3l_3 \end{bmatrix} \tag{8-91}$$

$$\{\varepsilon\} = [\varepsilon_x \quad \varepsilon_y \quad \varepsilon_z \quad \gamma_{xy} \quad \gamma_{yz} \quad \gamma_{zx}]^T$$

$$\{\varepsilon\}' = [\varepsilon_1 \quad \varepsilon_2 \quad \varepsilon_3]^T$$

(4)由 $\{\sigma_i'\}_j$ 经调整后再转回到系统整体坐标以得到单元应力 $\{\sigma_i\}_j$,可由下式实现变换：

$$\{\sigma_i''\}_j = [T_2]^T\{\sigma_i'\}_j \tag{8-92}$$

(5)以消除拉应力前后的应力差值作为初应力,非线性迭代可按照初应力法计算步骤进行,即：

$$\{\Delta\sigma_0\} = \{\sigma_i\}_j - \{\sigma_i''\}_j$$

由此求得等效附加荷载 $\{\Delta f_0\}$ 及 $\{\Delta F_0\}$。

(6)在 $\{\Delta F_0\}$ 作用下重复进行以上步骤,至迭代收敛为止,再施加下一级荷载增量,至全部荷载完成为止。

对于平面问题,计算步骤与上述类似：

(1)计算同前；

(2)单元主应力可按下述公式求得：

$$\left.\begin{aligned} \sigma_1 &= \frac{\sigma_x + \sigma_y}{2} + \sqrt{\frac{\sigma_x + \sigma_y}{2} + 4\tau_{xy}^2} \\ \sigma_2 &= \frac{\sigma_x + \sigma_y}{2} - \sqrt{\frac{\sigma_x + \sigma_y}{2} + 4\tau_{xy}^2} \end{aligned}\right\} \tag{8-93}$$

主应力方向

$$\alpha = \tan^{-1}[2\tau_{xy}/(\sigma_x - \sigma_y)]$$

按以上计算的方向角 α 可能是最大或最小主应力,使用上颇为不便。故仍可利用坐标变换公式把坐标转向 α 角之后则与主应力方向重合,由此可得：

$$\{\sigma'_i\}_j = [T_1]\{\sigma_i\}_j$$

其中：

$$\{\sigma'_i\}_j = [\sigma_1 \quad \sigma_2 \quad 0]^T, \{\sigma_i\}_j = [\sigma_x \quad \sigma_y \quad \tau_{xy}]^T$$

$$[T_1] = \begin{bmatrix} \cos^2\alpha & \sin^2\alpha & 2\sin\alpha\cos\alpha \\ \sin^2\alpha & \cos^2\alpha & -2\sin\alpha\cos\alpha \\ \sin\alpha\cos\alpha & \sin\alpha\cos\alpha & \cos^2\alpha - \sin^2\alpha \end{bmatrix} \quad (8\text{-}94)$$

应变的坐标变换为：$\{\varepsilon'_i\}_j = [T_2]\{\varepsilon_i\}_j$；其中主应变为$\{\varepsilon'_i\}_j = [\varepsilon_1 \quad \varepsilon_2 \quad 0]^T$；变换矩阵为：

$$[T_2] = \begin{bmatrix} \cos^2\alpha & \sin^2\alpha & \sin\alpha\cos\alpha \\ \sin^2\alpha & \cos^2\alpha & -\sin\alpha\cos\alpha \\ -2\sin\alpha\cos\alpha & 2\sin\alpha\cos\alpha & \cos^2\alpha - \sin^2\alpha \end{bmatrix} \quad (8\text{-}95)$$

(3)对主拉应力超过抗拉强度的单元进行应力调整，即：

$$\{\sigma'_i\}_j = [D_{ep}^t]\{\varepsilon'_i\}_j$$

(4)、(5)两步与上述三向应力状态的处理相同。

上述变换矩阵$[T_1]$及$[T_2]$有如下关系：

$$[T_1]^{-1} = [T_2]^T, [T_2]^{-1} = [T_1]^T \quad (8\text{-}96)$$

当应力及应变由主应力方向转回到系统的整体坐标上时，这一关系是有用的。

以增量—初应力法来模拟拉裂破坏的非线性性态与前述的弹塑性分析的初应力法计算格式完全相同。这种统一性有利于在同一程序中综合地处理岩石的多种非线性性态。考虑拉裂破坏的非线性分析计算框图示于图 8-18 中。

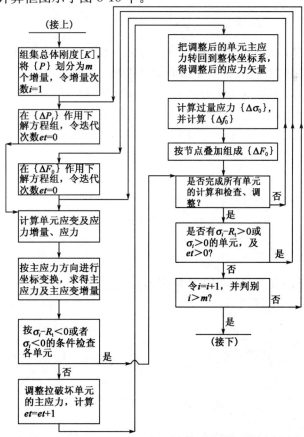

图 8-18　拉裂破坏的非线性分析计算框图

有限元法是目前应用最为广泛的数值方法之一,但其应用于无拉力分析时有一定的局限性,过多的断裂单元还会带来刚度矩阵的病态问题。为克服上述困难,一些学者提出了采用非连续形函数的强化有限元(Enriched FEM)。在此基础上,结合材料不均匀性和非线性的处理,又发展了广义有限元方法(Generalized FEM),并将其应用于非线性断裂分析。虽然无拉力分析在计算方法上有了很大的进展,但是目前在大型商用有限元软件(ANSYS、ABAQUS 等)中,还没有开辟出专门模块进行无拉力的分析。辽宁工程技术大学王来贵自 1993 年以来在分析岩石类材料张拉破坏现象的基础上,建立了岩石拉张破坏的基本理论;以有限元法为基础,采用自编程序对岩石试件及岩石工程的拉张破坏演化过程进行模拟,对岩梁、巴西盘、圆孔、圆环、雁阵式断层等最基本的岩石力学问题破裂过程进行了分析,得到了一些有价值的成果。

8.7　岩石黏弹塑性分析有限元法

对于地下隧洞,围岩的变形具有一定的蠕变特性。对软弱围岩或节理、裂隙发育的岩体,其蠕变特性就更为显著。而经典的弹塑性变形理论在计算上,毛洞开挖洞体变形的释放都是看做瞬时完成来处理的,无法反映其时间效应。在前面章节中,我们介绍了隧洞围岩的黏弹塑性分析,包括几种常用的流变模型及其应用于简单隧洞围岩边界条件下的黏弹塑性解析解方法。这一节将进一步讨论这类黏弹塑性问题的有限元数值分析,并引出常用的基本方法。

8.7.1　黏弹性体的有限元法

一般地说,黏性物体的流变效应不仅与当时的应力水平有关,而且还取决于整个应力历史的过程。为了分析黏性体的流变,必须采用增量的初应变或初应力方法,并以合适的时间步长逐步进行计算。这里以增量初应变法为例来介绍黏弹性体的有限元分析。

很多工程材料的性质可以近似为黏弹性的,其总的应变可以看成由两部分组成:

$$\varepsilon = \varepsilon_e + \varepsilon_v \tag{8-97}$$

式中:ε_e——弹性应变;

　　ε_v——黏性应变。

在有限元法的单元体内,可将式(8-97)写为:

$$\{\varepsilon\} = \{\varepsilon_e\} + \{\varepsilon_v\} \tag{8-98a}$$

或

$$\{\varepsilon_v\} = \{\varepsilon\} - \{\varepsilon_e\} \tag{8-98b}$$

设单元 e 内存在有初应变$\{\varepsilon_v\}$,则单元体应力公式为:

$$\{\sigma\} = [D](\{\varepsilon\} - \{\varepsilon_v\}) = [D][B]\{\delta\}^e - [D]\{\varepsilon_v\} \tag{8-99}$$

而

$$\{F\}^e = \int_v [B]^T\{\sigma\}\mathrm{d}v = \int_v [B]^T[D][B]\mathrm{d}v\{\delta\}^e - \int_v [B]^T[D]\{\varepsilon_v\}\mathrm{d}v$$

$$= [k]^e\{\delta\}^e - \int_v [B]^T[D]\{\varepsilon_v\}\mathrm{d}v \tag{8-100}$$

将式(8-100)与一般的弹性平衡方程相比较可见,其右端的第二项是没有的。该项表示的

即是由于初应变而产生的节点荷载,写为:

$$\{F_v\} = \int_V [B]^T[D]\{\varepsilon_v\}\mathrm{d}v \tag{8-101}$$

总体可表示为:

$$[K]\{\delta\} = \{R\} + \{F_v\} \tag{8-102}$$

可知,$\{F_v\}$ 随着 $\{\varepsilon_v\}$ 的改变而改变。根据时步增量初应变法,应从多次求解方程(8-102)才能得到应力、应变和位移随时间的变化曲线。具体计算步骤如下:

(1)在时间 $t=0$ 时,施加的荷载为 $\{R\}=\{R_0\}$。根据弹性平衡方程 $[K]\{\delta_0\}=\{R_0\}$ 可求得瞬时弹性变形 $\{\delta_0\}$,再根据几何方程 $\{\varepsilon_0\}=[B]\{\delta_0\}$ 求得 $\{\varepsilon_0\}$,并通过弹性物理方程 $\{\sigma_0\}=[D]\{\varepsilon_0\}$ 求得 $\{\sigma_0\}$。

(2)由增量法,假定 $\{\sigma_0\}$ 在很短时间间隔 Δt 内保持为常值不变,材料特性也保持为不变,则可根据材料的流变本构关系求得时间间隔末尾的黏性应变 $\{\varepsilon_v\}_1$。

(3)第二时间间隔开始时,考虑 $\{\varepsilon_v\}_1$ 是初应变,根据式(8-101)和式(8-102),求得 $\{\delta\}_1$。如果该间隔的外荷载也有变化,则 $\{R\}=\{R_1\}$。再按式(8-99)求得 $\{\sigma\}_1$,此处 $\{\varepsilon_v\}=\{\varepsilon_v\}_1$。

(4)又假定 $\{\sigma\}_1$ 在第二间隔内保持不变,根据材料流变本构关系求得该间隔末尾的黏性应变 $\{\varepsilon_v\}_2$,然后把其作为第三时间间隔开始时的初应变,根据式(8-101)和式(8-102)求得 $\{\delta\}_2$,再按式(8-99)求得 $\{\sigma\}_2$。依次类推,逐步做下去。显然,只要 Δt 取得足够小,是能够收敛于精确解的。一般认为数值解的稳定条件是应力变化速率 $\dfrac{\mathrm{d}\sigma}{\mathrm{d}t}$ 要逐步减小,并最后趋近于 0。若不满足这一条件,就会出现解的不稳定现象,这时需要缩小 Δt 的值。

上述过程一般不难实现。但对于不同的黏弹性模型,其流变本构关系表达方式亦有所区别,则上述步骤的关键问题在于求解黏性应变 ε_v,即黏弹性问题的解将归结为具有初应变的弹性问题的解。ε_v 与计算时刻的应力 σ 有关,是一个可变化的初应变。下面以典型黏弹性模型广义 Kelvin 模型(图8-19)为例,具体推导 ε_v 的表达式。

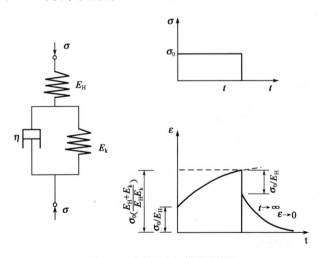

图8-19　广义 Kelvin 模型及机理

由第 5 章式(5-18)知黏性应变 ε_v 随时间的变化:

$$\dot{\varepsilon}_v = \frac{\sigma}{\eta} - \frac{E_k}{\eta}\varepsilon_v \tag{8-103}$$

式中：η、E_k——Kelvin 模型参数。

求解式(8-103)可得：

$$\varepsilon_v(t) = Ae^{-\frac{E_k}{\eta}t} + \frac{\sigma}{E_k} \tag{8-104}$$

式中：A——待定常数。

对应于 $t+\Delta t$ 时刻的黏性应变值，有：

$$\varepsilon_v(t+\Delta t) = Ae^{-\frac{E_k}{\eta}(t+\Delta t)} + \frac{\sigma}{E_k} \tag{8-105}$$

当 $\Delta t \to 0$ 时，有 $\varepsilon_v(t+\Delta t) \to \varepsilon_v(t)$，代入式(8-105)可得：

$$A = e^{\frac{E_k}{\eta}t}\left[\varepsilon_v(t) - \frac{\sigma}{E_k}\right] \tag{8-106}$$

再将式(8-106)代入式(8-105)，整理后可得：

$$\varepsilon_v(t+\Delta t) = e^{-\frac{E_k}{\eta}\Delta t}\varepsilon_v(t) + \frac{\sigma}{E_k}(1 - e^{-\frac{E_k}{\eta}\Delta t}) \tag{8-107}$$

根据式(8-107)所示的关系，$t+\Delta t$ 时刻的黏性应变可由前一步结束时的黏性应变求得。

将所需计算的时间按等时步或变时步方法划分为 n 个时步增量，即：

$$t = \sum_{i=1}^{n}\Delta t \tag{8-108}$$

当 $t=0$ 时，式(8-107)变为：

$$\varepsilon_v(\Delta t) = e^{-\frac{E_k}{\eta}\Delta t}\varepsilon_v(0) + \frac{\sigma}{E_k}(1 - e^{-\frac{E_k}{\eta}\Delta t}) \tag{8-109}$$

$\varepsilon_v(\Delta t)$ 即对应于前述一般步骤中的第(2)步 $\{\varepsilon_v\}_1$ 的求解，接下来按前述步骤继续运算即可完成黏弹性问题的有限元解析。

8.7.2 弹—黏塑性体有限元法

1. 弹—黏塑性模型

弹—黏塑性材料指的是，当材料所受的应力或应变水平低于某一屈服极限时，其变形为弹性的；当应力或应变水平高于屈服极限时，则其变形为与时间有关的黏塑性状态。

弹—黏塑性体的总应变可以表示为：

$$\{\varepsilon\} = \{\varepsilon_e\} + \{\varepsilon_{vp}\} \tag{8-110}$$

式中：$\{\varepsilon_e\}$——瞬时弹性应变；

$\{\varepsilon_{vp}\}$——黏塑性应变。

(1)一维状态下弹—黏塑性模型

以广义 Bingham 模型为例(图 8-20)，其应力可以表示为：

$$\sigma = \sigma_e = E_1\varepsilon_1 = \sigma_p + \sigma_d \tag{8-111}$$

式中:σ_p、σ_d——分别为滑块内的应力和黏壶内的应力。

滑块内的应力取决于总应力水平,即:

$$\left.\begin{array}{ll} \sigma_p = \sigma & \sigma_p < Y \\ \sigma_p = \sigma & \sigma_p \geqslant Y \end{array}\right\} \tag{8-112}$$

其中:

$$Y = \sigma_Y + H'\varepsilon_{vp} \tag{8-113}$$

式中:σ_Y——单轴屈服应力;

H'——硬化曲线的斜率;

ε_{vp}——黏塑性应变。

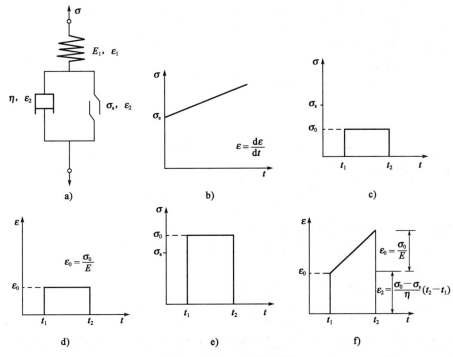

图 8-20　Bingham 模型及机理

a)力学模型;b)应力—应变速度图;c)应力—时间图($\sigma_0 < \sigma_s$);d)应变—时间图($\sigma_0 < \sigma_s$);e)应力—时间图($\sigma_0 > \sigma_s$);f)应变—时间图($\sigma_0 > \sigma_s$)

黏壶内的应力为:

$$\sigma_d = \eta \frac{d\varepsilon_{vp}}{dt} \tag{8-114}$$

在材料进入黏塑性屈服之前,弹—黏塑性模型表现为弹性模型的特征;进入黏塑性屈服之后,将式(8-112)~式(8-114)代入式(8-111),有:

$$\sigma = \sigma_Y + H'\varepsilon_{vp} + \eta \frac{d\varepsilon_{vp}}{dt} = \sigma_Y + H'\varepsilon_{vp} + \eta\dot{\varepsilon}_{vp} \tag{8-115}$$

又 $\varepsilon_{vp} = \varepsilon - \varepsilon_e$,代入整理后得:

$$\dot{\varepsilon} = \frac{\dot{\sigma}}{E} + \eta\left[\sigma - (\sigma_Y + H'\varepsilon_{vp})\right]$$
$$= \dot{\varepsilon}_e + \dot{\varepsilon}_{vp} \tag{8-116}$$

其中:

$$\dot{\varepsilon}_{vp} = \eta\left[\sigma - (\sigma_Y + H'\varepsilon_{vp})\right] \qquad (8\text{-}117)$$

对式(8-117)进行求解,取 $\sigma = \sigma_A$ 为常量,求解得:

$$\varepsilon = \frac{\sigma_A}{E} + \frac{\sigma_A - \sigma_Y}{H'}(1 - e^{-H'\eta t}) \qquad (8\text{-}118)$$

对于线性硬化材料,$H' \neq 0$,瞬时弹性应变发生后总应变逐渐趋近于 $\frac{\sigma_A}{E} + \frac{\sigma_A - \sigma_Y}{H'}$,如图 8-21a)所示;当材料为理想弹塑性时,$H' = 0$,瞬时弹性应变发生后,塑性应变将持续增长,如图 8-21b)所示。

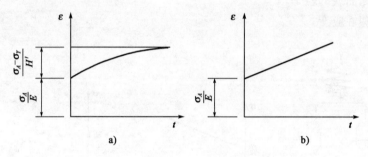

图 8-21 应变—时间图
a)线性硬化材料应变—时间图;b)理想弹塑性材料应变—时间图

由式(8-110)和式(8-118),有:

$$\varepsilon_{vp}(t) = \frac{\sigma_A - \sigma_Y}{H'}(1 - e^{-H'\eta t}) \qquad (8\text{-}119)$$

对应于 $t + \Delta t$ 时刻的黏塑性应变值,有:

$$\varepsilon_{vp}(t + \Delta t) = \frac{\sigma_A - \sigma_Y}{H'}\left[1 - e^{-H'\eta(t+\Delta t)}\right] \qquad (8\text{-}120)$$

当 $\Delta t \to 0$ 时,有 $\varepsilon(t + \Delta t) \to \varepsilon(t)$,代入式(8-120),整理后得:

$$\varepsilon_{vp}(t + \Delta t) = \varepsilon_{vp}(t)e^{-H\eta\Delta t} + \frac{\sigma_A - \sigma_Y}{H'}(1 - e^{-H\eta\Delta t}) \qquad (8\text{-}121)$$

根据式(8-121)所示的关系,$t + \Delta t$ 时刻的黏塑性应变可按前一时步结束时的黏塑性应变求得。

(2)多维状态下弹—黏塑性模型

仍以广义 Bingham 模型为例,为简化计算,假设为理想黏塑性材料,则式(8-117)在多维状态下可以表示为:

$$\{\dot{\varepsilon}_{vp}\} = \frac{1}{\eta}\left<\left(\frac{F}{F_0}\right)\right>\frac{\partial G}{\partial\{\sigma\}} \qquad (8\text{-}122)$$

其中:

$$\{\dot{\varepsilon}_{vp}\} = [\dot{\varepsilon}_{x,vp} \quad \dot{\varepsilon}_{y,vp} \quad \dot{\varepsilon}_{z,vp} \quad \dot{\varepsilon}_{yz,vp} \quad \dot{\varepsilon}_{zx,vp} \quad \dot{\varepsilon}_{xy,vp}]^T$$

式中:$\left<\left(\frac{F}{F_0}\right)\right>$——开关函数,当 $F \geq 0$ 时,$\left<\left(\frac{F}{F_0}\right)\right> = \frac{F}{F_0}$;当 $F < 0$ 时,$\left<\left(\frac{F}{F_0}\right)\right> = 0$;

F——屈服函数,根据材料性质选定;

F_0——使系数变为无量纲而采用的任意值;

G——塑性势,如果 $G = F$,称为相关联流动法则;如果 $G \neq F$,称为不相关联流动法则。

对于各向同性体而言,屈服函数 F 是 3 个应力不变量的函数,即:

$$F(\sigma) = F(\sigma_m, J_2, J_3)$$

其中 σ_m 是平均应力。第一不变量 $I_1 = 3\sigma_m$,J_2、J_3 为偏应力第二不变量和第三不变量。

用张量表示为：

$$\sigma_{\mathrm{m}} = \frac{1}{3}\sigma_{ij}, S_{ij} = \sigma_{ij} - \delta_{ij}\sigma_{\mathrm{m}}$$

$$J_2 = \frac{1}{2}S_{ij}S_{ij} = \frac{1}{2}\left[S_{xx}^2 + S_{yy}^2 + S_{zz}^2 + 2S_{xy}^2 + 2S_{yz}^2 + 2S_{zx}^2\right]$$

$$J_3 = \frac{1}{3}S_{ij}S_{jk}S_{ki} = S_{xx}S_{yy}S_{zz} + 2S_{xy}S_{yz}S_{zx} - (S_{xx}S_{yz}^2 + S_{yy}S_{zx}^2 + S_{zz}S_{xy}^2)$$

如用相关联流动法则，即 $G \equiv F$ 条件：

$$\frac{\partial G}{\partial\{\sigma\}} = \frac{\partial F}{\partial\{\sigma\}} = \frac{\partial F}{\partial\sigma_{\mathrm{m}}}\frac{\partial\sigma_{\mathrm{m}}}{\partial\{\sigma\}} + \frac{\partial F}{\partial\bar{\sigma}}\frac{\partial\bar{\sigma}}{\partial\{\sigma\}} + \frac{\partial F}{\partial J_3}\frac{\partial J_3}{\partial\{\sigma\}}$$

$$= C_1\frac{\partial\sigma_{\mathrm{m}}}{\partial\{\sigma\}} + C_2\frac{\partial\bar{\sigma}}{\partial\{\sigma\}} + C_3\frac{\partial J_3}{\partial\{\sigma\}} \tag{8-123}$$

其中：

$$\bar{\sigma} = \sqrt{J_2}$$

$$\frac{\partial\sigma_{\mathrm{m}}}{\partial\{\sigma\}} = \frac{1}{3}\begin{bmatrix}1 & 1 & 1 & 0 & 0 & 0\end{bmatrix}^{\mathrm{T}}$$

$$\frac{\partial\bar{\sigma}}{\partial\{\sigma\}} = \frac{1}{2\bar{\sigma}}\begin{bmatrix}S_x & S_y & S_z & 2S_{xy} & 2S_{yz} & 2S_{zx}\end{bmatrix}^{\mathrm{T}}$$

$$\frac{\partial J_3}{\partial\{\sigma\}} = \begin{pmatrix}S_yS_z - S_{yz}^2 \\ S_zS_x - S_{zx}^2 \\ S_xS_y - S_{xy}^2 \\ 2(S_{xy}S_{yz} - S_xS_{yz}) \\ 2(S_{yz}S_{zx} - S_yS_{zx}) \\ 2(S_{zx}S_{xy} - S_zS_{xy})\end{pmatrix} + \frac{1}{3}\bar{\sigma}^2\begin{pmatrix}1 \\ 1 \\ 1 \\ 0 \\ 0 \\ 0\end{pmatrix}$$

式(8-123)中 C_1、C_2、C_3 的取值取决于屈服函数，见表8-1。

通过以上分析，式(8-122)的黏塑性应变速率 $\{\dot{\varepsilon}_{\mathrm{vp}}\}$ 完全可以求出。例如，对于服从 D-P 屈服准则的材料，式(8-122)可以写成：

$$\{\dot{\varepsilon}_{\mathrm{vp}}\} = \frac{1}{F_0}\left(\frac{6\sin\varphi}{3-\sin\varphi}\sigma_{\mathrm{m}} + \sqrt{3}\,\bar{\sigma} - \frac{6c\cos\varphi}{3-\sin\varphi}\right)\left(\frac{6\sin\varphi}{3-\sin\varphi}\frac{[P]}{9\sigma_{\mathrm{m}}} + \frac{\sqrt{3}[Q]}{2\bar{\sigma}}\right)\{\sigma\} \tag{8-124}$$

其中：

$$[P] = \begin{bmatrix}1 & 1 & 1 & 0 & 0 & 0 \\ & 1 & 1 & 0 & 0 & 0 \\ & & 1 & 0 & 0 & 0 \\ & & & 0 & 0 & 0 \\ & & (对称) & & 0 & 0 \\ & & & & & 0\end{bmatrix}$$

$$[Q] = \begin{bmatrix}\dfrac{2}{3} & -\dfrac{1}{3} & -\dfrac{1}{3} & 0 & 0 & 0 \\[6pt] & \dfrac{2}{3} & -\dfrac{1}{3} & 0 & 0 & 0 \\[6pt] & & \dfrac{2}{3} & 0 & 0 & 0 \\[6pt] & & & 2 & 0 & 0 \\[6pt] & (对称) & & & 2 & 0 \\[6pt] & & & & & 2\end{bmatrix}$$

2. 弹—黏塑性有限元公式和计算步骤

弹—黏塑性有限元解析仍可采用时步增量初应变法。基本平衡方程与式(8-111)的相同，此时$\{F_v\}$改为$\{F_{vp}\}$，表示虚拟节点荷载是由黏塑性应变$\{\varepsilon_{vp}\}$引起的。

$$[K]\{\delta\} = \{R\} + \{F_{vp}\} \tag{8-125}$$

$$\{F_{vp}\} = \sum_e \int_v [B]^T[D]\{\varepsilon_{vp}\}dv \tag{8-126}$$

根据材料性质，选定某一个屈服准则，由式(8-117)或式(8-122)得到$\{\dot{\varepsilon}_{vp}\}$，如用 D-P 屈服准则，就直接用式(8-124)计算。然后在时间上进行离散，使$\{\Delta\varepsilon_{vp}\} = \{\dot{\varepsilon}_{vp}\}\Delta t$，应用时间步长法就可以计算出每一时步的$\{\varepsilon_{vp}\}(t)$[一维情况下可由式(8-121)计算]，从而迭代求解方程(8-125)。将所需计算的时间按等时步或变时步方法划分为 n 个时步增量，具体计算步骤归纳如下：

(1)在时间 $t=0$ 时，黏塑性应变$\{\varepsilon_{vp}\}_0=0$，从而$\{F_{vp}\}_0=0$。则根据施加的荷载$\{R\}_0$，由弹性平衡方程可求出$\{\delta\}_0$，再根据几何方程求得$\{\varepsilon\}_0$，并从弹性物理方程求得$\{\sigma\}_0$，然后由式(8-117)或式(8-122)求出$\{\dot{\varepsilon}_{vp}\}_0$。

(2)根据黏塑性应变速率$\{\dot{\varepsilon}_{vp}\}_0$，按时步差分方法求解下一时步的黏塑性应变$\{\varepsilon_{vp}\}_1$，有：

$$\{\varepsilon_{vp}\}_{n+1} = \{\varepsilon_{vp}\}_n + \{\Delta\varepsilon_{vp}\}_n$$

$$\{\Delta\varepsilon_{vp}\}_n = \Delta t_n[(1-\theta)\{\dot{\varepsilon}_{vp}\}_n + \theta\{\dot{\varepsilon}_{vp}\}_{n+1}] \tag{8-127}$$

上式取 $\theta=0$ 即为欧拉向前差分公式$\{\Delta\varepsilon_{vp}\}_n=\Delta t_n\{\dot{\varepsilon}_{vp}\}_n$，则：

$$\{F_{vp}\}_{n+1} = \sum_e \int_v [B]^T[D]\{\varepsilon_{vp}\}_{n+1}dv$$

如果外荷载$\{R\}_n$在该时刻也有变化，取为$\{R\}_{n+1}$(对大多数工程问题，其为 0)。

(3)解方程(8-125)，计算出$\{\delta\}_{n+1}$：

$$\{\delta\}_{n+1} = [K]^{-1}(\{R\}_{n+1} + \{F_{vp}\}_{n+1})$$

(4)由几何方程确定$\{\varepsilon\}_{n+1}=[B]\{\delta\}_{n+1}$，由物理方程确定：

$$\{\sigma\}_{n+1} = [D](\{\varepsilon\}_{n+1} - \{\varepsilon_{vp}\}_{n+1}) \tag{8-128}$$

(5)平衡修正。由于采用差分近似公式，按计算结果内力与外力不一定相等，有不平衡力为：

$$\{F\}_{n+1}^u = \sum_e \int_v [B]^T\{\sigma\}_{n+1}dv \neq 0$$

将$\{F\}_{n+1}^u$叠加到下一时步的荷载项中，然后再进行平衡方程求解。求得$\{\sigma\}_1$，则第二时步初的$\{\sigma\}_1,\{\delta\}_1,\{\varepsilon_{vp}\}_1,\{F_{vp}\}_1$都已知，再重复计算下一时步。依次类推，当黏塑性应变速率小到满足要求时，可认为求解结束，得到应力和应变随时间变化的发展曲线。

计算过程的精度由式(8-127)控制，当采用欧拉向前差分公式时，一般精度较差。为改善精度，可以增加依次迭代循环。计算出$\{\dot{\varepsilon}_{vp}\}_{n+1}$后，采用欧拉中心差分公式，即取 $\theta=1/2$，有：

$$\{\Delta\varepsilon_{vp}\}_n = \frac{\Delta t_n}{2}[\{\dot{\varepsilon}_{vp}\}_n + \{\dot{\varepsilon}_{vp}\}_{n+1}]$$

再重复(2)~(5)的步骤，计算出新的$\{\dot{\varepsilon}_{vp}\}_{n+1}$。

为保证有限元法解的收敛和稳定，必须对时步 Δt 有严格的限制。关于不同屈服准则的极限时间步长的取法，请见参考文献[13]。

8.8 算例及应用简介

这里介绍几个典型算例,作为本章讨论的弹塑性及黏弹塑性有限元法分析的实用性及求解精度的例证。

[例8-1] 厚壁圆筒受均布内压力

图8-22为受内压力的厚壁筒弹—塑性解的算例,计算模型如图8-22a)所示,采用Mises屈服准则以便于同理论解作比较。图8-22b)给出理论解与有限元解的比较,可以看出求解精度是较满意的,一般误差在3%左右。线性解的误差则更小。

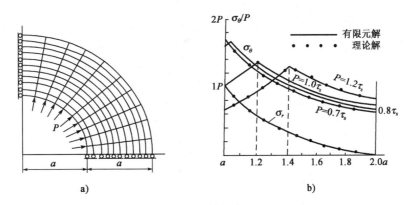

图8-22 计算简图与周向、径向应力解结果

厚壁筒内径为a,外径$b=2a$,按照塑性理论在圆筒内表面达塑性时的压力值为:

$$P_0 = \left(1 - \frac{a^2}{b^2}\right)\tau_s = \left[1 - \frac{a^2}{(2a)^2}\right]\tau_s = 0.75\tau_s$$

式中:τ_s——材料的抗剪屈服限。

按有限元分析结果,$P=0.7\tau_s$时无塑性出现,圆筒处于完全弹性状态,$P=0.8\tau_s$时塑性区半径为$1.05a$,这与理论结果是十分吻合的;$P=1.0\tau_s$、$1.2\tau_s$时塑性区半径分别为$1.2a$、$1.4a$,均与计算结果接近。

按理论解厚壁筒的极限状态(即全处于塑性,塑性区半径等于b时)的压力为:

$$P = 2\tau_s\ln\frac{b}{a} = 2\tau_s\ln\frac{2a}{a} = 1.386\tau_s$$

有限元计算时,$P=1.4\tau_s$出现不收敛,$P=1.3\tau_s$时塑性区半径为$1.6a$,也与理论解很一致。

[例8-2] 不同侧压系数时圆形隧洞塑性区计算

图8-23、表8-2为圆形隧洞在不同侧压系数时塑性区范围及洞周边位移的分析。从图中可以看出,随着侧压系数的不同,围岩塑性区的变化很大。原岩应力状态是隧洞稳定性及支护设计中一个很重要的因素。此外,在各种情况下,喷层都具有较大的周向压应力,径向应力一般很小,喷层受过大的周向压应力而导致破坏可能是主要的破坏形式,按照纯剪切强度来设计喷层是不适宜的。

点 号	侧压系数	λ=1.0	λ=0.75	λ=0.5	λ=0.35	λ=0.25
1	喷层中心点的应力值 σ_1 近似为周向，σ_3 近似为径向	$\sigma_1=-10.7$	-13.1	-28.7	-24.1	-16.6
		$\sigma_3=-181.7$	-188.5	-225.4	-211.6	-190.8
2		$\sigma_1=-10.7$	-15.2	-28.9	-26.7	-19.2
		$\sigma_3=-181.7$	-186.0	-215.3	-203.3	-182
3		$\sigma_1=-10.7$	-15.5	-22.7	-20.8	-17.1
		$\sigma_3=-181.7$	-173.6	-181.6	-134.8	-152.8
4		$\sigma_1=-10.7$	-9.3	-11.3	-11.4	-10.0
		$\sigma_3=-181.7$	-150.9	-136.0	-132.2	-123.9
5		$\sigma_1=-10.7$	-6.0	-2.0	-3.4	-4.1
		$\sigma_3=-181.7$	-136.5	-99.5	-101.7	-100.5

应 力 值　　　　　表 8-2

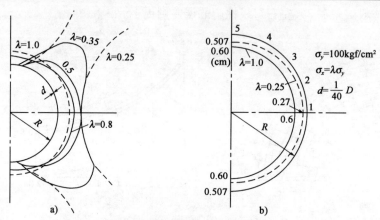

图 8-23　圆形隧洞塑性区及洞周边位移

注：$1\text{kgf}/\text{cm}^2=0.098\text{MPa}$。

[例 8-3] 拱形洞室锚喷支护影响计算

图 8-24 为一拱形洞室锚喷支护的计算结果。锚喷支护对围岩塑性区范围及应力状态有明显影响，在有锚喷支护时洞壁处岩石的径向应力及塑性区的周向应力有所增加，径向应力的增大使岩石恢复了三向受力状态，这对围岩保持稳定是有利的。从图 8-24b)中可以看到支护对限制洞室收敛变形有显著效果。有效地限制变形，使岩石不致过分松动、恶化，有利于保持围岩自身的强度。本算例考虑了开挖面的空间作用及支护前的位移。计算结果对锚喷支护作用是一个很好的说明。

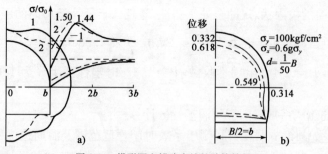

图 8-24　拱形洞室锚喷支护的计算结果

注：$1\text{kgf}/\text{cm}^2=0.098\text{MPa}$。

[例 8-4] 原岩应力对拱形洞室位移及围岩塑性区影响

图 8-25a)为原岩主应力方向为倾斜 45°时拱形洞室围岩应力场及塑性区范围，图 8-25b)

为洞周边位移。由这一计算结果可以看出原始应力状态对洞体稳定的影响。在这种情况下衬砌将受偏压，其应力状态同常规的按竖向及水平荷载计算衬砌内力有较大的差异，并处于不利的工作条件下。因此，隧洞衬砌设计计算应当考虑其实际的地应力状态。惯用的按自重应力计算原始应力，取 $\sigma_y = \gamma H$ 及 $\sigma_x = \lambda\sigma_y = \dfrac{\mu}{1-\mu}\sigma_y$，或者认为 $\mu = 0.5$，则有 $\sigma_x = \sigma_y$ 的所谓静水压力状态，与岩石实际的原始应力是不相符的，真实的原始应力状态较复杂，通常须由工程地质勘测结果来确定。

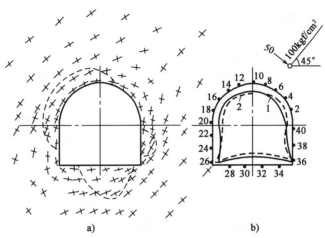

图 8-25　拱形洞室围岩主应力、塑性区及周边位移

a)围岩主应力及塑性区；b)巷道周边位移

1-原岩主应力为 45°倾斜；2-原岩最大主应力为竖向

注：$1kgf/cm^2 = 0.098MPa$。

[例 8-5]　考虑无拉应力的圆形隧洞分析结果

图 8-26 为圆形隧洞在单向压力作用下考虑岩石不抗拉特性的分析结果，以及同线弹性分析结果的对比。由于拉裂破坏以及应力重新分配，其结果与线弹性解有较明显的差别。在 σ_θ 及 σ_r 均为拉应力的情况下即认为已完全破坏，图中给出了这样的破坏区。

[例 8-6]　广义 Kelvin 模型在圆形隧洞解析中的应用

图 8-27 为某圆形隧洞水平收敛位移实测值与应用广义 Kelvin 模型计算得到的计算水平收敛位移时间曲线。由于实测位移数据部分不包含瞬时的弹性位移，因此围岩水平收敛位移的计算值中去掉瞬时的弹性收敛位移，可见计算值能够很好地符合实测位移值。

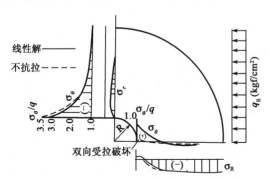

图 8-26　圆形隧洞在单向压力作用下不抗拉分析结果
及其与线弹性的对比

注：$1kgf/cm^2 = 0.098MPa$。

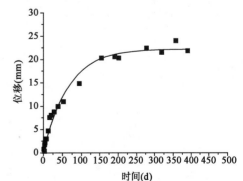

图 8-27　圆形隧洞水平收敛位移监测值与广义
Kelvin 模型计算值比较

参 考 文 献

[1] Drucker D O,Gibson R E,Henkel D J. Soil Mechanics and Work Hardening//Theories of Plasticity[C]. Trans ASCE Vol122,1957.

[2] Jaeger J C,Cook N G W. Fundamantals of Rock Mechanics[M]. London,1976.

[3] Zienkiewicz O C,Pande G N. Some Useful Forms of Isot-ropic Yield Surface for Soil and Rock Mechanics//Finite Elements in Geomechanics[C],London. New York,1977.

[4] Zienkiewicz O C,Humplason C,Lewies R W. Associated and Non-associated Visco-plasticity and Plasticity in Soil Mechanics[J]. Geotechnique, 1975, 25(4).

[5] 德赛 C S,阿贝尔 J F. 有限元素法引论[M]. 北京:科学出版社,1978.

[6] 黄文熙. 土的弹—塑性应力—应变模型[J]. 清华大学学报,1979(1).

[7] 刘怀恒. 岩石力学平面非线性有限元法及程序[J]. 地下工程,1979(8).

[8] 刘怀恒. 岩石的破坏形态及临界状态模型[J]. 西安矿业学院学报,1982.

[9] 郑颖人,沈珠江,龚晓南,等. 岩土塑性力学原理[M]. 北京:中国建筑工业出版社,2002.

[10] 郑颖人,孔亮. 岩土塑性力学[M]. 北京:中国建筑工业出版社,2010.

[11] 俞茂宏. 双剪强度理论研究[M]. 陕西:西安交通大学出版社,1988.

[12] 王来贵,赵娜,刘建军,等. 岩石(土)类拉张破坏有限元法分析[M]. 北京:北京师范大学出版社,2011.

[13] 孙钧,汪炳鑑. 地下结构有限元法解析[M]. 上海:同济大学出版社,1986.

[14] 李永盛. 地下结构粘弹塑性计算理论讲义. 上海:同济大学地下建筑与工程系,1996.

[15] 孙钧. 岩土材料流变及其工程应用[M]. 北京:中国建筑工业出版社,1999.

[16] 于学馥,郑颖人,刘怀恒,等. 地下工程围岩稳定分析[M]. 北京:煤炭工业出版社,1983.

[17] 王芝银,李云鹏. 岩体流变理论及其数值模拟[M]. 北京:科学出版社,2008.

第9章 岩体结构面分析有限元法

DIJIUZHANG

9.1 岩体结构面特征

处于地下的自然岩体,在长期的地质作用下形成了各种复杂的结构特征。结构面的存在(泛指节理、层理、夹层、断层等)破坏了岩体的连续性,并且强度大幅降低,对岩体的应力状态及变形特性都有较大的影响。研究岩体稳定性问题必须考虑到这一特点。

从工程地质的观点,往往十分强调结构面的影响,并且认为工程中的岩体稳定问题,主要是受结构面的控制,或者说,结构面的力学特性决定着岩体的稳定。这种认识虽具有一定的片面性,但它的基本思想是强调岩体中各种结构面的存在对岩体稳定有着重大的影响。显然,并非任何时候结构面都起着重要作用,对于十分软弱的岩石、膨胀性岩石、结构面密集地质作用剧烈而呈碎块体的岩石,结构面(或弱面)的影响则不很明显,而且结构面的位置不同,对工程的影响也各异。因而某些情况下,岩石本身的破坏对岩体稳定有着决定作用,特别是对处于地下深处的隧洞。

因此,应当按照工程特点以及实际的工程条件,对不同的岩体特征采用不同的处理方法和不同的计算模型。尤应注意,对岩体稳定有影响的结构面及其参数,必须输入到计算模型中,否则无法反映结构面的作用。

关于岩体结构、结构面的力学性态以及岩体结构面的分类,在本书第 6 章中有过论述。本章将从有限元分析的角度,对结构面力学特性、岩体结构以及计算模型等方面予以扼要阐述。目的在于建立与岩体特性相一致的计算模型与分析程序。

从岩体结构与结构面特征出发,将岩体结构与结构面归纳为如下几种类型,以便采取相应的计算模型。

Ⅰ类:由若干单独的结构面把匀质连续的岩体分割为大的块体结构,如图 9-1a)所示。这类岩体中,岩石(或称岩块)仍可作为各向同性的连续体,结构面则可作专门的考虑。

对于张开一定宽度且未经其他物质填满的裂隙,最简单的办法是把它作为自由边界,但这种办法的适用场合是很有限的;另一种处理办法是采用特殊的界面单元或节理单元来模拟,这些单元的特性及基本公式的建立将在后面几节中介绍。

Ⅱ类：由一组主要的节理或层面而构成的薄层状岩体，如图 9-1b)所示。这类岩体由于层理较密集，用单独的节理单元或界面单元模拟将使计算模型复杂。从宏观来看仍然可以把这类岩体看作是连续体。结构面的影响主要表现为：岩体具有明显的正交异性；沿结构面结合弱，其力学参数要比岩石本身低得多，容易沿结构面破坏。特别是岩石较坚硬时，岩体的破坏主要受结构面的控制，沿结构面的滑移或开裂是其主要形式，采用层状正交异性沿结构面定向破坏的单元来模拟较为方便。若岩石也比较软弱，则正交异性及定向破坏的特性都不甚明显，破坏既可能是沿结构面发生，也可能是岩石本身的塑性流动或受拉破裂。岩体稳定性分析应考虑到各种可能的破坏形态。

Ⅲ类：由多组结构面切割而形成的碎块体或似散体的结构，如图 9-1c)所示。这类岩体中，结构面密布、纵横交错、结构松散。根据结构面是否规整以及密集程度又可分为 c-1)及 c-2)两种情况。前者结构面的间距较大（相对于隧洞断面尺寸而言）、一般岩块的强度也较高，破坏将主要沿两组（平面问题时）或三组（按空间问题时）结构面之一发生滑移或开裂，具有明显的"定向破坏"特征。后一种则为结构面密集而形成散体的结构，岩石也较软弱并因纵横交错的密集结构面使岩石遭到严重的削弱，岩体自身的稳定性极差。通常对这类岩体按照各向同性进行弹塑性分析，它可以足够近似地反映这种岩体的破坏形态。

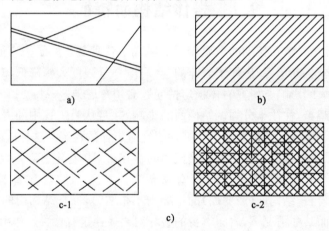

图 9-1　岩体结构类型

从工程地质角度来看，以上的划分显然是较为粗略的；但从计算角度来看，过分细微的区分没有必要，重要的是反映它们在力学特性及破坏形态上的差别，计算模型应主要反映这些差别。对不同的岩体结构，采用不同的有限元模型可以较真实地反映不同岩体的基本特征。必须注意到，在工程实例中有可能同时遇到上述三类岩体或其两类岩体同存的情况，例如在Ⅰ类岩体中，局部有较弱的层状岩体，或类似Ⅲ类的破碎带或软夹层。

此外，对于岩石和结构面必须分别采用不同的力学参数。岩石力学参数可以采用岩块的参数，结构面力学参数采用结构面的参数。分别对岩石及结构面采取不同的力学参数，能较好地解决岩体参数难以确定的问题。

岩石的强度指标通常以单轴抗压强度以及黏聚力 c、内摩擦角 φ 来表示，岩石强度取值可以考虑对室内试验值的适当折减；关于结构面力学参数取值，一般应通过现场试验取得，也可以在室内进行中型试验，但应保证试件有较大的尺寸（不宜小于 25cm)，而且要求试件谨慎取样,不要扰动。但应指出,由于受到试验方法、试验地点,以及试件的选择等方面的影响,通常试验结果的离散性较大。

9.2 结构面特性及破坏形态

结构面的力学特性受多种因素的影响,光滑程度、接触状态、有无充填物质等都会使结构面的力学性质有很大变化。从工程实用出发可对问题作适当简化,以下基本参数可用来反映岩体结构面力学特性:结构面的法向刚度、切向刚度、黏聚力、内摩擦角、峰值抗剪强度、残余强度,以及典型的试验曲线。

法向刚度与切向刚度是用来表示结构面刚度的两个基本参数。法向刚度 K_n 由法向应力 σ_n 与法向位移 v 的试验曲线斜率来确定。试验表明,K_n 值随结构面的法向压应力而增加,变化于 $0 \sim \infty$ 之间。$\sigma_n\text{-}v$ 的试验曲线具有如图 9-2 的特征。法向变形的极限值通常称为最大闭合度(或极限压密量),在达到该极限变形后,法向压缩变形将与完整岩石试件无异,它可以通过与完整岩石试件的对比试验得到。也可以由结构面的张开宽度或其"厚度"来估计。图 9-2c)给出关于节理闭合度的试验结果,并假定法向压力与闭合变形呈如下的双曲线关系:

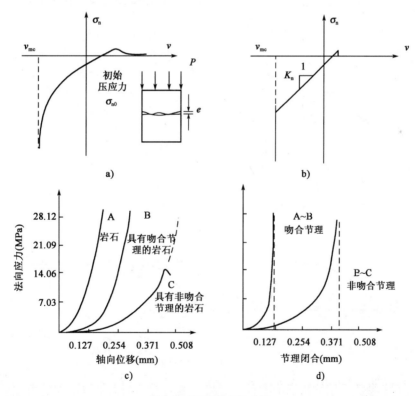

图 9-2 结构面的特性曲线

$$\frac{\sigma - \xi}{\xi} = A\left(\frac{\Delta v}{v_{mc} - \Delta v}\right) \tag{9-1}$$

式中:v_{mc}——最大闭合度,$\Delta v < v_{mc}$;

　　　A——由试验决定的系数;

ξ——定位压力,它可以是节理的初始法向压力。

试验的 σ_n-Δv 曲线可以合理地简化为图 9-2b)的折线形式,在达到最大闭合度之前的法向刚度 K_n 为常量,达最大闭合度 v_{mc} 之后变为无限大。在法向拉应力作用下,结构面几乎不能承受拉应力,因而将发生开裂。这样简化使计算处理大为简化,并且可以相当近似地反映其真实的特性。初应力 σ_{n0} 相当于考虑在自然的原始岩体中结构面可能处于一定的初始压缩状态。

结构面的切向刚度 K_s 表明在剪应力 τ_s 作用下的变形特征,可由试验的 τ-Δu 曲线的斜率决定。由图 9-3 可以看出,K_s 一般也随结构面的剪应力而变化的。结构面的粗糙程度及剪胀作用(又称"体胀"现象)对其抗剪强度与变形特性有较大的影响。在图 9-3a)中曲线 A 的 a 点对应的最大剪应力 τ_p 通常称为峰值强度,c 点以后保持常量的剪力 τ_r 被称为残余强度。两者的差值大小取决于结构面的粗糙度以及接触条件。由于凹凸不平的表面给切向位移附加的阻力,必须以更大的剪力来克服,因而,粗糙的节理具有较高的抗剪强度。残余强度是由于初始的黏聚力或粗糙面破坏使附加阻力逐渐减小,抗剪强度的这种变化同第 8 章中所述的塑性应变软化具有十分类似的特征。将图 9-3a)中 A 型的 τ-Δu 曲线可以合理地简化为虚线所示的折线。

对于无黏聚力的平整节理、有夹泥或其他软弱充填物的节理、已经受过重复剪切滑移的节理,其 τ-Δu 曲线为图 9-3a)中的 B 型曲线,没有明显的强度降低现象,其峰值强度与残余强度相同。

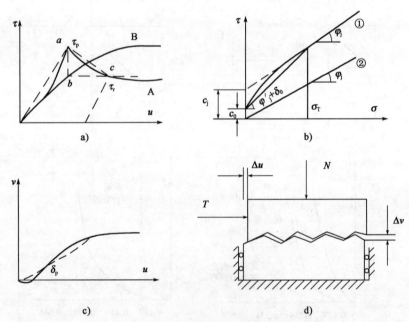

图 9-3　结构面的剪胀现象

以 M-C 强度准则表示的节理抗剪强度曲线,如图 9-3b)所示。曲线①及②分别表示峰值及残余强度曲线。当法向应力 $\sigma_n \leqslant \sigma_T$ 时,曲线①的非直线特征表示表面粗糙度以及所谓"剪胀"现象的影响。"剪胀"是由于在不大的法向压应力作用下,剪切滑移必须绕过凸起部分的上方,从而产生张开方向的法向位移,见图 9-3b)、c)。在法向位移受到约束的情况下,剪胀作用将导致法向压应力的增大,从而提高节理面的抗剪强度。节理面的抗剪强度曲线①[图 9-3b)]中最初的曲线部分反映了剪胀作用的影响。剪胀随法向压应力的增大而减弱,在法向压

应力为 $\sigma_n \geqslant \sigma_T$ 的情况下，剪断凸起部分所需的功将小于绕过凸起上方所需的功。这时凸起部分将被压坏和剪断，剪胀现象即不再发生。这一临界的法向压应力值 σ_T 取决于岩石的强度以及节理面的风化程度，被称为节理面的抗压强度。对于未风化的节理面，它接近于岩石的无侧限抗压强度 σ_c；对于风化的节理面，则随风化程度而降低。可以由相应的岩石试件抗压试验（干燥的、饱和水的）或由回弹仪测定予以估计。考虑到实际上岩石节理都有一定程度的风化，在缺乏必要资料的情况下，可取为 $\sigma_T = (0.8 \sim 1.0)\sigma_c$。巴顿（Barton）曾建议如下的经验公式作为 σ_T 值的粗略估计值：

$$\sigma_T = \frac{c_j}{\tan(\varphi_j' + \delta) - \tan\varphi_j} \tag{9-2}$$

式中：c_j、φ_j——结构面初始黏聚力和基本内摩擦角或"初始"内摩擦角；

$\quad\quad \varphi_j'$——结构面残余内摩擦角；

$\quad\quad \delta$——结构面剪胀角。

图 9-3b)中残余强度曲线②与曲线①的差别反映了节理面的粗糙度、剪胀作用，以及初始黏聚力 c_0 的影响。对于一般的节理面，其初始黏聚力可能为零，对于有一定黏聚力的或不连续的（间断的）岩石层理或层面，则一般具有较岩石本身低的黏聚力。对于无黏聚力又不具剪胀作用的节理，其强度曲线①及②可能接近重合，即初始的峰值强度与残余强度十分接近或相等，在图 9-3a)中的 τ-u 曲线也将不存在明显的强度降低。

结构面的抗剪强度可以按照 M-C 屈服准则写成如下形式：

$$\tau_s = c + \sigma_n \tan\varphi \tag{9-3}$$

式中：c、φ——结构面的黏聚力和内摩擦角。

这里要指出的是，考虑剪胀作用的抗剪强度曲线可以呈曲线形，亦即式中的 φ 值可能是随应力而变的变量。对于 $\sigma_n < \sigma_T$ 的区段，叶格尔（Jaeger）、雷丹依（Ladanyi）、巴顿（Barton）等人曾提出有各自的描述曲线形式的方程。按照巴顿的研究（1974），峰值剪切强度可以由以下的经验公式确定：

$$\tau = \sigma_n \tan\left[R\lg\left(\frac{\sigma_T}{\sigma_n}\right) + \varphi_j'\right] \quad\quad (\sigma_n < \sigma_T) \tag{9-4}$$

式中：R——与粗糙度有关的系数。

此式或近似表示为：

$$\tau = \sigma_n \tan(\varphi_j' + \delta_0) \tag{9-5}$$

将式(9-5)同式(9-3)比较：相当于 $c = 0$ 及 $\varphi = \varphi_j' + \delta_0$。这里，$\delta_0$ 为峰值剪胀角，它对应于峰值抗剪强度时的最大剪胀角，可以把 $\varphi = \varphi_j' + \delta_0$ 称为考虑剪胀作用的计算摩擦角。

当 $\sigma_n > \sigma_T$ 时，剪胀作用消失，屈服条件式(9-3)中 φ 值可取为 φ_j。未风化岩石基本内摩擦角可参考 6.1.3 节中相关表格取值。

残余内摩擦角 φ_j' 为与残余强度相对应的摩擦角，它一般小于或等于基本内摩擦角，即 $\varphi_j' \leqslant \varphi_j$，实用上可取 $\varphi_j' = \varphi_j$。

峰值剪胀角 δ_0 取决于结构面的粗糙度，它可以看做是由于粗糙面而产生的附加摩擦角。按照巴顿的建议，比较式(9-4)及式(9-5)可得到确定 δ_0 的公式为：$\delta_0 = R\lg\left(\frac{\sigma_T}{\sigma_n}\right)$，$(\sigma_n < \sigma_T)$，$R$ 反映了节理面粗糙度的影响效应（图 9-4），可参照图 9-4 所提供的数据，考虑到实际的节理特征而酌情选定。

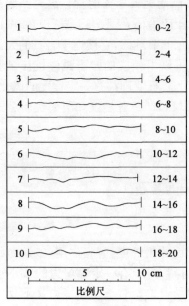

1	0~2
2	2~4
3	4~6
4	6~8
5	8~10
6	10~12
7	12~14
8	14~16
9	16~18
10	18~20

0　　　5　　　10 cm
比例尺

图 9-4　节理粗糙度系数

剪胀作用对于正确地确定结构面的峰值抗剪强度也许是一个重要的因素,然而,从工程实用来说,剪胀并不总是有实际价值的。例如,平整光滑的节理、被黏土或其他软弱物质充填的节理、已经受过剪切滑移的节理,以及张开的节理,都不存在剪胀。设计计算中,从必要的安全度考虑一般也认为其剪胀角为零。所述的这类情况是很常见的。

对于隧洞围岩稳定问题,有重要意义的不仅是节理面的峰值抗剪强度,峰值强度以后的变形及残余强度同样有重要意义。达残余强度后节理面的强度条件可写为:

$$\tau = \sigma_n \tan\varphi'_j \tag{9-6}$$

峰值强度至残余强度的过渡与节理面粗糙度及是否发生剪胀作用有关。考虑结构面的影响,岩体的可能破坏形式有:①岩石的塑性流动;②岩石的受拉破坏;③结构面的剪切滑移;④结构面的受拉开裂。实际的工程问题中可能发生上述任一形式的破坏,也可能同时发生几种破坏。有限元法应当能考虑到各种可能的破坏情况。

9.3　模拟结构面的单元

本章 9.1 节中已对岩体的结构特征作了简要的讨论,归纳为三种类型。对于不同的岩体结构应当采用不同的计算模型。本节介绍几种常用的模拟结构面的单元。

9.3.1　节理单元

对于单独的结构面通常采用专门的节理单元或界面单元。图 9-5 所示的无厚度的节理单元是由古德曼(Goodman R. E.)提出的一种用于模拟结构面的单元。由于假定单元无厚度,节点 1 与 4、2 与 3 具有相同的坐标。沿节理面的应力为法向应力 σ_n 及剪应力 τ_s,以图 9-5 所示的方向为正。作为单元刚度特征的参数采用了法向刚度 K_n 和切向刚度 K_s。在此借用"应变"这一术语,把节理的应变定义为在界面两侧的一对对应点的相对位移。相对的法向位移 Δv 称为法向应变,以 ε_n 表示;相对的切向位移 Δu 称为切向应变,以 ε_s 表示。由此可将节理单元的应力—应变关系表示为:

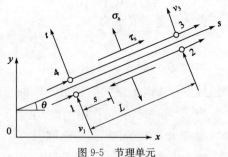

图 9-5　节理单元

σ_n-法向应力;τ_s-剪切应力;L-节理长度;θ-节理倾角;s-t-局部坐标

$$\begin{Bmatrix} \tau_s \\ \sigma_n \end{Bmatrix} = \begin{pmatrix} k_s & 0 \\ 0 & k_n \end{pmatrix} \begin{Bmatrix} \varepsilon_s \\ \varepsilon_n \end{Bmatrix} \tag{9-7}$$

或简写为:

$$\{\sigma\} = [D']\{\varepsilon\}$$

假定位移沿节理长度 L 呈线性变化。对于图9-5所示的局部坐标 $s\text{-}t$，单元节点力与节点位移矢量为：

$$\{\delta'\} = \begin{bmatrix} u_1 & v_1 & u_2 & v_2 \cdots u_4 & u_4 \end{bmatrix}^\mathrm{T}, \{F'\} = \begin{bmatrix} F_{1s} & F_{1t} & F_{2s} & F_{2t} \cdots F_{4s} & F_{4t} \end{bmatrix}^\mathrm{T}$$

对于沿节理长度上任一点 s 处的应变 ε_s 及 ε_n，根据定义可以写为界面两侧相应位移之差值，即：

$$\varepsilon_s = u_\text{上} - u_\text{下}$$
$$= \left[u_4 - (u_s - u_4)\frac{s}{L} \right] - \left[u_1 + (u_2 - u_1)\frac{s}{L} \right]$$
$$= -\left(1 - \frac{s}{L}\right)u_1 - \frac{s}{L}u_2 + \frac{s}{L}u_3 + \left(1 - \frac{s}{L}\right)u_4 \tag{9-8a}$$

$$\varepsilon_n = v_\text{上} - v_\text{下}$$
$$= -\left(1 - \frac{s}{L}\right)v_1 - \frac{s}{L}v_2 + \frac{s}{L}v_3 + \left(1 - \frac{s}{L}\right)u_4 \tag{9-8b}$$

写成矩阵形式：

$$\begin{Bmatrix} \varepsilon_s \\ \varepsilon_n \end{Bmatrix} = \begin{bmatrix} -L_1 & 0 & -L_2 & 0 & -L_2 & 0 & -L_1 & 0 \\ 0 & -L_1 & 0 & -L_2 & 0 & -L_2 & 0 & -L_1 \end{bmatrix} \tag{9-9a}$$

或简写为：

$$\{\varepsilon\} = [B]\{\sigma'\} \tag{9-9b}$$

其中：

$$L_1 = 1 - \frac{s}{L}, L_2 = \frac{s}{L}$$

单元刚度矩阵可由一般化公式导出，对于局部坐标有：

$$[K']_e = \int_0^L [B]^\mathrm{T}[D'][B]\mathrm{d}s$$

将式(9-7)中的矩阵 $[D']$ 及式(9-9)中的 $[B]$ 代入上式，并注意到 $\int_0^L L_1^2 \mathrm{d}s = L/3$，$\int_0^L L_2^2 \mathrm{d}s = L/3$，$\int_0^L L_1 L_2 \mathrm{d}s = \frac{L}{6}$。则可得到对局部坐标 $s\text{-}t$ 的单元刚度矩阵：

$$[K']_0 = \frac{L}{6} \begin{bmatrix} 2K_s & & & & & & & \\ 0 & 2K_n & & & & (\text{对称}) & & \\ K_s & 0 & 2K_s & & & & & \\ 0 & K_n & 0 & 2K_n & & & & \\ -K_s & 0 & -2K_s & 0 & 2K_s & & & \\ 0 & -K_n & 0 & -2K_n & 0 & 2K_n & & \\ -2K_s & 0 & -K_s & 0 & K_s & 0 & 2K_s & \\ 0 & -2K_n & 0 & -K_n & 0 & K_n & 0 & 2K_n \end{bmatrix} \tag{9-10}$$

对式(9-10)进行坐标变换即得到对整体坐标的刚度矩阵 $[K]_e$。由图9-5所示的几何关系可知，对任意节点 i 有如下变换关系：

$$\begin{Bmatrix} u_i' \\ v_i' \end{Bmatrix} = \begin{bmatrix} \cos\theta & \sin\theta \\ -\sin\theta & \cos\theta \end{bmatrix} \begin{Bmatrix} u^i \\ v^i \end{Bmatrix}$$

或写为：

$$\{\sigma_i'\} = [T_0]\{\sigma_i\} \qquad (i = 1, 2, 3, 4)$$

由此可得节点位移及节点力的变换关系为：

$$\left.\begin{aligned}\{\delta'\} = [T]\{\delta\}\ 或\{\delta\} = [T]^{\mathrm{T}}\{\delta'\}\\ \{F'\} = [T]\{F\}\ 或\{F\} = [T]^{\mathrm{T}}\{F'\}\end{aligned}\right\} \tag{9-11}$$

式中：$\{\delta'\}$、$\{F'\}$——对局部坐标 s-t 的节点位移及节点力；

$\{\delta\}$、$\{F\}$——对整体坐标 x、y 的节点位移及节点力矢量。

变换矩阵$[T]$可表示为：

$$[T] = \begin{bmatrix} [T_0] & & & \\ & [T_0] & 0 & \\ & 0 & [T_0] & \\ & & & [T_0] \end{bmatrix} \tag{9-12}$$

此变换矩阵为正交矩阵，具有如下特性：

$$[T]^{-1} = [T]^{\mathrm{T}}$$

由此可将单元的刚度方程写为如下形式：

局部坐标

$$\{F'\}=[K']_{\mathrm{e}}\{\delta'\}$$

整体坐标

$$\{F\}=[K]_{\mathrm{e}}\{\delta\}$$

由式(9-11)的关系可得到：

$$\begin{aligned}\{F'\} &= [K']_{\mathrm{e}}\{\delta'\} = [T]\{F\}\\ &=[T][K]_{\mathrm{e}}\{\delta\}\end{aligned}$$

所以

$$[T][K]_{\mathrm{e}}\{\delta\} = [K']_{\mathrm{e}}[T]\{\delta\}$$

$$[K]_{\mathrm{e}}\{\delta\} = [T]^{-1}[K']_{\mathrm{e}}[T]\{\delta\}$$

利用$[T]$的正交性质可得到对整体坐标的刚度矩阵：

$$[K]_{\mathrm{e}} = [T]^{\mathrm{T}}[K']_{\mathrm{e}}[T] \tag{9-13}$$

这种节理单元适用于模拟直接接触的界面。由于假定单元无厚度，因此对于有一定厚度的结构面或夹层不甚适用。如果夹层本身可以考虑为具有很低刚度的连续体(平面问题)单元，则夹层与岩体的界面用这种节理单元模拟也是一种可行的处理方法。

9.3.2 等厚度节理单元

具有一定厚度的节理(或夹层)单元实际上是一个相当长的矩形单元，其厚度较长度相比要小得多。采用局部坐标 s-t 表示的单元如图 9-6 所示，厚度为 h，长度为 L。在局部坐标系下，单元的节点位移矢量及应变可表示为：

$$\{\delta'\} = [u_1 \quad v_1 \quad u_2 \cdots v_4]^{\mathrm{T}},\{\varepsilon'\} = [\varepsilon_{\mathrm{ss}} \quad \varepsilon_{\mathrm{nn}} \quad \varepsilon_{\mathrm{ns}}]^{\mathrm{T}}$$

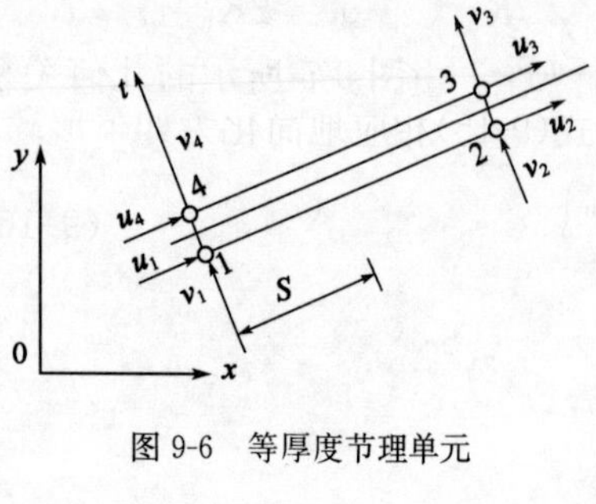

图 9-6　等厚度节理单元

由于单元厚度同 L 相比甚小，可以认为沿厚度 h 方向应变为常量(无变化)，则可将各应变分量写为：

$$\varepsilon_{\mathrm{ss}} = (u_2 - u_1)/L$$

$$\begin{aligned}\varepsilon_{\mathrm{nn}} &= \frac{1}{h}\left[(v_4 - v_1) + \frac{S}{L}(v_3 - v_2) - \frac{S}{L}(v_4 - v_1)\right]\\ &= \frac{1}{h}\left[-\left(1-\frac{S}{L}\right)v_1 - \frac{S}{L}v_2 + \frac{S}{L}v_3 + \left(1-\frac{S}{L}\right)v_4\right]\end{aligned}$$

$$\varepsilon_{sn} = \frac{1}{h}\left[(\mu_4 - \mu_1) + \frac{S}{L}(\mu_3 - \mu_2) - \frac{S}{L}(\mu_4 - \mu_1)\right] + \frac{1}{L}(v_2 - v_1)$$

$$= \frac{1}{h}\left[-\left(1 - \frac{S}{L}\right)\mu_1 - \frac{S}{L}\mu_2 + \frac{S}{L}\mu_3 + \left(1 - \frac{S}{L}\right)\mu_4\right] + \frac{1}{L}v_2 - \frac{1}{L}v_1$$

写成矩阵形式有：

$$\{\varepsilon'\} = \frac{1}{h}\begin{bmatrix} -\dfrac{h}{L} & 0 & \dfrac{h}{L} & 0 & 0 & 0 & 0 & 0 \\ 0 & -L_1 & 0 & -L_2 & 0 & L_2 & 0 & L_1 \\ -L_1 & -\dfrac{h}{L} & -L_2 & \dfrac{h}{L} & L_2 & 0 & L_1 & 0 \end{bmatrix}\{\delta'\}$$

或简写为：

$$\{\varepsilon'\} = [B']\{\delta'\} \qquad\qquad (9\text{-}14)$$

其中：

$$L_1 = 1 - \frac{S}{L}, \quad L_2 = \frac{S}{L}$$

平面问题的应力—应变关系的一般形式为：

$$\begin{Bmatrix} \sigma_{ss} \\ \sigma_{nn} \\ \sigma_{sn} \end{Bmatrix} = \begin{bmatrix} D_{11} & D_{12} & D_{13} \\ D_{21} & D_{22} & D_{23} \\ D_{31} & D_{32} & D_{33} \end{bmatrix} \begin{Bmatrix} \varepsilon_{ss} \\ \varepsilon_{nn} \\ \varepsilon_{sn} \end{Bmatrix} \qquad\qquad (9\text{-}15)$$

对局部坐标 $s\text{-}t$ 的单元刚度阵可写为：

$$[K'] = \int_v [B']^T [D'] [B'] \mathrm{d}v$$

$$= A\int_L [B']^T [D'] [B'] \mathrm{d}s$$

式中：A——垂直于 s 轴的横截面面积，对于平面应变问题，通常沿纵向取单位长度，则有 $A = 1 \times h$，对平面应力问题，$A = T \times h$，T 为单元沿 z 方向（垂直于 oxy 坐标面的方向）的厚度。

单元的应力—应变关系可以采用一般的平面问题弹性矩阵，并可采用常规的弹性常数 E、μ、G。也可以采用更为简单的形式，例如，应变 ε_{ss} 较另外两个分量要小得多，对于一般软弱夹层可能趋于零。可近似认为 $\varepsilon_{ss} \approx 0$，略去其不大的影响。

若略去 ε_{ss}，仅考虑应变分量 ε_{nn}、ε_{sn}，并且法向位移 Δv 对剪切应变 ε_{sn} 的影响甚微，也可忽略不计，则：

$$\varepsilon_{sn} = \frac{1}{h}\left[-\left(1 - \frac{S}{L}\right)u_1 - \frac{S}{L}u_2 + \frac{S}{L}u_3 + \left(1 - \frac{S}{L}\right)u_4\right]$$

$$\varepsilon_{nn} = \frac{1}{h}\left[-\left(1 - \frac{S}{L}\right)v_1 - \frac{S}{L}v_2 + \frac{S}{L}v_3 + \left(1 - \frac{S}{L}\right)v_4\right]$$

同前面无厚度的节理单元相比，即可看出它们仅差 $1/h$ 倍[见式(9-8a、b)]。由此可知，其单元刚度矩阵也有类似形式。在此，我们把应力—应变关系式(9-15)相应地简化为如下形式：

$$\begin{Bmatrix} \sigma_{sn} \\ \sigma_{nn} \end{Bmatrix} = \begin{Bmatrix} \tau_s \\ \sigma_n \end{Bmatrix} = \begin{bmatrix} D_s & 0 \\ 0 & D_n \end{bmatrix} \begin{Bmatrix} \varepsilon_{sn} \\ \varepsilon_{nn} \end{Bmatrix} \qquad\qquad (9\text{-}16)$$

对于无厚度的节理单元，刚度系数 K_n、K_s 为单位长度的刚度。因此，直接在这里引用同样的刚度系数是不适宜的。如果采用一般的弹性常数 E、μ 来表示，对于平面应变问题在略去应变 ε_{ss} 的情况下可得到：

$$D_s = G = \frac{E}{2(1+\mu)}$$
$$D_n = \frac{E(1-\mu)}{(1+\mu)(1-2\mu)}$$
$$(9\text{-}17)$$

由前面的式(9-10)可知,在这种情况下单元刚度矩阵为:

$$[K']_e = \frac{L}{6} \begin{bmatrix} 2D_s & & & & & & & \\ 0 & 2D_n & & & & (\text{对称}) & & \\ D_s & 0 & 2D_s & & & & & \\ 0 & D_n & 0 & 2D_n & & & & \\ -D_s & 0 & -2D_s & 0 & 2D_s & & & \\ 0 & -D_n & 0 & -2D_n & 0 & 2D_n & & \\ -2D_s & 0 & -D_s & 0 & D_s & 0 & 2D_s & \\ 0 & -2D_n & 0 & -D_n & 0 & D_n & 0 & 2D_n \end{bmatrix} \qquad (9\text{-}18)$$

如果 $D_s = hK_s$,取 $D_n = hK_n$,则可得到与式(9-10)完全相同的刚度矩阵。向整体坐标的变换与前面式(9-13)同,变换矩阵仍然为式(9-12)。

对于平面应力问题,则有:

$$D_s = G = \frac{E}{2(1+\mu)}$$
$$D_n = \frac{E}{1-\mu^2}$$
$$(9\text{-}19)$$

上述两种用于平面问题的单元,一般适用于无厚度或厚度较小的等厚度节理或夹层,对于较厚的或厚度变化的夹层一般不适用。在这种情况下,可以把夹层看做是软弱的岩层,取用其较低的弹性常数,按一般平面单元模拟;对于夹层与岩体的界面可采用上述无厚度单元模拟。对于层状岩体,采用上述节理单元来处理层面会使问题复杂化,可按9.4节层状岩体的层状单元模拟。

9.3.3 八节点空间节理单元

在考虑软弱结构面的影响时,简化为平面问题在许多情况下会过于粗略。因为当结构面呈任意的倾斜方向时,通常应作为空间问题。图9-7即为常用的一种空间节理单元,它是一个厚度为 h 的四边形板。该单元为八节点,对局部的直角坐标系 r-s-t,各节点的位移分量示于图9-7a)中。对于平面呈任意四边形的这种单元,为建立单元刚度矩阵引入了自然坐标系 $\varepsilon\eta\tau$,如图9-7b)所示。位移函数可假定为:

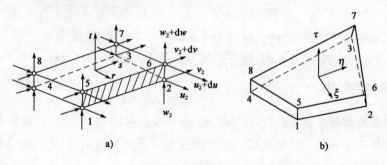

a)　　　　　　　　　　　　　b)

图9-7　空间节理单元

$$U = \sum_{i=1}^{8} H_i U_i \qquad (9\text{-}20)$$

式中：$\qquad H_i$——插值函数；

$U_i = [u_i \quad v_i \quad w_i]^{\mathrm{T}}$——节点位移；

$U = [u \quad v \quad w]^{\mathrm{T}}$——位移矢量。

对于第 5～8 节点则有：

$$U_i = U_{i-4} + \mathrm{d}U_{i-4} \qquad (i = 5,6,7,8)$$

对图 9-7b)所示的自然坐标有：

$$H_i(\xi,\eta,\tau) = \frac{1-\tau}{2} N_i(\xi,\eta) \qquad (i = 1,2,3,4)$$

$$H_i(\xi,\eta,\tau) = \frac{1+\tau}{2} N_i(\xi,\eta) \qquad (i = 5,6,7,8)$$

$$N_i(\xi,\eta) = N_{i-4}(\xi,\eta) \qquad (i = 5,6,7,8)$$

由此可将式(9-20)写成如下形式：

$$U = \sum_{i=1}^{4} \left(N_i U_i + \frac{1+\tau}{2} N_i \mathrm{d}U_i \right)$$

在直角坐标系 $r\text{-}s\text{-}t$ 中，有 $(1+\tau)/2 = t/h$，因此单元位移可写为：

$$u = \sum_{i=1}^{4} \left(N_i u_i + \frac{t}{h} N_i \mathrm{d}u_i \right)$$

$$v = \sum_{i=1}^{4} \left(N_i v_i + \frac{t}{h} N_i \mathrm{d}v_i \right)$$

$$w = \sum_{i=1}^{4} \left(N_i w_i + \frac{t}{h} N_i \mathrm{d}w_i \right)$$

按照空间问题的几何方程，可得到如下的关系(略去两个一阶微分乘积项)：

$$\left. \begin{aligned}
\varepsilon_{rr} &= \frac{\partial u}{\partial r} = \sum N'_{ir} u_i \\[4pt]
\varepsilon_{ss} &= \frac{\partial v}{\partial s} = \sum N'_{is} v_i \\[4pt]
\varepsilon_{tt} &= \frac{\partial w}{\partial t} = \sum \frac{1}{h} N_i \mathrm{d}w_i \\[4pt]
\varepsilon_{rs} &= \frac{\partial u}{\partial s} + \frac{\partial v}{\partial r} = \sum (N'_{is} u_i + N'_{ir} v_i) \\[4pt]
\varepsilon_{st} &= \frac{\partial v}{\partial t} + \frac{\partial w}{\partial s} = \sum \left[\frac{1}{h} N_i (v_i + \mathrm{d}w_i) + N'_{is} w \right] \\[4pt]
\varepsilon_{rt} &= \frac{\partial u}{\partial t} + \frac{\partial w}{\partial r} = \sum \left(\frac{1}{h} N_i \mathrm{d}u_i + N'_{ir} w_i \right)
\end{aligned} \right\} \qquad (9\text{-}21)$$

其中：

$$N'_{ir} = \frac{\partial N_i}{\partial r}, N'_{is} = \frac{\partial N_i}{\partial s}, N'_{it} = \frac{\partial N_i}{\partial t} \qquad (i = 1,2,3,4)$$

简写成矩阵形式，则：

$$\{\varepsilon\} = [B]\{\delta_0\}$$

这里节点位移矢量$\{\delta_0\}$，在此暂以如下的次序排列，即：

$$\{\delta_0\} = [u_1 \quad v_1 \quad w_1 \quad \mathrm{d}u_1 \quad \mathrm{d}v_1 \quad \mathrm{d}w_1 \quad u_2 \quad v_2 \quad w_2 \quad \mathrm{d}u_2 \cdots \mathrm{d}w_4]$$

则可将$[B]$矩阵写成分块形式：

$$[B] = \begin{bmatrix} B_1 & B_2 & B_3 & B_4 \end{bmatrix}$$

式中:子矩阵$[B_i]$在这里为6×6阶方阵。这样分块在公式的表达及推导上较简便一些。子矩阵$[B_i]$可写出如下的形式。

对应位移:

$$[B_i] = \begin{bmatrix} N'_{ir} & 0 & 0 & 0 & 0 & 0 \\ 0 & N'_{is} & 0 & 0 & 0 & 0 \\ 0 & 0 & 0 & 0 & 0 & \dfrac{N_i}{h} \\ N'_{is} & N'_{ir} & 0 & 0 & 0 & 0 \\ 0 & \dfrac{N_i}{h} & N'_{is} & 0 & 0 & \dfrac{N_i}{h} \\ 0 & 0 & N'_{ir} & \dfrac{N_i}{h} & 0 & 0 \end{bmatrix} \qquad (9\text{-}22)$$

利用自然坐标来完成单元刚度的积分甚方便,为此对插值函数的偏导可按第 8 章中的变换关系进行变换(注意到 τ 和直角坐标系的 t 为同轴,此三维变换实际上与二维变换相同),即:

$$\left\{ \begin{matrix} \dfrac{\partial N_i}{\partial r} \\ \dfrac{\partial N_i}{\partial s} \end{matrix} \right\} = [J]^{-1} \left\{ \begin{matrix} \dfrac{\partial N_i}{\partial \xi} \\ \dfrac{\partial N_i}{\partial \eta} \end{matrix} \right\}$$

并且有:

$$N_i = \frac{1}{4}(1 + \xi \xi_i)(1 + \eta \eta_i) \qquad (i = 1, 2, 3, 4)$$

单元刚度矩阵仍由一般化公式求得:

$$[K']_e = h \iint [B]^{\mathrm{T}}[D][B] \det[J] \mathrm{d}\xi \mathrm{d}\eta \qquad (9\text{-}23)$$

应注意,这时的单元刚度矩阵是对直角的局部坐标系 $r\text{-}s\text{-}t$,为 24×24 阶方阵。坐标轴 r、s 沿着节理面的走向及倾向,t 为其法线方向,还需要变换到整体的结构坐标 $x\text{-}y\text{-}z$ 中。

单元刚度矩阵的推导中,弹性矩阵$[D]$可采用一般的空间问题弹性矩阵,也可采用适当的简化形式。

还应指出,前面矩阵$[B_i]$采用如下的节点位移顺序:

$$\{\delta_0\} = \begin{bmatrix} u_1 & v_1 & w_1 & \mathrm{d}u_1 & \mathrm{d}v_1 & \mathrm{d}w_1 & u_2 & v_2 & w_2 & \mathrm{d}u_2 \cdots \mathrm{d}w_4 \end{bmatrix}$$

并注意到如下关系:

$$\mathrm{d}u_i = u_{i+4} - u_i, \mathrm{d}v_i = v_{i+4} - v_i, \mathrm{d}w_i = w_{i+4} - w_i \qquad (i = 1, 2, 3, 4)$$

对导出的单元刚度矩阵,容易按如下的单元节点位移次序作相应的修正:

$$\{\delta\} = \begin{bmatrix} u_1 & v_1 & w_1 & u_2 & v_2 & w_2 & u_3 & v_3 \cdots w_8 \end{bmatrix}^{\mathrm{T}}$$

如同前面介绍的平面问题的节理单元一样,若考虑到厚度 h 甚小而略去 ε_{rr} 与 ε_{ss} 的影响,则应力—应变关系可简化为如下形式:

$$\left\{ \begin{matrix} \sigma_{rt} \\ \sigma_{st} \\ \sigma_{tt} \end{matrix} \right\} = \left\{ \begin{matrix} \tau_r \\ \tau_s \\ \sigma_n \end{matrix} \right\} = \begin{bmatrix} D_{11} & 0 & 0 \\ 0 & D_{22} & 0 \\ 0 & 0 & D_{33} \end{bmatrix} \left\{ \begin{matrix} \varepsilon_{rt} \\ \varepsilon_{st} \\ \varepsilon_{tt} \end{matrix} \right\} \qquad (9\text{-}24)$$

则单元刚度矩阵可进一步简化。若取 $h=1,D_{11}=D_{22}=K_s,D_{33}=K_n$，即可导出同平面问题无厚度的节理单元形式类似的空间问题无厚度节理单元。若仍取厚度 $h=1,D_{11}=D_{22}=G$，$D_{33}=2G+\lambda$，则可得到与平面问题等厚度节理单元相对应的空间等厚度单元。

9.4　层状岩体的单元特性

由一组有规律的定向结构面（层面）构成的层状岩体，直接采用上述的结构面单元有时候不太适宜，因为对于很薄层的层状岩体（层面间距甚小），按节理单元来模拟层理很难实现。在这种情况下常采用一种层状的"定向破坏"单元。这类单元具有明显的层状正交异性以及沿层面方向的破坏特征。

9.4.1　层状岩体的平面"定向"破坏单元

图 9-8 为任意四边形的平面层状单元。为了考虑沿层面方向的"破坏"特征以及层面的力学性态，采用以层面方向为 x' 轴、层面法向为 y' 的局部坐标建立其基本计算公式。假定对于局部坐标及整体坐标，应力矢量分别以 $\{\sigma'\}$ 及 $\{\sigma\}$ 表示。其中：

$$\{\sigma'\}=\begin{bmatrix}\sigma'_x & \sigma'_y & \tau'_{xy}\end{bmatrix}^T$$
$$\{\sigma\}=\begin{bmatrix}\sigma_x & \sigma_y & \tau_{xy}\end{bmatrix}^T$$

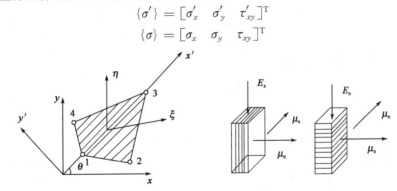

图 9-8　任意边形的平面层状单元

应力的坐标变换关系为：

$$\begin{Bmatrix}\sigma'_x \\ \sigma'_y \\ \tau'_{xy}\end{Bmatrix}=\begin{Bmatrix}\cos^2\theta & \sin^2\theta & 2\sin\theta\cos\theta \\ \sin^2\theta & \cos^2\theta & -2\sin\theta\cos\theta \\ -\sin\theta\cos\theta & \sin\theta\cos\theta & \cos^2\theta-\sin^2\theta\end{Bmatrix}\begin{Bmatrix}\sigma_x \\ \sigma_y \\ \tau_{xy}\end{Bmatrix}$$

或写为：

$$\{\sigma'\}=(T_1)\{\sigma\} \tag{9-25a}$$

应力的逆变换为：

$$\{\sigma\}=[T_1]^{-1}\{\sigma'\}=[L_0]\{\sigma'\} \tag{9-25b}$$

其中：

$$[L_0]=\begin{bmatrix}\cos^2\theta & \sin^2\theta & -2\sin\theta\cos\theta \\ \sin^2\theta & \cos^2\theta & 2\sin\theta\cos\theta \\ \sin\theta\cos\theta & -\sin\theta\cos\theta & \cos^2\theta-\sin^2\theta\end{bmatrix} \tag{9-26}$$

根据上述的应力变换，由等效原则（即坐标变换前后，其应变能不变）可知：

$$\{\sigma'\}^{\mathrm{T}}\{\varepsilon'\} = \{\sigma\}^{\mathrm{T}}\{\varepsilon\}$$

所以：

$$([T_1]\{\sigma\})^{\mathrm{T}}\{\varepsilon'\} = \{\sigma\}^{\mathrm{T}}\{\varepsilon\}$$

$$\{\varepsilon'\} = ([T_1]^{\mathrm{T}})^{-1}\{\varepsilon\} = ([T_1]^{-1})^{\mathrm{T}}\{\varepsilon\}$$

$$= [L_0]^{\mathrm{T}}\{\varepsilon\} \tag{9-27a}$$

由此也可得出：

$$\{\varepsilon\} = ([L_0]^{\mathrm{T}})^{-1}\{\varepsilon'\} = [T_1]^{\mathrm{T}}\{\varepsilon'\} \tag{9-27b}$$

由应力以及应变的坐标变换关系可以导出单元刚度矩阵的变换。对于整体坐标建立单元刚度矩阵可由一般化公式导出，即：

$$[K]_e = \int_v [B]^{\mathrm{T}}[D][B]\mathrm{d}v$$

对局部坐标 x'-y' 的单元应力—应变关系为：

$$[\sigma'] = [D']\{\varepsilon'\}$$

由式(9-27)及式(9-26)可知：

$$[T_1]\{\sigma\} = [D'][L_0]^{\mathrm{T}}\{\varepsilon\}$$

$$\{\sigma\} = [T_1]^{-1}[D'][L_0]^{\mathrm{T}}\{\varepsilon\} = [L_0][D'][L_0]^{\mathrm{T}}\{\varepsilon\}$$

$$= [D]\{\varepsilon\}$$

所以：

$$[D] = [L_0][D'][L_0]^{\mathrm{T}}$$

代入单元刚度矩阵的公式可得：

$$[K]_e = \int_v [B]^{\mathrm{T}}[L_0][D'][L_0]^{\mathrm{T}}[B]\mathrm{d}v \tag{9-28}$$

对于图 9-8 所示的任意四边形单元，利用自然坐标 ξ-η 完成单元刚度的推导较为方便。这时可以直接应用在第 7 章中对各向同性平面应变问题导出的公式[见 7.3 节中式(7-18)～式(7-21)]。应注意的是导出的是对局部坐标系 x'-y' 的单元刚度 $[K']_e$，还需按式(9-28)进行坐标变换。

对于图 9-8 所示的层状单元，各向异性平面应变问题的弹性矩阵 $[D']$ 可写为：

$$[D'] = \frac{E_s}{m}\begin{bmatrix} 1-n\mu_n^2 & & （对称） \\ \mu_s+n\mu_n^2 & 1-n\mu_n^2 & \\ 0 & 0 & \dfrac{m\,G_{sn}}{E_s} \end{bmatrix} \tag{9-29}$$

式中：E_s——各向同性面内的弹性模量；

E_n——垂直于层面方向的弹性模量；

$$n = \frac{E_n}{E_s}$$

$$m = (1+\mu_s)(1-\mu_s-2n\mu_n^2)$$

$[D']$ 所对应的应力分量为 $\{\sigma\} = \{\sigma'_x \quad \sigma'_y \quad \tau'_{xy}\}$。

上述的弹性常数与层面间距有关，假定层面间距为 h，层面之间的岩石是各向同性的，则岩体的有关参数为：

$$\left.\begin{array}{l} E_s = E, \mu_s = \mu \\[2mm] E_n = \dfrac{1}{\dfrac{1}{E} + \dfrac{1}{K_n h}} \\[4mm] G_{sn} = \dfrac{1}{\dfrac{2(1+\mu)}{E} + \dfrac{1}{K_n h}} \\[4mm] \mu_n = \dfrac{E_n \mu}{E} \end{array}\right\} \tag{9-30}$$

沿层面的破坏有受拉开裂和剪切滑移两种形式。相应的强度条件可仿照单独的节理面的强度公式写成如下形式：

层面受拉

$$\sigma_n - R_t = 0 \text{ 或 } \sigma_n = 0 \tag{9-31}$$

剪切滑移

$$\left.\begin{array}{l} \tau_s = c_0 - \sigma_n \tan\varphi \\[2mm] \tau_s = c' - \sigma_n \tan\varphi' \end{array}\right\} \tag{9-32}$$

为了检查是否发生层面的破坏，在计算程序中求得各单元应力之后，按层面方向进行坐标变换求得沿层面的应力$\{\sigma'\}$，并由此得到 $\sigma_n = \sigma_y'$，$\tau_s = \tau_{zy}'$。然后按式(9-31)和式(9-32)进行检验。

除了考虑沿层面的破坏之外，还应考虑岩石本身的塑性流动和受拉断裂。因为对于一定倾角的层状岩体，在隧洞周围有一个最不利位置，也存在一个对层面稳定的最有利位置，在这个部位上层面本身可能是稳定的，而岩石的塑性或拉裂可能成为导致破坏的主要因素。

9.4.2 层状岩体空间"定向"破坏单元

层状岩体的空间"定向"破坏单元简称为三维层状单元。在考虑结构面影响的情况下，一般不宜简化为平面问题，因为只有在结构面的走向平行于隧洞纵轴的情况下才完全符合平面应变的假定。当层面与隧洞纵轴呈任意斜交时，则应作为空间(三维)问题。这种空间的层状单元仍是具有正交异性的空间连续体单元，例如常用的空间 8 节点或 16 节点的等参数单元，考虑其沿层面破坏的特征，如图 9-9a)所示。

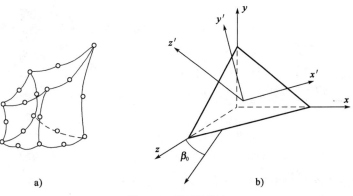

图 9-9　三维层状单元

正如前面平面的层状单元一样，为了检验沿层面的破坏需要按层面方向进行坐标变换，考虑其层状正交异性需要按通过层面的局部坐标形成单元刚度矩阵。在此限定局部坐标系的

z'轴为沿层面的法线方向，x'轴和 y'轴则分别沿层面的走向与倾斜方向。整体坐标的 z 轴为隧洞的纵轴方向，x、y 则分别为水平和竖向，如图 9-9b)所示。整体与局部坐标系之间的方向余弦见表 9-1，则坐标变换关系可写成：

方 向 余 弦

表 9-1

坐　标	x	y	z
x'	l_1	m_1	n_1
y'	l_2	m_2	n_2
z'	l_3	m_3	n_3

$$\left.\begin{array}{l} \{\sigma'\} = [T_1]\{\sigma\} \\ \{\varepsilon'\} = [T_2]^{\mathrm{T}}\{\varepsilon\} \end{array}\right\} \tag{9-33}$$

由弹性力学已导出的关系有：

$$[T_1] = \begin{pmatrix} l_1^2 & m_1^2 & n_1^2 & 2l_1m_1 & 2m_1n_1 & 2l_1n_1 \\ l_2^2 & m_2^2 & n_2^2 & 2l_2m_2 & 2m_2n_2 & 2l_2n_2 \\ l_3^2 & m_3^2 & n_3^2 & 2l_3m_3 & 2m_3n_3 & 2l_3n_3 \\ l_1l_2 & m_1m_2 & n_1n_2 & l_1m_2+l_2m_1 & m_1n_2+m_2n_1 & l_1n_2+l_2n_1 \\ l_2l_3 & m_2m_3 & n_2n_3 & l_2m_3+l_3m_2 & m_2n_3+m_3n_2 & l_2n_3+l_3n_2 \\ l_3l_1 & m_3m_1 & n_3n_1 & l_3m_1+l_1m_3 & m_3n_1+m_1n_3 & l_3n_1+l_1n_3 \end{pmatrix} \tag{9-34}$$

$$[T_2]^{\mathrm{T}} = \begin{pmatrix} l_1^2 & l_2^2 & l_3^2 & 2l_1l_2 & 2l_2l_3 & 2l_3l_1 \\ m_1^2 & m_2^2 & m_3^2 & 2m_1m_2 & 2m_2m_3 & 2m_3m_1 \\ n_1^2 & n_2^2 & n_3^2 & 2n_1n_2 & 2n_2n_3 & 2n_3n_1 \\ l_1m_1 & l_2m_2 & l_3m_3 & l_1m_2+l_2m_1 & l_2m_3+l_3m_2 & l_3m_1+l_1m_3 \\ m_1n_1 & m_2n_2 & m_3n_3 & m_1n_2+m_2n_1 & m_2n_3+m_3n_2 & m_3n_1+m_1n_3 \\ n_1l_1 & n_2l_2 & n_3l_3 & n_1l_2+n_2l_1 & n_2l_3+n_3l_2 & n_3l_1+n_1l_3 \end{pmatrix} \tag{9-35}$$

前已证明$[T_1]$和$[T_2]$之间有如下关系：

$$[T_1]^{-1} = [T_2] \tag{9-36}$$

由局部坐标到整体坐标弹性矩阵及单元刚度矩阵变换关系仍然与式(9-28)同。

上述的坐标变换必须已知 3 个坐标轴的方向余弦 l_i、m_i、n_i($i=1,2,3$)，实用上是很不方便的。在一般工程地质资料中通常是给出岩层走向的方位角、倾向及倾角。为了实用方便，将上述的局部坐标 x'、y'、z' 轴的方向余弦按照岩层的方位角及倾角来表示。为此，假定隧洞纵轴（即整体坐标 z 轴）的方位角为 β_0，岩层层面方位角（即走向）β，层面的倾角 α 并以图 9-9b)所示者为正。则由解析几何关系知：

$$l_i^2 + m_i^2 + n_i^2 = 1 \qquad (i=1,2,3)$$

$$l_il_j + m_im_j + n_in_j = 0 \qquad (i<j, j=2,3)$$

利用这一几何关系可以求得：

$$\left.\begin{array}{l} l_1 = \sin(\beta-\beta_0) \\ m_1 = 0 \\ n_1 = -\cos(\beta-\beta_0) \end{array}\right\} \tag{9-37a}$$

$$l_2 = \cos(\beta - \beta_0)\sqrt{1 - \sin^2\theta}$$
$$m_2 = \sin\alpha$$
$$n_2 = \sin(\beta - \beta_0)\sqrt{1 - \sin^2\theta}$$

(9-37b)

$$l_3 = \cos(\beta - \beta_0)\sqrt{1 - \cos^2\theta}$$
$$m_3 = \cos\alpha$$
$$n_3 = \sin(\beta - \beta_0)\sqrt{1 - \cos^2\theta}$$

(9-37c)

沿层面的强度条件仍然用前面式(9-31)及式(9-32)。在作上述坐标变换之后则有:

$$\sigma_n = \sigma'_z$$
$$\tau_s = (\tau_{zx'}^2 + \tau_{zyx}^2)^{\frac{1}{2}}$$

(9-38)

9.5 岩体结构面的非线性模型

如前所述,对含有节理、层理等不连续面的岩体,其破坏形式应包括沿结构面的破坏以及岩石本身的破坏。关于岩石的塑性流动及受拉破坏及相应的本构关系在前面第8章中已做了系统的阐述。本节只讨论结构面的破坏——沿结构面的剪切滑移与受拉开裂。首先讨论单独的结构面,然后再推广至层状岩体。

9.5.1 沿结构面的剪切滑移

由上述可知,节理面的抗剪强度是法向压应力 σ_n 及节理面粗糙度的函数。在一定法向应力 σ_n 的情况下,图9-3a)所示的 τ-Δu 的关系曲线可以分为三个阶段:①达峰值抗剪强度之前,近似视为弹性阶段;②峰值强度之后的"软化"阶段;③最后的残余强度阶段。这一曲线的特征与一般具有应变软化的弹塑性材料的应力—应变关系极为相似。因此,从广义的概念来说,可以把结构面的剪切滑移看作是塑性流动的一种形式。因而可应用第8章中介绍的塑性增量理论以及建立的基本公式来导出沿结构面破坏的本构关系。

结构面的抗剪屈服准则具有如下形式:

峰值强度

$$F = |\tau_s| - c + \sigma_n\tan\varphi = 0$$

(9-39a)

残余强度

$$F = |\tau_s| - c'_j + \sigma_n\tan\varphi'_j = 0$$

(9-39b)

式中:c、φ——计算初始黏聚力及内摩擦角;

c'_j、φ'_j——计算残余黏聚力及内摩擦角;

σ_n——法向应力,式中只有当 σ_n 取负值(即压应力)时才有意义。

式(9-39a)中,c、φ 的取值对于 A 型的 τ-Δu 曲线,当 $\sigma_n < \sigma_T$ 时取 $c = c_0$,$\varphi = \varphi'_j + \delta_0$,当 $\sigma_n \geq \sigma_T$ 则有 $c = c_j$,$\varphi = \varphi'_j$。对于 B 型曲线[图9-3a)],峰值及残余强度无显著差异,则可直接取为 $c = c'_0$,$\varphi = \varphi'_j$。A 型曲线达残余强度时也将与 B 型曲线同,取为 $c = c'_0$,$\varphi = \varphi'_j$。

平整光滑的节理、有夹泥的节理或软弱夹层均属 B 型曲线。可近似认为 $c = c'_j$,$\varphi = \varphi_j = \varphi'_j$。对于这种情况,以及 A 型的 τ-Δu 曲线达到残余强度的情况,有类似于理想塑性的特征。由第8章中的式(8-12),令 $A = 0$ 及 $G = F$,即可导出剪切滑移的本构关系。屈服函数的一般形式可写为：

$$F = |\tau_s| - c + \sigma_n \tan\varphi = 0$$

$$\left\{\frac{\partial F}{\partial \tau_s}\right\} = \left[\frac{\partial F}{\partial \tau_s} \quad -\frac{\partial F}{\partial \sigma_n}\right]^T = \begin{bmatrix} 1 & \tan\varphi_j' \end{bmatrix}^T$$

结构面的应力—应变关系可写为：

$$[D] = \begin{pmatrix} D_{11} & 0 \\ 0 & D_{22} \end{pmatrix} \tag{9-40}$$

塑性矩阵：

$$[D_p] = \left\{ \frac{[D]\left\{\frac{\partial F}{\partial \sigma}\right\}\left\{\frac{\partial F}{\partial \sigma}\right\}^T[D]}{\left\{\frac{\partial F}{\partial \sigma}\right\}^T[D]\left\{\frac{\partial F}{\partial \sigma}\right\}} \right\}$$

$$= \frac{1}{S_0} \begin{bmatrix} D_{11}^2 & D_{11}S_1 \\ D_{11}S_1 & S_1^2 \end{bmatrix} \tag{9-41}$$

其中：

$$S_0 = D_{11} + D_{22}\tan^2\varphi$$

$$S_1 = D_{22}\tan\varphi$$

这里 c、φ 的取值根据节理面实际状态确定。对于一般单独的节理面，其残余黏聚力 c_j' 通常取零。

结构面的切向和法向应力的刚度系数 D_{11}、D_{22}，可取为 K_s、K_n，也可以直接按一般的弹性常数由式(9-17)确定。从式(9-41)中可以看出，在节理的塑性剪切滑移的情况下，剪应力及法向应力不再仅仅是取决于对应的位移分量。或者说，存在法向及切向位移的耦合作用，它是剪胀的一种表现。

对于粗糙的或具有初始黏聚力的节理，由峰值强度至残余强度的过渡(软化)，一种简单的处理方法是在剪应力达初始峰值强度后就可取用 $c = c_j' = 0$ 及 $\varphi = \varphi_j'$。它与图 9-3a)中的简化曲线 a、b、c 相对应。

若考虑到 a 至 c 的缓慢的过渡，则可假定 $a \rightarrow c$ 为线性变化，亦即抗剪强度的降低同塑性变形有关。对应于残余强度的 c 点可以看做是塑性软化的临界状态，其条件是：

$$F = |\tau_s| - c_j' + \sigma_n \tan\varphi' = 0$$

这种情况的软化现象主要是受剪胀的影响。达峰值抗剪强度以后，剪胀也逐渐终止。假定以 δ^p 表示达峰值后的剪胀角，则：

$$\delta^p = \tan^{-1}\frac{\mathrm{d}v^p}{\mathrm{d}u^p}$$

式中：$\mathrm{d}v^p$、$\mathrm{d}u^p$——塑性的法向位移及切向位移增量。

显然可以把塑性势 G 表示为 δ_p 的函数，取：

$$G = |\tau_s| - c_j' + \sigma_n \tan\delta^p \tag{9-42}$$

由流动法则可知：

$$\left.\begin{array}{l} \mathrm{d}v^p = \mathrm{d}\varepsilon_{nn}^p = \dfrac{\partial G}{\partial \sigma_n}\lambda \\[2mm] \mathrm{d}u^p = \mathrm{d}\varepsilon_{ss}^p = \dfrac{\partial G}{\partial \tau_s}\lambda \end{array}\right\} \tag{9-43}$$

由式(9-42)对 τ_s 求导出得到 $\frac{\partial G}{\partial \tau_s} = 1$，故 $\lambda = \mathrm{d}u^p$，由于 $\frac{\partial F}{\partial \sigma} = \tan\delta^p$，当 $\delta^p = 0$ 时，表明剪胀现

象终止，它对应于 $\mathrm{d}v^{\mathrm{p}}=0$，这同式(9-43)中 $\mathrm{d}v^{\mathrm{p}}=\dfrac{\partial G}{\partial\sigma_{\mathrm{n}}}\lambda$ 的结果一致。

塑性屈服准则仍用式(9-39a)，这时的 φ 值取为 $\varphi=\varphi'_{\mathrm{j}}+\delta_{\mathrm{p}}$，$c=c_0$。利用前面的基本公式(8-12)，可以导出非关联流动法则的本构关系，即：

$$\left\{\frac{\partial F}{\partial\sigma}\right\}=\left[\frac{\partial F}{\partial\tau_{\mathrm{s}}}\quad\frac{\partial F}{\partial\sigma_{\mathrm{n}}}\right]^{\mathrm{T}}=\left[1\quad\tan\delta^{\mathrm{p}}\right]^{\mathrm{T}}$$

$$\left\{\frac{\partial F}{\partial\sigma}\right\}=\left[\frac{\partial F}{\partial\tau_{\mathrm{s}}}\quad\frac{\partial F}{\partial\sigma_{\mathrm{n}}}\right]^{\mathrm{T}}=\left[1\quad\tan\varphi\right]^{\mathrm{T}}$$

代入式(8-12)可得：

$$[D_{\mathrm{p}}]=\frac{1}{S_0}\begin{bmatrix}D_{11}^2 & D_{11}S_1\\ D_{11}S_2 & S_1S_2\end{bmatrix}\tag{9-44}$$

其中：

$$S_0=A+D_{11}+S_2\tan\varphi$$
$$S_2=D_{22}\tan\delta^{\mathrm{p}}$$
$$S_1=D_{22}\tan\varphi-D_{22}\tan(\varphi'_{\mathrm{j}}+\delta^{\mathrm{p}})$$

式(9-44)的非对称形式将给计算增加麻烦，特别是当采用变刚度法作非线性分析时，使总刚度的形成及方程组的求解时间大大增加。为克服这一不足，可将它变换成以下的对称形式：

$$[D_{\mathrm{p}}]=\frac{1}{S_0}\begin{bmatrix}D_{11}^2+S_3 & D_{11}S_2\\ D_{11}S_2 & S_1S_2\end{bmatrix}$$

其中：

$$S_3=D_{11}\frac{\Delta v}{\Delta u}(S_1-S_2)$$

弹塑性矩阵为：

$$[D_{\mathrm{ep}}]=[D]-[D_{\mathrm{p}}]$$

上述推导中，刚度系数 D_{11} 及 D_{22} 对于前面介绍的单元可取相应的值，如可取为：

$$D_{11}=K_{\mathrm{s}}\text{ 或 }G$$
$$D_{22}=K_{\mathrm{n}}\text{ 或 }\lambda+2G$$

对于层状岩体，可以仿照上述方法建立相应的弹塑性矩阵。

9.5.2 层状岩体沿层面的剪切滑移

与单独的节理类似，层状岩体沿层面剪切的塑性准则可以写为：
峰值强度

$$F=|\tau'_{xy}|-c_{\mathrm{j}}+\sigma'_y\tan\varphi_{\mathrm{j}}\tag{9-45a}$$

残余强度

$$F=|\tau'_{xy}|-c'_{\mathrm{j}}+\sigma'_y\tan\varphi'_{\mathrm{j}}\tag{9-45b}$$

如前所述，层状岩体通常是采用具有正交异性的连续体单元，同时考虑其沿层面破坏的特殊性。这里把这种层状岩体视为弹塑性材料。假定在初始峰值前为线弹性，达峰值抗剪强度后表现为塑性的剪切滑移。峰值后的强度降低是由于层面之间黏聚力遭破坏所致。利用式(9-29)的正交异性的平面问题弹性矩阵，并令 $G=F$，可导出如下的塑性矩阵：

$$[D_{\mathrm{p}}]=\frac{1}{S_0}\begin{bmatrix}S_1^2 & & \text{（对称）}\\ S_1S_2 & S_2^2 & \\ S_1S_3 & S_2S_3 & S_3^2\end{bmatrix}\tag{9-46}$$

其中：

$$S_0 = S_2 \tan\varphi'_j + G$$
$$S_1 = D_{12} \tan\varphi'_j = D_{21} \tan\varphi'_j$$
$$S_2 = D_{22} \tan\varphi'_j$$
$$S_3 = G$$

9.5.3 沿节理(或层面)的法向受拉开裂

沿节理或层面的结合较弱,甚至无黏聚力,抗拉强度低,当承受法向拉应力时,很容易开裂。拉破坏的强度条件可写为:

$$\sigma_n - R_t \leqslant 0 \qquad\qquad (9\text{-}47a)$$

当开裂之后,法向应力降为零,并且由于开裂,沿节理或层面的抗剪强度也降为零。因此在开裂之后,有:

$$\sigma_n = 0, \tau_s = 0 \qquad\qquad (9\text{-}47b)$$

对于单独的节理,是否发生拉破坏可按式(9-47a)进行判别,一般情况下可取为 $R_t = 0$,如果发生拉破坏则按式(9-47b)修正其应力并按应力转移考虑其应力的重新分配。

对于层状岩体,当沿层面的法向应力 $\sigma'_y \geqslant R_t$ 时,取破坏准则:

$$F = \sigma'_y - R_t = 0$$

由塑性矩阵的一般化公式可以导出相应的 $[D'_p]$,弹—塑性矩阵为:

$$[D'_{ep}] = [D'_e] - [D'_p] = \frac{E}{1-\mu^2}\begin{bmatrix} 1 & 0 & 0 \\ 0 & 0 & 0 \\ 0 & 0 & \dfrac{1-\mu}{2} \end{bmatrix} \qquad (9\text{-}48)$$

值得注意的是,上述推导及式(9-48)是以沿层面的局部坐标而得出的。还需要变换为整体坐标才可继续进行运算。

9.5.4 分析程序

按照以上所述关于节理及层状岩体的模型,非线性分析程序可按以下的步骤进行:

(1)仍采用增量—初应力法,对于每一次荷载增量或每次迭代首先按线弹性分析,求得应力增量 $\{\Delta\sigma\}$、应变增量 $\{\Delta\varepsilon\}$,以及位移增量 $\{\Delta u\}$。

(2)同前次迭代终了时的应力、应变及位移叠加得到当前的应力、应变、位移:

$$\{\sigma_i\}_j = \{\sigma_i\}_{j-1} + \{\Delta\sigma_i\}_j$$
$$\{\varepsilon_i\}_j = \{\varepsilon_i\}_{j-1} + \{\Delta\varepsilon_i\}_j$$
$$\{U_i\}_j = \{U_i\}_{j-1} + \{\Delta U_i\}_j$$

(3)按照节理或层面方向进行坐标变换求得沿结构面的法向及切向应力,然后按照上述的剪切滑移及受拉开裂的强度条件校核是否发生破坏。

(4)对于发生剪切滑移或开裂的单元按已导出的弹—塑性本构关系调整其应力并计算过量应力(初应力)$\{\Delta\sigma_0\}$。

(5)由 $\{\Delta\sigma_0\}$ 求得等效节点力 $\{\Delta F_0\}$,在 $\{\Delta F_0\}$ 作用下重复以上步骤,直到收敛至要求的精确度为止,然后进行下一级荷载增量的计算,至全部荷载完成为止。

(6)最后,把考虑结构面的非线性分析同前面已讨论过的弹—塑性分析、低抗拉或不抗拉分析等非线性问题综合考虑在一个统一的计算机程序中。

9.6 计 算 示 例

本算例来自于同济大学杨林德等负责的"龙滩水电站地下洞室群平面问题的分析"项目。项目对龙滩水电站地下洞室工程,通过工程地质条件分析与地质概化模型的建立,采用同济曙光软件(GeoFBA®)详细开展了复杂地下工程的二维有限元分析。其中,有限元计算原理主要介绍计算采用的基本假定、洞室开挖的模拟方法及计算过程。在计算简图部分,主要列出了剖面的地质概化模型、计算网格、计算工况和计算参数;计算结果部分则主要给出计算结果图。

通过对计算结果的分析,得出了地下洞室群在预定开挖方式下围岩的变形特征及其稳定性。此外,对支护效果、不利构造、吊车荷载、洞室交叉等因素对洞室群围岩变形和稳定性的影响也得出了规律性的认识。

9.6.1 计算原理和分析方法

对二维平面应变问题,有限元分析中拟将层状岩层的材料视为各向同性材料,并由对软弱结构面另行设置单元模拟岩体的各向异性特征。岩层材料与结构面单元的屈服准则选 M-C 屈服准则,并均选用相关联流动法则进行计算,及均假设材料不能承受拉应力。此外,对混凝土衬砌及锚喷支护结构的材料均拟假设处于弹性工作状态。

程序通过设置开挖步模拟洞室的开挖效应,并由对各开挖步在不同荷载增量步加设锚喷支护模拟支护施作时机的影响,由此达到模拟洞室开挖施工过程的目的。对支护施作时机,研究的具体规定选为对每个开挖步,锚喷支护拟均在当前初始应力已释放 30% 时开始施作,大致符合工程施工的实际情况。

对各开挖阶段的状态,有限元分析的增量表达式可写为:

$$\left([K]_0 + \sum_{\lambda=1}^{i}[\Delta K]_\lambda\right)\{\Delta\delta\}_i = \{\Delta F_r\}_i + \{\Delta F_a\}_i \qquad (i=1,L) \tag{9-49}$$

式中:L——开挖阶段数;

$[K]_0$——岩体和结构(开始开挖前存在时)的初始刚度矩阵;

$[\Delta K]_\lambda$——开挖施工过程中,开挖阶段的岩体和结构刚度的增量或减量,用以体现岩体单元的挖除或填筑,以及结构单元的施作或拆除;

$\{\Delta F_r\}_i$——第 i 开挖阶段开挖边界上的释放荷载的等效节点力;

$\{\Delta F_a\}_i$——第 i 开挖阶段新增自重等的等效节点力;

$\{\Delta\delta\}_i$——第 i 开挖阶段的节点位移增量。

采用增量初应变法解题时,对每个开挖步,有限元分析中增量加载过程的表达式为:

$$[K]_{ij}\{\Delta\delta\}_{ij} = \{\Delta F_r\}_{ij} + \{\Delta F_a\}_{ij} \qquad (i=1,L;j=1,M) \tag{9-50}$$

式中:M——各开挖步增量加载的次数;

$[K]_{ij}$——第 i 开挖步中施加第 j 增量步时的刚度矩阵;

$\{\Delta F_r\}_{ij}$——第 j 增量步中,开挖边界上的释放荷载的等效节点力增量;

$\{\Delta F_a\}_{ij}$——第 j 增量步新增自重等的等效节点力;

$\{\Delta\delta\}_{ij}$——第 j 增量步的节点位移增量。

增量时步加荷过程中,部分岩体进入塑性状态后,由材料屈服引起的过量塑性应变以初应变的形式被转移,并由整个体系中的所有单元共同负担。每一时步中,各单元与过量塑性应变相应的初应变均以等效节点力的形式起作用,并处理为再次计算时的节点附加荷载,据以进行迭代运算,直至时步到达最终计算时间,并满足给定的精度要求。

岩体单元出现受拉破坏或结构面单元发生受拉或受剪破坏时,也按与上述原理方法类同的方法处理。单元发生破坏后,沿破坏方向的单元应力需予转移,计算过程也将其处理为等效节点力,并据此进行迭代计算。

岩体和结构面单元处于非线性弹性或弹塑性受力状态时,对各开挖阶段的任意增量时步的非线性迭代计算,有限元分析的方程可表示为:

$$[K]_{ij}\{\Delta\delta\}_{ij}^k = \{\Delta F\}_{ij}^k \qquad (i=1,L;j=1,M;k=1,N) \qquad (9\text{-}51)$$

式中:N——非线性迭代的步数;

$\{\Delta F\}_{ij}^k$——第 k 步非线性迭代的等效节点力;

其余符号的含义可按式(9-49)类推。

用于对各开挖步,计算位移、应变和应力的迭代式为:

$$\begin{cases} \{\delta\}_i = \{\delta\}_{i-1} + \{\Delta\delta\}_{ij} = \sum\limits_{\alpha=1}^{i}\sum\limits_{\beta=1}^{j}\sum\limits_{k=1}^{N}\{\Delta\delta\}_{\alpha\beta}^k \\[2mm] \{\varepsilon\}_i = \{\varepsilon\}_{i-1} + \{\Delta\varepsilon\}_{ij} = \sum\limits_{\alpha=1}^{i}\sum\limits_{\beta=1}^{j}\sum\limits_{k=1}^{N}\{\Delta\varepsilon\}_{\alpha\beta}^k \qquad (i=1,L;j=1,M;k=1,N) \\[2mm] \{\sigma\}_i = \{\sigma\}_{i-1} + \{\Delta\sigma\}_{ij} = \{\sigma_0\} + \sum\limits_{\alpha=1}^{i}\sum\limits_{\beta=1}^{j}\sum\limits_{k=1}^{N}\{\Delta\sigma\}_{\alpha\beta}^k \end{cases} \qquad (9\text{-}52)$$

式中:$\{\delta\}$、$\{\varepsilon\}$、$\{\sigma\}$——分别为位移、应变和应力向量;

$\quad\{\sigma_0\}$——初始地应力;

$\quad\{\Delta\sigma\}_{\alpha\beta}^k$——第 k 迭代步的应力增量。

对二维平面应变黏弹性问题,有限元分析的计算方法有多种,本算例则将其简化为弹性问题后进行计算,并拟将一般岩层的等效弹性模量取为由反分析计算得到的长期等效弹性模量的收敛值,即:

$$E_{t_i} \approx \lim_{t_i \to \infty} E_{t_i} \approx 0.859 E_0 \qquad (9\text{-}53)$$

9.6.2　工程概况

龙滩水电站拦河大坝为碾压混凝土重力坝,地下厂房位于红水河左岸,右岸设两级垂直升船机,为一具有发电、防洪、航运等综合效益的大型水利枢纽工程。

水电站坝址河谷为一较宽坦的 V 形谷,河流流向 S30°E,坝址区转向 S80°E,枯水期水面高程 219m,水面宽 90～100m,水深 13～19.5m。引水发电系统各建筑物布置区的左岸山体雄厚,地形较整齐,山顶高程约 650m,岸坡坡度 32°～42°。

水电站的发电系统由主厂房、主变洞、母线洞(9 条)等组成,输水系统的组成部分则主要有进水口、压力引水管、调压井(3 个)、尾水支洞(9 条)、尾水隧洞(3 条)及尾水出口等。电站设 9 台发电机组,总装机容量达 5400MW,由此使主厂房、主变洞和调压井均成为尺寸极大的地下洞室,并因位置靠近及与母线洞和尾水管等互相交叉而形成规模巨大的地下洞室群。龙滩水电站工程地下洞室群不仅规模巨大,而且地质条件较为复杂。

厂区发育的主要断层有 4 组。其中第一组为以层间错动为特征的顺层断层,并是厂区最为发育的一组断层,对输水发电系统影响较大的有 F5、F12、F18 和 F22 等,其破碎带宽 0.1～1.5m,充填未胶结的压碎方解石石英脉和碎裂岩,夹泥厚 3～8cm;第二组的 F56 与厂房斜交,F63 和 F69 断层在主厂房北端附近通过;第三组的 F1 和 F4 断层与主厂房洞室南端斜交;第四组有在尾水出口部位的 F60、F89 和 F189 断层等,均充填未胶结碎裂岩和糜棱岩夹大量断层泥,且断层带富含地下水。

厂区发育的主要节理有 8 组,均为陡倾角节理。其中对地下洞室围岩稳定影响较大的有两组,其产状分别为 N5°～10°W,NE∠60°～63°和 N40°～54°E,NW∠30°～48°,前者为层间节理,后者为平面 X 节理。大部分节理规模较小,延伸长度不超过 3m,节理面整密闭合或为方解石石英脉充填。

项目研究旨在根据陡倾角层状围岩的各向异性变形特性,借助数值仿真模拟分析洞室高边墙、顶拱及洞室交叉口岩体结构变形的特征,研究结构面的力学效应对围岩整体刚度的影响、围岩变形的时空效应和预报洞室群后续开挖的围岩变形及长期变形,以及对各监控部位的提出变形监控标准建议值,为地下洞室群围岩安全性监测提供预警指标,以确保龙滩水电站工程地下洞室群工程建设的安全性。

9.6.3　计算简图

根据地下洞室群展布形态及地质条件变化的特点,截取了沿地下厂房的纵轴线分布的横剖面作为计算剖面,位置均与提供的地质剖面相同。由地质资料可知,主厂房围岩在 2-2 剖面位置的上游侧被 F1、F7、F56 等断层切割,使在地下厂房围岩稳定性分析中,2-2 剖面的地质模型最具典型性。根据建立地质概化模型的原则选定计算区域剖分网格的方法,对计算剖面确定了地质概化模型及有限元分析的计算网格,分别如图 9-10 及图 9-11 所示。

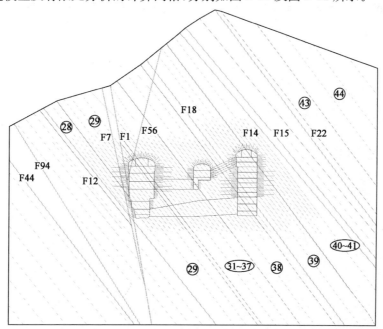

图 9-10　2-2 剖面地质概化模型示意图(彩图见 459 页)

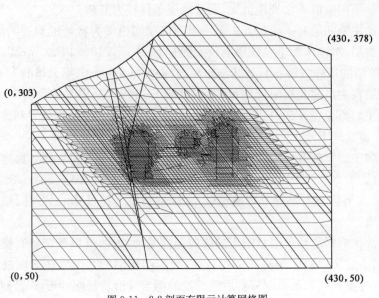

图 9-11   2-2 剖面有限元计算网格图

9.6.4   计算区域与边界条件

对各剖面确定计算区域的范围时,上边界均取至地表,两侧边界均取至离相近洞室侧壁4～5倍洞径处,下边界取至离洞室群底3～4倍洞径处。上部边界取为自由变形边界,下部边界取为竖向位移为零的边界,两侧边界均取为水平位移为零的边界。

9.6.5   开挖施工步骤

研究表明,开挖施工步骤对洞室围岩的受力变形状态可有较大的影响,开挖方式和顺序不同时围岩变形可有较大的差异。本算例中的开挖施工步骤拟仅根据设计单位提供的资料确定,如图 9-12 所示。

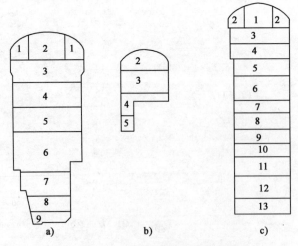

图 9-12   主洞室开挖施工步骤示意图

a)主厂房;b)主变洞;c)调压井

图中每个施工步又可分为两个增量步,分别为地层开挖和施作锚喷支护。

9.6.6　计算工况

算例同时考察支护效果、主要断层、软弱层面、吊车荷载及长期变形等因素的作用,共选定了7种工况,即:

工况一:无支护,考虑断层、层面;

工况二:加支护,考虑断层、层面;

工况三:加支护,考虑断层、层面,并将洞周支护区围岩强度参数 E、c、φ 等提高30%;

工况四:加支护,考虑断层、层面、长期变形的影响;

工况五:加支护,考虑断层、层面、吊车荷载的影响;

工况六:加支护,考虑断层,不考虑层面;

工况七:加支护,不考虑断层、层面。

其中长期变形的影响拟由对围岩采用长期变形模量进行计算予以模拟;吊车荷载的作用位置在厂房上、下游侧壁高程244.7m处,取值为1 014.5kN/m。

9.6.7　计算参数

根据相关资料及锚喷支护设计图纸,确定了有限元计算采用的参数,量值汇总于表9-2。

有限元计算采用的材料参数表　　　　　　　　　　　表9-2

名　称	分　布　层　位	变形模量 E(GPa)	泊松比 μ	重度 γ (kN/m³)	黏聚力 c (MPa)	内摩擦角 φ(°)	抗拉强度 R_t(MPa)
砂岩	23、25、28、38、40~41、43、45、47	24	0.26	26.8	2.45	56.3	1.5
泥板岩、砂岩互层	19~22、24、26~27、29~37、39、42、44、48	22.5	0.26	26.8	1.96	52.4	1.3
泥板岩	18	18	0.26	26.8	1.48	47.7	0.8

名　称		切向刚度 K_s(kPa/m)	法向刚度 K_n(kPa/m)	重度 γ (kN/m³)	黏聚力 c (MPa)	内摩擦角 φ(°)	抗拉强度 R_t(MPa)	最大嵌入量 V_m(m)
小断层和层间错动		3.0×10^5	3.0×10^6	21.0	0.08	21.8	0	0.02
层面	光滑	1.5×10^6	1.5×10^7	21.0	0.1	24.2	0	0.02
	平整	3.0×10^6	3.0×10^7	21.0	0.2	33.0	0	0.02
节理		3.0×10^5	3.0×10^6	21.0	0.2	33.0	0	0.02

名　称		变形模量 E (GPa)	截面面积 A (m²)	重度 γ (kN/m³)	惯性矩 I (m⁴)	备　注
锚杆 $\phi25$		210	0.000 327	78	—	预应力的施加位置与支护设计图纸相同,初始地应力的确定方法与取值见项目研究总报告
锚杆 $\phi28$		210	0.000 410	78	—	
锚杆 $\phi32$		210	0.000 536	78	—	
锚索	200t	210	0.006 533	78		
	120t	210	0.004 200	78		
喷层	主厂房	30	0.20	25	0.000 667	
	主变室 调压井	30	0.15	25	0.000 281	

9.6.8 计算结果

为便于比较,在剖面主洞室的洞周,对有限元计算结果的输出规定了输出点的位置,如图 9-13 所示。由图可见,图中同时列有在剖面上或其附近多点位移计及其测点的设置位置。

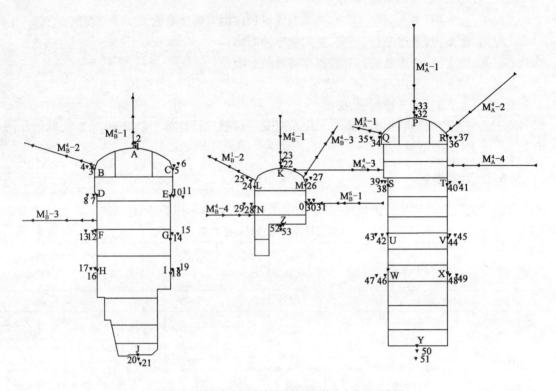

图 9-13 剖面多点位移计及计算结果输出点位置示意图

剖面 2-2 在工况二下的塑性区分布图、主应力矢量图、最大、最小主应力及最大剪应力云图如图 9-14~图 9-19 所示。

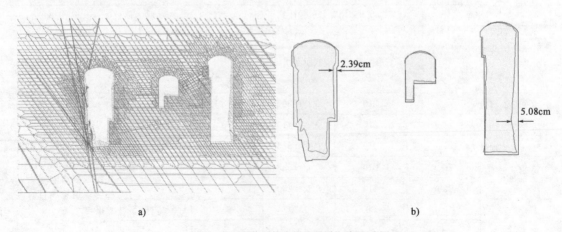

图 9-14 2-2 剖面工况二最终网格变形及洞周位移图(彩图见 459 页)

a)网格变形图;b)洞周位移图

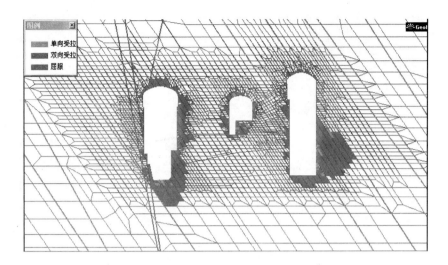

图 9-15 2-2 剖面工况二最终塑性区分布图（彩图见 459 页）

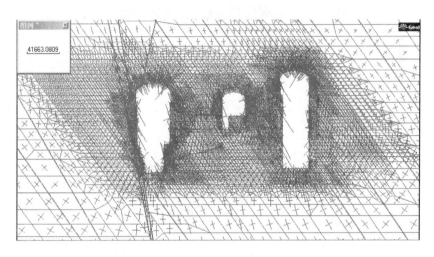

图 9-16 2-2 剖面工况二最终主应力矢量图（彩图见 460 页）

图 9-17 2-2 剖面工况二最终最大主应力云图（应力单位:kPa,彩图见 460 页）

图 9-18 2-2 剖面工况二最终最小主应力云图（应力单位：kPa，彩图见 460 页）

图 9-19 2-2 剖面工况二最终最大剪应力云图（应力单位：kPa，彩图见 461 页）

9.6.9 分析、结论与建议

计算结果表明，根据现有地质资料，开挖施工中发生的洞周位移量除少数断层穿越的洞室侧墙处外绝对值均不大，少数剖面的围岩屈服区范围则较大，在边墙部位的局部区域超过锚杆加固区的分布范围。

通过对计算结果的比较分析，可得以下结论：

1. 洞周变形特征分析

因受地形、构造及洞形等的影响，洞周围岩的变形大小不一。工况二下主洞室的变形以调压井最大，主厂房次之，主变室最小。

顶拱在第一步开挖结束时下沉量最大，后续开挖中反而有所上抬，这表明洞室群顶拱围岩的稳定性较好，但因断层、缓倾角节理及层面的不利组合可能在顶拱形成不稳定块体，故在这些部位仍需加强支护。

高边墙的变形受断层、层间错动等软弱结构面的影响较大。断层切割部位，上游墙断层上盘岩体沿结构面顺层滑动，下游墙断层下盘岩体则易于发生倾向洞内的倾倒变形。

2.洞周塑性区分布特征

计算结果表明,顶拱部位围岩塑性区范围较小,一般仅深3~4m,小于锚杆加固区的范围。但侧墙的塑性区分布范围较大,特别是下游墙的中下部位置,大大超过了锚杆和锚索加固区的范围。

3.分布开挖效应分析

模拟分步开挖的计算结果表明,随着开挖的进行,洞周围岩的变形和塑性区范围越来越大,且最大位移发生在洞室高边墙的中下部,塑性区也主要分布在边墙上。由此说明,该工程洞室群的稳定问题主要是高边墙,因而对高边墙尤应加强监测,必要时应及时加固。

4.洞室稳定性及变形影响因素分析

施作锚喷支护能有效地改变洞周围岩的应力分布,使其趋于均匀,由此可约束洞周围岩的变形和限制塑性区的扩展。此外,计算结果表明,锚喷支护如能及时施作,支护效果将越明显,因而建议支护应尽量及时施作,使可发挥应有的作用。

层间错动和断层等软弱结构面对围岩变形影响较大,主要表现为在断层与洞室相交的部位,围岩变形和锚杆应力都较大,并可接近或超过支护强度。建议对构造影响较大的部位,尤其是断层出露的位置及其附近加强支护,并注意对锚杆支护的施作时机及施工质量加强管理。

强度较低、数量较多的陡倾角层面对围岩的变形及塑性区的大小有很大的影响。吊车荷载对围岩受力变形的影响仅局限于吊车梁附近的局部范围,现象为锚杆应力将随锚杆深入岩体的深度而迅速减小。

前期研究表明,当侧压力系数分别取1.7和1.5时,关键部位位移量的比值最大可达2.2(调压井左侧墙),可见地应力的大小对地下洞室群围岩的稳定性有较大的影响。

参 考 文 献

[1] Goodman R E. Methods of Geological Engineering in Discontinuous Rock[M]. 1976. 中译本:不连续岩体中的地质工程方法[M]. 北京:中国铁道出版社,1980.

[2] Wilson E L. Finite Element for Foundations Joints and Fluids[A]. Finite Element in Geomechanics[C]. London,1977,319-350.

[3] Wittke W. Numerical Methods in Geomechanics[A]. Proceedings of the third International Conference on Numerical Methods in Geomechanics[C], Aachen, 2-6 April 1979.

[4] Chang C Y, Nair K, Singh R D. Development and applications of theoretical methods for evaluating stability of openings in rock[M]. AD-773861, 1973.

[5] Barton N, Choubey V. 岩石节理抗剪强度的理论与实践(译文)[J]. 地下工程,1981(4) [原载于《Rock Mechanics》1977,10(1-2):1-54].

[6] 刘怀恒. 节理岩体有限元模型[J]. 地下工程,1980(11).

[7] 孙钧,侯学渊. 地下结构[M]. 北京:科学出版社,1991.

[8] 徐干成,等. 地下工程支护结构[M]. 北京:中国水利水电出版社,2002.

[9] 曾进伦,王聿,赖允瑾. 地下工程施工技术[M]. 北京:高等教育出版社,2001.

[10] 同济大学,等. 土层地下建筑结构[M]. 北京:中国建筑工业出版社,1982.

[11] 张庆贺. 地下工程[M]. 上海:同济大学出版社,2005.

[12] 杨林德,冯紫良,朱合华,等. 岩土工程问题的反演理论与工程实践[M]. 北京:科学出版

社,1999.

[13] 孙钧,汪炳鉴.地下结构有限元解析[M].上海:同济大学出版社,1986.

[14] 郑颖人,董云飞,徐振远,等.地下工程锚喷支护设计指南[M].北京:中国铁道出版社,1988.

[15] 郑颖人,孔亮.岩土塑性力学[M].北京:中国建筑工业出版社,2010.

[16] 孙钧.地下工程设计理论与实践[M].上海:上海科学技术出版社,1996.

[17] 杨林德,耿大新,丁文其.复杂地质条件下地下洞室围岩支护优化选型的研究[C]//中国岩石力学与工程学会第七次学术大会论文集.2002:525-529.

[18] 杨林德,丁文其,张新江.复合支护计算方法的研究[J].同济大学学报,1998,26(2):139-143.

[19] 曾小清,孙钧,曹志远.隧道工程施工过程中的力学分析[J].同济大学学报,1998,26(5).

[20] 朱合华,杨林德.考虑隧洞掘进面空间效应的弹—粘塑性边界元法的工程应用[C]//第四届全国岩土力学数值分析与解析方法讨论会论文集.1991.

[21] 朱合华,丁文其,杨金松.地下工程测试技术与反分析[C]//全国岩土青年专家学术论坛文集(中国工程院主办).北京:中国建筑工业出版社,1998:97-107.

[22] 朱合华,丁文其.地下结构施工过程的动态仿真模拟分析[J].岩石力学与工程学报,1999,18(5):558-562.

[23] 朱合华,丁文其,李晓军.同济曙光岩土及地下工程设计与施工分析软件[J].建筑科技与市场,2000,(7).

[24] Ding W Q, Yue Z Q, Tham L G, et al. Analysis of Shield Tunnel[J]. International Journal for Numerical & Analytical Methods in Geomechanics,2004, 28(1):57-91.

[25] 杨林德,朱合华,丁文其.地下工程复合支护的研究[M]//王思敬,杨志法,傅冰骏.中国岩石力学与工程世纪成就.南京:河海大学出版社,2004:710-724.

第10章 动力分析有限元法

DISHIZHANG

10.1 概　述

　　本章主要叙述围岩的动力响应特性及对其进行计算的动力有限元法,适用于地震多发区、各类人工振动存在的区域以及爆破工程影响范围内的岩体工程。就隧洞设计而言,主要研究地震作用下隧洞围岩的动力响应。

　　在岩体工程设计建造的实践中,一般认为岩体地下结构,尤其是岩石隧道(包括山岭隧道和水底隧道等)是一种天然抗震结构,地震动力响应下对其破坏很小。然而,1995年阪神地震造成灾区内10％的山岭隧道受到严重破坏。1999年台湾集集地震后,台湾中部距发震断层25km范围内的44座受损隧道中,严重受损者达25％,中等受损者达25％。这两次地震让人们认识到,地下工程仍然会遭受地震的强烈破坏。汶川特大地震公路山岭隧道的震害研究同样发现,在一定地震强度和特定地质条件下,岩体地下结构遭受破坏。据对灾区56条隧道的统计,严重受损者达20％,中等受损者达40％。

10.1.1　地震作用下隧道工程震害的调研

1. 日本阪神地震隧洞震害

(1)六甲铁路隧道

　　山阳新干线六甲隧道建于中生代花岗岩中,总长超过16km。修建时遇到很多的断层破碎带,只能勉强完工。隧道震害主要发生在地层破碎带地段。六甲隧道震害情况的主要特点是:

　　①拱顶部产生剪切裂缝,尖端部分发生剥落。

　　②在拱、侧壁的施工缝部位有压缩性裂缝产生,且出现剥落。

　　③隧道环向施工缝处产生剥落,底板隆起或倾斜。

　　其他的新干线隧道虽然比六甲隧道更接近于震中心,但只是衬砌混凝土有小片掉落,可以说几乎没有被破坏。

（2）盘龙公路隧道

六甲公路盘龙隧道在施工时碰到断层黏土带的地方,拱顶和侧壁的混凝土破坏且出现剥落。另外,离此约 80m 的地方,也是在断层黏土带,侧壁的衬砌被压坏,钢筋发生弯曲,底板隆起,这说明隧道衬砌受到很大的垂直向上力的作用。此处的仰拱混凝土沿着断层黏土带产生裂缝,但是没有发生变形。

2.台湾集集地震隧洞震害

台湾集集地震中,据不完全统计,位于地震灾区的 57 座山岭隧道中 49 座受到不同程度的损害,其震害形式包括衬砌裂缝、渗漏水、滑坡导致隧洞坍塌、洞口段裂缝、仰拱破坏、洞体变形等。

（1）衬砌裂缝

集集地震中山岭隧道的衬砌产生了不同程度的裂缝,据调查,34 座隧道内产生了较为明显或严重的裂缝,而 10 余座隧道内的裂缝较轻微。

（2）滑坡坍塌

地震中山岭隧道受到其所在山体的滑坡影响而发生垮塌也较为常见,尤其是在山体较为松动,地震动下产生大规模滑坡时。集集地震中,台湾 8 号公路及清水线第 149 区段都发生了滑坡导致的隧洞坍塌（图 10-1）。

a)   b)

图 10-1 台湾集集地震中隧道受滑坡影响而破坏

a)地震前隧道的情形;b)地震滑坡后隧道的破坏

（3）洞口裂缝

洞口裂缝也是地震中较为常见的破坏形式之一,其裂缝经常发生在侧拱墙,也可能发生在洞门口或洞内逃生通道的附近。集集地震中 11 条隧道产生了较为明显的洞口段裂缝。

（4）渗漏水

山岭隧道平时由于种种原因会在结构上形成若干缝隙,当这些缝隙与周围丰富的地下水资源连通时,就会引起不同程度的渗漏水。集集地震中观音隧洞中发生了较大的渗漏水。

（5）墙体变形、仰拱破坏及其他

地震中有部分隧道发生了显著的墙体变形,主要是侧墙向内变形,从而在侧墙的混凝土衬砌上发生众多裂缝,并导致侧墙底部的排水渠破坏。另外,隧道的仰拱及道路路面也多见破坏,表现为大范围内持续发展的裂缝,以及道路路面的隆起等。

3.汶川地震隧洞震害

汶川地震中,地下结构特别是隧道这一长线形结构震害严重。汶川特大地震为逆冲、右旋、挤压型断层地震,发生在地壳脆—韧转换带,震源深度约为 14km。由于震级大、持续时间较长,地震造成不少隧道严重受损。其中都汶公路、国道213线、剑青公路以及宝成铁路等路段上的多条隧道出现了洞口边仰坡垮塌,洞口被掩埋;洞门墙开裂、渗水;洞身衬砌环向、纵向、斜向开裂错台,局部掉块、垮塌,拱顶整体坍落并渗水;地下水、瓦斯聚集;钢筋屈曲、断裂,锚杆垫板脱落;路面仰拱隆起、沉陷等不同程度的震害。

根据四川省交通厅公路规划勘察设计研究院的调查统计,汶川地震中四川灾区的56座隧道发生了不同程度的损坏。通过对汶川地震灾区各省干线及典型县乡道路公路隧道,共计18条线路56座隧道的调查,概括出以下公路隧道震害特点:

(1)隧道震害整体特点

①Ⅵ度地震烈度区隧道均未破坏。

②Ⅹ度及Ⅹ度以下均存在没有发生震害的隧道。

③Ⅺ度以下隧道均没有发生隧道垮塌的严重震害。

④Ⅺ度地震烈度区内的隧道均受到不同程度的破坏。

⑤按Ⅵ度设防(不设防)的隧道在地震烈度Ⅷ度以下时基本无震害(少数隧道出现轻微裂缝)。

⑥按Ⅷ度设防的隧道在地震烈度Ⅵ~Ⅷ度时基本无震害(少数隧道出现轻微裂缝),在地震烈度Ⅸ~Ⅹ度时出现了二次衬砌严重开裂和垮塌等严重震害,在地震烈度Ⅺ度时出现了隧道垮塌这种最为严重的震害。

⑦同等烈度区内隧道,软岩隧道震害比硬岩隧道震害严重很多。

(2)断层破碎带段隧道结构震害特点

错动断层隧道出现了二次衬砌垮塌、隧道垮塌等严重的震害类型;未错动断层隧道震害未出现二次衬砌垮塌、隧道垮塌等严重的震害类型,仅出现施工缝开裂,衬砌剥落、开裂、渗水等较轻的震害类型。

(3)洞口结构震害特点

①隧道边仰坡在地震烈度为Ⅷ度及Ⅷ度以下时无震害,在Ⅸ度及Ⅸ度以上区域均出现崩塌和滑塌。

②洞门结构在地震烈度为Ⅷ度及Ⅷ度以下时仅出现洞门墙帽石被落石砸坏的震害,在Ⅸ度时出现了洞门墙开裂的震害,在Ⅸ度以上区域隧道洞门墙均出现开裂震害,Ⅸ度区的龙洞子和桃关隧道洞门出现了断裂震害。

③明洞震害较轻,仅耿达隧道明洞被落石砸穿,桃关隧道明洞上方有落石堆积。

④按Ⅶ度设防的隧道洞口段衬砌在地震烈度为Ⅷ度及Ⅷ度以下时震害较轻(少数隧道出现轻微裂缝),未出现二次衬砌垮塌、隧道垮塌等严重震害;在地震烈度为Ⅸ~Ⅹ度时,出现了二次衬砌垮塌这种严重的震害类型,但未出现隧道垮塌;在地震烈度为Ⅺ度时,出现了隧道垮塌这样最为严重的震害类型。

⑤软岩隧道洞口浅埋段由于考虑了抗震设防,未出现二次衬砌垮塌这种严重的震害类型;软岩隧道洞口过渡段出现了二次衬砌垮塌这种严重的震害类型(龙溪隧道和酒家垭隧道)。

(4)普通段隧道结构震害特点

施工中发生应力异常、变形侵限的衬砌段落,地震中出现了二次衬砌垮塌、隧道垮塌等严重震害。

位于汶川地震重灾区的都汶公路沿线隧道破坏严重,通过现场调研和资料收集得出比较典型的震害特征,主要包括以下几种:

①洞门裂损

隧道洞门的破裂与毁损主要发生在端墙式和柱墙式洞门结构中,削竹式洞门基本未见破损现象。洞门震害主要表现为端墙、拱圈、翼墙和伸缩缝开裂,拱圈与端墙松脱,以及冒石掉落等。

②衬砌及围岩坍塌

这类震害发生在距离震中较近的软弱围岩隧道中,主要表现为衬砌与围岩同时坍塌引起的坍方以及二次衬砌坍落两种形式。隧道坍方往往导致隧道封洞,是汶川地震隧道最严重的一种震害,主要发生在龙溪隧道进口端的炭质泥岩、泥岩为主的围岩中(图 10-2)。二次衬砌坍落主要发生在拱腰以上部位(图 10-3),支护结构为素混凝土,混凝土断裂面有张性和剪性两种。

图 10-2　龙溪隧道拱部地震坍方　　　　　图 10-3　龙溪隧道进口拱顶二次衬砌坍落

③衬砌开裂与错位

在汶川地震中,隧道衬砌开裂与错位是隧道震害最常见的现象,都汶公路 11 座隧道中 8 座出现了不同程度的衬砌开裂。这种类型的衬砌破坏可进一步分为纵向破裂、横向破裂、斜向破裂以及横向或斜向破裂贯通形成的环向破裂等(图 10-4)。调查发现,衬砌的开裂以横向、斜向和环向破裂为主,纵向破裂相对较少,在映秀震中附近的烧火坪隧道也发现有纵横裂缝交叉形成的网状裂缝。横向和环向破裂包括施工缝张裂与错台(最大可达 20cm)、二次衬砌混凝土中的裂缝等。斜向破裂主要发生在拱腰和边墙的素混凝土或者钢筋混凝土中,以剪切和剪张裂缝为主。

 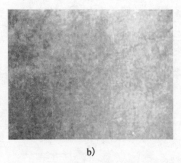 

a)　　　　　　　　　　b)　　　　　　　　　　c)

图 10-4　都汶公路隧道衬砌地震中的开裂
a)横向开裂;b)纵向开裂;c)斜向开裂

④底板开裂与隆起

底板开裂与隆起是都汶公路隧道较为常见的变形破裂迹象,震中附近的龙溪隧道和烧火坪隧道的底板开裂和隆起现象最为明显。

综上分析可见,隧洞抗震应主要研究强震区、软弱围岩、断层破裂带地区和洞口地段的抗震计算,对围岩应考虑弹塑性动力计算,衬砌可视为弹性结构。强震情况下衬砌也要考虑进入塑性状态,允许衬砌结构有所破坏,但不允许隧洞坍塌。

10.1.2 岩体的地震动

地震时岩体地震动作用是岩体变形破坏的重要原因之一。地震的传播以应力波的方式进行,在地震动应力不超过岩体极限强度的条件下,当震动传播至岩体中节理处时,节理两端的剪切或张拉强度就是地震动能量继续传递的唯一保证。当地震动应力大于或等于极限强度时,此时节理破坏发展。原本在静态应力场作用下难以破坏的结构面,则可能在地震动产生的附加动响应应力强度因子作用下破坏。在地震动作用期间只要岩体中有新的破裂产生,就意味着岩体的参数也发生了变化。这使得岩体的动力破坏表现出高度的非线性和不确定性,与荷载大小和作用方向相对稳定的静力破坏具有本质上的不同。

工程中遇到的岩体,其内部包括各种软弱结构面,如断层、节理、裂隙等,这些裂隙岩体由于内部裂隙的存在,其力学特性与均匀介质显著不同,而裂隙率的大小影响着岩体的强度。同时,岩体的强度与其所受的荷载类型有着密切的关系,岩体在静荷载与动荷载下的力学特性区别很大。震动波在岩体中传播时,遇到这些裂隙或结构面将发生反射或折射,此时震动波从一种介质进入另一种介质时的能量将大为削弱。遇有张裂隙时,张裂隙中存在空气,此时构成阻抗比差别极大的反射面,而使震动波被这类张裂隙所阻断。因此,在波的传播过程中,遇到两种岩层介质的界面时,其中一部分波的能量通过交界面透射或折射进入另一种介质,而另一部分就会被反射回来。

岩体的动态强度和静态强度是不同的,通常情况下,岩石的抗动载荷强度比抗静载荷强度高。岩石在动载荷作用下的应力应变关系变得更为复杂,由于动弹模比静弹模大,在动载荷作用下岩石的应力应变关系也和静态下有明显的区别。

当地震惯性力作用于岩体节理系统时,可能首先从岩体最先达到强度极限的薄弱节理处拉裂,而并非一定沿最大应力值处破坏。另一方面,在地震动作用期间,只要岩体中有新的破裂产生,就意味着岩体的参数也发生了变化,这种改变是节理倾角、长度和厚度、静态应力场特征、加速度的组合关系等四方面的因素导致的;并且由于不同方向的地震动加速度幅值及组合出现的次序不同,其方向又具有不确定性,任意一处岩体的破坏将改变岩体中最薄弱节理的分布特征、岩体的破坏机制和地震动参数的特征,这使得岩体的动力破坏表现出高度的非线性和不确定性。

一般认为垂直向的地震动由最先到达的 P 波引起,水平向运动由 P 波之后的 S 波及其次生的面波引起。因此地震发生后最早是垂直向地震动较水平运动强烈,而后由于 S 波到达而逐渐变为水平向运动强烈,此时垂直向运动相对较弱。而在 P 波行将结束而 S 波即将或已经到来时,两者幅值较低且接近。显然,超过一定阈值的强烈的水平向地震动和垂直向地震动的时差取决于震源深度、震中距离及地震波在地层传播过程中的衰减。距离震中越近,两者的时差越小,共同出现较高加速度的几率也越高,产生的破坏也就越强烈,这也许可以作为解释极震区岩土震害更为严重的原因。

总之,岩体的地震动是一个十分复杂的问题,而且严重影响地震动力响应,需要对岩体地震动进行更深入的研究,为抗震减灾提供科学依据。

10.2 岩体动力有限元法的原理

就有限元法的基本概念而言,岩体动力有限元法与静力方法基本类似。不同之处在于前者多了惯性力和阻尼力,也就是多了质量矩阵和阻尼矩阵。国内外已有多种通用有限元程序,如美国的 NASTRAN、ANSYS、ABAQUS、ANSYS / LS-DYNA 等,适用于岩土材料的有荷兰的 PLAXIS 等程序。

10.2.1 动力平衡方程与单元特性

1. 动力平衡方程

采用有限元进行岩体系统的非线性动力反应分析时,需将岩体离散成许多单元,建立离散岩体的有限元公式,再通过变分原理,导出以下形式的离散体运动微分方程:

$$[M]\{\ddot{u}\} + [C]\{\dot{u}\} + [K]\{u\} = -[M]\{I\}\ddot{u}_g(t) = \{P(t)\} \qquad (10\text{-}1)$$

式中:$\{u\}$、$\{\dot{u}\}$、$\{\ddot{u}\}$——分别为节点位移、速度和加速度向量;

$\quad\quad [M]$——系统质量矩阵;

$\quad\quad [C]$——系统阻尼矩阵;

$\quad\quad [K]$——系统刚度矩阵;

$\quad\quad \{I\}$——单位向量;

$\quad\quad \ddot{u}_g(t)$——输入地震加速度时程;

$\quad\quad \{P(t)\}$——荷载向量。

为了求解式(10-1),首先必须建立系统的质量矩阵$[M]$、阻尼矩阵$[C]$和刚度矩阵$[K]$。动力有限元法中,$[K]$的建立与静力问题是完全相同的,这里不再赘述。下面仅简要讨论$[M]$和$[C]$的建立。

2. 质量矩阵

质量矩阵$[M]$的建立有以下两种形式。

(1)集中质量矩阵

集中质量矩阵是将单元分布质量换算集中到单元的节点上,当质量均匀分布时,最简单的办法是将质量平均分配给单元各节点。集中质量矩阵具有对角形式,可写为:

$$[M] = \begin{bmatrix} m_1 & & & \\ & m_2 & & 0 \\ & 0 & \ddots & \\ & & & m_n \end{bmatrix} \qquad (10\text{-}2)$$

因为任一质点的加速度只在该点上产生惯性力,所以矩阵的非对角项为零。假如在节点处有几个平动自由度,则用同样的节点质量与这个节点的每一个自由度相对应。由于集中质量矩阵是对角阵,编程时可按一维数组存储,这对于求逆矩阵和进行 Cholesky 分解都很方便。应该指出,分布质量如何分配到各节点上才符合实际状态是一个比较难的问题,分配不当,将使计算结果产生较大的变动。在使用集中质量矩阵时,应尽量采用对称的单元形式,有限元网格对称划分,各节点连接的单元数均衡。

（2）一致质量矩阵

一致质量矩阵的单元质量矩阵为：

$$[M]^e = \iint\limits_A \rho[N]^T[N]\mathrm{d}A \tag{10-3}$$

式中：ρ——密度；

　$[N]$——形状函数矩阵。

之所以称为一致质量矩阵是因为建立刚度矩阵和质量矩阵所用的位移函数是一致的。把所有单元质量矩阵叠加起来就得到总体质量矩阵。一致质量矩阵总是正定的，而且，如果形状函数矩阵$[N]$接近动态时单元的真实变形，则计算结果比较正确。不过该矩阵有质量耦合项，即非对角项，计算工作量要大一些。

3. 阻尼矩阵

阻尼的机理很复杂，要考虑各种因素进行详细的研究是很困难的。作用在实际结构的阻尼，通常可按以下三种方法表示：①固体间的摩擦引起的阻尼，根据库仑法则是常值；②材料的内部阻尼，它与位移成正比；③黏性阻尼，它与速度成正比。其中材料的滞后阻尼一般很小，而固体摩擦往往在阻尼中起主要作用。但是，由于固体摩擦的分析处理是很困难的，因此为简单起见，通常将所有的阻尼作用表示为黏性阻尼的形式。阻尼力一般用一次式来近似表示：

$$\{f\} = c\{\dot{u}\} \tag{10-4}$$

它包括两部分：

（1）黏性阻尼与各点速度成比例，即：

$$\{f_{c1}\} = a\rho\{\dot{u}\} \tag{10-5}$$

式中：a——比例常数。

此时单元阻尼矩阵为：

$$[C]^e = a[M]^e \tag{10-6}$$

（2）结构阻尼与各点应变速度成正比，它表示材料内部分布阻尼应力$\{\sigma_d\}$的大小，即：

$$\{\sigma_d\} = b[D]\{\dot{\varepsilon}\} \tag{10-7}$$

于是：

$$[C]^e = b[K]^e \tag{10-8}$$

式中：b——比例常数；

　$[K]^e$——单元刚度矩阵。

通常在工程中，阻尼矩阵用式(10-6)和式(10-8)之和并按单元叠加来表示：

$$[C] = a[M] + b[K] \tag{10-9}$$

这种阻尼矩阵称为比例阻尼矩阵，其中a和b是比例常数。$a[M]$和$b[K]$把阻尼分别与节点速度和应变速度联系起来。

a和b的值可用下式确定：

$$\left.\begin{array}{l} a = \dfrac{2\omega_i\omega_j(\xi_j\omega_i - \xi_i\omega_j)}{\omega_i^2 - \omega_j^2} \\[3mm] b = \dfrac{2(\xi_j\omega_i - \xi_i\omega_j)}{\omega_i^2 - \omega_j^2} \end{array}\right\} \tag{10-10}$$

式中：ω_i、ω_j——分别为第i个和第j个固有频率；

　ξ_i、ξ_j——分别为第i个和第j个振型的阻尼比。

当 $\xi_i = \xi_j$ 时,有:

$$
\left.
\begin{aligned}
a &= \frac{2\omega_i\omega_j}{\omega_i + \omega_j}\xi \\
b &= \frac{2\xi}{\omega_i + \omega_j}
\end{aligned}
\right\}
\tag{10-11}
$$

设 ω_0 是系统的基频,ξ_0 是相应振型的阻尼比,则:

$$
\left.
\begin{aligned}
a &= \xi_0\omega_0 \\
b &= \frac{\xi_0}{\omega_0}
\end{aligned}
\right\}
\tag{10-12}
$$

阻尼矩阵相应为:

$$
[C] = \xi_0\omega_0[M] + \frac{\xi_0}{\omega_0}[K]
\tag{10-13}
$$

10.2.2 动力特性的求解方法

通常,在岩体动力分析之前首先要求解岩体系统动力特性,也就是进行岩体系统的振动频率与振型分析,这是认识和了解岩体系统地震响应的基础。需要指出的是,一个结构体系的动力特性是通过无阻尼自由振动系统的运动方程分析得到的,其实质是矩阵代数理论中的特征值问题。频率的平方即是特征值,振型是特征向量。

由方程式(10-1)略去阻尼矩阵和施加的荷载向量,就可以得到无阻尼自由振动系统的运动方程:

$$
[M]\{\ddot{u}\} + [K]\{u\} = 0
\tag{10-14}
$$

如整个结构系统的全部节点有 n 个自由度,则式(10-14)就是 n 个自由度系统的自由振动方程。应注意,这里的 n 个自由度,是指经过边界条件处理过的,即除去了边界上位移约束点自由度以后的节点位移数目,它已排除了刚体位移部分。

设结构在自由振动时的位移为 $\{u\} = \{\phi\}\cos\omega t$,代入式(10-14)后,可得下列奇次方程组:

$$
([K] - \omega^2[M])\{\phi\} = 0
\tag{10-15}
$$

式中:$\{\phi\}$——各节点的振幅向量;

ω——固有频率。

由于在自由振动时,各节点的振幅不可能全部为零,因此,要使式(10-15)有非零解的条件是其系数矩阵行列式的值必须为零,即:

$$
|[K] - \omega^2[M]| = 0
\tag{10-16}
$$

n 个自由度的系统有 n 个固有频率,对于有限元分析中自由度数目很多的结构系统,要解 ω^2 的 n 次方程式(10-16)是非常困难的,一般用计算机程序求解,并将式(10-16)变换成数学上的特征值方程,用求解特征值问题的方法求解。

求解特征值问题有很多方法,并有相应的计算机程序。下面仅对这些方法的特点进行比较,以供读者在选用这些方法时参考。

1. Jacobi 方法

这是目前广泛使用的求解实对称矩阵特征值问题的最古老的方法之一。其优点是计算公式简单,迭代思路清晰,易于掌握,适合于计算矩阵的全部特征值及其对应的特征向量。缺点是收敛较慢,计算耗时太多,不宜计算阶数太高的特征值问题。

2. 子空间迭代法

这是求解对称矩阵前几个特征值和特征向量的有效方法。与前述方法相比,它具有计算速度快、效率高、计算结果可靠的优点；其缺点是收敛性依赖于空间向量的选择，与近几年来发展起来的方法相比，仍有速度较慢、解题规模小的缺点。

3. Ritz 向量法

这是一种依赖于荷载的特征值解法，它可以用来代替子空间迭代法，并能得到可靠的近似结果。其优点是不涉及迭代过程，把动力问题的求解化为一系列静力问题的求解，系数矩阵（$[K]$矩阵）只需要进行一次三角分解就行，剩下的只是回代，所以计算速度比子空间迭代法还要快，平均快 4～10 倍。结构系统的自由度越大，这个方法的优越性越明显。其缺点是在这个方法里要事先给定一个非零的荷载向量，并且收敛速度要受到这个荷载向量的影响。

4. Lanczos 方法

对于需要求解多自由度系统的大量特征模态的问题，Lanczos 方法在整体上速度更快。Lanczos 法的主要思想是采用一个 Lanczos 过程把特征值问题的系数矩阵三对角化，在三对角化后则用一般的 QL 迭代，很快求得所需要的特征值和特征向量。这个方法的计算速度比 Ritz 向量法稍快，但精度略低，也是一个非常强有力的求解特征值问题的方法。

运用前面介绍的任何一种求解特征值问题的方法，就可以求得式(10-16)中的 n 个固有频率 $\omega_i (i=1,2,\cdots,n)$，以及对应的 n 个特征向量，这些特征向量即代表了岩体振动中各个质点的相对位移关系。可以证明，当岩体按其自振频率振动时，所有质点的位移比值始终保持不变。这种特殊的振动形式称为主振型，或简称振型，用 $\{\phi\}_i (i=1,2,\cdots,n)$ 表示。一般动力系统中有多少个自由度就有多少个频率，相应地就有多少个主振型（以特征向量表示）。它们是系统的固有特性，其幅度可按以下要求规定：

$$\{\phi\}_i^{\mathrm{T}}[M]\{\phi\}_i = 1 (i=1,2,\cdots,n)$$

这样规定的振型又称为正则振型，以后所说的振型都指这种正则振型。

振型有一个非常重要的特点，即任意两个频率的振型之间，都存在着互相正交的性质，用方程式表示如下：

$$\{\phi\}_i^{\mathrm{T}}[M]\{\phi\}_j = \begin{cases} 1(i=j) \\ 0(i \neq j) \end{cases} \tag{10-17}$$

$$\{\phi\}_i^{\mathrm{T}}[K]\{\phi\}_j = \begin{cases} \omega_i^2(i=j) \\ 0(i \neq j) \end{cases} \tag{10-18}$$

式(10-17)称为振型的第一正交条件，即振型关于质量矩阵的正交条件或振型关于质量矩阵的加权正交性。式(10-18)称为振型的第二正交条件，即振型关于刚度矩阵的正交条件或振型关于刚度矩阵的加权正交性。振型的正交性在结构动力反应计算中非常有用，利用这一特性可以使动力反应的求解大大简化。下一节我们将介绍利用振型正交性求解动力反应的方法。

10.2.3 动力反应的求解方法

求解方程式(10-1)的动力反应，一般有两种方法。第一种是振型分解法，利用振型的正交性，把这些联立的方程组分解为一个个相互独立的振动方程，逐个求解后再叠加，因此这个方法有时也称振型叠加法。使用这种方法需要计算出系统的各阶振型，而且这种方法也仅适合于线性振动系统和比例阻尼的情况。第二种是直接积分方法，直接对多自由度系统的微分方程(10-1)进行积分，在积分计算中把时间历程划分为有限个微小的时段，将动力方程式化解为矩阵形式的代数方程，用计算机逐步求解，这种方法有时也称为逐步积分法或时程分析法。这种方法可用于一般的阻尼情况，并且可以用逐段线性化的方法求解非线性动力系统的计算问题。

（1）振型分解法

对于结构动力方程式(10-1)，引入变换：

$$\{u\} = [\Phi]\{x\} = \sum_{i=1}^{n} \{\phi\}_i x_i \qquad (i = 1,2,\cdots,n) \tag{10-19}$$

式中：$\{u\}$——位移向量；

$\{x\}$——广义坐标向量；

$[\Phi]$——固有振型矩阵，$[\Phi] = [\{\phi\}_1, \{\phi\}_2, \cdots, \{\phi\}_n]$。

此变换的意义是将 $\{u\}$ 看成 $\{\phi\}_i$ 的线性组合。将此变换代入运动方程式(10-1)，两端前乘以 $[\Phi]^T$，并注意到 $[\Phi]$ 的正交性，则可得到新基向量空间内的运动方程式：

$$\{\ddot{x}\} + [\Phi]^T[C][\Phi]\{\dot{x}\} + [\Omega]^2\{x\} = [\Phi]^T\{P\} \tag{10-20}$$

式中：$[\Omega]^2 = \begin{bmatrix} \omega_1^2 & & & 0 \\ & \omega_2^2 & & \\ & & \ddots & \\ 0 & & & \omega_n^2 \end{bmatrix}$，称为固有频率矩阵。

如果式(10-20)中的阻尼矩阵是振型阻尼，则从 $[\Phi]$ 的正交性可得：

$$\{\phi\}_i^T[C]\{\phi\}_j = \begin{Bmatrix} 2\omega_i\xi_i(i=j) \\ 0 \qquad (i \neq j) \end{Bmatrix} \tag{10-21}$$

在此情况下，式(10-20)就成为 n 个互相不耦合的二阶常微分方程 $\ddot{x}_i(t) + 2\omega_i\xi_i\dot{x}_i(t) + \omega_i^2 x_i(t) = p_i(t)$。式中每一个方程相当于一个单自由度系统的振动方程，可以比较方便地求解。其中 $p_i(t) = \phi_i^T P(t)$，是荷载向量 $P(t)$ 在振型 $\{\phi\}_i$ 上的投影。

用振型分解法求得的节点位移 $\{u\}$ 是时间的函数，由它插值的单元内部位移、应力、应变的计算与静力方法一样，不过，这些量都是时间的函数。

用振型分解法求解岩体系统的动力反应时，其优点是 n 个相互耦联的方程利用振型正交性解耦后相互独立，变成了 n 个单自由度方程，使得计算过程大大简化。不足之处在于振型分解法必须求解特征值问题，当自由度数目很多或响应主要受高频振型影响时，并不方便。

（2）直接积分法

直接积分法适用于非线性问题或可激发较多振型的短时间荷载的作用。式(10-1)可以看做一个常系数线性方程组，可以用任何一种有限差分格式通过位移来近似表示速度和加速度，不同的格式就得到不同的方法。在动力计算中，常用的直接积分法有中心差分法、Wilson-θ 法、Newmark-β 法和线性加速度法，下面将对前三种方法作简单介绍。

①中心差分法

中心差分法的基本思路是将动力方程式中的速度向量和加速度向量用位移的某种组合来表示，将微分方程组的求解问题转换为代数方程组的求解问题，并在时间历程内求出每个微小时段的递推公式，进而逐步求得整个时程的反应。

对于方程式(10-1)的动力方程中，速度和加速度的微分可以用位移表示为：

$$\{\dot{u}\} = \frac{1}{2\Delta t}(\{u(t+\Delta t)\} - \{u(t-\Delta t)\}) \tag{10-22}$$

$$\{\ddot{u}\} = \frac{1}{(\Delta t)^2}(\{u(t+\Delta t)\} - 2\{u(t)\} + \{u(t-\Delta t)\}) \tag{10-23}$$

式中： Δt——均匀的时间步长；

$\{u(t)\}$、$\{u(t-\Delta t)\}$、$\{u(t+\Delta t)\}$——分别为 t 时刻及其 Δt 前、后时刻的节点位移向量。

将式(10-22)、式(10-23)代入式(10-1)后,可得到一个递推公式如下:

$$[K]^* \{u(t+\Delta t)\} = \{P(t)\}^* \tag{10-24}$$

$$[K]^* = \left(\frac{1}{(\Delta t)^2}[M] + \frac{1}{2\Delta t}[C]\right)$$

$$\{P(t)\}^* = \{P(t)\} - \left([K] - \frac{2}{(\Delta t)^2}[M]\right)\{u(t)\} -$$

$$\left(\frac{1}{(\Delta t)^2}[M] - \frac{1}{2\Delta t}[C]\right)\{u(t-\Delta t)\}$$

式(10-24)即为中心差分法的计算公式,在求得结构的$[M]$、$[C]$、$[K]$和$\{P(t)\}$后,就可以根据t时刻及$t-\Delta t$时刻的节点位移,按式(10-24)推算出$t+\Delta t$时刻的节点位移,并可逐步求得$t+2\Delta t, t+3\Delta t, \cdots, t_{\text{end}}$各时刻的节点位移。

式(10-24)对于$t=0$的时刻并不适用,因为一般的运动初始条件给出的是初始位移$u(0)$和初始速度$\{\dot{u}(0)\}$,而难以给出前一个Δt时刻的位移$\{u(t-\Delta t)\}$,无法直接按式(10-24)进行第一步的计算,这时就要利用其他条件建立中心差分的计算公式:

$$\{\dot{u}(0)\} = \frac{1}{2\Delta t}(\{u(\Delta t)\} - \{u(-\Delta t)\}) \tag{10-25a}$$

$$\{\ddot{u}(0)\} = \frac{1}{(\Delta t)^2}(\{u(\Delta t)\} - 2\{u(0)\} + \{u(-\Delta t)\}) \tag{10-25b}$$

再利用$t=0$时刻的动力方程:

$$[M]\{\ddot{u}(0)\} + [C]\{\dot{u}(0)\} + [K]\{u(0)\} = \{P(0)\} \tag{10-26}$$

由式(10-25a)、式(10-25b)和式(10-26),可以求得$\{\ddot{u}(0)\}$、$\{u(\Delta t)\}$和$\{u(-\Delta t)\}$。求解$\{u(-\Delta t)\}$的方程式如下:

$$\frac{2}{(\Delta t)^2}[M]\{u(-\Delta t)\} = \{P(0)\} - \left([C] + \frac{2}{\Delta t}[M]\right)\{\dot{u}(0)\} -$$

$$\left([K] - \frac{2}{(\Delta t)^2}[M]\right)\{u(0)\} \tag{10-27}$$

式(10-27)中的$\{P(0)\}$、$\{\dot{u}(0)\}$和$\{u(0)\}$都是已知的,因此可以解出$\{u(-\Delta t)\}$。而后就可以按式(10-24)解出$\{u(\Delta t)\}$,$\{u(t+\Delta t)\}$,……这是一种将时间段划分为若干个相同的Δt时段后的逐步求解方法,求解出的量均是每个时刻节点的位移,因此,很适合于像有限元法这样以节点位移来计算单元内部位移、应力和应变的各种数值求解问题。

②Wilson-θ法

Wilson-θ法是在线性加速度法基础上改进得到的一种无条件收敛的数值方法。它的基本假定仍然是加速度按线性变化,但其范围延伸到时间步长为$\theta\Delta t$(而非Δt)的区段,只要参数θ取得合适($\theta > 1.37$),就可以得到收敛的计算结果。

当采用增量法计算加速度时,可先用增量表示运动方程:

$$[M]\{\Delta\ddot{u}\} + [C(t)]\{\Delta\dot{u}\} + [K(t)]\{\Delta u\} = \{\Delta P(t)\} \tag{10-28}$$

假设在每个延伸的时间增量$\tau = \theta\Delta t$内,加速度为线性变化,则可以推导得到τ内速度和位移的增量方程:

$$\{\Delta\dot{u}_\tau\} = \{\ddot{u}\}\tau + \frac{\tau}{2}\{\Delta\ddot{u}_\tau\} \tag{10-29}$$

$$\{\Delta u_\tau\} = \{\dot{u}\}\tau + \{\ddot{u}\}\frac{\tau^2}{2} + \{\Delta\ddot{u}_\tau\}\frac{\tau^2}{6} \tag{10-30}$$

以$\{\Delta u_\tau\}$为基本变量,从式(10-29)解出$\{\Delta \ddot{u}_\tau\}$:

$$\{\Delta \ddot{u}_\tau\} = \frac{6}{\tau^2}\{\Delta u_\tau\} - \frac{6}{\tau}\{\dot{u}\} - 3\{\ddot{u}\} \tag{10-31}$$

将式(10-30)代入式(10-29),得:

$$\{\Delta \dot{u}_\tau\} = \frac{3}{\tau}\{\Delta u\} - 3\{\dot{u}\} - \frac{\tau}{2}\{\ddot{u}\} \tag{10-32}$$

将式(10-31)、式(10-32)代入对应的$\tau=\theta\Delta t$的增量方程,则得:

$$[K_\tau^*(t)]\{\Delta u_\tau\} = \{\Delta P_\tau^*(t)\} \tag{10-33}$$

其中:

$$[K_\tau^*(t)] = [K(t)] + \frac{6}{\tau^2}[M] + \frac{3}{\tau}[C(t)] \tag{10-34}$$

$$\{\Delta P_\tau^*(t)\} = \{\Delta P_\tau(t)\} + [M]\left[\frac{6}{\tau}\{\dot{u}\} + 3\{\ddot{u}\}\right] + [C(t)]\left(3\{\dot{u}\} + \frac{\tau}{2}\{\ddot{u}\}\right) \tag{10-35}$$

按式(10-33)求出$\{\Delta u_\tau\}$后,就可由式(10-29)计算$\{\Delta \dot{u}_\tau\}$,再除以θ即得Δt时间间隔内的增量$\{\Delta \ddot{u}\}$,即:

$$\{\Delta \ddot{u}\} = \frac{1}{\theta}\{\Delta \ddot{u}_\tau\} = \frac{1}{\theta}\left(\frac{6}{\tau^2}\{\Delta u_\tau\} - \frac{6}{\tau}\{\dot{u}\} - 3\{\ddot{u}\}\right) \tag{10-36}$$

类似于式(10-29)和式(10-30),可以按下式计算得到每个时间增量Δt内速度和位移的增量$\{\Delta \dot{u}\}$、$\{\Delta u\}$:

$$\{\Delta \dot{u}\} = \{\ddot{u}\}\Delta t + \{\Delta \ddot{u}\}\frac{\Delta t}{2} \tag{10-37}$$

$$\{\Delta u\} = \{\dot{u}\}\Delta t + \{\ddot{u}\}\frac{\Delta t^2}{2} + \{\Delta \ddot{u}\}\frac{\Delta t^2}{6} \tag{10-38}$$

然后按下式计算$t+\Delta t$时刻的位移和速度:

$$\{u(t+\Delta t)\} = \{u(t)\} + \{\Delta u\} \tag{10-39}$$

$$\{\dot{u}(t+\Delta t)\} = \{\dot{u}(t)\} + \{\Delta \dot{u}\} \tag{10-40}$$

加速度则可利用$t+\Delta t$时刻的运动方程平衡条件计算得到:

$$\{\ddot{u}(t+\Delta t)\} = [M]^{-1}\{\{P(t+\Delta t)\} - [C(t+\Delta t)]\{\dot{u}(t+\Delta t)\} - [K(t+\Delta t)]\{u(t+\Delta t)\}\} \tag{10-41}$$

重复上述步骤,可得整个反应过程。在具体计算中,一般宜取稍大于1.37的θ值,通常取1.4,它所产生的"伪阻尼"对前几个低频振动的影响不大,主要是遗漏了高振型影响,而在结构地震反应中一般只是基本振型分量,或前$2\sim3$个、$3\sim5$个振型分量起主要作用,其余更高振型分量的影响很小,因此 Wilson-θ 法对计算结构地震反应是适宜的。

③Newmark-β法

基本计算公式为:

$$\{\dot{u}\}_{i+1} = \{\dot{u}\}_i + (1-\gamma)\{\ddot{u}\}_i\Delta t + \gamma\{\ddot{u}\}_{i+1}\Delta t \tag{10-42}$$

$$\{u\}_{i+1} = \{u\}_i + \{\dot{u}\}_i\Delta t + \left(\frac{1}{2}-\beta\right)\{\ddot{u}\}_i\Delta t^2 + \beta\{\ddot{u}\}_{i+1}\Delta t^2 \tag{10-43}$$

一般取$\gamma=1/2$,β取$1/8\sim1/4$,用迭代法求解。

下面我们将 Newmark-β 法改写成增量形式,并取$\gamma=1/2$:

$$\{\Delta u\} = [K^*(t)]^{-1}\{\Delta P^*(t)\} \tag{10-44}$$

其中：

$$\{\Delta P^*(t)\} = \{\Delta \overline{P}(t)\} + [M]\left(\frac{1}{\beta \Delta t}\{\dot{u}(t)\} + \frac{1}{2\beta}\{u(t)\}\right) +$$

$$[c(t)]\left(\frac{1}{2\beta}\{\dot{u}(t)\} + \frac{1-4\beta}{4\beta}\{\ddot{u}(t)\}\Delta t\right) \tag{10-45}$$

$$[K^*(t)] = [\overline{K}(t)] + \frac{1}{\beta \Delta t^2}[M] + \frac{1}{2\beta \Delta t}[\overline{c}(t)] \tag{10-46}$$

求出 $\{\Delta u\}$ 后，按下式求：

$$\{\Delta \dot{u}\} = \frac{1}{2\beta \Delta t}\left(\{\Delta u\} - \{\dot{u}(t)\}\Delta t - \frac{1-4\beta}{2}\{\ddot{u}(t)\}\Delta t^2\right) \tag{10-47}$$

然后由式(10-39)～式(10-41)计算 $\{u(t+\Delta t)\}$、$\{\dot{u}(t+\Delta t)\}$ 及 $\{\ddot{u}(t+\Delta t)\}$。

上述三种数值计算方法适用于线性和非线性系统的动力分析。对于多自由度线性系统来说，结构或单元的刚度矩阵为常数矩阵。但对非线性系统来说，尽管可以假定系统在 Δt 时段各单元的刚度变化略去不计，但在不同的时段，各单元的刚度在变化，从而系统的总体刚度矩阵也在变化，在对系统进行非线性动力计算时，必须考虑如何对刚度矩阵进行修正。

10.3　岩体地下结构抗震计算

10.3.1　分析的基本要求

在用动力有限元法进行地震动力响应分析时，除应满足静力分析中的各种要求之外，还必须考虑与结构动力特性有关的要求，如单元尺寸、材料动力特征或者构件、材料的滞回本构模型等。这些要求对动力分析来说是必须满足的。此外，对于岩体地震动力响应分析而言，还需要注意下面几节内容中所提到的要求。

10.3.2　地震动与输入基准面的选取

1.地震波的选取

根据国家标准《建筑抗震设计规范》(GB 50011)，在进行地震动力响应时程分析时，应按建筑场地类别和设计地震分组，选择类似场地地震地质条件的 1 条实测加速度记录和 2 条以设计反应谱为目标谱的人工生成模拟地震加速度时程曲线。在山岭隧洞抗震设计时，一般选择类似场地地震地质条件的 2～3 条实测加速度记录。考虑到记录到的地震波幅值与进行地震动力反应分析所需的地震动幅值不一致，故在分析时根据设防烈度调整原记录的地震幅值实测加速度记录。

2.输入基岩面的确定

对埋入岩体内的地下洞室而言，地震波从基岩输入才能真实反映洞室的地震响应。但迄今为止，密集台网强震记录都是在地表得到的，还没有完整的基岩处的记录。由于岩体本身对地震波传播有放大或衰减作用，基岩处的地震时程与地表有很大的不同。因此，进行岩体地震动力响应分析时，往往需要将地表加速度时程反演到基岩，以此作为地震输入的依据。对于岩体隧洞，基岩面可设在隧洞下部；而对于土体隧洞，地震动输入基岩面的选择，可依工程重要性而定。如日本的水下隧道工程规范将剪切波速 $v_s \geqslant 300 \text{m/s}$ 的土层视为基岩面，而日本核

反应堆工程则选取 $v_s \geqslant 500 \text{m/s}$ 的土层作为基岩。考虑到对于土—结构共同作用的计算深度一般不小于 50m，因此，在一般的岩体地下结构抗震计算中，可选取距地表深度 50m，$v_s \geqslant 300 \text{m/s}$ 的土层作为基岩面。

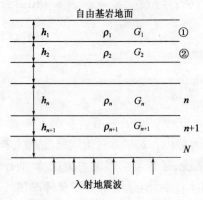

图 10-5　自由场地震响应分析模型

3. 地震波的转换

一般采用等效线性方法将地表面处的地震波反演到基岩面，即假定剪切模量和阻尼比是剪应变幅值的函数，通过迭代来确定，其结果与它们在每层中得到的应力水平一致。

一维场地地震响应分析的等效线性方法假定基岩、各覆盖地层及地表是水平且无限延伸的，计算模型如图 10-5 所示。图中，h_n、ρ_n 和 G_n 分别为各地层的厚度、剪切模量和质量密度。

地震波从基岩半空间内自下而上垂直入射。各地层竖向坐标轴 z 的原点位于该层的顶面，正向朝下。设自由基岩地面的加速度时程为 $\ddot{x}_g(t)$，则入射加速度剪切波为：

$$a\left(t + \frac{z}{C_n}\right) = \ddot{x}_g\left(t + \frac{z}{C_n}\right) \tag{10-48}$$

式中：C_n——基岩剪切波速，$C_n = \sqrt{G_n/\rho_n}$。

采用傅立叶变换，得到：

$$a\left(t + \frac{z}{C_n}\right) = \int_{-\infty}^{\infty} A(f) e^{i2\pi f(t+z/C_n)} \, df \tag{10-49}$$

其中：

$$A(f) = \int_{-\infty}^{\infty} a(t) e^{-2\pi ft} \, dt$$

入射波可以看做是一系列简谐波的叠加，对于线弹性情况，地层在入射波作用下的反应可通过简谐波反应的叠加求得，问题归结为在基岩半空间内位移入射波作用下计算地层的频域反应：

$$u_n = E_n e^{i2\pi f(t+z/C_n)} \tag{10-50}$$

式中：E_n——振幅，$E_n = -\dfrac{A(f)}{4\pi^2 f^2}$。

假设第 n 层岩土体的频域位移场为：

$$u_n = U_n e^{i2\pi f(t+z/C_n)} \qquad (n=1,2,\cdots,N) \tag{10-51}$$

则第 n 层岩土体的频域波动方程为：

$$\frac{d^2 U_n(z)}{dz^2} + k_n^2 U_n(z) = 0 \tag{10-52}$$

式中：k_n——第 n 层岩土体的波数，$k_n = \omega/C_n$。

从而，方程式（10-52）的解为：

$$U_n(z) = (e_n e^{ik_n z} + F_n e^{-ik_n z}) \frac{E_n}{e_n} \tag{10-53}$$

式中：E_n、F_n——分别为第 n 层岩土体中上行波和下行波的振幅。

第 n 层岩土体的频域剪应变为：

$$\gamma_n(z) = \frac{\partial U_n(z)}{\partial z} = (e_n e^{ik_n z} - F_n e^{-ik_n z}) \frac{E_n}{e_n} ik_n \tag{10-54}$$

再进行傅立叶逆变换，则可以得到岩土体的时域地震反应，第 n 层岩土体顶面的加速度和第 n 层岩土体中间点的剪应变分别为：

$$a_n(0,t) = \int_{-\infty}^{\infty} A_n(f) e^{i2\pi ft} \mathrm{d}f \tag{10-55}$$

$$\gamma_n\left(\frac{1}{2}h_n, t\right) = \int_{-\infty}^{\infty} \gamma_n(f) e^{i2\pi ft} \mathrm{d}f \tag{10-56}$$

为了考虑岩土体非完全弹性引起的能量吸收，通常采用线性黏弹性假定，这一假定对应于线性阻尼器和线性弹簧并联的物理模型，它和实测的滞回阻尼比在地震工程感兴趣的频段内与频率无关的结果是不协调的。因此，这里采用一般的线性体模型取代线性黏弹性假定。对于频域稳态地震反应分析，并不需要给出一般线性体的具体构造，可以直接根据一般线性体的复阻尼理论，直接由完全弹性线性地层的地震反应解答通过简单的力学参数替换得到的非完全弹性地层的地震反应稳态解。因此，非完全弹性线性地层的地震反应频域稳态解仍按上述公式计算，但这些公式中的剪切模量 G_n、剪切波速 C_n 和波数 k_n 应分别换成 G_n^*、C_n^* 和 k_n^*：

$$G_n^* = (1 + 2d_n i) G_n \tag{10-57}$$

$$C_n^* = (1 + d_n i) C_n \tag{10-58}$$

$$k_n^* = (1 - d_n i) k_n \tag{10-59}$$

式中：d_n——岩土体的等效阻尼比。

地层动力性能试验结果表明，在等幅循环载荷作用下，岩土体的动剪切模量 G_d 和滞回阻尼比 d 与频率基本无关，但随剪应变幅值而变化，它们可以由下列经验公式确定：

$$G_d = \overline{G}_d(\gamma_n) G_{\max} \tag{10-60}$$

$$d = d(\gamma_n) \tag{10-61}$$

无量纲系数 $\overline{G}_d(\gamma_n)$ 和滞回阻尼比 $d(\gamma_n)$ 作为剪应变幅值 γ 的经验函数，由岩土体试验结果确定，岩土体的最大剪切模量 $G_{\max}$ 是在小应变条件下由现场测定的剪切波速来确定的。通过上述方式获得的各个频域稳态解是正确的，但用这些稳态解的叠加来确定强烈地震波作用下岩土体的非线性反应则是不合理的。这是因为对应于不同频率的稳态反应岩土体的应变幅值是不同的，在非线性条件下叠加原理不再适用。

非线性地层地震反应问题等效线性解法的基本思想是：在真实地震波穿过地层时，岩土体承受极不规则的循环载荷，在应力应变平面上，非线性岩土体地震反应的应力应变关系呈现复杂的滞回圈，各个滞回圈的大小、形状和方位都是变化的。等效线性转化为一种简化的处理方法，就是在平均意义上用一条等效的稳态滞回曲线近似表示所有滞回圈的平均关系。这条滞回曲线的应变幅值即为等效应变幅值，根据等效应变幅值可以确定等效动剪切模量和滞回阻尼比，从而将非线性地层地震反应问题简化为线性地层的地震反应问题。等效应变根据最大剪切应变由下式确定：

$$\gamma_{\mathrm{eff}}^i = R_\gamma \gamma_{\max}^i \tag{10-62}$$

式中：i——迭代次数；

R_γ——有效剪切应变和最大剪切应变的比值，与震级 M 有关，可由下式确定：

$$R_\gamma = \frac{M-1}{10} \tag{10-63}$$

每一地层中等效线性方法的迭代步骤如下：

(1)输入小应变值时的最大剪切模量 G^i 和初时阻尼比 ξ^i。

(2)由每一地层中的剪应变时程计算地面反应，并得到最大剪应变幅值 γ_{max}。

(3)由 γ_{max} 决定有效剪应变 γ_{eff}。

(4)计算与等效剪应变 γ_{eff} 相应的新的等效线性值 G^{i+1} 和 ξ^{i+1}。

重复第(2)步至第(4)步，直到在两次迭代中的剪切模量和阻尼比偏差落在一定的允许范围内，一般迭代 8 次足够满足收敛结果。

10.3.3　边界条件

实际工程中的地基是一个半无限体，而计算区域却通常是有限区域。因此在进行动力分析时，必须设置人工边界条件以考虑边界面对地震波传播的影响。人工边界就是对无限连续介质进行有限化处理时在介质中人为引入的虚拟边界。当用有限元法进行地震反应分析时，需从半无限的地球介质中切取有限的计算区域。在切取的边界上需建立人工边界来模拟连续介质的辐射阻尼，以保证非均匀土介质中产生的散射波从有限计算区域内部穿过人工边界而不发生反射。由于人工边界条件理论上应当实现对原连续介质的精确模拟，保证波在人工边界处的传播特性与原连续介质一致，使波通过人工边界时无反射效应，发生完全的透射或被人工边界完全吸收，因而人工边界条件对无限域模拟的准确性将直接影响近场波动数值模拟的精度。

建立人工边界的方法可分为两大类：第一类方法是精确边界，即使人工边界满足无限土介质的场方程、物理边界条件和无穷远辐射条件，如边界元法、无限元法；另一种方法是局部边界，其显著特征是具有良好的实用性，人工边界任一节点的运动与其他节点（除邻近节点外）解耦。局部边界因其实用性强而获得较多的研究与应用。实际中常用的人工边界有黏性边界、自由场边界、透射边界和无限元边界。下面分别予以介绍。

1. 黏性边界

吕斯曼(Lysmer J.)和库尔迈尔(Kuhlemeyer R. L.)于 1969 年首先提出了黏性边界，方法是在模型边界的法向和切向设置相互独立的阻尼器。该边界对吸收入射角大于 30°的体波完全有效，对入射角较小的体波或面波，仍能吸收部分能量，但效果不是很好，优点在于它能在时域内工作。

黏性边界的工作原理可通过一维杆单元的纵向振动予以解释。考虑一个具有均匀横截面的半无限长杆，设杆轴方向为 x 轴，t 时刻杆上任一点的轴向位移为 $u(x,t)$，E 为杆的弹性模量，ρ 为杆的质量密度，则沿杆轴正向传播的任意形状的波可表示为：

$$u(x,t) = f\left(t - \frac{x}{c_b}\right) \tag{10-64}$$

式中：c_b——波速；

f——波形函数。

杆轴上任一点的 x_b 处的应变 ε 和应力 σ 分别为：

$$\varepsilon(x,t) = \frac{\partial u}{\partial x} = -\frac{1}{c} f'\left(t - \frac{x}{c_b}\right) \tag{10-65}$$

$$\sigma(x,t) = E\varepsilon(x,t) = -\frac{E}{c} f'\left(t - \frac{x}{c_b}\right) \tag{10-66}$$

在任一点 x_b 处的速度可表示为：

$$\frac{\partial u}{\partial t}(x_b,t) = f'\left(t - \frac{x}{c_b}\right) \tag{10-67}$$

比较应力和速度表达式，可以发现二者之间有以下关系：

$$(x_b,t) = -\frac{E}{c_b}\frac{\partial u}{\partial t}(x_b,t) = -\rho c_b \frac{\partial u}{\partial t}(x_b,t) \tag{10-68}$$

由式(10-68)可以看出，对于一半无限长杆，若将其在杆轴上一点 x_b 处截断，然后在该点上施加一阻尼系数 $c=\rho c_b$ 的黏性阻尼，便可得到与式(10-66)相同的方程。这说明在一维波动情形下，在人工边界上施加相应的黏性边界条件后，就可以完全消除由于截断而在人工边界上产生的反射波，因而可以精确地模拟波由近场向远场的传播。

对于三维情况，在人工边界面上设置法向和切向相互独立的阻尼器，其法向力 F_n 和切向力 F_s 分别为：

$$F_n = -\rho C_p v_n \tag{10-69}$$

$$F_s = -\rho C_s v_s \tag{10-70}$$

式中：v_n、v_s——分别为人工界面上介质微粒的法向和切向速度分量；

$\quad\quad \rho$——质量密度；

$\quad C_p$、C_s——分别为 P 波和 S 波波速。

2. 自由场边界

在进行洞室动力计算时，洞室结构对岩体动力响应的影响在一定区域内。如果计算区域取得足够大，则岩体边界处的运动应与自由场的运动一致。这就要求在边界上不存在反射波，即在边界面上向外传播的波全部被吸收，这就是所谓的自由场边界条件。通常，自由场边界条件仅用于模型的四周，不包含模型底部。

自由场边界模型如图 10-6 所示，包括 4 个面网格边界和 4 个柱网格边界，中间部分为主网格区域。4 个面网格边界的单元尺寸与主网格一致，自由场边界模型与被分析模型之间在节点处通过阻尼器——对应联结。自由场网格的不平衡力通过阻尼器作用于主网格上。作用于自由场边界模型某一侧面上的力可表示为：

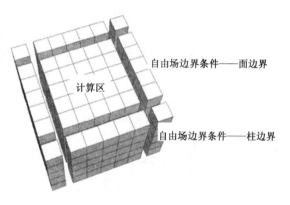

图 10-6　自由场边界模型

$$F_x = -\rho C_p (v_x^m - v_x^{ff})A + F_x^{ff} \tag{10-71}$$

$$F_y = -\rho C_s (v_y^m - v_y^{ff})A + F_y^{ff} \tag{10-72}$$

$$F_z = -\rho C_s (v_z^m - v_z^{ff})A + F_z^{ff} \tag{10-73}$$

式中：$\quad \rho$——质量密度；

$\quad C_p$、C_s——分别为侧边界处的 P 波和 S 波波速；

$\quad\quad A$——自由场节点受影响的面积；

v_x^m、v_y^m、v_z^m——分别为主网格位于侧边界上节点 x、y 和 z 向的速度；

v_x^{ff}、v_y^{ff}、v_z^{ff}——分别为自由场侧边界上节点 x、y 和 z 向的速度;

F_x^{ff}、F_y^{ff}、F_z^{ff}——分别为自由场边界上受影响节点区域 x、y 和 z 向的正应力引起的附加力。

由于自由场网格提供了与无限半空间模型完全一样的条件,因此向上传播的平面波不会发生扭曲变形。如果主网格均匀且表面没有结构,则侧向阻尼器并不工作,因为自由场的节点和被分析模型的节点运动一致;如果主网格的运动不同于自由场网格的运动,则阻尼器如同黏性边界一样吸收能量,此时自由场边界与黏性边界等效。

3. 透射边界

透射边界是由廖振鹏等首先提出的一种迭代透射边界。透射边界的工作原理为:首先给出穿过人工边界上一点并沿边界外法线方向传播的单向波动的一般表达式,即将单向波动表示成一系列外行平面波的叠加。这是一般表达式,因为对这些平面波沿该法线传播的速度及其波形均不作具体限制,对该边界点邻近区域内的运动微分方程和物理边界条件亦不作具体限定。其次,利用多次透射技术模拟上述一般表达式,即假定所有单向波动以同一人工波速沿法线方向从边界透射出去,由此得到一次透射公式;然后证明了一次透射的误差也是具有相同外行性质的单向波动,由此建立了二次进而多次透射公式。随着引入内点数量的增加,可以建立高精度的高阶透射公式。但随着阶数的增加,计算量和边界的实现难度也在增加,一般工程中常用的是一、二阶透射公式。透射边界提出后得到了不断完善,如:引入多个人工波速,时间外推与空间外推的结合,多向透射等。透射边界的精度不但足以满足工程应用,而且相对某些常用的人工边界,具有更小的误差。

4. 无限元边界

在岩土工程中,可以将有限元与无限元相结合来模拟半无限域。有限元与无限元之间存在分界点,通常可假定该分界点到无限处的位移为线性分布。这个线性假定是合理的,因为无限元网格对近场网格的影响的近似已经足够。假设存在某奇异点 r_0,基本解 u 取决于所在位置到 r_0 的距离,当 r 趋于无穷远时,u 趋于 0;r_1 分界点的位移为 u_1;r_2 为延伸到无限元中的某一点,位移为 u_2;r_3 为无限远点,位移为 0,如图 10-7 所示。

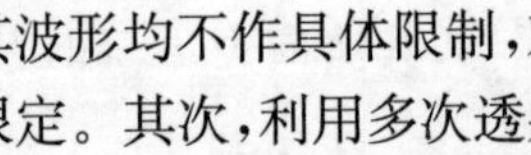

可假定存在映射,使 r_1 到 r_0 的距离为 a,在映射空间的坐标为 -1;r_2 到 r_0 的距离为 $2a$,在映射空间的坐标为 0,从而建立起映射 $r = r(s)$:

图 10-7　无限元示意图

$$r = -\frac{2s}{1-s}r_1 + \frac{1+s}{1-s}r_2 \tag{10-74}$$

即为无限元的基本表达式。进而可以得到 r 与 s 的函数关系:

$$r = \frac{2a}{1-s} \tag{10-75}$$

为了使有限元与无限元得以连接成一个整体,可以利用上述无限元中的插值函数关系,并采用一定的插值形式得到无限元中的插值函数。

通过黄土隧洞模型动力计算,计算范围在 30 倍和 40 倍的洞室跨度所得安全系数相同,10 倍和 20 倍的洞室跨度所得安全系数相差 2%,10 倍和 30 倍的洞室跨度所得安全系数相差 2.06%,均小于工程精度 5%。因此,10 倍的洞室跨度(实际上岩土体是向下和两侧无限延伸的,地震波不会因遇到人为边界截断而产生反射),即能满足工程精度要求。为消除这一影响,一般取 16 倍以上较好。

10.4 岩石隧道地震响应时程分析算例

10.4.1 算例概述

1. 隧道工程简介与有限元网格模型

以我国西部某单洞双向交通隧道工程为例,进行地震动力时程响应分析。根据建筑限界要求以及设备设施所需空间尺寸要求,该隧道内空断面为净宽 9.2m、拱高 6.8m 的三心圆曲边墙结构,隧道横断面见图 10-8,相应的有限元网格模型见图 10-9。

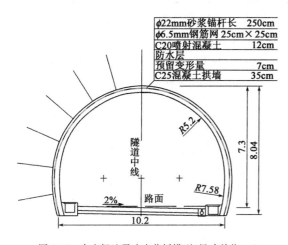

图 10-8　自由场地震响应分析模型(尺寸单位:m)

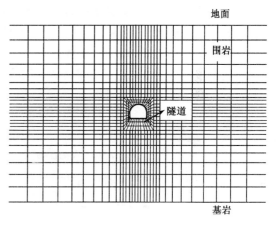

图 10-9　有限元网格模型

2. 结构与地层材料参数

本算例中,将初期支护和二次衬砌合并为单层衬砌,采用线弹性梁单元模拟。衬砌和路面的计算参数见表 10-1。隧道围岩为Ⅳ级,计算得到相应参数如下:密度 2 400kg/m³,剪切模量 0.6GPa,泊松比 0.3,内摩擦角 45°,黏聚力 1.2MPa。

隧道衬砌结构材料参数　　　　　　　　　　　　　　　表 10-1

结　　　构	材料密度(kg/m³)	弹性模量(GPa)	泊　松　比
衬砌	2 500	28	0.2
路面	2 500	20	0.2

3. 输入地震动

图 10-10 为输入的地震动加速度时程曲线。选取 EL-Centro 波,加速度峰值为 342Gal (3.42m/s²),持时约为 20s。

4. 阻尼的设置

采用 Rayleigh 阻尼,首先进行地基模型的特征值分析,计算得到其第 1、2 阶频率,采用阻尼比 0.05,并根据式(10-11)计算得到 Rayleigh

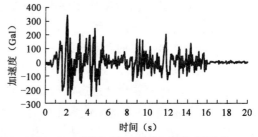

图 10-10　基岩输入地震动的加速度时程曲线
注:1Gal=0.01m/s²。

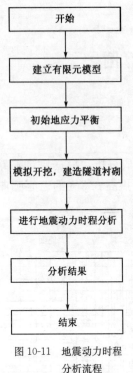

开始

↓

建立有限元模型

↓

初始地应力平衡

↓

模拟开挖，建造隧道衬砌

↓

进行地震动力时程分析

↓

分析结果

↓

结束

图 10-11 地震动力时程
分析流程

阻尼的比例常数 a 和 b。

5. 边界条件的设置

在静力加载阶段，即围岩初始地应力平衡以及隧道开挖与建造阶段，模型周边采用静力边界条件。模型顶部自由，模型左右两侧水平向固定而竖向自由，模型底部采用固定边界。在动力加载阶段，即输入地震动阶段，模型两侧改用 10.3.3 节中所述的无限元边界，模型底部竖向仍固定，而释放底部水平向自由度，以便输入地震动加速度时程。

6. 分析步骤

有限元分析的流程如图 10-11 所示。为了更真实地模拟隧道开挖、施工过程等所产生的应力历史对隧道结构地震响应的影响，特别考虑了围岩的初始地应力平衡以及隧道开挖和施作隧道衬砌的施工过程。在重力与围岩初始应力开挖释放作用下，隧道内部会产生初始应力。需要指出的是，由于有限元模拟开挖和衬砌支护是瞬间同时完成的，隧洞衬砌将承受几乎所有的开挖卸载力（往往导致衬砌设计内力过大）。而实际施工中，待隧道围岩持续变形到某个程度后才施加初次衬砌和后续的二次衬砌。特别是在新奥法开挖中，围岩初始应力一般在释放 30%～60% 后，才与初期支护共同变形承受卸荷。因此，在有限元模拟中，可以通过在开挖边界上施加释放荷载来实现。本算例中，围岩释放荷载 60%（即与结构共同作用荷载为 40%）。与没有进行荷载释放的地震响应计算结果相比，可降低衬砌动内力 40% 左右。

10.4.2 结果分析与讨论

1. 内力响应时程

图 10-12 给出了在所给地震动作用下，隧道拱脚、拱腰、拱肩与拱顶等主要结构位置的内力响应时程曲线。大致可以看到，隧道结构中的内力分布以拱肩处轴力最大，拱脚处剪力和弯矩最大。

2. 隧道横断面上的内力分布

图 10-13a) 为平时荷载作用下的隧道内力分布图。可以看到，弯矩和轴力呈对称分布，而剪力呈反对称分布。图 10-13c) 为地震动第 5s 时，隧道横断面内的总动内力分布图。由于是根据图 10-11 中的分析步骤进行的，因此图 10-13c) 中隧道的内力是平时荷载与地震作用共同作用下的结果。如果两者相减，得到图 10-13b)，可以视为在地震作用下隧道结构所增加的动内力。可以看到，地震作用所产生的隧道弯矩和剪力与平时荷载作用下的内力大小基本一致，而隧道内轴力主要受平时荷载控制。

3. 隧道变形

图 10-14 给出了隧道在地震动第 5s 和地震结束时的横断面位移图，可以看到两者变形基本一致。总体而言，本算例中地震作用对隧洞的变形影响不大，隧道变形主要受平时荷载的控制，有拱顶下塌而路面上拱的趋势。在侧向地震作用下，隧道发生剪切变形，在拱腰处有侧向鼓出变形。

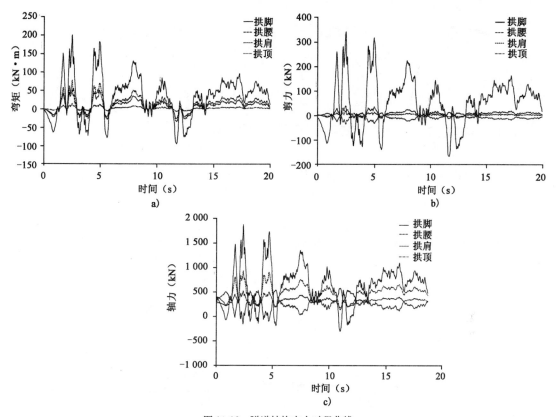

图 10-12　隧道结构内力时程曲线

a)弯矩响应时程曲线;b)剪力响应时程曲线;c)轴力响应时程曲线

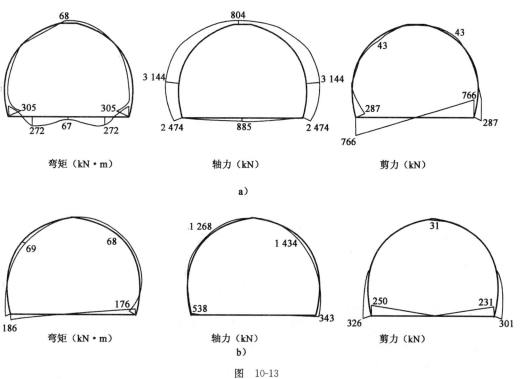

图　10-13

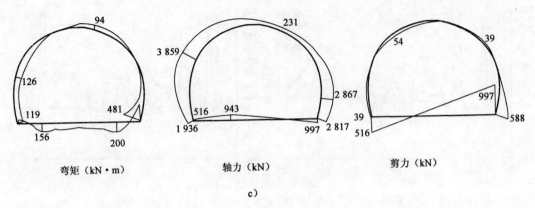

弯矩（kN·m）   轴力（kN）   剪力（kN）

c）

图10-13 隧道结构内力图

a）平时荷载作用下的隧道内力；b）地震作用下隧道增加的动内力；c）地震作用第5s时的隧道总动内力（平时荷载＋地震作用）

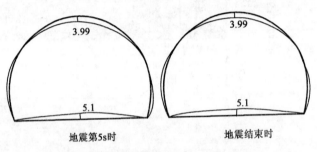

地震第5s时　　　　地震结束时

图10-14 隧道结构变形图（尺寸单位：mm）

参 考 文 献

[1] 王勖成. 有限单元法［M］. 北京：清华大学出版社，2003.

[2] 费康，张建伟. ABAQUS 在岩土工程中的应用［M］. 北京：中国水利水电出版社，2010.

[3] 孙钧，汪炳鑑. 地下结构有限元法解析［M］. 上海：同济大学出版社，1988.

[4] Yuan Y, Chen Z Y. State-of-the-art in failure mechanism and damage control of large-scale urban underground buildings in China［J］. Journal of Earthquake and Tsunami, 2010, 4(1)：23-31.

[5] Chen Z Y, Shi C, Li T B, et al. Damage characteristics and influence factors of mountain tunnels under strong earthquakes［J］. Natural Harzads, 2010, 6(1)：387-401.

[6] Deeks A J, Randolph M F. Axisymmetric time-domain trans-mitting boundaries［J］. Journal of Engineering Mechanics, 1994, 120(1)：25-42.

[7] Lysmer J, Kuhlemeyer R L. Finite dynamic model for infinite media［J］. Journal of the Engineering Mechanics Division, ASCE, 1969, 95(4)：859-878.

[8] 廖振鹏. 工程波动理论导论［M］. 2 版. 北京：科学出版社，2002.

[9] 李彬. 地铁地下结构抗震理论分析与应用研究［D］. 北京：清华大学，2005.

[10] 李杰，李国强. 地震工程学导论［M］. 北京：地震出版社，1992.

[11] 李天斌. 汶川特大地震中山岭隧道变形破坏特征及影响因素分析［J］. 工程地质学报，

2008(6):742-750.

[12] 郑永来,杨林德.地下结构震害与抗震对策[J].工程抗震,1999,14(4):23-28.

[13] 李廷春,殷允腾.汶川地震中隧道结构的震害分析[J].工程爆破,2011,17(1):24-27.

[14] 高桥松,许国富,柯有青."5·12"汶川大地震后公路隧道震害检测及分析[J].资源环境与工程,2008,22(特刊):108-112.

[15] 高波,王峥峥,袁松,等.汶川地震公路隧道震害启示[J].西南交通大学学报,2009,44(3):336-374.

[16] W L Wang, T T Wang, J J Su, et al. Assessment of damage in mountain tunnels due to the Taiwan Chi-Chi Earthquake[J]. Tunnelling and Underground Space Technology, 2001, 16:133-150.

第11章 隧洞围岩有限元反分析法
DISHIYIZHANG

11.1 概　　述

　　所谓反分析法,即利用所量测的系统响应值借助解析或数值手段来反推初始状态模型和参数的方法,又可称为反演计算法。岩土工程问题反分析法的概念是20世纪70年代被提出来的,可分为正反分析法和逆反分析法两类。正反分析法是利用正演分析过程所得的结果建立的反演计算法:首先按照正演分析过程计算单位初始地应力或给定初始值的力学响应(位移量或应力增量)并作为求解方程组的已知系数,再根据弹性叠加原理或最小二乘法建立求解基本未知数(目标未知数)的方程组,最后解此方程组,给出反演计算的结果。该方法的计算过程总体上沿用正演分析的过程,具有程序编制方便、计算方法灵活、适用性强的优点,适用于线性和非线性问题的反演计算。逆反分析法是依据矩阵求逆原理建立的反演计算法:在待求未知量和已知输入量(通常为现场量测信息)之间直接建立关系式,通过求解依据矩阵求逆原理建立的方程组得出结果。该法计算原理直观简明,运算时间短,但程序编制烦琐,适用性也不强,一般仅适用于线弹性问题的反演计算。优化反分析法、统计反分析法、图谱法等都属于正反分析法,而智能反分析法是采用神经网络等智能方法来寻求最优参数,属于优化反分析法的一种。

　　反分析法还可根据建立量测信息和待求参数间基本关系式的手段不同分为解析反分析法和数值反分析法。对于几何形状简单、相应的正演计算具有解析解的工程问题,例如圆形地下洞室的反演计算,可采用已有的弹性理论公式导出类属正反分析法或逆反分析法的解析解。对于几何形状较为复杂的非圆形地下洞室,也可借助弹性平面应变问题的复变函数法,采用适当的映射函数将无限平面上的非圆形洞室映射成一个单位圆,据以建立反演计算的观测方程组。解析反分析法有理论推演严谨、计算过程简单的优点,但对复杂岩土介质条件与工程施工条件适应性差。

　　20世纪90年代中期前的数值反分析法以边界元反分析法较为流行,杨林德、朱合华在边界元数值反分析中做了较多的研究与应用工作,涉及二维和三维弹性、弹塑性和黏弹性问题的反演计算。20世纪90年代后期,以有限元法为代表的数值反分析法应用较广,将优化正反分析法与有限元法相结合,可以利用已有的有限元法正演程序,反推初始地应力场和岩体介质等

238

效力学性质参数,并能够模拟复杂边界及分步开挖支护等复杂工序。许多学者利用基于现场监控量测的全量位移反分析或增量位移反分析,将该方法成功应用于复杂分步施工条件下的岩体隧洞工程实践。这里用于位移反分析的优化方法有多种,传统的优化方法有单纯形法、阻尼最小二乘法、复合形法等,以及智能优化方法,包括神经网络法、遗传算法、模拟退火法、蚂蚁算法等。

根据量测信息种类的不同,反分析法可分为位移反分析法、应变反分析法、应力反分析法以及荷载反分析法。依据待求参数种类的区别,位移反分析方法又可分为选择型和混合型两类。将某一类参数作为已知值,其余参数作为基本未知数的反分析法类属选择型,例如将岩体介质弹性参数作为已知值反求初始地应力,或将初始地应力作为已知值反求岩土介质弹性参数等。混合型系指在给定位移量测值和扰动应力增量量测值的条件下,同时反演确定初始地应力和岩体介质弹性参数的反演计算法。在仅有位移量测信息的条件下,如果假设竖直向的初始地应力分量等于自重应力,则也可进行混合型反演计算。

依据岩体介质的本构模型的不同,岩体地下洞室反分析法涉及的待求未知参数有:初始地应力场参数,弹性问题的地层力学参数 E、μ 值,弹塑性问题的 E、μ、c、φ 值,以及黏弹性问题的 E、μ、η 值等,包括二维和三维问题的反分析法。初始地应力的分布规律可假定为均布应力场和线性分布的应力场,反演计算的量测信息有位移量、扰动应力增量、作用在隧道衬砌结构上的围岩压力等量测信息。

11.1.1 正反分析法原理

由线弹性叠加原理可知,地下洞室开挖后围岩状态的变化量可由各初始地应力分量独自作用产生的状态变化量叠加而得。假设在三维空间问题中初始地应力分量为常量,并设某任意测点由各初始地应力 6 个分量作用产生的位移为 $U_k(k=1,6)$。如将该测点由地下洞室开挖引起的总位移记为 U^*,则有:

$$U^* = \sum_{k=1}^{6} U_k \tag{11-1}$$

在反演计算中,因初始地应力分量为未知数,故 U_k 亦为未知数,但 U^* 为现场量测的已知信息。

为便于分析,将初始地应力分量记为 $\{P\}$,并设 $\{\overline{P}\}$ 为任意选取的一组已知具体数值的初始地应力分量,则可写出:

$$\{P\} = [A]\{\overline{P}\} \tag{11-2}$$

式中 $\{\overline{P}\}$ 为已知量(常取为单位应力分量),故由反演计算确定初始地应力 $\{P\}$ 的问题归结为求算应力系数 $A_k(k=1,6)$(矩阵 $[A]$ 中对角线上的元素,其余元素均为零)的问题。设 $u_k(k=1,6)$ 为由各单位应力分量产生的测点位移,则各测点由各应力分量引起的测点位移值可表示为:

$$U_k = A_k u_k \tag{11-3}$$

将式(11-3)代入式(11-1),可得:

$$U^* = \sum_{k=1}^{6} A_k u_k \tag{11-4}$$

因式(11-4)中 U^* 为测点位移已知量,故式(11-4)可用于建立在算出 u_k 值后求解 A_k 值的方程组。

如将地层弹性模量 E 也作为反演计算的待求参数,则在计算 u_k 时,将弹性模量取为已知值 E_0(例如令 $E_0=1$),并将式(11-4)改写为:

$$U^* = \frac{E_0}{E} \sum_{k=1}^{6} A_k u_k \tag{11-5}$$

在已同时测得应变量测值 ε^* 和扰动应力增量量测值 $\Delta\sigma^*$ 的情形下,同理可知:

$$\varepsilon^* = \frac{E_0}{E} \sum_{k=1}^{6} A_k \varepsilon_k \tag{11-6}$$

$$\Delta\sigma^* = \sum_{k=1}^{6} A_k \sigma_k \tag{11-7}$$

式中:ε_k、σ_k——分别为假定地层弹性模量为已知值 E_0 后,由各单位初始应力分量单独作用产生的应变或应力增量,可由正演计算给出。

对每个测点都可写出一个形如式(11-5)、式(11-6)或式(11-7)的方程。如将采集位移、应变和扰动应力增量信息的测点总数分别记为 N_U、N_ε、N_σ,则得到以下量测方程组:

$$\left.\begin{array}{ll} U_i^* = \dfrac{E_0}{E} \sum_{k=1}^{6} A_k u_k^i & (i=1,2,\cdots,N_U) \\[2mm] \varepsilon_i^* = \dfrac{E_0}{E} \sum_{k=1}^{6} A_k \varepsilon_k^i & (i=1,2,\cdots,N_\varepsilon) \\[2mm] \Delta\sigma_i^* = \sum_{k=1}^{6} A_k \sigma_k^i & (i=1,2,\cdots,N_\sigma) \end{array}\right\} \tag{11-8}$$

将上式写成矩阵形式,有:

$$\left.\begin{array}{l} \{U^*\} = \dfrac{E_0}{E} [U]\{A\} \\[2mm] \{\varepsilon^*\} = \dfrac{E_0}{E} [\varepsilon]\{A\} \\[2mm] \{\Delta\sigma^*\} = [\sigma]\{A\} \end{array}\right\} \tag{11-9}$$

当量测信息总数等于或大于未知数总数(按上述分析为 $N_U + N_\varepsilon + N_\sigma \geqslant 7$)时,不难由式(11-9)解得 $A_i(i=1,6)$ 和地层 E 值。

11.1.2 逆反分析法原理

在反演计算中,首先建立量测信息(位移量、应变量和扰动应力增量)与未知量(弹性模量 E、泊松比 μ 及初始地应力分量$\{P\}$)间的量测方程:

$$\left.\begin{array}{l} U_i^* = f_i(E,\mu,\{P\}) \\ \varepsilon_i^* = g_i(E,\mu,\{P\}) \\ \Delta\sigma_i^* = h_i(\mu,\{P\}) \end{array}\right\} \tag{11-10}$$

式中:U_i^*、ε_i^*、$\Delta\sigma_i^*$——分别为任意测点 i 的预定量测方向上的位移、应变和应力增量的量测值。

通常情况下,式(11-10)很难演化成显式解析表达式,只能借助有限元法或边界元法等数值计算技术将求解对象离散成 n 个单元,则与位移量信息相应的基本方程为:

$$E[K]\{\delta\} = \{F\} \tag{11-11}$$

式中刚度阵$[K]$仅与泊松比 μ 及坐标位置有关。$\{F\}$为等效节点荷载,对于开挖问题,$\{F\}$与初始地应力$\{P\}$相关。

对给定点的量测位移值$\{U^*\}$,可利用适当的插值变换将其表示为:

$$\{U^*\} = [L_u]\{\delta\} \tag{11-12}$$

并有:

$$\{F\} = [M]\{P\} \tag{11-13}$$

式中：$[L_u]$、$[M]$——与单元插值函数有关的系数矩阵。

将式(11-12)、式(11-13)代入式(11-11)，可得：

$$\{U^*\} = \frac{1}{E}[L_u][K]^{-1}[M]\{P\} \tag{11-14}$$

令$[T_u] = [L_u][K]^{-1}[M]$，则有：

$$\{U^*\} = \frac{1}{E}[T_u]\{P\} \tag{11-15}$$

对应变量测信息$\{\varepsilon^*\}$和应力增量量测信息$\{\Delta\sigma^*\}$，同理可得：

$$\left.\begin{array}{c} \{\varepsilon^*\} = \dfrac{1}{E}[T_\varepsilon]\{P\} \\[2mm] \{\Delta\sigma^*\} = [T_\sigma]\{P\} \end{array}\right\} \tag{11-16}$$

式中：$[T_\varepsilon]$、$[T_\sigma]$——分别为与应变或应力增量量测值相关的插值变换阵，$[T_\varepsilon] = [L_\varepsilon][B][K]^{-1}[M]$，$[T_\sigma] = [D][L_\sigma][B][K]^{-1}[M]$；

$\qquad\quad$ $[B]$——应变矩阵；

$\qquad\quad$ $[D]$——仅与泊松比μ相关的弹性矩阵。

重写式(11-15)、式(11-16)，得：

$$\left.\begin{array}{c} [T_u]\{P\} - E\{U^*\} = 0 \\ [T_\varepsilon]\{P\} - E\{\varepsilon^*\} = 0 \\ [T_\sigma]\{P\} = \{\Delta\sigma^*\} \end{array}\right\} \tag{11-17}$$

令

$$[T] = \begin{bmatrix} [T_u] & -\{U^*\} \\ [T_\varepsilon] & -\{\varepsilon^*\} \\ [T_\sigma] & 0 \end{bmatrix}, \quad \{X\} = \left\{\begin{array}{c} \{P\} \\ E \end{array}\right\} \quad \{H\} = \left\{\begin{array}{c} 0 \\ 0 \\ \{\Delta\sigma^*\} \end{array}\right\}$$

有：

$$[T]\{X\} = \{H\} \tag{11-18}$$

量测信息总数等于未知量个数时，可将上式表示为：

$$\{X\} = [T]^{-1}\{H\} \tag{11-19}$$

当量测信息总数大于未知量个数时，有：

$$\{X\} = ([T]^T[T])^{-1}[T]^T\{H\} \tag{11-20}$$

由式(11-19)、式(11-20)不难看出，可由利用现场量测信息建立的方程组通过矩阵求逆得出反演计算结果。在未给定应力增量量测值的条件下，由逆反分析法给出的反演计算结果为当量初始地应力$\{P\}/E$，需要进一步利用其他信息来加以确定，如竖直初始地应力等于自重应力。

以上一般意义上介绍了正分析法和逆反分析法，优化正反分析法等将在后续具体的内容中加以介绍。

11.2　岩体隧洞的现场量测

20世纪60年代起，奥地利学者和工程师总结出了以尽可能不要恶化围岩中的应力分布为前提，在施工过程中密切监测围岩变形和应力等，通过调整支护措施来控制变形，从而最大限度地发挥围岩本身自承能力的新奥法隧洞施工技术。由于新奥法施工过程中最容易而且最直接的监测量是洞周收敛变形及围岩体内的位移，且隧洞的变形量易于直观地控制，因而，人们开始注重通过利用位移监测值来确定合理的支护结构形式及其设置时间,从而提出了所谓的收敛限制法设计理论。

在以上研究的基础上,随后又发展起来了隧洞信息化监测和信息化施工方法。它是在施工过程中布置监控测试系统,从现场围岩的开挖及支护过程中获得围岩稳定性及支护设施的工作状态信息。通过分析研究,这些信息间接地描述围岩的稳定性和支护的作用,并反馈于施工决策和支持系统,修正和确定新的开挖方案的支护参数,这个过程随每次掘进开挖和支护的循环进行一次。

与地面工程不同,在隧洞设计施工过程中,勘察、设计、施工等诸环节允许有交叉、反复。在初步地质调查的基础上,根据经验方法或通过力学计算进行预设计,初步选定支护参数。然后,还须在施工过程中根据监测获得关于围岩稳定性和支护系统力学与工作状态的信息,对施工过程参数和支护参数进行调整。施工实测表明,对于设计所做的这种调整和修改是十分必要和有效的。这种方法并不排斥以往的各种计算、模型试验及经验类比等设计方法,而是把它们最大限度地包容在自己的决策支持系统中,发挥各种方法特有的长处。

11.2.1 隧洞量测项目

隧洞工程的量测信息是反分析的基础,在岩土介质中,按照量测信息的类型,可分为三大类:位移量测、应变量测、应力(压力)量测。

1. 位移量测

围岩地层中位移量测亦分为洞周表面各点的收敛位移量测和围岩域内各点的位移量测。洞周收敛位移一般采用收敛计量测,使用较多的是卷尺式引伸仪,其测点及测线的布置方式与洞室形状和尺寸有关。域内位移场位移量测一般采用位移计,分单点式和多点式两类,主要用来量测围岩径向位移。多点位移计有电测式和机械式,前者灵敏度高,但读数易受周围环境影响,结果不够稳定;而后者读数精度虽不高,但读数较稳定,实际应用中两者可以互补。多点位移计的最大测深为 200m,用于量测围岩变化时,一般选用最大量测深度为 6~30m 的多点位移计;用于量测地表下沉量时,可选用量测深度大的多点位移计。

(1)收敛位移监测

隧洞周边或结构物内部净尺寸的变化,称为收敛位移。收敛位移量测所需进行的工作比较简单,以收敛位移量测值为判断依据,进行围岩稳定性分析的方法比较直观和明确,在隧洞现场测量中是很常用的,见图 11-1。

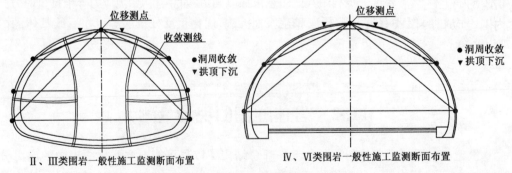

图 11-1　洞周收敛变形监测

收敛位移量测的核心设备是收敛计,包括穿孔钢卷尺式收敛计、铟钢丝弹簧式收敛计和铟钢丝扭矩平衡式收敛计等。另外,对跨度很大的洞室,可以采用光电测距仪测定收敛位移。

(2)围岩域内位移量测

如图 11-2 所示,为了测量洞周表面或围岩不同深度的位移,可采用单点位移计、多点位移计和滑动式位移计,地表和拱顶下沉可采用精密水准仪量测。

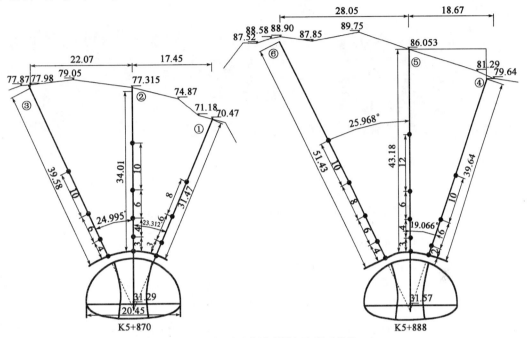

图 11-2　某工程隧洞多点位移监测布置(尺寸单位:m)

注:1.①、②钻孔打穿至隧道顶,其他钻孔距离隧道顶部 1.5m。

2.多点位移计长度表:①31m、28m、22m、14m;②35m、32m、28m、22m、12m;③40m、36m、30m、20m;④39m、37m、31m、21m;⑤43m、40m、36m、30m、18m;⑥52m、48m、42m、34m、24m。

3.布点原则:考虑到松动区范围可能在一倍洞径左右,因此钻孔①、③、④的测点均在径向 20m 以内布设完毕。②、⑤、⑥钻孔布设了 5 个测点,目的是考查一倍洞径以外的位移量。测点布设以发散性为原则。各测点之间的距离不全部相同,目的是考查洞径方向不同距离的位移量。

2. 应变量测

用于量测应变的传感器有电阻应变片、光弹应变计、钢弦应变计和千分表等。在围岩应变量测中常用的是电阻应变片和千分表,主要用来量测由开挖引起的洞室表面上围岩应变。通常可用于量测域内围岩应变的仪器有岩石钻孔三轴应变计(图11-3)等,通过适当变换可以求解岩石初始地应力。

此外,电阻应变片可用来量测衬砌结构在受力变形过程中的变化。量测表面应变时电阻应变片直接粘贴在钢筋上,通过结构应变的量测得到其内力,进而可以作为反分析的依据。

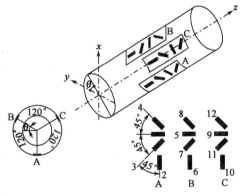

图 11-3　岩石钻孔三轴应变计

3. 应力(压力)量测

应力信息可分为扰动应力信息、接触应力信息和构件内力信息三类。

扰动应力指由洞室开挖引起的围岩应力的变化量,可以采用包体应力计法、格鲁吉尔(GLO-SETZL)液压盒及压磁应力计探头测量法来量测(图11-4)。格鲁吉尔液压盒亦可以用于测量喷混凝土层内的应力和喷射混凝土层与围岩接触面上的荷载。接触压力指地下洞室内部和支护结构内部的压力、围岩与支护结构间的接触压力。压力量测通常采用压力盒[图 11-5a)]。构件内力的测量可以采用粘贴在构件表面的应变片,也可以直接采用钢筋计[图 11-5a)]、锚杆轴力计[图 11-5b)]。

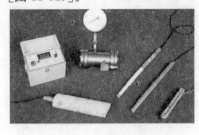

图 11-4 压磁应力计(彩图见 461 页)

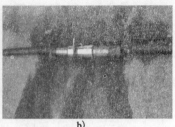

a)   b)

图 11-5 压力盒、钢筋计与锚杆轴力计(彩图见 461 页)

a)压力盒与钢筋计;b)锚杆轴力计

11.2.2 隧洞围岩量测项目的确定原则

确定监控量测项目的原则是量测简单、结果可靠、成本低,便于施工单位采用,量测元件要能尽量靠近工作面安设。此外,所选择的被测物理量要概念明确,量值显著,数据易于分析,易于实现反馈。其中的位移测试是最直接易行的,因而应作为施工监测的重要项目。但在完整坚硬的岩体中,位移值往往较小,故要配合应力和压力测量。

测量项目应根据具体工程的特点来确定,主要取决于工程的规模、重要性程度、地质条件及业主的财力。如岩体完整性差、地质条件变化较大的工程,在施工时应用声波法探测隧道前方的岩体状况;在地应力高的脆性岩体中施工,有可能产生岩爆,则要用声波监测技术监测岩爆的可能性或预测岩爆的时间;对于浅埋隧洞,地表沉降和拱顶沉降量测是极其重要的。隧洞工程现场量测的内容汇总见表 11-1。

隧洞工程中现场量测的内容   表 11-1

现场试验的基本内容	围岩基本参数试验	岩体各种强度指标 R_c、R_t、R_a
		岩体弹性模量、变形模量和泊松比 E、G、μ
		岩体物理特性
		地层抗力系数
		岩体应力
	结构基本参数试验	混凝土、喷混凝土强度
		支护结构厚度
		喷混凝土与岩面的黏聚力
		混凝土、喷混凝土的变形模量、泊松比
		砂浆锚杆的砂浆强度、黏聚力和锚固力
		砂浆的灌满性
	围岩结构性态试验	混凝土、喷混凝土、钢筋、锚杆的内应力或内应变
		隧洞、支护结构洞周收敛位移
		围岩松弛带
		支护结构与围岩的接触应力
	外界影响试验	地表沉降
		爆破震动

11.3 考虑施工过程的增量有限元优化反分析法

在位移反分析法中,岩土介质已从各向同性发展到各向异性,本构关系从线弹性模型发展到非线性弹性模型、弹塑性模型、黏弹性模型,甚至黏弹塑性模型。而且,隧洞由于断面大、围岩性质差,隧洞从开挖到衬砌支护是个复杂的增量施工过程,在施工过程中,因量测设备安装的滞后,所获取的信息一般是增量而非全量。因此,需要结合增量监测信息,开展动态增量反分析工作。对于非线性围岩介质和复杂的隧洞施工问题,在位移反分析法中,通过在位移量测值和计算值之间建立求解待定参数的最小二乘目标函数,然后采用优化方法寻求该目标函数的最小值以得到一组最优的求解参数。

11.3.1 隧道施工动态增量反分析与位移预报

1. 计算模型

(1)初始地应力的计算

初始地应力$\{\sigma_0\}$可采用有限元方法和设定水平侧压力系数法计算。围岩初始地应力分为自重地应力和构造地应力两部分:自重地应力由有限元法求得,构造地应力可假设为均布或线性分布,并直接叠加在自重地应力上得到初始地应力。计算式为:

$$\sigma_x = a_1 + a_4 z, \sigma_z = a_2 + a_5 z, \tau_{xz} = a_3 \tag{11-21}$$

式中:σ_z、σ_x——分别为竖直向和水平向初始地应力。

(2)开挖释放力的计算

开挖的释放荷载,通过单元应力法,根据节点应力直接计算释放荷载,节点应力由单元应力通过插值法或绕节点平均求得。

第一步开挖时节点的释放荷载为初始自重应力场或由初始自重应力场和构造应力场共同构成。相继开挖边界的节点释放荷载由单元应力插值得到。第二步开挖时的释放荷载由周边单元应力得到,取插值函数:

$$\sigma = \alpha_1 + \alpha_2 x + \alpha_3 y + \alpha_4 xy \tag{11-22}$$

式中:α_1、α_2、α_3、α_4——待定系数;

  x、y——节点或单元形心坐标。

将单元 2、3、5、6 的应力和形心坐标带入式(11-22)得:

$$\begin{Bmatrix} \sigma_2 \\ \sigma_3 \\ \sigma_5 \\ \sigma_6 \end{Bmatrix} = \begin{bmatrix} 1 & x_1 & y_1 & x_1 y_1 \\ 1 & x_2 & y_2 & x_2 y_2 \\ 1 & x_3 & y_3 & x_3 y_3 \\ 1 & x_4 & y_4 & x_4 y_4 \end{bmatrix} \begin{Bmatrix} \alpha_1 \\ \alpha_2 \\ \alpha_3 \\ \alpha_4 \end{Bmatrix}$$

简化为$\{\sigma_i\} = [M]\{\alpha\}$,则$\{\alpha\} = [M]^{-1}\{\sigma_i\}$。

周围不足 4 个单元时,节点应力可由其相连单元应力外插得到。节点应力得到后,假定开挖面上两节点之间的应力呈线性分布,按静力等效原则计算各节点的等效荷载:

$$P_{x1} = \frac{1}{6}\left[(2\sigma_{x1} + \sigma_{x2})(y_1 - y_2) + (2\tau_{xy1} + \tau_{xy2})(x_2 - x_1) \right]$$

$$P_{x2} = \frac{1}{6}\left[(2\sigma_{x2} + \sigma_{x1})(y_1 - y_2) + (2\tau_{xy2} + \tau_{xy1})(x_2 - x_1) \right]$$

$$P_{y1} = \frac{1}{6}\left[(2\sigma_{y1} + \sigma_{y2})(x_1 - x_2) + (2\tau_{xy1} + \tau_{xy2})(y_1 - y_2)\right]$$

$$P_{y2} = \frac{1}{6}\left[(2\sigma_{y2} + \sigma_{y1})(x_1 - x_2) + (2\tau_{xy2} + \tau_{xy1})(y_1 - y_2)\right]$$

分别计算各段各节点的等效荷载,然后叠加得到各节点的释放荷载。

(3)有限元计算方程

对各开挖阶段的状态,有限元分析的表达式为:

$$[K]_i\{\Delta\delta\}_i = \{\Delta F_r\}_i + \{\Delta F_a\}_i \qquad (i = 1, L) \tag{11-23}$$

式中:L——开挖阶段数;

$[K]_i$——第 i 开挖阶段岩土体和结构总刚度矩阵,$[K]_i = [K]_0 + \sum\limits_{\lambda=1}^{i}[\Delta K]_\lambda$,$[K]_0$ 为岩土体和结构(开挖开始前存在时)的初始总刚度矩阵,$[\Delta K]_\lambda$ 为开挖施工过程中,第 λ 开挖阶段的岩土体和结构刚度的增量或减量,用以体现岩土体单元的挖除、填筑及结构单元的施作或拆除;

$\{\Delta F_r\}_i$——第 i 开挖阶段开挖边界上的释放荷载的等效节点力;

$\{\Delta F_a\}_i$——第 i 开挖阶段新增自重等的等效节点力;

$\{\Delta\delta\}_i$——第 i 开挖阶段的节点位移增量。

对每个开挖步,增量加载过程的有限元分析的表达式为:

$$[K]_{ij}\{\Delta\delta\}_{ij} = \{\Delta F_r\}_i \cdot \alpha_{ij} + \{\Delta F_a\}_{ij} \qquad (i = 1, L; j = 1, M) \tag{11-24}$$

式中:M——各开挖步增量加载的次数;

$[K]_{ij}$——第 i 开挖步中施加第 j 增量步时的刚度矩阵,$[K]_{ij} = [K]_{i-1} + \sum\limits_{\xi=1}^{j}[\Delta K]_{i\xi}$;

α_{ij}——第 i 开挖步第 j 增量步的开挖边界释放荷载系数,开挖边界荷载完全释放时有 $\sum\limits_{j=1}^{M}\alpha_{ij} = 1$;

$\{\Delta F_a\}_{ij}$——第 i 开挖步第 j 增量步新增自重等的等效节点力;

$\{\Delta\delta\}_{ij}$——第 i 开挖步第 j 增量步的节点位移增量。

用于计算各开挖步位移、应变和应力的迭代式为:

$$\begin{cases} \{\delta\}_i = \{\delta\}_{i-1} + \{\Delta\delta\}_{ij} = \sum\limits_{i=1}^{L}\sum\limits_{j=1}^{M}\sum\limits_{k=1}^{N}\{\Delta\delta\}_{ij}^{k} \\ \{\varepsilon\}_i = \{\varepsilon\}_{i-1} + \{\Delta\varepsilon\}_{ij} = \sum\limits_{i=1}^{L}\sum\limits_{j=1}^{M}\sum\limits_{k=1}^{N}\{\Delta\varepsilon\}_{ij}^{k} \\ \{\sigma\}_i = \{\sigma\}_{i-1} + \{\Delta\sigma\}_{ij} = \{\sigma_0\} + \sum\limits_{i=1}^{L}\sum\limits_{j=1}^{M}\sum\limits_{k=1}^{N}\{\Delta\sigma\}_{ij}^{k} \end{cases} \tag{11-25}$$

式中:$\{\delta\}$、$\{\varepsilon\}$、$\{\sigma\}$——分别为位移、应变和应力向量;

$\{\sigma_0\}$——初始地应力;

$\{\Delta\sigma\}_{ij}^{k}$——第 i 开挖步第 j 增量步第 k 迭代步的应力增量。

对于平面应变问题,横观各向同性岩体的弹性应变增量可表示为:

$$\{\Delta\varepsilon\} = \begin{Bmatrix} \Delta\varepsilon_x \\ \Delta\varepsilon_z \\ \Delta\gamma_{zx} \end{Bmatrix} = [D]^{-1}\{\Delta\sigma\} = \begin{bmatrix} \dfrac{1 - \mu_{hh}^2}{E_h} & -\dfrac{\mu_{vh}}{E_v}(1 + \mu_{hh}) & 0 \\ -\dfrac{\mu_{vh}}{E_v}(1 + \mu_{hh}) & \dfrac{1}{E_v}\left(1 - \mu_{vh}^2\dfrac{E_h}{E_v}\right) & 0 \\ 0 & 0 & \dfrac{1}{G_{hv}} \end{bmatrix} \begin{Bmatrix} \Delta\sigma_x \\ \Delta\sigma_z \\ \Delta\tau_{zx} \end{Bmatrix}$$

$$\tag{11-26}$$

其中,弹性矩阵$[D]$为:

$$[D] = \begin{bmatrix} \dfrac{E_h E_v - \mu_{vh}^2 E_h^2}{E_0} & \dfrac{E_h E_v \mu_{vh}(1+\mu_{hh})}{E_0} & 0 \\[3mm] \dfrac{E_h E_v \mu_{vh}(1+\mu_{hh})}{E_0} & \dfrac{E_v^2(1-\mu_{hh}^2)}{E_0} & 0 \\[3mm] 0 & 0 & G_{hv} \end{bmatrix} \quad (11\text{-}27)$$

$$E_0 = E_v(1-\mu_{hh}^2) - 2E_h\mu_{vh}^2(1+\mu_{hh})$$

并有:

$$\Delta\sigma_y = \mu_{hh}\Delta\sigma_x + \mu_{vh}\frac{E_h}{E_v}\Delta\sigma_z = \frac{E_h E_v \mu_{hh} + E_h^2\mu_{vh}^2}{E_0}\varepsilon_x + \frac{E_h E_v \mu_{vh}(1+\mu_{hh})}{E_0}\varepsilon_z$$

共有 5 个独立参数:E_v 为竖直向材料的弹性模量,E_h 为水平向材料的弹性模量,μ_{vh} 为由竖直向应变引起水平方向应变的泊松比(竖直面内),μ_{hh} 为水平面内材料的泊松比,G_{hv} 为竖直平面内的剪切模量。当 $E_v = E_h = E$,$\mu_{vh} = \mu_{hh} = \mu$,$G_{hv} = E/(1+\mu)$ 时,式(11-27)即为各向同性弹性矩阵。

2. 反演计算的优化方法

隧洞工程施工动态反演过程的量测信息拟采用隧洞洞周收敛位移和围岩地层域内位移,以及支护结构位移、应变和内力等,待求未知参数 X 可设定为各地层弹性模量和初始地应力参数。优化方法有多种算法,单纯形法、阻尼最小二乘法、遗传算法、遗传模拟退火算法以及混合遗传算法。这里采用遗传算法,目标函数为:

$$F(X) = \sum_{i=1}^{K} w_i \frac{F_i}{F_{i0}} \quad (11\text{-}28)$$

式中: K——量测信息种类,包括绝对位移、相对位移、结构轴力、弯矩等;

$$F_i = \sum_{j=1}^{K_i} (\Delta F_j - \Delta F_j^*)^2$$

$$F_{i0} = \sum_{j=1}^{K_i} (\Delta F_j^*)^2$$

ΔF_j、ΔF_j^*——任意两施工阶段测点处对应绝对位移、相对位移、结构轴力或弯矩等的计算值和实测值增量;

K_i——第 i 种量测信息种类的测点个数;

w_i——加权常数,一般取 $w_i = 1$。

为加快遗传算法的搜索速度,对目标函数进行非线性加速,遗传算法的适应函数取为:

$$\text{fitness}(x) = \frac{1}{F(x)} \quad (11\text{-}29)$$

遗传算法就是模拟自然进化过程搜索最优解的方法。它是一种概率搜索方法,利用某种编码技术作用于称为染色体的串,基本思想是模拟由这些串组成的群体的进化过程。遗传算法通过有组织地然而是随机地交换信息来重新结合那些适应性好的串,在每一代中,利用上一代串结构中适应性好的位和段来生成一个新的串的群体;作为额外增添,偶尔也要在串结构中尝试用新的位和段来替代原来的部分。遗传算法是一类随机算法,但它不是简单的随机走动,它可以有效地利用已有的信息来搜索那些希望改善解的质量的串。类似于自然进化,遗传算法通过作用于染色体上的基因,寻找好的染色体来求解问题。与自然界相似,遗传算法对求解问题的本身一无所知,它所需要的仅是对算法所产生的每个染色体进行评价,并基于适应值来选择染色体,使适应性好的染色体比适应性差的染色体有更多的繁殖机会。因此遗传算法利用简单的编码技术和繁殖机制来表现复杂的现象,同时按不依赖于问题本身的方式快速搜索未知的空间以找到全局最优点,从而解决非常困难的问题。特别是由于它不受搜索空间的限制性假设的制约,不必要求诸如连续性、导数存在以及单峰等假设,因此,相对于常规优化方法具有固有的优点。

程序设计如下:

(1)采用二进制编码。

(2)初始群体规模为10。

(3)采用锦标赛选择,并采用最优保留算法。

(4)原始目标函数为实测值与计算值的平方和,属于极小化问题。采用非线性对适应值加速。E 杂交算子,提供两种杂交方式,单点杂交和均匀杂交。单点杂交率为0.9,均匀杂交率为0.5,按照锦标赛法选取两个父本进行杂交。

(5)变异算子,提供了突变变异和蠕变变异两种变异方式。突变变异率为0.02,蠕变变异率为0.04。

(6)算法停止规则,在给定最大迭代数的前提下,连续15代最优值的平均值 $\mathrm{avagefit}_{max}(15)$ 没有进化,即 $\mathrm{avagefit}_{max}(15) \leqslant \varepsilon$,算法终止。当 gen≥maxgen 时,算法终止。

3. 算例验证

为证明程序的正确性,进行了算题验证。计算网格如图 11-6a)、b)所示,共有 3 条测线,采用横观各向同性弹性动态增量反演,水平、垂直向的弹性模量分别为 4 299 991.42 ×10⁻⁶GPa、223 617.64×10⁻⁶GPa,剪切弹性模量为 0.5×10⁻⁶GPa(不参与反演),泊松比为 0.18。隧道分三步施工,上台阶开挖、施作初期支护→下台阶开挖、施作初期支护→施作二次衬砌。计算结果见表 11-2 和表 11-3。

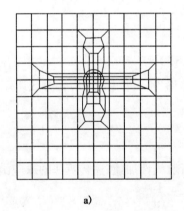
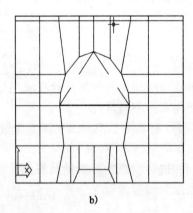

a)   b)

图 11-6 计算网格

a)隧道网格图;b)测线布置图

弹性模量(×10⁻⁶GPa)　　　　　　　　　　　表 11-2

弹 性 模 量	真　　值	初　始　值	反　演　值	相对误差(%)
水平向	4 299 991.42	23 600 000.0	4 299 955.40	36.02
垂直向	223 617.64	400 000.0	223 616.32	1.32

收敛位移	测 线 ①	测 线 ②	测 线 ③	测 线 ④
真值	6.401	1.709	2.340	7.672
反演值	6.401	1.703	2.336	7.673
绝对误差	0.0	0.006	0.004	−0.001
相对误差（5%）	0.0	0.35	0.17	−0.01

误差在允许范围内，从而说明该程序用于横观各向同性弹性反演是可行的。

4. 动态增量反分析与预测分析

下面利用横观各向同性弹性动态增量反分析方法，结合具体隧道工程的施工过程及施工监测，进行隧道动态增量反分析和变形及结构内力预测。

（1）施工过程概述

某高速公路隧道，设计为单向双洞双车道，两洞轴线间距 35m，隧道净宽 10.16m，净高 6.98m，内轮廓为曲墙三心圆拱形。采用新奥法施工，开挖方式为上下台阶法施工，上台阶高度为 4m，上下台阶间距一般为 60m 左右，下台阶超前二次衬砌一般为 60m 左右，但是不同的围岩级别，其具体设计的施工工艺及具体施工参数也不同，分别如下：

①Ⅲ级围岩：上台阶开挖→初期支护（锚喷网）→下台阶开挖→初期支护（锚喷网）→仰拱开挖→仰拱回填→二次衬砌施作。初期支护厚度为 10cm，锚杆为 ϕ22mm，长 3.0m，间距为 100cm×120cm，进尺一般为 2～3m，二次衬砌厚度为 35cm。

②Ⅳ级围岩：上台阶开挖→初期支护（锚喷网）→下台阶开挖→初期支护（锚喷网）→仰拱开挖→仰拱回填→二次衬砌施作。初期支护厚度为 15cm，锚杆为 ϕ22mm，长 3.5m，间距为 100cm×100cm，进尺一般为 2m，二次衬砌厚度为 40cm。但在局部地质条件较差时，采用Ⅳ加型初期支护，锚杆间距为 100cm×100cm。

③Ⅴ级围岩：上台阶开挖→初期支护（锚喷网→立钢格栅→喷混凝土或模喷）→下台阶开挖→初期支护（锚喷网→立钢格栅→喷混凝土或模喷）→仰拱开挖→仰拱回填→二次衬砌施作。初期支护厚度为 20cm，钢格栅间距为 1m，锚杆为 ϕ22mm，长 3.5m，间距为 100cm×80cm，进尺一般为 1～2m，二次衬砌厚度为 60cm。在局部地段采用Ⅴ级加强，钢格栅拱换为工字钢拱架，二次衬砌为钢筋混凝土，初期支护相同。

上述施工参数是该隧道的设计参数，施工中的具体参数根据具体地质条件的变化而变化。其他级别的围岩在该隧道中未遇到，这里不再叙述。下面将根据上述具体的施工工艺及参数进行数值模拟，并进行动态施工增量反演及变形预测。

（2）计算断面与围岩参数

计算断面在 K85+330，为Ⅴ级围岩，初期支护设计为钢格栅拱锚喷挂网，钢格栅间距为 1m，锚杆长度为 3.5m，喷层厚度为 20cm，初期支护采用杆单元模拟。二次衬砌为厚度 60cm 的素混凝土，采用梁单元模拟。仰拱为素混凝土，开挖深度为 154cm，采用填充元模拟，围岩采用等参四节点单元模拟，如图 11-7 所示。

围岩主要为微风化含晶玻屑熔结凝灰岩，主要物理力学性质如下：天然重度为 26.5kN/m³，

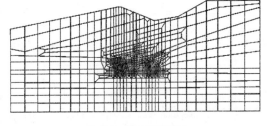

图 11-7　施工模拟网格

饱和重度为26.5kN/m³,自然吸水率为0.23%,极限单轴抗压强度为160.5MPa(干)、110.6MPa(湿),软化系数为0.69,黏聚力为25.0MPa,内摩擦角为35.9°,弹性模量为53.6GPa,泊松比为0.18。

（3）反演计算

采用横观各向同性弹性反演计算,围岩的初始参数分别为:水平向弹性模量53.6GPa,垂直向弹性模量13.5GPa,约为水平向的1/4,剪切模量8.0GPa。其中水平向、垂直向弹性模量需要反演,其余参数设为已知。利用断面K85+330下台阶开挖时的收敛位移进行反演,下台阶开挖时的收敛位移为10.86mm,反演得到围岩弹性模量的等效值,分别为:水平向弹性模量为1873.9×10^{-6}GPa,垂直向弹性模量为378.1×10^{-6}GPa,收敛位移的反演值为10.89mm,如图11-8所示。利用反演得到的弹性模量预测仰拱开挖及相继断面开挖的变形及结构内力。

（4）隧道相继施工阶段的位移预报

①仰拱开挖位移预测

利用反演得到的弹性模量预测仰拱开挖回填结束时的围岩位移及初期支护内力。计算表明,仰拱开挖时围岩的最大收敛位移为6.8mm,实测收敛位移为8.2mm,如图11-9所示。初期支护最大内力为3851.9kPa,锚杆最大轴力为52.81kN。

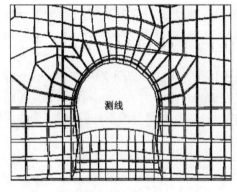

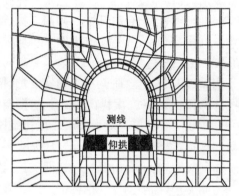

图11-8 收敛位移反演值及下台阶开挖
结束时隧道变形网格

图11-9 仰拱回填结束时围岩收敛位移

②相继断面开挖位移预测

为评价相继开挖面的稳定性,需对相继开挖面的围岩位移及结构内力进行预测预报。K85+350断面围岩级别与K85+330断面基本相同,地表形态也基本相同,因此,利用K85+330断面反演得到的弹性模量计算预测K85+350断面上台阶开挖时的围岩位移及结构内力。

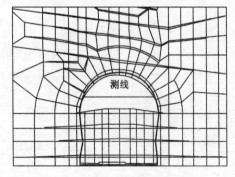

隧道开挖过程中,在监测断面布置测点前,围岩位移已有部分释放。大量的试验和现场监测表明,在开挖面开挖到监测断面时,已有大约35%的变形释放。本例按此计算。

计算表明,K85+350断面上台阶开挖、初期支护完成到下台阶开挖到此断面前的收敛位移为11.34mm,实测为12.03mm,如图11-10所示。下台阶开挖引起的上台阶的收敛位移为4.1mm。下台阶开挖结束时,结构内力如图11-11所示。

图11-10 K85+350断面围岩位移预测值

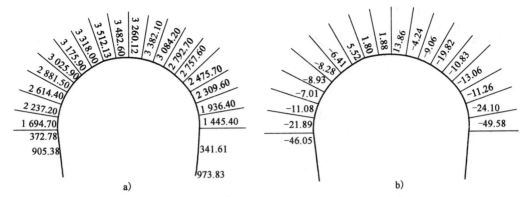

图 11-11 下台阶开挖结束时的结构内力

a)下台阶开挖结束时锚杆轴力(单位:kN);b)下台阶开挖结束时初期支护内力(单位:kPa)

11.3.2 横观各向同性黏弹性模型增量位移反分析

1. 黏弹性模型

岩土介质一般呈层状特征,对于软弱岩体,其流变特征非常明显,特别是在隧洞开挖之后,开挖临空面的存在使得地下水流动对围岩体加速软化而呈时间效应。广义 Kelvin 模型(三元件模型)具有瞬时弹性变形、弹性后效、松弛特性。而且,蠕变过程不是无限变形的,是一种稳定的蠕变模型;松弛过程也不是应力松弛为零的。这些特点较全面地反映出工程中遇到的岩土特性,因此,应用广义 Kelvin 模型进行分析。图 11-12 所示广义 Kelvin 模型由弹性体和黏弹性体(Kelvin 体)串联而成,总应变为:

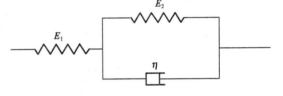

图 11-12 广义 Kelvin 模型

$$\varepsilon = \varepsilon_1 + \varepsilon_2 \tag{11-30}$$

式中:ε_1——弹性应变;

ε_2——黏弹性应变。

对于黏弹性应变部分:

$$\varepsilon_2^{t+\Delta t} = e^{-\frac{E_2}{\eta}\Delta t}\varepsilon_2^t + \frac{1}{E_2}\sigma(1-e^{-\frac{E_2}{\eta}\Delta t}) \tag{11-31}$$

式中:$\varepsilon_2^{t+\Delta t}$——$t+\Delta t$ 时刻黏弹性蠕变应变量;

ε_2^t——t 时刻的黏弹性蠕变应变量。

ε_2 可表达为:

$$\varepsilon_2 = \frac{1}{\eta\dfrac{\mathrm{d}}{\mathrm{d}t} + E_2}\sigma \tag{11-32}$$

复杂应力状态下的应力—应变关系为:

$$\{\varepsilon_2\} = [D]^{-1}\{\sigma\} \tag{11-33}$$

令 $E_v = nE_h$,则弹性矩阵的逆矩阵为:

$$[D]^{-1} = \frac{1}{E_h} \begin{bmatrix} 1 - \mu_{hh}^2 & -\dfrac{\mu_{vh}}{n}(1 + \mu_{hh}) & 0 \\ \dfrac{\mu_{vh}}{n}(1 + \mu_{hh}) & \dfrac{1 - n\mu_{vh}^2}{n} & 0 \\ 0 & 0 & \dfrac{1}{E_h G_{hv}} \end{bmatrix} = \frac{1}{E_h}[A_n] \qquad (11\text{-}34)$$

假定泊松比与时间无关,且 n 不随时间变化,则可得复杂应力状态下的蠕变应变:

$$\{\varepsilon_2\}^{t+\Delta t} = e^{-\frac{E_{2h}}{\eta_h}\Delta t}\{\varepsilon_2\}^t + \frac{1}{E_{2h}}[A_n]\{\sigma\}(1 - e^{-\frac{E_{2h}}{\eta_h}\Delta t}) \qquad (11\text{-}35)$$

2. 施工过程的模拟

在利用横观各向同性黏弹性模型进行数值计算的过程中,准确地对施工过程进行划分和模拟是计算的关键。依据施工阶段,施工过程划分为:初始步(计算初始地应力)→第 1 施工步(开挖 Δt_1)→第 2 施工步(支撑 Δt_2)→第 3 施工步(因故暂停 Δt_3)→第 4 施工步(开挖 Δt_4)→第 5 施工步(支撑 Δt_5)。

每一施工步分为两个增量步,第一个增量步为开挖或支撑等施工过程,第二增量步为流变过程。实际上,开挖和支护都是一个过程,但利用黏弹性模型模拟施工过程时,认为开挖和支护是瞬时完成的,因此,在 Δt_1 和 Δt_2 时间段内就是一个流变过程,属于第二增量步,也可以作为一个增量步,在 Δt_1 和 Δt_2 时间段内进行等时步或不等时步的迭代计算。在施工过程中,因故暂停施工,如第 3 施工步,仍然作为一个施工步进行处理,不过只有流变过程。

在每一个施工步内,时间 Δt 都从零开始计算,因此,在流变过程开始时,$\varepsilon_2 = 0$。

3. 横观各向同性黏弹性有限元分析

岩土体的流变效应不仅与当时的应力水平有关,而且还取决于整个应力历史。因此,采用增量法计算,并以合适的时间步长逐步地进行计算。一般采用时步初应变法描述,即把黏性应变视为可变的初应变,对每一时步叠加上相应的初应变荷载,并逐个时步求解弹性方程,直至趋向稳定为止。初应变为 $\{\varepsilon_2\}$,于是应力为:

$$\{\sigma\} = [D](\{\varepsilon\} - \{\varepsilon_2\}) = [D][B][\delta]^e - [D]\{\varepsilon_2\} \qquad (11\text{-}36)$$

而

$$\{F\}^e = \left[\int_v B\right]^T\{\sigma\}dv = [k]^e\{\delta\}^e - \left[\int_v B\right]^T[D]\{\varepsilon_2\}dv$$

总体平衡方程可表示为 $[K]\{\delta\} = \{R\} + \{F_v\}$,其中 $\{F_v\} = \left[\int_v B\right]^T[D]\{\varepsilon_2\}dv$,为黏性应变引起的等效荷载,$\{\varepsilon_2\}$ 为蠕变应变。

采用常刚度增量迭代法进行计算,有限元方程用增量法可表示为:

$$[K]\{\Delta\delta\} = \{\Delta R\} + \{\Delta F_v\} \qquad (11\text{-}37)$$

$$\{\Delta F_v\} = \sum_e \left[\int_v B\right]^T[D]\{\Delta\varepsilon_2\}dv \qquad (11\text{-}38)$$

式中:$\{\Delta\varepsilon_2\}$——在某一时间间隔 Δt 内的蠕变增量。

$\{\Delta\varepsilon_2\}^{\Delta t} = \{\varepsilon_2\}^{t+\Delta t} - \{\varepsilon_2\}^t$,可解得:

$$\left.\begin{aligned} \{\delta\}_i &= \{\delta\}_{i-1} + \{\Delta\delta\}_{ij} = \sum_{i=1}^L\sum_{j=1}^M\sum_{k=1}^N\{\Delta\delta\}_{ij}^k \\ \{\varepsilon\}_i &= \{\varepsilon\}_{i-1} + \{\Delta\varepsilon\}_{ij} = \sum_{i=1}^L\sum_{j=1}^M\sum_{k=1}^N\{\Delta\varepsilon\}_{ij}^k \\ \{\sigma\}_i &= \{\sigma\}_{i-1} + \{\Delta\sigma\}_{ij} = \{\sigma_0\} + \sum_{i=1}^L\sum_{j=1}^M\sum_{k=1}^N\{\Delta\sigma\}_{ij}^k \end{aligned}\right\} \qquad (11\text{-}39)$$

式中：$\{\delta\}$、$\{\varepsilon\}$、$\{\sigma\}$——分别为位移、应变和应力向量；

$\{\sigma_0\}$——初始地应力；

$\{\Delta\delta\}_{ij}^k$——第 i 开挖步第 j 增量步第 k 迭代步（对于蠕变，为时间步）的应力增量；

L、M、N——分别为施工步、增量步和迭代步总数。

根据以上过程进行循环计算，同时对每一个流变过程进行迭代计算，采用等时步或不等时步，时间步长按照 $t_{k+1} \leqslant \lambda\Delta t_k$ 取值，λ 为常数，经验表明 $\lambda = 1.5$ 是合适的。

4. 施工模拟与增量反分析

隧道施工采用上下台阶法施工，在利用各向同性黏弹性模型进行数值模拟、数值计算的过程中，施工过程划分为：初始步（计算初始地应力）→第一施工步第一增量步（上台阶开挖 Δt_1）→第一施工步第二增量步（上台阶锚喷支护 Δt_2）→第二施工步第一增量步（下台阶开挖 Δt_3）→第二施工步第二增量步（下台阶锚喷支护 Δt_4）→第三施工步（二衬施作 Δt_5）。实际施工过程中，开挖与支撑时间相对较短，认为开挖和支撑是瞬间完成的，在每一个施工步内，时间 Δt 都是从零开始计算的。

隧道施工过程中，监测得到的变形多为开挖后埋设的测点测得的变形值，由于前期的变形已经损失，因此，测量的变形值仅为增量值，利用任意两个施工步或者增量步之间的变形增量进行反演，即为增量反演。

目标函数是评价反演计算优劣的主要指标，同时，又要考虑反演参数对目标函数的灵敏性。根据优化方法的要求，其目标函数也不同。这里仍采用遗传算法进行全局寻优。当采用遗传算法时，为了加快遗传算法的搜索速度，对目标函数进行非线性加速，遗传算法的适应函数取为：

$$\left.\begin{aligned}
\text{fitness} &= \frac{1}{F(X)} \\
F(X) &= \sum_{i=1}^{m}\big[\omega(u_i - \overline{u_i})\big]^2
\end{aligned}\right\} \tag{11-40}$$

式中：$F(X)$——目标函数（X 为待求未知量参数）；

ω——权值，由于量测值一般较小，为了增加反演参数对目标函数的灵敏度，取一个较大的权值；

u_i——有限元位移计算值；

$\overline{u_i}$——位移量测值；

m——测点总数。

11.4 偏压条件下隧洞衬砌荷载反分析法

11.4.1 偏压隧洞的判定及荷载计算

现行《铁路隧道设计规范》(TB 10003)对偏压隧洞形成条件考虑了地形（坡率 n）、地质条件（围岩级别）以及外侧的围岩覆盖厚度 t 值三个因素。同时，该规范给出了在一定的坡率及围岩级别下形成偏压的上限 t 值，该 t 值主要是通过外覆岩土体的承载力检算决定的。钟新樵通过模型试验证实：除了上述三个影响因素外，洞室大小、形状和施工步骤也是不能忽略的影响因素，它们的变化会从岩土体内部应力场重分布来改变外覆土体的承载力，从而影响 t 值的大小。

1.偏压隧洞的成因

所谓偏压隧洞，就是指由于种种原因引起围岩压力呈明显的不均匀性，从而使支护受偏压荷载的隧洞。偏压隧洞的成因主要有以下几个方面：

（1）施工原因。施工方法不当引起开挖断面局部坍塌，从而改变了围岩压力的相对稳定性，造成应力集中而引起隧洞偏压。如处理得当，一般不会影响正常施工。

（2）地质原因。岩层产状倾斜，节理发育，其间又有软弱结构面或滑动面，自稳能力极差，施工中一旦受到扰动，岩体就会沿层理面出现滑动。

（3）地形原因。隧洞傍山，地面显著倾斜，侧压力较大，且隧洞埋深较浅。

2.偏压隧洞的判断

（1）地形引起的偏压。围岩级别、地面坡度和覆盖层厚度是判别隧洞偏压的三个重要因素。当隧洞外侧拱肩至地表面的垂直距离 t 值等于或小于表 11-4 所列数值时，应视为偏压隧洞。一般在Ⅳ级以上围岩中，以地形引起的偏压为主。

（2）地质构造引起的偏压。地质构造常在多裂隙围岩（以Ⅲ～Ⅳ级较为突出）中引起隧洞偏压，其压力分布主要与下列因素有关：

①围岩的工程地质条件及控制性裂隙、节理或层理（统称为弱面）的产状及其与隧洞轴线的组合关系。

②围岩扰动范围。

③控制性弱面的强度以及作用在弱面上的法向力大小等。隧洞一侧受两个倾斜的软弱面（倾角为 α）及一组节理面切割时，会形成不稳定块体。当围岩的内摩擦角 φ 小于弱面倾角 α 时，岩层将沿弱面滑动并产生偏压。

（3）施工原因引起的偏压。开挖不当或支护不及时引起一侧围岩发生局部坍塌，或回填不实造成不稳定土体，人为形成了偏压的地质构造。

拱肩至地表面垂直距离 t 值（单位：m）　　　　　　表 11-4

围岩级别	地面坡度			
	1：1	1：1.5	1：2	1：2.5
Ⅳ（岩体）	5	4	4	—
Ⅳ（土体）	10	8	6	5.5
Ⅴ	18	16	12	10

3.施工阶段偏压荷载的确定

隧洞偏压的产生，不仅仅是由地形和埋深、围岩级别决定的，洞型和施工也会对它产生影响。要对这些因素进行准确评估是很困难的，最佳的途径应是根据隧洞在施工过程中的各种表现（隧洞系统的输出），反演计算作用在隧洞上的各种因素，主要包括荷载和地层参数（隧洞系统的输入）。

根据模型试验结果，可假设作用于衬砌结构上的压力荷载呈抛物线分布模式，如图 11-13 所示。图中，将衬砌左边缘与上边缘的交点（左上角点）定义为 x-y 坐标系的原点 O，且假设 p_i、q_i（$i = 1, 4$）为待求未知量，则垂直和水平分布力

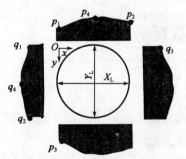

图 11-13　衬砌压力荷载分布模式

$p(x,y)$、$q(x,y)$ 可写成以下形式：

$$p(x,y) = a_0 + a_1 x + a_2 x^2 + a_3 y$$
$$q(x,y) = b_0 + b_1 y + b_2 y^2 + b_3 x \tag{11-41}$$

式中 a_i、$b_i(i=0,3)$ 是与 p_i、q_i 相关的。

用 p_i、q_i 代换 a_i、b_i，上式可变换为：

$$p(x,y) = p_1 + (2d_x - 1)d_x p_{21} + d_x p_{31} + 4(1-d_x)d_x p_{41}$$
$$q(x,y) = q_1 + (2d_y - 1)d_y q_{21} + d_y q_{31} + 4(1-d_y)d_y q_{41} \tag{11-42}$$

其中：
$$d_x = x/X_L$$
$$d_y = y/Y_L$$
$$p_{i1} = p_i - p_1 \quad (i=2,4)$$
$$q_{i1} = q_i - q_1 \quad (i=2,4)$$

式中：X_L、Y_L——分别是结构外缘在 x、y 向的最大尺寸。

这种荷载模式共有 8 个参数，可以模拟各种情况，如均匀分布、线性分布、抛物线分布等。在对反演计算初值没有把握的情况下，可以先进行均匀分布荷载的反演，然后用该反演结果作为抛物线分布荷载反演的初值。

11.4.2 荷载反分析法

采用优化方法不断调整需反演参数的取值，使得正算值与实测值的差异最小，认为这时的参数值就是我们所需要的反演值。由于反演计算过程和正算过程的独立性，这种方法便于编制通用程序，适用的范围更广。反演计算的目标函数一般选择以下形式：

$$J(X) = \sum_{i=1}^{m}(f_i - \overline{f_i})^2 \tag{11-43}$$

式中：f_i——监测量的有限元计算值；

$\overline{f_i}$——实际量测值；

m——测点总数。

J 与 f_i 为待反演计算参数 $X = [x_1, x_2, \cdots, x_n]^T$（$n$ 为待求未知量数）的函数，通过不断优化使得目标函数取得最小值。

本隧洞工程中，由于监测项目较多，既有量值极小的位移，又有量值很大的衬砌内力值和围岩压力值，直接采用上述的目标函数会出现小量被大量吞噬的现象，即目标函数值由大量控制，而小量不起作用。因此，我们对目标函数进行了改造，采取以下形式：

$$J(X) = \sum_{i=1}^{K} \frac{\sum_{i=1}^{m_i}(f_{ij} - \overline{f_{ij}})^2}{\sum_{j=1}^{m_i} \overline{f_{ij}}^2} \tag{11-44}$$

式中：K——监测项目类型数；

m_i——第 j 个监测项目的测点总数；

f_{ij}、$\overline{f_{ij}}$ 含义同上，其下标的意义为第 i 个监测项目的第 j 个测点。

目前有很多反演计算的优化方法，梯度法总是沿着函数值下降的方向寻找最优点，因此开始优化时效率较高。但随着优化的进行，效率开始降低，同时它找到的是局部最优点，而且对目标函数的要求很高（可导性、可显式表示等）。

11.4.3 工程应用实例

1. 工程概况

如图 11-14 所示，某隧洞工程属丘陵地貌，高程为＋50～＋110m，地形呈波状起伏状，进口处坡角约为 20°，出口处坡角约为 37°。隧洞进出口处有 3～8m 残坡积层出露，其余地段为花岗岩及其风化层直接出露，围岩级别为 Ⅴ 类。洞身段以弱—微风化混合花岗岩为主，少部分凝灰岩，局部辉长(绿)岩脉岩侵入，围岩类别为 Ⅲ～Ⅳ 级，其岩性均为硬质岩，质地较完整，致密而坚硬。

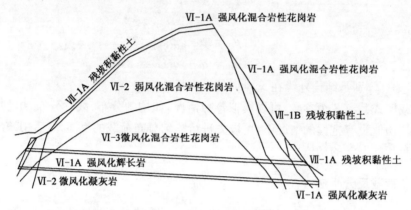

图 11-14　隧洞地质纵剖面图

隧洞结构(图 11-15)按新奥法原理进行设计，采用复合衬砌，形式为不对称双连拱隧洞。由于隧洞所处地形起伏，进出口段埋深较浅，围岩级别较高，可能产生偏压。

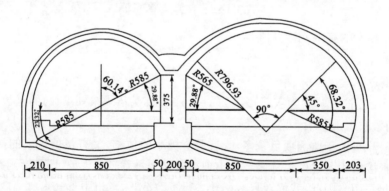

图 11-15　隧洞结构设计图(尺寸单位：cm)

2. 荷载反演计算结果

根据模型试验结果，可假设作用于衬砌结构上的压力荷载呈抛物线分布模式[式(11-41)、式(11-42)]，如图 11-16 所示。反演计算结果如表 11-5 所示。

荷载反分析结果　　　　　　　　　　　　　　　　　　表 11-5

项目	P_1	P_2	P_3	P_4	Q_1	Q_2	Q_3	Q_4
初值(kN/m²)	273	273	273	273	55	55	55	55
反演值(kN/m²)	184	269	314	285	60	55	47.5	81

3.衬砌内力计算

反演计算的目的是获取进行隧洞设计计算的"等效"参数,采用这些参数进行正分析,从而预测隧洞的受力变形等状态。比如,地层参数由于围岩的复杂性,它在空间和时间上都是变化的,之所以能用两个参数来代表,是因为它们对隧洞的作用是等效的。

由上述反分析得到的荷载计算的衬砌弯矩如图 11-16 所示。

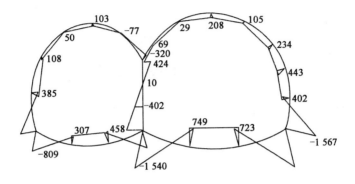

图 11-16 衬砌弯矩图

以上较系统研究了岩石隧洞,尤其是偏压隧洞的围岩压力的确定方法及其结构计算方法,能够在施工过程中对隧洞衬砌结构进行动态分析,及时调整隧洞施工参数,达到最佳的效果。

隧洞偏压的形成与多种因素有关,目前只有地形引起的偏压荷载的计算有明确的计算理论,其他因素的影响很难进行具体定量评估。因此,采用动态信息反馈分析确定偏压荷载就成为极有发展前途的方法。

11.5 岩土体抗剪强度参数反分析法

位移反分析法采用传统优化方法反演初始地应力、弹性模量、泊松比、黏滞系数等参数,已经取得了比较理想的成果,但在反演岩土体抗剪强度参数时,由于位移与抗剪强度参数间敏感性较差,目前未见理想的反算结果。为此,如前所述,尝试运用神经网络、遗传算法等智能优化算法进行反分析法的研究也十分活跃。从目前情况来看,虽然采用智能优化方法反演岩土体强度参数取得了一定的成果,但智能优化方法在计算效率、解的唯一性、准确性和稳定性等方面都还有待进一步探讨。

本节寻求新的途径,试图将复变量求导法、优化方法与岩土弹塑性有限元法结合起来,提出一种适用于岩土体抗剪强度参数的反分析法,通过实测位移反演计算出岩土体的抗剪强度参数。算例结果表明,该方法具有较高的计算精度和搜索效率,是一种值得推广的位移反分析法。在位移反分析中,如何求得灵敏度矩阵是位移反分析的关键,常规的计算偏导数的差分法在函数偏导数急剧振荡处或偏导数在较大区间趋于 0 时(对应响应对参数不敏感的情况),计算精度较差,复变量求导法可以很好地解决一般解析分析无法解决的强非线性和隐函数偏导数计算问题。复变量求导法只需要函数计算,就可以高精度地计算函数偏导数,避免了复杂的求导运算,计算灵敏度高。

11.5.1 参数反分析模型的建立及优化算法

1. 基本反分析模型

设将需要反演的 n 个未知参数表示为向量 $\{X\}$，则可以构造反演计算的目标函数为：

$$F(X) = \sum_{i=1}^{m} R_i^2(X) \tag{11-45}$$

其中：

$$\{X\} = [x_1, x_2, \cdots, x_n]^T$$

式中：　m——测点个数；

$R_i(X)$——第 i 个测点的位移实测值与计算值之差，即残差：

$$R_i(X) = u_i(X) - \bar{u}_i = u_i(x_1, x_2, \cdots, x_n) - \bar{u}_i \tag{11-46}$$

$\bar{u}_i$——（位移、应力）测量值；

u_i——（位移、应力）计算值；

x_1、x_2、$\cdots$、x_n——待求未知参数。

参数反演的过程实际上是寻找一组材料参数 $\{X^*\}$，使得：

$$F(X^*) = \min F(X) \tag{11-47}$$

优化反分析法致力于寻找使计算结果与观测结果之间的误差最小的解答，这类目标一般通过建立目标函数实现。在弹塑性问题的位移反演计算中，当基本未知数多于 3 个时，这类方法可用于在各参数可能的变化范围内找到一组使误差最小的最佳参数。牛顿—拉夫森（Newton-Raphson）迭代法是实现这一目标较为实用的计算方法。

2. 牛顿—拉夫森迭代法

考虑第 i 个测点的位移实测值与计算值之差为：

$$R_i = u_i(x_1, x_2, \cdots, x_n) - \bar{u}_i \quad (i = 1, m)$$

将上式在任一点 X_0 附近用泰勒（Taylor）展开至二阶项，有：

$$R_i(X) = R_i(X_0) + \sum_{j=1}^{n} \frac{\partial R_i(X)}{\partial x_j} \Big|_{X=X_0} (X - X_0) = R_i(X_0) - \sum_{j=1}^{n} \frac{\partial u_i(X)}{\partial x_j} \Big|_{X=X_0} \Delta x_j \tag{11-48}$$

上式即为一次迭代计算公式。对于第 $k+1$ 次迭代，同样使用泰勒级数展开式：

$$R_i^{k+1}(X) = R_i^k(X_k) + \sum_{j=1}^{n} \frac{\partial R_i}{\partial x_j} \Delta x_j = R_i^k(X_k) - \sum_{j=1}^{n} \frac{\partial u_i}{\partial x_j} \Delta x_j = 0 \tag{11-49}$$

假设经 k 次迭代后，残差为 0，即：

$$R_i^k(X_k) - \sum_{j=1}^{n} \frac{\partial u_i}{\partial x_j} \Delta x_j = 0$$

$$\sum_{j=1}^{n} \frac{\partial u_i}{\partial x_j} \Delta x_j = R_i^k(X_k) \tag{11-50}$$

采用矩阵形式：

$$\left[\frac{\partial u}{\partial x} \right] \{\Delta x\} = \{R\} \tag{11-51}$$

建立求解方程组：

$$\left[\frac{\partial u}{\partial x} \right]^T \left[\frac{\partial u}{\partial x} \right] \{\Delta x\} = \left[\frac{\partial u}{\partial x} \right]^T \{R\} \tag{11-52}$$

式中：$\left[\frac{\partial u}{\partial x} \right]$——灵敏度矩阵，可以用下式表示：

$$\left[\frac{\partial u}{\partial x}\right] = \begin{bmatrix} \dfrac{\partial u_1(x)}{\partial x_1}, & \dfrac{\partial u_1(x)}{\partial x_2}, & \cdots, & \dfrac{\partial u_1(x)}{\partial x_n} \\[2mm] \dfrac{\partial u_2(x)}{\partial x_1}, & \dfrac{\partial u_2(x)}{\partial x_2}, & \cdots, & \dfrac{\partial u_2(x)}{\partial x_n} \\[2mm] \cdots & \cdots & \cdots & \cdots \\[2mm] \dfrac{\partial u_m(x)}{\partial x_1}, & \dfrac{\partial u_m(x)}{\partial x_2}, & \cdots, & \dfrac{\partial u_m(x)}{\partial x_n} \end{bmatrix} \tag{11-53}$$

由式(11-45)～式(11-53)解出$\{\Delta x\}$,即可完成变量更新:

$$x_i^{k+1} = x_i^k + \Delta x_i \tag{11-54}$$

以此新点为出发点,重复上述过程,直到求得满足要求的解。该迭代过程的难点在于$\left[\dfrac{\partial u}{\partial x}\right]$的求解,特别是当函数较为复杂时,计算将难以进行。引入复变量求导法(CVDM)求任一函数的导数,能很好地解决此问题。

11.5.2 复变量求导法(CVDM)

复变量求导法(Complex-Variable-Differentiation Method,简称CVDM)由Lyness和Moler在1967年首次提出,Martins等将该法应用于解决航天飞行结构问题,最近Gao XW等将该技术引入边界元法计算位移梯度问题,刘明维等、谭万鹏等分别将该方法用于反演岩土强度参数和蠕变参数。该方法求导只需要函数计算,避免了复杂的求导运算,并且解决问题时灵敏度高,在航天、机械、土木工程等领域的优化计算中具有广泛的应用前景。本节将其应用于位移反分析,反演岩土体强度参数及结构面抗剪强度参数,具有很高的精度。

1. 复变量求导法(CVDM)基本原理

对于任一具有实变量x的实函数$f(x)$,将实变量x施加一个很小的虚部h(通常$h=10^{-30}$),即用复数表示为$x+ih$,对于非常小的$f(x+ih)$,可以按泰勒级数展开为:

$$f(x+ih) = f(x) + ih\frac{\mathrm{d}f}{\mathrm{d}x} - \frac{h^2}{2}\frac{\mathrm{d}^2 f}{\mathrm{d}x^2} - i\frac{h^3}{6}\frac{\mathrm{d}^3 f}{\mathrm{d}x^3} + \frac{h^4}{24}\frac{\mathrm{d}^4 f}{\mathrm{d}x^4} + \cdots \tag{11-55}$$

式(11-55)的一阶导数和二阶导数可以表示为:

$$\frac{\mathrm{d}f}{\mathrm{d}x} = \frac{\mathrm{Im}(f(x+ih))}{h} + 0(h^2) \tag{11-56}$$

$$\frac{\mathrm{d}^2 f}{\mathrm{d}x^2} = \frac{2[f(x) - \mathrm{Re}(f(x+ih))]}{h^2} + 0(h^2) \tag{11-57}$$

式中:Im、Re——分别为取$f(x+ih)$的虚部和实部。

由式(11-56)、式(11-57)可知,函数的导数仅仅通过函数计算即可求得,避免了复杂的求导运算,特别是对于那些函数非常复杂、求导特别困难的问题,该方法更具优点,而且利用该方法能借用有限元正分析程序进行反演计算。

2. 复变量求导法(CVDM)算例

[例11-1] 函数$f(x,y,z) = x^3 y + x^2 yz + xz$

$$\frac{\partial f(x,y,z)}{\partial x} = 3x^2 y + 2xyz + z$$

采用CVDM法计算如下:

$$f(x+Ih,y,z) = (x+Ih)^3 y + (x+Ih)^2 yz + (x+Ih)z$$
$$= [(x^3 - 3xh^2)y + (x^2 - h^2)yz + xz] + [(3x^2 - h^2)y + 2xy + z]hI$$

CVDM 结果：

$$\frac{\mathrm{Im}(f(x+Ih,y,z))}{h}=(3x^2-h^2)y+2xy+z, \text{其中 } h \text{ 是微小量（通常 } h=10^{-30}\text{）}$$

故

$$\frac{\mathrm{Im}(f(x+Ih,y,z))}{h}=3x^2y+2xyz+z$$

[例 11-2]　函数 $f(x,y,z)=x\mathrm{e}^{xz}+\cos x+\dfrac{1}{y}x$

$$\frac{\partial f(x,y,z)}{\partial x}=(1+xz)\mathrm{e}^{xz}-\sin x+\frac{1}{y}$$

采用 CVDM 法计算如下：

$$f(x+Ih,y,z)=(x+Ih)\mathrm{e}^{(x+Ih)z}+\cos(x+Ih)+\frac{1}{y}(x+Ih)$$

$$=\left[(x\mathrm{cos}zh-h\mathrm{sin}zh)\mathrm{e}^{xz}+\cos x \cdot \mathrm{ch}h+\frac{x}{y}\right]+$$

$$\left[(x\mathrm{sin}zh+h\mathrm{cos}zh)\mathrm{e}^{xz}-\sin x \cdot \mathrm{sh}h+\frac{1}{y}h\right]I$$

其中：

$$\mathrm{ch}h=\frac{1}{2}(\mathrm{e}^h+\mathrm{e}^{-h})$$

$$\mathrm{sh}h=\frac{1}{2}(\mathrm{e}^h-\mathrm{e}^{-h})$$

CVDM 结果：

$$\frac{\mathrm{Im}(f(x+Ih,y,z))}{h}=\left[(x\mathrm{sin}zh+h\mathrm{cos}zh)\mathrm{e}^{xz}-\sin x \cdot \mathrm{sh}h+\frac{1}{y}h\right]/h$$

$$=(1+xz)\mathrm{e}^{xz}-\sin x+\frac{1}{y}$$

复变量求导法易于通过程序实现，如算例 11-2 可通过以下程序实现：

```
COMPLEX XV,FUNC
     DATA X,Y,Z,H/1. ,2. ,3. ,1. E-5/
     XV=CMPLX(X,H)
     DFDX=AIMAG(FUNC(XV,Y,Z))/H
     WRITE( * , * ) DFDX
     STOP
     END
     FUNCTION FUNC(X,Y,Z)
     COMPLEX X,FUNC
     FUNC= X * CEXP(X * Z)+CCOS(X)+X/Y
     END
```

由上述程序即可方便求出点 $(1,2,3)$ 处的导数值为 80.000 68。

复变量求导法（CVDM）比有限差分计算精度更高，特别是在步长很小（一般 $h<10^{-10}$）的情况下，有限差分可能无法计算，而复变量求导法却能得出准确的结果。

11.5.3　基于复变量求导法（CVDM）反演岩土物理力学参数

1. 基本思路

本节将根据上述思想和实现方法，提出基于复变量求导法（CVDM）反演岩土物理力学参数的方法。该方法通过弹塑性有限元法,在给定初始参数的情况下,求取岩土体待求测点的位移(复数形式),基于复变量求导思想,即可以计算灵敏度矩阵 $\left[\dfrac{\partial u}{\partial x}\right]$,然后采用牛顿—拉夫森迭代优化方法,完成变量更新,重新计算,直至最终得到符合要求的解。本方法是弹塑性有限元法、复变量求导法和优化计算方法三者的结合。利用弹塑性有限元法正演计算测点处位移,采用复变量求导法求解位移参量对各待求物理力学参数的偏导数,即求取灵敏度矩阵,采用牛顿—拉夫森迭代法完成变量更新和搜索最优解。

2.基本程序结构框图与程序实现

基本程序结构框图如图 11-17 所示。本文在 Owen D. R. J. 和 Hinton E. (1980)的有限元程序基础上,采用 FORTRAN 90 程序设计语言,加入了复变量求导方法和反分析思想,完成了基于复变量求导法(CVDM)反演岩土物理力学参数程序的编制。程序实现时,有以下三个特点:

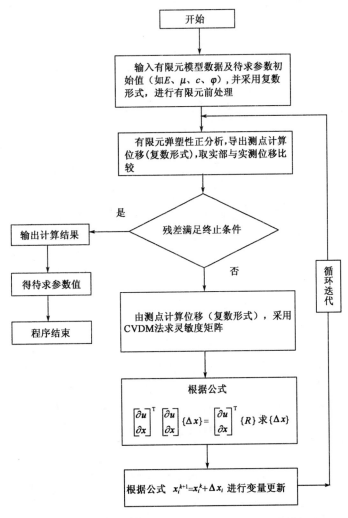

图 11-17　复变量求导法(CVDM)反演岩土物理力学参数流程

(1)待求变量 x_i 在输入数据时采用复数形式,即 x_i+ih,其中 $h=1.0\times10^{-15}\sim1.0\times10^{-20}$。

(2)有限元计算出的测点处位移值也为复数形式,该位移的实部为测点处位移,而虚部正好用于计算灵敏度矩阵$\left[\dfrac{\partial u}{\partial x}\right]$。

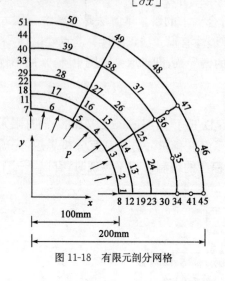

图 11-18 有限元剖分网格

(3)反演计算是否满足要求,可以通过实测位移与计算位移的残差判断,采用$\sum\limits_{i=1}^{m}R_i^2(X)<1.0\times10^{-10}$作为终止条件。

3.岩土体强度参数反分析算例

(1)计算模型及参数

一厚圆柱筒,沿轴向为平面应变状态,承受逐渐增加内压。压力$P=20MPa/m$,其基本物理力学参数理论值设定为:弹性模量$E=21.0GPa$,泊松比$\mu=0.3$,黏聚力$c=26.5MPa$,内摩擦角$\varphi=31°$。问题的有限元剖分网格如图 11-18 所示,测点为图中网格节点 45、46、47、48、49、50、51,共 7 个点。通过测点位移,反算其物理力学参数E、μ、c、φ。

为了研究基于复变量求导法(CVDM)反演岩土物理力学参数方法,以有限元计算得到的测点处理论计算位移值作为实际量测值,测点处的位移值如表 11-6 所示。

测点位移(理论值)　　　　表 11-6

测点号	45	46	47	48	49	50	51
x 向位移(mm)	0.122 143	0.117 962	0.105 781	0.086 355 9	0.061 072 2	0.031 607 6	0.0
y 向位移(mm)	0.0	0.031 607 5	0.061 072 1	0.086 356	0.105 782	0.117 962	0.122 144

首先确定每个参数的范围,弹性模量$E=15.0\sim27.0GPa$;泊松比$\mu=0.15\sim0.45$;黏聚力$c=20.5\sim32.5MPa$;内摩擦角$\varphi=12°\sim45°$。程序反演计算的终止条件为残差$\sum R_i^2(X)<10^{-10}$。

为了检验本方法反演计算岩土体材料物理力学参数的有效性,以下分别进行单变量和双变量的反演计算。

(2)单变量反演计算

①弹性模量E

在已知μ、c、φ的前提下,反算弹性模量E值。分别给定两个初始值,$E_0=15.0GPa$和$E_0=27.0GPa$。经反演计算,结果如表 11-7 及图 11-20、图 11-21 所示。由表 11-7 及图 11-19、图 11-20 可以看出,经过 5 次迭代计算,程序即可优化反演出弹性模量$E=21.0GPa$,此时残差小于1.0×10^{-10}。说明本方法在反演弹性模量时的精确度和效率都非常高。

弹性模量 E 反演计算结果　　　　表 11-7

初始值 ($\times10^{-3}GPa$)	迭代次数	反演计算值 ($\times10^{-3}GPa$)	残差$\sum\limits_{i=1}^{m}R_i^2(X)$	初始值 ($\times10^{-3}GPa$)	迭代次数	反演计算值 ($\times10^{-3}GPa$)	残差$\sum\limits_{i=1}^{m}R_i^2(X)$
	1	15 000.0	1.67×10^{-2}		1	27 000.00	5.16×10^{-3}
	2	19 285.71	8.25×10^{-4}		2	19 285.71	8.25×10^{-4}
15 000	3	20 860.06	4.70×10^{-6}	27 000	3	20 860.06	4.70×10^{-6}
	4	20 999.06	2.11×10^{-10}		4	20 999.06	2.11×10^{-10}
	5	21 000.00	1.06×10^{-12}		5	21 000.00	1.06×10^{-12}

注:弹性模量 E 的理论值为 21.0GPa。

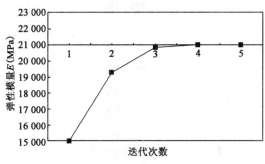

图 11-19 迭代次数与弹性模量 E 的关系（$E_0=15.0$GPa）

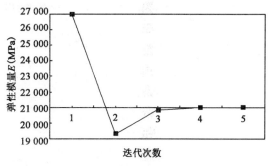

图 11-20 迭代次数与弹性模量 E 的关系（$E_0=27.0$GPa）

②泊松比 μ

在已知 E、c、φ 的前提下，反算泊松比 μ 值。分别给定两个初始值，$\mu_0=0.15$ 和 $\mu_0=0.45$。经反演计算，结果如表 11-8 及图 11-21、图 11-22 所示。可以看出，初始值 $\mu_0=0.15$ 时，经过 5 次迭代计算，程序即可优化反演出泊松比 $\mu=0.300\ 007\ 7$，此时残差为 5.60×10^{-12}；当初始值 $\mu_0=0.45$ 时，仅需 3 次迭代，即可反演出泊松比 $\mu=0.299\ 956\ 4$，此时残差为 8.71×10^{-11}。说明本方法在反演泊松比时非常有效，效率特别高。

泊松比 μ 反演计算结果 表 11-8

初始值	迭代次数	反算值	残差 $\sum_{i=1}^{m}R_i^2(X)$	初始值	迭代次数	反算值	残差 $\sum_{i=1}^{m}R_i^2(X)$
0.15	1	0.15	5.74×10^{-4}	0.45	1	0.45	1.60×10^{-3}
	2	0.390 837 3	4.96×10^{-4}		2	0.321 720 2	2.30×10^{-5}
	3	0.308 076 7	3.04×10^{-6}		3	0.299 956 4	8.71×10^{-11}
	4	0.299 792 3	1.95×10^{-9}		4	—	—
	5	0.300 007 7	5.60×10^{-12}		5	—	—

注：泊松比 μ 的理论值为 0.3。

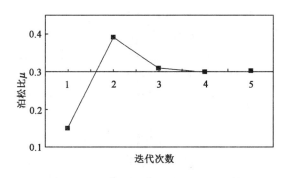

图 11-21 迭代次数与泊松比 μ 的关系（$\mu_0=0.15$）

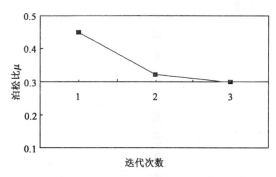

图 11-22 迭代次数与泊松比 μ 的关系（$\mu_0=0.45$）

③黏聚力 c

在已知 E、μ、φ 的前提下，反算黏聚力 c 值。分别给定两个初始值，$c_0=20.5$MPa 和 $c_0=32.5$MPa。经反演计算，结果如表 11-9 及图 11-23、图 11-24 所示。

可以看出，初始值 $c_0=20.5$MPa 时，经过 6 次迭代计算，程序即可优化反演出黏聚力 $c=26.499\ 92$MPa，此时残差为 1.33×10^{-12}；当初始值 $c_0=32.5$MPa 时，仅需 5 次迭代，即可反演出黏聚力 $c=26.499\ 82$MPa，此时残差为 2.08×10^{-12}。说明本方法在反演黏聚力 c 时也具有较高的精度和搜索效率。

初始值 (MPa)	迭代次数	反算值 (MPa)	残差 $\sum\limits_{i=1}^{m} R_i^2(X)$	初始值 (MPa)	迭代次数	反算值 (MPa)	残差 $\sum\limits_{i=1}^{m} R_i^2(X)$
	1	20.5	1.16×10^{-2}		1	32.5	2.92×10^{-4}
	2	22.2404	2.00×10^{-3}		2	24.36332	2.79×10^{-4}
20.5	3	23.71047	5.15×10^{-4}	32.5	3	26.15005	3.07×10^{-6}
	4	26.12087	3.60×10^{-10}		4	26.49061	2.21×10^{-9}
	5	26.49399	9.04×10^{-10}		5	26.49982	2.08×10^{-12}
	6	26.49992	1.33×10^{-12}		6	—	—

注：黏聚力 c 的理论值为 26.5MPa。

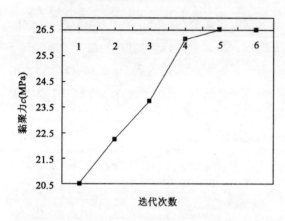

图 11-23 迭代次数与黏聚力 c 的关系（$c_0=20.5$MPa）　　图 11-24 迭代次数与黏聚力 c 的关系（$c_0=32.5$MPa）

④内摩擦角 φ

在已知 E、μ、c 的前提下，反算内摩擦角 φ 值。分别给定两个初始值，$\varphi_0=21.0°$ 和 $\varphi_0=41.0°$。经反演计算，结果如表 11-10 及图 11-25、图 11-26 所示。

内摩擦角 φ 反演计算结果 表 11-10

初始值 (°)	迭代次数	反算值 (°)	残差 $\sum\limits_{i=1}^{m} R_i^2(X)$	初始值 (°)	迭代次数	反算值 (°)	残差 $\sum\limits_{i=1}^{m} R_i^2(X)$
	1	21.0	1.29×10^{-4}		1	41.0	1.41×10^{-3}
	2	37.88512	4.14×10^{-4}		2	34.41551	7.61×10^{-5}
21.0	3	31.93588	2.75×10^{-6}	41.0	3	31.87882	2.42×10^{-6}
	4	31.0158	7.82×10^{-10}		4	31.02048	1.32×10^{-9}
	5	31.00031	1.37×10^{-12}		5	31.00032	1.51×10^{-12}

注：内摩擦角 φ 的理论值为 31.0°。

可以看出，初始值 $\varphi_0=21.0°$ 时，经过 5 次迭代计算，程序即可优化反演出内摩擦角 $\varphi=31.00031°$，此时残差为 1.37×10^{-12}；当初始值 $\varphi_0=41.0°$ 时，经过 5 次迭代，反演出内摩擦角 $\varphi=31.00032°$，此时残差为 1.51×10^{-12}。说明本方法在反演内摩擦角 φ 时也同样保持高精度和高效率。

从分别反演材料的 E、μ、c、φ 可见，本方法在反演计算时都具有较高的精度和搜索效率，是反演单变量的有效方法。

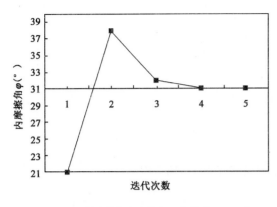

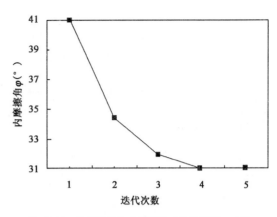

图 11-25 迭代次数与内摩擦角 φ 的关系 $(\varphi_0 = 21°)$　　图 11-26 迭代次数与内摩擦角 φ 的关系 $(\varphi_0 = 41°)$

（3）双变量反演计算

在已知 E、μ 的前提下，反算黏聚力 c 和内摩擦角 φ 值。本算例分别给定两组初始值，$c_0 = 23.0\text{MPa}$、$\varphi_0 = 12.0°$ 以及 $c_0 = 29.0\text{MPa}$、$\varphi_0 = 45.0°$。

经反演计算，结果如表 11-11、表 11-12 及图 11-27、图 11-28 所示。可以看出，当初始值 $c_0 = 23.0\text{MPa}$、$\varphi_0 = 12.0°$ 时，经过 7 次迭代计算，程序即可优化反演出 $c = 26.499\ 9\text{MPa}$、$\varphi = 30.999\ 7°$，此时残差为 3.61×10^{-12}；当初始值 $c_0 = 29.0\text{MPa}$、$\varphi_0 = 45.0°$ 时，经过 8 次迭代计算，程序即可优化反演出 $c = 26.500\ 3\text{MPa}$、$\varphi = 31.000\ 7°$，此时残差为 2.61×10^{-12}。说明本方法在进行黏聚力 c、内摩擦角 φ 值双变量反演时也具有较高的计算精度和计算效率。

黏聚力 c、内摩擦角 φ 同时反演计算结果（1）　　　表 11-11

初　始　值	迭 代 次 数	反算值 $c(\text{MPa})$	反算值 $\varphi(°)$	残差 $\sum\limits_{i=1}^{m} R_i^2(X)$
23.0MPa(c_0) 12.0°(φ_0)	1	23.0	12.0	4.46×10^{-5}
	2	24.327 8	35.276 3	7.51×10^{-6}
	3	26.136 7	35.772 1	8.44×10^{-7}
	4	27.361 4	33.983 2	1.62×10^{-8}
	5	26.821 1	32.103 2	8.51×10^{-9}
	6	26.420 3	30.866 4	1.01×10^{-10}
	7	26.499 9	30.999 7	3.61×10^{-12}

注：黏聚力 c 的理论值为 26.5MPa，内摩擦角 φ 的理论值为 31.0°。

黏聚力 c、内摩擦角 φ 同时反演计算结果（2）　　　表 11-12

初　始　值	迭 代 次 数	反算值 $c(\text{MPa})$	反算值 $\varphi(°)$	残差 $\sum\limits_{i=1}^{m} R_i^2(X)$
29.0MPa(c_0) 45.0°(φ_0)	1	29.0	45.0	1.08×10^{-3}
	2	33.636 1	51.324 7	7.71×10^{-5}
	3	32.135 6	43.521 3	3.54×10^{-6}
	4	27.017 8	38.225 1	1.32×10^{-7}
	5	26.821 1	34.987 2	7.51×10^{-8}
	6	26.552 2	31.664	6.71×10^{-9}
	7	26.507 2	31.321 6	3.81×10^{-10}
	8	26.500 3	31.000 7	2.61×10^{-12}

注：黏聚力 c 的理论值为 26.5MPa，内摩擦角 φ 的理论值为 31.0°。

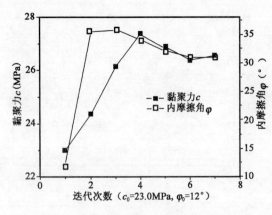
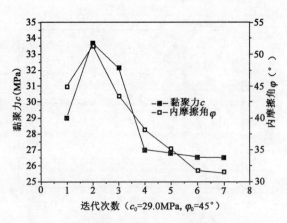

图 11-27　迭代次数与黏聚力 c、内摩擦角 φ 的关系　　　图 11-28　迭代次数与黏聚力 c、内摩擦角 φ 的关系

最后对基于复变量求导法(CVDM)反演岩土物理力学参数的方法要点归纳如下：

(1)基于复变量求导法(CVDM)反演岩土物理力学参数的方法，通过弹塑性有限元法，在给定初始参数的情况下，求取岩土体待求测点的位移(复数形式)，基于复变量求导思想，求解位移参量对各待求物理力学参数的偏导数，即可以计算灵敏度矩阵 $\left[\dfrac{\partial u}{\partial x}\right]$，采用牛顿—拉夫森迭代优化方法，完成变量更新，重新计算，直至最终得到符合要求的解。

(2)在欧文(Owen D. R. J.)和希顿(Hinton E.)1980 年版本的有限元程序基础上，采用FORTRAN 90 程序设计语言，加入了复变量求导方法和反分析思想，完成基于复变量求导法(CVDM)反演岩土物理力学参数程序的编制。

(3)通过算例研究了基于复变量求导法反演岩土物理力学参数方法的可行性。该方法在分别反演弹性模量 E、泊松比 μ、黏聚力 c、内摩擦角 φ 时，能在很少的迭代步骤内(4~6 步)获得满足精度的解，具有较高的计算精度和搜索效率。即使初始值范围在很大范围内变化，也可以快速优化出最优值。双变量(黏聚力 c、内摩擦角 φ)反演结果也说明该方法对岩土体抗剪强度参数反演的有效性，克服了抗剪强度参数黏聚力 c、内摩擦角 φ 对位移敏感性差的缺点。

参 考 文 献

［1］夏才初,李永盛.地下工程测试理论与检测技术[M].上海:同济大学出版社,1999.

［2］朱合华,叶斌.饱水条件下隧道围岩蠕变力学性质的试验研究[J].岩石力学与工程学报,2002,21(12):1791-1796.

［3］朱合华,陈清军,杨林德.边界元法及其在岩土工程中的应用[M].上海:同济大学出版社,1997.

［4］刘学增,苏京伟.粘弹性动态增量反演分析在隧道施工中的应用[J].同济大学学报,2009,10(37):1308-1312.

［5］刘学增,朱合华.考虑动态施工过程的岩土介质横观各向同性粘弹性反分析及其工程应用[J].岩土工程学报,2002,24(1):89-92.

［6］邝宏柱,刘学增.层状地层横观各向同性粘弹性优化反分析[J].地下空间与工程学报,2006,2(1):112-114.

［7］朱合华,吴江斌.高速公路隧道施工中粘弹性变形的有限元分析[J].同济大学学报,2002,

30(1):18-22.

[8] 朱合华,张晨明,王建秀,等.龙山双连拱隧道动态位移反分析与预测[J].岩石力学与工程学报,2011,30(1):67-73.

[9] 姜勇,朱合华.岩石偏压隧道动态分析及相关研究[J].地下空间,2004,24(3):312-314.

[10] 朱合华,姜勇,崔茂玉,等.复杂地质条件下隧道信息化施工综合技术研究[J].岩石力学与工程学报,2002,21(2):2548-2553.

[11] Kavanagh K T, Clough R W. Finite element application in the characterization of elastic solids[J]. Int. J. Solids structure, 1972, 7: 11-23.

[12] Kirsten H A D. Determination of rock mass elastic moduli by back analysis of deformation measurement[C]//In: Proc. Symp. on Exploration for Rock. Eng. Johannesburg, 1976: 1154-1160.

[13] Gioda G. Indirect identification of the average elastic characterization of rock masses[C]//In: Proc Int. Conf. on Structural Foundation on Rock. Sydney, 1980, 1: 65-73.

[14] Maier G, Gioda G. Optimization methods for parametric identification of geotechnical system[C]//In: Maitins J. Bed. Num. Methods in Geom. Boston, 1980: 431-436.

[15] Gioda G, Maier G. Direct search solution of an inverse problem in elastic-plasticity, identification of cohesion, friction angle and in-situ stress by pressure tunnel tests[J]. Int. J. Num. Methods ni Eng, 1980, 15: 1823-1834.

[16] Gioda G, Pandolfi A, Cividini A. A comparative evaluation of some back analysis algorithms and their application to in-situ load tests[C]//In: Proc. 2nd Int. Symp. on field Measurement in Geom, 1987: 1131-1144.

[17] Arai R. An inverse problems approach to the prediction of Multi-dimension consolidation behavior[J]. Soil and Foundation, 1984, 24(1): 95-108.

[18] Kovari K, et al. Integrated measuring technique for rock oresure determination[C]//In: Proc. Int. Conf. on Field Measurements in Rock Mechnanicss. Zurich, 1977, 1: 533-538.

[19] Sakurai S, Abe S. A design approach to dimensioning underground opening[C]//In: Proc. 3rd Int. Conf. Numerical Methods in Geomechanics. Aachen, 1979: 649-661.

[20] 杨志法,张连弟.用优选法进行非线性问题位移反分析原理和方法[M]//工程地质力学研究.北京:科学出版社,1985:43-49.

[21] 朱合华,丁文其,李晓军.同济曙光岩土及地下工程设计与施工分析软件说明[R].上海:同济大学,1997.

[22] 潘别桐,黄润秋.工程地质数值法[M].北京:地质出版社,1994.

[23] 刘勇,康立山,陈毓屏.非数值并行算法——遗传算法[M].北京:科学出版社,1995.

[24] 潘正君,康立山,陈毓屏.演化算法[M].北京:清华大学出版社,1998.

[25] Szczerbicka H, Syrjakow M, Becker M. Genetic algorithms: A tool for modelling, simulation, and optimization of complex systems[J]. Cybernetics and Systems, 1998, 29(7): 639-659.

[26] 孙钧,朱合华.软弱围岩隧洞施工力学性态的力学模拟与分析[J].岩土力学,1994,15(4):20-33.

[27] 蒋树屏,刘洪洲.大跨度扁坦隧道动态施工的相似模拟与数值分析研究[J].岩石力学与工程学报,2000,19(5):567-572.

[28] 朱合华,刘学增.仰拱施工工序对隧道变形及结构内力的影响分析[C]//第六届全国岩石力学与工程会议论文.武汉,2000(10).

[29] 杨林德,冯紫良,朱合华,等.岩土工程问题的反演理论与工程实践[M].北京:科学出版社,1995.

[30] 杨林德.初始地应力及E值反演计算的边界单元法[C]//第一届全国边界元会议论文集.北京:中国岩石力学与工程学会,1985:37-49.

[31] 郑颖人.弹塑性问题反演计算的边界元法[C]//中国土木工程学会第三届年会论文集.北京:中国土木工程学会,1986:92-102.

[32] 孙钧,黄伟.岩石力学参数弹塑性反面问题的优化方法[J].岩石力学与工程学报,1992,11(3):221-229.

[33] Gao X W, Liu D D, Chen P C. Internal stresses in inelastic BEM using complex-variable differentiation[J]. Computational Mechanics,2002,28:40-46.

[34] 欧文 D R J,幸顿 E.塑性力学有限元理论与应用[M].北京:兵器工业出版社,1989.

[35] 刘明维,郑颖人,张玉芳.一种基于复变量求导法的岩土体抗剪强度参数反演新方法[J].计算力学学报,2009,8(6):676-683.

[36] 谭万鹏,郑颖人.岩质边坡弹粘塑性计算参数位移反分析研究[J].岩石力学与工程学报,2010,29(S1):2988-2993.

第12章 适用于地下工程分析的软件介绍
DISHI'ERZHANG

本章简要介绍几种适用于地下工程分析的软件：ANSYS、FLAC、ABAQUS、PLAXIS、同济曙光（GeoFBA）。

12.1 ANSYS

12.1.1 ANSYS软件简介

ANSYS软件是较为通用有效的商用有限元软件之一，从20世纪70年代诞生至今，经过40多年的发展，已经成为功能丰富强大、用户界面友好、前后处理和图形功能完备的高效有限元软件系统。它拥有丰富和完善的单元库、材料模型库和求解器，能够高效求解各类结构静力、动力、振动、线性和非线性问题；用户界面友好和程序结构简单，易学易用；完全交互式的前后处理和图形软件，大大减轻了工程技术人员创建工程模型、生成有限元模型以及分析、评价计算结果的工作量；可以和多种CAD软件有效连接，可以轻松地把复杂的工程结构体的CAD设计图形输入到ANSYS中加以有限元分析。

岩土介质的力学性质非常复杂，影响其应力和变形的因素很多，例如岩土结构、孔隙、应力历史、荷载特征、孔隙水及时间效应等，ANSYS可以很好地模拟岩土的力学性能，包括对断层、夹层、节理、裂隙和褶皱等地质情况的模拟；ANSYS可以考虑非线性应力—应变关系及分期施工过程，能较好地反映实际情况；用ANSYS可以分析各类岩土工程的应力、变形与稳定性。

地下洞室、厂房、隧道在开挖前，岩体中的每个点均受到天然应力的作用而处于平衡状态。开挖后，周围岩体失去了原有岩体的支撑，破坏了原有的受力平衡状态，围岩就要向洞内空间变形，这样就改变了邻近岩体质点的相对平衡关系，引起了围岩应力的重分布。ANSYS提供用来模拟地下开挖过程的"生/死（Birth/Death）"单元，可以方便地进行岩体开挖和锚杆支护过程仿真及优化开挖顺序、岩土填筑过程仿真。利用ANSYS还可以模拟不同施工条件、不同开挖顺序下,隧洞边墙及底板的回弹、错动等过程。

12.1.2 岩土弹塑性模型

金属材料 Von-Mises 屈服准则不适用于岩土材料。在岩土力学中,常用的屈服准则有 M-C 屈服准则和 D-P 屈服准则。ANSYS 中使用的为 D-P 屈服准则中的外角圆(DP1)屈服准则。如第 13 章中所述,对于平面问题可采用 DP4 和 DP5 屈服准则,对于空间问题可采用 DP3 屈服准则,因而使用 ANSYS 软件 D-P 屈服准则时必须按照第 13 章中所述方法对准则进行转换,才能得出合理计算结果。ANSYS 软件没有 M-C 屈服准则,这是该软件的不足之处。

ANSYS 中设定 D-P 屈服准则需要输入 3 个参数:黏聚力 c,内摩擦角 φ,剪胀角 ψ,其中剪胀角 ψ 是用来控制体积膨胀大小的。在岩土工程中,一般密实的砂土、超强固结土和岩石在发生剪切的时候会出现体积膨胀;中密砂土或弱超固结土,也会发生一定剪切膨胀;松砂和正常固结土只有体积压缩,但体积膨胀和压缩量值都不大。所以在使用 D-P 屈服准则时,对于一般的岩土,剪胀角 ψ 设置为 0°或 $\varphi/4$。

12.1.3 ANSYS 路径运算

路径运算(path operation),是基于插值运算的一种后处理技术。用户可以设定路径,将关心的结果映射到该路径上,然后沿该路径进行一些数学运算,从而得到有用的结果。可以同时定义多个路径,一条路径上的结果实际上就是一列数据,多个路径形成一个矩阵,可以进行各种矩阵运算。用户还能以图形、列表或文件的方式观察或保存结果项沿路径的分布情况。路径运算就像一把多变的尺子,能随意地显示和度量模型中某些位置的结果。边坡抗滑桩上推力计算与隧洞衬砌上围岩压力计算均可通过路径运算功能求得。

路径的定义包括指定路径环境和定义路径。路径环境是路径所处的坐标系统,它规定路径点的选取方式和坐标值,对应命令是 CSYS。在柱坐标系中,只需指定起止点和中间等分数,就可以定义一条圆弧形路径;在球坐标系中,可以定义一条沿球面延伸的路径。

Path 命令有路径名、路径点数、映射到该路径上的数据组数和相邻点间的等分数等参数。ANSYS 软件自动设定映射到路径上的数据组数 nSets 最小值为 4。XG、YG、ZG 和 S 是 nSets 的前 4 项,其中,XG、YG、ZG 始终是整体坐标,S 是距离起始点的路径长度。在柱或球坐标系中,所定义的路径点都是沿柱面或球面延伸的。当定义完一条路径后,该路径即成为当前路径,可以显示路径轨迹,便于检查。ANSYS 不限制路径数量,用户可以指定多条路径,但是每次只有一条路径成为当前路径,供显示或其他处理,命令 Path,Name 可以改变当前路径。

ANSYS 能够虚拟映射任何结果数据到模型的任何路径上,包括原始数据(DOF 节点解)、派生数据(应力、通量、梯度等)、单元表数据等。映射的过程为:指定某个路径为当前路径→指定本次映射的结果坐标系→映射结果。

用户可以直接观察结果沿路径的分布变化情况。PRANGE 命令默认使用路径距离 S 作为图形显示的 x 轴。用户可以指定路径点的某一坐标分量作为 x 轴。当路径是一条空间曲线时,显示的是伸展开后的结果。PLPATH、PRPATH 命令采用追加方式,在一个图形中显示多条变量曲线。

若希望更广泛地利用路径结果,需将其以数组或矩阵的形式保存,命令格式为 PAGET,PATHR2,TABL。若用户将该矩阵以外部文件形式保存,可被 Matlab 等软件进一步调用和处理。在 ANSYS 中,可对数组矩阵进行各种常规数学运算,也可进行三角函数、指数对数、矩阵转置求逆等高级运算。

12.1.4　ANSYS 二次开发功能

ANSYS 提供了宏(MACRO)、参数设计语言(APDL)、用户界面设计语言(UIDI)和用户可编程特性(UPFS)等二次开发工具。

宏是指存在于一个文件中被反复使用的一系列 ANSYS 命令集合,这些集合被 ANSYS 执行,以完成某个独立的操作。可以把经常使用的 ANSYS 命令编辑到宏文件中,当运行该宏文件时,相当于运行了自己创建的命令。事实上,宏与 FORTRAN 或者 C 语言中的函数或者过程类似,它也可以传递变量。

APDL 是 ANSYS 参数化设计语言(ANSYS Parametric Language)的简称,它类似 FORTRAN 语言,是 ANSYS 的二次开发工具之一。利用 APDL 可以实现参数化建模,施加参数化荷载与求解,以及参数化后处理结构显示,实现参数化有限元分析的全过程。例如,当求解结果表明有必要对程序进行修改设计时,就必须改变模型的几何形状并重复上述定义模型及其荷载等,特别当模型较复杂或修改较多时,则需要耗费很多时间,严重影响工作效率。此时,就可利用 ANSYS 程序中的 APDL 建立的智能分析手段实现这些循环功能,避免许多重复损伤,提高分析效率。APDL 具有参数定义、流程控制、函数和表达式等功能,这些 APDL 功能可以根据用户需要单独使用或同时使用几项。此外,APDL 还是 ANSYS 优化设计的基础。

UIDL 也是一种程序化的语言,它允许用户改变 ANSYS 的图形界面(GUI)中的一些组项,从而提供了一种供用户灵活使用、按个人喜好来组织设计 ANSYS 图形用户界面的强有力工具。它在 ANSYS 的命令重组、架设其他用户程序与 ANSYS 之间的桥梁方面起到了重要的作用。

用户可编程特性(UDFS)允许用户连接自己的 FORTRAN 或 C 程序和子过程,它充分显示 ANSYS 的开放式体系。

12.1.5　有限元强度折减法的实现及算例

[例 12-1]　以 13.4.2 节某黄土隧洞为例,具体介绍 ANSYS 软件应用有限元极限分析法求解隧洞围岩安全系数的过程。隧洞埋深 30m,跨度 3m,侧墙高 1.5m,拱高 1.5m,岩体重度 17kN/m³,弹性模量 0.04GPa,黏聚力 0.05MPa,内摩擦角 25°,泊松比 0.35,求隧洞开挖后塑性区的范围以及基于有限元强度折减法的安全系数值。

Step 1 创建物理环境。

Step 2 定义单元类型。隧洞围岩单元,求解类型为平面应变。

Step 3 定义材料属性。设定折减系数 F,隧道围岩材料属性分别包括弹性模量、泊松比、重度、折减后的黏聚力、折减后的内摩擦角,并定义为单元属性表。

Step 4 建立模型。创建隧洞关键点,左、右侧及下方各取距隧洞中心线 5 倍跨度范围,由点到线、再到面进行建模。

Step 5 划分网格。洞周一倍跨度范围内,网格细化,其他网格可自由划分。

Step 6 施加约束和荷载。两侧施加 X 方向的约束,底部施加 Y 方向的约束,并施加重力加速度。

Step 7 求解设置。设定为静力求解，设置时间步长，打开自动时间步，打开时间步长预测器，打开线性搜索，关闭大位移效果，设定牛顿—拉夫森选项，输出所有项。

Step 8 求解。选定不同折减系数进行求解，当 ANSYS 不再收敛时，就得到了需要的结果，由于 ANSYS 软件只提供了外角点外接圆（DP1）屈服准则，而我们应当采用 DP4 准则，为此需要进行转换。若采用第 13 章所述方法进行转换，则只能转换安全系数，不能转换塑性区面积，这里改用转换岩土参数 c、φ 值的方法（有自编程序），按转换后的 c、φ 值输入，结论得到 DP4 准则下的安全系数与塑性区面积。由此得到安全系数值为 1.48，隧洞开挖后塑性区的面积为 21.9m^2，隧洞开挖后塑性区的范围如图 12-12a)所示。

12.2　FLAC

12.2.1　FLAC 软件简介

FLAC 软件是快速拉格朗日差分分析（Fast Langrangian Analysis of Continua）的简写，三维快速拉格朗日法是一种基于三维显式有限差分法的数值分析方法。FLAC 是美国 ITASCA 咨询集团公司开发的三维快速拉格朗日分析软件 FLAC3D，目前已成为岩土力学计算中的重要数值方法之一。其主要用于模拟三维土体、岩体或其他材料体的力学特性，尤其是达到屈服极限时的塑性流变特性，可用来进行非线性动力反应分析、流—固耦合相互作用分析、地震液化大变形分析等，广泛应用于边坡稳定性评价、支护设计及评价、地下洞室、基坑开挖、施工设计（开挖、填筑等）、河谷演化进程再现、拱坝稳定分析、隧道工程、矿山工程等领域。

前已述及，FLAC 采用了三维快速拉格朗日法，这一方法不同于有限元法，其优点在于：

（1）采用混合离散方法来模拟材料的屈服或塑性流动特性，这种方法比有限元方法中通常采用的降阶积分法更为合理。

（2）利用动态的运动方程进行求解（即使问题本质上是静力问题也是如此），使其能模拟动态问题，如振动、失稳和大变形等。该软件有受拉破坏准则和受剪破坏准则，特别适用于岩土工程动力问题的求解。

（3）FLAC 采用显式方法进行求解，该方法可跟踪系统的演化过程，而且不必要存储刚度矩阵，因此采用中等容量的内存可以求解多单元结构模拟大变形。

当然 FLAC 也具有一些缺陷：

（1）只能采用命令流方式进行计算，对于初学者比较困难。

（2）对于线性问题，比有限元方法计算时间长，因而在模拟大变形、非线性或动态问题时更有效。

（3）收敛速度取决于系统的最大与最小固有周期的比值，因此在处理如单元尺寸或弹模相差很大的问题时，收敛速度较慢。

12.2.2　不同模型的选用

FLAC 提供了不同的本构模型来模拟岩土和结构物的力学行为，以下是有关模型的简要介绍。

---

1. 弹性模型

FLAC 提供了三种弹性模型来模拟弹性体：①各向同性弹性模型，此模型只需输入体积模量和剪切模量，适用性有限，通常用来模拟结构单元，比如钢支撑等；②正交各向异性弹性模型，通常用来模拟柱状玄武岩之类的各方向力学性能变化较大的岩土体材料；③横向各向同性弹性模型，主要模拟层状弹性各向异性材料（如板岩）。

2. 弹塑性模型

FLAC 提供了多种塑性模型来模拟岩土体在弹塑性状态下的力学性能：①M-C 理想弹塑性模型，用来模拟土体和岩体的力学行为，需要的参数有：内摩擦角、黏聚力、体积模量、剪切模量和抗拉强度；②D-P 理想弹塑性模型，主要模拟低摩擦角的软黏土，并与其他模型作对比。除这两种模型之外，FLAC 还提供了用于模拟强度表现为各向异性的层状材料（板岩）的多节理模型、应变硬化/软化模型、双线性应变硬化/软化多节理模型、双屈服模型和修正剑桥模型。

3. 蠕变模型

岩土材料区别于混凝土和钢材料很大的一点就是有较大的蠕变，FLAC 提供了多种蠕变模型来模拟岩土体蠕变力学现象，如 Cvisc 黏弹塑性模型、Burgers 黏弹性模型、幂律材料模型、岩盐变形模型、二分幂律模型、黏塑性模型、经典黏弹性模型等。

在岩土工程中经常遇到的是弹塑性和黏弹塑性问题，选用 FLAC3D 软件中的 Cvisc 模型，其一维应力状态下的蠕变模型如图 12-1 所示。

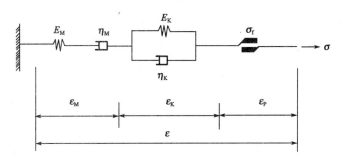

图 12-1　FLAC3D 中 Cvisc 蠕变模型示意图

该模型由 Maxwell 体、Kelvin 体（串联成 Burgers 模型）和一个塑性元件串联而成。图 12-1中，σ 为岩土体应力，E_M、E_K、η_M 和 η_K 分别为弹性模量、黏弹性模量、Maxwell 黏滞系数和 Kelvin 黏滞系数，σ_f 为岩土体材料的屈服强度，ε_M、ε_K 和 ε_P 分别为 Maxwell 体、Kelvin 体的应变和塑性应变。在 FLAC3D 计算中，默认条件下 Maxwell 体和 Kelvin 体的黏性系数 η_M、η_K 均为无穷大，而在特性参数的表示中两个参数为零。如果 η_K 采用默认值，无论 G_K 被赋予什么值，计算中 Kelvin 体都不会发挥作用；如果 η_M 采用默认值，G_M 则被自动设置为默认值 10^{-20}；如果将 η_M 取为零，而 Kelvin 体的参数不为零，Cvisc 模型将退化为广义 Kelvin 模型和 M-C 塑性元件的串联。在时步为零时，只有 Maxwell 体的弹性部分起作用，模型相当于线弹性模型。

4. 热力模型

在一些地下工程问题中，如高放废物地质处置等问题，通常需要考虑热力耦合的问题，因此，需要热力模型来进行模拟。FLAC 提供了两种模型来研究热传导问题，分别是均值热导模型和空热导模型。

5. 自定义模型

如果上述模型都不能满足用户需求，可以自己定义本构模型，然后用 load 装载动态链接库(dll)文件。

12.2.3　非线性动力反应分析

FLAC 软件可以进行完全动力分析，以模拟岩土体在外部(如地震)或内部(风载、爆破等)荷载作用下的完全非线性动力特性。该分析的荷载形式并不是完全单一的，能够进行多场耦合。

(1)能够将结构单元、流体计算相耦合，用来模拟动力条件下结构—岩土体、土体孔隙水压力变化(至土体液化)。

(2)能够进行热力学计算耦合，能够在温度荷载和动力荷载共同作用下进行分析。

(3)能够很好地反映不同波(如压缩波与剪切波)之间的耦合作用。

(4)在动力计算时考虑了岩土体的抗拉强度，计算分析结果同自然地震现象相吻合，使得计算结果更为合理。

FLAC 动力分析中采用的是基于显示差分法的完全非线性分析方法，该法可以遵循任一满足岩土体特性的本构方程(也可自定义)。

动力计算时采用瑞利阻尼、局部阻尼、滞后阻尼三种形式。瑞利阻尼由于其与常规动力分析方法类似，而且实践证明，瑞利阻尼计算得到的加速度响应规律比较符合实际，最大的不足就是瑞利阻尼的计算时间步太小，导致动力计算时间过长。局部阻尼系数不用求解系统的自振频率，而且相对于瑞利阻尼而言不会减少时间步，从这个意义上来说具有优势，但局部阻尼只适合于简单问题的求解。滞后阻尼是 FLAC3D 新版本提出来的，目前使用还存在一定困难。

提供的边界有静态(黏性)边界和自由场边界来吸收边界上的入射波。

动力荷载输入是：加速度时程、速度时程、应力时程等。对于刚性地基，如果模型底部为岩石等模型刚度较大的材料，可以在底部直接施加加速度载荷，并采用自由场边界条件，模型底部无须施加静态边界条件；对于柔性地基，如果模型底部的单元为土体，尤其是软土，则不能直接施加加速度和速度，而需要将加速度、速度转换成应力时程，再施加到模型底部。模型周围采用自由场边界条件，模型底部可采用静态边界条件(nquiet,dquiet,squiet)。

12.2.4　FISH 语言

FISH 是 FLAC 内嵌的程序语言，用户能自定义变量和函数，扩大了程序的应用和用户自有的特色。例如打印输出新的变量、新型网格、自动伺服控制、材料参数的非常规分布、开挖隧道后的塑性区面积等。可以说，FISH 语言是 FLAC 程序最精髓的部分。

FISH 语言可能非常简单，从未编过程序的人也能编出简单的函数，但也会非常复杂。一些非常有用的 FISH 函数已经编写，提供在安装目录下的 library 子目录中。

需要注意的是，FISH 程序很少进行错误检查，故在正式应用之前要进行一些简单的数据试验才可以。

FISH 程序是简单的 FLAC 数据文件，以 DEFINE 打头为 FISH 函数的开头，以 END 为FISH 函数的结尾。

12.2.5 初始地应力的施加和开挖过程的实现

在进行地下工程弹塑性数值分析时，需要考虑初始应力场的影响。初始应力场（由重力产生）表示的是非扰动土或岩体所处的平衡状态，FLAC 通过设置重力加速度和材料密度来实现初始重力的施加，而对于侧向土压力，其水平土压力系数可通过设置材料的泊松比来实现。

对于地下工程的开挖问题，FLAC 是通过提供空模型来实现的，其命令是：Model null，然后利用 range 来设定其开挖范围。

12.2.6 有限元强度折减法的实现及算例

FLAC 软件可以通过程序提供的强度折减计算功能自动进行安全系数的求解，其方法是利用二分法不断调整强度参数 $\tan\varphi$ 和 c，直到计算模型发生破坏。此时系数 $\sum$Msf 定义为强度折减系数，其表达式如下：

$$\sum\text{Msf} = \frac{\tan\varphi_{\text{input}}}{\tan\varphi_{\text{reduced}}} = \frac{c_{\text{input}}}{c_{\text{reduced}}}$$

式中：φ_{input}、c_{input}——程序在定义材料属性时输入的强度参数值；

φ_{reduced}、c_{reduced}——在分析过程中采用的经过折减后的强度参数值。

程序在开始计算时默认 $\sum$Msf = 1.0，计算其是否收敛，若不收敛，则减小强度折减系数 $\sum$Msf 一半再计算；若收敛，则加大强度折减系数 $\sum$Msf，然后不断用二分法减小其折减系数区间，最后求得其安全系数值。其对应的命令为：Solve fos。

下面结合一具体算例来介绍其具体应用。算例同 12.1.5 中的算例，用 FLAC3D 软件求出隧洞开挖后塑性区的范围以及基于有限元强度折减法的安全系数值。

首先要进行几何建模，在这里选用 brick、radtunnel 和 radcylinder 三种单元体，建模范围是上部建到地表，侧壁和底部取 5 倍洞径。需要注意的是，因为强度折减法的计算过程，所以在这里要先开挖，后施加重力，在无支护条件下让围岩变形，其几何模型如图 12-12b)所示。

然后施加材料属性和边界约束，选取为 M-C 理想弹塑性模型。需要说明的是，宜先将抗拉强度设置为一较大值，否则会在自重应力下不收敛，边界的位移约束是底部竖直方向固定、两侧水平向固定。

最后输入 FLAC 求解安全系数的命令 solve fos 即可获得安全系数，此例中可求得安全系数为 1.50，塑性区见图 12-12b)。

需要利用 FISH 程序来求解隧道围岩的塑性区面积，因篇幅所限，在此不再赘述。本算例在迭代过程中隧道围岩局部出现了塑性变形，面积达到了 22.40m²。

12.3 ABAQUS

12.3.1 ABAQUS 软件介绍

ABAQUS 软件是由达索 SIMULIA 公司（原 ABAQUS 公司）开发的大型通用有限元商业软件，其非线性分析功能较好。ABAQUS 被广泛地认为是功能最强的有限元软件之一，可以分析复杂的固体力学、结构力学系统，特别是能够模拟非常庞大复杂的高度非线性问题。采用 ABAQUS 可以进行单一物理场和多物理场的力学分析,还可以进行系统的优化分析。

ABAQUS 提供了丰富的材料模型库,可以模拟典型工程材料的性能,包括金属、高分子材料、橡胶、钢筋混凝土、复合材料、可压缩超弹性泡沫材料以及土体和岩体等地质材料。如适用于黏土类材料的 Cam-Clay 模型、帽盖 D-P 模型,以及在岩土领域广泛应用的 M-C 模型。

ABAQUS 可以模拟复杂的载荷条件和边界条件。可模拟的载荷包括均匀体力、不均匀体力、均匀压力、不均匀压力、旋转加速度、离心载荷、弯矩和集中力、温度和其他场变量、速度和加速度等。

12.3.2 岩土本构模型

1. 线弹性模型

线弹性模型基于广义胡克定律,包括各向同性弹性模型、正交各向异性模型和各向异性模型,线弹性模型适用于任何单元。

2. 多孔介质弹性模型

该模型认为平均应变是体积应变的指数函数,更准确地说,弹性体积应变与平均应力的指数成正比。该模型不仅可以单独使用,也可以应用于扩展的 D-P 弹塑性模型、修正的 D-P 弹塑性帽盖模型、剑桥模型的弹性部分。

3. M-C 弹塑性模型

M-C 弹塑性模型主要适用于在单调荷载下的颗粒状材料,在岩土工程中应用相当广泛。其屈服面存在尖角,会导致计算的收敛困难。为了避免上述问题,ABAQUS 采用了光滑的椭圆函数作为该模型的塑性势面。在 ABAQUS 中,M-C 弹塑性模型的硬化一般是通过控制黏聚力 c 的大小来实现的。

4. 扩展的 D-P 弹塑性模型

ABAQUS 对经典的 D-P 弹塑性模型进行了扩展,屈服面在子午面的形状则可以通过线性函数、双曲线函数或指数函数模型模拟,其在 π 面上的形状也有所区别,其塑性势面和硬化规律亦随着屈服面函数的不同而发生变化。

5. 修正的 D-P 弹塑性帽盖模型

经典的 M-C 弹塑性模型和 D-P 弹塑性模型最大的问题在于其不能反映土体压缩导致的屈服,也就是说在等向压应力作用下,材料永远不会屈服。为了解决这一问题,ABAQUS 提供了修正的 D-P 弹塑性帽盖模型,在线性的 D-P 弹塑性模型中增加一个帽盖状的屈服面,从而引入了压缩导致的屈服,同时也能控制材料在剪切作用下的无限制剪胀现象。

6. 临界状态塑性模型(修正剑桥模型)

临界状态塑性模型,习惯称之为修正剑桥模型,是由英国剑桥大学 ROSCOE 等人建立的一个有代表性的土的弹塑性模型。该模型采用了椭圆屈服面和相适应的流动准则,并以塑性体应变为硬化参数,在国际上已被广泛接受和应用。ABAQUS 中对 ROSCOE 等人提出的剑桥模型进行了一定的推广,但本质上是一致的。

7. 自定义材料子程序

此外,ABAQUS 还提供了用户自定义材料子程序接口,用户可以自行根据需要定义相应的本构模型,极大地缩短了程序的开发周期,提高了程序的通用性。

12.3.3 ABAQUS 软件特点

ABAQUS 在岩土工程具有较好的适用性,其特点包括:

(1)ABAQUS 满足岩土工程分析中需要定义复杂边界、载荷条件的能力。如:ABAQUS 具有单元生死功能,可以有效地模拟填土或开挖问题;ABAQUS 还提供了无限元,可以模拟地基无穷远处的边界条件;ABAQUS 中提供了加筋单元,可以方便地模拟加筋土边坡等问题。

(2)岩土工程中常需要考虑初始应力平衡问题,如地应力平衡问题,ABAQUS 提供了专门的分析步,可以灵活、准确地建立初始应力状态。

(3)岩土工程中经常涉及土与结构的相互作用问题,二者之间的接触特性需要得到正确的模拟。ABAQUS 提供了强大的接触面分析功能,可以正确模拟土与结构之间的脱开、滑移等现象。同时 ABAQUS 还提供了接触面模型二次开发接口,用户可以自行开发相应的接触面模型。

(4)良好的开放性。ABAQUS 建立了开放的体系结构,提供了二次开发的接口,利用其强大的分析求解平台,可使困难的分析简单化,使复杂的过程层次化,设计人员可不再受工程数学解题技巧和计算机编程水平的限制,节省了大量的时间,避免了重复性的编程工作,使工程分析和优化设计更快、更好,同时能使 ABAQUS 具备更多特殊的功能和更广泛的适用性。

(5)ABAQUS 包括一个丰富的、可模拟任意几何形状的单元库,具体包括实体单元、壳单元、薄膜单元、梁单元、杆单元、连接元、无限元等。同时 ABAQUS 还包括针对特殊问题构建的特种单元,如针对钢筋混凝土结构或轮胎结构的加筋单元、针对海洋工程结构的反映土体与管道相互作用的连接单元、锚接单元等,极大地方便了特殊领域问题的数值分析。

(6)ABAQUS 中提供了孔压单元,可以进行饱和土与非饱和土的流固耦合渗流分析。

12.3.4 初始地应力的施加

要进行地下工程的弹塑性数值分析,就必须考虑初始地应力场的影响。ABAQUS 可以通过读入初始地应力场文件和在 geostatic 分析步中直接施加初始地应力场两种方法来实现。其中 geostatic 分析步中直接施加地应力场只适用于地表面水平的情况,倾斜的或起伏的地表面只能采用读入初始地应力场文件的方法。

1. 初始地应力场文件读入法

读入的具体步骤如下:①首先建立好未开挖的土体模型,施加重力荷载,在 inp 文件格式中选择 Do not use parts and assemblies in input files,再在 job 模块下提交分析文件,并导出 inp 文件;②在计算完毕之后,在 report 菜单下提取 Field Output 中的 6 个应力分量。打开初始应力文件,将文字部分删除,仅保留应力和单元编号,保存文件,同时将文本导入到 excel 中,并用 csv 格式保存;③接下来在刚才 job 中产生的 inp 文件中修改该文件,在 *step 之前添加" *initial conditions,type=stress,input=XXX. XXX",修改好之后保存该文件,再在 job 中提交修改过的 inp 文件,最后在后处理中可查看到其位移是非常小的。

2. 在 geostatic 分析步中施加初始地应力场

在开挖前的岩土体模型建立好之后,在 job 模块中提交模型,并导出 inp 文件,在第一个分析步之前插入以下定义初始应力的语句:"该初始地应力定义只与地层顶部、底部竖向压力以及地层深度有关"。

12.3.5 有限元强度折减法的实现

从强度折减法的基本原理来看，其实质就是材料的 c、φ 值逐渐降低，导致某单元的应力无法和强度配套，或者超出了屈服面，不能承受的应力逐渐转移到周围岩土体单元中去。在ABAQUS中，材料的参数是可以随温度或者场变量变化的，具体步骤为：

Step 1 定义一个场变量，将其取为强度折减系数。

Step 2 定义随场变量变化的材料模型参数。

Step 3 在分析开始时指定场变量的大小，并对模型施加荷载，建立平衡应力状态。

Step 4 在后续分析步中增加场变量，计算中止（数值不收敛）后对结果进行处理，根据场变量的最终取值来确定安全系数，具体操作步骤结合下文所述的算例进行说明。

12.3.6 算例

[**例 12-2**]　同 12.1.5 中的算例，采用 ABAQUS 软件求出隧洞开挖后塑性区的范围以及基于有限元强度折减法的安全系数值。

Step 1 建立部件。在 Part 模块中，执行 Part/Create 命令，在弹出的 Create Part 对话框中，将 Name 设置为 Soil，Modeling Space 设置为 2D Planar，Type 设置为 Deformable，Base Feature 设置为 Shell。单击 Continue，进入图形编辑界面，完成土体几何轮廓的绘制。完成后单击提示区的 Done，完成部件的建立。

Step 2 部件划分。在菜单栏上选择 Tools/Partition，在 Create Partition 对话框中选择 face，在 Method 中选择 Sketch，绘制洞室轮廓，并对土体轮廓进行分区，以便开挖土体和划分网格。同时，在菜单栏上执行 Tools/Set/Create，选择类型为 Node，框选全部区域，建立名为 soil 的集合。

Step 3 设置材料及截面属性。在 Property 模块中，执行 Material/Create 命令，建立名称为 Soil 的材料。执行 Mechanical/Elasticity/Elastic 设置弹性模型参数，同时设置土体重度为 17kN/ m³。

继续在 Edit Material 对话框中执行 Mechanical/Plasticity/Mohr-Coulomb Plasticity 命令，根据强度折减法的要求，在 Plasticity 选项卡中将 Number of Field Variables 设置为 1，使得摩尔库伦准则的 c、φ 值随场变量变化，变化趋势分别如图 12-2、图 12-3 所示。

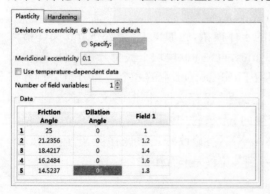

图 12-2　φ 值随场变量变化

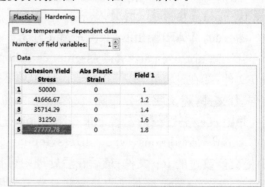

图 12-3　c 值随场变量变化

执行 Section/Create 命令，设置名为 Soil 的截面特性并执行，Assign/Section 对相应的区域赋予截面特性。

Step 4 装配部件。在 Assembly 模块中,选择 Instance/Create 命令,建立相应的 Instance。

Step 5 定义分析步。执行 Step/Create 命令,在弹出的 Create Step 对话框中设定名字为 Load,分析步类型定义为 Static,General,在 Equation Solver Method 区域中将 Matrix Storage 设置为 Unsymmetric,即非对称分析,其余接受默认选项。

按照上述步骤,再建立一个名为 Reduce 的静力分析步,同时在 Step Manager 对话框中打开该分析步的大变形开关,在这一步中将对强度进行折减。将场变量 FV 作为计算结果输出。

Step 6 定义载荷、边界条件。在 Load 模块中,执行 BC/Create 命令,限定模型量测的水平位移和模型底部两个方向的位移,这些边界条件应当在 Initial 步中激活,执行 Load/Create 命令,对所有区域施加重力$-9.81N/m^2$。

Step 7 划分网格。进入 Mesh 模块,执行 Mesh/Controls 命令,选择 Element Shape 为 Quad,选择 Technique 为 Structural。选择 CPE4 作为单元类型,执行 Seed/Edge by number 命令,接着执行 Mesh/Part 命令,单击提示区的 Yes 按钮,对模型进行网格划分。

Step 8 修改模型输入文件。控制场变量的变化,找到 inp 文件中的第一个分析步的定义语句:

* Step, name=load, inc=500, unsymm=YES　　　％％增量步 500,采用非对称求解方式

* Static

0.05, 1., 1e-05, 1.　　％％采用静力分析,最小增量步为$1*10^{-5}$

在以上语句前插入以下语句:

* initial conditions, type=field, variable=1　　％％Variable 指定了场变量的名字,ABAQUS 中场变量必须从 1 开始

soil-1. all, 1　　％％soil-1. all 为点集合名称,1 为起始场变量

找到第二个分析步语句:

* Step, name=reduce_1, nlgeom=YES, inc=500, unsymm=YES　　％％打开大变形开关

* Static

0.05, 1., 1e-05, 1.　　％％采用静力分析,最小增量步为$1*10^{-5}$

* field, VARIABLE=1

soil-1. all, 2　　％％在 Reduce_1 分析步中,根据已定义的场变量表,场变量值由 1 变化至 2

修改后保存 inp 文件后退出。

Step 9 提交任务。进入 Job 模块,执行 Job/Create 命令,建立名为 Reduce 的任务,在 Create Job 对话框中,选择 Source 为 Input file,然后选择已修改的 inp 的路径,点击 Submit 提交计算。

Step 11 计算结果查询。算例在第二个分析步时无法收敛,待计算结束后,在菜单栏 Result 的下拉列表中选择 Field Output,在 Field Output 对话框下勾选 FV1,FV1 即为当前 Step 下的安全系数。计算结果显示,围岩塑性区面积为 32.73m²,安全系数为 1.46,隧洞开挖后的塑性区如图 12-12c)所示。

12.4 PLAXIS

12.4.1 PLAXIS 软件简介

PLAXIS 有限元软件是由荷兰 PLAXIS.B.V 公司开发的岩土工程分析软件。该软件界面友好、建模简单，能够自动进行网格划分，其用于岩土工程分析的本构模型有：线弹性模型、M-C 理想弹塑性模型、软(硬)化模型以及软土流变模型等。该软件可以模拟多个施工步骤，后处理也比较简单实用。

PLAXIS 软件主要用于平面应变和轴对称问题的计算分析，能够模拟土体，墙、板和梁结构，各种结构和土体的接触面，锚杆，土工织物，隧道以及桩等元素。软件能够实施的计算类型有：变形、固结、分级加载、稳定分析、渗流计算，并且还能考虑低频动荷载的影响。在使用过程中可以发现，PLAXIS 软件功能比较强大，能够模拟较多的实际工程，同时用户界面友好，使用也比较方便；能够自动生成有限元网格，并通过重要部位网格的加密达到比较好的网格精度。在后处理方面，该软件能在计算过程中动态显示计算信息，十分有利于工程人员在分析过程中对计算结果进行监控。

12.4.2 不同模型的选用

PLAXIS 支持不同的模型来模拟岩土体和其他连续体的力学性态。以下是有关模型的简要介绍：

1. 线弹性模型

该模型使用各向同性线弹性的胡克定律。线弹性模型包括两个弹性刚度参数，即弹性模量 E 和泊松比 μ。

用线弹性模型来模拟岩土体力学性状是有很大局限性的，一般更多地用于土体内部刚性结构的模拟。

2. M-C 理想弹塑性模型

该模型涉及的岩土体参数有 5 个：弹性模量 E、泊松比 μ、黏聚力 c、内摩擦角 φ 和剪胀角 ψ。

3. 节理岩石模型

该模型是一个各向异性的弹塑性模型，其中塑性剪切只能在有限的几个剪切方向上发生。该模型可用于模拟成层或节理岩体特性。

4. 强化岩土模型

该模型使用摩擦硬化的塑性定义，属于双曲线模型类型。此外，模型采用压缩硬化，用来模拟土体在初始压缩条件下发生的不可逆压缩。该模型可用于模拟砂土、砾石以及黏土和粉土等较软类型岩土的特性。

5. 修正的 Cam-Clay 模型

这是一个相当简单的临界状态模型，可以用来模拟正常固结软土的性状。该模型假设在体积应变和平均有效应力之间存在对应关系。

6. 软土模型

这是一个 Cam-Clay 类型的模型，用来模拟包括正常固结黏土和泥炭等在内的软土特性，最适宜于初始压缩的情形。

7. 软土蠕变模型

该模型为二阶模型，包含对数压缩模型，在黏塑性定义下表示。可用于模拟和时间有关的软土性状，比如正常固结的黏土和泥炭。

8. 自定义岩土模型

使用 PLAXIS 软件本构模型库以外的岩土模型时，使用该选项。

12.4.3　地下水渗流计算

PLAXIS 软件还可以采用 PLAXFLOW 模块进行渗流计算，该模块既可以进行地下水稳态流的稳态分析，也可以进行地下水非稳态流的瞬态分析。其中，稳态分析仅适用于与时间变量无关的情况。当水力边界条件随时间发生变化（例如库水水位升降），且需要对每一时刻坡体内的浸润面位置进行研究时，可以采用 PLAXFLOW 模块进行非稳态流的瞬态分析。PLAXFLOW 模块不但可以进行水位变化、降雨和抽水等工程条件下，饱和土和非饱和土中地下水的渗流计算，还可以和 PLAXIS 软件联合使用，进行流—固耦合计算。

PLAXIS 软件的所有模型参数都用来描述有效的土体响应，即和土骨架有关的应力和应变之间的关系。为了能够在土体响应里考虑水—骨架的相互作用，PLAXIS 软件可以模拟同一种材料在三种不同条件下的力学行为：排水条件、不排水条件和无孔隙条件。这些力学行为的适用条件分别是：

(1)排水条件。当选择材料的这种力学行为时，在计算过程中材料体内将不会产生超孔隙水压力。它适用于模拟完全干的土，或者是由于土体有较大的渗透系数能完全排水的土（如砂土），或者是外荷载很小的情况。当不需要考虑模型的不排水应力历史和固结过程时，它也适用于模拟土体的长期力学行为。

(2)不排水条件。当选择材料的这种力学行为时，在计算过程中材料体内的超孔隙水压力将得到充分发展和积累。

(3)无孔隙条件。当选择材料的这种力学行为时，在计算过程中材料体内既不会存在初始孔隙水压力，也不会产生超孔隙水压力。它适用于模拟混凝土或者岩石等材料的力学行为。

在渗流计算模型中需要输入的主要参数除了水的重度、土体水平和竖直方向的渗透系数外，还需定义水力边界条件（排水边界、不排水边界和固结边界等）。

12.4.4　初始地应力的施加

要进行地下工程的弹塑性数值分析，就必须考虑初始应力场的影响。初始应力场（由重力产生）表示的是非扰动土或岩体所处的平衡状态，PLAXIS 软件中可以通过 K_0 加载和重力加载两种方法来实现初始应力场的施加。其中，K_0 加载法只适用于地表面水平，且所有土层和浸润面均与地表面平行的情况，其他情况则只能用重力加载法（图 12-4）。

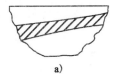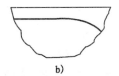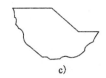

a)　　　　　　　　　b)　　　　　　　　　c)

图 12-4　不适用 K_0 加载法的情况

a)土层与地表面不平行；b)浸润面与地表面不平行；c)坡面与地表面不平行

1. K_0 加载法

K_0 加载法是通过设定材料的侧向土压力系数 K_0 和参数 $\sum$Mweight 实现的。如果设定了 $\sum$Mweight＝1.0，那么就完全激活了重力；如果设定了 K_0，则可由初始的竖向正应力乘以 K_0 得到初始的水平向正应力。例如，对于正常固结土，地基中一点的初始竖向正应力 $\sigma_{y,0}＝\gamma H$（H 为该点到地表面的竖直高度），则初始水平向正应力为 $\sigma_{x,0}＝K_0\sigma_{y,0}$。

2. 重力加载法

重力加载法设置一个计算工序，并在工序中施加土的自重，然后通过有限元弹塑性计算来实现初始应力场的施加。

12.4.5　有限元强度折减法的实现

PLAXIS 软件可以通过程序提供的强度折减计算功能自动进行安全系数的求解，其方法是不断减小强度参数 $\tan\varphi$ 和 c，直到计算模型发生破坏。此时系数 $\sum$Msf 定义为强度折减系数，其表达式如下：

$$\sum\text{Msf} = \frac{\tan\varphi_{\text{input}}}{\tan\varphi_{\text{reduced}}} = \frac{c_{\text{input}}}{c_{\text{reduced}}}$$

式中：φ_{input}、c_{input}——软件在定义材料属性时输入的强度参数值；

φ_{reduced}、c_{reduced}——在分析过程中用到的经过折减后的强度参数值。

软件在开始计算时默认 $\sum$Msf＝1.0，然后 $\sum$Msf 按设置的数值递增，直至计算模型发生破坏。此时，非线性有限元静力计算将不收敛，对应的强度折减系数 $\sum$Msf 值即为安全系数值。

12.4.6　有限元强度折减法的实现及算例

[例 12-3]　同 12.1.5 中的算例，应用 PLAXIS 软件求出隧洞开挖后塑性区的范围以及基于有限元强度折减法的安全系数值。

分析步骤简述：

Step 1 几何模型建立。目前最新的 PLAXIS 软件版本支持直接由 AUTOCAD 图形导入生成几何模型，这样大大提高了 PLAXIS 软件的建模效率。

Step 2 输入不同材料参数。通过点击材料—土与界面—新建，进行材料参数的设置，包含名称、材料模型、材料类型、天然重度、弹性模量、泊松比、黏聚力、内摩擦角等。每种材料均可进行编辑、复制、删除等操作。

Step 3 赋予材料属性。对于几何模型，PLAXIS 软件通过自动搜索封闭边界形成局部区域，在生成有限元模型之前首先要对局部区域赋予材料属性，PLAXIS 软件通过拖选的方式对不同区域赋予相应的材料属性。

Step 4 网格划分。通过点击网格—全局疏密度，进行网格生成设置，然后点击生成，即形成有限元模型。另外，通过整体加密、加密类组、加密线、绕点加密等方式可进行网格编辑，直到满意为止，若不满意，点击全部重置重新进行网格划分。

Step 5 边界条件施加。对于简单的水平、竖直方向边界可直接点击荷载—标准固定边界自动施加，一般边界施加首先选择边界，然后通过点击荷载选择所需边界条件。

Step 6 初始条件。在几何模型和有限元网格建好后，必须明确初始应力状态和初始构造。

初始条件由水力条件模式和几何构造模式组成,本例仅涉及几何构造模式。

Step 7 进行计算。打开计算程序,定义工况,选择计算类型(稳定安全计算时应选择 Phi/c 折减),点击计算。

Step 8 结果查询。计算程序乘以子选项栏中的 $\sum Msf$ 即为求得的安全系数,点击输出进入输出程序,点击应力—塑性点,即获得塑性区范围图。

采用 PLAXIS 软件按上述步骤对本算例进行分析,可得安全系数值为 1.47,隧洞开挖后塑性区的面积为 33.76m²,隧洞开挖后塑性区的范围如图 12-12d)所示。

12.5 同济曙光(GeoFBA)

12.5.1 同济曙光概况

同济曙光(GeoFBA)软件是一套完全自主开发的岩土及地下工程系列专业软件,已广泛应用于岩土及地下工程领域的分析与计算,主要功能有岩土及地下工程有限元施工动态模拟分析、考虑施工过程的全量和增量反分析、公路隧道计算机辅助设计、盾构隧道计算机辅助设计和边坡稳定性分析等组成。该系列软件于 20 世纪 80 年代中期开始研制并投入使用,先后被国内外多家设计、施工单位及科研院校所采用,2004 年被我国《公路隧道设计规范》(JTG D70—2004)列为推荐使用软件。

同济曙光软件的主要特点有:

(1)建立了集有限元前后处理、计算于一体的岩土及地下工程分析平台:

①建立了统一的图形开发平台,具有较高的绘图精度和强大的 CAD 功能,与 AUTOCAD 基本兼容,并有交互接口。

②具有有限元计算模型(包含网格、约束、荷载等边界条件)全自动生成功能。

③具有有限元计算数据的图形化自动生成功能,包括有限元模型参数的编辑、录入及存放系统。

④可图形显示各施工步内各种计算结果,包括位移、应力和内力图,地层与结构作用力图等。

⑤具有对象内容即时提示显示及量测数据分析、计算、比较功能。

(2)具有岩土及地下工程有限元动态分析系统:

①可全自动模拟岩土及地下工程整个施工过程,并有跨开挖步应力释放功能。

②具有用于岩土及地下工程的较为齐全的单元库、材料库。

③广泛适用于多种岩土及地下工程,如新奥法、盾构法和顶管法隧道、基坑工程(平面框架、平面有限元)、边坡、公路工程等。

(3)具有可考虑施工过程的全量和增量反演分析功能,包括:

①施工过程模拟的全量和增量反演分析功能及反演分析过程的自动跟踪显示功能。

②待求岩土介质模型和参数任意选择的功能,且内嵌量测信息输入的数据管理系统。

③有多种优化方法可供选择,包括单纯形法、阻尼最小二乘法、遗传算法、遗传模拟退火法和混合遗传算法。

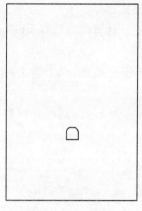

图 12-5　所建几何模型

12.5.2　有限元强度折减法的实现及算例

[例 12-4]　同 12.1.5 中的算例：隧洞埋深 30m，跨度 3m，侧墙高 1.5m，拱高 1.5m，岩体密度 1 700kg/m³，弹性模量 0.04GPa，黏聚力 0.05MPa，内摩擦角 25°，泊松比 0.35，求其安全系数和塑性区面积。

（1）建立几何模型。同济曙光（GeoFBA）软件的几何建模命令同 AUTOCAD 比较接近，用 CAD 制图的命令就可以将其几何模型建立起来，如图 12-5 所示。边界为侧壁取 5 倍洞径，洞底为 5 倍洞径，洞顶到地表。

（2）施加边界约束。从菜单栏中选取绘制，然后从下拉菜单中选取位移约束，对两侧壁施加 X 方向约束，对底部施加 Y 方向约束，施加约束选项如图 12-6 所示，施加边界约束后的模型如图 12-7 所示。

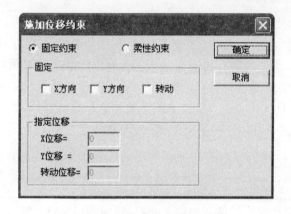

图 12-6　施加位移约束对话框

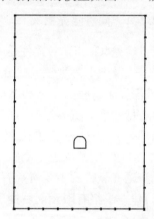

图 12-7　施加位移约束后的模型

（3）进行网格剖分。自动寻找闭合面，可分为两部分，一个是围岩部分，一个是隧道开挖部分。将开挖部分删除，然后自动生成网格，网格控制参数如图 12-8 所示，网格生成如图 12-9 所示。

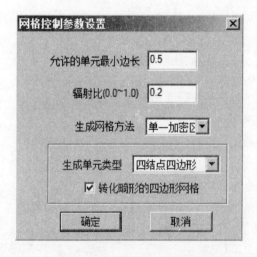

图 12-8　网格控制参数设置对话框

图 12-9　网格剖分后的模型

(4)设置施工步。因为本实例没有施工过程，只有在自重作用下的隧道围岩变形，因此只需要施工步 0 即可。

(5)设置材料参数。单击菜单栏对象数值方法，设置如图 12-10 所示。

(6)调整控制参数，如图 12-11 所示。

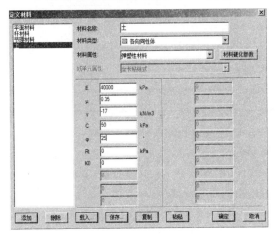
图 12-10　定义材料对话框

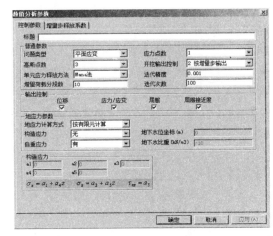
图 12-11　控制参数

(7)保存。

(8)求解。设置其数值分析方法为有限元法，分析功能是正分析，分析类别是塑性分析，屈服准则是 D-P(DP4)屈服准则。

经计算在 M-C 屈服准则下，折算后的安全系数为 1.47，塑性区面积为 24.49 m²，塑性区分布如图 12-12e)所示。

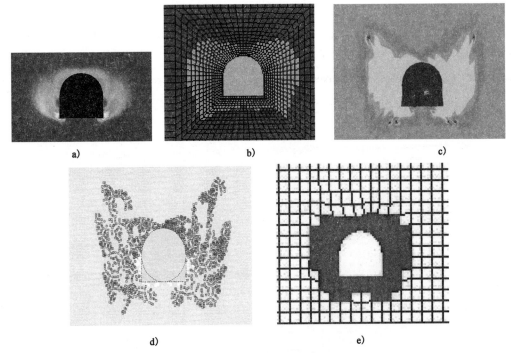
图 12-12　不同软件的塑性区图(彩图见 461 页)
a)ANSYS；b)FLAC；c)ABAQUS；d)PLAXIS；e)同济曙光

对于 12.1.5 中的算例,采用各种典型软件对其进行强度折减法计算,得到围岩塑性区面积和安全系数,如表 12-1 所示。计算表明不同软件的差异很小,一般在 3% 以内。

各软件计算结果对比

表 12-1

软 件 名 称	屈 服 准 则	围岩塑性区面积(m²)	安 全 系 数
ANSYS	DP4	21.9	1.48
FLAC3D	M-C	22.40	1.50
ABAQUS	M-C	32.73	1.46
PLAXIS	M-C	33.76	1.47
同济曙光 (GeoFBA)	M-C	24.49	1.47

参 考 文 献

[1] 张黎明,郑颖人,王在泉,等. 有限元强度折减法在公路隧道中的应用探讨[J]. 岩土力学, 2007,38(1):97-106.

[2] 郝文化. ANSYS 土木工程应用实例[M]. 北京:中国水利水电出版社,2005.

[3] 陈建桦. ANSYS 二次开发功能及其在地下结构工程中的应用[J]. 铁道勘测与设计, 2004,(3):77-79,89.

[4] 胡晓伦,陈艾荣. ANSYS 路径映射技术在结构分析中的应用[J]. 交通与计算机,2004,22 (3):86-89.

[5] 李围. 隧道及地下工程 ANSYS 实例分析[M]. 北京:中国水利水电出版社,2007.

[6] 彭文斌. FLAC3D 实用教程[M]. 北京:机械工业出版社,2008.

[7] 费康,张建伟. ABAQUS 在岩土工程中的应用[M]. 北京:中国水利水电出版社,2010.

[8] 同济曙光岩土及地下工程设计与施工分析软件 GeoFBA v4.0 用户手册[M],2008.

[9] 郑颖人,赵尚毅,李安洪,等. 有限元极限分析法及其在边坡中的应用[M]. 北京:人民交通出版社,2011.

第13章 有限元极限分析法及其在隧洞工程中的应用

DISHISANZHANG

13.1 概　述

有限元极限分析法是指利用有限元法结合强度折减法或超载法等手段来进行岩土工程的极限分析。它可以利用功能强大的专业软件求得岩土体应力、位移与塑性区等有用信息，又可获得岩土体的破坏状态与岩土工程的安全系数，作为设计的依据。1975年，英国科学家辛克维奇（Zienkiewicz O.C.）最早提出在有限元法中采用增加荷载或降低岩土强度的方法来计算岩土工程的极限荷载和安全系数，经过多年的研究，在边（滑）坡工程中的应用已得到国内外广泛认可。郑颖人、赵尚毅等在前人基础上对有限元极限分析法开展了理论与应用研究，认识到目前的有限元强度折减法或超载法，其原理与传统的极限分析方法完全一致，只是方法不同，因而将其扩展为有限元极限分析法。与传统的极限分析方法相比，新发展的有限元极限分析法除了能求稳定安全系数外，还能求材料破坏的形态。应用范围从均质的土坡、土基扩大到具有结构面的岩坡、岩基，从二维到三维分析，从岩土体扩展到水与岩土、结构的流固耦合分析，以及基坑、地基处理、桩基与岩土现场试验仿真等领域，最近推广到隧道与地下工程以及抗震工程等领域。国内诸多学者与工程技术人员正在努力加速这一分支学科的发展，为建立与推广岩土工程设计新方法尽微薄之力。

13.2 有限元极限分析法的原理

13.2.1 传统的极限分析法及其安全系数定义

极限分析方法是研究材料在极限状态下的力学方法，即解决材料在整体破坏状态下的力学问题，因而可求得材料整体破坏的承载力（即极限荷载）或材料的稳定安全系数，十分贴合工程设计。经典极限分析法起源于金属材料的极限分析，随后又发展到岩土材料，至今已有近百年的历史。经典塑性力学教科书中,对极限荷载与稳定安全系数有着明确的定义。极限荷载对应着材料进入破坏状态,此时荷载不变,变形(应变)不断增大,直至材料沿滑面达到破坏状态,对应的荷载为极限荷载;稳定安全系数对应着滑面(破坏面)上材料的抗滑力(与材料强度有关)与滑动力之比:

$$F_s = \frac{抗滑力}{下滑力} = \frac{\int_0^l (c + \sigma \tan\varphi) dl}{\int_0^l \tau dl} \tag{13-1}$$

当安全系数为 1.0 时,对应材料发生破坏。应当注意滑面上的力是指滑面上的总剪力。

传统的极限分析法虽然解法简便,但需要事先知道材料中潜在破坏面(或称滑面)的位置与形态,求解不易,因而它的适用范围十分有限,一般只适用于均质的土体中,获得的经典解答不多。

20 世纪下半叶,随着数值分析法的兴起,数值方法引入到极限分析中。一种做法是在经典极限分析中引入离散方法,如有限元极限平衡法,有限差分滑移线场法,有限元上、下限法等。这种做法改善了求解过程,但仍然需要事先知道破坏面。另一种做法是用数值方法求解极限问题,如 1975 年辛克维奇提出的有限元超载法与强度折减法,直接采用有限元求解极限荷载与稳定安全系数。对于后者,作者认为这一方法的本质是用数值方法进行极限分析,求出极限荷载或稳定安全系数,因而将其统称为数值(可以是有限元法、有限差分法、离散元法等)极限分析法,或称为有限元极限分析法。这种方法不必事先知道滑面,也不需要求滑面上的滑动力与抗滑力,可直接获得极限荷载或稳定安全系数,还可求出滑面的位置与形状,极大地扩大了极限分析法的功能与适用范围。该法准确、简便、适用性广、实用性强,前景十分广阔。

13.2.2 有限元极限分析法中安全系数的定义

有限元极限分析法中安全系数的定义依据岩土工程出现破坏状态的原因不同而不同。一类如边(滑)坡与隧道工程多数由于岩土受环境影响,岩土强度降低而导致边(滑)坡坡体和隧道围岩失稳破坏。这类工程宜采用强度储备安全系数(也称强度安全系数),即可通过不断降低岩土强度使有限元计算最终达到破坏状态,强度降低的倍数就是强度储备安全系数,因而这种有限元极限分析法称为有限元强度折减法[❶]。另一类,如地基工程由于地基上荷载不断增大而导致地基失稳破坏,这类工程采用荷载增大的倍数作为超载安全系数,称为有限元增量加载法(超载法)。显然,上述两种方法求得的安全系数是不同的,即不同的安全系数定义得到的安全系数不同。有限元极限分析法中的安全系数与传统极限分析法的安全系数是相同的,两者都是以材料的整体极限破坏为依据。

13.2.3 有限元极限分析法原理

1. 有限元强度折减法

当采用强度储备系数时,强度折减安全系数 ω 可表示为:

---

❶ 有限元强度折减法和超载法实质上是采用数值方法求解极限分析问题,而与传统极限分析法不同,因而可命名为数值极限分析方法,它不限于有限元法,可以是有限差分、离散元等各种数值方法。从习惯上讲,有限元法应用最广,因而也称有限元极限分析法。有限元强度折减法和超载法是其中重要形式,但不限于这两种形式。

$$\tau = (c + \sigma\tan\varphi)/\omega = c' + \sigma\tan\varphi' \tag{13-2}$$

$$c' = c/\omega, \tan\varphi' = \tan\varphi/\omega \tag{13-3}$$

有限元计算中不断降低岩土中岩土抗剪强度,边降低强度,边进行弹塑性数值计算,直至材料达到整体破坏状态为止。此时,程序根据有限元计算结果自动生成破坏面并发出破坏信息,从而获得从稳定到破坏的强度折减系数,即强度储备安全系数。

2.有限元增量加载法(超载法)

随着荷载的逐步增加,边增加荷载,边进行弹塑性数值计算,岩土体由弹性逐渐过渡到塑性,最后达到极限破坏状态,自动生成破坏面,与此对应的荷载就是要求的极限荷载。这一方法称为有限元增量加载法或有限元超载法。

13.2.4 有限元极限分析法的优越性

有限元极限分析法具有数值方法与经典极限分析法两者的优点,既具有数值方法适应性广的优点,又具极限分析法贴近岩土工程设计、实用性强的优点。

(1)用有限元强度折减法求解边坡安全系数时,不需要假定滑面的形状与位置,也无须进行条分,而是由程序自动生成滑面并求出强度储备安全系数。而且在有支护结构的情况下,同样也能求出强度储备安全系数。

(2)用有限元超载法求解地基极限承载力时,不必假定破坏面位置并给出极限计算理论解答,而由程序自动生成破坏面并求出极限承载力。

(3)不但不需要事先知道滑面,而且可求出滑面的位置与形态。

(4)具有数值分析方法的各种优点,能够对复杂地貌、地质条件的各种岩土工程进行计算,不受工程的几何形状、边界条件以及材料不均匀等的限制,适应性广。

(5)能考虑应力—应变关系,提供应力、应变、位移和塑性区等力和变形的全部信息。

(6)能够考虑岩土与支护结构的共同作用,模拟施工开挖过程和渐进破坏过程。

有限元极限分析法可以利用商业有限元法软件的强大功能,把计算结果准确、清晰、可视地表达出来,实用、方便,必将引起现行岩土工程设计方法的重大改革,是一种颇有前途的计算方法。

13.3 有限元极限分析法基本理论

13.3.1 有限元极限分析法中判断岩土工程整体破坏的判据

有限元极限分析法中,无论是采用强度折减法还是超载法都需要知道岩土工程发生整体破坏的判据。以边(滑)坡工程为例,岩土体的整体破坏是指岩土体沿滑面发生滑落或坍塌,整个滑面达到整体破坏状态,并且土坡整体不能继续承载;同时,滑面上的应变与位移发生突变,岩土体沿滑面快速滑动直至滑落、坍塌。现在人们已经认识到,材料上某一点达到屈服状态,并不意味着材料发生破坏,因为初始屈服时,屈服点受到周围材料的抑制,不能任意流动而至破坏。材料达到破坏应另有其破坏判据,只是目前还没有统一的认识。在极限分析中,认为滑面上的下滑力等于滑面上的抗滑力时,岩土沿滑面滑动进入整体破坏状态。由此可见破坏时滑面必须整体贯通,而且处于塑性极限状态,因而通常把滑面塑性区贯通作为整体破坏的第一判据。然而,即使滑面上每点都达到屈服状态,也不意味着滑面一定破坏,它只是破坏的必要条件,而非充分条件。只有整个滑面上滑动力等于抗滑力时才会使岩土体发生滑动,边坡失稳。滑体由稳定静止状态变为运动状态,滑面上节点位移和塑性应变将产生突变,此时位移和塑性应变将无限发展,直到滑体滑出。这一现象符合边坡破坏的概念,因而可把滑面上节点塑性应变或位移突变作为边坡整体失稳的第二判据。与此同时,作者也发现在上述情况下,静力平衡有限元计算也正好表现出位移计算和不平衡力计算均不收敛,因此通常都将有限元静力计算是否收敛作为边坡是否失稳的主要判据。这也表明目前商业有限元法软件以非线性计算中不收敛作为破坏判据是合适的。当然,这一判据不适用于由于计算失误而引起的计算机不收敛。

图 13-1a)为有节理岩石边坡达到整体破坏状态后产生的直线滑动破坏形式,可见破坏后边坡由稳定状态转变为运动状态,滑体产生很大的位移,而且无限发展。图 13-1b)为边坡滑动面上单元节点水平位移(坡顶 $UX1$、坡中 $UX2$、坡脚 $UX3$)随着荷载的逐步增加而逐渐增大的曲线走势图。由图 13-1 可见,随着荷载的逐渐增加,当达到破坏状态后,三个节点的水平位移同时发生了突变。如果有限元程序继续迭代下去,该节点的水平位移和塑性应变还将继续无限发展下去。但计算中已无法从有限元方程组中找到一个既能满足静力平衡又能满足应力—应变关系和强度准则的解答,此时不管是从力的收敛标准,还是从位移的收敛标准来判断,有限元计算都不收敛。由上可见静力情况下,有限元极限分析法中可将塑性区贯通(只是必要条件)、计算机不收敛、位移发生突变作为整体破坏的判据。实践证明这些判据是有效可行的,但有些情况下位移突变不够明显,表明尚待继续改进。

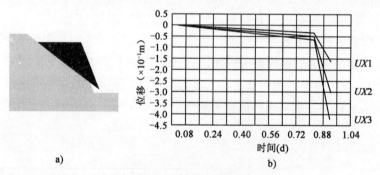

图 13-1　边坡失稳后的特征

a)滑体滑出;b)滑面节点位移产生突变

13.3.2　本构关系与屈服准则选取

1.本构关系与屈服准则的选用

有限元极限分析法一般采用理想弹塑性模型,因为岩土工程的稳定问题都是力和强度问题,而不是位移问题,因而对本构关系的选择不必十分严格,可选用最简单的理想弹塑性模型,这也与经典极限分析中采用的模型一致。但对屈服准则的选取则有严格的要求,以前该法计算精度不高,往往是由于屈服准则选取不当所致。目前广泛采用 M-C 屈服准则与 D-P 屈服准则,有关理论已在第 4 章中叙述。依据理论分析和计算经验,对屈服准则的选用提出以下建议:

(1)对于平面应变问题,除采用 M-C 准则外,也可采用与平面应变 M-C 准则相匹配的 DP4 与 DP5 准则,它们有很高的计算精度,其计算误差一般在 1.0%～3.0%。

当采用 DP5 准则时,应使用非关联程序,此时,剪胀角宜取 $\psi=0°$ 或 $\varphi/4$、$\varphi/2$;当采用 DP4 准则时,应采用关联流动法则,剪胀角取 $\psi=\varphi$。

(2)对于三维空间问题,除采用 M-C 准则外,采用 M-C 等面积圆(DP3)准则也可获得较好的计算结果。

当然,无论平面问题还是空间问题,采用高红—郑颖人屈服准则都能得到更精确的计算结果,但这一准则刚刚提出,目前应用还不多。

2. 不同 D-P 准则条件下安全系数的转换

求解岩土工程安全系数一般采用有限元强度折减法,因而对于 D-P 准则也采用 c/ω、$\tan\varphi/\omega$ 的安全系数定义。

D-P 准则中有五种不同的屈服条件,并以 α、k 形式表达(表 4-2),采用不同的屈服条件得到的边坡稳定安全系数是不同的,但这些屈服条件是可以互相转换的。目前国际通用程序中只有外角点外接圆(DP1)、内角点外接圆(DP2)、内切圆(DP4)三种 D-P 准则,因而实施屈服条件的转换十分必要。例如 ANSYS 软件只有 DP1 功能,而无 M-C 功能,这种转换更为必要。

设 c_0、φ_0 为初始强度参数,在外角点外接圆(DP1)屈服准则条件下的安全系数为 ω_1,在 M-C 等面积圆(DP3)屈服准则条件下的安全系数为 ω_2,经过变换可以得到:

$$\omega_2 = \{[3\sqrt{3}(3(\cos^2\varphi_0\,\omega_1^2 + \sin^2\varphi_0)^{\frac{1}{2}} - \sin\varphi_0)^2 - 8\sin\varphi_0]/(18\pi\cos^2\varphi_0)\}^{\frac{1}{2}} \quad (13\text{-}4)$$

上式即为外角点外接圆(DP1)屈服准则和 M-C 等面积圆(DP3)准则之间的安全系数转换关系式。只要求得了外角点外接圆(DP1)屈服准则条件下的安全系数 ω_1,利用该表达式就可以直接计算出 M-C 等面积圆(DP3)准则条件下的安全系数 ω_2。表 13-1 为不同参数条件下两种准则之间安全系数的转换数据。

不同参数条件下 DP1 和 DP3 准则之间的安全系数转换数据示例　　　　表 13-1

等面积圆(DP3)准则的安全系数 ω_2		外角点外接圆(DP1)准则安全系数 ω_1									
		1	1.1	1.2	1.3	1.4	1.5	1.6	1.7	1.8	1.9
内摩擦角 $\varphi_0(°)$	0	0.909	1.000	1.091	1.182	1.273	1.364	1.455	1.546	1.637	1.728
	10	0.854	0.945	1.036	1.127	1.218	1.310	1.401	1.492	1.583	1.674
	15	0.822	0.914	1.006	1.097	1.188	1.280	1.371	1.462	1.553	1.644
	20	0.786	0.879	0.971	1.063	1.155	1.247	1.339	1.430	1.521	1.613
	25	0.742	0.837	0.931	1.024	1.117	1.210	1.302	1.394	1.486	1.578
	30	0.685	0.784	0.881	0.977	1.072	1.166	1.259	1.352	1.445	1.537

采用同样的方法可以得到外角点外接圆(DP1)屈服准则(非关联流动法则)和平面应变非关联流动法则下 M-C 匹配(DP5)准则之间的安全系数转换关系式。设 c_0、φ_0 为初始强度参数,在外角点外接圆(DP1)屈服准则下的安全系数为 ω_1,在平面应变 M-C 匹配(DP5)准则条件下的安全系数为 ω_2,经过变换可以得到:

$$\omega_2 = \{[((3\cos^2\varphi_0\,\omega_1^2 + \sin^2\varphi_0)^{\frac{1}{2}} - \sin\varphi_0)^2 - 12\sin\varphi_0]/(12\cos^2\varphi_0)\}^{\frac{1}{2}} \quad (13\text{-}5)$$

这样,只要求得了外接圆(DP1)屈服准则条件下的安全系数 ω_1,利用该表达式就可以直接计算出平面应变 M-C 匹配(DP5)准则条件下的安全系数 ω_2。

3. 岩土参数与稳定安全系数的关系

用有限元法计算岩土工程稳定问题时,不仅需要几何参数、土重度 γ 与抗剪强度等参数,还需要填入泊松比 μ、弹性模量 E 等变形参数。研究表明,极限分析中岩土的重度、强度参数与稳定安全系数有关,而与变形参数无关。μ 对边坡的塑性区分布范围有影响,μ 的取值越小,边坡的塑性区范围越大。但是计算表明,μ 的取值对安全系数计算结果没有影响。E 对边坡位移的大小有影响,但对稳定安全系数无影响。由此可见,只需按经验来选取 E、μ,即使选取有所不当,也不会影响稳定分析的结果。但当计算变形、位移和计算岩土介质与结构的共同作用时,会对计算结果有影响,必须选准 E、μ。

4. 算例

[例 13-1] 下面分析一个平面应变情况下的算例。均质土坡,坡高 $H=20\text{m}$,土的重度 $\gamma=20\text{kN/m}^3$,黏聚力 $c=42\text{kPa}$,内摩擦角 $\varphi=17°$,求坡角 $\beta=30°$、$35°$、$40°$、$45°$、$50°$ 时边坡的稳定安全系数(即强度折减系数)。

(1)有限元模型的建立和计算

计算采用大型有限元 ANSYS 软件。按照平面应变建立有限元模型,边界条件为左右两侧水平约束,下部固定,上部为自由边界,如图 13-2 所示。

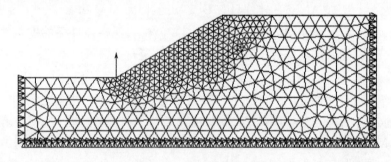

图 13-2 $\beta=30°$ 时的有限元模型

为了与传统方法作比较,强度折减安全系数的计算统一采用 c/ω、$\tan\varphi/\omega$ 的折减形式,力和位移的收敛标准系数均取 0.000 01,最大迭代次数为 1 000 次。一次性施加全部重力荷载,即荷载增量步设置为 1 步。

(2)安全系数计算结果及其分析

表 13-2 为各屈服准则采用非关联流动法则时求出的安全系数,表 13-3 为各屈服准则采用关联流动法则时求出的安全系数。平面应变 M-C 匹配 D-P 准则,在关联和非关联流动法则条件下分别采用不同的表达式 DP4 与 DP5,而对于 M-C 等面积圆(DP3)准则和外角点外接圆 (DP1)准则均采用同一种表达形式,只是使用关联与非关联法则时,两者采用的剪胀角不同。传统极限平衡条分法计算采用加拿大的边坡稳定分析软件 SLOPE/W。

采用非关联法则时不同准则条件下的稳定安全系数　　　　　表 13-2

坡角(°)	30	35	40	45	50
DP1	1.91	1.74	1.62	1.50	1.41
DP3	1.64	1.49	1.38	1.27	1.19
DP5(非关联流动法则)	1.56	1.42	1.31	1.21	1.12
极限平衡 Spencer 法(S)	1.55	1.41	1.30	1.20	1.12
(DP1-S)/S	0.23	0.23	0.25	0.25	0.26
(DP3-S)/S	0.05	0.06	0.06	0.06	0.06
(DP5-S)/S	0.01	0.01	0.01	0.01	0.00

坡角(°)	30	35	40	45	50
DP1	1.93	1.77	1.65	1.54	1.44
DP3	1.66	1.51	1.40	1.30	1.21
DP4(关联流动法则)	1.56	1.42	1.32	1.22	1.13
极限平衡 Spencer 法(S)	1.55	1.41	1.30	1.20	1.12
(DP1-S)/S	0.25	0.26	0.27	0.28	0.29
(DP3-S)/S	0.07	0.07	0.08	0.08	0.08
(DP4-S)/S	0.01	0.01	0.01	0.02	0.01

从计算结果可以看出,在平面应变条件下,不管是采用非关联的 M-C 匹配(DP5)准则还是采用关联的 M-C 匹配(DP4)准则,求得的安全系数与传统极限平衡条分法中的 Spencer 法的计算结果十分接近,误差在 2.0% 以内,这是因为平面应变 M-C 匹配 D-P 准则实际上就是在平面应变条件下的 M-C 准则。

对于平面应变问题,由表 13-2 与表 13-3 可见,与传统极限平衡方法中 Spencer 法相比,若采用 M-C 等面积圆(DP3)屈服准则计算安全系数,使用非关联流动法则时的误差为 6.0% 左右,使用关联流动法则时的误差为 7.0% 左右;若采用外角点外接圆(DP1)准则计算安全系数,则误差在 25.0% 以上。

13.4　有限元强度折减法在均质隧洞中的应用

13.4.1　三种隧洞围岩稳定性判据

长期以来,在隧洞稳定分析中如何根据监测数据或计算结果来判断隧洞失稳破坏一直是人们关注的问题。影响隧洞围岩稳定性的因素很多,主要包括内在因素,如地质状态、岩体的结构状态、岩体的基本性质、地下水状态及初始应力状态等;工程因素,如施工方法、支护措施、隧洞断面形状及尺寸等。由于人们对隧洞的破坏机理不清,还没有一个能判断隧洞破坏的设计计算方法。当前对隧洞失稳破坏的判据都是经验性的,如将隧洞洞周某点上允许位移或隧洞周围形成的塑性区大小作为失稳破坏标准。由于上述指标与隧洞破坏之间没有严格的力学关系,因而其量值只能是经验性的。因此,提出一种既能够反映隧洞破坏本质,又不受其他因素干扰的稳定性的定量判据十分必要。2004 年,郑颖人、胡文清等将有限元强度折减法引入到隧洞稳定分析中,求得了隧洞稳定安全系数作为稳定性判据,既有严格的力学依据,又不受其他因素的干扰,是隧洞科学合理的失稳破坏判据。

1. 围岩洞周位移判据

位移判据的形成与长期施工实践中人们对隧洞的监测有很大的关系。隧洞洞周位移是可以量测得到的,是隧洞围岩力学形态最直接、最明显的反映。普遍认为通过分析隧洞周边位移可以了解隧洞施工过程中的围岩地层动态,但无法通过理论计算得到围岩破坏时的极限位移,因此只能利用工程经验建立判别标准。因此目前一些规范中,以工程经验确定围岩的极限位移作为判断隧洞稳定性的依据。根据隧洞工程实测的或计算的各控制点位移 u 与隧洞极限位

移 u_0 之间建立判别准则,即 $u < u_0$ 时,隧洞稳定;$u \geqslant u_0$ 时,隧洞不稳定。

2. 围岩塑性区大小判据

围岩塑性区判据是从岩土材料强度理论的研究发展而来的,岩土体某一点发生屈服时,表明岩土体上该点由弹性状态过渡到塑性状态。塑性区的大小能反映围岩的受力情况,因而设计人员以计算出来的塑性区大小作为隧洞破坏的判据。当计算出来的塑性区大小大于以经验确定的极限塑性区大小时,即认为围岩破坏。然而,一点的屈服并不意味着围岩承载能力的丧失,塑性区不是破裂区,塑性区的贯通也不代表已经发生破坏。因此,塑性区的大小与围岩破坏状态并不存在严格的力学关系,极限塑性区大小因人而异,也是一种经验性判据。

3. 围岩安全系数判据

由于引入了有限元极限分析法,可以求得隧洞围岩的破坏状态与安全系数,从而建立围岩的安全系数判据。对于隧洞安全系数的定义,建议采用强度储备安全系数,因为无论在施工状态还是在运行状态,这一定义都比较符合围岩实际受力情况。在施工状态,主要是开挖、施工爆破或水渗入与潮湿空气进入隧洞等原因使岩土体强度弱化,最终造成隧洞在施工中破坏;在运行期隧洞受力一般变化不大,对深埋隧洞而言,即使地面荷载有大的变化,它对隧洞稳定的影响也不大,一般也是水渗入或风化等各种原因使岩土体强度降低而出现事故,因而建议对隧洞围岩采用强度储备安全系数。

传统的极限分析法无法求出隧洞的稳定安全系数,致使隧洞围岩至今没有定量的稳定性判据和计算方法。有限元极限分析法的引入,使隧洞围岩稳定性有了严格力学意义上的定量标准和计算方法。

13.4.2 以围岩洞周位移或塑性区大小作为判据的不足

1. 以洞周位移或收敛位移作为判据的不足

将隧洞洞周位移或收敛位移作为围岩稳定性判别方法曾在一些规范中应用,但可靠性不足,其原因是:①洞周位移与围岩破坏没有严格力学关系,而且洞周各点的位移值是不同的,选择的位移测点不同,其判别标准也不同,因而只能按经验确定极限位移值;②不同形状和大小的隧洞在相同的埋深与岩土强度情况下其位移值与收敛值都不同,很难找出统一的位移判据标准;③影响位移值的最主要因素是岩土弹性模量,而不是强度,在实际工程中岩土弹性模量是很难测准的,尤其是岩体的弹性模量。模量值不准会严重影响判据的准确性,这也是以位移值作为经验判据的不足。

以某黄土隧洞作为分析例子,隧洞埋深 30m,跨度 3m,侧墙高 1.5m,拱高 1.5m,土体重度 17kN/m³,泊松比 0.35,黏聚力 0.05MPa,内摩擦角 25°。为了研究弹性模量对洞周位移与安全系数的影响,分别取 0.02GPa、0.03GPa、0.04GPa、0.05GPa、0.06GPa 五种不同的弹性模量值进行数值模拟计算,求出隧洞开挖后拱顶最大垂直位移、侧墙最大水平位移及基于有限元强度折减法求出的安全系数值,计算结果如表 13-4 所示。在隧洞受力状态与土体的强度相同的情况下,随着弹性模量的增大,隧洞拱顶与侧墙最大位移逐渐减小。其中,弹性模量取 0.02GPa 时,拱顶最大垂直位移与侧墙最大水平位移分别为弹性模量取 0.06GPa 时的 3.6 倍与 2.5 倍。可见,弹性模量对于隧洞洞周位移影响很大。但当按有限元强度折减法计算隧洞安全系数时,结果表明安全系数不受弹性模量的影响(表 13-4),即使弹性模量测量不很准确,也不会影响隧洞围岩的稳定性分析。

弹性模量(GPa)	拱顶最大垂直位移(cm)	侧墙最大水平位移(cm)	安 全 系 数
0.02	9.4	7.6	1.48
0.03	7.3	5.1	1.48
0.04	4.7	3.8	1.48
0.05	4.4	3.0	1.48
0.06	3.6	2.5	1.48

由上可见,采用洞周某点的位移值或收敛值作为隧洞稳定分析的判据具有很大的经验性,也没有统一的标准,还会受弹性模量选取不准的影响,因而判据的可靠性不足。

2. 以围岩塑性区大小作为判据的不足

当前,在隧洞设计中常以塑性区大小作为稳定分析的经验判据,认为在同样的埋深与岩土强度状态下,隧洞塑性区大小是一样的。塑性区大小主要取决于岩土强度,由此看来塑性区标准优于位移标准。但研究发现塑性区大小与岩土泊松比有密切关系,同样,岩土泊松比也是很难测准的,尤其是岩体。从泊松比大小、隧道洞形和商业软件类型三方面对影响塑性区大小进行了深入的研究,结论是:泊松比的不同对塑性区大小有很大的影响;不同形状和大小的隧洞,塑性区大小与洞室跨度的比值往往不同,很难给出统一标准;采用不同的商业软件计算获得的塑性区是不同的,这也使以塑性区大小为判据产生困难。

(1)不同泊松比对塑性区大小有很大影响,而对安全系数没有影响

分析中发现,塑性区分布范围受泊松比 μ 的取值影响很大。在受力状态与岩体强度相同的情况下,泊松比取值不同时围岩塑性区大小差别很大,由此会得出不同的判定结果。

以上述黄土隧洞为分析例子,为研究泊松比对塑性区大小与安全系数的影响,分别取 0.20、0.25、0.30、0.35、0.40、0.45 六种不同的泊松比进行数值模拟计算,求出隧洞开挖后塑性区的范围以及基于有限元强度折减法的安全系数值。图 13-3 为不同泊松比对应的围岩塑性区范围。表 13-5 为不同泊松比情况下围岩塑性区面积与稳定安全系数值。如图 13-3a)、b)所示,当 μ 的取值较小时,塑性区从两侧拱肩与拱脚处向围岩内部成 X 状延伸,塑性区的面积和塑性区扩展深度都较大。如图 13-3c)、d)、e)、f)所示,当 μ 的取值较大时,塑性区主要分布在隧洞的周围并与隧洞的形状相类似,塑性区的面积和塑性区扩展深度都较小。由表 13-5 可以看出,泊松比取 0.20 时,围岩塑性区面积为泊松比取 0.45 时的 2.43 倍。可见,泊松比取值对隧洞围岩塑性区范围影响很大,而计算表明安全系数值基本不受泊松比影响。

(2)不同数值分析软件对塑性区大小有很大影响,而对安全系数没有影响

第 12 章中通过应用 ANSYS、FLAC、ABAQUS、PLAXIS、同济曙光(GeoFBA)五种数值模拟软件对同一算例进行了分析,见表 12-1。各种软件的塑性区是不同的,而安全系数是相近的,各种软件的误差都控制在 3% 以内。

通过上述分析可知,以隧洞周边测点的位移或收敛位移,或以隧洞围岩塑性区大小作为稳定性经验判据是不可取的,这种判据没有严格力学依据和统一标准,因人而异,而且受变形参数选取的影响。采用基于有限元强度折减法求出的安全系数作为隧洞围岩稳定性标准,有严格的力学依据,不受其他因素的干扰,能够形成统一的标准,因而更具科学性和客观性。

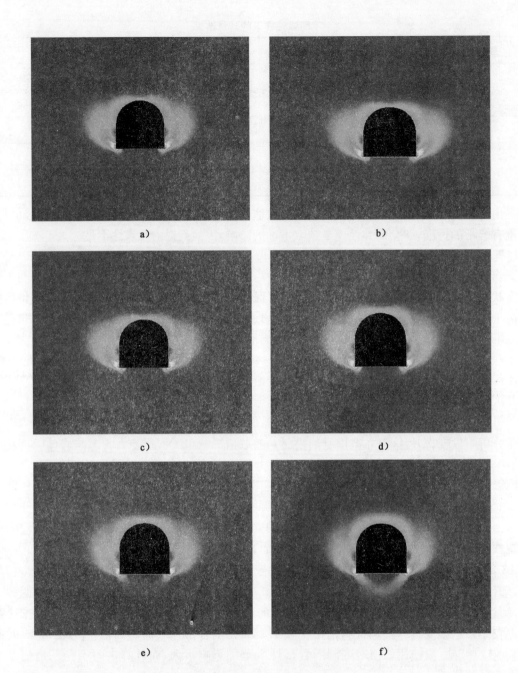

图 13-3　不同泊松比对应的围岩塑性区（彩图见 462 页）

a)$\mu=0.20$;b)$\mu=0.25$;c)$\mu=0.30$;d)$\mu=0.35$;e)$\mu=0.40$;f)$\mu=0.45$

不同泊松比的计算结果　　　　　　　　　　　　　　　　表 13-5

泊松比 μ	围岩塑性区面积（m²）	安 全 系 数	泊松比 μ	围岩塑性区面积（m²）	安 全 系 数
0.20	71.97	1.47	0.35	31.19	1.48
0.25	53.11	1.48	0.40	30.94	1.48
0.30	40.19	1.48	0.45	29.63	1.48

13.5 均质隧洞安全系数计算

13.5.1 隧洞安全系数定义

1. 隧洞剪切安全系数定义

隧洞的破坏主要是剪切破坏,因而需要有剪切安全系数。对隧洞建议采用强度储备安全系数,即定义为隧洞破裂面上的岩土抗剪力与实际剪切应力的比值:

$$\int_0^l \tau dl = \int_0^l (c' + \sigma \tan\varphi') dl$$

$$c' = c/\omega, \tan\varphi' = \tan\varphi/\omega \tag{13-6}$$

2. 隧洞拉裂安全系数定义

由于土体与破碎软弱岩体的抗拉强度较低,可能出现拉破坏,因此还必须研究隧洞的拉裂安全系数。当地表面以及围岩内部非洞周临空面的单元上产生拉裂区时,由于岩土体只承受向下的自重应力,并且受到周围单元的约束,不太可能引发整体拉裂破坏,至今也没有发现这些拉破坏造成隧洞整体失稳现象。当隧洞内临空面(不包括底部临空面)处围岩第一个单元发生拉裂破坏后,单元失去抗拉强度,拉应力转移到周围的单元并导致周围单元也发生破坏,隧洞就由局部的塌落逐渐发展成较大规模的拱顶塌落或洞壁塌落。由此可见隧洞洞周不允许出现拉裂单元,出现拉裂单元就意味着隧洞处于不稳定状态。在目前对隧洞整体拉坏还不明确的情况下,我们对拉破坏采用了上述假定。因而可以结合有限元强度折减法的思想,不断折减土体的抗拉强度参数,设定隧洞内临空面(不包括底部临空面)处围岩出现第一个单元拉裂破坏作为隧洞受拉破坏的依据,此时抗拉强度折减系数即为隧洞拉裂安全系数。与剪切破坏不同的是不考虑拉裂区贯通,而只要临空面上有一个单元出现拉裂,就可认为隧洞出现拉破坏。

为了保证隧洞的整体安全性,设计中必须给出上述两种不同的设计安全系数值,即剪切安全系数与拉裂安全系数。设计时安全系数的取值范围还需要经过大量的统计与实践检验才能得到。

13.5.2 隧洞剪切安全系数计算方法实例分析

下面应用 FLAC3D 与 ANSYS 两种软件对一组具体的无衬砌黄土民窑隧洞算例进行建模分析,研究两种安全系数的计算方法,计算不同矢跨比条件下隧洞的安全系数,并进行稳定性分析。

1. 工程概况与建模

[例 13-2] 某黄土人居窑洞,埋深 30m,跨度 3m,侧墙高 1.5m,拱高 H 分别取 0.5m、1.0m、1.5m,即矢跨比为 1/6、1/3、1/2。计算所采用的物理力学参数见表 13-6。

土体物理力学参数 表 13-6

弹性模量(GPa)	泊 松 比	重度(kN/m³)	黏聚力(MPa)	内摩擦角(°)	抗拉强度(MPa)
0.04	0.35	17	0.05	25	0.02

隧洞按照平面应变问题考虑,采用理想弹塑性本构模型,选用 M-C 准则或平面应变关联流动法则下 M-C 匹配(DP4)准则。计算范围底部以及左右两侧各取 5 倍洞室跨度,向上取到地表。边界条件左右两侧为水平约束,下部为固定约束,上部为自由边界。

2.隧洞剪切安全系数分析

(1)采用 FLAC3D 软件计算

FLAC3D 软件能够通过自动折减土体强度参数求出安全系数。由于 FLAC 既能进行剪切破坏分析,也能进行拉裂破坏分析,因此所求的安全系数是剪切安全系数还是拉裂安全系数并不清楚,为此采用了两种方法求解安全系数:一是只折减抗剪强度参数 c、φ;二是对抗剪强度参数 c、φ 及抗拉强度同时折减,计算结果见表 13-7。比较之后发现,是否折减抗拉强度对所求的安全系数影响很小,一般都小于 1.0%。这表明,FLAC3D 计算出的安全系数代表的是土体的剪切安全系数,与土体抗拉强度关系不大。所以,在求黄土隧洞剪切安全系数时只需要折减 c、φ 两个参数。

采用 FLAC3D 计算的剪切安全系数　　　　　　　　表 13-7

矢 跨 比	拱高 (m)	剪切安全系数(DP4)	
		只折减 c、φ	折减 c、φ、抗拉强度
1/6	0.5	1.57	1.57
1/3	1.0	1.54	1.55
1/2	1.5	1.50	1.50

图 13-4 为采用 FLAC3D 程序计算得到的塑性区图以及潜在的破裂面位置,图 13-4c)、f)、i)中黑线即为潜在的破裂面。可以看出,隧洞开挖后未进行强度折减前围岩已经产生较大面积塑性区,并且塑性区发生了贯通,但此时隧洞并没有发生破坏。随着强度的折减,围岩塑性区不断扩展,当达到极限破坏状态时,形成大片连续的塑性区,而不像边坡破坏时形成明显的塑性剪切带。由于隧洞围岩发生破坏时剪应变会发生突变,因此可以通过剪应变增量图找出破坏面的位置,如图中黑线所示,具体做法详见第 14 章。

(2)采用 ANSYS 软件计算

为了与 FLAC3D 软件计算结果进行比较,本项研究还采用了 ANSYS 软件进行分析。图 13-5 为采用 ANSYS 软件分析得到的塑性区图以及潜在的破裂面位置,图 13-5c)、f)、i)中黑线即为潜在的破裂面。

从开挖后围岩的塑性区图 13-5a)、d)、g)可以看出,均质隧洞开挖后塑性区主要分布两侧的侧墙位置,随着矢跨比的增大,塑性区范围逐渐增大但都小于 1 倍洞跨,按经验判断洞室是稳定的。从破坏时围岩的塑性区图 13-5b)、e)、h)可以看出,均质隧洞破坏时产生大面积的塑性区,塑性区从拱肩和拱脚处沿着与水平向约成 45°的方向向围岩内部延伸。从等效塑性应变图 13-5c)、f)、i)以及潜在破裂面可以看出,黄土隧洞的破坏不同于边坡的破坏,不存在明显的剪切带,而是在靠近临空面处的围岩产生了大面积塑性区,其中侧墙的下部以及两侧的拱脚下部与侧墙上部处由于应力集中,产生较明显的塑性应变,因此可以判断这些部位是隧洞最容易发生失稳破坏的部位。

表 13-8 为不同矢跨比条件下剪切安全系数。比较表 13-7 与表 13-8 可以看出,两种软件计算得到的安全系数基本一致,误差不超过 2.0%。由表 13-8 还可知,当土体强度较低时,安

全系数小于1.0,难以满足要求。可见,在强度较高的老黄土中修建3m跨度的洞室是可靠的,而在强度较低的新黄土中难以修成,这与多年的工程经验一致。

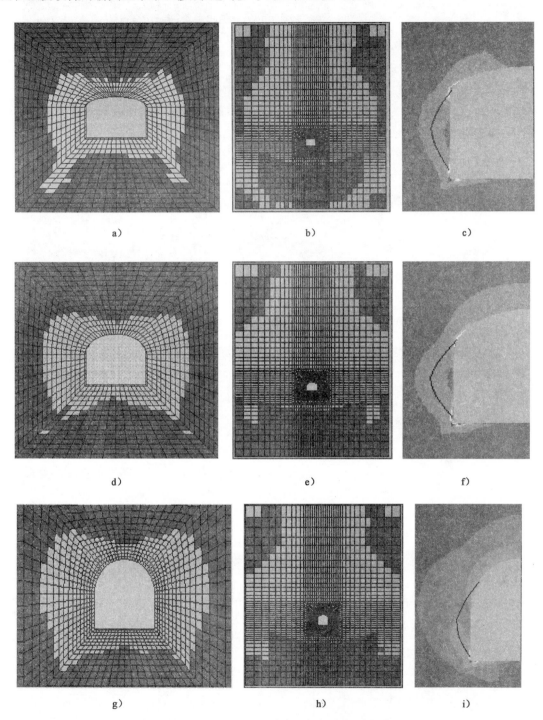

图 13-4 采用 FLAC3D 程序计算的结果(彩图见 463 页)

a)开挖后塑性区(拱高 $H=0.5m$);b)破坏时塑性区(拱高 $H=0.5m$);c)破坏时剪应变增量(拱高 $H=0.5m$);d)开挖后塑性区(拱高 $H=1.0m$);e)破坏时塑性区(拱高 $H=1.0m$);f)破坏时剪应变增量(拱高 $H=1.0m$);g)开挖后塑性区(拱高 $H=1.5m$);h)破坏时塑性区(拱高 $H=1.5m$);i)破坏时剪应变增量(拱高 $H=1.5m$)

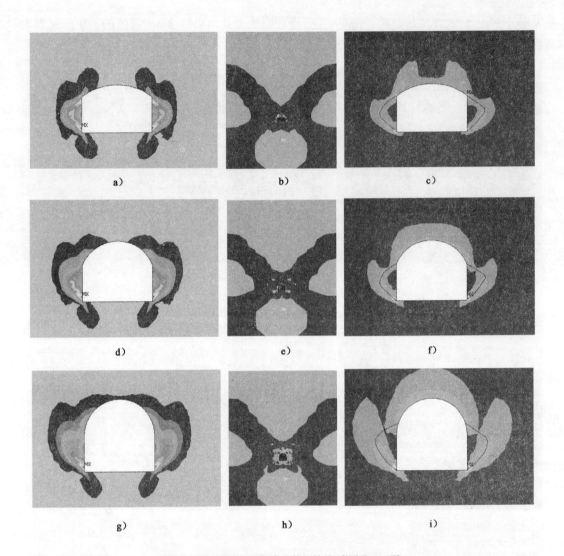

图 13-5 采用 ANSYS 程序计算的结果（彩图见 464 页）

a)开挖后塑性区(拱高 $H=0.5\text{m}$);b)破坏时塑性区(拱高 $H=0.5\text{m}$);c)破坏时等效塑性应变(拱高 $H=0.5\text{m}$);d)开挖后塑性区(拱高 $H=1.0\text{m}$);e)破坏时塑性区(拱高 $H=1.0\text{m}$);f)破坏时等效塑性应变(拱高 $H=1.0\text{m}$);g)开挖后塑性区(拱高 $H=1.5\text{m}$);h)破坏时塑性区(拱高 $H=1.5\text{m}$);i)破坏时等效塑性应变(拱高 $H=1.5\text{m}$)

采用 ANSYS 计算的剪切安全系数　　　　　　　　表 13-8

土　　体	黏聚力 （MPa）	内摩擦角 （°）	跨度 （m）	拱高 （m）	矢　跨　比	剪切安全系数 （DP4）
老黄土	0.05	25	3	0.5	1/6	1.55
				1.0	1/3	1.51
				1.5	1/2	1.48
新黄土	0.02	18	3	0.5	1/6	0.77
				1.0	1/3	0.74
				1.5	1/2	0.72

13.5.3 隧洞拉裂安全系数计算方法实例分析

按照拉裂系数的定义，采用 FLAC3D 程序，通过折减抗拉强度，对上述算例求拉裂安全系数。

FLAC3D 程序能够判断拉破坏单元，因此可以通过折减抗拉强度求解安全系数。黄土隧洞除在洞周形成拉破坏外，还会在其他部位出现局部拉破坏，如在地表面上或围岩内临空面以内的部位。经验告诉人们，这些拉破坏单元即使拉坏了也不会影响洞室的安全与使用。因而，可以认为只有内临空面上出现土体拉破坏，土体才会在自重作用下塌落并不断发展，而其余拉破坏单元并不会引起整个隧洞的失稳。基于这种想法，假设内临空面上(不包括底部临空面)出现第一个拉破坏单元，即认为黄土隧洞出现整体拉破坏。结合强度折减法思想，不断折减抗拉强度，直至出现首个拉破坏单元，可以认为此时隧洞处于拉破坏状态，定义拉裂安全系数为：

$$F_t = \frac{\sigma_d}{\sigma} \tag{13-7}$$

式中：σ_d——岩土抗拉强度；

σ——实际拉应力。

当土体抗拉强度极小时，隧洞初始状态就可能已处于整体拉破坏，说明拉裂安全系数小于1.0，以强度折减法的逆向思维，不断提高抗拉强度，直至出现第一个拉裂塑性区单元，此时即为整体拉破坏状态，根据式(13-7)计算得到拉裂安全系数。如上述工程算例中当隧洞为平顶时，如果抗拉强度取 0.001MPa，不断提高抗拉强度并用 FLAC3D 计算出隧洞围岩塑性区(含拉破坏)，如图 13-6 所示，发现抗拉强度提高到 0.006MPa 时，洞顶首先出现拉裂单元，此时拉裂安全系数为：

$$F_t = \frac{\sigma_d}{\sigma} = \frac{0.001}{0.006} = 0.167$$

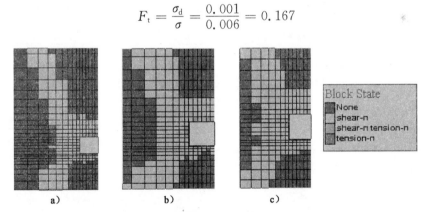

图 13-6　提高抗拉强度时塑性区与拉力区(彩图见 464 页)

a)$t=0.001$MPa；b)$t=0.005$MPa；c)$t=0.006$MPa

当土体抗拉强度较大时，隧洞初始状态稳定，采用强度折减的方法，不断降低抗拉强度，直至出现第一个拉裂单元，此时即为整体拉破坏状态，同样根据式(13-7)计算得到拉裂安全系数。如果抗拉强度取 0.01MPa，不断降低抗拉强度，并用 FLAC3D 计算出隧洞塑性区(含拉破坏)，发现降低到 0.01MPa 时，洞顶最先出现拉裂单元，如图 13-7 所示，此时拉裂安全系数为：

$$F_t = \frac{0.01}{0.01} = 1$$

但由于土体抗拉强度很低，开挖时受到扰动，平洞顶会出现坍塌。

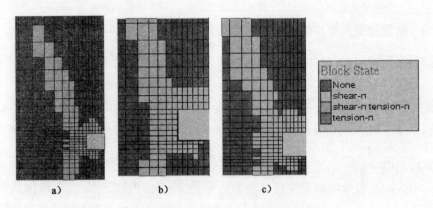

图 13-7　降低抗拉强度时塑性区与拉力区(彩图见 465 页)
a)$t=0.02$MPa;b)$t=0.012$MPa;c)$t=0.01$MPa

　　对于不同矢跨比的隧洞,同样不断折减抗拉强度,拱高0.5m的抗拉强度折减到0.005MPa,拱高 1m 的抗拉强度折减到 0.006MPa,拱高 1.5m 的抗拉强度折减到 0.007MPa,拱高 2m 的抗拉强度折减到 0.006MPa,侧墙均首次出现拉裂单元,采用式(13-7)计算隧洞的拉裂安全系数,见表 13-9。

根据折减强度得到的拉裂安全系数 表 13-9

抗拉强度(MPa)	矢　跨　比	拱　高　(m)	拉裂安全系数
	0	0.0	2.00
	1/6	0.5	4.00
0.02	1/3	1.0	3.33
	1/2	1.5	2.86
	2/3	2.0	2.50
	0	0.0	1.00
	1/6	0.5	2.00
0.01	1/3	1.0	1.67
	1/2	1.5	1.43
	2/3	2.0	1.25

　　对于岩质隧洞,当将其看做均质岩体时,其计算方法与上述方法相同。

参 考 文 献

[1] Zienkiewicz O C, Humpheson C, Lewis R W. Associated and non-associated viscoplasticity and plasticity in soil mechanics [J]. Geotechnique, 1975, 25(4): 671-689.

[2] 赵尚毅,郑颖人,时卫民,等.用有限元强度折减法求边坡稳定安全系数[J].岩土工程学报,2002,24(3):343-346.

[3] 郑颖人.岩土数值极限分析方法的发展与应用[J].岩石力学与工程学报,2012,31(7):1297-1316.

[4] 胡文清,郑颖人,钟昌云.木寨岭隧道软弱围岩段施工方法及数值分析[J].地下空间与工

程学报,2004,24(2):193-197.

[5] 郑颖人,赵尚毅,邓楚键,等.有限元极限分析法发展及其在岩土工程中的应用[J].中国工程科学,2006,8(12):39-61.

[6] 郑颖人,赵尚毅.岩土工程极限分析有限元法及其应用[J].土木工程学报,2005,8(1):91-99.

[7] 郑颖人,胡文清,王敬林.强度折减有限元法及其在隧道与地下洞室工程中的应用[C]//中国土木工程学会第十一届、隧道及地下工程分会第十三届年会论文集,2004:239-243.

[8] 张黎明,郑颖人,王在泉,等.有限元强度折减法在公路隧道中的应用探讨[J].岩土力学,2007,28(1):97-101.

[9] 郑颖人,邱陈瑜,张红,等.关于土体隧洞围岩稳定性分析方法的探索[J].岩石力学与工程学报,2008,27(10):1968-1980.

[10] 邱陈瑜,郑颖人,宋雅坤.采用 ANSYS 软件讨论无衬砌黄土隧洞安全系数[J].地下空间与工程学报,2009,5(2):291-296.

[11] 杨臻,郑颖人,张红.岩质隧洞围岩稳定性分析与强度参数的探讨[J].地下空间与工程学报,2009,5(2):283-290.

[12] 张红,郑颖人,杨臻.黄土隧洞安全系数初探[J].地下空间与工程学报,2009,5(2):297-306.

[13] Zheng Yingren, Tang Xiaosong, Deng Chujian, et al. Strength reduction and step-loading finite element approaches in geotechnical engineering [J]. Journal of Rock Mechanics and Geotechnical Engineering, 2009, 1(1): 21-30.

[14] 郑颖人,孔亮.岩土塑性力学[M].北京:中国建筑工业出版社,2010.

[15] 郑颖人,赵尚毅,李安洪,等.有限元极限分析法及其在边坡中的应用[M].北京:人民交通出版社,2011.

第14章 隧洞围岩破坏机理
DISHISIZHANG

14.1 概　　述

　　隧洞围岩破坏机理与破坏形态的研究,以往一般是基于现场实际观察与室内模型试验,由此获得一些定性的概念,在此基础上提出一些关于破坏机理的假设,并在假设基础上提出围岩压力的计算方法。一般来说,这些定性的概念在一些特定情况下是正确的,但不适用于所有情况。例如普氏(Протолъяконов M. M.)压力拱理论比较适用于拱顶平缓、埋深不大的松散岩土体中的深埋隧洞;又如基于洞顶上面松散岩土体应力传递的岩柱理论与太沙基(Terzaghi K.)理论,比较适用于浅埋隧洞与松软岩土体中。总之,这些破坏机理都是基于松散体假设。

　　随着岩土弹塑性理论、有限元法与锚喷支护的发展,基于弹塑性理论的隧洞破坏机理逐渐发展。20世纪70年代,新奥法的创始人之一勒布希维兹(Rabcewicz L. V.)提出了楔形剪切破裂体理论,他基于对实际隧洞破坏现象的观察,提出了隧洞侧壁剪切破坏的破裂楔体理论,如图14-1所示。我国某一受到破坏的深埋黄土隧洞,显示出围岩破坏主要发生在隧洞两侧,在墙顶以下与墙脚以上的侧壁衬砌上出现明显的两条纵向剪裂带,验证了这一破坏机理的科学性。顾金才(1979)通过模型试验得出,破裂区位置随侧压系数λ值不同而不同。霍伊尔(Heuer R. E.)和亨德伦(Hendren A. J.)于1980年采用相似材料的模型试验,得出了直墙拱顶隧洞破裂区在两侧的结论(图14-2)。《地下工程围岩稳定分析》(1983)一书,将其试验得到的破裂区与有限元算得的塑性区放在一起,如图14-2所示,表明塑性区并非破裂区,破裂区在

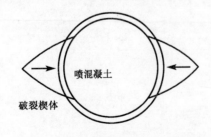

图14-1　勒布希维兹提出的楔形剪切破裂体

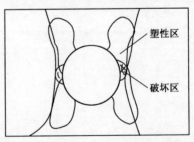

图14-2　圆形隧洞塑性区和破裂区示意图

塑性区之内。郑颖人、胡文清(2004)采用有限元极限分析法求出隧洞围岩安全系数,为研究隧洞破坏机理提供了有效途径。

由此可见,无论是基于松散体假设,还是基于连续体假设,目前对隧洞破坏机理的认识,还停留于现场观测与试验室试验的基础上。尽管采用传统极限分析尚无法求解围岩稳定安全系数,但可以通过有限元极限分析法求出围岩稳定安全系数,并得到破裂面的位置与形态,从而将隧洞的稳定分析从定性分析提升到定量分析阶段。

按照围岩的破坏机理和形式,大致可将围岩破坏类型分成如下四类:①单块落石与局部失稳破坏;②围岩整体破坏,按其破坏形式,还可细分为受拉破坏、剪切破坏与拉剪复合破坏;③岩爆破坏;④潮解膨胀破坏。

14.1.1 单块落石与局部失稳破坏

即使在坚硬的围岩中,也不能排除围岩中出现单块落石与局部块体失稳坍塌的破坏情况,这种破坏主要是由地质、岩体构造和施工原因造成的。例如地质破碎带、岩体结构面结合很差或存在软弱结构面的裂隙岩体,岩体结构面和临空面的不利组合,结构面的风化潮解,施工中的爆破松动作用以及开挖面的不规则形状等。就其受力原因来说,落石破坏主要是由于围岩自重所造成,围岩应力属次要因素。一般情况下,围岩应力还有利于阻止落石形成。就其破坏

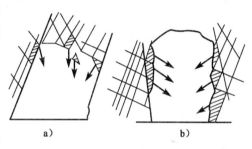

部位来说,主要位于洞顶,其次位于两侧,其破坏形式表现出岩块沿弱面拉断或滑移,落石坍落或滑落。图14-3 为个别落石破坏的例子。图14-4a)表示由自重作用沿软弱结构面引起的剪切破坏,形成软弱结构面内岩体局部塌落。图14-4b)表示某工程中开挖与初支上导洞时出现的节理裂隙岩体的局部塌落,由于锚杆太短(锚杆长 3m),锚杆与岩体一起塌落,喷层强度不足而断裂,塌落体长23.6m,最大厚度超过 6m。

图 14-3 局部落石破坏

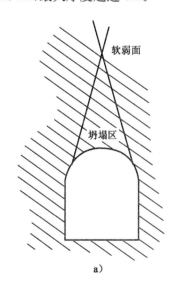

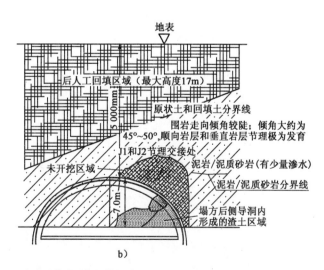

图 14-4 由自重作用引起的剪切破坏

a)塌方区位置图;b)塌方区横断面图

局部落石的定量分析一般采用块体极限平衡法,岩体隧洞的块体稳定分析详见 14.4 节。

14.1.2 整体破坏

1. 拉裂破坏与折断破坏

围岩由于受拉而出现的破坏称为拉破坏。岩土抗拉能力较低,在抗拉强度极低的土体、破碎岩石和具有软弱面结构岩体中更容易产生拉破坏。围岩拉破坏一般有拉裂破坏和折断破坏两种形式。

当拱顶平缓、岩体破碎时,顶部最易出现拉应力与拉破坏,并在围岩自重作用下出现冒顶塌落。这种破坏主要发生在顶部平缓的隧洞中,因此矩形和梯形断面的隧洞容易出现拉裂破坏。图 14-5 为两种拉裂破坏的情况。由于拉裂是沿结构面发生的,所以冒落的形状是不规则和不光滑的。

侧压系数 $\lambda < 1$ 时,隧洞两侧虽然处于受压状态,但对一些脆性岩石和垂直节理发育的岩体,在垂直压力作用下,围岩侧壁可能会出现垂直向拉裂。此外,这类破坏形态也常常能在巷道岩柱和导洞间壁上看到(图 14-6)。

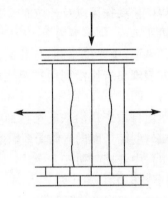

图 14-5　拉裂破坏示意图　　　　　　　图 14-6　矿柱的一种破坏形式

围岩折断破坏是拉破坏的另一种表现形式,它主要出现在层状岩体中。当隧洞顶部和底部有水平成层的岩体时,往往出现向下或向上的挠曲折断破坏(图 14-7);当隧洞侧壁有垂直向层状岩体时,则侧壁容易出现凸帮折断破坏(图 14-8)。尤其是薄层岩体,最易出现朝向洞内的折断破坏。

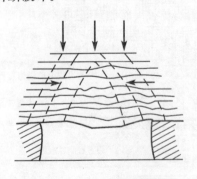 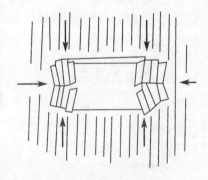

图 14-7　水平岩层的折断破坏　　　　　　图 14-8　垂直岩层的折断破坏

2. 剪切破坏与复合破坏

剪切破坏是软弱围岩中最常见的破坏形式。在高应力作用下,坚硬完整的岩体也会出现这种破坏。

$\lambda < 1$ 时，深埋隧洞围岩中剪切破坏出现在隧洞两侧，如图 14-1 和图 14-2 所示。这种破坏使隧洞侧墙上方与下方出现两道明显的剪切裂缝，这是剪切破坏的主要形式。同时，它也是围岩出现严重片帮、冒顶的第一阶段。顾金才（1978）做了系列模型试验，结果如表 14-1 所示，表明破裂区的位置随侧压系数 λ 值不同而不同。侧壁剪坏后，若不采取有效的支持措施，破坏就会从侧壁发展到顶部，出现拉裂或新的剪切破坏，这种破坏全过程称为复合破坏。现场观察和模型试验表明，岩性不同复合破坏形式也不同。对于破碎软弱岩体，围岩最终破坏往往表现为严重片帮、冒顶，称为片帮冒落型破坏。而对于塑性流变岩体，隧洞围岩破坏则主要表现为围岩从四周向洞内蠕动，围岩无明显破坏塌落，而围岩变形无限增大，隧洞幅员大幅减少，称为挤压型大变形破坏。大变形破坏主要发生在高地应力下的软弱层状岩体中，是隧洞建设中的重大地质灾害。上述两种破坏形式是深埋隧洞中的主要破坏类型。浅埋隧洞的主要破坏形式也是剪切破坏，拱顶上的岩土体受剪破坏直至地表。

系列模型试验　　　　　　　　　　　　　　　　表 14-1

洞形	λ	初始破坏荷载		试验最大荷载		最大破坏深度 d/b			破坏图形
		$\dfrac{P_v}{R_c}$	$\dfrac{P_h}{R_c}$	$\dfrac{P_v}{R_c}$	$\dfrac{P_h}{R_c}$	拱部	边墙	底板	
圆形	$\dfrac{1}{4}$	1.7	0.43	2.0	0.5	未坏	0.27	未坏	
高直边墙拱形隧洞	$\dfrac{1}{3}$	2.1 (2.5)	0.7 (2.8)	2.5 (2.88)	0.83 (0.96)	未坏 (未坏)	0.36 (0.39)	未坏 (未坏)	
高直边墙拱形隧洞	1.0	2.4 (2.7)	2.4 (2.7)	2.5 (3.12)	2.5 (3.12)	(0.36)	(0.33)	(0.36)	

14.1.3 岩爆破坏

岩爆是围岩的一种特殊破坏形态，表现为开挖围岩岩体被突然抛落，这是动力问题。产生岩爆的原因是岩体内储存的应变能突然释放，因此产生岩爆的条件必须是岩体中应力超过强度且受力后大部分能量积聚成应变能。岩爆是隧道开挖中岩体积聚的应变能突然而猛烈地释放时的脆性断裂（拉裂和脆性剪断）并伴有抛射现象，因而当隧洞为脆性岩体与开挖卸载快时容易出现岩爆。如果岩体具备某种形式的塑性应变，能使应变能缓慢逸散，虽然处于高应力作用下，也不会发生岩爆。通常岩爆发生在埋深较大的隧洞与采矿巷道以及脆性岩体中。但埋深和岩体脆性并不是发生岩爆的必要条件，在埋深不大的隧洞中和具有一定塑性的岩体中，只要能积聚岩体应变能，并能突然释放，都可能出现岩爆现象。冯夏庭（2012）将岩爆类型分为应变型岩爆与应变—结构型岩爆，前者是应变能的突然释放；后者还与岩体构造，如结构面有关。岩爆还分为瞬时型岩爆与滞时型岩爆，前者是隧洞开挖时立即或较短时间内发生的岩爆；后者是开挖后经过一段时间产生的岩爆。

14.1.4 潮解膨胀破坏

潮解膨胀破坏是由于围岩遇水而引起的破坏，表现为岩体软化崩解或强烈膨胀。但某些潮解膨胀岩体在天然状态下含有很高的水分，尤其是在地下水位以下的膨胀性岩体，只要不发生风干脱水作用，在水的作用下不会发生膨胀变形，表明风干脱水对形成围岩潮解膨胀的重要作用。

潮解膨胀岩层的主要岩石类型有泥岩、黏土岩、页岩、凝灰岩、泥灰岩和硬石膏等。膨胀性岩层含有大量的活动性矿物蒙脱石，吸水后体积可扩大几倍到几十倍，因而具有强烈的膨胀性。

潮解膨胀岩层具有流变性，易风化潮解，遇水泥化、软化而丧失围岩强度。加速支护，尽快封闭围岩，这是防止潮解膨胀破坏的有效措施。

14.2 隧洞破坏机理

14.2.1 概述

采用有限元强度折减法能够分析隧洞在自重、外荷载作用下，在岩土体强度降低情况下的隧洞应力、应变，及其塑性区与破裂区的发展过程，并求出极限荷载或安全系数。然而，这些计算结果如何反映隧洞的破坏过程，计算是否与实际相符，这就需要通过模型试验进一步验证。在边（滑）坡分析中，采用有限元强度折减法得到的破裂面与稳定安全系数，可以采用传统的极限分析法计算方法加以验证；而在隧洞分析中尚没有传统的计算方法可以验证，因而需要通过模型试验加以对比验证。本节首先讨论圆形隧洞的破坏机理与滑移线方程，而后研究深埋直墙拱形隧洞的破坏机理，先进行隧洞破坏模型试验，然后利用 ANSYS 有限元软件对模型进行数值模拟和分析对比，由此得出深埋时隧洞侧壁破坏、浅埋时拱顶破坏的隧洞破坏机理，以及深、浅埋的分界标准。

14.2.2 圆形隧洞的破坏机理与滑移线方程

1. 围岩剪切破坏过程

模型试验和理论分析表明，围岩破裂区总是位于塑性区内，并从应变最大处开始和发展。其发展过程如下：岩体挖洞后，由于应力重分布，洞周径向应力降低，切向应力增高，使应力圆迅速扩大而达到极限平衡状态。在洞周塑性区内，由于围岩刚进入塑性，尚未进入破坏失稳状态，只有在洞壁附近塑性应变最大处塑性充分发展后，才会在洞壁附近诸多屈服面中形成一条破裂面。按极限分析理论，当破裂面上剪切力与抗滑力相等，将导致隧洞沿破裂面发生整体破坏失稳，破裂面内围岩塌落。可见，围岩塑性区并不等于破裂区，只有破裂面内围岩才会破坏塌落。按极限分析理论，破裂面可由滑移线场中滑移线确定，但由于问题复杂，只能求出轴对称条件下圆形隧洞的滑移线方程，对其他类型隧洞，至今未能求出隧洞滑移线和稳定安全系数。前苏联学者曾经推导过圆形隧洞的滑移线方程，并在国内广泛引用。作者认为其推导有误，其推导中假定破裂面与最小主应力方向成 $45°+\varphi/2$，这一假设只有在破裂面为直线的均匀滑移线场中才适用,而圆形隧洞滑移线场是一个简单滑移线场,也称扇形滑移线场,这一假设并不成立,致使计算有误。下面重新推导圆形隧洞滑移线方程。

2. 圆形隧洞围岩的塑性滑移线方程

当侧压系数 $\lambda=1$ 时,圆形隧洞是轴对称问题。在无限大平面内开一半径为 r_0 的圆孔,在对称荷载 $P(\lambda=1)$ 的作用下(图 14-9),圆孔周围受力成轴对称,由对称性易知圆孔周围主应力方向分别为径向和切向,后文将给出正确的滑移线解答。在非对称荷载的作用下($\lambda\neq1$)(图 14-9),圆孔周围主应力方向不再是径向和切向,不同位置主应力方向均发生了不同程度的偏转,这种情况下目前尚无法给出严格的滑移线解答。

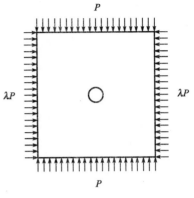

图 14-9　圆形隧洞计算模型

对于 $\lambda=1$ 的情况,洞周主应力方向必然分别为径向和环向,其中最大主应力方向为环向,最小主应力方向为径向(以压为正);对于 $\lambda\neq1$ 的情况,洞周主应力方向不再是严格的径向和环向,但根据数值计算结果可以发现,在圆的径向与水平方向成 $\dfrac{\pi}{4}$ 夹角范围内,主应力方向可以近似为径向和环向,如图 14-10 所示。

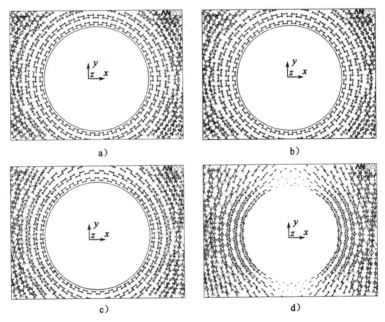

a)

b)

c)

d)

图 14-10　洞周主应力方向
a)$\lambda=1$;b)$\lambda=0.75$;c)$\lambda=0.5$;d)$\lambda=0.25$

目前岩土滑移线场有两种理论:一种是基于适用于金属材料的传统塑性理论的滑移线场;另一种是基于适用于岩土材料的广义塑性理论的滑移线场。在极限分析中,由于求解安全系数或极限承载力与塑性本构关系无关,因此上述两种不同理论求出的安全系数或极限承载力相同,这两种理论目前都在实际工程中应用。但两种滑移线场求解出的滑移线形式及位移值是不同的,由于传统塑性理论采用关联流动法则,不适应岩土的变形机制,按传统塑性理论求解会导致出现远大于实际的剪胀。因而下面求解滑移线时采用了适用于岩土材料的广义塑性理论。

对于圆形隧洞,滑移线场是简单滑移线场。按适应岩土变形机制的广义塑性力学中的滑移线场理论,即适应非关联流动法则的滑移线理论,此时塑性滑移线方向与位移矢量方向(即圆的环向)处处成 $\varphi/2$ 角。

根据对称性,建立如图 14-11 坐标系。

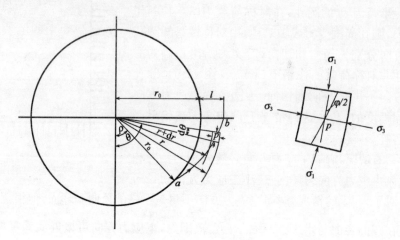

图 14-11　破裂楔体滑移线

对极坐标为 γ、θ 的任意点 p,由几何关系可得:

$$\frac{\mathrm{d}r}{r\mathrm{d}\theta} = \tan\frac{\varphi}{2} \tag{14-1}$$

$$\frac{\mathrm{d}r}{r} = \tan\frac{\varphi}{2}\mathrm{d}\theta \tag{14-2}$$

式(14-2)两边分别对 θ 从 $\rho \to \theta$、r 从 $r_0 \to r$ 进行积分,得:

$$\int_{r_0}^{r}\frac{\mathrm{d}r}{r} = \tan\frac{\varphi}{2}\int_{\rho}^{\theta}\mathrm{d}\theta \tag{14-3}$$

$$\ln r - \ln r_0 = (\theta - \rho)\tan\frac{\varphi}{2} \tag{14-4}$$

于是得滑移线表达式为:

$$r = r_0 \mathrm{e}^{(\theta-\rho)\tan\frac{\varphi}{2}} \qquad \left(\rho \leqslant \theta \leqslant \frac{\pi}{2}\right) \tag{14-5}$$

式中:ρ——滑移线起始角。

模型试验表明,变化 λ 时,ρ 变化不大。当 $\lambda=1$ 时,由轴对称性易知必有 $\rho=\dfrac{\pi}{4}$ 的正确解答;当 $\lambda \neq 1$ 时,ρ 近似取 $\dfrac{\pi}{4}$。

根据前面对洞周主应力方向的近似假设,式(14-5)不仅适用于 $\lambda=1$ 的情形,也适用于 $\lambda \neq 1$ 的情形。当 $\lambda=0.75$ 或 0.5 时,可以得到较好的近似结果;当 $\lambda=0.25$ 时,结果会有一定的差异或较大差异。若已知 $\rho=\dfrac{\pi}{4}$,令 $\theta=\dfrac{\pi}{2}$,即可求得水平方向破裂楔体深度 l:

$$l = r_0\left(\mathrm{e}^{\frac{\pi}{4}\tan\frac{\varphi}{2}} - 1\right) \tag{14-6}$$

从式(14-6)中可以看出,给定 φ,便可求得水平方向破裂楔体深度 l。

为了确定不同 λ 值隧道破坏时所对应的 φ 值,应用有限元强度折减法对直径为 10cm 的隧洞,在给定外荷载 $P=1\,000\text{kN/m}$、λP 和 $c=230\text{kPa}$、$\varphi=33°$情况下进行强度折减,直至求出安全系数为 1.0 时的岩土 c、φ 值,计算可采用非关联法则条件下平面应变 D-P 匹配 DP5 屈服准则或 M-C 屈服准则,将破坏时的 φ 值代入式(14-6)即可求得破裂楔体深度 l,其结果见表 14-2。由表 14-2 可见,对圆形隧洞来说,其破裂楔体的厚度是不大的,计算结果与模型试验的情况基本相符。由于实际岩土存在一定的剪胀,通常实际值会略大于计算值。目前尚未能按此滑移线求出圆形隧洞的安全系数。

不同 λ 时的围岩破裂深度 l 值　　　　　　　　　表 14-2

项目 ＼ λ	0.25	0.50	0.75	1.00
破坏时 φ 值(°)	31.8	25.8	22.9	22.4
破裂深度 l(mm)	12.5	9.9	8.6	8.4

14.2.3　深埋直墙拱形隧洞的破坏机理

1.模型试验

(1)试验器材

本试验是模拟直墙拱形隧洞在施加荷载后的破坏过程,为此专门设计并制作了一套简易试验器材,主要包括:6 块 1cm 厚钢板、8 根螺栓、1 块 1cm 厚钢化玻璃、若干个木制隧洞模型。试验模型尺寸为 56cm×52cm×15cm(长×宽×厚),见图 14-12。模型实物见图 14-13,前后两侧采用两块尺寸为 56cm×52cm 的钢板进行平面应变约束,并在观测方向一侧的钢板中间开一个 24cm×30cm 的方形槽,在此钢板内侧与试件之间再夹 1cm 厚的钢化玻璃板,以便对隧洞的破坏过程进行跟踪观察。左右两侧采用两块尺寸为 15cm×52cm 的钢板,通过螺栓固定对模型提供侧向约束。底面钢板尺寸为 56cm×25cm,上部钢板尺寸为 40cm×15cm。同时为了减少钢板与试件之间的摩擦,在试件表面涂抹一层凡士林。

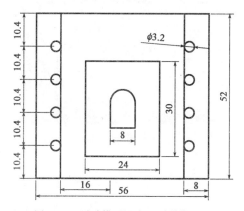

图 14-12　试验模型尺寸(尺寸单位:cm)

图 14-13　试验模型实物

(2)试验材料

开始模型试验时采用纯石膏材料(参数略),正式试验时采用的模型材料的物理力学参数见表 14-3,以提高土体强度,便于试验。

试验材料选用集料为砂,胶结材料为石膏、水泥和滑石粉,加一定量水拌和而成。其配合比为:$m_{砂}:m_{石膏}:m_{水泥}:m_{滑石粉}:m_{水}=1:0.6:0.2:0.2:0.35$。经试验测得试样的物理力学参数见表 14-3。

弹性模量（GPa）	泊　松　比	重度（kN/m³）	黏聚力（MPa）	内摩擦角（°）
0.07	0.32	17.8	0.116	21.8

（3）加载装置

试验采用油压压力机进行分级加载，如图 14-14 所示。

图 14-14　加载装置（彩图见 465 页）

（4）试验步骤

首先按照试验设计的材料配合比进行模型的浇筑，经过 3d 固结硬化后，拆除模型，对隧洞进行开挖，即将模拟隧洞的木块取出，如图 14-15 所示。而后重新对模型进行约束，并在观察向安装钢化玻璃板，利用压力机进行分级加载直至隧洞发生破坏，如图 14-16 所示。最后对试验结果进行分析。

图 14-15　隧洞模型（彩图见 465 页）　　　　　图 14-16　分级加载（彩图见 465 页）

（5）试验方案

为了研究隧洞形状、尺寸变化对隧洞破坏的影响，设计了五种试验方案。其中隧洞的跨度为 8cm，埋深为 24cm，分别按固定侧墙高为 8cm，拱高取 2cm、3cm、4cm，以及固定拱高为 4cm，侧墙高取 4cm、6cm，建立五种试验方案，如表 14-4 所示。

2. 深埋隧洞破坏过程与破坏机理分析

为了观察隧洞破坏过程与破坏机理，首先采用纯石膏材料进行模型试验，隧洞的跨度为 8cm，侧墙高度为 8cm，拱高为 4cm，矢跨比为 1/2，隧洞左右边界与隧洞左右侧墙的距离为 16cm，上侧边界距离隧洞拱顶为 24cm，下侧边界距离隧洞底部为 16cm。试验从 0 开始逐级加载直至隧洞发生破坏，并将试验观察到的结果与数值模拟的结果进行对比。

方　案	隧洞跨度（cm）	侧墙高（cm）	拱　高　（cm）
方案一	8	8	2
方案二	8	8	3
方案三	8	8	4
方案四	8	6	4
方案五	8	4	4

图 14-17 为模型试验结果与数值模拟结果对比图,其中左侧为模型试验结果图,右侧为对应的数值模拟结果图。如图 14-17a),当压力在从 0 增加至 10kN 的过程中,隧洞未出现明显破坏。从数值模拟结果看,隧洞拱脚与拱肩等应力集中部位产生小面积塑性区。如图 14-17b),当压力在从 10kN 增加至 20kN 的过程中,在隧洞侧墙底部形成斜向上的裂缝,侧墙上部拱肩处形成斜向下的裂缝,其中左侧裂缝比右侧裂缝明显。从数值模拟结果看,拱肩处塑性区斜向上和向下延伸。如图 14-17c),当压力从 20kN 增加至 25kN 时,侧墙下部向上与拱肩处向下的裂缝继续扩展,但裂缝并未完全贯通,由于试验材料强度不均而使右脚处产生局部破坏,影响到后面裂隙的开展。从数值模拟结果看,塑性区也不断延伸。如图 14-17d),当压力在增加至 27kN 时,隧洞拱脚处产生的裂缝与拱肩处产生的裂缝相互贯通,形成半圆块状剥落,同时在第一条裂缝的后面开始产生第二条裂缝,隧洞实际上已经发生破坏。数值模拟显示,当荷载增加到 29kN 时,计算不收敛,说明此时隧洞发生破坏。试验结果与数值计算结果是基本吻合的。

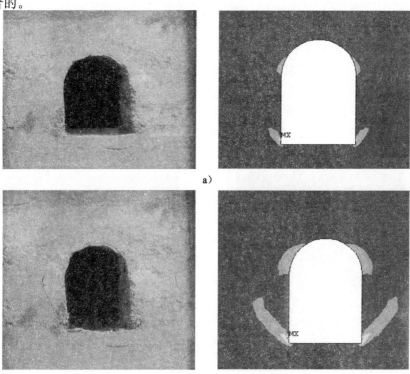

a)

b)

图 14-17

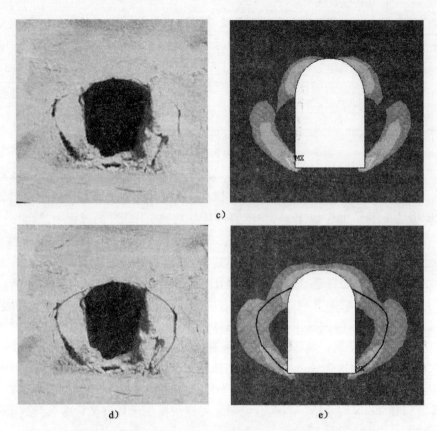

图 14-17　纯石膏模型试验(左)与数值模拟(右)结果(彩图见 466 页)

a)荷载 10kN；b)荷载 20kN；c)荷载 25kN；d)荷载 27kN；e)荷载 29kN

3. 深埋隧洞围岩破裂面位置确定

隧洞发生破坏时，破裂面处的位移或等效塑性应变发生突变。依据这一特征，可采用数值模拟确定深埋隧洞围岩破裂面的位置与形状，找出围岩各断面上等效塑性应变突变的点并连成线，即为破裂面。对图 14-18 所示围岩等效塑性应变图，分别截取 1～5 号五个断面，应用 ANSYS 软件自带的路径映射工具将各个断面的等效塑性应变值映射到路径上，而后绘出各

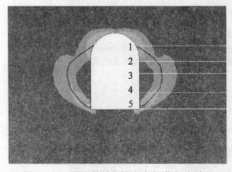

图 14-18　围岩等效塑性应变与潜在破裂面
（彩图见 467 页）

路径上等效塑性应变与 x 坐标值关系曲线，图 14-19a)～e)分别为 1～5 号断面的关系曲线。由图 14-19a)和图 14-19e)可知，断面 1 和断面 5 等效塑性应变突变的点位于 $x=0$ 处；由图 14-19b)可知，断面 2 等效塑性应变突变的点位于 $x=3.73$cm 处；由图 14-19c)可见，断面 3 等效塑性应变突变的点位于 $x=4.21$cm 处；由图 14-19d)可见，断面 4 等效塑性应变突变的点位于 $x=2.82$cm 处；将等效塑性应变图中找出的突变点的位置连成线，即可得到破裂面的位置与形状，如图 14-18 中黑线所示。

4. 模型试验与数值模拟结果对比分析

图 14-20 为采用上述混合试验材料的五种方案模型试验与数值模拟结果图。通过五种方案的模型试验与数值模拟的结果比较可以看出：隧洞的破坏机理与破坏过程是相似的，都是由

拱脚处与拱肩处产生的裂缝在围岩内部贯通后形成半圆块状剥落。另外从图 14-20a)～c)可以看出,隧洞侧墙高 8cm,拱高分别为 2cm、3cm、4cm 时,破裂面的形状与大小基本相似,说明拱高变化对隧洞破坏模式影响较小。而从图 14-20c)～e)可以看出,隧洞拱高 4cm,侧墙高分为 8cm、6cm、4cm 时,随着侧墙高度的减小,破裂面块状剥落体也变小,说明侧墙高度变化对隧洞破坏模式影响较大。

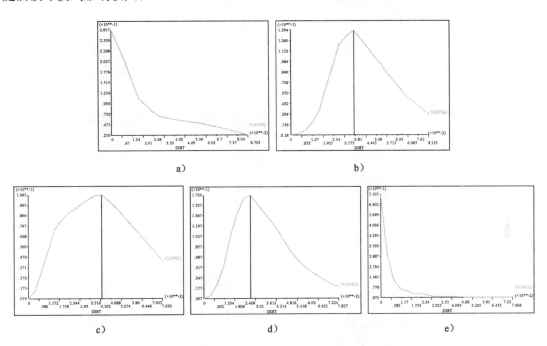

图 14-19　等效塑性应变与 x 坐标关系曲线图(彩图见 467 页)
a)1 号路径;b)2 号路径;c)3 号路径;d)4 号路径;e)5 号路径

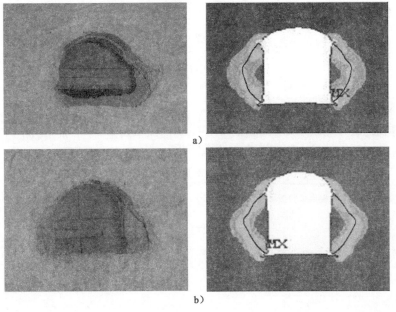

图　14-20

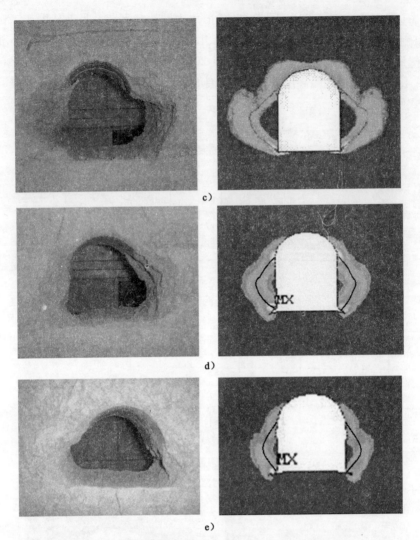

c)

d)

e)

图 14-20　不同方案模型试验(左)与数值模拟(右)结果(彩图见 468 页)

a)方案一:侧墙高为 8cm,拱高 2cm;b)方案二:侧墙高为 8cm,拱高 3cm;c)方案三:侧墙高为 8cm,拱高 4cm;d)方案四:侧墙高为 6cm,拱高 4cm;e)方案五:侧墙高为 4cm,拱高 4cm

　　表 14-5 为模型试验与数值模拟得到的破坏荷载值。可以看出,模型试验得到的破坏荷载与数值模拟得到的破坏荷载十分接近。从表 14-5 还可看出,模型试验破裂面与洞壁最大距离和数值模拟破裂面与洞壁最大距离两者也十分接近。

模型试验与数值模拟结果　　　　　　　　　　　　　　　　　表 14-5

方案	侧墙高 (cm)	拱高 (cm)	模型试验极限荷载 (kN)	数值模拟极限荷载 (kN)	模型试验破裂面与 洞壁最大距离(cm)	数值模拟破裂面与 洞壁最大距离(cm)
方案一	8	2	62	57	2.7	2.55
方案二	8	3	59	55	3.15	3.05
方案三	8	4	56	53	3.8	3.65
方案四	6	4	61	60	2.45	2.4
方案五	4	4	68	66	1.9	1.8

14.2.4 浅埋隧洞破坏机理研究

1. 浅埋隧洞破坏模型试验研究

为了验证有限元数值模拟方法的可行性和弄清浅埋隧洞破坏机理,进行了浅埋隧洞破坏简单模型试验,并将其与数值模拟结果进行比较。浅埋隧洞洞跨8cm,洞高12cm,洞深15cm,埋深4cm。试验材料参数见表14-3。图14-21为模型试验与数值模拟结果图。当加压到25kN,隧洞拱顶都出现了明显裂缝,洞壁一侧局部出现封闭裂缝,如图14-21a)所示。当加压到28kN时,隧洞拱顶两条裂缝贯通而即将垮落。由于土层强度不均,两侧侧墙底部也出现局部剥落,同时墙角外侧,出现向上的断续裂缝。对模型进行数值模拟,当压力26kN时,计算已不收敛,拱顶土体破裂,如图14-21b)。图14-21a)与图14-21b)破裂面形态十分接近。

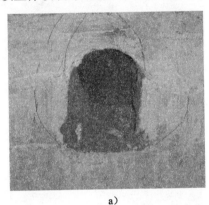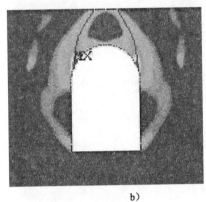

a)   b)

图14-21 浅埋隧洞破坏情况(彩图见469页)

a)模型破坏情况(压力28kN);b)数值模拟破裂面(压力26kN)

2. 不同埋深下隧洞的破坏过程

为了研究隧洞由浅埋破坏逐渐转向深埋破坏的过程,采用有限元极限分析法对一个洞跨12m、高5m的矩形隧洞与一个洞跨12m、高5m、拱高3m的直墙拱形隧洞进行分析研究,计算参数见表14-6,图14-22列出了不同埋深下矩形隧洞的破坏情况及其安全系数。

土体物理力学参数

表14-6

弹性模量(GPa)	泊 松 比	重度(kN/m³)	黏聚力(MPa)	内摩擦角(°)
0.1	0.3	18	0.04	22

由图14-22a)可见,当埋深3m时,最大的塑性应变在墙顶转角处,破裂面自墙顶转角处出发,呈拱形直至地表,但拱未合拢,表明浅埋在拱顶发生破坏,安全系数为0.52。由图14-22b)可见,当埋深7m时,破裂面自墙顶转角处出发,呈拱形直至地表,初步形成浅埋条件下的压力拱,称为浅埋压力拱,安全系数为0.65。由图14-22c)可见,当埋深9m时,破坏情况与埋深7m时基本相同,只是形成了明显的浅埋压力拱,安全系数为0.66,破坏仍然为拱顶。浅埋压力拱的形成与埋深有关,从隧洞破坏形式转化的角度来看,它是浅埋与深埋的分界线。由图14-22d)可见,当埋深10m时,拱顶上方浅埋压力拱逐渐消失,与此同时形成了深埋压力拱,即一般常说的普氏压力拱,拱高5~6m,它是深埋隧洞在未出现侧壁破坏时的普氏压力拱,安全系数为0.69。可见,埋深10m时开始出现突变,由浅埋转为深埋,由此可把10m作为深浅埋的分界高度。应当指出这一分界线只表明浅埋地层先破坏,还是深埋地层先破坏,并不表明上覆浅埋地层对衬砌无影响,更不能表明围岩地层已经稳定。

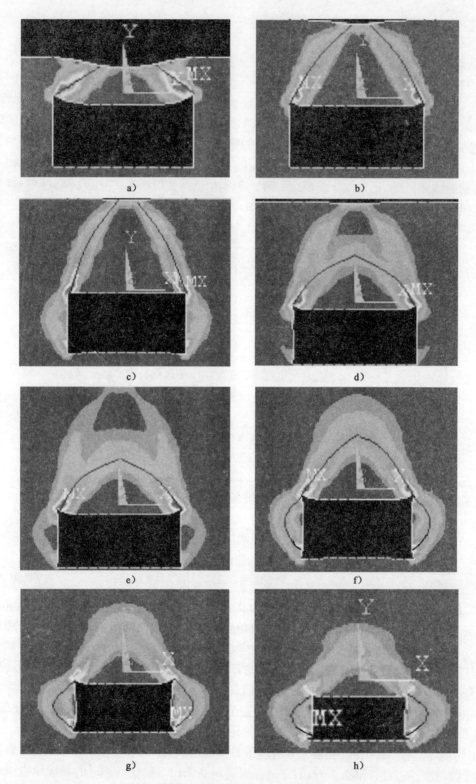

图 14-22　矩形洞室的等效塑性应变图（彩图见 470 页）

a)埋深 3m,安全系数 0.52;b)埋深 7m,安全系数 0.65;c)埋深 9m,安全系数 0.66;d)埋深 10m,安全系数 0.69;e)埋深 12m,安全系数 0.7;f)埋深 18m,安全系数 0.7;g)埋深 30m,安全系数 0.67;h)埋深 50m,安全系数 0.61

由图 14-22e)和图 14-22f)可见,当埋深 12m 时,最大的塑性应变在墙顶转角,这时逐渐形成两条破裂面:一条是拱顶上已形成的普氏压力拱,另一条是在侧面逐渐形成的破裂面,破裂面自墙顶转角至墙脚上面。依据图上塑性应变大小可以看出,埋深 12m 时,首先破坏的仍是普氏压力拱,随埋深增大,破坏面转至侧向,直至埋深 18m 时,开始出现侧壁破裂面,安全系数均为 0.7,可见,在埋深 10～18m 时,安全系数基本不变,表明深埋普氏压力拱确实与埋深无关。由图 14-22g)可见,当埋深 30m 时,情况与 18m 时基本相同,但侧壁破裂面明显先破坏,安全系数降为 0.67。由图 14-22h)可见,当埋深 50m 时,情况与 30m 时相同,但安全系数降为 0.61。

由上可见,矩形隧洞随埋深增加破坏机理改变,对上述自重应力作用下矩形隧洞(跨度为 12m)来说,可以划分如下三个阶段:埋深 0～9m 时为浅埋破坏状态;埋深 10～18m 时为深埋拱顶破坏状态;18m 以上时为两侧破坏状态。

埋深 0～9m 为浅埋破坏状态,随埋深增加,浅埋压力拱逐渐形成,安全系数逐渐增大,从 0.52 增大到 0.69,表明埋深越浅越不安全。埋深 10～18m 为深埋拱顶破坏状态,随埋深增加深埋压力拱形状不变,安全系数也不变,表明此阶段安全系数与埋深无关。埋深 18m 以上时,隧洞转为两侧破坏。埋深从 18m 增至 50m 时,安全系数从 0.7 降低到 0.61,表明埋深越大越不安全。从模型试验得知,即使隧洞两侧发生了破坏,它还能承受一定荷载,直至拱顶形成破坏后的塌落平衡拱,这一平衡拱的拱高很大。无衬砌时,围岩片帮冒顶,岩土大规模塌落;若衬砌强度不足,围岩也常会连同衬砌一起破坏造成重大事故。

图 14-23、图 14-24 列出了强度不同的两种土体不同埋深下拱形隧洞破坏时的等效塑性应变图及安全系数。当土体强度参数为 $c=0.07$MPa,$\varphi=22°$ 时,计算在同一埋深下等效塑性应变图,发现它与土体强度参数为 $c=0.04$MPa,$\varphi=22°$ 时图形基本一样,这是因为两者都处于破坏状态,图 14-23 与图 14-24 所示的图形都是破坏时的图形。但两者的安全系数不同,显示出土体强度越高,安全系数越大,图 14-23a)～g)安全系数大于 1.0,围岩处于稳定状态;而图 14-24 浅埋和深埋围岩都处于不稳定状态,这种情况施工中必须格外小心,否则会酿成重大坍塌事故。

由图 14-24a)可见,当埋深 4m(即拱顶以上 1m)时,最大的塑性应变在拱顶中央地表处,破裂面在拱顶中间呈拱形直至地表,表明浅埋隧洞在逐渐形成浅埋压力拱,安全系数 0.87。由图 14-24b)和图 14-24c)可见,当埋深 7m、9m 时,最大的塑性应变在拱脚上方,破裂面自拱脚处出发,呈拱形直至地表,9m 时已形成浅埋压力拱,安全系数为 0.82。图 14-24d)从埋深 10m 形成浅埋压力拱后转入侧壁破坏,安全系数为 0.82,由此可推测深浅埋的分界线在 10m。由图 14-24e)～h)可见,当埋深 12m、20m、30m、50m 时,拱顶上部已明显不形成破裂面,表明拱形隧洞并不存在普氏压力拱,而侧壁出现明显的破裂面,安全系数随深度逐渐降低,相应为 0.81、0.78、0.77、0.75。由上可见,拱形隧洞的安全系数随埋深增加而一直减少,但这并不意味着埋深越浅越安全。因为埋深浅的土体容易受到雨水入渗和环境等影响,土体强度降低,也十分容易出现事故。同样,当隧洞两侧发生破坏后,与矩形隧洞一样也能形成破坏后的塌落平衡拱。

由图 14-23 与图 14-24 可见,在两种强度情况下,隧洞深浅埋分界深度也一样。表明这一分界深度只与洞形、洞跨有关,而与土体强度无关。这一分界深度只表示围岩强度降低到破坏时深浅埋的分界深度,并不表示当前工程上实际采用的分界深度,后者还要考虑环境影响、地质构造以及围岩强度大小等影响,必须确保深埋时围岩处于稳定状态。这里提出的深浅埋分界深度并不能保证深埋时围岩一定处于稳定状态。

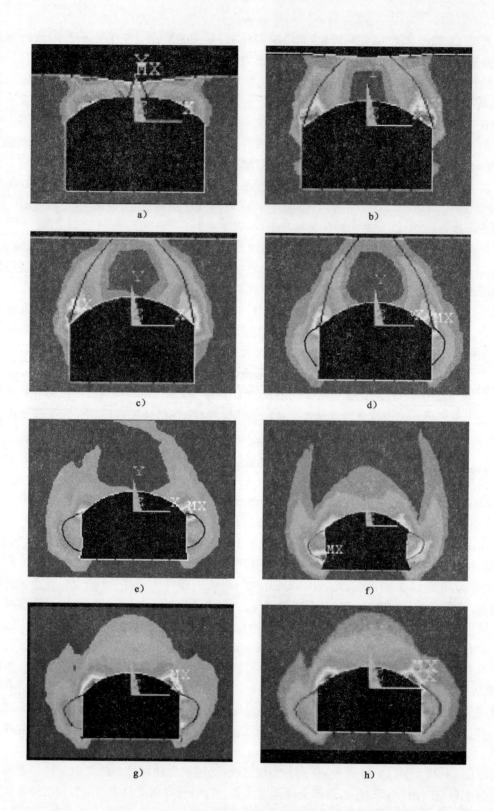

图 14-23　$c=0.07\mathrm{MPa}$，$\varphi=22°$ 等效塑性应变图（彩图见 471 页）

a)埋深 4m,安全系数 1.32;b)埋深 7m,安全系数 1.25;c)埋深 9m,安全系数 1.20;d)埋深 10m,安全系数 1.18;e)埋深 12m,安全系数 1.15;f)埋深 20m,安全系数 1.07;g)埋深 30m,安全系数 1.03;h)埋深 50m,安全系数 0.99

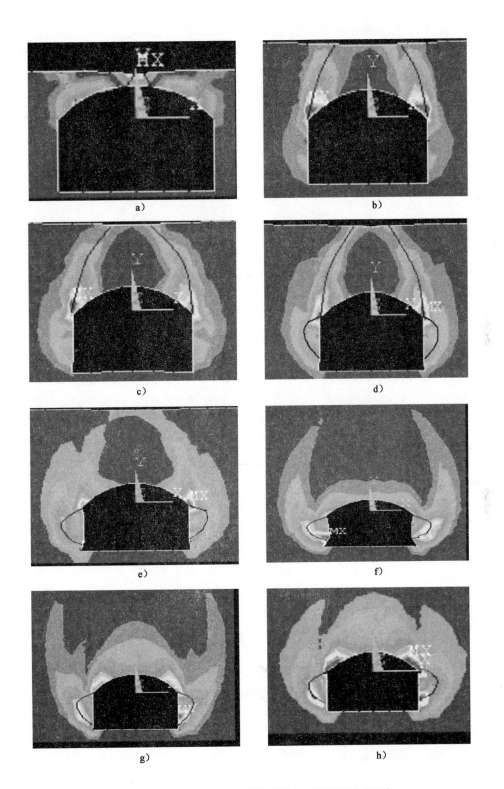

图 14-24 $c=0.04MPa$，$\varphi=22°$等效塑性应变图（彩图见 472 页）

a)埋深 4m,安全系数 0.87;b)埋深 7m,安全系数 0.84;c)埋深 9m,安全系数 0.82;d)埋深 10m,安全系数 0.82;e)埋深 12m,安全系数 0.81;f)埋深 20m,安全系数 0.78;g)埋深 30m,安全系数 0.77;h)埋深 50m,安全系数 0.75

由上可见：拱形隧洞破坏机理也随埋深而变。依据埋深可分为两个阶段：埋深 0～9m 时为浅埋破坏状态；埋深 10m 以上时为两侧破坏状态。在浅埋情况下，随埋深增加逐渐形成浅埋压力拱；当埋深 10m 以后，浅埋压力拱逐渐消失，破裂面从拱顶转入侧壁，由浅埋转入深埋，但不形成深埋普氏压力拱，表明拱形隧洞不存在普氏压力拱。

14.2.5 节理岩体隧洞的破坏机理

1. 计算原理

由于长期地质作用，岩体中往往存在大量的节理，节理破坏了岩体的完整性，降低了岩体的强度，从而对岩体中隧洞工程的受力造成很大影响，易引起隧洞围岩坍塌。本节采用有限元极限分析法对节理岩体隧洞进行稳定分析及破坏规律的研究，为节理岩体隧洞稳定性分析开辟了新的途径。

根据节理的胶结和充填情况，通常将节理分为软弱结构面和硬性结构面，可以采用如下方法来模拟结构面。

(1)软弱夹层模拟方式

按照连续介质力学原理，软弱结构面和岩石均采用有厚度的实体单元模拟，只是材料参数不同。通过对岩石及结构面强度参数同时进行折减，使隧洞达到极限破坏状态，求得稳定安全系数。

(2)无厚度接触单元模拟方式

按照不连续介质力学原理，采用 ANSYS 软件提供的无厚度接触单元模拟，通过降低岩石和接触单元的黏聚力 c 和摩擦系数 $\tan\varphi$，使隧洞达到极限破坏状态，求得稳定安全系数。

以往的研究表明，上述两种模拟方式计算结果相近，因而对厚度不大的软弱结构面和硬性结构面，上述两种模拟方式都可采用，本节采用软弱夹层模拟方式。

2. 用有限元强度折减法分析节理隧洞破坏状况及其安全系数

(1)有限元建模及计算参数

为研究不同节理倾角、间距及强度参数时节理隧洞的破坏状况及安全系数，变化 5 种节理倾角(0°、30°、45°、60°、90°)、3 种间距(1m、2m、4m)及 3 种节理强度参数，见表 14-7，共建立 10 个有限元模型。隧洞跨度 10m，侧墙高 10m，拱高 5m，左右侧边墙角成半径 1.5m 的圆角以减小应力集中的影响，隧洞埋深为 50m。隧洞范围左右两侧和隧洞下部均考虑 5 倍跨度的围岩，为消除节理贯穿边界对模型边界的影响，节理范围考虑上下左右侧各 3 倍跨度，其余按岩石材料考虑。围岩左右两侧边界取水平向约束，下部边界取竖向约束。按照平面应变问题进行计算，岩石及节理材料均用 6 结点三角形平面单元 PLANE2 模拟。由于有限元网格划分较密，以倾角 $\alpha=45°$、间距 2m 为例，几何模型见图 14-25。

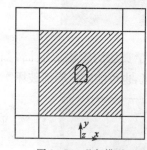

图 14-25 几何模型

岩石及节理力学参数　　　　　　　　　　　　　　　表 14-7

材 料 名 称	重度(kN/m³)	弹性模量(GPa)	泊 松 比	黏聚力(MPa)	内摩擦角(°)
岩石	25.0	10.0	0.2	1.0	38.0
节理①	17.0	1.0	0.3	0.12	24.0
节理②	17.0	1.0	0.3	0.24	27.0
节理③	17.0	1.0	0.3	0.36	30.0

注：①②③为节理强度参数 3 种不同取值。

（2）数值模拟结果及分析

传统的数值模拟只是针对强度未折减时的实际状态进行位移、应力及塑性区的分析，无法获得围岩极限状态下的破坏状况。利用有限元极限分析法——强度折减法可得到隧洞围岩极限破坏状态下的等效塑性应变图及其安全系数。

①匀质隧洞等效塑性应变图（图14-26）及其安全系数

以往的研究表明，匀质隧洞围岩破坏由开挖后隧洞两侧压剪作用直至贯通破坏，只要找出围岩等效塑性应变云图中水平方向各断面中塑性应变最大值点的位置，并将其连成线，就可得到围岩的潜在破坏面，如图14-26a)，对应安全系数为4.65。

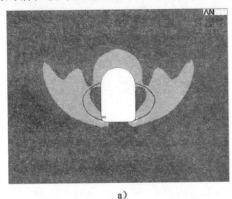

a)   b)

图14-26 围岩破坏时的等效塑性应变图（彩图见472页）
a)破坏状态；b)实际状态

②不同节理倾角时隧洞的等效塑性应变图（图14-27）及其安全系数

由于节理的存在，在开挖过程中易发展形成塑性区，特别在远离开挖隧洞周围的地方也出现了部分节理塑性区，但无法形成贯通的破裂面，分析认为它对隧洞破坏的影响较小，因此，以下的分析主要是针对隧洞周围围岩而言的。

当变化节理倾角时，对于$\alpha=0°$，即节理成水平夹角时，隧洞破裂面类似于匀质隧洞对称分布于两侧，如图14-27a)；对于$\alpha=30°$，$\alpha=45°$，隧洞破裂面随节理倾角变化相应旋转，分布于节理倾向的上下游，如图14-27c)和图14-27e)；对于$\alpha\geqslant60°$，主要受自重作用，破裂面转移至洞顶及边墙脚位置，如图14-27g)，特别$\alpha=90°$时，隧洞在洞顶正中形成了贯通的塑性破裂面，如图14-27i)。另外，对于$\alpha\geqslant45°$时，除破裂面外出现的面积较大的塑性区，也可能发生局部破坏。

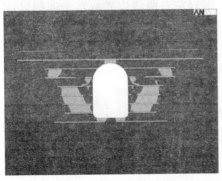

a)   b)

图 14-27

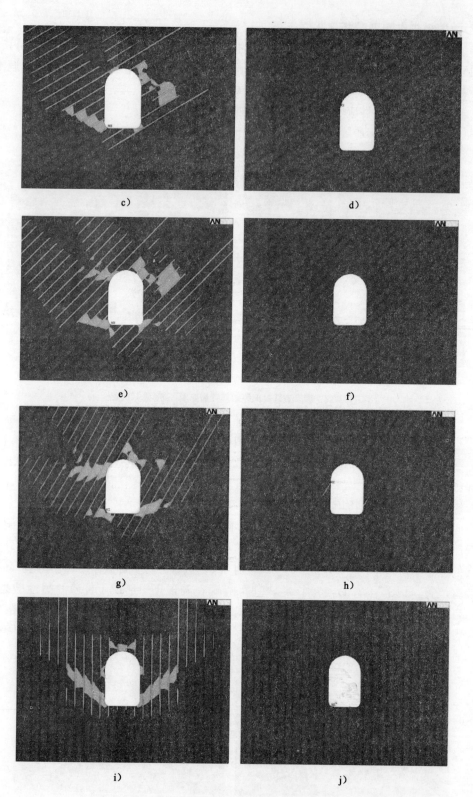

图 14-27　不同节理倾角时隧洞的等效塑性应变图(彩图见 473 页)

a)α=0°(破坏状态);b)α=0°(实际状态);c)α=30°(破坏状态);d)α=30°(实际状态);e)α=45°(破坏状态);f)α=45°(实际状态);g)α=60°(破坏状态);h)α=60°(实际状态);i)α=90°(破坏状态);j)α=90°(实际状态)

表 14-8 示出不同节理倾角时隧洞的安全系数。从表 14-8 安全系数可以看出,岩体有节理时安全系数均存在不同程度的减小。变化节理倾角时,安全系数在 3.31~3.38 之间,变化幅度较小,表明节理倾角对隧洞安全系数影响较小,主要影响其破裂面位置,且破裂面位置随倾角变化相应旋转。

不同节理倾角时隧洞的安全系数   表 14-8

倾角 α(°)	0	30	45	60	90
安全系数	3.38	3.32	3.37	3.33	3.31

③不同节理间距时隧洞的等效塑性应变图(图 14-28)及其安全系数

当变化节理间距时,从图 14-28a)~f)可以看出,节理岩体隧洞破裂面位置相近,但破坏时隧洞塑性区出现的范围有所不同,节理间距小,密度大,塑性区大,如图 14-28a)所示。

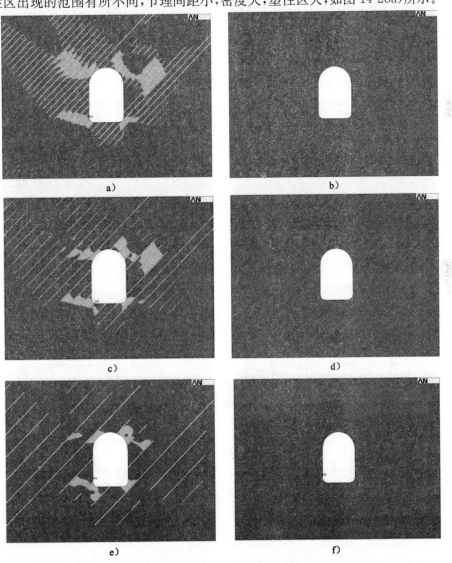

图 14-28　不同节理间距时隧洞的等效塑性应变图(彩图见 474 页)

a)间距 1m(破坏状态);b)间距 1m(实际状态);c)间距 2m(破坏状态);d)间距 2m(实际状态);e)间距 4m(破坏状态);
f)间距 4m(实际状态)

从表 14-9 安全系数可以看出,随着节理间距的增大,安全系数有所提高,这是由于间距大,贯通破裂面更难形成。当间距超过一定距离而远离隧洞时,可以忽略节理对隧洞稳定安全的影响。

不同节理间距时隧洞的安全系数   表 14-9

间距(m)	1	2	4
安全系数	3.19	3.37	3.46

④不同节理强度时隧洞的等效塑性应变图(图 14-29)及其安全系数

当变化节理强度时,从图 14-29a)~f)等效塑性应变云图可以看出,节理强度较低时,塑性区首先在节理位置充分发展,如图 14-29a)所示。

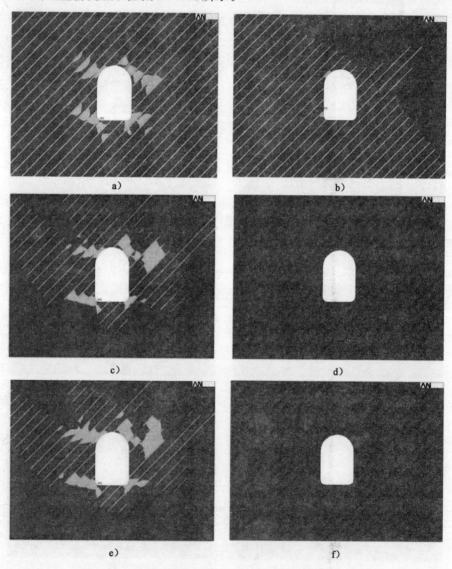

图 14-29   不同节理强度时隧洞的等效塑性应变图(彩图见 475 页)
a)节理强度①(破坏状态);b)节理强度①(实际状态);c)节理强度②(破坏状态);d)节理强度②(实际状态);e)节理强度
③(破坏状态);f)节理强度③(实际状态)

注:节理强度类型①②③的参数值见表 14-7。

从表 14-10 安全系数可以看出,节理强度低,隧洞整体安全系数低,随着节理强度的提高,安全系数随之提高并逐渐接近匀质隧洞的安全系数;从安全系数的具体数值看,节理强度类型①计算结果明显低于②、③,分析认为当节理强度低于一定值时安全系数发生突变,急剧下降。

不同节理强度时隧洞的安全系数　　　　　　　　　　　表 14-10

节理强度类型	①	②	③
安全系数	2.18	3.37	3.73

值得注意的是,图 14-27～图 14-29 等效塑性应变云图破裂面均包含穿过隧洞范围的节理,且等效塑性应变值较大,这是由于节理通常是工程岩体的薄弱环节,随隧洞开挖极易发展成为破裂面。同时,对于隧洞拱顶左侧局部围岩出现的大面积塑性区,其发展趋势指向围岩深部但并未形成贯通破裂面,分析认为这部分围岩尚不会达到整体性破坏,但可能形成局部破坏。

对比实际状态及破坏状态时的等效塑性应变云图可以看出,实际状态下隧洞围岩仅出现很小部分面积的塑性区,且塑性应变值很小。当节理强度低时,实际状态下节理面也出现大面积塑性区,如图 14-29b)所示,但尚未达到破坏状态。

⑤破坏过程分析

隧洞破坏是一个渐进过程,根据这一特点,其破坏过程可以通过分析不同折减系数下隧洞围岩等效塑性应变云图变化情况得以实现。为便于对比,分别列举了匀质隧洞与节理隧洞的破坏过程(图 14-30、图 14-31)。

a. 匀质隧洞

图 14-30a)～f)反映了匀质隧洞的破坏过程,当折减系数为 4.00 时,隧洞首先在应力集中明显的边墙角出现了小面积塑性区,随着折减系数的增大,塑性区斜向上继续发展;当折减系数为 4.60 时,拱顶及拱脚亦出现部分塑性区,直到折减系数为 4.65 时,向上发展的塑性区与拱脚向下发展的塑性区形成贯通,隧洞围岩达到极限破坏状态,同时有限元计算表现为不收敛。值得注意的是,拱顶虽出现塑性区并贯通,但由于等效塑性应变值较小,没有形成破裂面,不能达到整体破坏。

b. 节理隧洞

图 14-31a)～f)反映了节理隧洞的破坏过程,由于节理的存在且强度较低,当折减系数为 2.25 时,首先是隧洞周围节理进入塑性,进而在应力集中的边墙角出现塑性区,随着折减系数增大,左侧边墙角塑性区斜向上发展,同时拱顶右侧出现塑性区;当折减系数为 3.35 时,隧洞左下侧首先形成贯通塑性区;直到折减系数为 3.37 时,同时隧洞右上侧塑性区出现贯通,围岩发生破坏。应该注意,对于拱顶左侧及右边墙角局部出现未贯通的塑性区,对隧洞稳定安全影响不大,但可能出现局部破坏。

⑥节理隧洞破坏的室内模型试验验证

研究采用了室内模型试验与数值分析相结合的方法,模型试验采用了自制的模型试验设备,试验模型内土体尺寸为 $40cm \times 52cm \times 15cm$(长×高×厚),节理倾角取 $30°$,间距 4cm。模型试样制作过程中自底向上成 $30°$ 分层填筑压实,通过层间设 2mm 油土混合层来模拟软弱节理面的影响,见图 14-32。试验采用 300t 油压压力机进行分级加载,如图 14-33 所示。

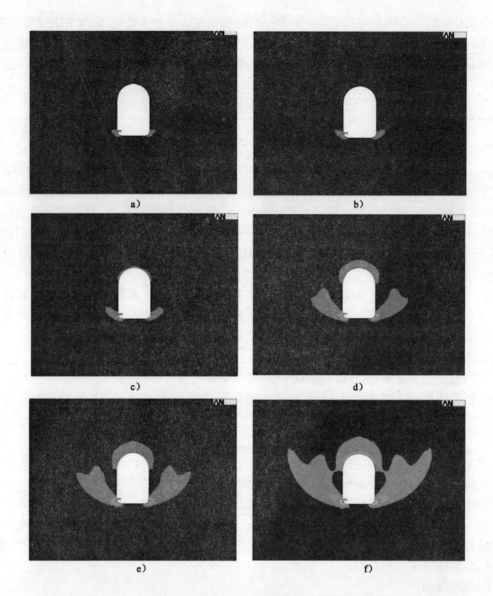

图 14-30　匀质隧洞不同折减系数时的等效塑性应变图（彩图见 476 页）
a)折减系数 4.00;b)折减系数 4.20;c)折减系数 4.40;d)折减系数 4.60;e)折减系数 4.63;f)折减系数 4.65

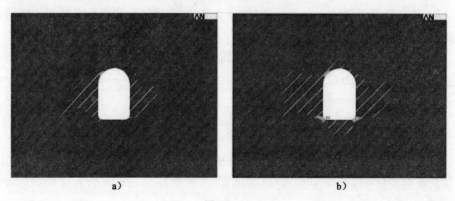

图　14-31

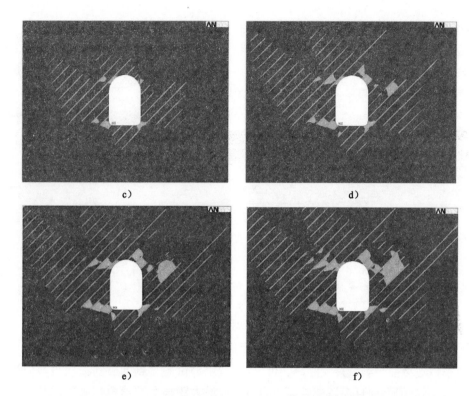

图 14-31　节理隧洞不同折减系数时的等效塑性应变图(彩图见 476 页)

a)折减系数 2.25;b)折减系数 2.75;c)折减系数 3.10;d)折减系数 3.30;e)折减系数 3.35;f)折减系数 3.37

图 14-32　节理隧洞模型(彩图见 477 页)

图 14-33　加载装置(彩图见 477 页)

试验材料选用集料为砂,胶结材料为石膏、水泥和滑石粉,加一定量水拌和而成。其配合比为:$m_砂 : m_{石膏} : m_{水泥} : m_{滑石粉} : m_水 = 1 : 0.6 : 0.2 : 0.2 : 0.35$。经直剪试验测得试样的物理力学参数见表 14-11,其中节理面的弹性模量与泊松比按经验确定,因为这两个参数只影响位移,而不影响破坏形态和极限荷载。

试验材料物理力学参数   表 14-11

材 料 名 称	重度(kN/m³)	弹性模量(GPa)	泊 松 比	黏聚力(MPa)	内摩擦角(°)
土体	9.8	0.07	0.32	0.116	21.8
模拟节理面	14.0	0.007	0.36	0.046	14.3

⑦模型试验结果及其相应数值分析结果的比较

试验采用压力机在模型顶部进行分级加载直至隧洞发生破坏,数值分析采用增大荷载的方式直到有限元计算不收敛,表明隧道发生破坏。模型试验结果及其相应的数值分析结果见图 14-34。

图 14-34　模型试验(左)与数值模拟(右)结果(彩图见 477 页)

表 14-12 为模型试验与数值模拟得到的破坏荷载值,以及模型试验破裂面与洞壁最大距离和数值模拟破裂面与洞壁最大距离。可以看出,模型试验得到的破坏荷载与数值模拟得到的破坏荷载十分接近,而且模型试验破裂面与洞壁最大距离和数值模拟破裂面与洞壁最大距离两者也十分接近,表明数值方法用于分析节理岩体隧洞的破坏机理是可行的。

模型试验与数值模拟结果对比 　　　　　　　　　　　　　　　表 14-12

模型试验极限荷载 (kN)	数值模拟极限荷载 (kN)	模型试验破裂面与洞壁最大距离(mm)		数值模拟破裂面与洞壁最大距离(mm)	
		左	右	左	右
44	41	58	40	61	43

14.3　岩爆破坏机理

岩爆是地层中高地应力区地下工程开挖中应变能突然释放时围岩脆性破坏形成的一种动力失稳现象。岩爆是岩体具有高地应力的一种重要地质标志。迄今为止,学术界从多方面对岩爆进行了定义,但还未形成统一的认识。一般认为岩爆是地下工程开挖过程中,围岩在高地应力条件下,因开挖卸荷导致围岩内储存的弹性应变能大于克服岩爆破坏而消耗的应变能,使岩块脱离母体并产生弹射抛掷现象的一种动力失稳的地质现象。

高地应力区的岩体内部积聚了很大的弹性应变能,岩爆是具有大量弹性变形能储备的硬质脆性岩体,在洞室开挖过程中或开挖之后一定时间内,围岩内的应力重分布并在洞壁附近产生应力集中,当应力集中超过岩体破坏强度一定量级时,应变能就会突然释放,在围岩应力作用下产生张—剪脆性破坏,伴随声响和震动而消耗部分弹性应变能的同时,剩余能量转化为动能,使围岩由静态平衡向动态失稳发展,造成岩块(片)脱离母体,获得有效弹射能量,猛烈向临空方向抛(弹、散)射,它是经历了"劈裂成板—剪断成块—块片弹射"渐进过程的动力破坏现象。目前对岩爆有分歧的地方大致有如下三个方面：一是引发岩爆的能量是否只是岩体内的弹性应变能，是否还有开挖爆破、地震等其他能量；二是岩爆是否只是脆性岩体的动力失稳，还是也包括静态下脆性破坏；三是既然是应变能突然释放，为什么还有滞时型岩爆，如何解释。

岩爆是矿山巷道、交通隧道、水利水电工程地下厂房、引水隧洞等地下工程中的一大地质灾害。它直接威胁施工人员、设备的安全，影响工程进度，已成为世界性的地下工程难题之一。

14.3.1　岩爆机理

近几十年来，国内外许多学者依据工程实践从强度、刚度、稳定、断裂、损伤、变形、能量和突变理论等方面对岩爆现象进行了分析研究，取得了一定成果，有强度理论、刚度理论、能量理论、岩爆倾向理论、断裂损伤理论、分形理论、动力扰动理论等，但都还在初始研究阶段。

1. 强度理论

早期的强度理论着眼于岩体的破坏原因，认为地下工程周围产生应力集中，当应力集中的程度达到矿岩强度极限时，围岩突然破坏，发生岩爆。强度理论主要考虑"岩体—围岩"系统复杂的受力状态与极限平衡条件，并注重对实测资料的定量分析。强度理论认为：围岩承受的应力 σ 与其强度 σ' 的比值，即 $\sigma/\sigma' \geqslant 1$ 时将导致岩爆发生。实际上在地下工程中经常出现局部应力超过其强度极限的现象，多数情况下围岩发生缓慢的渐近式破坏，少数情况下发生突然破坏，这说明强度条件是不够充分的。强度理论只是岩爆的必要条件，而不是岩爆的充分条件。

2. 刚度理论

该理论认为岩体的刚度大于地层负荷结构（围岩）的刚度是产生岩爆的必要条件。20 世纪 60 年代中期，库克（Cook N. G. W.）等人发现用普通压力机进行单轴压缩试验时猛烈破坏的岩石试件，若改用刚性试验机试验则破坏平稳发生而且不猛烈，并且有可能得到应力—应变全过程曲线。他们分析认为，试件产生猛烈破坏的原因是试件的刚度大于试验机（即加载系统）的刚度。加载系统的刚度与岩体特性之间的关系决定破坏的猛烈程度，即有多少能量会释放出来。整个能量不是一次全部释放出来，可能要分数百次释放，其中多数释放的能量较小，少数释放的能量较大，每次释放能量的大小决定岩体破坏的猛烈程度。20 世纪 70 年代，布拉克（Black W.）将刚度理论用于分析美国爱达荷加利纳矿区的岩爆问题，认为岩体的刚度大于地层负荷结构（围岩）的刚度是产生岩爆的必要条件。20 世纪 80 年代，佩图霍夫（Petukhov И. M.）认为，岩爆发生是因为那里的岩体破坏时实现了非刚性加载条件。在他的研究中也引入了刚度条件，并且明确认为岩体的刚度是峰值后载荷—变形曲线下降段的刚度。由于刚度理论涉及能量的存储与释放，有的学者亦将刚度理论归结为能量理论的一种。刚度理论简单、直观，但要广泛应用于实践，尚存在着不足之处。

3. 能量理论

能量理论是 20 世纪 60 年代由库克等人在总结南非多年岩爆研究与防治经验的基础上首先提出的，认为当支护结构—围岩系统在力学平衡状态破坏时所释放的能量大于消耗的能量时，即产生冲击地压。该理论从能量守恒定律出发，摆脱了传统理论的束缚，解答了冲击地压的能源问题，但是未考虑时间和空间的因素，所以还不够完善。20 世纪 70 年代，美国密苏里大学在库克等人研究成果的基础上提出了剩余能量的理论，并提出冲击地压能量判据。但在实际的岩爆动态演化中,岩体内存储的大量变形能转化的结果,主要包括:岩块弹射所消耗的能量、热能、以地震波形式扩散的能量等。还有一些能量将继续储存在岩石中保持剩余围岩的整体平衡。这说明单靠能量理论,不足以说明围岩体系平衡状态的性质及其破坏条件,特别是围岩释放能量的条件。

4. 岩爆倾向理论

岩石本身的力学性质是发生岩爆的内因条件。用一个或一组与岩石本身性质有关的指标衡量岩石的岩爆倾向强弱,这类理论就是所谓的岩爆倾向理论。表征岩石岩爆倾向的指标很多,其中常用的有以下几种:

(1)弹性能量指数

波兰采矿科学院的学者奇代宾斯基(Kidybinski A. Q.)以岩石应力—应变试验曲线为基础,用岩样中储存的弹性变形能与由于永久变形和碎裂造成的耗损应变能之间的比值来确定岩爆的倾向性。

(2)能量冲击性指标

弹性变形能指数反映了岩石弹性变形能的储存能力,可以在一定程度上反映岩石破坏时释放能量的大小,但是它没有涉及岩石峰值强度后区,即不能反映岩石破坏后区释放的能量和破坏所需能量之间的相对关系,为此岩爆工作者引入了能量冲击性指标。能量冲击性指标被定义为峰值前后应力—应变曲线下的面积之比,即岩石峰值强度前岩石储存的能量与峰值后稳定破坏所需的能量之比。

(3)岩石脆性系数

岩爆是一种脆性破坏,岩石的脆性一方面表现为破坏前总变形量很小,另一方面表现为抗拉强度比抗压强度小。利用岩石的脆性系数指标可以反映岩石的岩爆倾向性。

(4)破坏时间指标

岩石在达到峰值强度后,破坏的猛烈程度可以用自峰值强度起,到完全破坏止所经历的时间评价,奇代宾斯基于1987年首先提出这一概念,1985年以后中国煤炭科学院进一步研究并证明了用该指标评价岩爆的可行性。

5. 断裂、损伤理论

岩爆的断裂、损伤理论是随着断裂力学和损伤力学的发展而产生的,对经典连续介质力学产生了巨大的影响。岩体区别于其他材料的一个显著特征是岩体内存在大量随机分布的裂隙或缺陷,而岩石或岩体的破坏通常是由这些裂隙的扩展所导致的。从断裂、损伤的观点看,岩爆是岩体中的既有裂隙在开挖条件下扩展并伴随能量释放的过程,岩爆不是岩石基质破损的属性,而仅仅是早已存在的小断裂的扩展,运用断裂力学和损伤力学分析岩石强度可以比较实际地评价岩体的开裂和失稳。

损伤理论是通过建立岩石材料的损伤本构模型,把岩石的破坏过程看成岩石的损伤积累过程。损伤积累到一定程度,就出现了宏观裂纹,如此时损伤继续积累,就可能产生应变软化现象从而导致岩石储存应变能的能力降低,出现弹性应变能的释放,如多余能量向外部传递,就会引起岩爆。

从各种岩爆机理的研究可以看出,各种理论在对岩爆问题进行解释时,只是从不同的侧重点来分析岩爆现象,各种理论各自有其局限性,要真正地解决实际问题,应当将上述各种理论综合起来考虑,才能更好地描述实际的岩爆问题。

14.3.2 岩爆类型及烈度分级

1. 岩爆类型

岩爆分类是岩爆预测和防治的基本依据之一,目前,学术界对岩爆类型划分方案差异较大,尚未达成共识,主要有如下三类:

(1)按岩爆特性分类

冯夏庭(2012)将岩爆分为应变型岩爆与应变—结构型岩爆,前者是指较完整岩体应变能突然释放的岩爆,后者是指与岩体结构、结构面有关的岩爆。

(2)按岩爆发生时间分类

冯夏庭(2012)将岩爆分为瞬时型岩爆与滞时型岩爆,前者是隧洞开挖时立即发生或短期内发生的岩爆,后者是开挖后经过一段时间产生的岩爆。刘朝祯(1994)将岩爆按发生时间分成三类:"速爆型"、"缓爆型"、"滞后型",开挖后 24h 内发生的岩爆为"速爆型",开挖后 7~20d 之间发生的岩爆为"缓爆型",开挖 15d 之后发生的岩爆为"滞后型"。

(3)按岩爆破坏特征分类

汪泽斌(1988)根据国内外 34 个地下工程岩爆的特征,将岩爆划分为破裂松脱型、爆裂弹射型、爆炸抛突型、冲击地压型、远围岩地震型和断裂地震型六大类。

武警水电指挥部(1991)对岩爆分类有两种标准:一是按破裂程度将岩爆分为破裂松弛型和爆脱型两大类;二是按规模将岩爆划分为零星岩爆(发生岩爆段长 0.5~10m)、成片岩爆(发生岩爆段长 10~20m)和连续岩爆(发生岩爆段长>20m)三大类。

2. 岩爆烈度

岩爆烈度是指岩爆破坏程度。岩爆破坏主要指岩体隧洞、地下洞室、矿山巷道发生岩爆时,岩体或矿体本身产生的直接破坏,以及因此而诱发的工程区或矿区、地面建筑物等的间接破坏。迄今为止,国内外对岩爆烈度问题尚有不同的见解。

岩爆烈度分级主要考虑以下原则:

(1)岩爆烈度分级应能反映岩爆发生时的几何、物理及力学特性,如岩爆的声响特征、岩体破裂特征、爆坑深度等。

(2)分级明确,级数适当,易于使用。

(3)分级判据明确,判据信息便于取得。

(4)与工程危害程度紧密结合,将岩爆造成的支护破坏程度作为岩爆烈度的一个依据。

根据岩爆发生时对工程的危害程度,将岩爆烈度划分为轻微损害、中等损害、严重损害三级。根据岩爆发生时的声响特征、围岩爆裂破坏特征等将岩爆烈度划分为 0~3 四级。根据岩爆危害程度及其发生时的力学和声学特征、破坏方式将岩爆烈度划分为弱、中等、强烈、极强四级。根据 σ_θ/R_b(σ_θ 为洞壁切向应力,R_b 为岩石单轴抗压强度)将岩爆烈度划分为弱、中等、强烈三级。根据岩爆发生的声响、岩体变形破裂状况、σ_θ/R_b 及 $\sigma_{h,max}/\sigma_v$($\sigma_{h,max}$ 为最大水平主应力,σ_v 为垂直主应力)将岩爆烈度划分为微弱、中等、剧烈三级。根据岩爆危害程度及发生时的声响特征、运动特征、爆裂岩块形态特征、断口特征、岩爆发生部位、岩爆时效特征、影响深度和 σ_θ/R_b 等,将岩爆烈度划分为轻微、中等、强烈、剧烈四级。表 14-13 列出《水力发电工程地质勘察规范》(GB 50287—2006)的岩爆烈度分级。

岩爆分级	主 要 现 象	岩 爆 判 别	
		临界埋深 H_{cr} (m)	岩石强度 应力比 R_b/σ_m
轻微岩爆	围岩表层有爆裂脱落、剥离现象,内部有劈啪、撕裂声,人耳偶尔可听到,无弹射现象;主要表现为洞顶的劈裂、松脱破坏和侧壁的劈裂、松胀、隆起等。岩爆零星间断发生,影响深度小于 0.5m;对施工影响较小		$4\sim7$
中等岩爆	围岩爆裂脱落、剥离现象较严重,有少量弹射,破坏范围明显。有似雷管爆破的清脆爆裂声,人耳常可听到围岩内的岩石的撕裂声;有一定持续时间,影响深度 $0.5\sim1m$;对施工有一定影响	$H\geqslant H_{cr}$	$2\sim4$
强烈岩爆	围岩大片爆裂脱落,出现强烈弹射,发生岩块的抛射及岩粉喷射现象;有似爆破的爆裂声,声响强烈,持续时间长久,影响深度 $1\sim3m$;对施工影响大		$1\sim2$
极强岩爆	围岩大片严重爆裂,大块岩片出现剧烈弹射,震动强烈,有似炮弹、闷雷声,声响剧烈,迅速向围岩深部发展,破坏范围和块度大,影响深度大于 3m;严重影响工程施工		<1

注:1. H 为地下洞室埋深(m);R_b 为岩石饱和单轴抗压强度(MPa);H_{cr} 为临界埋深,即发生岩爆的最小埋深(m)。

　　2. 临界埋深可根据下式计算:$H_{cr}=0.318R_b(1-\mu)/(3-4\mu)\gamma$,$\mu$ 为岩石泊松比,γ 为岩石重度($10kN/m^3$)。

　　3. 本表岩爆判别适用于完整及较完整的中硬、坚硬岩体,且无地下水活动的地段。

14.3.3　岩爆影响因素

岩爆产生的影响因素很多,其中主要包括地应力水平、岩石物理力学性质、岩体结构及裂隙分布、地下水、隧洞形状尺寸、支护类型与工程开挖等。

1. 原岩应力

岩爆的发生与原岩应力集聚特征有着密切的关系。通常具有较高原岩应力的岩石,其弹性模量也较高,相反,具有较低原岩应力的岩石,其弹性模量也较低。因此,在高原岩应力区,岩石具有较大的弹性应变能,易发生岩爆。

2. 岩性

从地层岩性上看,岩爆都发生在质地坚硬、性脆、抗压强度高的岩层中,结构松散、弹性模量低、抗压强度低、含水量高的岩石不易发生岩爆。大量的工程实例中可以发现,岩爆多数发生在片麻岩、花岗岩、石英岩、正长岩、闪长岩、花岗闪长岩、大理岩、花斑状大理岩等岩体中。这些岩体的共同力学特征是脆性的,即达到峰值强度后,岩石急剧断裂。上述脆性岩石具有良好的储能条件,并且能量释放时容易形成张拉和脆性剪断破坏而发生岩爆。然而,具有一定塑性的岩体在突然卸荷的条件下也会出现岩爆,只有在十分破碎软弱的岩体中,由于不能积聚能量而不会出现岩爆。

3. 埋深

岩爆与地下工程埋深有一定关系,通常地应力随着深度变化,埋深越大,地应力越大,开挖时发生岩爆的可能性越大。

4. 岩体结构特性与地形、地质条件

一般说来,当岩体的结构较为完整,构造变动较小,节理裂隙发育微小,岩体强度就越大,可能蓄积的弹性变形能就越大,越易形成岩爆;反之,岩性较软的破碎岩层,构造变动强烈,构造影响严重,其储存的弹性变形能较小,发生岩爆的可能性也较小。然而这只是事情的一个方面,另一方面则是岩爆是先经过岩体损伤破裂,然后在大能量作用下发生爆破、弹射的动力失稳。因而如果岩体局部地方存在不利结构,如结构面、断层等,该处强度较弱,就容易成为岩爆的突破口,这种情况下存在结构面与断层的地方易形成岩爆。在河谷地带与向斜的轴部岩层存在较大的地应力,这种地形、地质条件也容易形成岩爆。

5. 地下水

通常情况下,岩爆大都发生在干燥的岩体中,即比较湿润的岩体较难发生岩爆,水易引起岩石软化,增加岩体的塑性,延缓能量释放速度,因而水是当前治理岩爆的一种手段,地下水的存在对消除岩爆有利。

6. 隧洞的形状与尺寸

开挖洞室的形状与尺寸也是影响岩爆的一个因素。隧洞轮廓线越圆滑越好。圆形洞室周边部位应力集中程度不大,而非圆形洞室周边部位应力集中程度不一,特别在某些部位(非圆形洞室的拐角点处)的应力集中程度相当高,发生岩爆的可能性大。大断面隧洞的岩爆风险大于小断面隧洞。

7. 支护形式与数量

目前采用的隧洞初期支护主要是锚喷支护和钢拱架。喷层可以及时封闭围岩,增加围岩的延性,有利于控制岩爆。一方面,喷层越厚,锚杆支护越强,越有利于控制岩爆,但另一方面又要求支护有足够的柔性,喷层厚柔性小,需要对喷射混凝土加以改进。允许锚杆有一定位移,让压锚杆和吸能锚杆都有利于延缓能量释放速度,消耗能量而控制岩爆。

8. 开挖方式

岩爆与开挖的方式、施工机械、施工顺序和施工速度都有密切关系,开挖会引起岩体中能量的集中和转移以及能量的突然释放,因此开挖方式、速度与岩爆的发生密切相关,合理的开挖有利于平衡能量的集中和释放,防止应力叠加而产生的岩爆危险。适当降低开挖速度可以降低能量释放速度,减少岩爆风险。

爆破产生的巨大弹性波迅速传播,使得处于临界状态的岩体受到扰动而发生突然失稳破坏,从而导致岩爆的发生。另外岩爆与光面爆破也有很大的关系,从现场调查来看,光爆效果好,开挖轮廓圆顺,岩爆的裂度较小;光爆效果差,开挖轮廓不圆顺,洞壁不平整增加了洞壁应力集中程度,岩爆的裂度就要大一些。

14.3.4 岩爆预测与宏观现象预报

1. 岩爆预测

岩爆预测预报是在岩爆机理研究的基础上定性或定量地确定岩爆倾向性,是实际工程中最关心的问题,现有的岩爆预测方法总体来说可归纳为理论分析法和现场实测法两大类。目前国内外还没有一整套成熟的理论和方法,但已经取得了较好的成效。这里将现有的几种主要预测方法综述如下:

(1)理论分析的预测

①应力强度比判据法

国内外学者多将周向应力 σ_θ 和岩石单轴抗压强度 σ_R 之比值作为岩爆判据。σ_θ/σ_R 介于 0.3～0.5 之间发生轻微岩爆,σ_θ/σ_R 介于 0.5～0.7 之间发生中等岩爆,而发生强烈岩爆时,

σ_θ/σ_R 比值至少大于 0.7。这是国内外应用得最多的一种判据。表 14-14 列出了国内外学者的评判标准。

国内外岩爆判据表　　　　　　　　　　　　　表 14-14

判　据	评价依据	无　岩　爆	轻　微　岩　爆	中　等　岩　爆	剧　烈　岩　爆
Rusesenes 判据	$K=\sigma_\theta/\sigma_R$	$K<0.2$	$0.2\leqslant K<0.3$	$0.3\leqslant K<0.55$	$K\geqslant 0.55$
Turchaninov 判据	$K=(\sigma_\theta+\sigma_L)/\sigma_R$	$K<0.3$	$0.3\leqslant K<0.5$	$0.5\leqslant K<0.8$	$K\geqslant 0.8$
Hoek 判据	$K=\sigma_\theta/\sigma_R$	$K<0.34$	$0.34\leqslant K<0.42$	$0.42\leqslant K<0.56$	$K\geqslant 0.56$
徐林生判据	$K=\sigma_\theta/\sigma_R$	$K<0.3$	$0.3\leqslant K<0.5$	$0.3\leqslant K<0.7$	$K\geqslant 0.7$
陶振宇判据	$K=R_c/\sigma_1$	$K>14.5$	$14.5\geqslant K>5.5$	$5.5\geqslant K>2.5$	$K<2.5$
Barton 判据	$K=\sigma_1/\sigma_c$	$K<0.2$	$0.2\leqslant K<0.4$	$0.2\leqslant K<0.4$	$K\geqslant 0.4$
安德森判据	$K=\sigma_{\theta,max}/\sigma_c$	$K<0.35$	$0.35\leqslant K<0.5$	$0.35\leqslant K<0.5$	$K\geqslant 0.5$

②岩爆倾向性指数(W_{et})判据法

该指数由波兰学者奇代宾斯基提出,其测定方法是:应用岩石单轴抗压强度试验,将试件加载到其峰值强度的 70%～80%,然后卸载。卸载所释放的弹性应变能(φ_{SP})和耗损的弹性应变能(φ_{ST})之比值,定义为岩爆倾向性指数(W_{et}),用于判断和预测岩爆。这种方法在国外相对比较成熟,比如波兰已将此纳入国家标准。波兰国家标准规定如下:

$W_{et}\geqslant 5.0$,将出现严重岩爆;$2.0\leqslant W_{et}<5.0$,出现中、低烈度岩爆;$W_{et}<2.0$,则不产生岩爆。

③岩爆能量冲击性指标(A_{cf})判据法

国内外学者根据岩石在刚性压力机上得到的应力—应变全过程曲线,将应力—应变峰值前的曲线所包围的面积与应力—应变峰值后的曲线所包围的面积之比定义为岩爆能量冲击性指标 A_{cf}。

④岩石脆性指数预测

岩石的脆性可以用脆性指数,即岩石峰值强度前的总变形与永久变形之比来描述,比值越大,脆性越高。脆性指数越大,岩爆越强烈,对应关系见表 14-15。

岩石脆性指数与岩爆强度的关系　　　　　　　　　　　表 14-15

岩石脆性指数	0～4.0	3.5～5.5	5.0～7.8	>7
岩爆发生强度	无	弱	中等	严重

(2)以探测技术为基础的岩爆预测

①声发射现场监测预测

声发射(Acoustic emission,AE)事件发生的频率、信号特征及伴随能量等信息可以作为岩爆事件发生的先兆,国内外有许多学者从事过该领域的研究。曼苏罗夫(Mansurov V. A.)等在对岩石破坏失稳过程中的 AE 进行深入研究的基础上,提出用 AE 技术来预测岩爆;此后,李(Li C.)和努德隆德(Nordlund E.)都从事过该方面的研究。

②电磁辐射监测预测

20 世纪 80 年代,俄罗斯学者弗里德(Frid V.)将电磁辐射(Electromagnetic Radiation,EMR)方法引入岩爆预测领域,并提出了岩爆预测的理论标准。这种预测方法在我国被称为微震监测,我国锦屏二级水电站对强烈岩爆区进行了这种监测,效果极好,解决了工程上的安全难题。中国科学院武汉岩土力学研究所与大连理工大学预报的准确率都在80％以上。微震监测系统通过地震检波器或加速度传感器将微破裂产生的P波和S波接收转化成电信号并转换成数据信号，通过数据处理，可以确定岩体中微震事件的时间、位置、强度（震级与能量），通过分析，可以对岩爆的发生、定位、以及岩爆的量级做出预报，但尚未能预报确切时间。

（3）数学预测方法

数学预测主要是指选取影响岩爆的一些因素，对岩爆的发生与否及其烈度级别进行非线性预测的方法。主要有以下几种：模糊数学综合评判预测法、神经网络预测法、分形预测法、突变理论预测法、灰色理论预测法等。

2. 岩爆宏观现象预报

通过对隧道的实际埋深、围岩性质、地质构造和地形条件等的研究，基于现场实测和工程经验，可以通过宏观现象预报岩爆的等级、烈度、类型、发生时间、空间位置等。

（1）围岩性质预报法

岩石越新鲜、完整和干燥，岩性越脆硬，岩爆发生的可能性越大；抗压强度越大，发生岩爆的可能性越大；发生岩爆的岩石都鲜艳完整，原生裂隙较少；发生岩爆的岩石是非常干燥的，含水量极少，比较湿润的岩石较难发生岩爆；岩体的完整程度也是岩爆发生的重要影响因素。

（2）地质构造和地形条件预报法

复杂的地质构造带容易发生岩爆。如褶曲、岩脉、断层以及岩层的突变等，特别是向斜轴部。但在断层破碎带和节理十分发育的部位和地段，不易出现岩爆；在断层带附近的完整岩体中，有可能发生岩爆。岩体的结构面如层理、节理、劈理等对岩爆的强度和方式有一定的影响。

（3）隧道断面形状与尺寸预报法

隧道断面的轮廓形状、尺寸也与岩爆发生有关。非圆形隧道周边部位应力集中程度不一，肩部、底角等部位应力集中程度相当高，应力往往超过发生岩爆的临界值。在岩体初始应力场中，当垂直地应力很大，而水平地应力很小时，将造成边拱部位和直墙部位产生岩爆。当水平地应力很大，而垂直地应力很小时，在拱顶和底板部位容易出现岩爆。圆形洞室发生岩爆的烈度和概率都要低于直墙圆拱形洞室，大尺度洞室发生岩爆的烈度和概率都要低于小尺度洞室。

（4）岩爆发生时间预报法

围岩暴露后16d内发生岩爆概率为90％，围岩暴露后8d内发生岩爆概率为65％，围岩暴露后1d内发生岩爆概率为20％，围岩暴露1～6个月后发生岩爆的概率很小。

（5）岩爆发生空间范围预报法

约有85％的岩爆出现在距掌子面0～1.5倍洞跨的地段。绝大部分岩爆发生在掌子面后25m范围内，8m内出现次数较多，10～25m内也经常发生。

14.3.5 岩爆的防治

目前对岩爆主要从设计与施工的角度进行防治，设计是依据"避让"原则从选线的角度考虑，而施工则是从改善围岩的应力状态进行考虑，由于目前的技术手段还不能完全避免高地应力条件下岩爆的发生，因此选择减小岩爆发生的强度也将是一种思路。对于岩爆的防控总体上有三个方面：一是尽量减少能量的集中，从源头上控制岩爆；二是预释放和转移能量，降低岩爆的可能性；三是延缓能量释放速率和吸收能量，以控制和减小岩爆强度。

隧道岩爆防治必须从设计、施工、支护加固、监测预报和岩爆风险管理等几个环节上提出防治对策,以避免和减少隧道岩爆的发生。目前岩爆防治主要可以从以下几方面考虑:

1. 开挖方法及顺序

在岩爆段施工中,应重视开挖方案的优化,包括开挖断面尺寸和台阶数、开挖顺序、掘进速率及相邻隧洞与导洞开挖的协调关系等,以减少开挖引起的应力集中和能量积聚,坚持合理的施工程序和方法,适当放缓施工速度,尽可能减小卸荷速度,可以有效防止岩爆或降低岩爆级别。

2. 设置应力释放孔、槽

设置应力释放孔、槽预释放能量,如打卸载孔、开卸载槽、超前径向钻孔卸压等以减少断面与掌子面上的应力集中和能量集中,从而防止岩爆或降低岩爆级别。

3. 改变围岩力学性质和条件

岩爆的发生和围岩的力学性质有着紧密的关系,因此可以通过采取一定的措施改变围岩力学性质和条件。如在设计中尽量采用圆滑的开挖断面、减少转角和产生应力集中的地方。施工中向开挖壁面喷水、向岩体内压注水,改变围岩的力学性质,降低岩爆可能性。

4. 支护加固围岩

支护加固措施能改变围岩受力状态,调控能量释放速度,增加围岩延性,起到抑制和减缓岩爆的作用。开挖后及时喷射混凝土封闭围岩、施作系统锚杆或者布置整体钢筋网等支护措施,尽早形成围岩的承载环,能提高围岩的延性。增加喷层厚度和锚杆数量,增强支护抗力,有助于抑制岩爆。采用有一定伸缩能力的让压锚杆和吸能锚杆也是防止岩爆的有效措施。

5. 岩爆预测预报

岩爆的预测是一个系统的、动态的过程,在隧道施工前,可以通过一些理论分析和深孔测试,大致了解隧址区的地应力分布状态,尤其要特别重视施工过程中的地质工作和预测工作,通过现场细致的工作,适时进行相关的宏观预测预报。

岩爆预测预报主要是依据探测仪器的监测信息,在综合分析评价后提出岩爆监测风险预报。在我国锦屏二级水电站的岩爆预报中,表明微震监测是一种有效的预报手段。

6. 做好岩爆风险管理

要降低岩爆的风险,必须做好组织管理工作。切实落实风险管理的各项措施,建立预警与应急机制,当预测预报围岩应力异常或岩爆危险上升时,应立即停止开挖。强化岩爆危险区段管理,进行封闭管理和"准入证"制度,控制岩爆危险区生产作业人数,防止闲杂人员进入和人员过度集中,在危险时段、危险区域内重点进行岩爆治理。加强落实作业人员个体防护,减小岩爆时对人员的伤害。

14.4 岩体隧洞块体稳定性分析

工程实践表明,节理岩体为隧洞开挖中较常见的围岩之一,该类岩体结构面发育,系被诸多节理、裂隙、断层等弱面所切割而形成大小不一的岩石块体,在初始应力场下一般保持稳定,但随着隧洞开挖对节理岩体初始应力场的扰动和临空面的出现,岩石块体受力状态发生改变,导致隧洞开挖面局部块体发生滑移、冒落等失稳现象，直接威胁隧洞人员与财产安全。因而，对于在节理裂隙发育岩体中开挖大跨度隧洞必须进行块体稳定分析。

块体理论赤平解析法（Stereo-analytical Method，张子新，2003）作为一种考虑岩体非连续性的岩体稳定性分析方法，以岩石块体和结构面为研究对象，基于结构面和开挖面几何拓扑关系分析各岩石块体的有限性和可动性，同时考虑各块体的实际受力情况，因而特别适用于节理岩体隧洞稳定性的分析，在国内外得到了广泛应用。

14.4.1 块体几何

1. 基本假定

块体理论赤平解析法的基本假定如下：

（1）结构面为平面，对于每个具体工程，各组结构面具有确定产状，并可由现场地质测量获得。

（2）结构面贯穿所研究的岩体，即不考虑岩石块体本身的强度破坏。

（3）结构体为刚体，不计块体自身变形和结构面的压缩变形。

（4）岩体的失稳是岩体在各种荷载作用下沿着结构面产生剪切滑移。

2. 块体的基本类型

岩体被各类结构面和开挖面（如边坡面、洞室的顶和边等）切割后，形成了形状各异的镶嵌块体。从表面上看，这些块体似乎是杂乱无章的，但如果从岩体工程稳定性的观点出发，则可以将其严格分类。块体分类及层次关系如图 14-35 所示，块体类型二维示意图如图 14-36 所示。

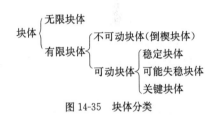

图 14-35　块体分类

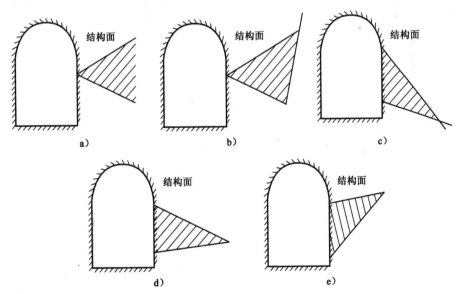

图 14-36　块体类型二维示意图（自重作用下）

a)无限块体；b)不可动块体；c)稳定块体；d)可能失稳块体；e)关键块体

（1）块体

块体，泛指被各类结构面或结构面和开挖面所切割的岩体，亦称结构体。

（2）无限块体

无限块体系指未被结构面和开挖面完全切割成孤立体的块体[图 14-36a)]，即这类块体虽受结构面和开挖面切割，但仍有一部分与母岩相连，如果本身不产生强度破坏，不存在失稳问题。

（3）有限块体

被结构面和开挖面完全切割成孤立体的块体称为有限块体，其包含不可动块体和可动块体两类。

（4）不可动块体

不可动块体或称倒楔块体。这类块体沿空间任何方向移动都会受到相邻块体所阻[图 14-36b)]。如果其相邻块体不发生运动，这类块体将不可能发生运动。

（5）可动块体

可动块体即可沿空间某一个或若干个方向移动而不被相邻块体所阻的块体。可动块体又包含稳定块体、可能失稳块体和关键块体三类。

（6）稳定块体

稳定块体即在工程作用力和自重作用下，即使滑移面的抗剪强度等于零仍能保持稳定的块体[图 14-36c)]。

（7）可能失稳块体

可能失稳块体即在工程作用力和自重作用下，由于滑动面有足够的抗剪强度才保持稳定的块体[图 14-36d)]。若滑移面的抗剪强度降低，这类块体可能失稳。

（8）关键块体

关键块体即在工程作用力和自重作用下，由于滑动面的抗剪强度不足以抵御滑动力，若不施加工程锚固措施，必将失稳的块体[图 14-36e)]。关键块体的失稳往往产生连锁反应，造成整个岩体工程的破坏，因而成为影响整个工程的关键。

块体理论赤平解析法的核心就是通过几何分析，排除所有的无限块体和不可动块体，再通过运动学分析，找出工程作用力和自重作用下的所有可能失稳块体，然后根据滑动面的物理力学特性，确定工程开挖面上所有的关键块体，并计算出所需锚固力，制订出相应的锚固措施，消除潜在连锁反应，确保隧洞安全。

3. 块体的数学表述

由空间解析几何可知，空间平面的普遍方程可表达如下：

$$Ax + By + Cz = D \tag{14-7}$$

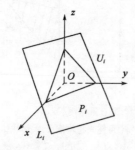

一个平面 P_i 将全空间划分为两个半空间，在平面 P_i 上作重力矢量，含矢量的部分称下半空间，简称下盘，记为 L_i；不含重力矢量的部分称为上半空间，简称上盘，记为 U_i，如图 14-37 所示，则上、下半空间点的集合数学表达式分别如式（14-8）、式（14-9）所示：

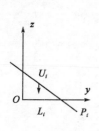

图 14-37　平面与半空间示意图

$$L_i : A_i x + B_i y + C_i z < D_i \tag{14-8}$$

$$U_i : A_i x + B_i y + C_i z > D_i \tag{14-9}$$

在赤平解析法中,块体看成是由界面(结构面或开挖面)限定而成的半空间的交集,凹块体是两个或两个以上的半空间并集,凸块体是两个或两个以上半空间的交集,如图14-38所示。

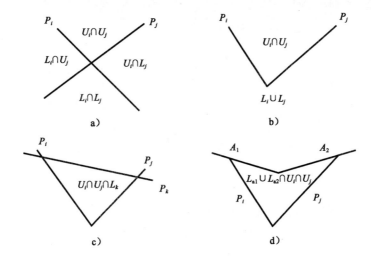

图14-38 块体种类

a)无限凸块体;b)无限凹块体;c)有限凸块体;d)有限凹块体

(1)无限凸块体

无限凸块体 $U_i \cap U_j$ 内各点坐标为下式的解:

$$\left.\begin{aligned} U_i &: A_i x + B_i y + C_i z > D_i \\ U_j &: A_j x + B_j y + C_j z > D_j \end{aligned}\right\} \tag{14-10}$$

(2)无限凹块体

凡满足式(14-11)或式(14-12)之一的各点坐标均在无限凹块体 $L_i \cup L_j$ 内:

$$L_i : A_i x + B_i y + C_i z < D_i \tag{14-11}$$

$$L_j : A_j x + B_j y + C_j z < D_j \tag{14-12}$$

(3)有限凸块体

互不平行的四个或四个以上的平面才可能围成一个有限块体,而且不可能都是上盘或都是下盘,至少有一个或一个以上的盘体与其他盘体相反,否则总有一个方向可以无限延伸,故有限凸块体是部分上盘和部分下盘的交集,即 $U_1 \cap U_2 \cdots \cap U_n \cap L_1 \cdots \cap L_m$,其各点的坐标为下式的解:

$$\left.\begin{aligned} U_i &: A_i x + B_i y + C_i z > D_i \quad (i = 1, 2, \cdots, n) \\ L_j &: A_j x + B_j y + C_j z < D_j \quad (j = 1, 2, \cdots, m) \end{aligned}\right\} \tag{14-13}$$

式中:$i \geqslant 1, j \geqslant 1, i + j \geqslant 4$。

(4)有限凹块体

有限凹块体是由部分半空间的交集和部分半空间的并集所构成的,设平面 A_1 和 A_2 形成一个凹面,则有限凹块体为 $U_1 \cap U_2 \cdots \cap U_n \cap L_1 \cdots \cap L_m \cup L_{a1} \cup L_{a2}$,当然也可能是 $U_{a1} \cup U_{a2}$ 形成的凹面与其他半空间的交集构成的凹块体。凡满足下列两套联立方程之一的各点坐标均在有限凹块体内:

$$U_i : A_i x + B_i y + C_i z > D_i \qquad (i = 1, 2, \cdots, n)$$
$$L_j : A_j x + B_j y + C_j z < D_i \qquad (j = 1, 2, \cdots, m)$$
$$L_{a1} : A_{a1} x + B_{a1} y + C_{a1} z < D_{a1}$$
$$(14\text{-}14)$$

或

$$U_i : A_i x + B_i y + C_i z > D_i \qquad (i = 1, 2, \cdots, n)$$
$$L_j : A_j x + B_j y + C_j z < D_i \qquad (j = 1, 2, \cdots, m)$$
$$L_{a2} : A_{a2} x + B_{a2} y + C_{a2} z < D_{a2}$$
$$(14\text{-}15)$$

式中：$i \geqslant 1, j \geqslant 1, i + j \geqslant 4$。

4. 赤平投影方程

由于空间几何比较复杂，常用赤平极射投影方法将三维问题投影为二维问题进行三维分析，赤平解析法的各方程均建立在下极射赤平投影的基础上。现以球心为坐标原点建立坐标系，z 轴向上为正，y 轴指向正北，x 轴指向正东，如图 14-39 所示，则参照球面方程为：

$$x^2 + y^2 + z^2 = R^2 \qquad (14\text{-}16)$$

结构面经平移至球心后的平面方程如下：

$$P_i : A_i x + B_i y + C_i z = D_i \qquad (14\text{-}17)$$

式中：A_i、B_i、C_i——P_i 的法向矢量。

结构面的倾向为结构面上盘的法线水平投影与 y 轴的夹角，如图 14-39 中的 β，以顺时针方向为正；结构面倾角为结构面与水平面的夹角，如图 14-39 中的 α。根据结构面的倾向与倾角，可将式(14-7)~式(14-9)改写成下式：

$$P_i : x \sin\alpha_i \sin\beta_i + y \sin\alpha_i \cos\beta_i + z \cos\alpha_i = 0$$
$$U_i : x \sin\alpha_i \sin\beta_i + y \sin\alpha_i \cos\beta_i + z \cos\alpha_i > 0$$
$$L_i : x \sin\alpha_i \sin\beta_i + y \sin\alpha_i \cos\beta_i + z \cos\alpha_i < 0$$
$$(14\text{-}18)$$

设 P_i 与参照球面相交成一个圆 k，从参照圆下极点 $(0, 0, -R)$ 向圆上任意一点 C 发射线，交赤道平面于点 $B(x, y, 0)$，如图 14-40 所示。

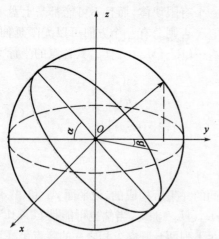

图 14-39 弱面的倾向与倾角

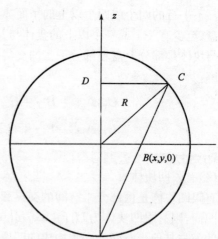

图 14-40 过任一射线与 z 轴的平面

根据图 14-40 中几何关系可得到 P_i 面的赤平投影方程如下：

$$
\left.
\begin{aligned}
&P_i: (x - R\tan\alpha_i \sin\beta_i)^2 + (y - R\tan\alpha_i \cos\beta_i)^2 = \frac{R^2}{\cos^2\alpha_i} \\
&U_i: (x - R\tan\alpha_i \sin\beta_i)^2 + (y - R\tan\alpha_i \cos\beta_i)^2 > \frac{R^2}{\cos^2\alpha_i} \\
&L_i: (x - R\tan\alpha_i \sin\beta_i)^2 + (y - R\tan\alpha_i \cos\beta_i)^2 < \frac{R^2}{\cos^2\alpha_i}
\end{aligned}
\right\}
\tag{14-19}
$$

由式(14-19)可知，任意 $\alpha_i \neq 90°$ 的平面赤平投影为一个圆，圆心坐标为 $(R\tan\alpha_i\sin\beta_i, R\tan\alpha_i\cos\beta_i)$，圆心与坐标原点的距离为 $R/\cos\alpha_i$，如图 14-41 所示(图中圆心为坐标原点的圆为参照球与赤道平面的交线，称为参照圆，参照圆圆心与任意倾斜平面投影圆圆心连线的方位角即为该平面的倾向 β_i)。由式(14-19)还可知，任意平面的上盘投影为圆内区域，下盘投影为圆外区域。

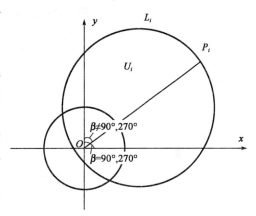

图 14-41　任意平面赤平投影图

(1)当 P_i 的倾角 $\alpha_i = 0°$ 时，其投影与参照圆重合，投影方程为：

$$
x^2 + y^2 = R^2 \tag{14-20}
$$

(2)当 P_i 的倾角 $\alpha_i = 90°$ 时，其投影为一条直线，如图 14-41 所示。

(3)当倾向 $\beta_i = 90°, 270°$ 时，该平面投影与 x 轴重合，投影方程如式(14-21)所示。结构面上盘投影为该结构面投影方程小于 0 的区域，结构面下盘投影为投影方程式大于 0 的区域。

$$
x = 0 \tag{14-21}
$$

(4)当倾向 $\beta_i \neq 90°, 270°$ 时，该平面投影为一条斜线，投影方程如式(14-22)所示。结构面上盘投影为该结构面投影方程小于 0 的区域，结构下盘投影为该结构面投影方程式大于 0 的区域。

$$
x\tan\beta_i + y = 0 \tag{14-22}
$$

14.4.2　分析过程

利用赤平解析法进行围岩稳定性分析的过程如下：①根据工程地质勘察报告，找出可能影响围岩稳定的结构弱面，包括节理和断层等，并确定其产状；②根据各结构弱面的产状和洞室开挖面的走向、倾角，由式(14-19)得到赤平投影方程；③根据赤平投影方程式，计算各面赤平投影正负交点坐标；④根据有限性定理和可动性定理找出所有可动块体，以界面半空间交集形式表示；⑤判断可动块体失稳形式，根据块体失稳形式的不同采用相应公式计算净滑力大小，找出关键块体。详细过程如图 14-42 所示。

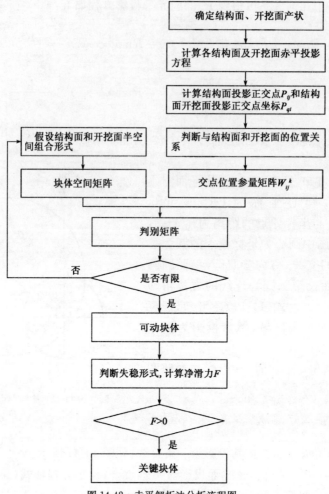

图 14-42　赤平解析法分析流程图

14.4.3　有限性定理

1. 有限性判断准则

岩体工程中,失稳的块体都是有限块体,因此判断块体的有限还是无限是块体理论赤平解析法分析的第一步。设某块体由 n 个半空间组成,平移各半空间至坐标原点,若平移后的半空间只有坐标原点为公共几何元素,则该块体有限,即块体有限性原理,如图 14-43 所示。

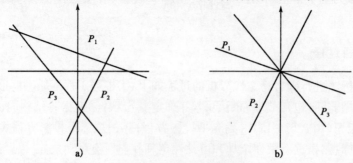

图 14-43　有限块体示意图

a)有限块体平移前示意图;b)有限块体平移后示意图

(1)有限凸块体

有限凸块体方程式投影后改写为：

$$U_i:A_i x + B_i y + C_i z > 0 \qquad (i = 1,2,\cdots,n) \atop L_i:A_j x + B_j y + C_j z < 0 \qquad (j = 1,2,\cdots,m)} \tag{14-23}$$

式中：$i \geqslant 1, j \geqslant 1, i+j \geqslant 4$。

如果该方程式只有一个解，即原点坐标，则该方程式代表的交集为有限凸块体；如果式(14-23)有一个非零解(x_1, y_1, z_1)，对任何$t > 0$，则(t_{x1}, t_{y1}, t_{z1})也是方程的解，即方程有无数解，当t无限大时，块体也无限大，所以如果块体有限，则上述方程只有零解，也就是说半空间的投影交集为空集，即有限凸块体的投影判断式为：

$$U_1 \cap U_2 \cdots \cap U_n \cap L_1 \cdots \cap L_m = \varnothing \tag{14-24}$$

(2)有限凹块体

有限凹块体方程式投影改写为：

$$U_i:A_i x + B_i y + C_i z > 0 \qquad (i = 1,2,\cdots,n) \atop L_j:A_j x + B_j y + C_j z < 0 \qquad (j = 1,2,\cdots,m) \atop L_{a1}:A_{a1} x + B_{a1} y + C_{a1} z < 0} \tag{14-25}$$

或

$$U_i:A_i x + B_i y + C_i z > 0 \qquad (i = 1,2,\cdots,n) \atop L_j:A_j x + B_j y + C_j z < 0 \qquad (j = 1,2,\cdots,m) \atop L_{a2}:A_{a2} x + B_{a2} y + C_{a2} z < 0} \tag{14-26}$$

式中：$i \geqslant 1, j \geqslant 1, i+j \geqslant 4$。

由于凡满足上述两套联立方程式之一的各点坐标均在凹块体内，则必须上述两套联立方程式都只有一个解——坐标原点$(0,0,0)$，它们所代表的块体才是有限凹块体，即有限凹块体的投影判断式为：

$$U_1 \cap U_2 \cdots \cap U_n \cap L_1 \cdots \cap L_m \cup L_{a1} \cup L_{a2} = \varnothing \tag{14-27}$$

为了简化起见，可以用平面投影的交点与半空间投影的相对位置判断块体的有限性。因为有限块体的投影已经退化为一个点，则其投影区将不包含$(0,0,0)$以外的交点，故可用块体是否包含交点的投影作为有限性的判断准则。

根据赤平投影原理，任意两平面的投影是两个圆或一条直线，在平面上两圆相交或直线与圆相交一般有两交点。两交点的连线就是两结构面交线的投影，交线必然通过参考球心。因为参考球心是任意平面的公共点，球心位于赤道平面，两结构面交线也必通过赤道平面，并且交线被赤道平面截为上下半空间两段，反映在投影中则是一个交点位于参考圆内（空间上位于赤道平面的上盘），另一个交点位于参考圆外（空间上位于赤道平面的下盘）。同理，任意两面的交线在参考球心处穿过第三个面，因此，任意两平面的投影圆的交点中必有一个位于第三个平面的投影圆内（空间上位于第三平面的上盘），另一个位于第三个平面的投影圆外（空间上位于第三平面的下盘）。

判断分析中定义：平面投影相交的交点位于参考圆内的交点为正交点，反之为负交点。具体判断步骤为：计算任意两平面相交的交点坐标→找出正交点→查明该交点与各个平面的相对位置→得到交点位置量→根据有限性判断准则做出判断，详见参考文献[30]。

2.确定投影圆交点坐标

(1)两个倾斜平面

已知两平面 P_i、P_j 的产状分别是 (α_i, β_i)，(α_j, β_j)（其中 α 为倾角，β 为倾向），根据赤平投影原理，两投影面的方程分别是：

$$\left. \begin{aligned} P_i &: (x - R\tan\alpha_i\sin\beta_i)^2 + (y - R\tan\alpha_i\cos\beta_i)^2 = \frac{R^2}{\cos^2\alpha_i} \\ P_j &: (x - R\tan\alpha_j\sin\beta_j)^2 + (y - R\tan\alpha_j\cos\beta_j)^2 = \frac{R^2}{\cos^2\alpha_j} \end{aligned} \right\} \tag{14-28}$$

联立求解，可得 P_i、P_j 投影圆的交点坐标 (x_1, y_1)，(x_2, y_2)。

①当 $\tan\alpha_i\sin\beta_i - \tan\alpha_j\sin\beta_j \neq 0$ 时，

$$\left. \begin{aligned} x &= \frac{-AR}{A^2+1}(-B \pm \sqrt{B^2 + A^2 + 1}) \\ y &= \frac{1}{A^2+1}(-B \pm \sqrt{B^2 + A^2 + 1}) \end{aligned} \right\} \tag{14-29}$$

其中：

$$A = \frac{\tan\alpha_i\cos\beta_i - \tan\alpha_j\cos\beta_j}{\tan\alpha_i\sin\beta_i - \tan\alpha_j\sin\beta_j}$$

$$B = A\tan\alpha_i\sin\beta_i - \tan\alpha_i\cos\beta_i$$

②当 $\tan\alpha_i\sin\beta_i - \tan\alpha_j\sin\beta_j = 0$ 时，

$$\left. \begin{aligned} x &= R(\tan\alpha_i\sin\beta_i \pm \sqrt{\tan^2\alpha_i\sin^2\beta_i + 1}) \\ y &= 0 \end{aligned} \right\} \tag{14-30}$$

（2）一个倾斜平面，一个竖直平面

已知两平面 P_i、P_j 的产状分别是 (α_i, β_i)，$\left(\dfrac{\pi}{2}, \beta_j\right)$（$\alpha$ 为倾角，β 为倾向）。

①当倾向 $\beta_j \neq 90°, 270°$ 时，根据赤平投影原理，两投影面的方程分别是：

$$\left. \begin{aligned} P_i &: (x - R\tan\alpha_i\sin\beta_i)^2 + (y - R\tan\alpha_i\cos\beta_i)^2 = \frac{R^2}{\cos^2\alpha_i} \\ P_j &: x\tan\beta_j + y = 0 \end{aligned} \right\} \tag{14-31}$$

联立求解可得 P_i、P_j 投影圆交点坐标 (x_1, y_1)，(x_2, y_2)：

$$\left. \begin{aligned} x &= R\cos^2\beta_j\left[\tan\alpha_i(\sin\beta_i - \cos\beta_i\tan\beta_j) \pm \sqrt{\tan^2\alpha_i(\cos\beta_i\tan\beta_j - \sin\beta_i)^2 + \sec^2\beta_j}\right] \\ y &= -0.5R\sin2\beta_j\left[\tan\alpha_i(\sin\beta_i - \cos\beta_i\tan\beta_j) \pm \sqrt{\tan^2\alpha_i(\cos\beta_i\tan\beta_j - \sin\beta_i)^2 + \sec^2\beta_j}\right] \end{aligned} \right\} \tag{14-32}$$

将各平面 P_i、P_j 两两相交的交点坐标代入参考圆方程，符合式(14-33)的是正交点 $P_{ij}(x_{ij}, y_{ij})$，反之，为负交点 $P_{ij}(x_{ij}, y_{ij})$：

$$x_{ij}^2 + y_{ij}^2 \leqslant R^2 \tag{14-33}$$

②当倾向 $\beta_j = 90°, 270°$（空间竖直平面 P_j 倾向为 $90°$ 或 $270°$），竖直平面 P_j 投影方程为 $x = 0$，联立两面赤平投影方程为：

$$\left. \begin{aligned} P_i &: (x - R\tan\alpha_i\sin\beta_i)^2 + (y - R\tan\alpha_i\cos\beta_i)^2 = \frac{R^2}{\cos^2\alpha_i} \\ P_j &: x = 0 \end{aligned} \right\} \tag{14-34}$$

联立求解得，交点坐标为 (x_1, y_1)，(x_2, y_2)：

$$\left. \begin{aligned} x &= 0 \\ y &= R\tan\alpha_i\cos\beta_i \pm \frac{R}{\cos\alpha_i}\sqrt{1 - \sin^2\alpha_i\sin^2\beta_i} \end{aligned} \right\} \tag{14-35}$$

将交点坐标代入参考圆方程，其中满足式(14-33)的点为正交点。

(3)两个竖直平面

当两平面 P_i、P_j 的产状分别是 $\left(\dfrac{\pi}{2}, \beta_i\right)$，$\left(\dfrac{\pi}{2}, \beta_j\right)$，则两者投影均为直线，投影交点坐标为：

$$\left. \begin{array}{l} x = 0 \\ y = 0 \end{array} \right\} （或在无穷远处） \qquad (14\text{-}36)$$

3. 确定交点位置参量

交点位置参量表示正交点(或负交点)与第三平面的位置关系，具体分析时仅用正交点即可。将各平面 P_i、P_j 的投影两两相交的正交点坐标 $P_{ij}(x_{ij}, y_{ij})$ 代入第三平面 P_k 的投影圆方程：

①若 $(x_{ij} - R\tan\alpha_k\sin\beta_k)^2 + (y_{ij} - R\tan\alpha_k\cos\beta_k)^2 < \dfrac{R^2}{\cos^2\alpha_k}$，则正交点 $P_{ij}(x_{ij}, y_{ij})$ 位于 P_k 面上盘，令其位置参量 $W_k^{ij} = 1$，见图 14-44a)；

②若 $(x_{ij} - R\tan\alpha_k\sin\beta_k)^2 + (y_{ij} - R\tan\alpha_k\cos\beta_k)^2 = \dfrac{R^2}{\cos^2\alpha_k}$，则正交点 $P_{ij}(x_{ij}, y_{ij})$ 位于 P_k 面上，令其位置参量 $W_k^{ij} = 0$，见图 14-44b)；

③若 $(x_{ij} - R\tan\alpha_k\sin\beta_k)^2 + (y_{ij} - R\tan\alpha_k\cos\beta_k)^2 > \dfrac{R^2}{\cos^2\alpha_k}$，则正交点 $P_{ij}(x_{ij}, y_{ij})$ 位于 P_k 面下盘，令其位置参量 $W_k^{ij} = -1$，见图 14-44c)。

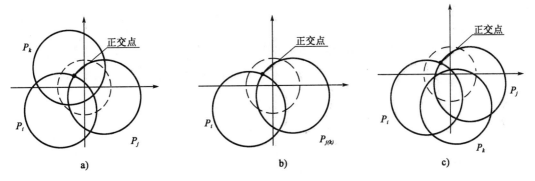

图 14-44　交点位置参变量的确定

设置位置参量的目的是将相对位置数量化，以便运算，将各个平面编号，各交点位置参量组成如下位置矩阵(W_k^{ij})：

$$(W_k^{ij}) = \begin{pmatrix} W_1^{12} & W_2^{12} & \cdots & W_{n-1}^{12} & W_n^{12} \\ W_1^{13} & W_2^{13} & \cdots & W_{n-1}^{13} & W_n^{13} \\ \cdots & \cdots & \cdots & \cdots & \cdots \\ W_1^{1n} & W_2^{1n} & \cdots & W_{n-1}^{1n} & W_n^{1n} \\ W_1^{23} & W_2^{23} & \cdots & W_{n-1}^{23} & W_n^{23} \\ \cdots & \cdots & \cdots & \cdots & \cdots \\ W_1^{(n-1)n} & W_2^{(n-1)n} & \cdots & W_{n-1}^{(n-1)n} & W_n^{(n-1)n} \end{pmatrix} \qquad (14\text{-}37)$$

N 个平面中，如两个平面 A_1 和 A_2 形成一个凹面，则可分别形成两个位置参量矩阵 $(W_k^{ij})_{a1}$ 和 $(W_k^{ij})_{a2}$：

$$(W_k^{ij})_{a2} = \begin{pmatrix} W_1^{12} & W_2^{12} & \cdots & W_{n-2}^{12} & W_{a2}^{12} \\ W_1^{13} & W_2^{13} & \cdots & W_{n-2}^{13} & W_{a2}^{13} \\ \cdots & \cdots & \cdots & \cdots & \cdots \\ W_1^{1a2} & W_2^{1a2} & \cdots & W_{n-2}^{1a2} & W_{a2}^{1a2} \\ W_1^{23} & W_2^{23} & \cdots & W_{n-2}^{23} & W_{a2}^{23} \\ \cdots & \cdots & \cdots & \cdots & \cdots \\ W_1^{(n-2)a2} & W_2^{(n-2)a2} & \cdots & W_{n-2}^{(n-2)a2} & W_{a2}^{(n-2)a2} \end{pmatrix} \qquad (14\text{-}38)$$

$$(W_k^{ij})_{a2} = \begin{pmatrix} W_1^{12} & W_2^{12} & \cdots & W_{n-2}^{12} & W_{a2}^{12} \\ W_1^{13} & W_2^{13} & \cdots & W_{n-2}^{13} & W_{a2}^{13} \\ \cdots & \cdots & \cdots & \cdots & \cdots \\ W_1^{1a2} & W_2^{1a2} & \cdots & W_{n-2}^{1a2} & W_{a2}^{1a2} \\ W_1^{23} & W_2^{23} & \cdots & W_{n-2}^{23} & W_{a2}^{23} \\ \cdots & \cdots & \cdots & \cdots & \cdots \\ W_1^{(n-2)a2} & W_2^{(n-2)a2} & \cdots & W_{n-2}^{(n-2)a2} & W_{a2}^{(n-2)a2} \end{pmatrix} \qquad (14\text{-}39)$$

如有 m 个平面组成一个凹面,则有 m 个位置参量矩阵。

4.确定块体空间参量

为了便于运算,块体所占空间与平面的相对位置用空间参量 V_i 表示,其中规定 P_i 上盘 U_i: $V_i = 1$; P_i 下盘 L_i: $V_i = -1$;与 P_i 无关: $V_i = 0$。将各个平面编号以后,各半空间的空间参量组成如下凸块体空间参量矩阵 (V_k):

$$(V_k) = \begin{pmatrix} V_1 & 0 & 0 & \cdots & 0 \\ 0 & V_2 & 0 & \cdots & 0 \\ 0 & 0 & V_3 & \cdots & 0 \\ 0 & 0 & \cdots & \cdots & 0 \\ 0 & 0 & 0 & \cdots & V_n \end{pmatrix} \qquad (14\text{-}40)$$

如果 A_1 和 A_2 形成凹面,则其他平面分别与 A_1 和 A_2 形成两个块体空间参量矩阵,必须在这两个块体中都没有交点,凹块体才是有限,两个块体空间参量矩阵如下:

$$(V_k)_{a1} = \begin{pmatrix} V_1 & 0 & 0 & \cdots & 0 \\ 0 & V_2 & 0 & \cdots & 0 \\ 0 & 0 & V_3 & \cdots & 0 \\ 0 & 0 & \cdots & \cdots & 0 \\ 0 & 0 & 0 & \cdots & V_{a1} \end{pmatrix} \qquad (14\text{-}41)$$

$$(V_k)_{a2} = \begin{pmatrix} V_1 & 0 & 0 & \cdots & 0 \\ 0 & V_2 & 0 & \cdots & 0 \\ 0 & 0 & V_3 & \cdots & 0 \\ 0 & 0 & \cdots & \cdots & 0 \\ 0 & 0 & 0 & \cdots & V_{a2} \end{pmatrix} \tag{14-42}$$

5. 确定判别矩阵

将位置参量矩阵和空间参量相乘得出判别矩阵(D),判别块体是否有非零交点,若没有则块体有限,具体表达如下:

将式(14-37)与式(14-40)相乘得凸块体判别矩阵:

$$(D) = (W_k^{ij}) \cdot (V_k) = \begin{pmatrix} W_1^{12}V_1 & W_2^{12}V_2 & \cdots & W_{n-1}^{12}V_{n-1} & W_n^{12}V_n \\ W_1^{13}V_1 & W_2^{13}V_2 & \cdots & W_{n-1}^{13}V_{n-1} & W_n^{13}V_n \\ \cdots & \cdots & \cdots & \cdots & \cdots \\ W_1^{1n}V_1 & W_2^{1n}V_2 & \cdots & W_{n-1}^{1n}V_{n-1} & W_n^{1n}V_n \\ W_1^{23}V_1 & W_2^{23}V_2 & \cdots & W_{n-1}^{23}V_{n-1} & W_n^{23}V_n \\ \cdots & \cdots & \cdots & \cdots & \cdots \\ W_1^{(n-1)n}V_1 & W_2^{(n-1)n}V_2 & \cdots & W_{n-1}^{(n-1)n}V_{n-1} & W_n^{(n-1)n}V_n \end{pmatrix} \tag{14-43}$$

将式(14-38)和式(14-41)或式(14-39)和式(14-42)相乘得凹块体判别矩阵:

$$(D) = \begin{pmatrix} W_1^{12}V_1 & W_2^{12}V_2 & \cdots & W_{n-2}^{12}V_{n-2} & W_{a1}^{12}V_{a1} \\ W_1^{13}V_1 & W_2^{13}V_2 & \cdots & W_{n-2}^{13}V_{n-2} & W_{a1}^{13}V_{a1} \\ \cdots & \cdots & \cdots & \cdots & \cdots \\ W_1^{1a1}V_1 & W_2^{1a1}V_2 & \cdots & W_{n-2}^{1a1}V_{n-2} & W_n^{1a1}V_{a1} \\ W_1^{23}V_1 & W_2^{23}V_2 & \cdots & W_{n-2}^{23}V_{n-2} & W_{a1}^{23}V_{a1} \\ \cdots & \cdots & \cdots & \cdots & \cdots \\ W_1^{(n-2)a1}V_1 & W_2^{(n-2)a1}V_2 & \cdots & W_{n-2}^{(n-2)a1}V_{n-2} & W_{a1}^{(n-2)a1}V_{a1} \end{pmatrix} \tag{14-44}$$

$$(D) = \begin{pmatrix} W_1^{12}V_1 & W_2^{12}V_2 & \cdots & W_{n-2}^{12}V_{n-2} & W_{a2}^{12}V_{a2} \\ W_1^{13}V_1 & W_2^{13}V_2 & \cdots & W_{n-2}^{13}V_{n-2} & W_{a2}^{13}V_{a2} \\ \cdots & \cdots & \cdots & \cdots & \cdots \\ W_1^{1a2}V_1 & W_2^{1a2}V_2 & \cdots & W_{n-2}^{1a2}V_{n-2} & W_{a2}^{1a2}V_{a2} \\ W_1^{23}V_1 & W_2^{23}V_2 & \cdots & W_{n-2}^{23}V_{n-2} & W_{a2}^{23}V_{a2} \\ \cdots & \cdots & \cdots & \cdots & \cdots \\ W_1^{(n-2)a2}V_1 & W_2^{(n-2)a2}V_2 & \cdots & W_{n-2}^{(n-2)a2}V_{n-2} & W_{a2}^{(n-2)a2}V_{a2} \end{pmatrix} \tag{14-45}$$

矩阵(D)中的每一元素表示某一交点与某半空间的位置关系,分别有以下几种情形:

(1)若$W_k^{ij}V_k = 0$,则表示可能是1×0——k面不是所分析的块体的边界,或者是0×1——交点在k面上,但是不一定在所分析块体的棱边上。

(2)若$W_k^{ij}V_k = 1$,则表示可能是1×1——正交点在k面的上盘,所分析的块体也是k面的上盘,或者是(-1)×(-1)——负交点在 k 面的下盘,所分析块体也是 k 面的下盘,即 P_i、P_j 两面的交线就是所分析块体的棱边。

(3)若 $L_k^{Wij}V_k=-1$,则表示可能是(-1)×1——正交点在 k 面的上盘,所分析的块体也是 k 面的上盘,或者是1×(-1)——负交点在 k 面的下盘,所分析块体也是 k 面的下盘,即 P_i、P_j 两面的交线就是所分析块体的棱边。

块体有限判断准则:若某行中的元素全部为0,说明所分析的交点不在块体内;如果某行中的元素既有0又有1,说明正交点在所分析的块体内;若某行的元素既有0又有-1,这说明负交点在所分析的块体内;若某行元素中既有1又有-1,这说明正负交点均在所分析块体内。如果任意行判断有一交点在所分析的块体内(无论是正交点还是负交点),该块体为无限块体,否则为有限块体。

14.4.4　可动性定理

1.块体可动条件

岩体被结构面切割,完整性遭到破坏,但是没有隧洞开挖后形成的开挖面,被切割的块体

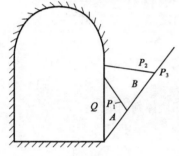

图 14-45　可动块体与不可动块体

不会发生移动,因此块体移动的必要条件是:块体的界面中必须有一个或一个以上的开挖面。

如果块体向开挖面方向移动时,受到其他部分岩体的阻挡,虽有开挖面也不能移动。如图 14-45,Q 为开挖面,图中由 P_1、P_2 和 P_3 组成的块体,即 B 块体,并不能向开挖面移动,A 块体则可能移动,两者之间的差别在于,一个结构面相互收拢,一个则相互发散,块体只能向结构面发散的方向移动。如果没有开挖面,结构面互相收拢的将形成有限块体,而结构面发散的将形成无限块体。由此可见,结构面本身能构成有限块体者,即使有开挖面也不可能移动。

综上所述,块体移动的充分条件是:结构面构成的无限块体,被开挖面切割后才成为有限块体者,是为可动块体。

2.判断过程

首先根据有限块体判断方法,寻找出由开挖面和结构面所构成的有限块体,然后将这些有限块体的开挖面除去,检查剩余的结构面是否能构成有限块体,若能构成有限块体,则该块体不可动,反之为可动块体。有限块体至少由4个互不平行的界面组成,因此若开挖面和结构面之和为4,其构成的有限块体必为可动块体。只有开挖面和结构面之和超过4时,才有可能有不可动的有限块体。上述几何可动性的判别过程与有限性判断基本一致。

14.4.5　块体的稳定性判断

可动块体的稳定性分析主要采用力学分析方法判断块体的失稳形式,依据块体失稳形式采用相应公式计算块体的滑动力,由块体滑动力大小确定块体是否稳定,并提出相应的加固措施。

1.块体移动方向判断

块体一般沿结构面向开挖面方向移动,根据块体投影区最低点的位置可判定块体移动方向,参考圆中心到块体投影区最低点连线的方向即为移动方向,该线的倾角即为移动倾角。块

体投影区的最低点可能为某个结构面的最低点，也有可能是两个结构面交线的最低点。

(1)块体投影区最低点为结构面最低点

首先判断结构面最低点是否在块体投影区内：参考圆圆心与投影圆圆心的连线方位角即为该结构面的倾向 β_i，该连线与 P_i 投影圆相交于两点，一点位于参考圆内，为 P_i 面投影的正交点(最高点)，其坐标为 $H_i(x,y)$：

$$H_i(x,y) = \left(\left(R\tan\alpha - \frac{R}{\cos\alpha}\right)\sin\beta, \left(R\tan\alpha - \frac{R}{\cos\alpha}\right)\cos\beta\right) \tag{14-46}$$

另一点位于参考圆外，为 P_i 面投影的负交点(最低点)，其坐标为 $G_i(x,y)$：

$$G_i(x,y) = \left(\left(R\tan\alpha + \frac{R}{\cos\alpha}\right)\sin\beta, \left(R\tan\alpha + \frac{R}{\cos\alpha}\right)\cos\beta\right) \tag{14-47}$$

根据有限性分析中确定交点位置参量的方法，可得结构面(负交点)最低点位置参量 W_k^i：若 P_i 面投影的负交点(最低点)位于 P_k 的上盘，则 $W_k^i = 1$；若 P_i 面投影的负交点(最低点)位于 P_k 的面上，则 $W_k^i = 0$；若 P_i 面投影的负交点(最低点)位于 P_k 的下盘，则 $W_k^i = -1$。

将各平面编号以后，W_k^i 可组成如下结构面投影最低点位置参量矩阵：

$$W_k^i = \begin{bmatrix} W_1^1 & W_2^1 & \cdots & W_n^1 \\ W_1^2 & W_2^2 & \cdots & W_n^2 \\ \cdots & \cdots & \cdots & \cdots \\ \cdots & \cdots & \cdots & \cdots \\ W_1^n & W_2^n & \cdots & W_n^n \end{bmatrix} \tag{14-48}$$

块体与结构面的相对位置可类似于有限性判断时的块体空间参量 V_i，其组成方式同判断有限性时的参量矩阵一致，同理可得出判别矩阵。若判别矩阵的第 i 行的元素为 0 或 1，则 P_i 面的负交点在块体投影区内。注意：此处只考虑块体与弱面的相对位置，不考虑块体与临空面的相对位置，因为只需求弱面负交点(最低点)是否在块体投影区内。

①若所有结构面的负交点(最低点)位于块体投影区内，块体可沿任意一结构面移动，则块体将铅垂下落。设滑动角为 α_h，即 $\alpha_h = \frac{\pi}{2}$。

②若某一结构面的负交点(最低点)位于投影区内，而可动块体正位于这一结构面的上盘，则块体沿该结构面滑动。该面的倾向 β_i 与倾角 α_i 为滑动的倾向 β_h 和倾角 α_h，即：

$$\left.\begin{array}{l} \alpha_h = \alpha_i \\ \beta_h = \beta_i \end{array}\right\} \tag{14-49}$$

③若有两个结构面的负交点(最低点)在块体投影区内，而可动块体位于其中一个结构面的上盘，则亦是单面滑动，方向同上。

④若所有的结构面的负交点(最低点)不在块体投影区内，或者某一结构面的负交点(最低点)位于块体投影区内，而可动块体位于这一结构面的下盘，则块体向块体投影区负交点(最低点)方向滑动，往往沿两个上盘结构面 P_i、P_j 的交线移动，称为双面滑动。设结构面交线倾向为 β_{ij}，倾角为 α_{ij}，则有：

$$\left.\begin{array}{l} \alpha_h = \alpha_{ij} \\ \beta_h = \beta_{ij} \end{array}\right\} \tag{14-50}$$

（2）块体投影区最低点为结构面交线最低点

若块体投影区最低点为结构面交线最低点，块体将沿两个上盘结构面交线移动。块体中有 P_i、P_j 的上盘 U_i、U_j，按式（14-28）～式（14-36）先求出两结构面的交点，区分正交点 (x_p, y_p)、负交点 (x_n, y_n)。根据赤平极射投影原理，两平面交点连线必过参考球心，以此两交点作一投影圆，该圆的倾向、倾角即为次交线的倾向、倾角，其半径为：

$$R_{ij} = \frac{1}{2}\sqrt{(x_g - x_h)^2 + (y_g - y_h)^2} \tag{14-51}$$

另根据赤平投影原理得：

$$R_{ij} = \frac{R}{\cos\alpha_{ij}} \tag{14-52}$$

$$\cos\alpha_{ij} = \frac{2R}{\sqrt{(x_g - x_h)^2 + (y_g - y_h)^2}} \tag{14-53}$$

一般可取 $R=1$（为计算方便，事实上，取任意有效值均可），则：

$$\sin\beta_{ij} = \frac{x_g}{\sqrt{x_g^2 + y_g^2}} \tag{14-54}$$

即块体滑移的倾向、倾角 α_h 为：

$$\left.\begin{array}{l} \alpha_h = \arccos\left(\dfrac{2R}{\sqrt{(x_g - x_h)^2 + (y_g - y_h)^2}}\right) \\[4mm] \beta_h = \arcsin\dfrac{x_g}{\sqrt{x_g^2 + y_g^2}} \end{array}\right\} \tag{14-55}$$

2. 滑动力计算

块体滑移方向确定后，可根据不同滑移模式计算相应滑移力 F。若滑移力 $F \geqslant 0$，则块体失稳，为关键块体，需根据滑移力大小采取相应锚固措施；若滑移力 $F < 0$，则块体稳定，不会产生滑移。

（1）铅垂下落

铅垂下落的滑动力 F 为块体重力 W，即：

$$F = W \tag{14-56}$$

（2）单面滑动

单面滑动的块体重量计算方法与铅垂下落相同，而滑动力 F 则是块体重量 W 的分力与摩擦力的差值。即：

$$F = W\sin\alpha_h - W\cos\alpha_h\tan\varphi_i \tag{14-57}$$

（3）双面滑动

双面滑动的块体沿两个滑动面的交线方向滑动，滑动力 F 则是块体重量 W 在交线方向的分力与两个滑动面摩擦力的差值。设两个滑动面的交线倾角为 α_{ij}，倾向为 β_{ij}，块体重量 W 在两个滑动面法线方向的分力分别为 F_{ni}、F_{nj}，摩擦系数分别为 $\tan\varphi_i$、$\tan\varphi_j$，则滑动力 F 为：

$$F = W\sin\alpha_{ij} - F_{ni}\tan\varphi_i - F_{nj}\tan\varphi_j \tag{14-58}$$

（4）块体重量 W 计算

随着隧洞进一步开挖，可探明优势结构面出露位置 (x_i, y_i)，则块体各界面的空间几何方程可得：

$$(x-x_i)^2+\cot\beta_i(y-y_i)^2+\cot\alpha_i\csc\beta_i(z-z_i)=0 \qquad (14\text{-}59)$$

将各界面空间方程联立得可动块体各角点坐标(x_{kj},y_{kj})。若块体为四面体，块体重量W可由下式计算而得：

$$W=\frac{1}{6}\begin{vmatrix} 1 & x_{k1} & y_{k1} & z_{k1} \\ 1 & x_{k2} & y_{k2} & z_{k2} \\ 1 & x_{k3} & y_{k3} & z_{k3} \\ 1 & x_{k4} & y_{k4} & z_{k4} \end{vmatrix}\gamma \qquad (14\text{-}60)$$

若块体为多面体，可将块体分解为多个四面体计算即可。

14.4.6 算例分析

[例 14-1]

（1）工程背景

某矩形洞室南北走向，轴线倾角为$0°$，如图14-46所示。地质勘察资料表明，洞室址区优势结构面共有3组，其产状如表14-16所示。

（2）稳定性分析

根据洞室走向和轴线倾角，可得洞室各开挖面倾向、倾角如表14-17所示。

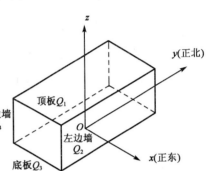

图 14-46　洞室示意图

结 构 面 产 状 表　　　　　　　　　　表 14-16

结构面	P_1	P_2	P_3
倾角 $\alpha(°)$	60	40	60
倾向 $\beta(°)$	110	340	240

矩形断面开挖面计算参数表　　　　　　　　表 14-17

编　号	位　置	倾　角　(°)	倾　　向	上下盘情况
Q_1	顶板	0	—	上盘
Q_2	左边墙	90	$180°$	下盘
Q_3	底板	0	—	下盘
Q_4	右边墙	90	$180°$	上盘

①洞室顶板稳定性分析

Step1：计算各界面投影方程。

设参照圆半径$R=1$（R可假定为任意有效值），根据结构面和洞室顶板产状列出各面投影方程：

$$\left.\begin{array}{ll} \text{参照圆：} & x^2+y^2=1 \\ P_1: & (x-1.6276)^2+(y+0.5924)^2=4.0 \\ P_2: & (x+0.287)^2+(y-0.7885)^2=1.704 \\ P_3: & (x+1.50)^2+(y+0.866)^2=4.0 \\ Q_1: & x^2+y^2=1 \end{array}\right\} \qquad (14\text{-}61)$$

Step2：分析可动块体。

按式(14-29)求各界面两两相交的交点坐标,并代入参照圆方程中,得正交点如表14-18所示。

界面正交点坐标   表 14-18

界　　面	P_1	P_2	P_3	Q_1
P_1	—	$-0.371, -0.514$	$-0.044, 0.505$	$0.342, 0.9397$
P_2	—	—	$0.421, -0.308$	$0.9397, 0.342$
P_3	—	—	—	$-0.50, 0.866$

将各正交点坐标代入式(14-61),根据 14.4.3 节中关于确定交点位置参量的方法给出各正交点的位置参量,列出位置参量矩阵 W_{ij}^k:

$$(W) = \begin{bmatrix} 0 & 0 & 1 & 1 \\ 0 & 1 & 0 & 1 \\ 0 & 1 & -1 & 0 \\ 1 & 0 & 0 & 1 \\ 1 & 0 & -1 & 0 \\ -1 & 1 & 0 & 0 \end{bmatrix} \tag{14-62}$$

块体空间矩阵 V_k 待求,设结构面各面的块体空间位置参量分别为 V_1、V_2、V_3,开挖面块体空间位置参量 V_q 因岩体位于其上盘等于 1,列出块体空间参量矩阵如下:

$$(V) = \begin{bmatrix} V_1 & 0 & 0 & 0 \\ 0 & V_2 & 0 & 0 \\ 0 & 0 & V_3 & 0 \\ 0 & 0 & 0 & 1 \end{bmatrix} \tag{14-63}$$

按式(14-43)写出判别矩阵 (D):

$$(D) = \begin{bmatrix} 0 & 0 & V_3 & 1 \\ 0 & V_2 & 0 & 1 \\ 0 & V_2 & -V_3 & 0 \\ V_1 & 0 & 0 & 1 \\ V_1 & 0 & -V_3 & 0 \\ -V_1 & V_2 & 0 & 0 \end{bmatrix} \tag{14-64}$$

根据有限块体投影区内不包含有任何交点的条件,即判别矩阵中任一行中的非零整数不应都相同,可得 $V_3 = -1$,$V_2 = -1$,$V_1 = -1$,即该洞室顶板上有限块体为 $L_1 \cap L_2 \cap L_3 \cap U_{q1}$,除去临空面以后块体无限,则该块体为可动块体。

Step3:移动方向分析。

根据式(14-47)求得结构面 P_1、P_2、P_3 最低点投影坐标依次为:$G_1(3.507, -1.276)$,$G_2(-0.733, 2.015)$,$G_3(-3.232, -1.866)$,结构面投影最低点位置参量矩阵为:

$$(W) = \begin{bmatrix} 0 & -1 & -1 \\ -1 & 0 & -1 \\ -1 & -1 & 0 \end{bmatrix} \tag{14-65}$$

将结构面投影最低点位置参量矩阵与上述可动块体相对应的块体空间参量矩阵相乘得块体的结构面最低点判别矩阵:

$$(D_{L_1L_2L_3}) = \begin{bmatrix} 0 & 1 & 1 \\ 1 & 0 & 1 \\ 1 & 1 & 0 \end{bmatrix} \tag{14-66}$$

判别矩阵式(14-66)各行中均为0或1,各结构面投影最低点都在块体投影区内,块体将铅垂下落,则下滑方向为:$\alpha_h = \dfrac{\pi}{2}$。

Step4:计算下滑力。

根据式(14-56),该块体下滑力等于块体重量W。

②洞室左边墙Q_2稳定性分析

重复上述Step1~Step2,可得左边墙可动块体为$U_1 \bigcap L_2 \bigcap U_3 \bigcap L_{q2}$,结构面投影最低点判别矩阵为:

$$(D_{U_1L_2U_3}) = \begin{bmatrix} 0 & 1 & -1 \\ -1 & 0 & -1 \\ -1 & 1 & 0 \end{bmatrix} \tag{14-67}$$

判别矩阵中各行都有0,1和-1,即所有结构面最低点都不在块体投影区内,块体将沿弱面交线滑移,块体位于P_1和P_3上盘,根据式(14-46)、式(14-47)得两者交线最高点和最低点坐标为:$H_{ij}(x,y) = (-0.044, 0.505)$,$G_{ij}(x,y) = (0.172, -1.964)$。

由式(14-55)得块体滑移方向为:$\begin{cases} \alpha_h = 36.2° \\ \beta_h = 175° \end{cases}$,块体下滑力$U_1 \bigcap L_2 \bigcap U_3 \bigcap L_{q2}$采用式(14-58)、式(14-60)计算即得。

③洞室右边墙Q_4稳定性分析

重复上述Step1~Step2,可得右边墙可动块体为$L_1 \bigcap U_2 \bigcap L_3 \bigcap U_{q2}$,结构面投影最低点判别矩阵为:

$$(D_{L_1U_2L_3}) = \begin{bmatrix} 0 & -1 & 1 \\ 1 & 0 & 1 \\ 1 & -1 & 0 \end{bmatrix} \tag{14-68}$$

判别矩阵中只有第2行各项数值为0或1,则面P_2的最低点在块体投影区内,又块体位于P_2上盘,则块体将沿P_2面滑移,移动方向为:$\begin{cases} \alpha_h = 40° \\ \beta_h = 340° \end{cases}$,块体$L_1 \bigcap U_2 \bigcap L_3 \bigcap U_{q2}$下滑力采用式(14-57)、式(14-60)计算即得。

[例14-2] 基于赤平解析法,同济大学开发了块体实验室(Block Laboratory,BLKLAB)软件,实现了岩石块体系统可视化建模及稳定性分析。下面以某地下工程为例加以说明。

(1)工程概况

为降低工程造价,考虑安全、环保,某地下工程一改钢制储罐的传统储油方式,借鉴国外发达国家成功经验,在低于地下水位的岩体中通过人工挖掘形成一定形状和容积的地下洞室,利用地下水压力,在地下水封的作用下于岩洞内储存原油。

本例仅选用其中一个洞室复合体作为典型例子进行计算分析(记为 CC♯1)。图 14-47a)为 CC♯1 的平面布局图,图 14-47b)为 CC♯1 的正立面图,图 14-47c)为 CC♯1 的三维立体图。另外,表 14-19 提供了 CC♯1 各子结构的具体尺寸参数。从中可见,该洞室复合体的纵向延伸尺寸非常大,本文仅对 CC♯1 的关键部位——复合体头部进行建模和稳定性分析,因为该部位人工开挖最为集中,最易发生岩体失稳破坏,为本工程的最不利位置。

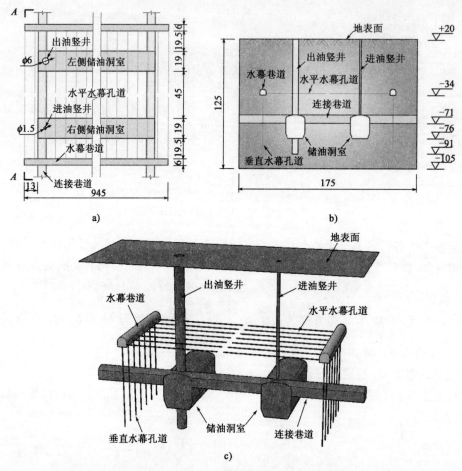

图 14-47 地下洞室复合体 CC♯1 结构布局(尺寸单位:m,彩图见 477 页)

a)平面图;b)以 A—A 为剖面的正立面图;c)三维立体图

地下洞室复合体 CC♯1 子结构几何参数   表 14-19

子 结 构	断 面 尺 寸			长度(m)	走向(°)	俯角(°)
	宽(m)	高(m)	直径(m)			
储油洞室	19	23	—	945	90	0
连接巷道	9	8	—	—	0	0
水幕巷道	6	6	—	971	90	0
进油竖井	—	—	1.5	73	0	90
出油竖井	—	—	6	111	0	90
水平水幕孔道	—	—	0.1	60	0	0
垂直水幕孔道	—	—	0.1	51	0	90

(2)地质条件

该地下工程所处地层为微风化花岗岩,岩体完整性较好,且具有很高的单轴抗压强度。为了更好地了解该场址地质条件,地质专家对该地区进行了十分详细的地质勘察,共布设了约200个露头观测点和10余个钻孔,最终发现1543条断层。而其中有15条将穿过CC♯1的头部被分析区域,具体参数见表14-20。另外,根据现场钻孔数据推测,在储油洞室附近海拔－75m到－50m的高度范围内存在一些延伸范围较小的节理裂隙,利用地质统计学原理对这些节理进行节理组识别,得出2组随机节理,其随机参数如表14-21所示。

确定性断层参数　　　　　　表14-20

断层编号	F1	F2	F3	F4	F5	F6	F7	F8	F9	F10	F11	F12	F13	F14	F15
倾角(°)	73	63	17	62	19	69	63	37	64	47	65	37	81	62	39
倾向(°)	86	177	93	267	9	12	12	76	165	249	230	217	221	313	153
半径(m)	73	110	>200	130	147	>200	152	126	51	134	123	65	108	116	58
厚度(m)	0.3	0.1	0.2	0.07	0.1	2.3	0.4	0.3	0.03	0.4	0.05	0.1	0.1	0.05

随 机 节 理 参 数　　　　　　表14-21

节理组编号	方 向 参 数			半 　 径			裂隙密度 $(10^{-5}/m^3)$
	倾角均值(°)	倾向均值(°)	Fisher常量	均值(m)	标准差(m)	分布类型	
S1	35	84	69	14.2	6.5	Gamma	6.3
S2	69	262	13	13.7	4.3	Gamma	5.9

(3)岩体系统建模

如图14-48所示,基于赤平解析法的岩石块体切割算法,利用独立研发的块体实验室BLKLAB软件,建立了该地下工程CC♯1地下洞室复合体的三维岩体模型。具体建模步骤阐述如下:

①定义计算分析区域

由于场址区域地表起伏较小,无须对地表高程变化进行精细化模拟,故定义了三维矩形计算分析区域,大小为175m×125m×100m,如图14-48a)所示。

②生成地质不连续面

延伸半径大于100m的断层均按照确定性无限延伸的不连续面模拟,计算结果也会更偏安全;其他断层F1、F9、F12和F15则按照确定性有限延伸的圆盘进行模拟;断层F6的夹层厚度为2.3m,厚度效应较大,故需要用双层无限平面进行模拟。另外,随机节理也添加进了计算模型区域内。最后,系统中共生成了12条无限延伸的不连续面和58条有限延伸的不连续面。

③识别单元块体系统

利用生成的所有不连续面,并部分忽略有限节理或断层的精确延伸范围,将整个岩体计算区域切割成了1453个凸形单元块体。

④构造复杂块体系统

精确考虑有限节理或断层的有限延伸范围,对单元块体进行聚合操作,随后将同一聚合群中单元块体进行拼接构造复杂块体,以形成未开挖的初始复杂块体系统,共有399个复杂块体生成,其中375个为凸形块体,24个为凹形块体。

⑤模拟岩体系统开挖

将开挖边界视为特殊不连续面,利用72条有限不连续面构造开挖几何模型,另水幕孔道因断面较小予以忽略。最终,开挖完成后单元块体数量变为 2 889 个。

⑥重构复杂块体系统

重新构造受到开挖影响的复杂块体,最终系统中剩余 377 个复杂块体,其中 266 个为凸形块体,111 个为凹形块体。另外,开挖前后块体总体积的对比表明共有 82 900m³ 的岩石被开挖和移除。

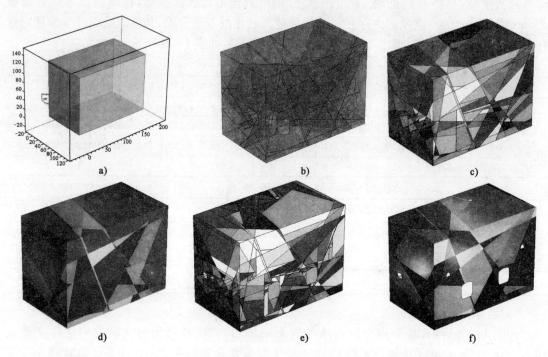

图 14-48 岩体系统建模过程(彩图见 478 页)

a)定义计算分析区域(单位:m);b)生成地质不连续面;c)识别单元块体系统;d)构造复杂块体系统;e)模拟岩体系统开挖;f)重构复杂块体系统

(4)块体稳定性分析

本算例中采用块体理论赤平解析法对开挖边界上的可动不稳定块体进行了识别。如图 14-49所示,共有 10 个可动块体被识别出,而图 14-50 进一步刻画了它们的具体的形态,表 14-22提供了这些潜在不稳定块体的详细参数。

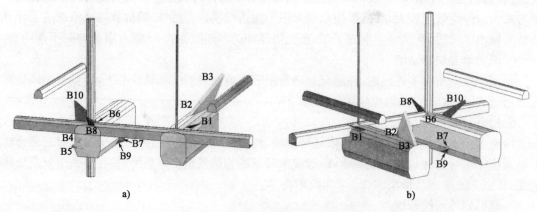

图 14-49 可动块体识别(彩图见 479 页)

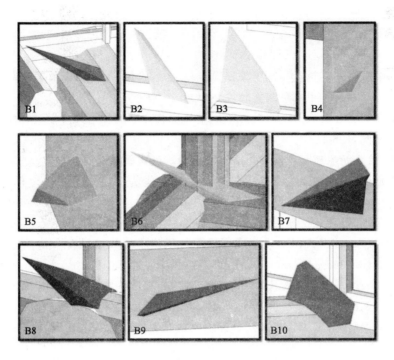

图 14-50　可动块体形态（彩图见 479 页）

可 动 块 体 参 数　　　　　　　　　　　　　　　表 14-22

块体编号	块体体积(m³)	块体暴露位置	构成块体的地质面
B1	20.95	右侧储油洞室,拱顶	F5、F8、F14
B2	54.73	右侧储油洞室,拱顶	F4、F6、F10
B3	911.69	右侧储油洞室,拱顶	F4、F6、F10
B4	13.13	左侧储油洞室,端头	F2、F7、F12
B5	87.98	左侧储油洞室,端头	F1、F2、F3、F7、F12
B6	4.36	左侧储油洞室,拱顶出油竖井,边墙连接巷道,拱顶	F7、F9、F15
B7	11.21	左侧储油洞室,边墙	F4、F15、S1
B8	51.46	左侧储油洞室,拱顶左侧储油洞室,端头连接巷道,拱顶	F7、F8、F9、F15
B9	1.44	左侧储油洞室,边墙	F4、F5、F15、S1
B10	402.81	左侧储油洞室,拱脚连接巷道,边墙	F2、F10、F12、F15

　　基于软件块体实验室 BLKLAB 的计算分析结果,开挖边界共存在 10 个不稳定可动块体（B1~B10）。大型断层的存在对不稳定块体的形成起主导作用,而随机节理（S1 和 S2）只起到了很小的贡献,如表 14-22 所示。断层 F6 的厚度效应需要引起足够的重视,有两个可动块体（B2 和 B3）正是由这条断层参与构成的。另外,一些失稳风险较高的开挖区域需要做重点防护,如储油洞室的端头面和拱顶区域、多个子结构开挖交叉区域等。

　　需要说明的是,不稳定块体预测的结果精确度依赖于地质不连续面参数的精确度,而具体的计算结果尚需要根据工程建设中所获得的最新数据进行验证和修正,确定了可动块体后,可进一步根据块体运动学原理确定关键块体。

参 考 文 献

[1] 于学馥,郑颖人,刘怀恒,等.地下工程围岩稳定分析[M].北京:煤炭工业出版社,1983.

[2] 顾金才,等.均质材料中几种洞室的破坏形态[J].防护工程,1979(2).

[3] Heuer R E,Hendren A J.受静载岩石硐室的地质力学模型研究[M].顾金才,译.上海:煤炭科学研究院,1980.

[4] 王建宇.锚喷支护原理与设计[M].北京:中国铁道出版社,1980.

[5] 徐干成,白洪才,郑颖人.地下工程支护结构[M].北京:中国水利水电出版社,2001.

[6] 郑颖人,董飞云,等.地下工程锚喷支护设计指南[M].北京:中国铁道出版社,1988.

[7] 孙钧.地下工程设计理论与实践[M].上海:上海科技出版社,1996.

[8] 赵尚毅,郑颖人,时卫民,等.用有限元强度折减法求边坡稳定安全系数[J].岩土工程学报,2002,24(3):343-346.

[9] 郑颖人,赵尚毅,邓楚键,等.有限元极限分析法发展及其在岩土工程中的应用[J].中国工程科学,2006,8(12):39-61.

[10] 郑颖人,赵尚毅.岩土工程极限分析有限元法及其应用[J].土木工程学报,2005,38(1):91-99.

[11] 郑颖人,胡文清,王敬林.强度折减有限元法及其在隧道与地下洞室工程中的应用[C]//中国土木工程学会第十一届、隧道及地下工程分会第十三届年会论文集.2004:239-243.

[12] 张黎明,郑颖人,王在泉,等.有限元强度折减法在公路隧道中的应用探讨[J].岩土力学,2007,28(1):97-101.

[13] 郑颖人,邱陈瑜,张红,等.关于土体隧洞围岩稳定性分析方法的探索[J].岩石力学与工程学报,2008,27(10):1968-1980.

[14] 邱陈瑜,郑颖人,宋雅坤.采用 ANSYS 软件讨论无衬砌黄土隧洞安全系数[J].地下空间与工程学报,2009,5(2):291-296.

[15] Zheng Y, Tang X, Deng C,et al. Strength reduction and step-loading finite element approaches in geotechnical engineering [J]. Journal of Rock Mechanics and Geotechnical Engineering, 2009, 1(1): 21-30.

[16] 冯夏庭,张传庆,陈炳瑞,等.岩爆孕育过程的动态调控[C]//重大地下工程安全建设与风险管理——国际工程科技发展战略高端论坛文集.2012.5:129-145.

[17] 钱七虎.地下工程建设安全面临的挑战与对策[C]//重大地下工程安全建设与风险管理——国际工程科技发展战略高端论坛文集.2012.5:98-107.

[18] Cook N G W. The basic mechanics of rockbursts [J]. Journal of the South African Institute of Mining and Metallurgy, 1963, 64: 71-81.

[19] Cook N G W, Hoek E. Pretorious J P G,et al. Rock mechanics applied to rockbursts [J]. Journal of the South African Institute of Mining and Metallurgy, 1966, 66: 435-528.

[20] Cook N G W. The design of underground excavations [A]. Proc. 8th Symp. On Rock Mech. , Unive. Miinesota. Ed. C . Fairhurst, New York, A. LM. M. , 1967: 167-193.

[21] Blake W. Rock-burst mechanics[J]. Quarterly of Colorado School of Mines, 1972, 67:

1-64.

[22] 姜彤,李华晔,刘汉东. 岩爆理论研究现状[J]. 华北水利水电学院学报,1998,19(1): 45-47.

[23] Kidybinski A. Bursting liability induces of coal [J]. International Journal of Rock Mechanics and Mining Sciences and Geomechanics Abstracts, 1981, 18(4): 295-304.

[24] 刘朝祯. 太平驿引水隧洞岩爆的预测和防治[J]. 铁道建筑技术,1994(3):8-12.

[25] 汪泽斌. 岩爆实例、岩爆术语及分类的建议[J]. 工程地质,1988(3).

[26] 武警水电指挥部. 天生桥水电站引水隧洞岩爆研究(科研报告),1991.

[27] Mansurov V A. Acoustic emission from failing rock behavior[J]. Rock Mechanics and Rock Engineering, 1994, 27: 173-182.

[28] Li C, Nordlund E. Experimental verification of the Kaiser effect in rocks[J]. Rock Mechanics and Rock Engineering, 1993, 26: 333-351.

[29] Frid V. Calculation of electromagnetic radiation criterion for rock burst hazard forecast in coal mines[J]. Pure and Applied Geophysics, 2001,158: 931-944.

[30] Zhang Z, Kulatilake P H S W. A new stereoanalytic method for determination of removal blocks in a discontinuous rock mass[J]. International Journal of Numerical and Analytical Methods in Geomechanics,2003,27:791-811.

[31] Goodman R E. 不连续岩体中的地质工程方法[M]. 北京:中国铁道出版社,1980.

[32] Goodman R E,Shi G. Block theory and its applications to rock engineering[M]. Prentice-hall,Englewood Cliffs,N. J. 1985.

[33] 王思敬,杨志法,刘竹华. 地下工程岩体稳定分析[M]. 北京:科学出版社,1984.

第15章 围岩压力理论与计算
DISHIWUZHANG

15.1 围岩压力分类与影响因素

15.1.1 围岩压力分类

围岩压力是指引起地下开挖空间周围岩体和支护变形、破坏的作用力。由围岩压力引起的围岩与支护的变形、流动和破坏等现象称为围岩压力显现或地压显现。因此,从广义方面理解,围岩压力既包括围岩有支护情况,也包括无支护情况。从狭义方面理解,围岩压力是指围岩作用在衬砌上的压力,本章主要从这一角度研究围岩压力理论与计算。

目前,国内外对围岩压力尚无统一的分类方法。1962年,卡斯特奈(Kastner H.)根据围岩压力成因,把围岩压力分为松散压力、真正地层压力和冲击压力三类。自20世纪70年代中期起,我国一些教科书和文章中也提出了类似的分类方法。分类的依据除考虑围岩压力的成因外,还考虑了围岩压力的特征,应用较广的分类方法是把围岩压力分成松散压力、形变压力[1]、冲击压力[2]和膨胀压力四类。

1. 松散压力

由于开挖而松动或塌落的岩体以重力形式直接作用在支护上的压力称为松散压力。这种压力直接表现为荷载的形式作用在衬砌上。松散压力通常由下述三种情况形成:

①在整体稳定的岩体中,可能出现个别松动掉块的岩石对支护造成的落石压力。

②在节理裂隙岩体中,围岩某些部位的岩体沿结合性差的节理裂隙或软弱结构面发生剪

---

[1] 形变压力于1962年由卡斯特奈提出,为区别传统的松散压力,他称之为真正地层压力,显示衬砌所承受的主要围岩压力形式不是岩土介质塌落,而是岩土介质变形对支护所造成的压力。1975年左右,我国相关教材中称之为变形压力,此后又统一称为形变压力。

[2] 冲击压力于1962年由卡斯特奈提出,是指岩爆产生的围岩压力。我国采矿行业有人认为冲击压力不同于岩爆,两者成因与特征不同。本书认为两者都是开挖引起的动力破坏现象,从这一点看其本质是相同的,只是其成因与特征有所不同,所以可以统称为岩爆,而冲击压力只是岩爆的显现。

切破坏或拉坏，围岩中形成了局部塌落的松散压力。位于节理裂隙结合性差和具有软弱结构面岩体中的大跨度隧洞容易发生这种局部失稳破坏。

③在松散软弱的岩体中，浅埋隧洞拱顶岩土塌落和拱顶十分平缓时，深埋隧洞顶部冒落对支护造成的松散压力。

影响松散压力的因素很多，如围岩地质条件、岩体破碎程度、结构面结合能力、开挖施工方法、爆破作用、支护设置时间、回填密实程度、洞形和支护形式等。而岩体破碎、节理裂隙结合性差或很差、岩体结构面与临空面组合成不稳定块体、洞顶十分平缓、爆破作用大、支护不及时等都容易造成松散压力。

2. 形变压力

松散压力是以重力形式直接作用在支护上的，而形变压力则是由于围岩变形受到支护的抑制而产生的。所以形变压力除与围岩应力有关外，还与支护时间和支护刚度等有关。按其成因可进一步分为下述几种情况：

(1) 弹性形变压力

当采用隧洞紧跟开挖面进行支护的施工方法时，由于存在着开挖面的"空间效应"而使支护受到一部分围岩弹性变形的作用，由此而形成的形变压力称为弹性形变压力。

(2) 塑性形变压力

由于隧洞围岩塑性变形(还包括一部分弹性变形)而使支护受到的压力称为塑性形变压力，这是最常见的一种围岩形变压力。

(3) 流变压力

围岩产生显著的随时间增长而增加的变形或流动，压力由岩体变形、流动引起，有显著的时间效应，严重时它能使隧洞围岩鼓出、隧洞空间变小甚至完全封闭。

流变压力的表现形式有两种：一种是稳定压力，这种压力同时具有弹性或弹塑性固体和黏性流体的性质，但其变形速度随时间增长而趋于零，即变形逐渐趋于稳定。因此，从实质上讲，它属于弹性或弹塑性固体的范畴。另一种压力同样具有弹性固体和黏性流体的性质，但它的变形速率随时间增长而趋于某一常数，即最终变形以等速无限发展或导致破坏，所以称它为不稳定压力，它属于黏性流体范畴。

形变压力是由围岩变形表现出来的压力，所以形变压力的大小，既取决于原岩应力大小和岩体力学性质，也取决于支护结构刚度和支护时间。

3. 冲击压力

岩爆产生的压力称为冲击压力，它是在围岩积累了大量的弹性变形能之后，由于某种原因突然释放出来时所产生的压力，它与爆炸波的情况十分相似。由于冲击压力是岩体能量的积累与释放问题，一般发生在可以集聚弹性能量的脆性岩体中。尤其是在高地应力作用下，易于积累大量弹性变形能的脆性岩体中，一旦遇到适宜条件，如岩体开挖等，它就会突然猛烈地释放能量形成冲击压力。

4. 膨胀压力

岩体具有吸水膨胀崩解的特性，其膨胀、崩解、体积增大可以是物理性的，也可以是化学性的，由于围岩膨胀崩解而引起的压力称为膨胀压力。膨胀压力与形变压力的基本区别在于它是由吸水膨胀引起的。从现象上看，它与流变压力有相似之处，但两者的机理完全不同，因此对它们的处理方法也各不相同。岩体的膨胀性，既取决于其含蒙脱石、伊利石和高岭土的含量，也取决于其胶结物成分和胶结状态。当含有蒙脱石、伊利石和高岭土的围岩，无胶结物胶结时,可崩解为松散黏土;而当有有机质、游离 SiO_2、Fe_2O_3、Al_2O_3 等非晶质胶结物胶结时,或者破裂成小碎块、粉末或鳞片(弱胶结状态),或者劈裂为大片或块状(强胶结状态)。特别是风干再吸水的围岩,其膨胀崩解性更严重。

15.1.2 影响围岩压力的因素

影响围岩压力的因素很多,通常可分为两大类:一类是地质因素,它包括原岩应力状态、岩石力学性质、岩体结构和岩石组成及其物理化学性质等;另一类是工程因素,包括开挖方法和手段、支护设置时间、隧洞形状和轴比、支护结构截面厚度、支护结构类型与材料等。

1. 地质因素

(1)原岩应力状态的影响

原岩应力是引起围岩变形、破坏的根本作用力,原岩体中主应力的大小和方向不同,对隧洞的作用力也不同,因而直接影响着围岩压力。

通常,原岩应力有两种,一种是地质构造应力,受地质构造与地形变化等影响,它对隧洞围岩压力具有很大的影响;另一种是自重应力,自重原岩应力随深度的增加而增加,所以隧洞埋深越大,围岩压力一般也就越大。这种现象在采矿工程中表现得十分明显。表 15-1 列出了我国前屯煤矿二井北部巷道维修率随着深度增加而增加的例子。

前屯煤矿二井北部岩石巷道维修率随深度的变化 表 15-1

巷 道 名 称	采深(m)	翻修量(m)	大巷长度(m)	维修率(%)
北一道	105	100	850	9.6
北二道	149	196.4	800	24.6
北三道	174	482.2	1 030	46.8
北四道	224	937.8	1 100	85.3
北五道	274	773	800	96.6

原岩应力方向对围岩压力也有显著影响。通常,当隧洞轴向与最大主应力的方向垂直时,围岩压力就大,平行时围岩压力就小。这是因为隧洞轴线方向不同,原岩应力对其作用不同。前者隧洞横截面受到的作用力大,而后者受到的作用力小。

侧压力系数 λ 对围岩压力的大小和分布都有影响。一般来说,λ 值越大,围岩压力越大;λ 值越小,围岩压力越小。但对支护而言,则是 λ 值偏离 1 越大越危险,因为 λ 值偏离 1 越大,围岩压力分布越不均匀,λ 值越接近 1 围岩压力分布越均匀。

(2)岩石力学性质的影响

岩石的力学性质是指强度、变形参数和力学属性。不言而喻,强度和变形模量小的岩体,围岩压力必然大,反之亦然。岩体的属性是指弹性、塑性和黏性。岩体的塑性变形和黏性流动是影响围岩压力大小的重要因素,许多围岩压力大的隧洞,如发生大变形岩体的隧洞,围岩压力常常由塑性变形和黏性流动引起。

(3)岩体结构的影响

岩体结构面对围岩压力的影响十分显著。通常岩体破坏首先从弱面开始,这是围岩压力在节理、破碎带、断层和褶皱区表现显著的重要原因。层状岩体具有定向弱面,所以层状岩体的走向和倾角也与围岩压力密切相关。如果岩层走向与隧洞轴向平行或夹角很小,则岩体结构容易与隧洞轴线形成不稳定的松动体,因而围岩压力大,所以设计隧洞方向时,应尽可能使洞轴与岩层走向成较大的夹角。水平岩层对隧洞侧壁稳定性往往较好,因此侧壁围岩压力较小。反之,陡倾岩层容易造成侧向围岩压力。

(4)岩石组成及其物理化学性质的影响

岩体往往由于风化作用而导致各种强度指标急剧下降,属性恶化,围岩压力也随之增大。一些含有蒙脱石的岩体,风化脱水再遇水则崩解为黏土或碎片。如果含有硬石膏和无水芒硝、钙芒硝岩体,吸水后则变相,结晶膨胀,体积近十倍增加,从而使围岩压力增大。

2. 工程因素

(1)开挖方法和手段的影响

目前采用的开挖方法有矿山法(MM)、掘进机法(TBM)和盾构法(SM)等,不同的开挖方法围岩压力会有所不同,但目前对机械开挖的围岩压力的研究还不够。矿山法中有全断面一次开挖和分部分逐次开挖两种,对于小断面隧洞通常采用全断面一次开挖的方法,后者又有多种施工方案,以适应不同的地层与工程。由于化大跨为小跨和分部分逐次开挖,并在软弱岩层中支护紧跟开挖,使围岩应力和变形有多次转移和平衡的过程,并可减少围岩临空面的幅度,从而保证围岩稳定,由此而引起的围岩压力要较全断面一次开挖法小。

开挖时应尽可能减少对围岩的振动破坏,并尽可能使表面平整光滑,以免造成围岩强度损失和破坏,避免过高的应力集中。实践表明,采用机械或人工掘进,围岩强度损失要小于爆破开挖。采用低振动爆破、预裂爆破、光面爆破则要小于普通爆破,其中普通爆破的爆破松动区最大,光面爆破次之,预裂爆破最小。采用机械掘进或光面爆破,围岩表面比较平整,围岩应力集中比普通爆破小。

(2)支护设置时间的影响

实践和理论分析都表明,支护设置时间严重影响着围岩稳定和围岩压力。造成这种影响主要有如下三方面的原因:

①隧洞掘进过程中,由于受到开挖面的约束,使开挖面附近的围岩不能立即释放其全部瞬时弹性位移。换言之,原岩应力未立即全部释放。这种现象就是开挖面的"空间效应"。因此,如果在"空间效应"的范围内设置支护,就可减少支护前的围岩位移值,从而起到稳定围岩的作用。

②围岩进入塑性后,由于围岩塑性应力重分布需要一定的时间,因而在塑性区的形成过程中,如果支护越早,则支护前围岩已释放的位移就越小,因而围岩就越稳定,但由此而引起的围岩压力也就越大。

③在黏弹性、黏弹塑性岩体中,由于岩体的流变性,支护设置时间的早晚会影响围岩压力的大小。通常支护得越早,由围岩的蠕变而引起的支护前的位移就越小,因而围岩压力也就越大。这种现象称为时间效应,塑性流变岩体有很大时间效应。

(3)隧洞形状和轴比的影响

由于围岩应力及变形与隧洞形状和轴比有关,因而围岩压力也与隧洞形状和轴比有关。

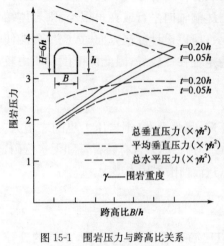

图 15-1　围岩压力与跨高比关系
（有限单元计算结果）

通常认为圆形和椭圆形隧洞的围岩压力要比矩形或梯形隧洞小。在椭圆形隧洞中，当椭圆轴比 a/b 等于原岩应力静止侧压力系数 λ 时，则围岩压力为最小。半椭圆形、抛物线落地拱形、半圆直墙拱形等围岩压力介于圆形和矩形之间。

当洞形曲线形状相近时，对围岩压力起决定性影响的是洞形的跨高比（即轴比）。按线弹性理论分析结果，当其他条件均不变时（包括衬砌截面厚度），在 $\lambda<1$ 的情况下，随着隧洞跨高比的增加，洞周围岩位移成比例增加，隧洞围岩压力的总水平分量，以及总垂直分量应近似线性增加。但是由于跨高的增加，衬砌刚度急剧下降，使围岩压力的总垂直分量随跨高比的增长率小于跨高比的增长率，因而围岩压力平均垂直分量随着跨高比的增长反而降低（图 15-1）。

随着隧洞跨度的增大，洞周围岩塑性区范围及塑性位移均增加，围岩压力的增长速率超过跨度的增长速率，因而随着跨高比的增加，围岩压力有所增加。

（4）衬砌截面厚度的影响

图 15-2 是某隧洞衬砌截面厚度不同时，洞周围岩位移曲线。从图中可以看出，有无衬砌对洞周围岩位移有明显影响；当衬砌达到一定厚度时，施作厚衬砌还是薄衬砌对围岩位移影响较小，因而对围岩压力的影响也不大。

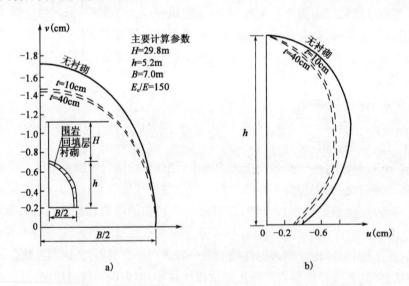

图 15-2　衬砌截面厚度与洞周围岩位移 $\left(\times\dfrac{\gamma}{E}\times10^{6}\right)$ 关系（有限单元计算结果）

a）垂直位移 v；b）水平位移 u

图 15-3a）是该隧洞围岩压力与衬砌截面厚度关系曲线。从图中可见围岩压力与衬砌截面厚度近似呈双曲线关系。当衬砌已经有一定厚度后，继续增加衬砌厚度，对改善围岩稳定性效果不显著，围岩压力的增加也不明显。但随着衬砌截面加厚，衬砌截面控制应力显著降低，因而衬砌结构安全度增加，见图 15-3b）。

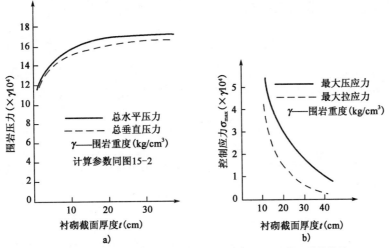

图 15-3　围岩压力和控制应力与衬砌截面厚度 t 关系(有限元计算结果)

a)围岩压力与衬砌截面厚度 t 关系;b)衬砌控制应力与衬砌截面厚度 t 关系

15.2　围岩形变压力计算

随着掘进与施工方法的进步,深埋与浅埋隧洞围岩一般都承受形变压力,只有在浅埋隧洞以及支护不及时、受到水和强振动的严重影响时才会形成松散压力。

15.2.1　$\lambda=1$ 圆形隧洞形变压力的解析计算法

1. 弹性形变压力的计算

弹性形变压力是围岩的一部分弹性变形挤压衬砌而形成的围岩压力。从理论上讲,理想弹性变形是瞬时完成的,但结合隧洞掘进的实际情况,当采用紧跟开挖面进行支护时,由于开挖面的"空间效应"作用,支护前围岩的弹性变形受到开挖面的约束而不可能全部释放出来,支护后这部分未释放的弹性变形随着掘进而作用在支护上,形成了弹性形变压力,因此弹性形变压力与"空间效应"作用紧密相关。"空间效应"与支护设置时间有关,同样,塑性形变压力与流变压力都与支护设置的时间效应有关。

无论是由于开挖面空间效应,还是由于围岩塑性变形或黏性流动造成支护设置时间对围岩压力的影响,在量值上均可用支护设置前洞周围岩已释放了的那一部分位移 u_0 来表征。

挖洞后,由于洞周卸载,围岩将产生变形,无支护时洞周围岩变形 u^N 仅与原岩应力、围岩变形特性及隧洞几何尺寸有关,其相互关系如图 15-4a)所示,具体表达为:

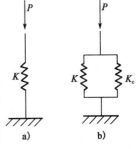

图 15-4　围岩与支护共同作用简化力学模型

$$u^N = \frac{P}{K} \tag{15-1}$$

式中:P——原岩应力;

u^N——无支护时洞周围岩位移,在 $\lambda=1$ 时,对于圆形隧洞有 $u^N=\dfrac{Pr_0}{2G}$;

K——表征围岩变形特性及隧洞几何尺寸的物理量,$\lambda=1$ 时,对圆形隧洞有 $K=\dfrac{2G}{r_0}$。

有支护时,洞周围岩变形将受到支护约束,并与支护共同变形,其相互关系如图 15-4b)所示的一组并联的弹簧。如果支护与开挖是同时瞬即完成,则洞周围岩变形 u 为:

$$u=\frac{P}{K+K_c} \tag{15-2}$$

式中:K_c——表征支护刚度的物理量,在 $\lambda=1$ 时,对圆形隧洞有 $K_c=\dfrac{2G_c(r_0^2-r_1^2)}{r_0[(1-2\mu_c)r_0^2+r_1^2]}$。

支护上的围岩压力 p_i 为:

$$p_i=K_c u=\frac{PK_c}{K+K_c} \tag{15-3}$$

通常支护总是滞后于开挖的。在支护设置前,洞周围岩位移一部分已经释放,称这部分位移为自由位移 u_0,它或取决于开挖面的空间效应,或取决于围岩的塑性变形及流变性,或三者兼而有之。支护设置后,洞周围岩位移受到支护约束,而支护也受到围岩挤压,并与围岩共同位移,称此位移为约束位移 u_c。此时,

$$P=(u_0+u_c)K+u_c K_c \tag{15-4}$$

因而约束位移 u_c 为:

$$u_c=\frac{P-u_0 K}{K+K_c}=\frac{u^N-u_0}{1+\dfrac{K_c u^N}{P}} \tag{15-5}$$

作用在支护上的围岩压力 p_i 为:

$$p_i=\frac{u^N-u_0}{1+\dfrac{K_c u^N}{P}}\cdot K_c=\frac{(u^N-u_0)PK_c}{P+K_c u^N} \tag{15-6}$$

令 $x=\dfrac{u^N-u_0}{u^N}$ 为约束系数,则有:

$$p_i=x\cdot\frac{u^N K_c}{1+\dfrac{K_c u^N}{P}}=x\cdot\frac{u^N K_c P}{P+K_c u^N} \tag{15-7}$$

式中:P、u^N、K_c 对于特定的隧洞都是确定不变的常数。约束系数 x 则取决于支护设置前围岩已释放的那一部分位移 u_0,且有 $0\leqslant x\leqslant 1$,可以用来描述支护设置时间的早晚。若 x 较小,则支护设置较晚;若 x 较大,则支护设置较早。

从式(15-7)可以看出:

(1)当 $x=1$,即隧洞开挖后"瞬即"支护,这时洞周围岩自由位移为零,围岩位移全部是在支护约束下完成的,此时围岩压力将达到采用这一支护形式(以 K_c 为表征)时的最大值,有 $p_i=\dfrac{Pu^N K_c}{P+u^N K_c}$。当支护刚度足够大时,围岩压力 p_i 即等于原岩应力 P。

(2)当 $0<x<1$ 时,随着洞周围岩自由位移 u_0 的增加,约束系数及约束位移均线性减小,因而围岩压力也线性减少(图 15-5)。

(3)当 $x=0$,即支护后洞周围岩位移为零。换言之,支护时围岩

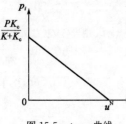

图 15-5 p_i-u_0 曲线

位移已稳定,此时围岩压力为零。实际上,对于大部分岩体,在常用洞跨下,支护时围岩位移一般总未稳定,因此在支护上总是有围岩压力。

当侧压力系数 $\lambda=1$ 时,对于圆形隧洞其弹性形变压力 p_i 为:

$$p_i = \frac{xu^N K_c P}{P + K_c u^N} \tag{15-8}$$

式中: u^N——无支护时洞周围岩位移, $u^N = \dfrac{Pr_0}{2G}$;

x——约束系数, $x = \dfrac{u^N - u_0}{u^N}$,可由实测或经验确定;

K_c——支护刚度系数, $K_c = \dfrac{2G_c(r_0^2 - r_1^2)}{r_0[(1-2\mu_c)r_0^2 + r_1^2]}$;

P——原岩应力。

[**例 15-1**] 某隧洞覆盖层厚 30m,毛洞跨度 6.6m, $\lambda=1$,岩体重度 $\gamma=18\text{kN/m}^3$,原岩应力 $P=540\text{kPa}$,弹性变形模量 $E=0.15\text{GPa}$,泊松比 $\mu=0.3$,离开挖面 3m 处设置衬砌,衬砌厚度为 0.06m,衬砌材料变形模量 $E_c=20.0\text{GPa}$,泊松比 $\mu_c=0.167$,求自重应力引起的弹性形变压力。

已知:自重所引起的原岩应力 $P=540\text{kPa}$, $x=0.35$,则:

$$K_c = \frac{2G_c(r_0^2 - r_1^2)}{r_0[(1-2\mu_c)r_0^2 + r_1^2]} = 114.04\text{MPa}$$

$$u^N = \frac{Pr_0}{2G} = 1.54\text{cm}$$

弹性变形压力:

$$p_i = \frac{xu^N K_c P}{P + K_c u^N} = 150\text{kPa}$$

应当指出,上述计算是假设衬砌与仰拱同时修建完成,若仰拱留待以后修筑,则实际产生的弹性形变压力将小于此值。

2. 塑性形变压力计算

(1)塑性形变压力 p_i 的计算

$\lambda=1$ 时圆形隧道的塑性形变压力计算已在第 4 章中作过介绍,但作为工程设计的目的,不仅要按围岩与支护共同作用原理求出形变压力 p_i ,而且还希望能求得最小的围岩压力 $p_{i\text{min}}$,以确定最佳的支护结构;或者按最小围岩压力,反算与其相应的围岩在支护前应释放的位移 u_0 ,以确定最佳支护时间。按第 4 章式(4-75)和式(4-82),可得塑性形变压力 p_i 为:

$$p_i = -c\cot\varphi + (P + c\cot\varphi)(1-\sin\varphi)\left[\frac{Mr_0}{4G\left(\dfrac{p_i}{K_c} + u_0\right)}\right]^{\frac{\sin\varphi}{1-\sin\varphi}} \tag{15-9}$$

上式可用试算法解之,式中符号同前。或由式(4-57)和式(4-83)求得塑性区半径 R_0 :

$$R_0 = r_0\left[\frac{(P + c\cot\varphi)(1-\sin\varphi)}{\left(\dfrac{MR_0^2}{4Gr_0} - u_0\right)K_c + c\cot\varphi}\right]^{\frac{1-\sin\varphi}{2\sin\varphi}} \tag{15-10}$$

塑性区半径求得后，即可算出相应的塑性变形压力 p_i 为：

$$p_i = K_c\left(\frac{MR_0^2}{4Gr_0} - u_0\right) \tag{15-11}$$

算出的 p_i 值应满足 $p_{imin} \leqslant p_i \leqslant p_{imax}$，$R_0$ 应大于 r_0，否则表明不存在塑性形变压力。p_{imax} 按式(4-72)求得，p_{imin} 亦可按本节所述方法求得。

(2)最小围岩压力 p_{imin} 的计算

最小围岩压力 p_{imin} 和洞周处围岩允许位移 $u_{r_0 max}$ 两者是等价的(图 15-6)。目前，无论是确定 p_{imin} 或 $u_{r_0 max}$ 都没有较好的方法。对于 $\lambda = 1$ 的圆形隧洞，下面给出一种估算方法。

当围岩塑性区内的塑性滑移发展到一定程度，位于松动区的围岩可能由于自身重力而形成松散压力，目前对松动区并没有明确的定义，一般可理解为破裂区，这时围岩压力将不取决于前述的 p_i-u_{r_0} 曲线。围岩的松动塌落与支护提供的抗力有关，亦即与支护的时间及刚度有关。当支护有一定刚度后支护越早，提供的支护抗力越大，围岩稳定性就越好。反之，支护越晚，提供的支护抗力就越小。当支护太晚，所提供的抗力不足以维持围岩的稳定时，松动区中的岩体就会在重力作用下松动塌落。所以要维持围岩稳定，既要维持围岩的极限平衡，还要维持松动区内滑移体的重力平衡(图 15-7)。如果为维持滑移体重力平衡所需的支护抗力小于维持围岩极限平衡状态所需的支护抗力，那么只要松动区还保持在极限平衡状态中，则松动区内滑移体就不会松动塌落。反之，则会松动塌落。由此，可把维持松动区内滑移体平衡所需的抗力等于维持极限平衡状态的抗力，作为围岩出现松动塌落和确定 p_{imin} 与松动区半径 R_{max} 的条件。

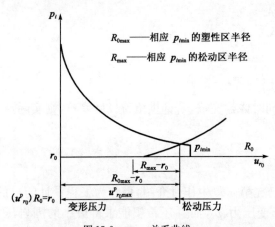

图 15-6　p_i-u_{r_0} 关系曲线

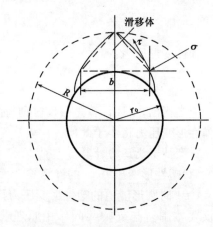

图 15-7　松动圈内滑移体示意图

由第 14 章得知，当 $\lambda = 1$ 时，圆形隧洞围岩松动区内滑裂面为一对对数螺线(图 15-7)。假设松动区内强度已大大下降，可认为滑移岩体已无自承作用以致其全部重量得由支护抗力 p_{imin} 来承受，由此有：

$$p_{imin}b = G \tag{15-12}$$

式中：G——滑移体重量；

b——滑移体的底宽。

滑移体的重量可近似取：

$$G = \frac{\gamma b(R_{max} - r_0)}{2} \tag{15-13}$$

式中:R_{max}——与 p_{imin} 相应的松动区半径;

γ——围岩重度。

代入式(15-12)得:

$$p_{imin} = \frac{\gamma r_0 \left(\dfrac{R_{max}}{r_0} - 1 \right)}{2} \tag{15-14}$$

松动半径 R_{max} 可按式(4-48)第二式,并令 $\sigma_\theta = P$ 求得:

$$\sigma_\theta = P = (P_{imin} + c\cot\varphi)\left(\frac{1 + \sin\varphi}{1 - \sin\varphi} \right)\left(\frac{R_{min}}{r_0} \right)^{\frac{2\sin\varphi}{1-\sin\varphi}} - c\cot\varphi \tag{15-15}$$

即得:

$$R_{max} = r_0 \left[\frac{(P + c\cot\varphi)(1 - \sin\varphi)}{(P_{imin} + c\cot\varphi)(1 + \sin\varphi)} \right]^{\frac{1-\sin\varphi}{2\sin\varphi}} \tag{15-16}$$

计算 R_{max} 时,所用的 c 值应适当降低。联立求解式(15-14)和式(15-16)即可求得 p_{imin} 和相应的 R_{max}。可知,原岩应力 P 越大,c、φ 值越低或 c、φ 值损失越多,则 R_{max} 和 p_{imin} 就越大。

合理的设计应要求衬砌上的实际围岩压力稍大于 p_{imin}(具有一定的安全储备),否则支护是不经济或不安全的。通常通过调节支护时间(以支护前围岩已释放了的位移 u_0 为表征)或支护刚度,以期使支护结构经济合理。

[例 15-2] 某土体隧洞,埋深 30m,毛洞跨度 6.6m,土体重度 $\gamma = 18\text{kN/m}^3$,平均黏聚力 $c = 100\text{kPa}$,内摩擦角 $\varphi = 30°$,土体塑性区平均剪切变形模量 $G = 0.03333\text{GPa}$,衬砌厚度 0.06m,衬砌材料变形模量 $E_c = 20.0\text{GPa}$,泊松比 $\mu_c = 0.167$。支护前洞周土体径向位移 $u_0 = 1.65\text{cm}$。求 p_i、p_{imin} 和 R_{max}。

已知:原岩应力 $P = 540\text{kPa}$,得:

$$M = 2P\sin\varphi + 2c\cos\varphi = 713.2\text{kPa}$$

由式(15-9)得:

$$p_i = 192\text{kPa}$$

$$K_c = 114.04\text{MPa}$$

如 c 值不变,解得最小松动区半径为:

$$R_{max} = 3.82\text{m}$$

因而最小围岩压力:

$$p_{imin} = 9.4\text{kPa}$$

如 c 值下降 70%,则解得:

$$p_{imin} = 29.2\text{kPa}$$

可见求得的 p_i 值是较高的,因而可适当扩大 u_0 值,即适当迟缓支护,以降低 p_i 值。

3. 流变压力计算

(1)黏弹性形变压力计算

按广义 Kelvin 模型考虑的圆形隧洞围岩应力及变形的解答。原岩应力呈轴对称分布时,即 $\lambda = 1$,将 $\lambda = 1$ 代入式(5-76)得到:

$$p_i(t) = P \frac{2R_0^2 + R_1^2}{2(R_0^2 - R_1^2)} \mathscr{L}^{-1} \left\{ \frac{1}{(1 + G_2\eta_{rel}s/G_1)} \left(\frac{1 - \tilde{\gamma}}{s} - 2G_2\eta_{rel}\varepsilon_r^{0\prime} \right) \right\} \tag{15-17}$$

对上式进行 Laplace 逆变换并化简得到:

$$p_i(t) = PaK_c \left[\frac{3K + G_\infty}{9KG_\infty + aK_c(3K + G_\infty)} - \frac{27K^2 G_1^2}{\beta_1 \beta_2} e^{-\frac{\beta_2}{\eta_2 \beta_1} t} \right] \tag{15-18}$$

其中:

$$K_c = \frac{\gamma_1}{a} = \frac{2G_c(a^2 - b^2)}{a[(1 - 2\mu_c)a^2 + b^2]}$$

需要注意,式(15-18)未考虑构筑支护结构时刻围岩已经产生的位移量,如果考虑了未支护时刻围岩的位移量,则压力计算可以表示为:

$$p_i(t) = K_c \left\{ Pa \left[\frac{3K + G_\infty}{9KG_\infty + aK_c(3K + G_\infty)} - \frac{27K^2 G_1^2}{\beta_1 \beta_2} e^{-\frac{\beta_2}{\eta_2 \beta_1} t} \right] - u_0 \right\} \tag{15-19}$$

[例 15-3] 设围岩符合广义 Kelvin 模型,长期剪切模量 $G_\infty = 0.038\ 5$GPa;其他数据同例 15-2,并设泊松比 $\mu = 0.3$,则可以得到 $K = 0.091$GPa,未支护前的位移径向位移 $u_0 = 1.65$cm,当 $t \to \infty$ 后的黏弹性形变压力:

$$p_i = K_c \left[\frac{Pa(3K + G_\infty)}{9KG_\infty + aK_c(3K + G_\infty)} - u_0 \right] = 322.0\text{kPa} \tag{15-20}$$

(2)黏弹塑性形变压力计算

黏弹塑性形变压力计算可用第 5 章中式(5-91)~式(5-93)计算得:

$$u_{r_0}^P(t) = \frac{R_0^2(t)}{r_0} \left\{ \frac{M}{4G_\infty} \left[1 - \exp\left(-\frac{t}{\eta_{\text{rel}}}\right) \right] + \frac{M}{4G_0} \exp\left(-\frac{t}{\eta_{\text{rel}}}\right) \right\} \tag{15-21a}$$

$$R_0(t) = r_0 \left[\frac{(P + c\cot\varphi)(1 - \sin\varphi)}{K_c \left\{ \frac{MR_0^2(t)}{4G_\infty r_0} \left[1 - \exp\left(-\frac{t}{\eta_{\text{rel}}}\right) \right] + \frac{MR_0^2(t)}{4G_\infty r_0} \exp\left(-\frac{t}{\eta_{\text{rel}}}\right) - u_0 \right\} - c\cot\varphi} \right]^{\frac{1 - \sin\varphi}{2\sin\varphi}}$$

$$\tag{15-21b}$$

$$p_i(t) = K_c[u_{r_0}^P(t) - u_0] \tag{15-21c}$$

实际计算中,$t \to \infty$,$R_0(t)$ 趋近某一常值 R_0':

$$R_0' = r_0 \left[\frac{(P + c\cot\varphi)(1 - \sin\varphi)}{K_c \left(\frac{MR_0'(t)}{4G_\infty r_0} - u_0 \right) + c\cot\varphi} \right]^{\frac{1 - \sin\varphi}{2\sin\varphi}} \tag{15-22a}$$

$$u_{r_0}^P = \frac{M(R_0')^2}{4G_\infty r_0} \tag{15-22b}$$

可见上式与弹塑性解答相似,只是以 R_0' 代换 R_0,以长期剪切模量 G_∞ 代换剪切模 G。

[例 15-4] 题同例 15-2,塑性区平均黏聚力 $c = 100.0$kPa,$\varphi = 30°$,$G = 0.042$GPa,$G_\infty = 0.038\ 5$GPa,求 $t \to \infty$ 时围岩黏弹塑性形变压力。

$$M = 2P\sin\varphi + 2c\cos\varphi = 713.2\text{kPa}$$

$$R_0' = r_0 \left[\frac{(P + c\cot\varphi)(1 - \sin\varphi)}{K_c \left(\frac{MR_0'(t)}{4G_\infty r_0} - u_0 \right) + c\cot\varphi} \right]^{\frac{1 - \sin\varphi}{2\sin\varphi}} = 1.07r_0$$

$$u_{r_0}^P = \frac{M(R_0')^2}{4G_\infty r_0} = 1.775\text{cm}$$

$$p_i = K_c(u_{r_0}^P - u_0) = 142.0\text{kPa}$$

15.2.2　隧洞形变压力的数值计算法

形变压力的理论解答只有在个别情况下才能求解,一般情况下需要采用数值计算法求解,它能充分考虑围岩与衬砌的共同作用,可通过数值分析直接算出衬砌上的围岩形变压力,但实际计算中并不需要算出围岩形变压力,而可直接应用软件求出衬砌的弯矩与轴力,而后再求得衬砌的安全系数,详见第16章。应当注意,无论是深埋隧洞,还是浅埋隧洞,只要隧洞与土体紧密接触都应采用形变压力计算。但浅埋情况下,尚应考虑上覆岩土受雨水、开挖等影响,强度大幅降低,或由于土体与隧洞接触不严密,可能造成松动塌落,这时还需要采用松散压力进行验算。

15.3　松散压力计算

15.3.1　隧洞松散压力传统计算方法

松散压力主要出现在浅埋隧洞和松散地层中,也可能由于岩块和围岩的局部塌落所造成。局部塌落是由于岩体节理面和软弱面与隧洞临空面的不稳定组合,在岩体自重作用下产生的掉块与滑落,一般可按块体极限平衡方法计算,详见14.4节。

本节介绍松散地层中当前国内广泛采用的浅埋隧洞与深埋隧洞松散压力的计算方法:浅埋隧洞是基于洞顶上面松散地层的应力传递;深埋隧洞则是基于无应力体(坍塌体)的设想,即假定洞顶上面围岩有一个有界的破裂区,并以它的全部重量直接加荷于隧洞支护上。

应力传递本质上属于挖洞后原岩应力的转移。在松散地层中挖洞后,由于洞顶下沉及下沉岩柱两侧摩擦力的存在,使顶部岩体卸载,而两侧岩层加载。传统的方法都是基于散体力学理论,主要有岩柱理论和太沙基公式。

1. 岩柱理论

对于埋置深度极浅的隧洞,或采用明挖法施工时,通常采用岩柱理论进行计算,即认为作用在隧洞支护上的压力等于上覆岩层的全部重量,即:

$$p = \gamma H \tag{15-23}$$

式中: p——作用在隧洞顶部的围岩压力;

　　γ——岩体重度;

　　H——隧洞埋置深度。

按式(15-23),围岩压力与隧洞跨度大小无关,而仅与隧洞埋置深度有关。但实践表明,埋置深度稍大时,按此式算得的围岩压力大于实际压力,因此必须考虑岩柱的应力传递。

依据模型试验和实际观察,在刚滑动时岩柱的宽度为隧洞的跨度,岩柱两侧只有下沉变形,不会滑动。但该理论按松散体理论,假设隧洞两侧的岩体也可能下滑,将滑动的岩柱宽度比隧洞宽度增大,如图15-8所示,从而使计算偏于安全,取:

$$a_1 = a + h\tan\left(45° - \frac{\varphi}{2}\right) \tag{15-24}$$

侧向滑裂面与垂直线的夹角,按挡土墙理论为 $\left(45° - \dfrac{\varphi}{2}\right)$。由此认为作用在隧洞支护上的围岩压力等于岩柱 $JKHG$ 的重量减去两侧滑动面上的摩擦力和黏聚力。

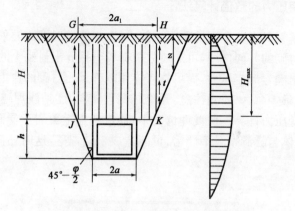

图 15-8　考虑摩擦力和黏聚力的岩柱计算简图

如图 15-8 所示，依据松散体理论，假设作用在岩柱侧面距地面深度 z 处侧阻力（摩擦力和黏聚力）为：

$$t = c + e_z \tan\varphi \tag{15-25}$$

e_z 为距地面深度 z 处的主动土压力，而主动土压力远小于实际侧压力，因而按此计算也会偏于安全。

按土力学中朗金（Rankine W. J. M.）公式：

$$e_z = \gamma z \tan^2\left(45° - \frac{\varphi}{2}\right) - 2c\cot\left(45° - \frac{\varphi}{2}\right) \tag{15-26}$$

将式（15-25）沿深度积分得岩柱侧面的侧阻力（摩擦力和黏聚力）为：

$$T = \int_0^H (c + e_z \tan\varphi)\mathrm{d}z = \frac{1}{2}\gamma H^2 k_1 + cH(1 - 2k_2) \tag{15-27}$$

其中：

$$k_1 = \tan^2\left(45° - \frac{\varphi}{2}\right)\tan\varphi$$

$$k_2 = \tan\left(45° - \frac{\varphi}{2}\right)\tan\varphi$$

按岩柱理论，作用在隧洞顶部的围岩压力 p 为：

$$p = \frac{G - 2T}{2a_1} = \gamma H\left[1 - \frac{H}{2a_1}k_1 - \frac{c}{a_1\gamma}(1 - 2k_2)\right] = k\gamma H \tag{15-28}$$

其中：

$$k = \left[1 - \frac{H}{2a_1}k_1 - \frac{c}{a_1\gamma}(1 - 2k_2)\right]$$

将式（15-28）对 H 求导，并令其导数为零，得到最大围岩压力的埋置深度 H_{max} 为：

$$H_{max} = \frac{a_1}{k_1}\left[1 - \frac{c}{a_1\gamma}(1 - 2k_2)\right] \tag{15-29}$$

实践证明，当 $H \geqslant 2H_{max}$ 时，隧洞顶部仍有围岩压力存在，而按式（15-28）计算则为零，因此式（15-28）只适用于 $H \leqslant H_{max}$ 的浅埋情况。而且按式（15-28），当 $\varphi \geqslant 30°$ 时，φ 越大，围岩压力也越大，这也与实际情况不符。由于岩柱理论所取的岩柱宽度大于实际宽度，且采用的计算侧压力偏小，这些都会使计算偏于安全；但计算中没有考虑上覆岩土受雨水、外界环境、开挖等影响,而使上覆岩土强度降低与受力不利,这又会使计算偏于不安全。

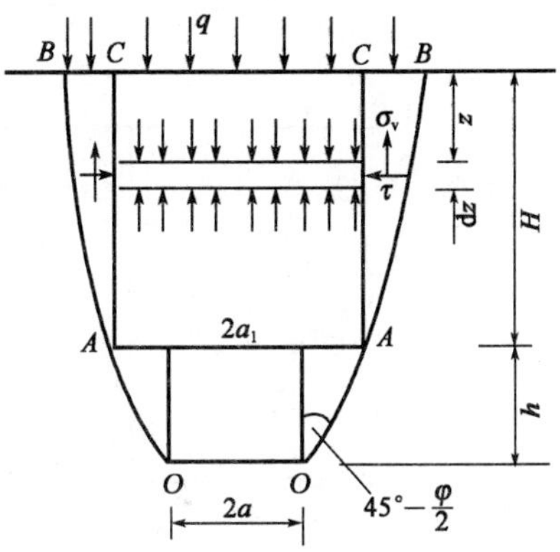

图 15-9　太沙基计算简图

2. 太沙基公式

太沙基(Terzaghi K.)认为,隧洞开挖后,岩体将沿 OAB 曲面滑动,作用在隧洞顶部的压力等于滑动岩体的重量减去滑移面上摩擦力的垂直分量。为推导简单起见,太沙基又进一步假定岩体沿垂直面 AC 滑动,而且假定滑动体中任意水平面上的垂直压力 σ_v 为均布。按图15-9,取地面下埋置深度 z 处,位于滑动体的宽体为 $2a_1$,厚为 $\mathrm{d}z$ 的单元体,由垂直方向平衡条件得:

$$2\gamma a_1 \mathrm{d}z = 2a_1 \mathrm{d}\sigma_v + 2c\mathrm{d}z + 2\lambda\sigma_v \tan\varphi \mathrm{d}z \quad (15\text{-}30)$$

简化后写成:

$$\frac{\mathrm{d}\sigma_v}{\mathrm{d}z} = \gamma - \frac{c}{a_1} - \lambda\sigma_v \frac{\tan\varphi}{a_1} \quad (15\text{-}31)$$

并由边界条件 $z=0$ 处,$\sigma_v=q$ 及 $z=H$ 处,$\sigma_v=p$,解式(15-31),即可获得隧洞顶部的围岩压力 p 为:

$$p = \frac{\gamma a_1 - c}{\lambda \tan\varphi}\left[1 - \exp\left(-\frac{\lambda H \tan\varphi}{a_1}\right)\right] + q\exp\left(-\frac{\lambda H \tan\varphi}{a_1}\right) \quad (15\text{-}32)$$

其中:

$$a_1 = a + h\tan\left(45° - \frac{\varphi}{2}\right)$$

式中:γ——围岩重度;

　　　λ——静止土压力系数,太沙基人为地取 $\lambda=1$;

　　　q——地面荷载。

太沙基公式也扩大了岩柱范围,使计算出的松散压力偏大。但假设 $\lambda=1$ 会使计算出的松散压力偏小;同样也没有考虑上覆岩土受雨水、开挖等影响,而使上覆岩土强度降低,这些使计算偏于不安全。

3. 现行相关规范计算方法

与上述相同,《公路隧道设计规范》(JTG D70—2004)(简称公路隧道规范)中的方法也基于松散体理论,认为土体存在一个破裂角和斜向的直线破裂面,然后按照静力平衡方法计算土体侧压力,从而进一步求得松散压力 p。

假定土体中形成的破裂面是一条与水平成 β 角的斜线,如图15-10所示。$EFHG$ 岩土体下沉,带动两侧三棱土体(如图中 FDB 和 ECA)下沉,整个土体 $ABDC$ 下沉时,又要受到未扰动岩土体的阻力;斜直线 AC 或 BD 是假定的破裂面,分析时不考虑黏聚力 c,因而采用了按经验给定的计算摩擦角 φ_c;另一滑面 FH 或 EG 则并非破裂面,因此,滑面阻力要小于破裂面的阻力,若该滑面的摩擦角为 θ,则 θ 值应小于 φ_c 值,无实测资料时,θ 可按表15-2采用。

各级围岩的 θ 值
表15-2

围岩级别	Ⅰ、Ⅱ、Ⅲ	Ⅳ	Ⅴ	Ⅵ
θ 值	$0.9\varphi_c$	$(0.7\sim0.9)\varphi_c$	$(0.5\sim0.7)\varphi_c$	$(0.3\sim0.5)\varphi_c$

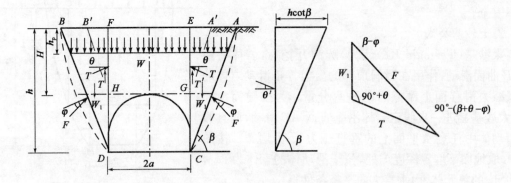

图 15-10 围岩压力的规范计算模式简图

由图 15-10 可见,隧道上覆岩体 $EFHG$ 的重力为 W,两侧三棱岩体 FDB 或 ECA 的重力为 W_1,未扰动岩体整个滑动土体的阻力为 F。当 $EFHG$ 下沉时,两侧受到阻力 T 或 T',作用于 HG 面上的垂直压力总值 Q 为:

$$Q = W - 2T' = W - 2T\sin\theta \tag{15-33}$$

三棱体自重为:

$$W_1 = \frac{1}{2}\gamma h \frac{h}{\tan\beta} \tag{15-34}$$

式中:h——坑道底部到地面的距离(m);

  β——破裂面与水平面的夹角(°)。

由图 15-10,根据正弦定理可得:

$$T = \frac{\sin(\beta - \varphi_c)}{\sin[90° - (\beta - \varphi_c + \theta)]}W_1 \tag{15-35}$$

将式(15-34)代入可得:

$$T = \frac{1}{2}\gamma h^2 \frac{\lambda}{\cos\theta} \tag{15-36a}$$

$$\lambda = \frac{\tan\beta - \tan\varphi_c}{\tan\beta[1 + \tan\beta(\tan\varphi_c - \tan\theta) + \tan\varphi_c \tan\theta]} \tag{15-36b}$$

$$\tan\beta = \tan\varphi_c + \sqrt{\frac{(\tan^2\varphi_c + 1)\tan\varphi_c}{\tan\varphi_c - \tan\theta}} \tag{15-36c}$$

式中:λ——侧压力系数。

将 T 值带入到式(15-33),得到隧洞顶部的松散压力 Q:

$$Q = W - \gamma h^2\lambda\tan\theta \tag{15-37a}$$

计算中不考虑隧洞部分摩阻力,而只计洞顶部分摩阻力,即令 h 等于 H,这显然使公式偏于保守,由此有:

$$Q = W - \gamma H^2\lambda\tan\theta \tag{15-37b}$$

代入 $W = 2a\lambda H$,得:

$$Q = \gamma H(2a - H\lambda\tan\theta) \tag{15-37c}$$

因此,作用在隧洞上的均布荷载 p 为:

$$p = \gamma H \left(1 - \frac{H}{2a}\lambda\tan\theta\right) \tag{15-38}$$

规范公式采用了松散体破裂面,放大了岩柱范围,使 p 增大;同时采用经验给出的计算内摩擦角 φ_c,又人为假定 θ 角,而使计算结果具有较强人为性,且计算结果偏大。

15.3.2 浅埋洞室上松散压力修正计算方法

1. 基于岩柱理论的修正算法

上述三种求浅埋隧洞上松散压力的计算方法,都采用了土力学中土压力理论,认为侧壁允许有较大的转动与位移,从而在两侧形成斜直线破裂面。从理论分析、模型试验和实际破坏现象可知,当拱顶土体未塌落时,侧壁土体不可能有较大转动与位移,因而也不可能出现斜直线破裂面,第14章中浅埋洞室的模型试验与数值计算也证明了这点。此外,求两侧阻力 T 时,也都有不符合实际的地方,例如岩柱理论设 e_z 为朗金(Rankine W. J. M.)公式,使 e_z 算小;太沙基公式设 e_z 为 σ_v,使 e_z 算大,缺乏充分依据;公路隧道规范公式求 T 时,也作了较多人为假设。可见上述公式都存在一些问题,尤其是对浅埋土体隧洞没有考虑上覆土层受雨水、开挖扰动、外界条件变化等影响而出现的土体强度大幅降低。浅埋隧洞的失稳破坏常与天气有关,受雨水影响导致岩土强度下降而破坏。例如,浅埋黄土隧洞雨水容易沿黄土垂直节理渗入,导致土体强度降低拱顶坍塌。上述浅埋松散压力公式中,岩柱理论考虑相对较为全面。为此,下面提出了岩柱理论的修正公式,考虑了岩柱宽度减少和上覆土体强度降低的影响。但仍按朗金(Rankine W. J. M.)公式计算 e_z,偏于安全。修正松散压力公式如下:

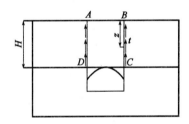

图 15-11　修改后的岩柱计算简图

如图 15-11 所示,作用在支护上的松散压力等于岩柱 $ABCD$ 的重量减去两侧滑动面上的摩擦力和黏聚力,并考虑拱顶以上土体强度 c、$\tan\varphi$ 强度的折减,折减值视具体情况而定,如黄土可考虑折减 3 倍。

作用在岩柱侧面距地面深度 z 处的夹制力(摩擦力和黏聚力)为:

$$t = c + e_z\tan\varphi \tag{15-39}$$

式中:e_z——距地面深度 z 处的主动土压力,$e_z = \gamma\tan^2\left(45° - \dfrac{\varphi}{2}\right) - 2c\tan\left(45° - \dfrac{\varphi}{2}\right)$;

　　c——黏聚力;

　　φ——内摩擦角。

将上式沿深度积分得岩柱的总夹制力为:

$$T = \int_0^H (c + \tan\varphi)\mathrm{d}z = \frac{1}{2}\gamma H^2 k_1 + cH(1 - 2k_2) \tag{15-40}$$

作用在隧道顶部的围岩应力为:

$$p = \frac{G - 2T}{B} = \gamma H \left[1 - \frac{Hk_1}{B} - \frac{2c}{B\gamma}(1 - 2k_2)\right] = K\gamma H \tag{15-41}$$

其中:

$$K = 1 - \frac{Hk_1}{B} - \frac{2c}{B\gamma}(1 - 2k_2)$$

$$k_1 = \tan^2\left(45° - \frac{\varphi}{2}\right)$$

$$k_2 = \tan\left(45° - \frac{\varphi}{2}\right)$$

式中：B——洞跨。

[**例 15-5**] 对一个洞跨 12m，墙高 5m，拱高 3m 的直墙拱形黄土隧洞，在拱顶以上 6～15m 不同埋深下进行计算，黄土物理力学参数如表 15-3 所示。

围岩物理力学参数 　　　　　　　　　　　　　　　　　　　　　　　　　表 15-3

土　体	弹性模量(GPa)	泊松比	重度(kN/m³)	黏聚力(MPa)	内摩擦角(°)
黄土	0.1	0.3	18	0.04	22

表 15-4 列出了埋深为 6～15m 十种不同埋深下，不同折减系数时的松散压力值。为了与其他计算方法进行比较，表 15-5 中列出了土体强度 c、$\tan\varphi$ 折减 3 倍时，埋深 6～15m 时各种方法算出的松散压力值。由表可见，修正公式算出的松散压力略大于原式。

不同埋深、不同折减系数时修正岩柱理论的松散压力 　　　　　　　　表 15-4

埋深(m)	松散压力(kPa)					
	不折减时	折减 1.3 时	折减 1.5 时	折减 2 时	折减 3 时	折减 3.5 时
6	79.87	81.80	83.69	87.33	92.53	94.02
7	91.25	93.77	96.05	100.51	106.89	108.74
8	102.09	105.27	107.97	113.29	120.93	123.18
9	112.37	18.29	119.43	125.67	134.68	137.35
10	122.10	126.83	130.44	137.67	148.11	151.25
11	131.29	136.90	140.99	149.26	161.24	164.87
12	139.92	146.49	151.10	160.47	174.07	178.23
13	148.00	155.60	160.75	171.28	186.59	191.31
14	155.53	164.24	169.95	181.69	198.81	204.12
15	162.52	172.41	178.69	191.71	210.71	215.65

土体强度 c、$\tan\varphi$ 折减 3 倍时，埋深 6～15m 时，各种方法算出的松散压力(kPa) 　表 15-5

松散压力算法		埋　深　(m)									
		6	7	8	9	10	11	12	13	14	15
太沙基法		72.8	83.0	92.0	102.4	111.6	120.3	128.7	136.7	144.3	151.7
原岩柱理论		89.9	103.7	117.2	130.2	142.9	155.8	167.3	178.9	190.2	201.2
修正岩柱理论		92.5	106.9	120.9	134.7	148.1	161.2	174.1	186.6	198.8	210.7
规范公式		101.4	117.1	132.3	147.2	161.6	175.9	189.7	203.2	216.3	229.0
弹塑性算法	方案 a	77.3	91.5	106.8	115.1	127.1	138.2	148.6	160.2	170.5	178.0
	方案 b	25.2	28.0	31.2	34.4	37.4	39.2	41.4	43.8	45.9	48.2
	方案 c	77.1	91.7	105.0	116.3	128.4	140.6	152.7	163.2	174.4	185.9
γH		108.0	126.0	144.0	162.0	180.0	198.0	216.0	234.0	252.0	270.0

2.基于弹塑性理论的松散压力数值计算方法

修正岩柱理论公式,按松散体理论计算e_z,使得计算偏于保守。下面提出基于弹塑性理论的计算方法。当围岩没有破坏时,围岩处于弹塑性状态,因而松散压力必须基于弹塑性极限分析方法确定。采用了有限元极限分析法,不需要事先确定破裂面,而是在隧洞拱顶结点上施加与重力相反的力,逐渐增大节点力,使上覆土体从不平衡状态达到平衡状态,如图15-12所示。将刚达到平衡时所施加的力反向,即为浅埋隧洞上的松散压力。

有限元极限分析法是将弹塑性数值计算和极限分析法相结合,利用 ANSYS 数值分析软件计算出浅埋隧洞上的松散压力。计算中采用理想弹塑性本构模型和 M-C 屈服准则或关联与非关联流动法则下平面应变的 D-P 屈服准则(DP4 和 DP5)。考虑到隧洞上覆岩土体受到环境和雨水等影响,计算中先将拱顶0.5m 以上土体强度c、$\tan\varphi$ 强度进行折减,一般情况下可将c、$\tan\varphi$ 折减 3 倍,但拱顶0.5m 以下至拱脚深度范围内c、$\tan\varphi$ 只折减 1.3 倍,其原因是如果折减过多,拱脚先发生破坏,以致计算不收敛,无法计算反力;当埋深大时还要折减更少才能通过计算,但对计算结果影响不大。隧洞开挖后不施作衬砌,在拱顶临空面的节点上施加均布节点力P,方向与重力方向相反(见图15-12),通过逐渐增加反向节点力,从而使隧道从不稳定状态转入到刚稳定状态,此时隧洞安全系数稍大于1;计算过程中通过计算是否收敛来判断隧洞是否从不稳定状态转入到稳定状态,即从计算不收敛状态转入到刚收敛状态。

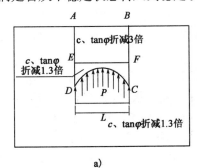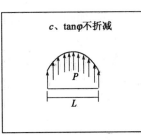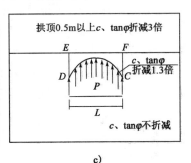

图 15-12　模型简图

a)方案 a;b)方案 b;c)方案 c

所施加的反力为:

$$F = \sum NP \tag{15-42}$$

式中:N——节点个数;

　　　P——施加的均布节点力。

均布松散压力 p 为:

$$p = \frac{F}{L} \tag{15-43}$$

式中:L——拱部在水平面的投影。

如图 15-12 所示,计算采用了 a、b、c 三种方案,其不同之处在于围岩的强度参数(c、$\tan\varphi$)折减方法不同:方案 a 只折减隧洞顶部局部覆土强度;方案 b 不折减土体强度;方案 c 折减隧洞上方所有土体的强度,而不只是在隧洞顶上方。

图 15-13 列出了埋深 6m,隧洞上方土体刚达到稳定状态时的隧洞塑性应变增量图。各种计算结果的比较见表 15-5。

由表15-5可见,方案 a 与方案 c 松散压力计算结果十分相近,以后可采用方案 a 进行计算。方案 a、c 远大于方案 b,表明计算中必须考虑隧洞上覆土体强度的降低。基于弹塑性理论的新算法,计算结果稍低于修正岩柱理论的计算结果,而大于太沙基公式计算结果,由于修正岩柱理论稍偏于安全,这一结果是合理的。修正岩柱理论计算结果为岩柱自重的 75%～85%,基于弹塑性理论的新算法计算结果为岩柱自重的 65%～75%。

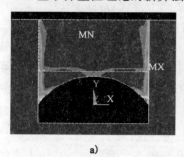  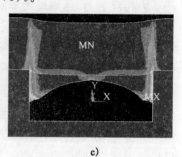

图 15-13　埋深 6m 上覆土体刚达到稳定时的隧洞塑性应变增量图(彩图见 480 页)

a)方案 a；b)方案 b;c)方案 c

修正岩柱理论公式与基于弹塑性理论的数值计算方法,考虑比较全面,比较符合实际受力情况与力学理论。当考虑上覆土体的 c、$\tan\varphi$ 值折减 3 倍时,其计算值小于规范公式,但大于太沙基公式,与原岩柱理论公式相近。在经过实践验证之后,这两个公式作为土体和散粒岩体浅埋隧洞松散压力实用计算公式,修正岩柱理论公式计算结果稍偏于安全,基于弹塑性理论的数值计算方法计算结果略小于修正岩柱理论公式。

从实际经验看,对于松散沙土、饱水土体、淤泥与淤泥质土都应按全部重量计算。由于土体和松散软弱岩体的浅埋隧洞,施工中风险很大,通常还需引入安全系数,从安全计,当隧洞土体厚度小于按隧洞破坏方式确定的深浅埋分界高度时应按上覆土体的全部重量计算。

浅埋岩体隧洞松散压力计算比较复杂,它与岩体的结构密切相关,具有垂直贯通节理的岩体隧洞松散压力会远大于无垂直贯通节理的岩体隧洞,如何合理确定岩体隧洞的松散压力还有待深入研究。

15.3.3　深埋隧洞上松散压力的传统计算方法

传统的深埋隧洞松散压力计算方法是认为深埋情况下拱顶形成压力拱,将破裂区内的岩体自重作为隧洞支护上的荷载,由此还得出深埋隧洞松散压力与埋深无关的结论。按普氏(Протолъяконов M. M.)压力拱理论,为确定破裂区范围,首先必须对压力拱的边界线作出假

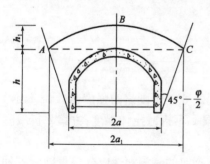

图 15-14　深埋隧洞的压力拱

定,如认为是抛物线、半椭圆形等。普氏压力拱理论、康姆瑞尔(Kommerell)的岩体破碎理论都属于这一类计算方法。其中以普氏压力拱理论在我国应用最广。普氏认为,隧洞开挖后,顶部岩体失去稳定,产生坍塌,并形成自然拱,如图 15-14 所示。而破坏拱以内的岩体自重即为作用在隧洞支护上的围岩压力,因而普氏破坏拱又称压力拱。普氏假定压力拱形状为二次抛物线形,压力拱高 h,按经验确定,它取决于隧洞跨度和岩体性质。普氏采用下式确定压力拱高 h_1:

$$h_1 = \frac{a_1}{f} = \frac{a + h\tan\left(45° - \dfrac{\varphi}{2}\right)}{f} \tag{15-44}$$

式中：f——岩石坚固性系数，又称普氏系数❶。

松散岩压力 p 为：

$$p = \gamma h_1 \tag{15-45}$$

式中：γ——围岩重度；

h_1——压力拱高。

20 世纪 80 年代以来，我国铁道部门相关规范采用了深埋隧道松散压力的经验公式，详见 15.4.4节。从第 14 章计算结果看，矩形深埋隧洞，在某一埋深范围内存在压力拱，而深埋拱形隧洞并不存在压力拱，深埋隧洞主要承受来自两侧的压力，它不是松散压力而是形变压力，因而传统的深埋隧洞松散压力算法与实际受力状况有很大差距。

15.3.4 侧向围岩压力的传统计算方法

岩柱公式与太沙基公式都基于松散体力学计算，因而传统方法都按土压力理论来计算侧向围岩压力。对于浅埋隧洞[图 15-15a)]采用下式：

$$e = \gamma(H + y)\tan^2\left(45° - \frac{\varphi}{2}\right) \tag{15-46a}$$

现行相关规范公式：

$$e = \gamma(H + y)\lambda \tag{15-46b}$$

式中：λ——侧压力系数。

如图 15-15b)所示，对于深埋隧洞一般也采用如下土压力公式：

$$e = \gamma(h_1 + y)\tan^2\left(45° - \frac{\varphi}{2}\right) \tag{15-47}$$

式中：y——计算点至结构顶部的垂直距离。

现行相关规范中采用经验公式，详见 15.5 节。

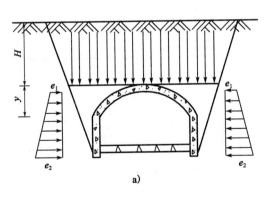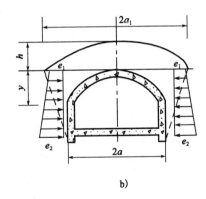

图 15-15 侧向围岩压力

a)浅埋隧洞上的侧向围岩压力；b)深埋隧洞上的侧向围岩压力

---

❶普氏根据不同的岩性给出了相应的普氏系数，或按 $\dfrac{R_c}{100}$（R_c 为岩石抗压强度）确定普氏系数。由于实际工程中，决定围岩稳定的因素并非上述两项指标，因此工程部门大多按各自的经验确定 f 值，而一直沿用到至今。

15.4 隧洞围岩分级及其建议

15.4.1 围岩分级概况与原则

1. 概况

由于人们对围岩破坏机理的认识尚不足,且所研究问题在数学、力学上的复杂性,以及原岩应力和岩石力学参数测试技术的复杂、昂贵和难于准确确定等原因,使得目前工程设计中仍然广泛采用以经验为主的工程类比法,通常理论计算只作为一种检验。即使目前可以采用有限元强度折减法求出稳定安全系数,但计算中仍然需要有准确的岩土计算参数。土体隧洞强度参数可以通过测试手段获取,并由此直接确定安全系数;而岩体隧洞无法通过测试手段准确确定岩体强度,仍然需要借助隧洞围岩分级等经验手段来确定岩体的强度参数。但即使是经验,也需要不断提高各级围岩强度参数选用的准确性,以使经验方法更为科学和接近实际。

国内外现有的围岩分级方法有定性与定量相结合分级和通过综合各类因素人为打分的定量分级两种方法,前者为国家标准《锚杆喷射混凝土支护技术规范》(GB 50086—2001)(简称锚喷支护规范)和行业标准《铁路隧道设计规范》(TB 10003—2005)(简称铁路隧道规范)等所采用。这种分级方法相对比较灵活,经受了长期的实用考验,适用于有经验的技术人员使用。定量的分级做法是根据对岩体(或岩石)性质进行测试的数据或对各参数打分,经计算获得岩体质量指标,并以该指标值进行分级,如国外巴顿(Barton N.)的 Q 分级、比尼阿夫斯基(Bieniawski Z. T.)的地质力学(MRM)分级、DREE 的 RQD 值分级等方法。但由于岩体性质和赋存条件十分复杂,分级时仅用少数参数和某个数学公式难以全面准确地概括所有情况,而且参数测试数量有限,数据的代表性和抽样的代表性存在一定局限性。国外的分级大多数是学者个人进行的,其水平和适用性都不如我国国家国标与行业标准。我国有国家标准《工程岩体分级标准》(GB 50218—94)(简称岩体分级标准)和行业标准《公路隧道设计规范》(JTG D70—2004)(简称公路隧道规范)等,岩体分级标准是按综合考虑各种因素的围岩基本质量指标 BQ,通过打分进行定量分级,考虑比较全面,适用于缺乏经验的一般技术人员使用,但目前这种打分方法,实际工程技术人员应用不多,而且分级与实际状况还有差距,具体分法需进一步研究、修正。

这两种分级方法各有优缺点,使用中可以考虑将两种分级方法加以结合,取长补短,使围岩分级进一步科学化。

近年来我国的铁路和公路隧道事业蓬勃发展,各类型矿山的开采越来越深,面临许多前所未有的问题。现有围岩分级标准已不能很好地反映真实的围岩情况,如围岩分级中将岩体与土体合在一起分级,其实土体与岩体有很大不同,合在一起难以反映实际;又如围岩分级与隧洞的深度有关,隧洞初始地应力随埋深而变,此外还与洞跨有关,而目前分级都没有充分考虑这些因素,因而需要进一步研究、改进。

2. 岩体围岩分级的原则

(1)根据隧洞工程建设的不同阶段、线路等级和隧洞长度的不同,所进行的调查和测试工作的深度不同,对围岩分级精度的要求也不尽相同。一般在可行性研究和初勘阶段,围岩初步分级可以采用定性与少量测试数据定量相结合的方法;在详勘阶段和施工设计阶段,特别是施工期间,必须依据获得的地质资料进行详细分级,建议采用定量的分级方法或定量与定性相结合的方法。

（2）围岩分级可以包括岩体与土体在内，也可以单指岩体。包括岩体与土体的围岩分级标准有铁路隧道规范与公路隧道规范，单指岩体的分级标准有锚喷支护规范和岩体分级标准。在目前情况下，如果知道土体强度参数，那么就可以准确确定隧洞周围土体的稳定安全系数定量指标，因而不再需要对土体隧洞的围岩进行分级；而岩体强度参数目前尚无法通过测试准确获取，还需要通过围岩分级方法来得到较为科学、合理的岩体强度参数，因而岩体围岩分级仍有必要。

（3）围岩分级以围岩稳定性作为分级基础，即不同的围岩等级体现了不同的围岩稳定性，必须先研究影响隧洞围岩稳定性的因素。影响隧洞围岩稳定性的因素首先是地质因素，即地质构造与岩体强度。但地质构造很难定量表述，岩体强度很难测试，因而分级中以岩体结构特征表征的岩体完整程度和岩块强度（相关规范中称为岩石坚硬程度）两个基本因素为主并进行打分，然后结合其他地质因素（如地下水、风化程度、初始地应力、不利结构面等）综合考虑，进行分级。其次，稳定性因素还与隧洞工程有关，即与洞形、洞跨、隧洞的埋深有关。隧洞稳定分析中，必须综合考虑隧洞的地质因素与工程因素，对于洞形，由于一般隧洞都为直墙拱形或曲墙拱形，这里不作研究；不同的洞跨隧洞围岩稳定性不同，小跨度隧洞稳定性好，大跨度隧洞稳定性差，但这一情况目前还没有在围岩分级中体现；隧洞埋深应在初始地应力影响因素中加以考虑。

（4）多因素定性分析和定量分析相结合。由于岩体的复杂性，影响岩体质量指标的因素很多，有地质因素与工程因素。这些因素多数不能用定量指标确定，如岩体结构特征、岩石风化程度、地下水和软弱结构面影响程度、地应力状况等，诸多因素需要定性分析。而对一些可以量测的影响岩体质量的主要指标，需要通过科学量测获得定量指标，如岩石强度、弹性波速度等。

（5）围岩分级级数一般为 5~6 级，围岩级别越高的隧洞在无支护条件下的稳定性（即自稳能力）越好，反之亦然。由于没有围岩稳定性的定量指标，因此都将隧洞开挖的实际自稳能力作为检验围岩定级正确与否的标志，通常以一定跨度隧洞在无支护情况下的隧洞自稳时间作为指标，不过这一指标很难掌握与应用。目前围岩安全系数已经可以求出，可作为围岩稳定性具有严格力学意义的定量指标，建议采用无衬砌情况下隧洞围岩的安全系数作为围岩稳定性等级的定量指标。公路隧道规范、铁路隧道规范都将围岩分为六级，包括土与岩石。建议分类中只包括岩石，并将围岩分为五级。在围岩自稳能力分级中，Ⅰ~Ⅴ级相应为长期稳定、稳定、基本稳定、不稳定、很不稳定，其中，基本稳定与不稳定又分为两个次级，两个次级对应两个不同洞跨的安全系数。

（6）为了结合围岩分级进行定量计算，必须确定各级围岩的物理力学参数，尤其是岩体的强度参数。各级围岩的岩体强度参数应反映各级围岩稳定性的大小，按围岩稳定性给出的各级围岩不同跨度下相应的安全系数，由此再通过反算得到岩体强度参数，但这个强度参数不代表岩体的真实强度，只起到控制作用。应当注意，隧洞的失稳破坏很大程度上取决于岩体结构面的多少与分布状况，当跨度越大时，这种不利的结构面组合越多，坍塌的可能性就越大。所以隧洞跨度越大，具有同样岩石质量的围岩其稳定性越差。因而在确定各级围岩岩体强度参数时，必须注意对不同跨度的隧洞，给出不同的岩体强度参数。

（7）为了便于设计，国内现行相关规范中，通常在围岩分级的基础上，还要提出计算围岩压力的经验公式或直接给出支护设计参数，但目前已可采用现代设计计算方法，直接算出围岩与衬砌的安全系数，因而上述状态将会逐渐改变，使隧洞设计逐渐提升到工程类比与理论计算相结合的水平。

15.4.2 影响岩体围岩分级的基本因素

1. 岩块强度（岩石坚硬程度）

影响岩体围岩稳定性的因素很多，但决定性因素是岩体本身的内在因素。岩石块体自身质量的好坏表现在它的岩块强度，通常以岩石单轴饱和抗压强度表示。由于岩体强度测试复杂且昂贵，所以一般都以岩块强度来表示岩石质量，再结合考虑岩体的完整程度，就能较好地反映各级围岩的稳定性和岩体的强度特性。

相关规范中以岩石的坚硬程度定性表述岩石的强度，把岩石分为硬质岩与软质岩，岩石坚硬程度的定性划分见表 15-6，其定量指标用岩石单轴饱和抗压强度 R_c 表达。R_c 与岩石坚硬程度的关系可按表 15-7 确定。应当注意，采用过高的岩块强度，在分级中并无实际意义，反而会影响分级打分，因而表 15-7 中与规范不同，对坚硬岩改为 $R_c > 50\text{MPa}$，较坚硬岩为 $50\sim30\text{MPa}$。

岩石坚硬程度的定性划分   表 15-6

名 称		定 性 鉴 定	代 表 性 岩 石
硬质岩	坚硬岩	锤击声清脆，有回弹，震手，难击碎；浸水后大多无吸水反应	未风化～微风化的花岗岩、正长岩、闪长岩、辉绿岩、玄武岩、安山岩、片麻岩、石英片岩、硅质板岩、石英岩、硅质胶结的砾岩、石英砂岩、硅质石灰岩等
	较坚硬岩	锤击声较清脆，有轻微回弹，稍震手，较难击碎；浸水后有轻微吸水反应	弱风化的坚硬岩；未风化～微风化的熔结凝灰岩、大理岩、板岩、白云岩、石灰岩、钙质胶结的砂岩等
软质岩	较软岩	锤击声不清脆，无回弹，轻易击碎；浸水后指甲可刻出印痕	强风化的坚硬岩；弱风化的较坚硬岩；未风化～微风化的凝灰岩、千枚岩、砂质泥岩、泥灰岩、泥质砂岩、粉砂岩、页岩等
	软岩	锤击声哑，无回弹，有凹痕，易击碎；浸水后手可掰开	强风化的坚硬岩；弱风化～强风化的较坚硬岩；弱风化的较软岩；未风化的泥岩等
	极软岩	锤击声哑，无回弹，震手，有较深凹痕，手可捏碎；浸水后可捏成团	全风化的各种岩石；各种半成岩

R_c 与岩石坚硬程度的定性划分的关系   表 15-7

R_c（MPa）	＞50	50～30	30～15	15～5	＜5
坚硬程度	坚硬岩	较坚硬岩	较软岩	软岩	极软岩

注：一般规范中规定坚硬岩 $R_c > 60\text{MPa}$，较坚硬岩为 $60\sim30\text{MPa}$。

R_c 一般采用实测值，若无实测值时，可采用实测的岩石点荷载强度指数 $I_{s(50)}$ 的换算值，即按式（15-48）计算：

$$R_c = 22.82 I_{s(50)}^{0.75} \tag{15-48}$$

风化作用往往使岩体物理性质恶化，并促使围岩失稳，因而风化程度也是围岩的工程地质的分析因素之一。岩石风化程度一般划分为不风化、微风化、弱风化、强风化和全风化五级。在围岩分级中，通常是以岩块强度指标反映风化影响。

2. 岩体的结构特征表征的岩体完整程度

岩体中因原生或后期构造变动，风化作用等形成的各种软弱结构面，经常是造成隧洞围岩失稳的主要原因。例如经长期风化或地下水作用，结构面充填有水理作用差的黏性土、经变形揉碎的糜棱岩、破碎带和软弱夹层等，最易引起围岩失稳。因此应先注意对结构面的类型及特征进行分析。例如,结构面产状,结构面的组数和间距,结构面结合程度,而结构面结合程度又与结构面张开程度、充填特征和结构面的粗糙程度等有关。

此外,岩体结构的几何尺寸及组合特征对围岩稳定性都有重大影响。例如当拱顶和边墙围岩易组合成不稳定岩体块时,围岩稳定性就差,块状岩体易形成落石破坏,层状岩体易出现局部塌落和岩层弯张破坏,破碎和松散岩体则可能出现围岩大规模失稳。因此,目前围岩分类中,都用各种指标来评定岩体的完整性,如采用弹性波速度、R. Q. D 岩石指标、裂隙间距、岩体体积节理数等。前两种指标反映了结构面的发育程度,也反映了结构面的结合程度,而后两种指标未能反映结构面的结合程度。

岩体完整程度可按结构面发育程度(组数、平均间距)、主要结构面的结合程度、类型等确定,按表 15-8 定性划分。结构面发育程度由结构面组数和平均间距来反映。结构面的结合程度应从结构面特征即张开度、粗糙状况、充填物性质及其性状方面进行评价。现场鉴定结构面结合程度时,除应注意结构面缝隙的宽度外,还应注意描述结构面两侧壁岩性的变化,充填物性质(来源、成分、颗粒大小),胶结情况及赋水状态等,综合分析评价它们对结合程度的影响。表 15-9 中列出结构面结合程度及其强度参数的划分。

岩石完整程度的划分　　　　　　　　　　　　　　　　表 15-8

名称	结构面发育程度		主要结构面的结合程度	主要结构面类型	相应结构类型
	组数	平均间距(m)			
完整	1~2	>1.0	好或一般	节理、裂隙、层面	整体状或巨厚层结构
较完整	1~2	>1.0	差	节理、裂隙、层面	块状或厚层状结构
	2~3	1.0~0.4	好或一般		块状结构
较破碎	2~3	1.0~0.4	差	节理、裂隙、层面、小断层	裂隙块状或中厚层结构
	>3	0.4~0.2	好		镶嵌碎裂结构
			一般		中、薄层状结构
破碎	>3	0.4~0.2	差	各种类型结构面	裂隙块状结构
		<0.2	一般或差		碎裂状结构
极破碎	无序		很差		散体状结构

注:平均间距主要结构面(1~2组)间距平均值。

岩体结构面结合程度及其强度参数的划分　　　　　　　　表 15-9

结合程度	结合状况	起伏粗糙度	结构面张开度(mm)	充填状况	岩体状况	抗剪强度	
						c(MPa)	φ(°)
结合良好	铁硅钙质胶结	起伏,粗糙	≤3	胶结	硬岩或较软岩	>0.13	>35
结合一般	铁硅钙质胶结	起伏,粗糙	3~5	胶结	硬岩或较软岩	0.13~0.09	35~27
	铁硅钙质胶结	起伏,粗糙	≤3	胶结	软岩		
	分离	起伏,粗糙	≤3,无充填时	无充填或岩块、岩屑充填	硬岩或较软岩		
结合差	分离	起伏,粗糙	≤3	干净无充填	软岩	0.09~0.05	27~18
	分离	平直,较粗糙	≤3,无充填时	无充填或岩块、岩屑充填	各种岩		
	分离	略有起伏,较粗糙	—	岩块、岩屑夹泥或附泥膜	各种岩		

结合程度	结合状况	起伏粗糙度	结构面张开度（mm）	充填状况	岩体状况	抗剪强度	
						c(MPa)	φ(°)
结合差	分离	平直,光滑(充填物厚度大于起伏差)	—	泥质或泥夹岩屑充填	各种岩	0.05～0.02	18～12
	分离	平直,很光滑	≤3	无充填	各种岩		
结合极差	泥化夹层	—	—	泥	各种岩	根据当地经验确定	

注:1. 除结合极差外,结构面两壁岩性为极软岩、软岩时取表中较低值。

2. 取值时应考虑结构面的贯通程度。

3. 结构面浸水时取表中较低值。

4. 起伏度:当 R_A≤1%,平直;1%＜R_A≤2%时,略有起伏,2%＜R_A 时为起伏,其中 $R_A=A/L$,A 为连续结构面起伏幅度(cm),L 为连续结构面取样长度(cm),测量范围 L 一般为(1.0～3.0)m。

5. 粗糙度:很光滑,感觉非常细腻如镜面;光滑,感觉比较细腻,无颗粒感觉;较粗糙,可以感觉到一定的颗粒状;粗糙,明显感觉到的颗粒状。

表 15-9 是在大量试验基础上,对《建筑边坡工程技术规范》(GB 50330—2002)中相应表格的修正,表中提供的强度参数比较适用于建筑边坡,对隧洞工程来说,表中抗剪强度取值偏于保守,可适当提高。

岩体完整程度的定量指标用岩体完整性指标 K_v 表达。K_v 一般用弹性波探测值,根据实测的包含有各种结构面及充填物体的声波纵波速度(v_{pm})和结构面不明显的岩块纵波速度(v_{pr}),即可得出 K_v 值。它既反映了岩体结构面的发育程度,又反映了结构面的性状,是一项能从量上全观反映岩体完整程度的指标。岩体体积节理(结构面)数 J_v 值是国际岩石力学委员会推荐用来定量评价岩体节理化程度和单元岩体块度的一个指标。经国内外的应用,认为它具有上述物理含义,而且在勘察各阶段及施工阶段容易获取。考虑到 J_v 值不能反映结构面的结合程度,特别是结构面的张开程度和充填物性状等,因此,J_v 值可作为评价岩体完整程度的辅助定量指标。根据中国铁道科学研究院西南分院、昆明水利水电勘测设计院试验研究,J_v 值与 K_v 值有较好的相关性。

考虑到当前一些规范对完整性系数 K_v 取值有所降低,建议对公路隧道规范中 K_v 取值作一定调整。表 15-10 和表 15-11 列出了公路隧道规范给出的和建议的 K_v 与 J_v 以及完整程度的对应关系。

J_v 与 K_v 对照表 表 15-10

J_v(条/m³)	＜3	3～10	10～20	20～35	＞35
公路隧道规范 K_v	＞0.75	0.75～0.55	0.55～0.35	0.35～0.15	＜0.15
建议 K_v	＞0.75	0.75～0.50	0.50～0.30	0.30～0.15	＜0.15

K_v 与定性划分的岩体完整程度的对应关系 表 15-11

完整程度	完整	较完整	较破碎	破碎	极破碎
公路隧道规范 K_v	＞0.75	0.75～0.55	0.55～0.35	0.35～0.15	＜0.15
建议 K_v	＞0.75	0.75～0.50	0.50～0.30	0.30～0.15	＜0.15

岩体完整程度的定量指标 K_v 和 J_v 值的测试和计算方法如下:

(1)岩体完整性指标(K_v),应针对不同的工程地质岩组或岩性段,选择有代表性的点、段,测试岩体弹性纵波速度,并应在同一岩体取样测定岩石纵波速度。按下式计算:

$$K_v = (v_{pm}/v_{pr})^2 \tag{15-49}$$

式中：v_{pm}——岩体弹性纵波速度（km/s）；

$\quad\quad v_{pr}$——岩石弹性纵波速度（km/s）。

（2）岩体体积节理数（J_v，条/m³），应针对不同的工程地质岩组或岩性段，选择有代表性的露头或开挖壁面进行节理（结构面）统计。除成组节理外，对延伸长度大于 1m 的分散节理亦应予以统计，而已为硅质、铁质、钙质充填再胶结的节理可不予统计。

每一测点的统计面积不应小于 2m×5m。岩体 J_v 值应根据节理统计结果按下式计算：

$$J_v = S_1 + S_2 + \cdots + S_n + S_k \tag{15-50}$$

式中：S_n——第 n 组节理每米长测线上的条数；

$\quad\quad S_k$——每立方米岩体非成组节理条数（条/m³）。

3.地下水

地下水对地下工程的不良影响有两个方面：一方面是指岩石遇水后，在短期内崩解、膨胀、破坏或溶蚀，或物理化学性质恶化，强度降低；另一方面是指岩石内的空隙水压力，或水沿岩体本身孔隙、岩石节理面、裂隙通道等渗漏潜蚀。因此围岩分级中应对地下水类型、涌水规模、补给特征等给予规定，相关规范中作为岩体基本质量影响的修正系数予以考虑。

4.主要结构面产状及结构面轴向与洞轴线的关系

岩体结构面除与岩体完整程度有关外，其主要结构面产状及结构面轴向与洞轴线的关系，对围岩稳定性也有重要影响，相关规范中作为岩体基本质量影响的修正系数予以考虑。

5.原岩应力方位和大小

我国不少工程实践证明，在软弱岩体中，原岩应力方位和大小对隧洞稳定有重大影响。我国现行相关规范中没有考虑原岩应力方位与洞轴线关系的影响，但考虑了高地应力区的影响，以指标 R_c/σ_{max} 表示（R_c 为岩块抗压强度，σ_{max} 为垂直洞轴线方向的最大初始应力），$R_c/\sigma_{max} \leqslant 4$ 时，为极高应力，R_c/σ_{max} 在 4～7 之间为高应力，也作为岩体基本质量影响的修正系数予以考虑。高初始应力主要由区域地质构造、隧洞埋置深度、河谷等地形地貌所引起，它还与岩石强度有关。

15.4.3　隧洞围岩分级介绍及其建议

1.围岩分级介绍

隧洞围岩分级分为基本分级和分级修正两个层次，基本分级由岩块强度（岩石坚硬程度）和岩体完整程度两个因素确定。有些规范，如铁路隧道规范、锚喷支护规范等，采用定性划分和定量指标两种方法综合确定；有些规范，如公路隧道规范、岩体分级标准等，按综合考虑各种因素的围岩基本质量指标 BQ，通过打分进行定量分级。本节介绍公路隧道规范采用的分级方法。

（1）围岩基本质量指标 BQ 的确定

规范采用多参数法，以两个分组因素的定量指标 R_c 及 K_v 为参数，计算求得岩体基本质量指标 BQ，作为分级的定量依据。

围岩基本质量指标 BQ 根据分级因素的定量指标值按式（15-51）计算：

$$BQ = 90 + 3R_c + 250K_v \tag{15-51}$$

式（15-51）是在现有的抽样总体基础上确定的，随着经验和数据的积累，公式中系数会作一定调整。使用式（15-51）时应遵守下列限制条件：

①当 $R_c > 90K_v + 30$ 时，应以 $R_c = 90K_v + 30$ 和 K_v 代入计算 BQ 值。这是对式（15-51）上

限的限制,因为岩石的 R_c 过大而岩体的 K_v 不大时,R_c 虽高,但对岩体稳定性起作用不大,所以要对 R_c 进行限制。例如,当 $K_v=0.55$ 时,实测 R_c 值大于 79.5MPa,取用 79.5MPa,反之,取用实测值。

②当 $K_v>0.04R_c+0.4$ 时,应以 $K_v=0.04R_c+0.4$ 和 R_c 代入计算 BQ 值。这是对式(15-51)下限的限制,针对岩石的 R_c 很低,而岩体的 K_v 过高情况下给定的,K_v 虽高,但对软弱岩体,其稳定性仍然不高,所以要对 K_v 进行限制。例如,当 $R_c=10MPa$ 时,实测 K_v 值大于 0.8时取用 0.8,反之,取用实测值。

(2)围岩基本质量指标的修正

围岩详细定级时,如遇下列情况之一,应对岩体基本质量指标 BQ 进行修正:

①有地下水。

②围岩稳定性受软弱结构面影响,且由一组起控制作用。

③存在高初始应力。

围岩基本质量指标修正值[BQ]可按式(15-52)计算:

$$[BQ] = BQ - 100(k_1 + k_2 + k_3) \tag{15-52}$$

式中:[BQ]——围岩基本质量指标修正值;

　　　BQ——围岩基本质量指标;

　　　k_1——地下水影响修正系数;

　　　k_2——主要软弱结构面产状影响修正系数;

　　　k_3——初始应力状态影响修正系数。

围岩基本质量影响因素的修正系数:地下水影响修正系数 k_1、主要软弱结构面产状影响修正系数 k_2、初始应力状态影响修正系数 k_3 的取值可分别按表 15-12~表 15-14 确定。无表中所示情况时,修正系数取零。

地下水影响修正系数 k_1　　　　　　　　　表 15-12

地下水出水状态　＼　BQ	＞450	450~351	350~251	＜250
潮湿或点滴状出水	0	0.1	0.2~0.3	0.4~0.6
淋雨状或涌流状出水,水压＜0.1MPa 或单位出水量＜10L/(min·m)	0.1	0.2~0.3	0.4~0.6	0.7~0.9
淋雨状或涌流状出水,水压＞0.1MPa 或单位出水量＞10L/(min·m)	0.2	0.4~0.6	0.7~0.9	1.0

主要软弱结构面产状影响修正系数 k_2　　　　　　　表 15-13

结构面产状及其与洞轴线的组合关系	结构面走向与洞轴线夹角＜30°,结构面倾角 30°~75°	结构面走向与洞轴线夹角＞60°,结构面倾角＞75°	其他组合
k_2	0.4~0.6	0~0.2	0.2~0.4

初始应力状态影响修正系数 k_3　　　　　　　　表 15-14

初始应力状态　＼　BQ	＞550	550~451	450~351	350~251	250
极高应力区	1.0	1.0	1.0~1.5	1.0~1.5	1.0
高应力区	0.5	0.5	0.5	0.5~1.0	0.5~1.0

（3）围岩级别的确定

可根据调查、勘探、试验等资料，岩石隧道的围岩定性特征，围岩基本质量指标 BQ，或修正的围岩质量指标［BQ］值。按表 15-15 确定围岩级别。

公路隧道围岩分级 　　　　　表 15-15

围岩级别	围岩或土体主要定性特征	围岩基本质量指标 BQ 或修正的围岩基本质量指标［BQ］
I	坚硬岩，岩体完整，巨整体状或巨厚层状结构	＞550
II	坚硬岩，岩体较完整，块状或厚层状结构； 较坚硬岩，岩体完整，块状整体结构	550～451
III	坚硬岩，岩体较破碎，巨块(石)碎(石)状镶嵌结构； 较坚硬岩或较软岩层，岩体较完整，块状体或中厚层结构	450～351
IV	坚硬岩，岩体破碎，碎裂结构； 较坚硬岩，岩体较破碎～破碎，镶嵌碎裂结构； 较软岩或较硬岩互层，且以软岩为主，岩体较完整～较破碎，中薄层状结构； 土体： 压密或成岩作用的黏性土及砂性土； 黄土(Q₁、Q₂)； 一般钙质、铁质胶结的碎石土、卵石土、大块石土	350～251
V	较软岩，岩体破碎； 软岩，岩土较破碎～破碎； 极破碎各类岩体，碎裂状、松散结构 土体： 一般第四系的半干硬至硬塑的黏性土及稍湿至潮湿的碎石土、卵石土、圆砾、角砾土及黄土(Q₃、Q₄)。非黏性土呈松散结构，黏性土及黄土呈松软结构	≤250
VI	软塑状黏性土及潮湿、饱和粉细砂层、软土等	

当根据岩体基本质量定性划分与［BQ］值确定的级别不一致时，应重新审查定性特征和定量指标计算参数的可靠性，并对它们重新观察、测试。

在工程可行性研究和初步勘测阶段，可采用定性划分与定量指标相结合的方法进行围岩级别划分。

（4）围岩自稳能力判断

各级围岩的自稳能力指隧洞无衬砌情况下围岩的自稳能力，应根据围岩稳定性分析求出围岩稳定安全系数，由此衡量围岩的自稳能力。围岩级别越高的隧道在无支护条件下的稳定性(即自稳能力)越好，反之亦然。目前将隧道开挖后围岩的实际自稳时间作为检验原来围岩定级正确与否的标志，但这种标志无法定量，因而仍然是经验性的。围岩自稳能力不仅与围岩级别有关，还与隧洞跨度有关，不同的跨度有不同的自稳能力(表 15-16)。所以研究围岩自稳能力时，必须明确隧洞的跨度。严格来说，它还与隧洞埋深和地应力有关。

（5）各级围岩的物理力学参数

各级围岩的物理力学参数，是岩体所固有的物理力学性质，从量上反映了岩体的基本属性。由它可以科学地获得隧洞围岩的自稳能力，只是岩体力学性质难以通过测试确定，通常采用边长 0.5～1.0m 的立方体做现场试验，也难以表明岩体的实际力学性质，因而岩体力学参数一般是依据专家经验来确定。表 15-17 所列出的各级围岩的物理力学指标标准值是 20 世纪80年代专家根据经验总结出来的,也是目前规范采用的。围岩等级越高,围岩力学参数越高,但其数值确定有较多经验成分。

隧道各级围岩自稳能力判断   表 15-16

围岩级别	自稳能力
Ⅰ	跨度 20m,可长期稳定,偶有掉块,无塌方
Ⅱ	跨度 10～20m,可基本稳定,局部可发生掉块或小塌方 跨度 10m 以内,可长期稳定,偶有掉块
Ⅲ	跨度 10～20m,可稳定数日～1 个月,可发生小～中塌方; 跨度 5～10m 以内,可稳定数月,可发生局部块体位移及小～中塌方; 跨度 5m,可基本稳定
Ⅳ	跨度 5m,一般无自稳能力,数日～数月内可发生松动变形、小塌方,进而发展为中～大塌方。埋深小时,以拱部松动破坏为主,埋深大时,有明显塑性流动变形和挤压破坏 跨度小于 5m,可稳定数日～1 个月
Ⅴ	无自稳能力,跨度 5m 或更小时,可稳定数日
Ⅵ	无自稳能力

注:1. 小塌方:塌方高度<3m,或塌方体积<30m³。

    2. 中塌方:塌方高度 3～6m,或塌方体积 30～100m³。

    3. 大塌方:塌方高度>6m,或塌方体积>100m³。

各级围岩的物理力学指标标准值   表 15-17

围岩级别	重度 γ (kN/m³)	弹性抗力系数 k (MPa/m)	变形模量 E (GPa)	泊松比 μ	内摩擦角 φ (°)	黏聚力 c (MPa)	计算摩擦角 φ_c (°)
Ⅰ	26～28	1 800～2 800	>33	>0.2	>60	>2.1	>78
Ⅱ	25～27	1 200～1 800	20～33	0.2～0.25	50～60	1.5～2.1	70～78
Ⅲ	23～25	500～1 200	6～20	0.25～0.3	39～50	0.7～1.5	60～70
Ⅳ	20～23	200～500	1.3～6	0.3～0.35	27～39	0.2～0.7	50～60
Ⅴ	17～20	100～200	1～2	0.35～0.45	20～27	0.05～0.2	40～50
Ⅵ	15～17	<100	<1	0.4～0.5	<20	<0.2	30～40

2. 对隧洞围岩分级的一些考虑和建议

我国隧洞围岩分级是许多专家的集中智慧,但由于其复杂性,隧洞围岩分级仍然需要与时俱进。本书提供一些考虑意见,以供编制者参考。

(1)对坚硬岩单轴抗压强度的修改

①现行相关规范中对坚硬岩单轴抗压强度规定 R_c>60MPa,应当注意,采用过高的岩块强度,在分级中并无实际意义,反而会影响分级打分,因而对坚硬岩修改为 R_c>50MPa,较坚硬岩 R_c 修改为 50～30MPa。并规定分级中当 R_c>50MPa 时,采用 R_c=50MPa,以控制采用的 R_c 过高。

②考虑到当前对岩体完整性系数要求有所降低,对各级围岩 K_v 值进行了调整,见表 15-10、表 15-11。

(2)围岩分级定量标准的修订

《公路隧道设计规范》(JTG D70—2004)是当前国内一部比较优秀的规范,在围岩分级中具有定性指标和定量指标结合的优点。但由于其部分资料源取于其他规范,导致定性与定量指标不完全对应。我们根据公路隧道围岩分级的表格中围岩和土体定性特征的描述,将修改后的各级围岩对应的岩石单轴饱和抗压强度 R_c 和岩体完整系数 K_v 的最低值代入公式计算，得到结果如下（表15-18）。

公式：$BQ=90+3R_c+250K_v$（$R_c>50$MPa 时，按 $R_c=50$MPa 计算）   表 15-18

围岩等级	单轴饱和抗压强度 R_c（MPa）	岩体完整性系数 K_v	岩体基本质量指标计算得到的 BQ 值	公路隧道规范设定的岩体基本质量指标 BQ 值
Ⅰ	50	0.75	427.5	＞550
Ⅱ	50	0.50	365	550~451
	30	0.75	367.5	
Ⅲ	50	0.30	315	450~351
	30	0.50	305	
	15	0.75	322.5	
Ⅳ	50	0.15	277.5	350~250
	30	0.30	255	
	15	0.50	260	
	5	0.6	255	
Ⅴ	30	0.15	217.5	＜250
	15	0.30	210	
	5	0.50	225	
	极软岩，即 $R_c<5$MPa 时，均为Ⅴ类围岩			
	极破碎岩，即 $K_v<0.15$ 时，均为Ⅴ类围岩			

由表中可以看出，围岩类别较差的Ⅳ类和Ⅴ类围岩经过打分计算后，基本满足公路隧道规范制定的标准，但是Ⅰ、Ⅱ、Ⅲ类围岩均未达到公路隧道规范的标准，而且随围岩级别的提高，分差也越来越大。这仅仅是未经过修正的 BQ 值，如果将其影响因子代入，分差还要增大。为了使两种指标对应，建议将围岩分级标准作一定修改。

根据表 15-18 计算结果，我们将公路隧道规范中围岩分级的评分标准做了一些改动，并取消了土体部分分级，划分为五级，使定性指标与定量指标较好吻合，见表 15-19。

修正后岩体隧道围岩分级标准   表 15-19

围岩级别	围岩或土体主要定性特征	围岩基本质量指标 BQ 或修正的围岩基本质量指标[BQ]
Ⅰ	坚硬岩，岩体完整，巨整体状或巨厚层状结构	＞425
Ⅱ	坚硬岩，岩体较完整，块状或厚层状结构；较坚硬岩，岩体完整，块状整体结构	425~365
Ⅲ	坚硬岩，岩体较破碎，巨块(石)碎(石)状镶嵌结构；较坚硬岩或较软岩层，岩体较完整，块状体或中厚层结构	365~305
Ⅳ	坚硬岩，岩体破碎，碎裂结构；较坚硬岩，岩体较破碎～破碎，镶嵌碎裂结构；较软岩或较硬岩互层，且以软岩为主，岩体较完整～较破碎，中薄层状结构	305~255
Ⅴ	较软岩，岩体破碎；软岩，岩土较破碎～破碎；极破碎各类岩体，碎裂状、松散结构	＜255

(3)围岩自稳能力的定量化标准

正如前述,我国现行相关规范中还没有引入围岩安全系数指标,通常以经验确定,为此我们在表15-16引入稳定性定量指标——无衬砌情况下围岩的最小稳定安全系数。按围岩等级的物理意义,分别给出其相应的安全系数,并将Ⅲ、Ⅳ级围岩按隧洞跨度大小分为两个次级,见表15-20。

隧道各级围岩自稳能力判断　　　　　　　　　　　　表15-20

围岩级别		安全系数	自　稳　能　力
Ⅰ		>3.5	跨度20m,长期稳定,偶有掉块,无塌方
Ⅱ		>2.4	跨度5m以内,长期稳定,偶有掉块,无塌方 跨度10~20m,稳定,局部可发生掉块,无塌方
Ⅲ	Ⅲ1	>1.5	跨度10m以内,基本稳定,可发生局部块体掉块,偶有小塌方
	Ⅲ2	>1.25	跨度10~20m,基本稳定~不稳定,可发生局部块体掉落及小塌方,偶有中塌方
Ⅳ	Ⅳ1	>1.0	跨度10m以内,不稳定,一至数月内可发生松动变形、小塌方,进而发展为中~大塌方
	Ⅳ2	>0.75	跨度10~20m,不稳定,可稳定数日至1个月,可发生各类塌方
Ⅴ		0.75<或<1.0	无自稳能力,极不稳定,可稳定1小时至数日;可发生各类塌方; 跨度5m或更小时,当无水时,可稳定数日至1个月

注:1.小塌方:塌方高度<3m,或塌方体积<30m³。
　　2.中塌方:塌方高度3~6m,或塌方体积30~100m³。
　　3.大塌方:塌方高度>6m,或塌方体积>100m³。

(4)特殊因素的降级处理

围岩基本分级采用了打分的方法,一般来说各种特殊影响因素,只是在特殊情况下才发生作用。例如地下水多少一般只对Ⅲ、Ⅳ、Ⅴ级围岩起作用,而对Ⅰ、Ⅱ级围岩影响不大。可见,采用打分的方法,不一定能恰如其分的反映实际,反而会使分级复杂化,因而建议仿效铁路隧道规范,采用降级的办法,既可行又简便。

①地下水的影响

a.三种规范(公路隧道规范、铁路隧道规范、锚喷支护规范)中对地下水影响的考虑。

公路隧道规范中,主要考虑水压力与渗、漏水量的大小及其围岩等级,然后分别降分处理,见表15-12。

铁路隧道规范中,按渗、漏水量采用降级的方法处理,见表15-21。

铁路隧道规范中地下水影响　　　　　　　　　　　　表15-21

围岩基本分级 地下水状态	Ⅰ	Ⅱ	Ⅲ	Ⅳ	Ⅴ	Ⅵ
干燥或湿润,渗水量<10L/(min·10m)	Ⅰ	Ⅱ	Ⅲ	Ⅳ	Ⅴ	—
偶有渗水,渗水量为10~25L/(min·10m)	Ⅰ	Ⅱ	Ⅳ	Ⅴ	Ⅵ	—
经常渗水,渗水量为25~125L/(min·10m)	Ⅱ	Ⅲ	Ⅳ	Ⅴ	Ⅵ	—

锚喷支护规范中,将围岩中地下水的规模分为四类:渗——裂隙渗水;滴——雨季时有滴水;流——以裂隙泉形式,流量小于10L/min;涌——涌水,有一定压力,流量大于10L/min。对Ⅰ、Ⅱ级围岩不降级,对Ⅲ、Ⅳ级围岩视渗、漏水状况酌情降级。

b.建议:采用铁路隧道规范方法并稍作修改,见表15-22。

地下水状态　　　　　围岩基本分级	I	II	III	IV	V
干燥或湿润,渗水量<10L/(min·10m)	I	II	III	IV	V
偶有渗水,渗水量为 10~25L/(min·10m)	I	II	III	IV或V	V
经常渗水,渗水量为 25~125L/(min·10m)	II	III	IV	V	V

②不利结构面的影响

a. 三种规范中对不利的软弱结构面与硬性结构面影响的考虑。

软弱结构面的影响一般会在岩体完整性系数 K_v 中体现,只有对不利的软弱结构面与硬性结构面的影响,应予特殊考虑。由于结构面产状不同,与隧洞轴线的组合关系不同,对地下工程岩体稳定的影响程度也不同。如层状岩体,倾角很缓或很陡时且走向与洞轴线夹角很大时,对岩体稳定性影响不大;反之,倾角 30°~70°之间且走向与洞轴线夹角很小时,就容易发生沿层面的破坏,发生拱顶坍塌或侧壁滑落。这种不利影响在岩体基本质量及其指标中反映不出来。

为了反映这种组合关系对稳定性的影响,公路隧道规范按结构面走向与洞轴线夹角及结构面倾角,采用降分修正的方法,见表 15-13;铁路隧道规范中未作考虑;锚喷支护规范中,仅说明软弱结构面的走向对岩体稳定性有影响,并在与洞轴线夹角小于 30°时围岩降一个等级。

b. 建议将公路隧道规范与锚喷支护规范综合后修改为:当岩体结构面走向与洞轴线夹角<30°,结构面倾角 30°~70°,且结构面结合差时,III、IV级围岩降低一级。

③初始地应力的影响

初始地应力可分为自重应力与由地质构造引起的真正地应力两部分,自重应力是指上覆岩体重量引起的应力。这里先考虑自重应力引起的地应力,然后再考虑地质构造引起的真正地应力。

a. 三种规范中对初始地应力影响的考虑及其分析

公路隧道规范与铁路隧道规范认为当岩石强度与初始应力之比 R_c/σ_{max} 大于一定值时,对洞室岩体稳定不起控制作用,当这个比值小于一定值时,对岩体稳定性的影响十分显著,见表 15-23。公路隧道规范按此对各级围岩降分处理,以修正分级,见表 15-14;铁路隧道规范采用降级的方法,见表 15-24。

初始地应力场评估基准　　　　　　表 15-23

应力情况	主 要 现 象	R_c/σ_{max}
极高应力	1. 硬质岩:开挖过程中有岩爆发生,有岩块弹出,洞壁岩体发生剥离,新生裂缝多,成洞性差; 2. 软质岩:岩芯常有饼化现象,开挖过程中洞壁岩体有剥离,位移极为显著,甚至发生大位移,持续时间长,不易成洞	<4
高应力	1. 硬质岩:开挖过程中可能出现岩爆,洞壁岩体有剥离和掉块现象,新生裂缝较多,成洞性差; 2. 软质岩:岩芯时有饼化现象,并开挖过程中洞壁岩体位移显著,持续时间较长,成洞性差	4~7

注:R_c 为岩石单轴饱和抗压强度,σ_{max} 为最大地应力值。

围岩基本分级	I	II	III	IV	V
极高应力	I	II	III 或 IV	V	VI
高应力	I	II	III	IV 或 V	VI

由于围岩应力 σ_{max} 与埋深有关,表 15-25 列出各级围岩不同埋深下的强度应力比 R_c/σ_{max}。

各级围岩不同埋深下的强度应力比 R_c/σ_{max}　　　　　　　　　表 15-25

围岩基本分级 埋深(m)	I ($R_c=50MPa$, $\gamma=27kN/m^3$)	II ($R_c=30MPa$, $\gamma=27kN/m^3$)	III ($R_c=15MPa$, $\gamma=25kN/m^3$)	V ($R_c=5MPa$, $\gamma=24kN/m^3$)
100	18.5	11.1	6.00	2.08
300	6.17	3.70	2.00	0.69
450	4.12	2.47	1.33	0.46
600	3.09	1.85	1.00	0.35
750	2.47	1.48	0.80	0.28
900	2.06	1.23	0.67	0.23

注:R_c 为岩石单轴饱和抗压强度,$\sigma_{max}=\gamma H$。

由表 15-25 可见,II、III 级围岩在埋深 300m 时就为极高地应力;IV 级围岩,100m 时就是极高地应力。表明这一指标不能很好符合实际,因为 II、III 级围岩在埋深 300m 时,达不到极高地应力状态。而且 R_c 是岩块强度,不是岩体强度,表明这一公式的物理意义也不明确。

锚喷支护规范中要求岩体强度应力比的计算应符合下列规定。

当有地应力实测数据时:

$$S_m = \frac{K_v f_r}{\sigma_1} \tag{15-53}$$

式中:S_m——岩体强度应力比;

　　　f_r——岩石单轴饱和抗压强度(MPa);

　　　K_v——岩体完整性系数;

　　　σ_1——实测的最大主应力(MPa)。

当无地应力实测数据时:

$$\sigma_1 = \gamma H \tag{15-54}$$

式中:γ——岩体重度(kN/m³);

　　　H——隧洞顶覆盖层厚度(m)。

I、II 级围岩和 V 级围岩的分级内不考虑岩体应力强度比,III 级围岩岩体应力强度比应大于 2,IV 级围岩岩体应力强度比应大于 1。

根据这些条件,计算得到了不同埋深下的应力强度比,见表 15-26。

由表 15-26 可见,III 级围岩在 300m 埋深时应力强度比为 1.5,这不属于 III 级围岩的范畴;IV 级围岩在 300m 埋深时应力强度比为 0.52,也不属于 IV 级围岩的范畴。显然这一要求比目前应用的实际状况严格得多,所以上述三种规范,在考虑初始地应力影响方面都不够全面。

各级围岩不同埋深下的强度应力比 表 15-26

围岩基本分级 埋深(m)	I ($R_c=50MPa$, $\gamma=27kN/m^3$)	II ($R_c=30MPa$, $\gamma=27kN/m^3$)	III ($R_c=15MPa$, $\gamma=25kN/m^3$)	IV ($R_c=5MPa$, $\gamma=24kN/m^3$)
100	13.88	8.33	4.5	1.56
300	4.63	2.78	1.5	0.52
450	3.09	1.85	1.00	0.35
600	2.32	1.39	0.75	0.26
750	1.85	1.11	0.60	0.21
900	1.55	0.92	0.50	0.17

b. 各级围岩不同埋深下的安全系数分析及围岩等级随埋深变化的建议

通过对无衬砌隧洞的围岩稳定性计算,按表 15-20 安全系数值,对大跨度隧洞反推出围岩强度参数,见表 15-27,然后通过算例确定各级围岩在不同埋深情况下的安全系数值。

各级围岩岩体的物理力学参数 表 15-27

围岩类别		弹性模量 E (GPa)	泊松比 μ	重度 γ (kN/m³)	内摩擦角 φ (°)	黏聚力 c (MPa)
I		30	0.22	27	>48	>2.1
II		20	0.25	27	37~48	1.3~2.1
III	III 1	10	0.3	25	32~37	0.3~1.3
	III 2	10	0.3	25	30~35	0.3~1.3
IV	IV 1	3	0.35	24	27~32	0.1~0.3
	IV 2	3	0.35	24	25~30	0.1~0.3
V					<25 或<27	<0.1

[**例 15-6**] 利用大型有限元计算软件 ANSYS 进行计算,模型计算取跨度 20m、跨高比为 2、拱高 5m 的大断面深埋隧道,岩体参数见表 15-27,并采用各级围岩中最低的强度参数值,对不同埋深下隧洞进行计算。两边取 5 倍隧道跨度 100m,底部取 5 倍隧道高度 75m,顶部范围随埋深变化取 100m、300m、450m、600m、750m、900m。

计算结果:采用有限元强度折减法法求解隧道的安全系数。各类围岩不同埋深下的安全系数见表 15-28。

各级围岩不同埋深情况下的安全系数值 表 15-28

埋深(m) 围岩级别	100	300	450	600	750	900
I 下	6.26	4.25	3.71	3.40	3.19	3.04
II 下	3.99	2.78	2.44	2.24	2.11	2.01
III 上	2.89	2.25	2.05	1.92	1.84	1.76
III 下	1.63	1.44	1.34	1.28	1.24	1.20
IV 上	1.33	1.25	1.20	1.17	1.14	1.12
IV 下	0.813	0.807	0.804	0.789	0.786	0.780

注:1.算例中对 I、II、III 2、IV 2 级围岩,洞跨采用 20m;对 III 1、IV 1 级,洞跨采用 10m;跨高比均为 2。

2. III 上、IV 上,表示计算参数采用 III、IV 级围岩的上限值。

I 下、II 下、III 下、IV 下,表示计算参数采用 I、II、III、IV 级围岩的下限值。

计算结果表明,在Ⅰ、Ⅱ级围岩在450m之后,安全系数变化速度明显放缓,安全系数受埋深的影响也越来越小;Ⅲ、Ⅳ级围岩整体变化较小,曲线平缓,如图15-16所示。

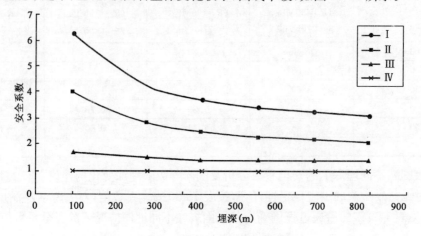

图 15-16　安全系数随埋深的变化曲线

结合表15-28的数据范围,从而得到围岩等级随埋深的变化情况,其定性判断见表15-29。

围岩等级随埋深的变化情况　　　　　　　　　　　表 15-29

埋　深　（m）		100	300	450	600	750	900
围岩级别	Ⅰ	Ⅰ	Ⅰ	Ⅰ	Ⅱ	Ⅱ	Ⅱ
	Ⅱ	Ⅱ	Ⅱ	Ⅱ	Ⅲ	Ⅲ	Ⅲ
	Ⅲ	Ⅲ1	Ⅲ1	Ⅲ1	Ⅲ1	Ⅳ1	Ⅳ1
		Ⅲ2	Ⅲ2	Ⅲ2	Ⅲ2	Ⅳ2	Ⅳ2
	Ⅳ	Ⅳ1	Ⅳ1	Ⅳ1	Ⅳ1	Ⅳ1	Ⅴ
		Ⅳ2	Ⅳ2	Ⅳ2	Ⅳ2	Ⅳ2	Ⅴ
	Ⅴ	Ⅴ	Ⅴ	Ⅴ	Ⅴ	Ⅴ	Ⅴ

按表15-29,当埋深大于450m时,Ⅰ、Ⅱ级围岩,降低一级;当埋深超过600m时,Ⅲ级围岩降低一级;当埋深超过750m时,Ⅳ级围岩降低一级。

当地质构造引起的地应力大时,式(15-53)中,σ_1采用垂直洞轴的水平地应力的大值。建议按锚喷支护规范并作某些修改,规定Ⅰ、Ⅱ级围岩和Ⅴ级围岩的分级内不考虑岩体应力强度比,Ⅲ级围岩岩体应力强度比应大于1.5,Ⅳ级围岩岩体应力强度比应大于0.75。

上述建议的围岩分级对围岩等级的要求,与国家标准《锚杆喷射混凝土支护技术规范》(GB 50086—2011)的围岩分级比较相近,但低于国家标准《工程岩体分级标准》(GB 50128—94),高于《铁路隧道设计规范》(TB 10003—2005)的要求。

15.5　深埋隧洞围岩压力的经验公式

按上述围岩分级可以确定隧洞衬砌上的围岩压力的经验公式。目前的经验公式都是基于普氏压力拱概念,按松散压力计算的,也就是依据各级围岩塌方统计得到的压力,隧道塌方是岩体发生松散破坏的最直接表现。铁路部门分析研究中建立了隧道具有1 046个样本的塌方数据库(主要是单线隧道),将其按数理统计原理,进行塌方高度的概率参数统计,又用 K-S 检验法对分布概型优度拟合检验,得到最优分布概型为正态分布。由此总结了深埋隧道的围岩压力为松散荷载时,其垂直均布压力及水平均布压力可按下列公式计算:

(1)垂直均布压力按式(15-55)计算。

$$q = \gamma h \qquad (15\text{-}55)$$
$$h = 0.45 \times 2^{s-1} \omega$$

式中:q——垂直均布压力(kN/m^2);

γ——围岩重度(kN/m^3);

s——围岩级别;

ω——宽度影响系数,$\omega = 1 + i(B-5)$;

B——隧道宽度(m);

i——B 每增减 1m 时的围岩压力增减率,以 $B=5m$ 的围岩垂直均布压力为准,当 $B<5m$ 时,取 $i=0.2$;当 $B>5m$ 时,取 $i=0.1$。

(2)水平均布压力按表 15-30 的规定确定。

围岩水平均布压力 表 15-30

围岩级别	Ⅰ、Ⅱ	Ⅲ	Ⅳ	Ⅴ	Ⅵ
水平均布压力 e	0	$<0.15q$	$(0.15\sim0.3)q$	$(0.3\sim0.5)q$	$(0.5\sim1.0)q$

应用式(15-55)及表 15-30 时,必须同时具备下列条件:①$H/B<1.7$(m),H 为隧道开挖高度(m),B 为隧道开挖宽度(m);②不产生显著偏压及膨胀力的一般围岩。

对单线铁路隧洞分析计算结果对照见表 15-31。

单线铁路隧洞分析计算结果对照表 表 15-31

分级名称	各分类级别下的塌方高度(m)					
	Ⅰ	Ⅱ	Ⅲ	Ⅳ	Ⅴ	Ⅵ
本次研究的塌方高度统计标准值	0.58	1.59	2.68	3.98	8.53	11.36
铁路隧道规范回归公式计算标准值	0.73	1.31	2.34	4.19	7.49	13.39

目前铁路隧道规范中规定复合式衬砌初期支护及二次衬砌的设计参数,可采用工程类比确定,并通过荷载—结构法理论分析进行验算。设计参数规范中都有规定,还应根据现场围岩量测信息对支护参数作必要的调整。鉴于深埋隧道衬砌多数情况下承受形变压力,而非松散压力,而且荷载的确定也缺乏足够的科学性。按上述最新研究,拱形隧洞不存在普氏压力拱,深埋隧洞围岩压力计算还待深入研究。

参 考 文 献

[1] 于学馥,郑颖人,刘怀恒,等.地下工程围岩稳定分析[M].北京:煤炭工业出版社,1983.

[2] 郑颖人,孔亮.岩土塑性力学[M].北京:中国建筑工业出版社,2010.

[3] 塔罗勃 J.岩石力学(中译本)[M].北京:中国工业出版社,1965.

[4] 卡斯特奈 H.隧道与坑道静力学(中译本)[M].上海:上海科技出版社,1980.

[5] 郑颖人.圆形洞室围岩压力理论探讨[J].地下工程,1979(3).

[6] 郑颖人,刘怀恒.隧洞粘弹塑性分析及其在锚喷支护中的应用[J].土木工程学报,1982,

15(4):73-78.

[7] 郑颖人,刘宝琛.软弱地层中圆形洞室锚喷支护的计算与设计[C]//第一次矿山岩石力学会议论文选集.北京:冶金工业出版社,1982.

[8] 方正昌.圆断面隧道变形地压的弹塑粘性解[J].地下工程,1982.

[9] 邢念信.国内外围岩分类概况[J].地下工程,1980,(5):52-60.

[10] 徐干成,白洪才,郑颖人.地下工程支护结构[M].北京:中国水利水电出版社,2001.

[11] 郑颖人,董飞云.地下工程锚喷支护设计指南[M].北京:中国铁道出版社,1988.

[12] 孙钧.地下工程设计理论与实践[M].上海:上海科技出版社,1996.

[13] 向钰周,郑颖人,王成.浅埋土体隧洞松散压力计算方法的探讨——隧道稳定性分析讲座之四[J].地下空间与工程学报,2012,8(3):467-479.

[14] 中华人民共和国国家标准.GB 50086—2001 锚杆喷射混凝土支护技术规范[S].北京:中国计划出版社,2001.

[15] 中华人民共和国行业标准.JTG D70—2004 公路隧道设计规范[S].北京:人民交通出版社,2004.

[16] 中华人民共和国行业标准.TB 10003—2005 铁路隧道设计规范[S].北京:中国铁道出版社,2005.

第16章 隧洞设计计算
DISHILIUZHANG

16.1 隧洞设计计算方法及基本原则

16.1.1 隧洞设计计算方法概述

隧洞围岩稳定性分析是隧洞设计计算方法的前提。由于地下岩体是复杂的地质体,有很大的变异性和随机性,导致地下工程围岩稳定性的研究比地面建筑物复杂,因而在实践过程中就出现了各种不同的稳定性分析方法。依据不同时期地下工程实践特点、人们对地下工程认知水平以及计算技术发展状况,围岩稳定性分析方法经历了"经验判断→散体理论分析→数值分析→数值极限分析"的发展过程,早期对围岩稳定性分析主要是采用工程地质等定性方法和散体力学理论,将围岩视为外荷载,采用荷载—结构分析模式。随着岩土力学和地下结构施工手段的发展,在将围岩视为外荷载的同时,还将围岩视为承载结构体,以弹塑性理论为基础来考虑围岩的稳定性;计算机技术及数值计算方法的推广与应用,克服了数学求解上的困难,为解决复杂介质、复杂边界条件下围岩稳定性分析提供了一个有效的途径。近年发展起来的有限元极限分析法,把数值分析与极限分析结合起来,用于隧洞力学计算可以求得隧洞设计需要的稳定安全系数,从而将围岩稳定性分析带入到现代隧洞设计的实用阶段。现行隧洞设计计算方法主要有如下四类。

1. 工程类比法

工程类比法是通过对大量工程实践中收集到的地质勘察资料和岩石试验数据进行统计、分析、归纳,研究影响围岩稳定性的各种因素,并对各种影响因素进行综合评价,按照一定的标准对围岩稳定性进行分级,提出带有普遍意义的各级围岩的稳定性评价标准,并在分级中具有支护形式与参数的围岩分级法,供设计施工使用。工程类比法虽然只是一种定性的分析方法,但在实践过程中却得到了广泛的应用,至今仍是国内外工程上应用最广的方法。工程类比法通过围岩分级的手段,直接给出各级围岩下隧洞支护结构的设计参数。

---

2. 荷载—结构法

按照散体力学压力拱理论,给出隧洞围岩的松散压力,并以结构力学计算方法计算衬砌的安全系数,作为设计依据。早期深埋隧洞设计时采用普氏公式或修正普氏公式计算松散压力,近年来采用铁道部门提出的松散压力经验公式,但这种算法与深埋隧洞实际受力情况相差甚远。对于隧洞块体脱落和局部失稳,也要按块体理论计算松散压力。浅埋隧洞一般按松散压力计算,采用岩柱公式与太沙基公式或相应的公式,但也要按地层与结构共同作用,用地层—结构法进行验算。浅埋隧洞还必须考虑雨水、环境等对围岩强度降低的影响。

3. 地层—结构法

地层—结构法视围岩压力为形变压力,目前的做法把岩体视为均质体,并按现行相关规范依据经验确定岩体的强度参数,然后采用弹塑性数值方法进行计算,获得相应的隧洞周围某点的位移值或围岩塑性区的大小,最后依据人们对计算出的洞周围岩的位移值或围岩塑性区大小的经验判断,提出一种设计者认为较为合理的结构形式与尺寸。这种方法显然比较符合实际受力情况,但计算中还存在如下两个问题:一是现行围岩强度参数的确定还缺乏充分依据,需要进行改进。例如,目前国内相关隧道规范中将老黄土划在Ⅳ级围岩,按规范Ⅳ级围岩最低的黏聚力 c 值为 0.2MPa,而实际老黄土 c 值一般在 $0.04 \sim 0.08$MPa 之间,两者相差很大,必然导致设计错误。二是缺少围岩失稳破坏的严格科学判据,按设计人员经验确定,造成设计有较大的人为性。

4. 基于极限分析的地层—结构法

如果在地层—结构法中引入极限分析理念,并采用有限元极限分析法求出围岩安全系数,作为围岩失稳破坏的判据,这就解决了设计中的人为性问题。这是现代隧洞围岩力学与隧洞设计方法的关键问题,采用这种方法能提升隧洞设计水平,它对浅埋与深埋隧洞都适用,但为了保证设计安全,浅埋隧洞还需按松散压力验算。

16.1.2　隧洞设计计算的基本原则

(1)隧洞设计首先必须满足设计的要求,即设计计算结果必须确保隧洞在施工期与运行期的稳定与安全,达到安全可靠、经济合理的目的。目前,岩质隧洞竣工后运行期中出现的安全问题不多,表明多数岩质隧洞安全余量较大。而在施工过程中,所遇到的地质情况复杂多变,人们对其认知不多,往往由于按常规工程经验施工和设置初期支护结构尺寸不当而造成工程事故。尤其是国内有些工程设计、施工人员过于重视二衬而忽略初衬,甚至认为初衬只是临时支护。当前,一般都按经验确定初衬的支护形式与尺寸,即使对Ⅳ、Ⅴ级围岩,都没有对初衬提出设计安全的定量要求,造成施工中风险很大。大断面黄土隧洞、松散软弱岩体中的大跨度隧洞、高地应力下的软弱围岩隧洞等,施工中出现的工程事故除与地质条件和施工方法有关外,还与当前工程技术人员对隧洞破坏机理认识不清,重视二衬而不重视初衬的设计理念有关。按新奥法的观点,初衬主要承受围岩压力,二衬作为安全储备或承受少量围岩压力。为确保施工中工程安全,建议对初衬后围岩安全系数提出一定的要求,如要求初衬后围岩安全度不小于 $1.15 \sim 1.2$,以确保施工安全。

(2)隧洞结构设计计算模型必须适应不同工程地质条件,符合隧洞实际受力情况。隧洞结构受力与工程地质条件密切相关,如坚硬的节理裂隙岩体,围岩主要发生不稳定块体的局部塌落,结构承受不稳定块体荷载;松散软弱岩体和塑性流变岩体围岩主要发生大的变形,结构主要承受形变压力;浅埋隧洞结构既承受形变压力,还要承受上覆岩层的松散压力。除了一些特殊情况,隧洞结构承受的围岩压力一般为形变压力与不稳定块体局部荷载。设计中要根据具体情况综合考虑,由此提出符合实际的隧洞结构设计计算模型,才能确保设计安全合理。对承受水压、冲击压力、膨胀压力的隧洞也要采用与它相适应的计算模型。目前国内相关隧道规范中有的只按松散压力,采用荷载—结构法计算;有的按形变压力,采用地层—结构法计算;有的既按松散压力计算又按形变压力计算。采用的计算模型和计算方法常与实际受力情况脱节,降低了设计的可靠性,导致隧洞结构设计主要依据工程经验。而且不同设计部门采用的设计方法不同,衬砌选型和结构尺寸也有很大差异,反映了国内隧道工程界设计思想比较混乱。

(3)隧洞结构设计计算必须符合现代围岩压力理论与现代支护原理,使设计更为科学合理。现代支护原理可归纳成如下几点:

①现代支护原理是建立在围岩与支护共同作用上的基础上,即把围岩与支护看成是由两种材料组成的复合体,亦即围岩通过岩石支承环作用而使之成为结构的一部分。显然,这不同于经典的围岩压力观点,经典的围岩压力观点认为围岩只产生荷载而不能承载,支护只是被动地承受既定的荷载而起不到稳定围岩和改变围岩压力的作用。

②充分发挥围岩自承能力是现代支护原理的一个基本观点,并由此降低围岩压力以改善支护的受载。发挥围岩的自承力,一方面要允许围岩进入一定程度的塑性,以使围岩自承力得以最大限度的发挥,这也是岩土工程设计的基本原则;另一方面还要防止围岩塑性过大而进入松动状态,以保持围岩安全可靠。

③现代支护原理的另一个支护原则是充分发挥支护材料的承载能力。要求初衬柔性大、支护薄,既能充分发挥初衬本身的承载能力,又能使围岩承载能力得到充分发挥。采用喷射混凝土封闭支护、分次支护、双层初衬等以及深入到围岩内部进行加固的锚杆支护,超前小导管灌浆,都具有发挥支护材料承载力的效用。对初衬既要求强度高,又要求柔性大、支护薄,这必然存在一定矛盾,这就要求我们加强对初衬的研究,包括研究强度高、弹模低的塑性混凝土,高强的可缩性锚杆与钢拱架等,以适应高地应力、松散软弱围岩与大型隧洞对初衬的要求。

在土体和软弱围岩中,隧洞,尤其是大跨度隧洞施工中初衬会有很大的变形,甚至初衬后还需要留有很大的变形余量,让初衬继续变形,可见初衬必然进入塑性状态。因而按照初衬实际受力状况,必须将初衬混凝土视作塑性材料,树立初衬按塑性理论计算的新理念。为防止隧洞结构衬砌变形,二衬只能承受少量围岩压力,一般规定围岩压力释放90%后才施作二衬,此时二衬可视作弹性体按结构力学计算与检验。

④现代支护原理还要凭借现场监控测试手段,指导设计施工,并由此确定最佳支护结构和最佳施工方法。监控量测不仅为隧道施工安全提供了预测,而且要为支护的反馈设计和确定隧道的二次支护的时机提供依据,动态设计施工是现代支护原理的重要组成部分。

⑤现代支护原理要求按不同地质构造和不同岩体的力学特征,对隧洞提出相应的施工方法、支护形式、力学模型和计算方法。

(4)为确保隧洞设计的科学合理性,应采用有限元极限分析法计算和获得合理计算参数。有限元极限分析法不仅能求得结构的内力与变形,还能得到设计需要的安全系数,适应工程设计要求,使设计建立在严格的力学基础上。与此同时,还要提供合理的计算参数,包括施作初衬与二衬时符合实际的荷载释放量,围岩原岩应力、强度参数以及初衬混凝土的抗剪强度参数。

荷载释放系数与开挖、支护方案和时空效应有关,但作为一般设计只要求提供初衬时的荷载释放系数和二次支护时的荷载释放系数。土体的强度参数可以通过室内和现场试验得到,而岩体的强度参数难以通过试验得到,需要提供较合理的经验强度参数,或通过现场反算得到。初衬混凝土的 c、φ 值可仿照岩体进行测试,目前正在试验研究中。

16.2 隧洞锚喷支护设计计算

16.2.1 概述

1. 锚喷支护的优越性

锚杆喷射混凝土支护自 20 世纪 50 年代问世以来,随同新奥地利隧道施工方法(简称新奥法,NATM)的进展,已在世界各地矿山、建筑、交通和水工等部门广泛应用。锚喷支护能获得如此广泛的应用,是由于它在一定条件下具有技术先进、经济合理、质量可靠、用途广泛等一系列明显的优点。

与传统支护相比,锚喷支护可以减薄支护厚度 1/3~1/2,减少岩石开挖量 10%~15%,节省全部模板和 40% 以上的混凝土,加快施工速度 2~4 倍,节约劳动 40% 以上,降低支护成本 30% 以上。此外,由于锚喷支护不要模板,因而大大改善了劳动条件,减轻了劳动强度,为支护施工机械化创造了有利条件。锚喷支护应用范围十分广泛,它可以在各种不同岩类、不同跨度、不同用途的地下工程中,受静载或动载时作临时支护、永久支护以及结构补强等之用。

2. 锚喷支护的特点

锚喷支护之所以比传统支护优越,主要是由于锚喷支护在机理上和工艺上的特点,使得它能充分发挥围岩的自承能力和支护材料的承载能力。

由于工艺上的原因,锚喷支护可在各种条件下进行施工,因此能做到支护及时迅速,甚至可在挖掘前用锚杆对围岩进行超前支护。这样,一方面能使围岩强度不因开挖暴露风化而降低,另一方面还能充分利用开挖面的"空间效应",减少围岩出现有害松动的可能性。此外,喷射混凝土又是一种早强(掺加了少量速凝剂)和全面密贴的支护,更保证了支护的及时性和有效性。由上可见,锚喷支护从主动加固围岩的观点出发,在防止围岩出现有害松动方面,比现浇混凝土支护优越得多。锚喷支护属柔性薄型支护,容易调节围岩变形,发挥围岩自承能力。虽然喷射混凝土本身属于脆性材料,但由于工艺上的原因,使它可以喷得很薄,而且还可通过分次喷层的方法进一步发挥喷层的柔性。锚杆支护也是柔性支护。试验表明,用锚杆加固的岩体,可以大大提高岩体中结构面的强度,允许岩体有较大变形而不破坏。因此锚喷支护具有比传统支护更好的调控围岩变形的作用。

锚喷支护的另一个优点是能充分发挥支护材料的承载能力。由于喷层薄、柔性大且与围岩紧密贴合,因此喷层主要受压剪破坏,它比受弯破坏的传统支护更能发挥混凝土承载能力。同时,采用分次喷层施工方法,也能起到提高承载力的作用。中国铁道科学研究院铁道建筑研究所曾进行过分次喷层模型试验,结果表明双层混凝土支护承载力比同厚度单层支护高27％。锚杆主要通过受拉来改善围岩受力状态,而钢材又具有很高的抗拉能力。因此,即使承受同样的荷载,锚喷支护消耗的材料也要比传统支护少。

另外,喷层具有把松动的壁面黏结在一起及填平裂隙凹穴的作用,因而能减小围岩松动和应力集中。同时喷层又是一种良好的隔水和防风化材料,能及时封闭围岩,尽管传统支护也有这一特性,但由于喷射混凝土支护施工及时,因而它对膨胀、潮解、风化、蚀变岩体,比传统支护有更好的防水、防风化效果。

综上所述,锚喷支护由于具有及时性、柔性、与岩体的密贴性、施工的灵活性与封闭性等优点,因而成为当代地下工程中最流行的一种新型支护。

3. 锚喷支护力学作用的分析

当前,关于锚喷支护的力学作用流行着两种分析方法:一种是从结构观点出发,如把喷层与部分围岩组合在一起,视作组合梁或承载拱,或把锚杆看做是固定在围岩中的悬吊杆等。另一种是从围岩与支护共同作用观点出发,认为支护不是只承受来自围岩的压力,还反过来也给围岩以压力,由此而改善围岩受力状态(即所谓的支承作用),并认为施作了锚喷支护后,可以提高围岩的强度指标,从而提高围岩的承载能力(即所谓的加固作用)。克拉夫钦柯曾对配置锚杆的相似材料试件做过一些试验,将锚杆分别配置在模拟软弱岩石、中等强度岩石及坚固岩石的试件中受压。图 16-1 给出了上述试验的结果,证明配置锚杆后试件强度有所提高,这一点对软弱岩石尤为明显,但目前在计算中还未予以考虑。锚喷支护的这两种作用,显然与传统支护不同。传统支护只有支承作用而没有加固作用,而且如果支护施作不及时,那么支承作用也可能丧失,而成为被动地承受松动荷载的支撑结构。

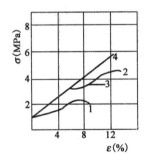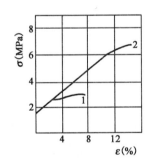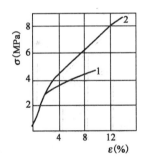

图 16-1 岩石试件配置锚杆的强度试验

注:1 表示无锚杆;2 表示 2 根锚杆;3 表示 1 根锚杆;4 表示 4 根锚杆。

4. 不同类型围岩中锚喷支护的破坏形态与力学计算原则

锚喷支护所遇到的岩层是多种多样的。为简化起见,按岩体的地质特性和力学特性,把锚喷支护所遇到的并可能使锚喷支护遭到破坏的围岩归纳为四类。各类围岩中锚喷支护具有不同的破坏形态和力学计算原则。

(1)坚硬裂隙岩体

这类岩体一般为块状和层状结构,岩块十分坚硬,岩体破坏主要沿着结构面剪裂或拉裂。造成这种围岩破坏的原因或是由于岩体自身的重力作用,或是由于原岩应力过大或结构面强度较低,造成局部围岩的拉裂或剪裂。最常见的破坏形态是危石松动塌落和围岩局部坍塌。局部破坏有喷层拉裂、错剪、撕裂及剥落等(图 16-2)。

从上述现象可见,在坚硬裂隙岩体中,锚喷支护计算应以防止危石和剪裂区局部坍塌为原则。锚杆在控制不稳定块体方面有特殊的功效,是最常用的治理措施。

(2)破碎软弱岩体

这类岩体十分破碎或者岩块强度很低,因而具有很低的岩体强度。岩层风化带、断层破碎带、厚的软弱夹层带等均属于典型的破碎软弱岩体。其破坏形态是一种典型的复合破坏。通常,先表现出两侧挤压变形,而后周围岩体松动,发生片帮、冒顶。

在这类围岩中,喷层的破坏与原岩应力的静止侧压系数 λ 有关。当 $\lambda=1$ 时,四周压力均匀,这时喷层由于四周受压而出现片状剥落(压酥)或剪切破坏(图 16-3)。如第 15 章所述,当 $\lambda<1$ 时,围岩塑性区与剪切破裂区位于隧道两侧。由此可见,锚喷支护主要应施加在两侧,喷层在破碎软弱岩体中容易出现侧向剪切破坏。

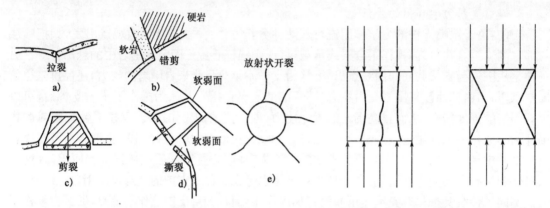

图 16-2　坚硬裂隙岩体中喷层破裂形状　　　图 16-3　喷层在切向应力下的两种破坏形式

(3)塑性流变岩体

第三纪泥、页岩软弱岩体,在高地应力作用下,常呈现出明显的塑性和流变性质,具有很大的蠕变位移和很长的蠕变时间。围岩破坏形态表现为大变形破坏,洞壁内挤,顶板下沉,底板隆起,整个断面缩小。通常围岩压力来自四周。当最大主应力位于水平方向时,隧道水平方向变形大于垂直变形,衬砌呈尖顶形破坏;当最大主应力位于垂直方向时,或者塑性流变岩层位于隧洞顶部,衬砌呈平顶形破坏。

塑性流变岩体中喷层的破坏形态同样与 λ 有关。当 $\lambda=1$ 时,喷层破坏形态与破碎软弱岩体情况相同,只不过喷层破裂与时间有关。在常见的 $\lambda<1$ 情况下,表现出两侧围岩蠕变位移大,因而使两侧喷层鼓帮、开裂和剥落,而在顶部则出现压酥、剥落。

(4)高地应力下脆性岩体

在高地应力下和深埋隧洞中,脆性岩体容易积累能量,隧洞开挖时易于出现脆性破坏,形成岩爆和冲击地压。锚喷支护也是控制岩爆的重要支护方式。充分利用岩石的脆延转制特性,及时喷射混凝土封闭围岩,增加围岩的延性;增加喷层厚度和采用高强锚杆,最好是采用可缩让压锚杆,可以降低围岩能量释放速率,充分吸收能量,因而锚喷支护也是降低岩爆风险的重要措施。

(5)膨胀潮解岩体

膨胀岩体和潮解岩体一般都是具有一定塑性和流变性的软弱岩体,它与塑性流变岩体不同的地方是遇水(尤其是脱水后再遇水)时有极大的膨胀性或潮解能力。在这类岩体中,如果有水,则支护极为困难,围岩自稳时间极短,甚至完全不能自稳。膨胀岩体中,除有围岩受力所造成的变形压力外,尚有围岩遇水(或空气中潮气)膨胀而引起的膨胀压力。膨胀压力一般来压均匀,但当隧道底部有积水时,则具有明显的底鼓和底压,有时还引起侧壁喷层剪裂。

16.2.2 锚喷支护设计和施工原则

为了使锚喷支护能够充分利用围岩的自承能力和支护材料的承载能力,必须要有一套相应的设计和施工方法。本节将详细叙述锚喷支护设计和施工的一些原则,这些原则虽然目前还不能完全以定量的关系反映出来,然而它对于指导锚喷支护的设计和施工却是十分重要的。锚喷支护的合理设计与施工原则应当从各方面体现现代支护原理,以期达到技术上可靠和经济上合理的目的。

(1)采取各种措施,确保围岩不出现有害松动而导致破坏。

①隧洞布置和结构造型应尽量合理。隧洞轴线与洞形选择应适应原岩应力状态和岩体的地质、力学特征。当围岩压力来自四周时,宜选用圆形断面。除坚硬岩体外,一般宜设置仰拱,形成封闭式支护。断面轮廓尽可能平顺圆滑,施工采用光面爆破,以减少围岩应力集中和增强喷层结构效应。当围岩地质条件沿隧洞轴向变化时,一般宜维持原开挖断面不变而采用增减锚杆支护的方法加以调整。

②支护宜及时快速,采用速凝和早强喷射混凝土支护,采用超前锚杆支护和超前小导管灌浆。在抑制围岩变形和松动方面,进行及时支护和封底仰拱往往具有最佳效果。

③利用开挖面的"空间效应",抑制围岩变形。因而在松软地层中开挖,应采用紧跟开挖面支护方法,缩短施工进尺。

④尽可能减少施工和其他外界因素(主要是水和潮气)对围岩的影响。破碎软弱岩体应尽量减少采用普通爆破开挖;风化、潮解、膨胀等岩层要及早封闭;有地下水的裂隙岩体,则要注意防止大的渗透压力。

(2)调节控制围岩变形,在不进入有害松动条件下,要求围岩有一定程度的塑性变形,以便最大限度地发挥围岩自承能力。

①采用两次喷层或两次锚固方法是调控围岩变形的一种重要手段,在初次喷射混凝土或锚固时,由于喷层薄、锚杆少,就能有控制地允许围岩出现较大变形。当二次喷锚时,又能迅速降低变形量,以免围岩出现过量变形而丧失稳定。当围岩变形很大时,则必须进一步加大支护可塑性以调控围岩变形。锚固体是一种良好可缩性支护,既具有较高的抗拉能力,又允许有较大的变形。为增大锚杆的可缩性,可采用允许有更大位移量的让压锚杆。

②调节支护封底时间也是调控围岩变形的一种手段。施作仰拱前,围岩可有较大变形,但一旦设置了仰拱,变形就迅速减少(图16-4)。仰拱封底时间必须适时。对于破碎软弱岩层,封底时间不能太晚,以免围岩出现过大变形而破坏。

③原则上,还可以通过延迟支护的时间来调

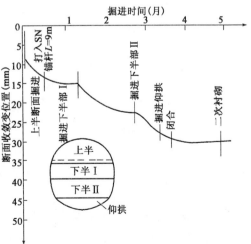

图 16-4 阿尔贝格隧道施工过程

控围岩变形。不过一般不宜采用这种手段，因为支护晚，容易出现有害松动。

（3）保证锚喷支护与围岩形成共同体。

由于计算模型中，把支护和围岩视作统一的共同体，因此要求围岩、喷层和锚杆之间具有良好黏结和接触，以使三者共同受力。例如喷层与岩石、喷层与喷层、喷层与钢筋网、岩石与锚杆之间都要求有良好连接。

（4）选用锚喷支护参数的原则。

①锚杆应采用重点布置（局部布置）与整体布置（系统布置）相结合的原则。为防止危石和局部滑塌，应重点加固节理裂隙和软弱夹层，重点加固的部位应放在顶部和侧壁。为防止围岩整体失稳，当原岩的最大主应力位于垂直方向时，应重点加固两侧，并施加锁脚锚杆；而当最大主应力位于水平方向时，则应把锚杆重点配置在围岩顶部或底部。

锚杆数量多少及锚杆间距的选定，一般应以充分发挥喷层作用和施工方便为原则，即通过锚杆数量的变化使喷层始终具有有利的厚度。为了防止锚杆之间的岩体塌落，通常还要求锚杆纵横向间距不大于锚杆的一半长度。

黏结式锚杆沿长度的应力分布不均，利用效率较低，但黏结式锚杆具有较高的锚固力而且施工方便。为更好发挥其作用，保证其施工质量，还可施加低预应力。自承式锚杆能及时加固，适用于要求支护及时跟进的工程。隧洞中采用低预应力锚杆有助于提高工程质量，锚索主要用于大型洞室两侧高边墙中，它是大型高边墙洞室的主要承载体。

锚杆长度的选取应充分发挥锚杆的作用。当隧洞位于节理裂隙岩体中和断面尺寸较大时应采用较长的锚杆，但锚杆长度不宜超出塑性区范围。锚杆过短，难以起到稳定围岩的作用，所以锚杆的长度不应小于围岩松动区（破裂区）厚度，并应留有一定安全储备。

②喷层厚度应以能充分发挥柔性薄型支护的优越性为最合理，即喷层后既能使围岩维持稳定，又允许围岩有一定塑性位移，以降低围岩压力和喷层的受弯作用，同时还应保证喷层本身不致破坏。随着当前隧洞跨度与断面增大，松散软弱地层中初衬不足以维持围岩稳定而出现风险和事故，因此初衬应首先保证有足够的强度，并应改变设计理念，将初衬作为支护的主要承载体。这要求加强初衬研究，采用强度高、可缩性大的塑性混凝土，高强可缩性锚杆和可缩性钢架等支护形式。

（5）锚喷支护的合理施工方法。

锚喷支护的施工方法与围岩自承力的利用关系十分密切。因而开挖程序、开挖段的掘进长度、初次支护时间、复喷时间和仰拱闭合时间等都严重影响支护效果。随着隧洞施工机械的进步，更应重视 TBM 掘进和盾构开挖的合理施工方法。

（6）按照现场监控测试数据指导设计施工。

由于锚喷支护理论目前还不够成熟，故需依靠现场监控测试来掌握施工动态、预防事故、修正设计、指导施工、对支护效果作出正确估价，达到信息化设计与施工的目的。

（7）应当对不同类型围岩采用不同的锚喷支护方式。

①对于坚硬裂隙岩体。

锚杆锚固重点应位于隧洞顶部和侧壁上部，锚杆数量、长度、直径的选用及其配置要考虑能承受危石或塌落区岩体的重量。选用锚杆长度应考虑锚入比较稳固的岩体中。因此一般要求锚杆长度超过围岩拉裂区、塌落区和危石的顶点。对于坚硬裂隙岩体中的高边墙大断面隧洞,通常应以预应力锚索为主,系统锚杆、喷射混凝土与钢筋网为辅。

锚杆锚入方向,在层状岩体中应与层面正交,在非层状岩体中的拱形断面应与岩体主结构面成较大角度布置。若主结构面不明显时,可与断面周边轮廓垂直布置。

②对于破碎软弱岩体。

破碎软弱岩体的特点是围岩出现松动早,来压快,容易形成片帮冒顶。针对这些特点,一定要早支护,早封闭,设抑拱,加强支护;除两侧重点支护外,顶部也要有良好的支护。一般必须采用锚杆—喷层—钢筋网、格栅拱或钢拱架等联合支护,以确保初衬安全。

③对于塑性流变岩体。

塑性流变岩体的特点是围岩变形与时俱增,变形量极大,围岩压力大且变化持续时间长。对于这类岩体,宜采用圆形、椭圆形曲线断面,分期支护,抑拱封底,一般认为对这类岩体采用可缩性大的支护是有利的。以锚为主,采用短、密锚杆将锚固区形成一个塑性承压带。这种塑性承压带是良好的可缩性支护,既允许围岩有很大的变形,又能承受很大的围岩压力,满足先柔后刚的原则。为了增加衬砌的后期刚度,可采用锚喷支护与传统支护相结合的复合衬砌,这种情况下二衬将承受更大的荷载。

④对于膨胀潮解岩体。

膨胀潮解岩体遇水(或空气中水分)发生膨胀或潮解,所以对这类岩体首先应当封闭围岩和采用排水防水的措施处理。

16.2.3 隧洞锚喷支护设计计算方法

1.隧洞锚喷支护设计计算方法概述

目前,锚喷支护设计方法主要有以经验为手段的"工程类比法",以测试为手段的"现场监控法"和以计算为手段的"理论分析法"。

(1)工程类比法

工程类比法是当前应用最广的方法,它是根据已经修建的类似工程的经验直接提出锚喷支护设计参数。进行工程类比通常要涉及岩体的工程地质性质,原岩应力的方向和大小,工程的用途和使用期限,以及断面的形状尺寸等。但目前的经验设计中,一般只考虑岩体的工程地质性质和隧洞的跨度。

我国1985年颁布了国家标准《锚杆喷射混凝土支护技术规范》(GB 50086—1985),2001年颁布了第二版GB 50086—2001。该规范依据岩石坚硬性、岩体完整性、结构面特征、地下水和地应力状况等因素综合确定岩体的围岩分级,共分五级。有关岩体围岩分级详见《锚杆喷射混凝土支护技术规范》(GB 50086—2001)。

对深埋隧道,锚喷支护初步设计阶段应根据围岩级别和隧洞跨度,初步选择隧洞、斜井和竖井的锚喷支护类型和设计参数,见表16-1和表16-2。对Ⅳ、Ⅴ级围岩中毛洞跨度大于5m的工程,除应按照表16-1的规定选择初期支护的类型与参数外,尚应进行计算和监控量测,并施加二衬,最终确定支护类型和参数;对于Ⅰ、Ⅱ、Ⅲ级围岩毛洞跨度大于15m的工程,除应按照表16-1的规定选择支护类型与参数外,尚应进行稳定性分析和验算;对Ⅲ级围岩,还应进行监控量测,以便最终确定支护类型和参数。近年来,随着锚杆支护施工技术的进步,工程中各级围岩采用的锚杆长度稍有增加。当前节理裂隙岩体隧洞设计中有些锚杆过短,不起作用,工程事故中常出现岩体连同锚杆一起塌落的现象。

表 16-1

隧道和斜井的锚喷支护类型和设计参数

围岩级别	毛洞跨度 B(m) B≤5	5<B≤10	10<B≤15	15<B≤20	20<B≤25
I	不支护	50mm厚喷射混凝土	(1)80～100mm厚喷射混凝土； (2)50mm厚喷射混凝土，设置2.0～2.5m长的锚杆	100～150mm厚喷射混凝土，设置2.5～3.0m长的锚杆，必要时，配置钢筋网	120～150mm厚钢筋网喷射混凝土，设置3.0～4.0m长的锚杆
II	50mm厚喷射混凝土	(1)80～100mm厚喷射混凝土； (2)50mm厚喷射混凝土，设置1.5～2.0m长的锚杆，必要时，配置钢筋网	(1)120～150mm厚喷射混凝土，必要时，配置钢筋网； (2)80～120mm厚喷射混凝土，设置2.0～3.0m长的锚杆，必要时，配置钢筋网	120～150mm厚钢筋网喷射混凝土，设置3.0～4.0m长的锚杆	150～200mm厚钢筋网喷射混凝土，设置5.0～6.0m长；设置长度大于6.0m的锚杆或非预应力锚杆
III	(1)120～150mm厚喷射混凝土； (2)80～100mm厚喷射混凝土，设置1.5～2.0m长的锚杆，必要时，配置钢筋网	(1)120～150mm厚喷射混凝土，配置钢筋网； (2)80～100mm厚喷射混凝土，设置2.0～2.5m长的锚杆，必要时，配置钢筋网	100～150mm厚钢筋网喷射混凝土，设置3.0～4.0m长的锚杆	150～200mm厚钢筋网喷射混凝土，设置4.0～5.0m长的锚杆，必要时设置长度大于5.0m的预应力或非预应力锚杆	—
IV	80～100mm厚钢筋网喷射混凝土，设置1.5～2.0m长的锚杆	100～150mm厚钢筋网喷射混凝土，设置2.0～2.5m长的锚杆，必要时，采用抑拱	150～200mm厚钢筋网喷射混凝土，设置3.0～4.0m长的锚杆，必要时设置长度大于4.0m的锚杆	—	—
V	120～150mm厚钢筋网喷射混凝土，设置1.5～2.0m长的锚杆，必要时，采用抑拱	150～200mm厚钢筋网喷射混凝土，设置2.0～3.0m长的锚杆，采用抑拱，必要时，加设钢架	—	—	—

注：1. 表中的支护类型和参数，是指斜洞倾角小于30°的隧洞和斜井的永久支护，表中的支护参数，包括初期支护与后期支护的类型和参数。
2. 服务年限小于10年及洞跨小于3.5m的隧洞和斜井，可根据工程具体情况，适当减小。
3. 复合衬砌的隧洞和斜井，初期支护采用表中的参数时，应根据工程的具体情况，予以减小。
4. 陡倾斜岩层中的隧洞或斜井易失稳的一侧边墙或斜井顶部的支护，应采用和缓倾斜岩层中第(2)种支护类型和参数，其他情况下，两种支护类型和参数均可采用。
5. 对高度大于15.0m的侧边墙，应进行稳定性验算，并根据验算结果，确定锚喷支护参数。

竖井毛径 D(m) 围岩级别	$D<25$	$5\leqslant D<7$
I	100mm 厚喷射混凝土,必要时,局部设置长 1.5~2.0m 的锚杆	100mm 厚喷射混凝土,设置长 1.5~2.5m 的锚杆;或 150mm 厚喷射混凝土
II	100~150mm 厚喷射混凝土,设置长 1.5~2.0m 的锚杆	100~150mm 厚钢筋网喷射混凝土,设置长 2.0~2.5m 的锚杆,必要时,加设混凝土圈梁
III	150~200mm 厚钢筋网喷射混凝土,设置长 1.5~2.0m 的锚杆,必要时,加设混凝土圈梁	150~200mm 厚钢筋网喷射混凝土,设置长 2.0~3.0m 的锚杆,必要时,加设混凝土圈梁

注:1.井壁采用锚喷做初期支护时,支护设计参数可适当减少。

2.III级围岩中井筒深度超过 500m 时,支护设计参数应予以增大。

(2)监控信息法

隧道工程中进行现场监控始于 20 世纪 50 年代。现场监控是新奥法施工中的一项重要内容,可以应用监测数据直接进行锚喷支护信息化设计,通过监测数据分析,一是确保施工安全;二是为理论计算提供更为准确的设计参数,再通过理论分析确定支护参数,这种设计方法称为信息化设计或反馈设计;三是对喷层厚度或锚杆长度尺寸等进行局部修正。信息化设计的内容详见 16.5 节。

(3)理论分析法

理论分析法是锚喷支护设计的重要组成部分,对于坚硬裂隙岩体主要是不稳定块体的掉石与滑落,应采用锚喷支护不稳定块体计算方法;对于破碎软弱的岩体主要是产生形变压力,应采用基于极限分析的地层—结构方法计算,详见 16.3 与 16.4 节。

2.锚喷支护设计计算

(1)系统锚杆设计

①锚索、锚杆、杆体截面尺寸应按下列公式确定:

对于锚索
$$A \geqslant \frac{K_t \cdot T}{f_{ptk}} \tag{16-1}$$

对于锚杆
$$A \geqslant \frac{K_t \cdot T}{f_{yk}} \tag{16-2}$$

式中:A——杆体截面面积(mm^2);

K_t——锚杆杆体抗拉安全系数,按表 16-3 确定;

T——锚杆轴向拉力设计值(kN);

f_{yk}、f_{ptk}——钢筋、钢绞线抗拉强度标准值(kPa)。

锚杆杆体抗拉安全系数 K_t   表 16-3

杆 体 材 料	最小安全系数	
	临时锚杆	永久锚杆
	<2 年	>2 年
钢绞线	1.7	2.0
预应力螺纹钢筋	1.6	1.8
钢筋	1.4	1.6

②锚杆或单元锚杆的锚固段长度可按下式估算,并取其中的较大值:

$$L_a > \frac{KT}{\pi D f_{mg} \psi} \tag{16-3}$$

$$L_a > \frac{KT}{n \pi d \xi f_{ms} \psi} \tag{16-4}$$

式中:K——锚杆锚固体的抗拔安全系数,按表 16-4 选取;

T——锚杆或单元锚杆的轴向拉力设计值(kN);

L_a——锚杆锚固段长度(m);

f_{mg}——锚固段注浆体与地层间的黏结强度标准值(kPa),通过试验确定;当无试验资料时,可按表 16-5 取值;

f_{ms}——锚固段注浆体与筋体间的黏结强度标准值(kPa),通过试验确定;当无试验资料时,可按表 16-6 取值;

D——锚杆锚固段的钻孔直径(mm);

d——钢筋或钢绞线的直径(mm);

ξ——采用 2 根或 2 根以上钢筋或钢绞线时,界面的黏结强度降低系数,取 0.7~0.85;

ψ——锚固长度对黏结强度的影响系数,无试验数据时,可按表 16-7 取值;

n——钢筋或钢绞线根数。

岩土锚杆锚固体抗拔安全系数 K 表 16-4

安全等级	锚杆损坏后危害程度	最小安全系数		
		临时锚杆		永久锚杆
		<6 个月	<2 年	>2 年
Ⅰ	危害大,会构成公共安全问题	1.6	1.8	2.2
Ⅱ	危害较大,但不致出现公共安全问题	1.4	1.6	2.0
Ⅲ	危害较轻,不构成公共安全问题	1.3	1.5	2.0

注:对蠕变明显地层中的永久性锚杆锚固体,最小抗拔安全系数宜取 3.0。

锚杆锚固段灌浆体与周边地层间的极限黏结强度 f_{mg} 表 16-5

岩 土 类 别			极限黏结强度(MPa)
岩石	坚硬岩		1.5~2.5
	较硬岩		1.0~1.5
	软岩		0.6~1.2
	极软岩		0.6~1.0
砂砾	N 值	10	0.1~0.2
		20	0.15~0.25
		30	0.25~0.30
		40	0.30~0.40
砂	N 值	10	0.10~0.15
		20	0.15~0.20
		30	0.20~0.27
		40	0.28~0.32
		50	0.3~0.4

岩土类别		极限黏结强度(MPa)
黏性土	软塑	0.02～0.04
	可塑	0.04～0.06
	硬塑	0.05～0.07
	坚硬	0.08～0.12

注:1. 表中数值为锚杆黏结段长 10m(土层)或 6m(岩石)的灌浆体与岩土层间的平均极限黏结强度经验值,灌浆体采用一次注浆;若对锚固段注浆采用带袖管的重复高压注浆,其极限黏结强度标准值可显著提高,提高幅度与注浆压力大小关系密切。

2. N 值为标准贯入试验锤击数。

钢筋、钢绞线与水泥砂浆或水泥结石体的黏结强度标准值 f_{ms}(推荐) 表 16-6

拉杆材料	黏结强度标准值(MPa)
水泥砂浆或水泥结石体与螺纹钢筋	2.0～3.0
水泥砂浆或水泥结石体与钢绞线	3.0～4.0

锚固段长度对黏结强度的影响系数 ψ 应由试验确定,无试验资料时,可按表 16-7 取值。

锚固长度对黏结强度的影响系数 ψ 建议值 表 16-7

锚固地层	土　层					软岩或极软岩				
锚固段长度(m)	13～16	10～13	10	10～6	6～3	9～12	6～9	6	6～4	4～2
ψ 取值	0.8～0.6	1.0～0.8	1.0	1.0～1.3	1.3～1.6	0.8～0.6	1.0～0.8	1.0	1.0～1.3	1.3～1.6

岩石锚杆的锚固长度宜为 3～8m,土层锚杆的锚固长度宜为 6～12m。当采用荷载分散型锚杆时,锚固总长度可根据需要确定。

锚杆的自由段穿过潜在滑裂面的长度应不小于 1.5m。锚杆的自由段长度不小于 5.0m,且应能保证锚杆和锚固结构体系的整体稳定。

(2)不稳定块体局部锚杆与喷射混凝土设计

实践表明,坚硬裂隙岩体的破坏通常是从出露在临空面的某些不稳定岩块的塌落或滑移开始。因此,只要用适当支护手段有效地防止这些不稳定块体坍塌,并对其他部位采取一般性防护措施,就能保持和加强围岩的咬合、镶嵌和夹持作用,确保围岩整体稳定。验算围岩不稳定块体的稳定,一般采用块体极限平衡法,详见 14.4 节。分析中需考虑不稳定块体的大小、各结构面面积的大小及它们的组合情况。

①不稳定块体局部锚杆设计计算

a. 拱腰以上部位的局部预应力锚杆应按承担全部不稳定岩块的重力设计,锚杆的拉力设计值可按式(16-5)计算:

$$\sum_{i=1}^{n} T_i \geqslant KG \tag{16-5}$$

式中:T_i——单根锚杆拉力设计值(kN);

G——锚杆承受的局部不稳定岩块重(kN);

K——安全系数,取 1.1～1.3;

n——锚杆根数。

b. 拱腰以下及边墙部位抵抗局部危岩的稳定安全系数与预应力锚杆拉力设计值,可按式(16-6)计算:

$$K = \frac{fG_n + \sum\limits_{i=1}^{n} T_{ni} + cA}{G_t - \sum\limits_{i=1}^{n} T_{ti}} \qquad (16\text{-}6)$$

式中：G_t、G_n——不稳定块体作用力平行或垂直于滑动面上的分力(kN)；

$\qquad f$——滑动面摩擦系数；

$\qquad A$——滑动面面积(mm^2)；

$\qquad c$——滑动面黏聚力(MPa)；

$\quad T_{ti}$、T_{ni}——单根预应力锚杆拉力设计值在抗滑方向和垂直于滑动面方向上的分值(kN)；

$\qquad K$——安全系数，取 $1.1\sim1.3$。

抵抗局部不稳定块体的预应力锚杆自由段应穿过滑移面不小于 1.5m。

②Ⅰ、Ⅱ级围岩中的隧洞工程，喷射混凝土对局部不稳定块体的抗冲切承载力可按下式验算：

$$KG \leqslant 0.7 f_t u_m h \qquad (16\text{-}7)$$

式中：G——不稳定喷射混凝土岩面块体重量(N)；

$\qquad f_t$——轴心抗拉强度设计值(MPa)；

$\qquad h$——喷射混凝土有效厚度(mm)；

$\qquad u_m$——不稳定块体出露面的周边长度(mm)；

$\qquad K$——安全系数，取 $1.1\sim1.3$。

上述公式适用于岩石与喷射混凝土黏结强度得到保证，在局部不稳定块体作用下，喷层呈现黏结破坏的情况。这时，需要设置锚杆，由喷层与锚杆共同承受不稳定块体的重量。

3. 均质岩土体中圆形隧洞锚喷支护解析计算

20 世纪 60 年代末奥地利勒布希维兹(Rabcewicz)提出隧洞楔形体剪切破坏理论，并提出锚喷支护设计计算方法。1978 年在法国又提出了收敛—约束法，从现场和理论计算两个方面来解决锚喷支护的计算和设计问题。在我国，郑颖人、方正昌等人(1978)推导出了地下工程围岩压力理论的弹塑性解与黏弹塑性解，随后郑颖人、徐干成又在此基础上发展了下述的锚喷支护设计计算方法。

《地下工程围岩稳定分析》中提出了 $\lambda=1$ 时圆形隧洞锚喷支护的解析计算，还提出了 $\lambda \neq 1$ 时圆形隧洞锚喷支护的近似解析计算，但这些解法局限性较大，已被数值计算所代替。为了从理论上阐明计算原理，下面介绍 $\lambda=1$ 时圆形隧洞锚喷支护的解析计算，以便读者形成清晰的概念。

(1) $\lambda=1$ 时圆形隧洞锚喷支护上围岩压力的计算

当 $\lambda=1$ 时，在无锚杆情况下，喷射混凝土支护围岩压力与第 15 章中塑性变形压力计算方法相同，此时围岩压力 p_i 可按式(4-54)算得。

①点锚式锚杆

当隧洞周围有径向锚杆时，锚杆通过受拉限制围岩径向位移，这相当于洞壁四周增加了附加抗力 P_a。同时，由于锚杆提高了围岩的 c、φ 值，也起到了限制围岩径向位移的作用。因此，在有锚杆情况下，围岩塑性变形和塑性区将比无锚杆时减小。由于锚杆作用使支护增加附加抗力 p_a，以及使围岩黏聚力和内摩擦角由 c、φ 值提高到 c_1、φ_1。类似前述，有锚杆时围岩塑性区半径 R_0^a 与洞壁径向位移 $u_{r_0}^a$ 和围岩压力 p_i 之间的关系式可写为：

$$R_0^a = r_0 \left[\frac{(P + c_1 \cot\varphi_1)(1 - \sin\varphi_1)}{p_i + p_a + c_1 \cot_\varphi} \right]^{\frac{1-\sin\varphi_1}{2\sin\varphi_1}} \tag{16-8}$$

和

$$p_i + p_a = -c_1 \cot\varphi_1 + (P + c_1 \cot\varphi_1)(1 - \sin\varphi_1) \left(\frac{Mr_0}{4Gu_{r_0}^a} \right)^{\frac{\sin\varphi_1}{1-\sin\varphi_1}} \tag{16-9}$$

式中：c_1、φ_1——塑性区锚固后的黏聚力和内摩擦角；

$\quad\quad p_a$——由于锚杆受拉而增加的洞周附加抗力；

R_0^a、$u_{r_0}^a$——有锚杆时围岩塑性区半径和洞壁径向位移。

有锚杆时的洞壁位移 $u_{r_0}^a$ 及围岩位移 u_r^a 为：

$$u_{r_0}^a = \frac{M(R_0^a)^2}{4Gr_0} \tag{16-10}$$

$$u_r^a = \frac{M(R_0^a)^2}{4Gr} \tag{16-11}$$

为确定附加抗力 p_a，必须先计算锚杆所受的拉力。楔缝式和胀壳式锚杆所受拉力各处都相同。锚杆拉力计算以锚杆与围岩共同变形为依据，因为锚杆是集中加载，其围岩变位实际上是不均匀的，如图 16-5 所示，在加锚杆处的洞壁位移量最小，如锚杆设有托板，则锚端还会有局部承压变形，因此在计算锚杆拉力时应乘以一个小于 1 的系数，即：

图 16-5　加锚区与非加锚区洞壁位移比较

$$Q = k \frac{(u' - u'')E_a f}{r_c - r_0} \tag{16-12}$$

式中：E_a——锚杆弹性模量（当锚杆应力超过屈服极限时，取值适当降低）；

$\quad\quad f$——一根锚杆的横截面面积；

$\quad\quad k$——与岩质和锚杆间距有关的系数，通常岩质好时可取 1；岩质差时取小于 1 的系数，如 $0.7 \sim 0.8$；

$\quad\quad r_0$——隧洞内径；

$\quad\quad r_c$——锚杆内端半径。

由于锚杆一般置于塑性区中，故有：

$$u' = \frac{M(R_0^a)^2}{4Gr_0} - u_0^a \tag{16-13}$$

$$u'' = \frac{M(R_0^a)^2}{4Gr_c} - \frac{u_0^a r_0}{r_c} \tag{16-14}$$

式中：u_0^a——锚杆锚固前洞壁径向位移。

已知 Q，即可得：

$$p_a = \frac{Q}{ei} \tag{16-15}$$

式中：e、i——锚杆纵、横向间距。

当锚杆上作用有预加拉力 Q_1 时，则式（16-15）可写成：

$$p_a = \frac{Q + Q_1}{ei} \tag{16-16}$$

应当说明，锚杆拉力应小于锚固力。如锚杆锚固力不足，应设法提高锚固力，不然应减小锚杆直径以降低 Q 值。以下计算是以具有足够锚固力为前提的。

计算时，需要通过试算求出 p_a、p_i 及 R_0^a，并按下式求出洞壁位移：

$$u_{r_0} = \frac{M(R_0^a)^2}{4Gr_0} = u' + u_0^a \qquad (16-17)$$

及锚杆拉力：

$$Q + Q_1 = k\frac{(u' - u'')E_a f}{r_c - r_0} + Q_1 \qquad (16-18)$$

②全长黏结式锚杆

图 16-6a)、b)、c)示出全长黏结式锚杆的位移、剪力与轴力。全长黏结式锚杆通过砂浆对锚杆的剪力传递而使锚杆处于受拉状态。对一般软岩，可认为锚杆与围岩具有共同位移，而略去围岩与锚杆间相对变形，显然，锚杆轴力沿全长不是均布的。由图 16-6 可见，锚杆中存在一中性点，该点剪应力为零，两端锚杆受有不同方向的剪力。中性点上锚杆拉应力（轴力）最大，在锚杆两端点为零。可见全长黏结式锚杆的受力状况不同于点锚式锚杆。

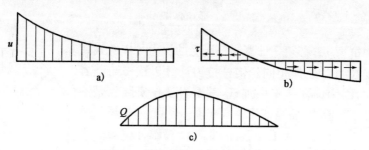

图 16-6　黏结式锚杆内力及位移分布

考虑锚杆上任意点的位移为：

$$u_r^a = \left[\frac{M(R_0^a)^2}{4G} - r_0 u_0^a\right]\frac{1}{r} \qquad (16-19)$$

当 $r_0 \leqslant r \leqslant \rho$（中性点半径）时，锚杆轴力 Q_1 为：

$$Q_1 = -\int\left[\frac{M(R_0^a)^2}{4G} - r_0 u_0^a\right]E_a A_s\left(\frac{d^2\frac{1}{r}}{dr^2}\right)dr + C'$$

$$= -\left(\frac{M(R_0^a)^2}{4G} - r_0 u_0^a\right)E_a A_s\left(\frac{1}{r^2}\right) + C'$$

式中：C'——积分常数。

当 $r = r_0$ 时，$Q = 0$，故：

$$C' = \left[\frac{M(R_0^a)^2}{4G} - r_0 u_0^a\right]E_a A_s\frac{1}{r_0^2}$$

$$Q_1 = \left[\frac{M(R_0^a)^2}{4G} - r_0 u_0^a\right]E_a A_s\left(\frac{1}{r_0^2} - \frac{1}{r^2}\right) \qquad (16-20)$$

当 $\rho < r < r_0$ 时，其轴力 Q_2 为：

$$Q_2 = \left[\frac{M(R_0^a)^2}{4G} - r_0 u_0^a\right]E_a A_s\left(\frac{1}{r^2} - \frac{1}{r_c^2}\right) \qquad (16-21)$$

当 $r = \rho$ 时，$Q_1 = Q_2$，则有：

$$\frac{1}{r_0^2} - \frac{1}{\rho^2} = \frac{1}{\rho^2} - \frac{1}{r_c^2}, \rho = \sqrt{\frac{2r_c^2 r_0^2}{r_0^2 + r_c^2}} \qquad (16-22)$$

式中：ρ——锚杆最大轴力处的半径，此处剪力为零。

由此算得锚杆最大轴力为：

$$Q_{\max} = k\left[\frac{M(R_0^a)^2}{4G} - r_0 u_0^a\right]E_a A_s\left(\frac{1}{r_0^2} - \frac{1}{\rho^2}\right)$$

$$= k\left[\frac{M(R_0^a)^2}{4G} - r_0 u_0^a\right]E_a A_s\left(\frac{1}{\rho^2} - \frac{1}{r_c^2}\right)$$

$$= \frac{k}{2}\left[\frac{M(R_0^a)^2}{4G} - r_0 u_0^a\right]E_a A_s\left(\frac{1}{r_0^2} - \frac{1}{r_c^2}\right) \qquad (16\text{-}23)$$

点锚式锚杆中,式(16-23)还可写成($r_0 \neq r_c$ 时):

$$Q = k\left[\frac{M(R_0^a)^2}{4G} - r_0 u_0^a\right]E_a A_s\left(\frac{1}{r_0 r_c}\right) \qquad (16\text{-}24)$$

为使计算简化,可用 $Q_{\max}$ 或与点锚式锚杆等效的轴力 Q' 来代替 Q,由此可将黏结式锚杆按点锚式锚杆进行计算。Q' 按上述两种锚杆轴力图的面积等效求得,即:

$$Q' = (r_c - r_0)\int_{r_0}^{\rho}Q_1\mathrm{d}r + \int_{\rho}^{r_c}Q_2\mathrm{d}r$$

由此得:

$$Q' = k\left[\frac{M(R_0^a)^2}{4G} - r_0 u_0^a\right]\frac{E_a A_s}{r_c - r_0}\left(\frac{\rho - r_0}{r_0^2} + \frac{\rho - r_c}{r_c^2} + \frac{2}{\rho} - \frac{1}{r_0} - \frac{1}{r_c}\right) \qquad (16\text{-}25)$$

(2)锚喷支护的设计计算

①锚杆支护的设计计算

由于锚杆既具有通过受拉增加支护抗力的作用,又具有通过受剪提高围岩 c、φ 值的作用,因此合理的设计方法,应能充分发挥锚杆的这两种作用。

为了充分发挥锚杆的受拉作用,应使锚杆应力 σ_a 尽量接近钢材抗拉强度 f_t,同时又使锚杆具有一定的安全度,即:

$$K_1\sigma_a = \frac{K_1 Q}{A_s} = f_t \qquad (16\text{-}26)$$

式中:K_1——锚杆受拉安全系数,$K_1 = 1.6$。

锚杆有一最佳长度,应保证最小有效长度不小于松动区厚度,因为松动区中 c 值迅速丧失,有可能导致围岩松动塌落,而锚杆则有防止 c 值降低和有助于将松动岩体联结成整体的作用。因此,应按下式校核锚杆最小有效长度 $l_{\min}$:

$$l_{\min} \geqslant R^a - r_0 \qquad (16\text{-}27)$$

式中:R^a——有锚杆时围岩松动区半径,按下式求得:

$$R^a = r_0\left[\left(\frac{P + c_1\cot\varphi_1}{p_i + P_a + c_1\cot\varphi}\right)\left(\frac{1 - \sin\varphi_1}{1 + \sin\varphi_1}\right)\right]^{\frac{1 - \sin\varphi_1}{2\sin\varphi_1}} \qquad (16\text{-}28)$$

锚杆截面积 f 和纵、横间距 e、i 一般也根据经验确定。但为设计合理,应在充分发挥喷层作用下来确定 f 和 e、i,即应在喷层厚度适当的情况下来选定 f 和 e、i。此外,在选择截面厚度时,还要求锚杆拉力小于锚杆的锚固力。

由于锚杆属于线加固,锚杆处和锚杆之间的围岩,其应力和强度都不相等。因而锚杆实际加固区厚度要比锚杆有效长度 l 小(图 16-7)。其加固区厚度主要取决于锚杆间距 e、i 和长度 l 之比。因此,为保证加固区厚度,并防止锚杆

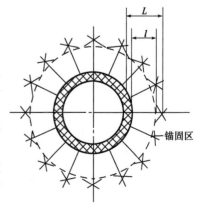

图 16-7 锚杆加固区与锚杆有效长度关系

间围岩塌落，还应满足 $\dfrac{e}{l} \leqslant \dfrac{1}{2}$ 和 $\dfrac{i}{l} \leqslant \dfrac{1}{2}$。

②喷层的设计计算

如第 15 章所述，弹塑性围岩压力 p_i 只适用于 $p_{imin} \leqslant p_i \leqslant p_{imax}$。

无锚固情况下，p_{imax}、p_{imin}、R_{max} 按下式确定：

$$\left.\begin{aligned} p_{imax} &= P(1-\sin\varphi) - c\cos\varphi \\[2mm] p_{imin} &= \frac{\gamma r_0 \left(\dfrac{R_{max}}{r_0} - 1\right)}{2} \\[2mm] R_{max} &= r_0\left[\left(\frac{P+c\cot\varphi}{p_{imin}+c\cot\varphi}\right)\right]\left(\frac{1-\sin\varphi}{1+\sin\varphi}\right)^{\frac{1-\sin\varphi}{2\sin\varphi}} \end{aligned}\right\} \tag{16-29}$$

有锚杆情况下，需考虑锚杆的附加抗力 P_a 以及 c、φ 值的提高，由此得：

$$\left.\begin{aligned} p_{imax} &= P(1-\sin\varphi_1) - c_1\cos\varphi_1 \\[2mm] p_{imin} &= \frac{\gamma r_0 \left(\dfrac{R_{max}^a}{r_0} - 1\right)}{2} \\[2mm] R_{max}^a &= r_0\left[\left(\frac{P+c_1\cot\varphi_1}{p_{imin}+P_a+c_1\cot\varphi_1}\right)\left(\frac{1-\sin\varphi_1}{1+\sin\varphi_1}\right)\right]^{\frac{1-\sin\varphi_1}{2\sin\varphi_1}} \end{aligned}\right\} \tag{16-30}$$

式中：p_{imax}、p_{imin}——最大围岩压力和最小围岩压力；

R_{max}、R_{max}^a——无锚杆时和有锚杆时，在 p_{imin} 作用下的围岩松动区半径。

作为合理设计要求，P_i 应不过多地大于 p_{imin}，但要保持一定安全度，因而引入维持围岩稳定的安全系数 K_2：

$$K_2 = \frac{p_i}{p_{imin}} \tag{16-31}$$

根据计算结果，其值可取 3～7 之间。当 K_2 值过高时，可适当减薄喷层厚度；对刚度极大的封闭圆环衬砌有时还需通过延迟仰拱闭合时间来降低 K_2 值。反之，当 K_2 值过小时，需增加喷层厚度或锚杆数量与直径。

作为强度校核，要求喷层内壁切向压力小于喷层混凝土抗压强度，按弹性理论：

$$\sigma_\theta = p_i \frac{2a^2}{a^2-1} \leqslant R_c \tag{16-32}$$

$$a = \frac{r_0}{r_1}$$

式中：R_c——喷层混凝土抗压强度；

r_0、r_1——分别为喷层外半径和内半径。

由此求得所需喷层厚度 t：

$$t = K_3 r_0 \left[\frac{1}{\sqrt{1-\dfrac{2p_i}{R_h}}} - 1\right] \tag{16-33}$$

式中：K_3——喷层的安全系数，$K_3 = 1.25$。

K_3 值不宜过大，因为 K_3 值过大时不仅增大了喷层厚度，而且降低了围岩自承作用。另外喷层最小厚度应使混凝土中含有一定粗集料，以保证混凝土的物理力学性能，喷层的最小厚度不宜小于 5cm。

(3)算例

[例 16-1] 均质围岩中圆形隧洞锚喷支护计算,其有关计算参数如下:$P=15\text{MPa}$,$c=0.2\text{MPa}$,$\varphi=30°$,$E=2\times10^3\text{MPa}$,$u_0=0.1\text{m}$,$u_0^\text{a}=0.08\text{m}$,$r_0=3.5\text{m}$,$r_i=3.35\text{m}$,$r_c=5.5\text{m}$,$e=0.5\text{m}$,$i=1\text{m}$,$A_s=3.14\text{cm}^2$,$k=2/3$,$E_\text{a}=2.1\times10^5\text{MPa}$,$\tau_\text{a}=312\text{MPa}$,$E_\text{c}=2.1\times10^4\text{MPa}$,$\mu=0.167$,$R_\text{c}=11\text{MPa}$。

①确定围岩塑性区加锚杆后的 c_1、φ_1 值

$$\varphi_1=\varphi=30°$$

$$c_1=c+\frac{\tau_\text{a}A_\text{s}}{ei}=0.2+\frac{312\times3.14}{50\times100}=0.40\text{MPa}$$

②计算 p_i、p_a、R_0^a、Q' 及 $u_{r_0}^\text{a}$

$$\frac{M}{4G}=\frac{3}{2E}(P\sin\varphi_1+c_1\cos\varphi_1)=5.88\times10^{-3}$$

$$R_0^\text{a}=r_0\frac{P+c_1\cot\varphi_1(1-\sin\varphi_1)}{p_i+p_\text{a}+c_1\cot\varphi_1}$$

$$p_i=K_c u_{r_0}^\text{a}=K_c(u_{r_0}^\text{a}-u_0)=K_c\left[\frac{M(R_0^\text{a})^2}{4Gr_0}-u_0\right]$$

$$p_\text{a}=\frac{Q'}{ei}$$

$$\rho=\sqrt{\frac{2r_c^2r_0^2}{r_0^2+r_c^2}}=4.176\text{m}$$

$$Q'=k\left[\frac{M(R_0^\text{a})^2}{4G}-r_0u_0^\text{a}\right]\frac{E_\text{a}A_\text{s}}{r_c-r_0}\left(\frac{\rho-r_0}{r_0^2}+\frac{\rho-r_c}{r_c^2}+\frac{2}{\rho}-\frac{1}{r_0}-\frac{1}{r_c}\right)$$

$$K_\text{c}=\frac{2G_\text{c}(r_0^2-r_i^2)}{r_0(1-2\mu_\text{c})r_0^2+r_i^2}=2.7\times10^5\text{kN/m}^3$$

将 p_i、p_a 及 R_0^a 三式试算得:

$$p_i=0.338\text{MPa},R_0^\text{a}=7.72\text{m}$$

$$p_\text{a}=0.067\text{MPa},Q'=33.81\text{kN}$$

$$u_{r_0}^\text{a}=\frac{M(R_0^\text{a})^2}{4G}=0.1\text{m},K_1=\frac{f_\text{st}A_\text{s}}{Q'}=2.23$$

③计算围岩稳定性安全度

$$p_{i\min}=\gamma r_0\left(\frac{R_\text{max}^\text{a}}{r_0}-1\right)$$

$$R_\text{max}^\text{a}=r_0\left[\frac{P+c\cot\varphi_1}{p_{i\min}+P_\text{a}+c\cot\varphi_1}\frac{1-\sin\varphi_1}{1+\sin\varphi_1}\right]^{\frac{1-\sin\varphi_1}{2\sin\varphi_1}}$$

解之得:

$$p_{i\min}=0.044\text{MPa},R_\text{max}^\text{a}=5.33\text{m},K_2=\frac{p_i}{p_{i\min}}=7.68$$

④验算喷层厚度 t

$$t=\left(\frac{1}{\sqrt{1-\frac{2p_i}{R_\text{h}}}}-1\right)K_3r_0=13.5\text{cm}<15\text{cm}$$

16.3　土体隧洞设计计算

16.3.1　概述

由于我国铁路、公路隧道及城市地下工程的发展,土体隧洞快速增多。我国黄土地区分布很广,近年黄土地区的铁路、公路隧道数量日益增多,跨度也日益增大。

由于跨度较小的黄土隧洞自稳性较好,所以历来在相关规范的围岩分类中将老黄土划在Ⅳ级围岩,新黄土与饱和黄土为Ⅴ级与Ⅵ级围岩。随着黄土隧洞跨度不断增大,隧洞自稳性降低,施工中出现的安全问题越来越多,特别是按现行公路隧道规范中围岩等级给定的围岩强度参数远高于实际黄土强度参数,见表16-8。

公路隧道规范规定的强度与实际测试的黄土强度 表 16-8

类　　型	围岩级别	规　范　规　定		实　际　测　试	
		c(MPa)	φ(°)	c(MPa)	φ(°)
老黄土	Ⅳ	0.2～0.7	27～39	0.04～0.10	25～35
新黄土	Ⅴ	0.05～0.2	20～27	0.018～0.04	18～25

可见,规范值与实测值差别很大,按现有规范围岩分级给定的支护结构参数,对大跨度黄土隧道自然会出现衬砌尤其是初衬厚度偏低、安全不足的情况。

土体隧洞的土体范围很广,可以是黄土、砂土、各类黏性土等,但在铁路、公路交通隧道中遇到最多的是黄土隧洞。土体一般视作均匀体,土体强度可以通过实测得到,不必采用围岩分级方法确定。下面以黄土隧洞为例,介绍土体隧洞的设计计算方法。

依据均质隧洞的破坏机理,表明浅埋隧洞破坏主要发生在拱顶上部土体,而深埋隧洞破坏发生在两侧土体,破坏机理不同围岩压力也不同。下面分别研究深埋与浅埋土体隧洞的设计计算方法和深浅埋隧洞的分界标准。

16.3.2　深埋土体隧洞的设计计算

1. 土体隧洞的影响因素

隧洞设计的目的旨在保证初期支护与二次支护后围岩与衬砌的稳定。隧道设计不仅与隧洞结构尺寸、地质条件、岩土的强度参数、埋深有关,还与施工过程中的开挖方法、支护施作时间和施作过程、辅助施工措施等因素有关,概括来说隧道设计的影响因素有如下三个方面:

(1)围岩的地质条件。对于黄土隧道,视黄土地层强度是均匀的,一般不考虑垂直节理影响,黄土强度可以通过室内试验量测取得,不需要按围岩分级来确定强度。

(2)隧洞的工程条件。这些条件包括隧洞形状与尺寸、支护形式、结构尺寸、埋置深度、施工开挖方法等。

(3)支护的施作时间。支护时间对隧洞受力影响也很大,尤其按现代严格的力学计算方法计算时,更应充分考虑其影响。

在隧洞设计计算的实际操作过程中,往往作适当简化,可以不考虑开挖方法、辅助施工措施等因素,但需考虑支护施作时间的影响,即考虑支护施作时围岩应力的释放率。实际操作中,主要是释放节点力,因而将其称为荷载释放率。

2. 隧洞衬砌计算

(1)隧洞荷载释放率的确定与实现

依据支护施作时间,围岩荷载释放可分为三个阶段:首先是在初衬之前围岩在开挖中无支护情况下释放荷载;其次是初衬以后围岩与初衬共同作用下释放荷载;最后是在围岩与初衬、二衬共同作用下释放荷载。在设计计算中,为确保初衬后施工安全,先按一定的释放率考虑初衬前释放荷载,然后在初衬与围岩共同作用下将全部荷载释放,并要求初衬后围岩有一定的安全系数,以确保施工时隧洞的短期稳定。这样即使二衬施工没有及时跟上,也不会导致事故发生,但此时围岩安全系数可以取较低的数值。为确保竣工后运行安全,还要考虑初衬后围岩安全系数不足时或围岩为黏弹塑性材料时,二衬还要承担部分释放荷载。先按一定的释放率考虑初衬后的荷载释放,然后施作二衬,在初衬、二衬与围岩共同作用下将全部荷载释放完,并要求围岩与二衬都达到设计要求的安全系数。

荷载释放率的确定要符合实际施工情况。依据以往的设计经验和三维有限元计算,在隧洞开挖面上初衬前荷载的释放率略大于30%,考虑初衬的开挖,黄土隧道初衬前的荷载释放约为50%;岩质隧洞荷载释放还要比黄土隧洞快些。坚硬完整围岩处于弹性状态,应尽量多释放荷载。二衬承受的释放荷载不能很大,不然二衬达不到需要的安全系数。按照新的设计理念,在现行隧道设计规范中,要求荷载释放90%以后才施加二衬,所以一般情况下,二衬只作为安全储备或承受少量压力,因此通常荷载释放率取90%,然后施加二衬。

在隧洞围岩大变形的情况下,单靠初衬不足以自承围岩压力,这种情况下二衬要承受较大围岩压力,荷载释放率的确定也要做适当变化。

对于施工方法复杂的隧洞可按开挖步对每一步的开挖与支护进行计算,以优化施工步骤,达到施工方法的最佳化。

隧洞释放荷载的实现在第7章已做了详述,不再赘述。

(2)初衬计算

按照新的设计理念,初衬承受围岩的主要荷载,又要确保施工的安全,所以初衬的设计十分重要。当前在大断面隧洞和软弱围岩施工中出现的很多施工风险,一个重要的原因是初衬强度不足,没有贯彻上述设计理念。

由于初期支护要保证施工的安全,而它与施工开挖方法、支护形式与尺寸、辅助施工措施、施作时间等密切有关,加上当前没有计算围岩安全系数的合理方法,因而初期支护的类型与尺寸一般根据经验确定,这是目前通常的做法。依据上述设计理念,在初期支护形成后应对围岩的安全系数进行验算,以确保施工期安全。同时,在初衬未形成前要依靠钢拱架等辅助施工措施,还要求钢拱架等有足够的强度。

通常,工程人员对初衬的作用有如下三种不同看法:第一种是把初衬看做是临时支撑,保证施工时不坍塌;第二种是把初衬看成是衬砌的一部分,初衬视为弹性体,它既要保证施工时的安全,同时也是衬砌的一部分;第三种是把初衬看做加固圈,初衬承受很大应力和变形,必然要进入塑性状态,它是承载的主体,二衬作为安全储备或承受不大的荷载。第一种看法衬砌设计中不包括初衬,显然是不经济的,而且由于临时支护强度不足,容易造成事故,这也是当前造成施工事故的一个原因。第二种看法无论从计算实践来看,还是从工程经验来看也不可取。计算表明,初衬会承受很大的应力与变形,必然会进入塑性状态,如果硬把它看做弹性杆件计算,初衬安全系数很小,达不到设计要求;从工程实践看,初衬期间的围岩与初衬都会有很大的变形,初衬后通常需要预留10cm左右的变形余量,由此可见,把初衬看做弹性杆件计算是不符合实际受力状态的。所以只有第三种观点比较切合实际，符合初衬受力与施工状况，初衬看做围岩的加固体，允许有较大的变形并进入塑性状态，这样更有利于发挥围岩与初衬的自承力。只要初衬后能保证围岩有一定的安全度，就能保证施工安全。隧洞运行中的安全则由初衬与二衬共同承担。

由于将初衬看做弹塑性加固材料，因而必须知道混凝土的 c、φ 值。目前国内外都在研究，提出的指标比较分散，尚无统一标准。混凝土的 c、φ 值可通过三轴试验或直剪试验求得，三轴试验可以直接获得 σ_3、σ_1，从而画出莫尔应力圆，莫尔应力圆的包线就是混凝土的强度极限曲线，由此即可得到 c、φ 值。混凝土立方体试件尺寸不能小于 $10cm^3$，目前真三轴试验仪器没有这种尺寸，无法进行。我们采用了尺寸为 $10cm^3$ 的立方体进行直剪试验试件，得到了混凝土强度极限曲线（图 16-8），近似为一条抛物线，但前面一段曲线接近直线，这里取法向应力为 0、2、4、6MPa 的剪应力值连成直线，按此直线段确定 C25 混凝土的 c、φ 值为 3.2MPa 和 61°。如果已知 c 为 3.2MPa，又知混凝土单轴抗压强度为 25MPa，即可得知单轴试验的极限曲线，此时 φ 值也为 61°，如图 16-8 所示。可见，如果 c 值是正确的话，那么它可以代表三轴试验的极限曲线，两种方法得到的 φ 值十分接近。由于目前没有测试混凝土 c、φ 值的试验标准，我们认为采用立方体试件对隧洞是合适的，获得的数值可以参考应用。上述曲线与数据都是实测值，具体应用时还要作一定的折减。考虑到混凝土进入塑性后强度会有所降低，这里暂且规定 c 值取其 2/3，φ 值取其 85%，对 C20、C25、C40 混凝土做了试验，直剪试验得到的上述混凝土的 c、φ 值，列表于 16-9。

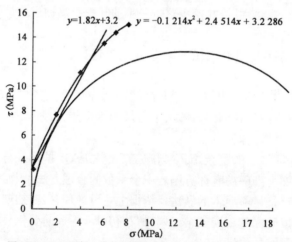

图 16-8　C25 混凝土直剪试验强度极限曲线与单轴试验极限曲线

依据直剪试验得到的各级混凝土的 c、φ 值，列于表 16-9。

各级混凝土 c、φ 值　　　　　　　　　　　　　　　　表 16-9

混凝土 c、φ 值		C20	C25	C30	C35	C40
按直剪试验得到	实测 c(MPa)	2.5	3.2	—	—	5.3
	实测 φ(°)	58	61	—	—	62.5
	采用 c(MPa)	1.7	2.1	—	—	3.5
	采用 φ(°)	50	51	—	—	53
按单轴抗压强度和抗拉强度设计值换算得到	采用 c(MPa)	1.6	1.9	2.3	2.6	2.9
	采用 φ(°)	52.6	53.8	54.9	55.9	56.7

此外,有些部门应用各级混凝土的单轴抗压强度与单轴抗拉强度绘制莫尔圆,作出公切线,即为强度极限曲线,由此也能得到 c、φ 值,其值列于表 16-9。

采用有限元极限分析法计算围岩安全系数。围岩荷载释放 50% 后,施加初期支护,要求初衬后围岩具有 1.15～1.20 以上的安全系数,以保证围岩施工时的安全,否则需要增加初期支护。

(3)二衬计算

在初期支护以后围岩与初衬仍会有很大的变形,但它的变形量应小于预留变形量,否则就会影响二衬施工。如果围岩稳定又没有蠕变,那么二衬不会承受荷载,只是安全储备;如果围岩有蠕变,二衬还会承受蠕变压力。严格来说,二衬应按流变计算,但为计算简便,只要合理考虑荷载的释放,仍然可用弹性或弹塑性计算。通常,荷载释放 90% 后施作二次支护,因而二衬只承受 10% 的释放荷载,这时荷载不大,二衬可按弹性杆件计算,并对二衬后的围岩与二衬本身提出一定的安全系数要求,以确保运行安全。

二衬视作为弹性杆件,受力后要计算弹性杆件的安全系数,该系数应满足设计要求。二衬的安全系数可以根据《公路隧道设计规范》(JTG D70—2004)规定分为抗压安全系数和抗拉安全系数。对于抗压安全系数,可以根据材料的极限强度计算出偏心受压构件的极限承载力 N_u,而后与实际内力 N 相比较,得出截面的抗压强度安全系数 K,即:

$$K = N_u/N \geqslant [K] \tag{16-34}$$

隧洞衬砌的安全系数一般按材料抗压强度控制,此时:

$$N_u = \varphi \alpha R_a bh \tag{16-35}$$

式中:R_a——混凝土的极限抗压强度;

$\qquad \varphi$——构件纵向弯曲系数;

$\qquad \alpha$——轴向力的偏心影响系数;

$\qquad b$——衬砌截面宽度;

$\qquad h$——衬砌截面厚度。

这一公式只能在 $e_0 = M/N \leqslant 0.5h$(公路隧道规范中规定宜用 $e_0 = M/N \leqslant 0.45h$)时才能适用,否则应按受拉控制,使用式(16-36)。

当有特殊要求需要考虑抗裂要求时,由材料的抗拉强度控制,此时:

$$N_u = 1.75\varphi R_l bh/(6e_0/h - 1) \tag{16-36}$$

式中:R_l——混凝土的极限抗拉强度。

当轴向力偏心距 $e_0 = M/N \leqslant 0.2h$ 时,考虑抗裂要求应用式(16-35)进行计算,但当轴向力偏心距 $e_0 = M/N > 0.2h$ 时,则用式(16-36)进行计算。

初步建议二衬的设计安全系数采用 1.40,考虑围岩安全系数大于 1.35,两者综合隧洞的总安全系数为 1.90。当然,安全系数的取值还有待积累工程经验后确定。

(4)实例分析

[例 16-2]

(1)模型的建立

以黄土隧道为例,根据《公路隧道设计规范》(JTG D70—2004)采用曲墙带仰拱的隧道洞型,并按双车道的尺寸建模,隧道高为 9.8m,跨度为 11.6m,隧道顶部到自由面的高度为 30m。一般隧洞有限元计算的边界范围按照 3～5 倍隧洞高或宽进行确定,为了进一步消除模型范围的影响,左右两侧采用 8 倍隧洞宽度,下部取 8 倍隧洞高度,上部取到自由面作为模型的计算范围。边界条件下部为固定铰约束,上部为自由边界,左右两侧为水平约束。模型所取总高为

118.2m,总宽为197.6m,模型示意图如图16-9,各关键点在模型中的位置已在图中标示出,关键点是二衬受力的控制点。

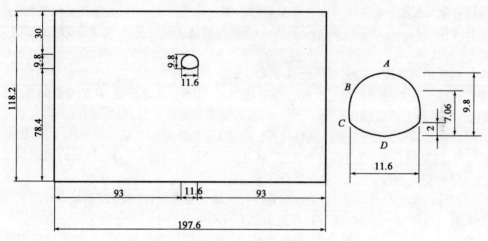

图16-9　隧道模型示意图(尺寸单位:m)

　　隧道计算按照平面应变问题考虑,采用理想弹塑性本构模型,莫尔—库仑准则或平面应变关联法则下莫尔—库仑匹配准则,也可采用平面应变非关联法则下莫尔—库仑匹配准则。隧道初衬和二衬采用C25混凝土,考虑到实际上隧道初衬会进入塑性,分析时初衬采用莫尔—库仑准则。本算例中采用的混凝土的黏聚力c和内摩擦角φ分别为2.72MPa和53.9°,考虑到初衬的损伤,混凝土的黏聚力c和内摩擦角φ分别折减1/3和20%;而二衬作为弹性杆件计算。隧道计算中结构尺寸采用三种方案:第一种初衬厚20cm,二衬厚40cm;第二种初衬厚30cm,二衬厚也为30cm;第三种初衬厚30cm,二衬厚40cm。材料参数见表16-10。

材料物理力学参数　　　　　　　　　　　　　　　表16-10

材　　料	重度 (kN/m³)	黏聚力 (MPa)	内摩擦角 (°)	剪胀角 (°)	弹性模量 (MPa)	泊松比	抗拉强度 (MPa)
黄土	17	0.02	22	22	40.00	0.35	0.01
初衬	26	2.72	53.9	53.9	29 500	0.2	1.78
二衬	26	—	—	—	29 500	0.2	—

　　计算中结构尺寸与围岩荷载释放率按下述八种工况进行计算,见表16-11。工况3、4、5考虑二衬承受10%的荷载释放,工况6、7、8考虑二衬承受20%的荷载释放。

计算工况　　　　　　　　　　　　　　　表16-11

工　　况	初衬厚度 (cm)	二衬厚度 (cm)	围岩荷载释放率 (%)	施加初衬后荷载释放率(%)	施加二衬后荷载释放率(%)
1	20	无二衬	50	50	无二衬
2	30	无二衬	50	50	无二衬
3	20	40	50	40	10
4	30	30	50	40	10
5	30	40	50	40	10
6	20	40	50	30	20
7	30	30	50	30	20
8	30	40	50	30	20

(2)计算结果及结果分析

为确保施工安全,首先应用有限元强度折减法计算工况 1 和工况 2 初衬后围岩的安全系数,其值见表 16-12。

工况 1、2 隧道围岩安全系数 表 16-12

工　况	初衬后围岩安全系数	工　况	初衬后围岩安全系数
1	1.24	2	1.38

如表 16-12 所示,工况 1 的情况下初衬后围岩的安全系数为 1.24,这一安全系数大于 1.20;工况 2 情况下,初衬后围岩安全系数大于 1.35,所以初衬后围岩是稳定的,为安全计,对新黄土地层这里选用 30cm 厚的初衬。黄土具有流变性,所以二衬还会承受一定荷载。

设计计算中,需要有三种隧道的安全系数:第一种是初衬后的围岩安全系数,这个安全系数会直接影响施工安全,如果施作初衬后围岩安全系数达到 1.35 以上,表明围岩和初衬都是很安全的;如果安全系数在 1.15~1.35 之间表明可以保证施工期间的安全;如果安全系数小于 1.15 则初衬不足,不能满足施工安全,需要加厚初衬,或进行超前支护等其他辅助措施以满足施工安全要求。第二种是二衬后围岩安全系数,此时围岩安全系数较初衬后围岩安全系数会有所提高,但应保证在 1.35 以上,确保围岩安全。第三种就是二衬本身的安全系数,如果二衬只作为安全储备,这时可依据经验来确定二衬厚度;如果二衬承受一定荷载,则按上述要求,二衬安全系数不应低于 1.4。

采用 FLAC 提供的衬砌单元计算得到了 A、B、C、D 四个截面的弯矩、轴力以及二衬的安全系数,见表 16-13。工况 3、4、5 都考虑了黄土隧道承受流变压力,设定二衬承受 10% 的荷载。围岩与初衬视为弹塑性,二衬视为弹性杆件进行计算。从表 16-13 中可以看出,工况 3 时二衬在 C 点与 D 点的安全系数比较小,尤其是拱脚 C 点处安全系数只有 0.67,达不到设计要求。工况 4 中二衬安全系数最小点为拱顶 A 点,其值为 1.26,也达不到设计要求。工况 5 加厚了二衬厚度,A 点安全系数提高到 1.45,刚好满足设计要求;同时加二衬后的围岩安全系数为 1.46,也满足要求,表明选用工况 5 隧道结构尺寸是合适的,这一尺寸也与目前工程实际采用的尺寸相适应。工况 3、4、5 二衬的弯矩与轴力图,分别如图 16-10~图 16-12 所示。

工况 3、4、5 隧道围岩及衬砌安全系数 表 16-13

工况	围岩荷载释放率（%）	施加初衬后荷载释放率（%）	施加二衬后荷载释放率（%）	关键点编号	弯矩（kN·m）	轴力（kN）	二衬安全系数	加二衬后围岩安全系数
3	50	40	10	A	20.259	72.088	6.04	1.43
3	50	40	10	B	42.841	180.266	3.03	1.43
3	50	40	10	C	152.313	208.737	0.67	1.43
3	50	40	10	D	118.479	491.687	1.09	1.43
4	50	40	10	A	59.646	361.91	1.26	1.45
4	50	40	10	B	1.093	19.862	227.08	1.45
4	50	40	10	C	44.636	205.83	1.53	1.45
4	50	40	10	D	32.684	499.85	6.83	1.45
5	50	40	10	A	91.346	405.798	1.45	1.46
5	50	40	10	B	4.895	64.815	91.25	1.46
5	50	40	10	C	88.615	423.832	1.55	1.46
5	50	40	10	D	58.805	469.605	7.20	1.46

为了和工况3、4、5做一个对比,工况6、7、8考虑二衬承受20的荷载释放,得到二衬A、B、C、D四个截面的内力及安全系数,见表16-14。从工况6、7、8的二衬安全系数可以看出,最不利位置都在拱脚的C处,C点的安全系数分别为0.34,0.22,0.22。此时二衬必须增加厚度或配筋。由上分析可见,如果二衬承受20%的释放荷载,那么二衬安全系数难以达到设计要求。加厚初衬可有效增加二衬安全系数,这是一种合理的处置方法,与目前黄土隧道建设中加厚初衬的做法是一致的。

 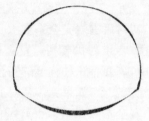

图16-10 工况3二衬弯矩图和轴力图(彩图见480页)

 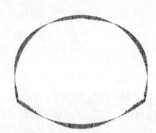

图16-11 工况4二衬弯矩图和轴力图(彩图见480页)

 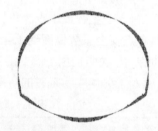

图16-12 工况5二衬弯矩图和轴力图(彩图见480页)

工况6、7、8隧道围岩及衬砌安全系数　　　　　　　　　　表16-14

工况	围岩荷载释放率(%)	施加初衬后荷载释放率(%)	施加二衬后荷载释放率(%)	关键点编号	弯矩(kN·m)	轴力(kN)	二衬安全系数	加二衬后隧道安全系数
6	50	30	20	A	145.657	400.506	0.78	1.42
6	50	30	20	B	77.315	104.15	1.33	1.42
6	50	30	20	C	306.876	542.049	0.34	1.42
6	50	30	20	D	276.799	77.201	0.34	1.42
7	50	30	20	A	70.922	79.917	0.78	1.46
7	50	30	20	B	69.357	1372.157	3.43	1.46
7	50	30	20	C	443.437	883.732	0.13	1.46
7	50	30	20	D	300.471	1204.948	0.22	1.46

工况	围岩荷载释放率（%）	施加初衬后荷载释放率（%）	施加二衬后荷载释放率（%）	关键点编号	弯矩（kN·m）	轴力（kN）	二衬安全系数	加二衬后隧道安全系数
8	50	30	20	A	244.064	552.897	0.45	1.47
8	50	30	20	B	29.474	115.404	4.29	1.47
8	50	30	20	C	497.491	1192.847	0.22	1.47
8	50	30	20	D	398.894	463.732	0.25	1.47

16.3.3　浅埋隧洞（含岩体隧洞）的设计计算

1. 浅埋和深埋隧洞的界定

为了叙述方便，本节既包括浅埋土体隧洞又包括浅埋岩体隧洞的设计计算。为安全计，浅埋隧洞既要满足按地层—结构法计算，还要按松散压力验算。

（1）关于隧洞深浅埋分界标准的思考

当前隧洞设计施工中都把隧洞分为深埋隧洞与浅埋隧洞，这是由于浅埋与深埋情况下隧洞破坏的位置与形式不同，因而结构受力状态也不同，这是深浅埋分界的根本原因。此外，隧洞施工中浅埋与深埋隧洞施工方法不同，从施工角度也需要将隧洞分为浅埋与深埋。从设计中看，依据普氏压力拱理论，认为地层只要有足够埋深就一定能自稳，结构只承受普氏压力拱下的岩土的重量，按此定义为深埋隧洞；当隧洞上覆岩层厚度不够时，就会发生塌至地表的破坏，结构主要承受上覆地层压力，按此定义为浅埋隧洞。至今工程上都采用这一定义提出深浅埋分界标准，但这一标准对地层是有要求的，必须要求围岩能够达到自稳，如Ⅰ、Ⅱ、Ⅲ围岩中的天然山洞和小跨度黄土洞室，没有衬砌也能稳定。依据围岩自稳要求就可确定深浅埋分界标准，在工程上应用是合适的。然而，按照前述可知，Ⅳ～Ⅵ级围岩中修建大跨度隧洞，无论深埋、浅埋都难以自稳，这样就无法找到深浅埋分界标准。比如在新黄土和饱和黄土中修建中、大跨度的隧洞，无论埋深多大，拱顶与侧壁围岩都不能达到自稳，因此就无法找到上述的深浅埋分界标准。工程实践中有些错误理念，按压力拱理论认为浅埋隧洞和超浅埋隧洞只要把拱顶结构修好了，就不再有问题了，然而恰恰在开挖侧墙过程中围岩出现侧向破坏，最终导致上覆岩层包括拱顶结构在内整体坍塌，直至地表。这样的工程事故屡见不鲜，因此这类分界方法有待改进。

如果设计计算中采用弹塑性地层—结构法计算，实际上并不需要划分深浅埋，因为这种计算方法对深浅埋隧洞都适用。但为安全计，对浅埋隧洞还需要采用松散压力进行验算，因为上覆岩土受雨水、开挖等影响，或者岩体中存在近似垂直的软弱结构面，岩土强度大幅降低，此外由于岩土与隧洞接触不严密等原因，可能造成上覆岩土层松动塌落，所以工程上尚需进行深浅埋分界。

（2）传统的深浅埋分界标准

依据第 15 章研究结果，当采用岩柱理论确定深埋与浅埋隧洞的分界标准时，可采用极限埋深 H_{max}，但这与实际情况不符，太沙基公式也有类似情况。普氏依据深埋洞室形成压力拱的高度，并乘以安全系数来确定深、浅埋的分界标准：

$$H_p = 2.5h_1 \tag{16-37}$$

式中：H_p——浅埋隧洞分界深度（m）；

h_1——普氏压力拱高度(m)。

由于普氏压力拱高度的确定不够合理,工程上常以工程人员的经验来确定压力拱高,使这一公式具有很强的经验性,而一直引用至今。

近年来,我国相关规范采用深埋隧洞松散压力经验公式算出的等效荷载高度 h_q 并乘以安全系数作为分界标准。

在隧洞工程中,根据埋深大小将隧洞分为深埋、浅埋和超浅埋隧洞。其分界标准不是简单地以隧洞拱顶至地表的厚度区分,而应根据上覆岩层的工程地质和水文地质特征、隧洞开挖断面情况等进行综合判定。

《公路隧道设计规范》(JTG D70—2004)规定的浅埋和深埋隧洞分界,可结合地质条件、施工方法等因素按荷载等效高度值判定,表达式为:

$$H_p = (2 \sim 2.5)h_q \tag{16-38}$$

式中:H_p——浅埋隧洞分界深度(m);

   h_q——荷载等效高度值(m),并有:

$$h_q = \frac{q}{\gamma} \tag{16-39}$$

   q——深埋隧洞垂直均布压力(kN/m^2);

   γ——围岩重度(kN/m^3)。

在矿山法施工的条件下,Ⅳ~Ⅵ级围岩取:

$$H_p = 2.5h_q \tag{16-40}$$

Ⅰ~Ⅲ级围岩取:

$$H_p = 2h_q \tag{16-41}$$

这种分类方法,对Ⅳ~Ⅵ级围岩大跨度隧洞往往达不到上述围岩稳定的要求。围岩是否稳定要看围岩稳定安全系数,当稳定安全系数大于1,并有足够安全度时,方可认为围岩是稳定的,也可按此确定围岩分界标准;如果稳定安全系数不足,甚至小于1,那么无论埋深多大,它都是不稳定的,施工中必须采取及时、快速、强有力的初次支护。

(3)基于弹塑性理论的土体隧洞深浅埋的分界标准

实际上,工程中隧洞深、浅埋标准十分复杂,它不仅受隧洞破坏形式的影响,还要考虑围岩强度、岩块塌落、岩体构造、结构面以及围岩环境与施工方法等影响。

由于土体强度很低,受环境影响最终都会降到破坏状态,因而可采用第15章所述,按土体隧洞破坏形式来确定深、浅埋分界深度。但考虑到上覆土层受水与环境的影响,浅层土体强度将会大幅降低,受力环境恶化,因而实际的分界深度 H_p 必须考虑安全系数,工程上常乘以2~2.5的安全系数,即:

$$H_p = (2 \sim 2.5)h'_q \tag{16-42}$$

式中:h'_q——按隧洞破坏形式确定的深、浅埋分界深度,从拱顶到地表的土体厚度。

显然,这种分类方法不能判定围岩是否稳定,需要依据安全系数来判定围岩稳定性。

(4)关于岩体隧洞深、浅埋分界标准的考虑

确定岩体的深、浅埋分界深度十分复杂,还要考虑岩体中不稳定岩块可能塌落的影响,以及上覆岩层地质构造、结构面状态、水能否渗入岩体等条件的影响。由于岩体强度很高,Ⅰ、Ⅱ、Ⅲ级围岩一般不会降到失稳破坏状态,可按稳定性考虑岩体深、浅埋分界标准。这一标准与岩体强度和隧洞跨度有关,目前仍可按现行相关规范分类执行。

Ⅳ、Ⅴ级岩体破碎、裂隙多,尤其是当上部岩体存在有近似垂直的软弱节理面,又有水渗入岩层时,上部岩体塌落高度可达数十米,甚至百米以上。因而除按相关规范方法确定深、浅埋分界深度外,还必须视具体情况通过对工程地质与岩体结构特性的分析,按经验另行确定。总之,岩体的深、浅埋分界深度还有待深入研究。

2.浅埋隧洞衬砌的设计计算

1)隧洞开挖方法和初期支护的设计计算

浅埋隧洞设计时应对隧洞开挖方法和步骤,初期支护参数进行合理选取,应对各种开挖和支护参数进行分析对比,选择合理的开挖支护方式。

(1)浅埋隧洞开挖和支护原则

不同的开挖方法和开挖顺序对于地表沉降有很大影响,隧洞施工方法的确定应结合浅埋隧洞变形与受力特点,根据隧洞埋深、围岩条件和隧洞断面大小选择有利于保持围岩稳定性和控制沉降的方式。采取"化大为小"的方式,对土体,Ⅳ、Ⅴ级岩体和大跨度隧洞应优先采用双侧壁、CRD或CD法开挖。具体工法比较见表16-15。

各种施工方法对比 表16-15

工法名称	台阶法	双侧壁法	CD法	CRD法
工法特点	环形开挖留核心土	变大跨为小跨	变大跨为中跨	变大跨为中跨,步步封闭
施工难度	较小	最大	中等	较大
预计地面沉降	大	小	较小	小
施工速度	快	慢	较慢	较慢
工程造价	低	最高	较低	高
使用范围	跨径小,地质较好	超浅埋	浅埋	超浅埋

大量工程实例表明,覆盖层浅时隧洞围岩自身难以形成浅埋压力拱,使地表易于塌陷,因此浅埋段采用的暗挖设计与施工方法不能与深埋隧洞相同,而应采取适合浅埋段的暗挖设计与施工方法。其具体要求如下:

①对于浅埋段,如果采用全断面爆破开挖,对围岩的扰动大,会导致全周壁围岩出现松弛,增大塌方的可能性,且支护结构难于及时施作,并增大隧洞造价,所以不应采用全断面法开挖。根据围岩及周围环境条件,浅埋段宜采用单侧壁导坑法、双侧壁导坑法或环形开挖留核心土法开挖。围岩的完整性较好时,可采用台阶法开挖。

②开挖后,应尽快施作初期支护。初期支护可采用喷射混凝土、锚杆、钢筋网或钢支撑等支护形式。锚喷支护的施工,应满足相关规范对其提出的要求。

③浅埋段围岩自稳能力差,应会同设计单位根据地质条件、施工效果以及工程费用等对其确定辅助施工措施,如采取设置地表锚杆、管棚、超前小导管等支护和注浆措施加固围岩等。

④应采取下列技术措施控制围岩变形:

a.爆破开挖时,应短进尺、弱爆破、早支护,以减少对围岩的扰动。

b.布设拱脚锚杆,提高拱脚围岩的承载能力。

c.及时施作仰拱或临时仰拱。

d.地质条件差或有涌水时,可采用地表预注浆结合洞内环形固结注浆。

⑤浅埋段应增加对地表沉降、拱顶下沉、洞周收敛等的量测及反馈,其量测频率不宜小于深埋段的2倍。

超浅埋隧洞覆盖层更薄,一般都需采取措施加固周围地层。超浅埋暗挖法的特点,是采用先柔后刚的复合式衬砌作为新型支护结构体系,并考虑由初次支护承担全部基本荷载,二次模筑衬砌作为安全储备。在施工全过程中,针对浅埋隧洞的特点采取超前支护、改良地层和注浆加固等辅助施工技术加固围岩,并应用监控量测与信息反馈技术指导施工和优化设计。

超浅埋暗挖法施工的基本原则可概括为"管超前,严注浆,短开挖,强支护,快封闭,勤量测",其具体内容分别包括:

①管超前。指采用超前导管支护围岩。实际上是一种超前支护的措施,但应与地层注浆同时采用,以提高掌子面的稳定性,防止围岩松弛和坍塌。

②严注浆。在导管超前支护后,应立即压注水泥砂浆或其他化学浆液填充围岩空隙,使隧洞周围形成一个具有一定强度的壳体,以增强围岩的自稳能力。

③短开挖。实行一次注浆,多次开挖。即限制每一次开挖进尺的长度,以减小对围岩的扰动,从而增加围岩的自稳性。

④强支护。在浅埋松软地层中施工时,初期支护必须十分牢固并具有较大的刚度,以控制开挖初期的围岩的变形。

⑤快封闭。在台阶法施工中,实行开挖一环(一次进尺),封闭一环,以提高初期支护的承载能力。上台阶过长时,围岩变形将增加较快,为及时控制围岩的变形,必须采用临时仰拱封闭措施,故应实行开挖一环(一次进尺)后即封闭一环。

⑥勤量测。对隧洞施工过程经常进行量测,以便随时掌握施工动态和及时反馈,并在必要时及时采取相应的措施,如增加初期支护的刚度等保证工程施工的安全性。

(2)初期支护的设计计算

对于浅埋隧洞,既要承受围岩形变压力,又要承受围岩松散压力,除受力外,有时还要考虑围岩的沉降,以控制地面变形。因而浅埋隧洞设计既要满足形变压力计算,又要满足松散压力计算。

浅埋隧洞围岩的自承载能力很弱,开挖后应及时施作初期支护,并应有足够的刚度和强度,以限制地层的过大变形和松动荷载的增大,而不是最大程度地发挥围岩的自承能力。这就更加体现了初期支护要承受主要荷载,又要确保施工安全的理念。

初期支护应按有限元极限分析法进行计算,并满足施工要求的安全系数。尤其对Ⅳ、Ⅴ级围岩与大型隧洞更需通过严格计算,计算中还必须考虑浅埋隧洞遇水及各种不利受力环境时的强度降低,逐渐改变只以经验确定初衬的方法,以确保施工安全。

2)二次衬砌的设计计算

浅埋隧洞二衬需要按形变压力计算,保证隧洞的稳定。由于浅埋隧洞上覆岩层通常不能形成卸载拱,容易产生冒顶塌方。从安全起见,故不管是土体还是何种围岩级别,对结构均应采用荷载—结构法进行结构计算,计算时由初衬和二衬共同承受松散压力,目前相关规范认为由二衬承受松散压力,这是否合理,尚待研究。荷载—结构法计算的关键在于围岩压力的合理选取。

3)超前预支护的设计

浅埋隧洞一般位于洞口部位,围岩较为破碎,易发生塌方等病害,特别对于超浅埋隧洞和围岩条件较差时,必要的超前预支护对于保持围岩稳定性和控制地表变形具有十分重要的作用。超前预支护大致分为三类:一是混凝土薄壳式;二是水平喷射注浆式;三是超前导管注浆式。第三种方式又可细分为超前小导管、超前注浆锚杆、超前大管棚。

是否采用超前支护以及采用何种支护方式应根据洞顶覆土厚度、围岩条件、开挖洞室大小以及环境保护控制条件综合确定。超前支护方式及参数一般由工程类比法确定,还应采用数值极限分析方法加以核算。

（1）混凝土薄壳式

对于双线交通隧道，在掌子面上，沿隧道轮廓线拱部外围，先开挖厚度15～50cm拱形槽，立即用混凝土或砂浆填充，形成一个连续的拱形壳体，然后，再开挖洞内的岩土。该方法适应于岩土强度极低，埋置深度比较大的隧道。当隧道埋置深度比较浅时，施工时应加强地面沉降观测。这种形式的超前支护，一般厚度17cm，设置范围在拱部120°左右，纵向仰角5°～7°，纵向开挖长度4m为宜，纵向充填长度3.5m左右，超前残余长度1m，搭接长度0.5m。

（2）水平喷射注浆式

开挖作业之前，在掌子面上半部，沿着拱部的周围以水平钻孔方式均匀布设钻孔，孔的深度约10m，然后，注射水泥砂浆，形成一个连续的拱形结构体。这种超前支护，在拱部设置范围一般为120°～180°，钻孔仰角5°～10°，纵向钻孔长度13m，纵向充填长度为10m，超前残余长度为4m，搭接长1m，设置间距为60cm。

（3）超前导管注浆式

该种超前支护方式，基本上与前一种方法相似，不同的是钻孔后，打设带小孔的钢管，通过钢管上的小孔，向围岩中注射浆液，以加固围岩，形成超前管棚。超前导管构造技术要求如下：

①超前小导管支护技术要求

超前小导管支护用小导管和通过小导管注射浆液加固围岩，构筑成管棚支护。小导管宜采用无缝钢管，直径42～50mm，长度3～5m。小导管的前端部钻制有注浆孔，孔径宜为6～8mm，间距宜为10～20cm，呈梅花形布置，尾部长度不小于30cm。

小导管环向布设间距可为20～50cm，外仰角10°～30°，两组小导管间纵向水平搭接长度不小于100cm。超前小导管上的注浆孔径应不小于110mm，注浆压力应根据现场试验确定。

②超前注浆锚杆技术要求

超前锚杆设置范围，对于拱部，超前锚杆宜为隧道拱部外弧全长的1/6～1/2。

锚杆直径宜取20～25mm。锚杆长度宜为3～5m，拱部超前锚杆，其纵向两排之间应有1m以上的水平搭接段。

锚杆间距：Ⅳ级围岩，宜为40～60cm；Ⅴ级围岩，宜为30～50cm。锚杆孔直径不应小于40mm，可设一排或数排。超前锚杆外仰角，宜为5°～30°。充填的砂浆宜采用早强砂浆，其强度等级不应低于M20。

③超前大管棚技术要求

与小导管相比，大管棚的钢管直径大、长度长。大导管环向间距一般为30～50cm，纵向两组管棚之间应大于3.0m的水平搭接长度。导管宜选用热轧无缝钢管，外直径80～180mm，长度10～45m，段长4～6m。在导管上钻注浆孔，孔径宜为10～16mm，间距宜为15～20cm，呈梅花形布置。当管棚刚度不足时，可在钢管内注入水泥砂浆，以增加其刚度。

16.4 深埋岩体隧洞的设计计算

16.4.1 概述

现行岩体隧洞支护结构设计方法：铁道部门采用荷载—结构法；公路部门主要采用地层—

结构法,同时采用荷载—结构法验算。深埋岩质隧洞主要承受形变压力,采用地层—结构法更为合理。不过现行设计中还存在如下两个问题,严重影响计算的准确性:一是依据经验对围岩塑性区大小或洞周位移极限值进行判断,由此决定支护结构尺寸缺乏足够科学依据;二是现行相关规范对各级围岩岩体强度参数的确定缺乏充分的论据,需要进行修正。前者可参照前述土体隧洞设计计算方法加以解决,后者将通过对各级围岩稳定性标准的分析,对各级围岩给出其相应无衬砌隧洞围岩稳定安全系数值,据此反算出各级围岩岩体的强度参数,以提高其准确性,有条件时可按位移反分析法反算确定岩体强度参数。

16.4.2　按无衬砌隧洞围岩稳定安全系数值反推各级围岩强度参数

岩体是有节理裂隙的,它往往决定了岩体工程的实际破坏状态,隧洞工程也不例外。因而依据岩体中实测的岩块强度与结构面强度进行分析,可以得到较准确的计算结果。但这种方法在实际隧洞工程中应用有一定困难,因为要在长距离隧洞内,完全弄清未开挖隧道的岩体结构状况是不可能的,因而通常采用等代岩体强度的方法,把岩体视为均质体,通过围岩分级得出各级围岩岩体的强度参数,问题是如何能使给出的各级围岩强度参数更接近实际,从而可以真正作为设计计算的依据。

一般来说,岩块强度与岩体结构面强度都是可以通过测试确定,而岩体强度难以采用测试方法确定,即使做现场试验,由于试块尺寸有限,也难以代表真正的岩体强度。当前相关规范中给出的各类围岩岩体强度都是依据工程经验给定的,它与具体的岩石无关,且有较大的随意性。尽管这是一种经验方法,但它可以控制各级围岩强度在一定范围之内。经验的方法也需要尽量细化和改进,使其更接近客观实际。为此,依据各级围岩设定的稳定性,建立相应的稳定安全系数定量指标,并据此反推出各级围岩岩体的强度参数,从而对现行各级围岩强度参数值进行修正,按此计算更能准确反映隧洞受力的真实状况。

各级各类围岩的安全系数标志着各类围岩的稳定性。各种围岩分级中都有一些表示围岩稳定性的标志,一般都以不同跨度隧洞的围岩稳定时间作为标志。表 15-20 中提出了各级围岩的稳定性标志,尤其还提出了以无支护情况下隧洞各级围岩最小安全系数作为围岩稳定性的定量标志。依据各级围岩的最小安全系数,可以反推出各级围岩的强度参数,见表 15-27。

表 15-20 与表 15-27 中的稳定性标志和围岩参数与现行公路隧道规范、铁路隧道规范基本相似,但有如下特点:

(1)规范的围岩岩体分级中,一般都规定既适用于岩体,还适用于土体。本分级中只对岩质隧洞进行分级,而不包括土体。因为土体是均质材料,强度参数可以通过测试确定。

(2)岩质隧洞围岩按照稳定性分级,将岩体分成长期稳定、稳定、基本稳定、不稳定、很不稳定 5 级(表 15-19)。按其洞跨的不同,其表现的稳定性不同。因而稳定性指标除与围岩质量有关外,还与洞跨有关。

(3)各级围岩稳定性指标一般采用无支护情况下围岩的自稳时间,自稳时间越短稳定性越差,但这一指标实际应用中很难控制。因而本分类中提出了用无支护情况下隧洞各级围岩最小安全系数作为围岩稳定性的定量标志。

(4)为了区别同一级别,不同洞跨的围岩稳定性,表 15-20 与表 15-27 中又将Ⅲ、Ⅳ级围岩各自细分为两级:Ⅲ1、Ⅳ1 级对应洞跨 10m 以内;Ⅲ2、Ⅳ2 级对应洞跨 10～20m,各自对应不同的安全系数。同一级围岩中,大跨度隧洞稳定性小于小跨度隧洞,以反映真实的围岩稳定性。

(5)表 16-16 列出了《公路隧道设计规范》(JTG D70—2004)规定的与本分类建议的各级

围岩岩体强度参数值。由表 16-16 可见:与规范比较,c、φ 值降低了,尤其 Ⅰ、Ⅱ 围岩 φ 值降低幅度较大,其中 Ⅰ、Ⅱ 类围岩的 φ 值取规范值的 0.7～0.8 倍。这是因为规范给定的 φ 值基本上为岩块的 φ 值,而岩体的 φ 值通常取岩块 φ 值的 0.8 倍左右。Ⅲ、Ⅳ、Ⅴ 级围岩 c 值降低较多。按上述建议数值计算各级围岩稳定性能更接近实际情况,不会出现计算出的围岩稳定性与围岩分级中设定的稳定性不相符合的情况。大跨度隧洞 φ 值低于小跨度隧洞,其原因是将稳定性指标与表中最小安全系数对应,大跨度隧洞稳定性低于小跨度隧洞。

岩体强度参数的规范值与建议值 表 16-16

围岩类别		规 范 值		建 议 值	
		c(MPa)	φ(°)	c(MPa)	φ(°)
Ⅰ		>2.1	>60°	>2.1	>48°
Ⅱ		1.5～2.1	50°～60°	1.3～2.1	37°～48°
Ⅲ	Ⅲ1	0.7～1.5	39°～50°	0.3～1.3	32°～37°
	Ⅲ2	0.7～1.5	39°～50°	0.3～1.3	30°～35°
Ⅳ	Ⅳ1	0.2～0.7	27°～39°	0.1～0.3	27°～32°
	Ⅳ2	0.2～0.7	27°～39°	0.1～0.3	25°～30°
Ⅴ		0.05～0.2	20°～27°	<0.1	<25°或<27°

应当注意,目前有些勘测设计人员常将分级标准降低,如将 Ⅲ 级围岩中岩质相对较差的围岩划为 Ⅳ 级;如将 Ⅳ 级围岩中岩质相对较差的围岩划为 Ⅴ 级。

(6)本分类中岩质隧洞的适用对象为跨度 20m 以内,跨高比 2 左右的公路隧道、铁路隧道、城市轨道、地下厂房及各类库房,埋深在 1 000m 以内。通过对 20m 与 10m 跨度隧洞,采用各级岩体强度参数的最低值,按有限元强度折减法求解隧道的安全系数,获得各级围岩在不同埋深下的安全系数(表 15-28),由此验证了所建议的围岩参数的准确性。

16.4.3 深埋岩体隧洞设计计算方法

对于 Ⅰ～Ⅴ 级岩质隧洞可用形变压力计算。在有支护情况下,它既要保证围岩的一定安全度,又要保证衬砌足够安全。下面通过一个算例加以介绍。

[例 16-3] 某大型地下人防工程,其跨度为 20m,侧墙高 10m,埋深 100m,取拱高为 5m,矢跨比为 1/4。洞室所处位置岩体完整性较差,按《公路隧道设计规范》(JTG D70—2004)介于 Ⅲ 级和 Ⅳ 级之间。因而计算中,岩体强度取 Ⅲ2 的最低值,也就是 Ⅳ2 的最高值,$c=0.3$MPa,$\varphi=30°$,作为设计主要依据;并以 Ⅳ2 的平均值 $c=0.2$MPa,$\varphi=28°$ 作为设计参考依据。

1. 计算模型

在地下洞室开挖工程中,采用锚喷支护作为初期支护,对 Ⅳ 级围岩还设有钢拱架(但计算中未考虑),以保证围岩施工中的稳定性。锚杆长度为 5m,为了简化计算,在模型中采用提高围岩黏聚力 c 值的方法以取代锚杆。依据两种模型算出的拱顶位移值相等的原则,将围岩黏聚力 c 提高 10%,以考虑锚杆的加固效果。初期支护拱部与边墙为按围岩等级分别取 20cm(Ⅲ2 最低值)、30cm(Ⅳ2 平均值)的 C25 喷射混凝土。二次支护:拱、墙、仰拱都按围岩等级分别取 30cm(Ⅲ2 最低值)、40cm(Ⅳ2 平均值)厚混凝土。

2. 计算方法

计算方法采用有限元极限分析法,按照平面应变问题计算,采用理想弹塑性本构模型和平面应变关联法则下莫尔—库仑匹配 DP3 准则。计算范围为:上取自地面,下部取至洞室直径的 2.5 倍,横向取至洞室直径的 3.5 倍。边界条件定义为:左右两侧水平约束,下部固定,上部为自由边界。采用 ANSYS 软件对围岩采用平面 6 节点三角形单元 plane2 来模拟,对衬砌结构用梁单元 beam3 模拟。

岩质隧洞荷载释放较大,对于初期支护,围岩释放荷载可采用 50%～60%;对于二次支护,Ⅰ～Ⅲ级围岩可视作安全储备,Ⅳ～Ⅴ级围岩可采用 90% 释放荷载。

3. 计算步骤

(1)计算未开挖时的初始应力场(初始应力平衡)。

(2)对于初期支护:在释放 50% 应力后施加初期支护,然后完全释放荷载,计算初衬后的围岩安全系数。初衬混凝土 $c = 2.72$MPa,$\varphi = 53.9°$[1],c 值取其 $\frac{2}{3}$,φ 值取其 $\frac{4}{5}$。

(3)对于二次支护:释放 90% 荷载后施加二次支护,计算围岩的安全系数和衬砌的安全系数。计算方法与深埋土体隧洞相同。

4. 计算结果

针对不同岩体强度参数和不同二衬厚度,分别算出初衬后的围岩安全系数及二衬后围岩与衬砌的安全系数。计算结果列于表 16-17。

释放 50% 应力作初衬、不再释放应力作二衬时衬砌及围岩安全系数　　表 16-17

围 岩 强 度	衬砌弯矩 (kN·m)	衬砌轴力 (kN)	衬砌偏心距 e_0 (m)	二衬安全系数	围岩安全系数	
					初衬后	二衬后
Ⅲ2 最低值	61.36	1 543.87	0.133	3.33	1.41	1.60
Ⅳ2 平均值	181.74	2 779.51	0.093	4.61	1.16	1.38

图 16-13 示出围岩岩体强度(Ⅲ2 最低值),释放 50% 荷载施作初衬后算出的围岩的塑性区;图 16-14 与图 16-15 示出二衬的弯矩图和轴力图。

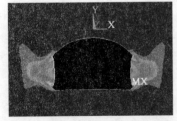

图 16-13　释放 50% 荷载施作初衬后围岩的塑性区(彩图见 480 页)

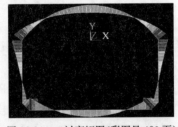

图 16-14　二衬弯矩图(彩图见 480 页)

图 16-15　二衬轴力图(彩图见 480 页)

对于Ⅲ2级围岩的最低值、Ⅳ2级围岩平均值,本设计初衬前释放 50% 荷载,初期支护对拱部与边墙按围岩等级分别施作喷射厚度 20cm 与 30cm 的混凝土,初期支护以后围岩的安全系数能分别达到 1.41、1.16。二次支护对拱、墙、仰拱按围岩等级分别施作 30cm(Ⅲ2级最低值)、40cm(Ⅳ2级平均值)厚混凝土,二次支护以后围岩的安全系数能分别达到 1.60、1.38,二衬的安全系数能分别达到 3.33、4.61。由上可见,对于围岩Ⅲ2最低值能满足设计的要求,但对Ⅳ2级平均值二衬后安全系数不够,应适当增加二衬厚度。

---

[1]这里的混凝土 c、φ 值按单轴抗压强度和抗拉强度标准值换算得到。

16.5 隧洞信息化设计与施工

信息化设计与施工技术反映在设计上即根据施工过程中的实际情况,及时调整设计参数,进行反馈设计;反映在施工上即通过施工过程中的超前地质预报和监控量测信息为动态反馈设计提供依据,两者相辅相成。

16.5.1 信息化施工

信息化施工是为动态反馈设计提供反馈信息。其反馈的信息包括地质超前预报、监控量测数据、掌子面地质描述和实际发生的地质条件。

1. 超前地质预报

超前地质预报信息和掌子面地质描述,是推断掌子面进深方向地质状况的基础信息。施工单位根据预报信息,及时做出施工决策,或改变开挖方式,或采取应对措施,对围岩进行加固。例如,超前预报出的进深方向可能有断层且富水,监控量测信息发现支护下沉或变形过大,这些信息应当看做是向施工单位发出预警,同时,引起设计部门关注,研究做出是否对预设计进行修改的决断。

目前,超前地质预报方法有多种,归纳起来可分为两大类:一类是直接方法;一类是间接方法。

直接方法,就是通常所说的地质法和钻探法。在隧道勘察设计阶段,对隧道沿线进行地质调查,观察地表岩层露头,钻孔勘探,从而获得地质信息,作为隧道预设计的依据。在开挖过程中,通过观测已开挖的围岩状况,进行地质描述,做出施工记录,推断前方围岩状况,或直接对围岩进行监控量测,掌握围岩力学变化,及时做出围岩状态的信息预报,或进行短距离钻孔取芯,直接获得前方短距离地质信息。

间接方法,就是使用地球物理技术进行勘探,亦称物探法。目前,国内外采用的物探预报方法主要有地面电测深法、地面浅埋地震法、地震反射波预报法(包括 TSP、TRT 等)、洞内地质雷达法、洞内瞬变电磁法等。前面两种方法主要用于勘察设计阶段,所得到的资料相对较粗,后三种方法主要在施工阶段对掌子面前方开展探测和预报,其精度比前两者高。物探方法按其探测原理,大致归纳以下几类:①利用岩石密度差别,进行地质勘探,称为重力勘探;②利用岩石磁性差别进行地质勘探,称为磁法勘探;③利用岩石电性差别进行地质勘探,称为电法勘探;④利用岩石弹性差别进行地质勘探,称为地震勘探。

物探方法操作方便,预测范围大,速度快,费用省,有利于提高隧道掘进的进度。但由于物探方法是一种非直接采集地质信息方法,往往具有多解性。所以,在其进行地质预报时,应结合地质调查、监控量测数据、钻探资料或其他直接资料相比较,对前方围岩才能做出准确的判断。

2. 二次衬砌时间的施工条件

为了确保工程施工的安全性,位移量达到预测值的 80% 时,应提出报警通知,以引起注意并加强观测。

为充分发挥围岩自支承能力的作用,二次衬砌结构应在满足下列要求时施作:

(1)已产生的各项位移已达预计总位移量的 90% 以上,由此可见二衬承受的释放荷载是不大的。

(2)周边位移速率小于 0.1～0.2mm/d，或拱顶下沉速率小于 0.07～0.15mm/d。

(3)各测试项目的位移速率的变化率小于零，围岩已基本稳定。

3. 施工中的监控量测

(1)监控量测的目的与内容

采用新奥法施作隧道时，一般都需对围岩和支护结构的变形等进行监测。这是由于复合支护结构作用的发挥离不开调动围岩的自支承能力，而隧道沿线地质构造的展布及地层岩性具有明显的随机性，因而只有根据当前的地质环境条件随时调整施工方法和支护结构的设计参数，才能确保工程施工的安全性。可见为了确保工程施工的安全性，隧道施工中必须重视经常对地质条件开展调查，以及对围岩地层的变形量持续进行监测。因为洞周围岩的受力变形状态通常是多种因素综合影响的结果，而且地质条件的变化通常在其中起控制作用，因而围岩地层的变形状态可以用作定量评价工程施工安全性的依据。显而易见，隧道穿越软弱地层或断层破碎带时，更有必要随时开展工程监测。

隧道工程施工中，除地质素描外，由现场监测获得的量测信息可分为位移量信息和应力信息两类。其中位移量信息主要包括洞周收敛位移、拱顶下沉量、地表沉降量及围岩内部的位移，应力量信息有围岩与喷射混凝土层之间的接触压力、锚杆轴力、钢拱架应力和混凝土衬砌的应力等。其中常见的量测信息是位移量信息，应力信息通常在围岩地质条件较差时量测，并常用于需对支护结构体系的受力变形状态做进一步分析的场合。

(2)量测方法与要求

①地质调查

用于为判断隧道围岩的稳定性及对开挖面前方的地质条件进行预测提供地质依据。

可根据不良地质出露及施工监控量测断面的布设情况设置观测断面，利用地质素描、照相或摄像技术进行观测，并记录各项数据。

②位移量监测

a. 收敛位移监测

隧道周边位移是围岩应力状态变化的最直接的反映，其值可为判断隧道的稳定性提供可靠的信息，包括用于判断初期支护设计与施工方法选取的合理性，以及根据变位发展速度判断隧道围岩的稳定程度，为二次衬砌合理支护时机的确定提供依据。

工程施工中，可主要根据地质条件的变化设置监控量测断面，每个断面分别在侧墙和拱顶设置测点，并利用收敛计测量隧道周边两点之间相对距离的变化量。

测点应在距开挖面 2m 的范围内安设，并做到在爆破后 24h 内或下一次爆破前测读初始读数。

量测频率宜根据位移速度和距工作面距离选取，典型方案见表 16-18。

隧道收敛位移和拱顶下沉量测频率表 表 16-18

位移速度(mm/d)	距工作面距离	频 率	备 注
>5	(1～2)D	1～4 次/d	(1)D 为隧道宽度； (2)当位移速度>5mm/d 时，应视为出现险情，并发出警报
1～5	(2～5)D	1 次/2d	
0.2～1	5D	1 次/1 周	
<0.2		不监测	

注：1. 由不同测线得到的位移速度不同时，量测频率应按速度高者取值。

2. 若根据位移速度和根据离工作面距离两项指标分别选取的频率不同，则从中取高值。

3. 后期量测时，频率间隔可加大到几个月或半年量测一次。

b. 拱顶下沉监测

拱顶下沉监测属于收敛位移量测,因其值及其变化速度对判断隧道围岩的稳定程度,以及确定二次衬砌的合理支护时机至关重要而倍受重视。

对拱顶下沉量的监测,监控量测断面的布设位置、测点安装时机、读取初始读数的时间及量测频率均与周边收敛位移量测相同。测试仪器为全站仪及反射片。施作后者时,先在预埋钩上缠绕胶布,再在胶布上粘贴反射贴片。

c. 地表下沉监测

这类监测适用于浅埋隧道,或洞口地段的开挖施工。用于根据地表下沉量和下沉速率,判断浅埋隧道或洞口围岩是否稳定,并为设计优化支护参数提供依据。

地表下沉量的监测断面通常在地表布设,方向顺沿与隧道纵轴线垂直的方向。测点通常沿隧道两侧对称布置。

监测仪器宜为全站仪,并在埋设的测点上粘贴反射片。监测频率则可与隧道拱顶下沉量测相同。

d. 围岩内部位移监测

这类监测从隧道内部或浅埋隧道的地表向围岩内钻孔,并在孔内埋设测试元件,量测沿钻孔不同深度处岩层的位移值,用以判断围岩位移随深度变化的规律,找出围岩的移动范围,判断锚杆长度是否适宜,以便合理确定锚杆的长度。

这类位移的量测仪器常为多点位移计,监测断面的设置及量测频率的确定与隧道周边收敛位移量测相同。

③应力值监测

工程施工中,应力值监测常用于在不良地质条件中穿越的隧道,或用于研究目的,监测断面的设置常需专门研究。

a. 锚杆轴力监测

本项监测通过量测锚杆轴力,了解锚杆的受力状态,判断围岩变形的发展趋势,为合理确定锚杆参数提供依据。

量测方法为沿隧道周边钻孔后,埋设与锚杆材质相同的量测锚杆,并沿锚杆全长在不同位置处布置传感器,量测沿锚杆长度方向上各点的轴力。

量测频率需根据开挖进尺等确定,表16-19所列的频率可供参考。

锚杆轴力量测频率表 表16-19

开 挖 (d)	频 率	开 挖 (d)	频 率
1~15	2~4次/d	30~90	1次/周
16~30	1次/d	>90	1次/月

b. 喷射混凝土应力监测

本项监测通过量测喷射混凝土的应力,分析喷射混凝土层的应力、应变状态,据以判断喷层分担围岩压力的实际情况。

这类应力常采用土压力盒量测,仪表沿隧道周边在围岩与初期支护之间埋设,也可量测喷混凝土表面应变,常用仪表如振弦式土压力计、混凝土应变计、频率计等。监测断面的设置和量测频率的确定与锚杆轴力量测相同。

c. 围岩压力监测

用于量测围岩与初期支护之间的压力，以及初期支护与二次衬砌之间的压力，据以分析初期支护、二衬对围岩的支护效果，及判断初期支护、二衬分担围岩压力的实际情况。

这类应力也常采用土压力盒量测，仪表沿隧道周边在围岩与初期支护之间埋设，或在初期支护与二次衬砌间埋设。常用仪表如 TYJ—20 型振弦式土压力计、频率计等。监测断面的设置和量测频率的确定常与锚杆轴力量测相同。

d. 钢拱架应力监测

用于量测钢拱架中内外钢筋的轴力和型钢钢架内外侧的应变，从而计算其所受的轴力和弯矩，据以了解拱架与混凝土对围岩的组合支护效果，判断初期支护的承载能力，以保证施工安全和优化设计参数。

这类应力常采用钢筋计量测，仪表在每个断面上沿隧道周边在钢拱架内、外侧对称设置。常用仪表如 GJJ—10 振弦式钢筋计、频率计等，监测断面的设置及监测频率的确定与锚杆轴力监测相同。

（3）监测断面的设置

监测断面可分为常规监测断面和代表性监测断面两类。常规监测断面通常仅监测主要位移量，用以判断围岩和支护结构的稳定状态，确保工程施工的安全性；代表性监测断面除监测主要位移量外，一般同时监测应力量等信息，使量测结果可互相验证，以便更加可靠地评价围岩和支护结构的稳定性，并可为对其建立较为合理的分析模型和方法提供依据。

两类监测断面中，代表性监测断面通常在隧道进出洞地段及断层破碎带等地质条件不良的地段设置，间距和数量按分析研究的需要确定。常规监测断面则常沿隧道全长设置，间距按经验确定。其中洞周收敛位移和拱顶下沉量量测断面的间距，Ⅴ级围岩为 10m，Ⅳ级围岩为 20m，Ⅲ级为 50m；浅埋地表下沉量量测断面的间距，洞口 30m 范围内为 10m，地形平缓、埋深较浅处可加密至 5m，其余地段根据需要逐步增大为 50m。围岩级别变化处，上述间距应适当加密。在发生较大涌水的地段，Ⅳ、Ⅴ级围岩量测断面的间距应缩小至 5～10m。

（4）测点、测线的布置

①洞周收敛位移及拱顶下沉测点的布置

测点布置方案的合理确定与施工方法、地质条件、洞形及隧道埋置深度等有关。通常每个量测断面设置 3～6 对收敛位移测线，测桩分别布置在拱顶及断面两侧，如图 16-16 所示。埋设测点时，可先在测点处用小型钻机在待测部位钻孔，然后将带膨胀管的收敛预埋件敲入，并旋上收敛钩。

图 16-16 中同时附有拱顶下沉测点，共 3 个。采用全站仪观测时，这类测点需附设反射片。

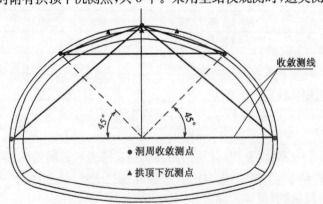

图 16-16　洞周收敛量及拱顶下沉量测点布置图

②地表下沉测点布置

典型地表下沉测点布设方案如图 16-17 所示,可供参考。

③围岩内部位移的测点布置

这类监控量测一般根据不良地质、突水和洞口浅埋等环境条件,在认为有必要监控的地段设置量测断面。每个断面在侧壁与拱顶设置 3～5 个测孔,每个测孔布置 3～5 个测点。典型测点布置、测孔布置如图 16-18 和图 16-19 所示。

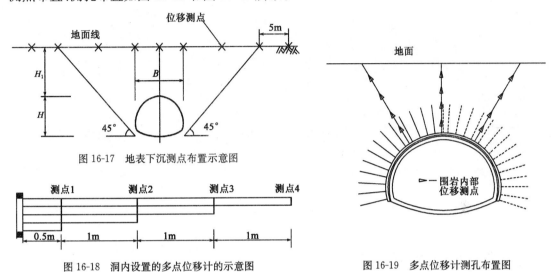

图 16-17　地表下沉测点布置示意图

图 16-18　洞内设置的多点位移计的示意图

图 16-19　多点位移计测孔布置图

④锚杆轴力的测点布置

对这类测点,监控量测断面的设置位置常与围岩内部位移监测相同。通常每个断面在侧壁和拱顶设置 3～5 个测孔,每个测孔内布置 3～5 个测点。典型测点布置如图 16-20 所示,测孔布置如图 16-21 所示。

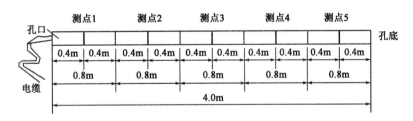

图 16-20　量测锚杆示意图

（5）喷射混凝土应力、围岩压力和钢拱架应力的测点布置

本节所列各项监测项目的监测断面通常均与围岩内部位移量测相同。其中喷射混凝土应变计布置的典型方案如图 16-22 所示,围岩压力测点布置的典型方案如图 16-23 所示,钢拱架测点布置的典型方案如图 16-24 所示。

16.5.2　信息化设计方法

信息化设计,即动态反馈设计。隧道位于地层之中,受到周围地质环境的强烈影响,在设计之前尽管进行了地质调查、地质钻探,甚至物探,但要完全掌握隧道所在地的地质条件,实际仍是很困难的,也是不现实的。隧洞施工前先要进行预设计,是指按照设计规范规定,依据施工之前地质调查或钻探资料,采取工程类比方法,通过一定的力学分析作出施工图设计。预设计的工程类比法是与相近的已建隧洞相比较,带有一定的盲目性。在施工过程中,根据反馈的地质信息,如果原设计不适应变化了的实际地质条件,必须对原设计进行修改,或称为变更设计。应通过数值极限分析方法和工程类比法对预设计进行修正。施工过程中的类比法是根据监控量测信息,与已建隧洞中的支护结构已稳定、围岩情况基本相似的洞段进行类比而对预设计进行修改。

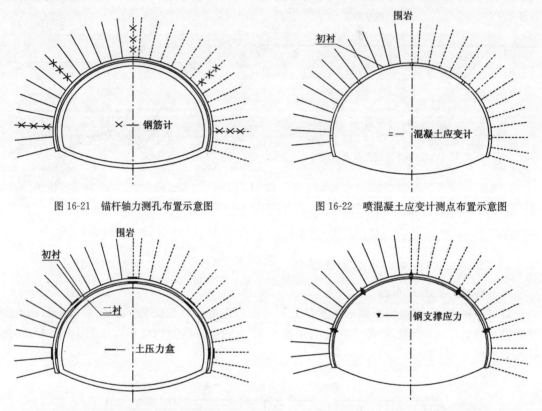

图 16-21　锚杆轴力测孔布置示意图　　　　图 16-22　喷混凝土应变计测点布置示意图

图 16-23　围岩压力测点布置示意图　　　　图 16-24　钢拱架应力测点布置图

就隧洞建设过程而言,设计者随着施工进程,依据地质变化,不断地对施工设计图进行修正,于是形成了隧洞设计、施工一体化的特殊工作程序。

1. 不同级别围岩的标准设计

在相同等级的高速公路上的隧道,或同一等级其他公路上的隧道,除去特殊洞段外,一条公路上的隧道轮廓线都是相同的,一般事先根据围岩级别设计出不同的衬砌结构,称为不同级别围岩的标准设计。这样,一座隧道实行标准化衬砌设计,动态反馈设计便简化为只是根据围岩级别变化,参照最不利的围岩状况进行力学分析,动态反馈设计简化为如何调整衬砌支护参数。

围岩地质病害具有突然性,要求决策者迅速做出反应,尽快做出动态反馈设计,以便于施工单位采取应对措施,对其进行紧急治理。因此,隧道标准衬砌的支护构件,应当尽量标准化、规格化,以适应快速施工的需要。

2. 根据施工监控量测数据进行反馈设计

信息化设计方法主要是通过量测数据、反演围岩力学参数,从而提高设计计算的可靠性。

目前主要推算出诸如塑性区半径、初始地应力、岩体变形模量、岩体流变参数等。但从极限分析观点来看,对围岩与衬砌的破坏起关键作用的是岩土与材料的强度,然而岩土强度的反演难度较大,新发展起来的复函数位移反分析法,可为强度参数的反演提供有力支撑。力学参数修正以后,隧洞设计可采用上述有限元极限分析法。

有关反演计算方法详见第 11 章。同济大学已将反分析法编制成同济曙光软件(GeoF-BA®),具有独特的反分析模块。该软件面向岩土及地下工程设计与施工正、反分析,考虑了施工过程中的增量反分析过程,并提供了用于反演分析的几种常用的优化方法:单纯形法、阻尼最小二乘法、遗传算法、遗传模拟退火算法及混合遗传算法。同济曙光软件可用于隧道及地下工程的反馈设计分析。

16.6　地震作用下隧洞的稳定分析与设计计算方法研究

16.6.1　地震作用下隧洞的稳定分析

目前,地震隧洞稳定性分析方法主要有拟静力法、反应位移法、Newmark 分析法、动力有限元时程分析法等。拟静力法是相关规范规定的工程上常用的方法,该方法计算简单、工程应用方便,但只是一个经验性的方法。Newmark 分析法在国外应用较多,但是缺乏破坏标准,无法进行稳定性判断。动力有限元时程分析法将任一时刻的动应力施加到静应力上,然后按静力方法计算得到每一时刻隧洞的应力和位移,最后得到应力和位移时程曲线,但这种计算方法无法计算地震作用下隧洞动力安全系数。当采用动力有限元极限分析法时,就可以计算动力安全系数。如设定计算时刻,把动力问题看做这一时刻的静力问题,则计算出来的是静态动力安全系数,这时没有考虑隧洞的动力效应。这种方法我们称之为静态动力时程分析法。如不设定计算时刻,完全按动力进行计算,则计算出来的是真正的动力安全系数。这种方法我们称之为完全动力时程分析法。完全动力时程分析法不需要设定计算时刻,一直进行动力计算直到破坏,由此算出来的安全系数考虑了动力效应,我们称这种安全系数为完全动力安全系数。

本节通过算例对无衬砌黄土隧洞进行动力稳定性分析。采用动力有限差分程序 FLAC,应用莫尔—库仑准则和受拉破坏准则,分别计算隧洞静力安全系数、静态动力安全系数和完全动力安全系数。

1. 动力强度折减法原理

在分析隧洞稳定性时既考虑了岩土的剪切破坏也考虑了岩土的拉破坏,因为隧洞在地震的作用下更容易在某些部位出现拉破坏,这一点可由汶川大地震的隧道受损情况验证。所以在应用有限元强度折减法时,同时考虑折减岩土黏聚力 c、岩土内摩擦角 φ 和岩土抗拉强度 σ_d,按式(16-43)、式(16-44)计算,求出的强度折减系数就是动力安全系数。

$$c' = \frac{c}{\omega}, \varphi' = \arctan\left(\frac{\tan\varphi}{\omega}\right) \tag{16-43}$$

$$\sigma_d' = \frac{\sigma_d}{\omega} \tag{16-44}$$

式中：ω——折减系数；

c'、φ'、σ'_d——分别为折减后岩土黏聚力、内摩擦角和抗拉强度。

2.动力作用下隧洞动力破坏的判据

地震隧洞动力失稳破坏分析时，原则上也可以用13.3.1节中所述静力破坏三条判据判断隧洞是否破坏，但是动力的情况要更加复杂。采用强度折减动力分析法计算隧洞的动力安全系数时，可以从以下几个方面综合判断隧洞是否动力破坏：一是看破裂面（拉—剪破坏面）是否贯通，但这只是隧洞破坏的必要条件，而不是充分条件；二是看潜在滑体位移是否突然增大，但考虑到隧洞在地震作用下，荷载是随时间变化的，因而在地震期间，其位移也随时发生变化，所以与静力问题不同，单凭某一时刻位移发生突变不能判断隧洞破坏，但是地震作用完毕之后的最终位移发生突变，可以作为破坏的判据，因而可以从折减系数与位移关系曲线的突变来判断是否破坏；三是看计算中力和位移是否收敛的判据，以位移或者速度发散作为动力隧洞的破坏判据。由于动力问题的复杂性，最好同时采用上述三个条件，以判定隧洞是否发生破坏。需要特别指出的是，采用极限分析法中荷载增量法同样可以计算得到隧洞动力安全储备，但有时会出现岩土已经破坏时仍会算出收敛结果的情况，对此还需要进一步研究。

3.拉破坏和屈服准则

对于隧洞采用平面应变问题考虑。采用理想弹塑性本构模型，对拉裂采用拉破坏准则，对剪切破坏采用莫尔—库仑准则或平面应变关联法则下莫尔—库仑匹配准则DP4或DP5。

4.隧洞模型的建立及参数选择

(1)隧洞动力分析模型

FLAC动力计算时，边界条件采用自由场边界，采用局部阻尼，阻尼系数为0.15。一般隧洞有限元计算的边界范围按照3～5倍隧洞高或宽进行的，为了消除边界效应的影响，左右两侧采用8倍隧洞宽度，下部取8倍隧洞高度，上部取到自由面作为模型的计算范围，边界条件下部为固定铰约束，上部为自由边界，左右两侧为水平约束。模型所取总高为61m，总宽为51m，隧洞高为3.5m，跨度为3m，矢跨比为0.5，模型示意图如图16-25所示，各关键点在模型中的位置已在图中标示出，其中关键点 A 位于边墙下部，关键点 B 位于拱角处，各关键点与其对应的模型上的坐标已在表16-20中给出。

各关键点与对应模型坐标　　　　　　　　　　表16-20

关键点	A	B	C	D
坐标	(61,76)	(61,81)	(61,73)	(41,76)
关键点	E	F	G	H
坐标	(73,73)	(73,81)	(73,88)	(73,91)
关键点	I	J	K	
坐标	(73,85)	(82,85)	(82,91)	

(2)材料参数和地震波的加速度—时间曲线

取动力参数和静力参数相同，材料参数见表16-21。为了模拟地震作用下黄土隧洞的动力响应，输入一段7s地震波的加速度—时间曲线，从底部输入峰值为0.3g，如图16-26所示。但是在具体应用于计算时，考虑到黄土材料的性质以及FLAC软件的特性将其转化为速度时程,再将速度时程转化为应力时程从隧洞模型底部水平输入,这样更加适合分析。

土体物理力学参数 表 16-21

重度(kN/m³)	黏聚力(MPa)	内摩擦角(°)	弹性模量(MPa)	泊松比	抗拉强度(MPa)
17	0.50	25	100.00	0.35	0.01

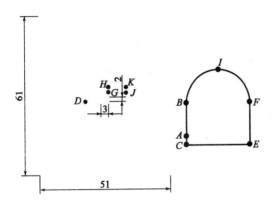

图 16-25 隧洞模型示意图(尺寸单位:m)

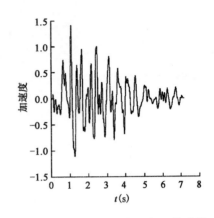

图 16-26 输入的水平向加速度—时间曲线

5. 隧洞动力破坏机制

为了分析隧洞的动力稳定性,必须先了解隧洞动力破坏机制,也就是在输入地震波作用的过程中,从隧洞的塑性状态以及应变和位移的变化中了解隧洞的变形与破坏。因为只是为了了解隧洞破坏的机制问题,所以通过算例在折减 1.0 和 1.40(由后述得知折减 1.40 时隧洞已破坏)时不同时刻的单元拉—剪破坏状态、剪应变增量云图、相对位移曲线的分析,对变形与破坏得出一个定性的了解,以得到地震作用下隧洞动力破坏机制。

(1)根据单元拉—剪破坏状态分析

调查研究表明,在地震作用下黄土隧洞顶部易出现拉破坏,如图 16-27a)所示,折减 1.0 在刚输入地震波 0.001s 时,隧洞顶部与拱角处的临空面上最先出现了拉破坏;如图 16-27b)所示,折减 1.40 在刚输入地震波 0.001s 时,也是隧洞顶部的临空面最先出现了拉破坏。可见无论折减与否最初都会在隧洞顶部出现拉破坏,这一点与汶川地震中隧道洞口部分顶部受拉破坏基本一致,其余大部分区域都是受剪破坏。从整个破坏的趋势看,此时隧洞顶部和两侧塑性区已贯通,但尚未出现破坏状态。

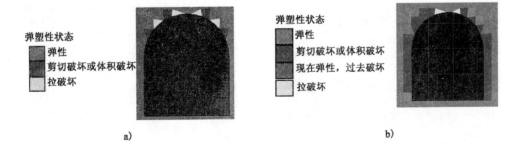

图 16-27 0.001s 时刻隧洞塑性区(彩图见 481 页)

a)折减 1.0 时;b)折减 1.4 时

折减 1.0 和 1.4 时 1.06s 时刻隧洞塑性区如图 6-28 所示。折减 1.0 和折减 1.40 当输入地震波的加速度时程曲线中加速度达到峰值时,也就是当 $a=1.4\mathrm{m/s^2}$,$t=1.06\mathrm{s}$ 时,隧洞周围除了侧墙部分和底部一部分区域受拉破坏外,隧洞两侧形成贯通的塑性区,并向 45° 方向发展,对比表明折减 1.0 时虽然隧洞两侧出现贯通的塑性区但是范围比较小,而当折减 1.40 时在隧洞两侧出现大范围拉破坏和整体剪破坏。

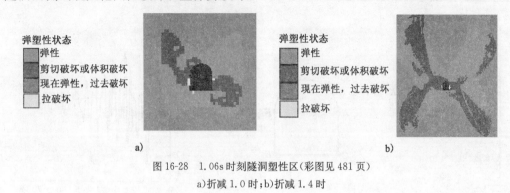

图 16-28　1.06s 时刻隧洞塑性区(彩图见 481 页)
a)折减 1.0 时;b)折减 1.4 时

因为在应用 FLAC 进行计算时,是将加速度时程转化为速度时程,最后转化成应力时程输入的,所以应考虑在速度时程中速度达到峰值的时刻,也就是 $v=0.117\mathrm{m/s}$,$t=1.13\mathrm{s}$ 时隧洞的破坏状态,如图 16-29 所示,其破坏情况基本与 $t=1.06\mathrm{s}$ 时一致。

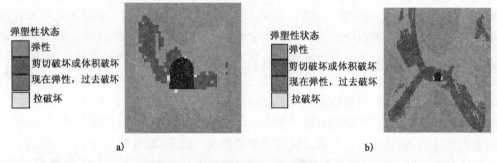

图 16-29　1.13s 时刻隧洞塑性区(彩图见 481 页)
a)折减 1.0 时;b)折减 1.4 时

折减 1.0 和 1.4 时 9s 时刻隧洞塑性区如图 16-30 所示。在地震波输入完毕 2s 后,折减 1.0 时完全恢复了弹性,说明在地震波输入完毕后隧洞没有破坏,而在折减 1.4 时,隧洞破坏情况与前面所述 1.06s 和 1.13s 基本一致。

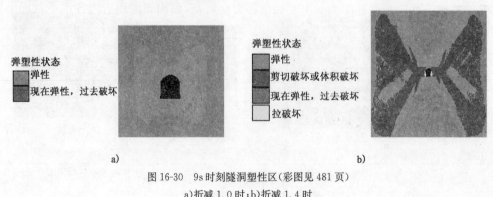

图 16-30　9s 时刻隧洞塑性区(彩图见 481 页)
a)折减 1.0 时;b)折减 1.4 时

（2）根据剪应变增量分析

折减 1.0 和 1.4 时 0.001s 时刻剪应变增量云图如图 16-31 所示。从图 16-31 可以看出，此时的隧洞顶部和两侧的塑性区已经贯通，同时从相对应的图 16-27 中也可看出塑性区已经贯通，但是塑性区贯通只是破坏的必要而非充分条件，图中只有拱角一小部分区域的剪应变相对较大，但只有 $3.5×10^{-3}$，由此可以判断整体剪切破裂面还没有形成。

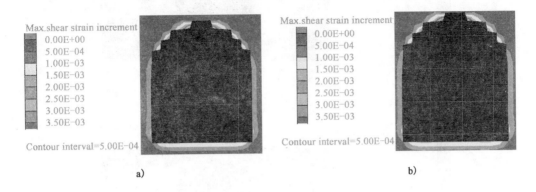

图 16-31 0.001s 时刻剪应变增量云图（彩图见 482 页）
a）折减 1.0 时；b）折减 1.4 时

折减 1.0 和 1.4 时 1.06s 和 1.13s 时刻剪应变增量云图如图 16-32 所示。折减 1.0 时，当输入地震波的加速度时程曲线中加速度达到峰值时（$a=1.4m/s^2, t=1.06s$）和速度时程中的速度达到峰值时（$v=0.117m/s, t=1.13s$），最大剪应变已经明显增大，但也只有 $4.5×10^{-2}$，而且剪应变较大的区域也很小。与相对应的图 16-28a）和图 16-29a）的塑性区比较，也可以知道此时还没有形成整体的剪切破裂面。如图 16-32b）和 c）所示，当折减 1.4 时，最大剪应变已经明显增大，达到 $3.0×10^{-1}$，从侧墙下部到拱角上部的塑性区已经贯通，这与 1.06s 和 1.13s 时出现从隧洞周边到模型边界的塑性贯通区相对应。由此可以综合判断此时隧洞周围形成的贯通的塑性区一直在扩展，并出现大范围拉破坏和整体剪破坏。

折减 1.0 和 1.4 时 9s 时刻剪应变增量云图如图 16-33 所示。从图 16-33a）可以看出，在地震波输入完毕 2s 后，也就是 9s 时，最大剪应变还是 $4.5×10^{-2}$，与 1.06 和 1.13s 时一样，与对应的图 16-30a）的塑性区比较，可以判断此时并没有形成整体的剪切破裂面，隧洞没有破坏。从图 16-33b）可以看出，当折减 1.40 时，最大剪应变已经增大到了 $5.0×10^{-1}$，从隧洞侧墙下部到拱角上部的塑性贯通区已经大幅发展，由此可判断此时隧洞已经破坏，而且既有受拉破坏又有受剪破坏。并可根据破裂面的应变和位移突变特征，画出侧墙围岩内各水平截面上应变突变点的连线即破裂面[图 16-33b）]，得到破裂面位置与形状。

（3）根据相对位移分析

如果隧洞发生破坏，那么选取模型上的 A 点作为关键点，监测其在未破坏的情况下（也就是折减 1.0 时）和破坏的情况下（也就是折减 1.4 时）的位移，在破坏阶段两者的相对位移将会有较大变化。如图 16-34 所示，折减 1.0 和 1.4 时 A 点的相对位移曲线可以看出，相对位移在 1.13s 的速度峰值时刻发生突变，突变后相对位移继续增大，可以判断此时刻在折减 1.4 时，隧洞可能已经整体破坏；与相对应的塑性区和剪应变增量综合分析，表明此时确实已发生整体破坏。从图 16-34 的相对位移—时间曲线还可以分析出，破坏有一个过程，可能是在 $1.06～7.00s$ 这段时间内完成的。

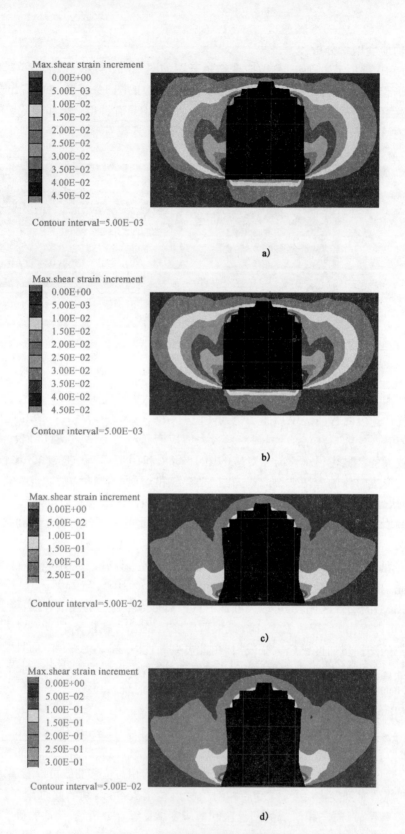

图 16-32　1.13s 时刻剪应变增量云图(彩图见 483 页)

a)折减 1.0 时 1.06s 时刻;b)折减 1.0 时 1.13s 时刻;c)折减 1.4 时 1.06s 时刻;d)折减 1.4 时 1.13s 时刻

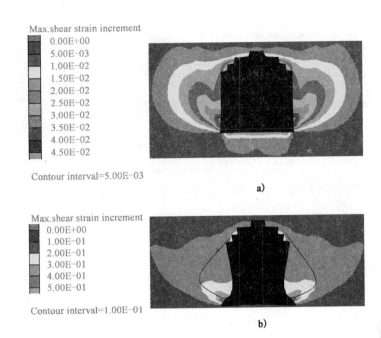

图 16-33　9s 时刻剪应变增量云图(彩图见 483 页)
a)折减 1.0 时;b)折减 1.4 时

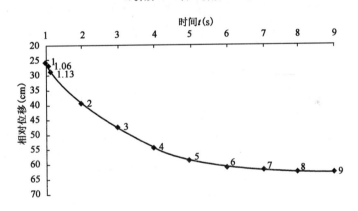

图 16-34　相对位移—时间曲线

6.计算结果及其分析

(1)静力情况下的稳定性分析

静力情况下,采用静力有限元强度折减法,考虑了土体的剪切破坏和拉破坏,按隧洞静力破坏的 3 个条件得出了其安全系数为 1.50。折减 1.50 时隧洞周边关键点的位移—时间曲线图如图 16-35a)所示,可见各关键点的位移曲线末端成水平直线,说明隧洞周边土体没有继续滑移而保持稳定;而在折减 1.51 时如图 16-35b)所示,隧洞周边各关键点的位移曲线出现了倾斜,计算不收敛,说明隧洞已经破坏,周边土体将持续滑移。这还可以从隧洞周边关键点 A 的折减系数与位移的关系曲线图(图 16-36)看出,在折减到 1.51 时,曲线已经出现拐点,隧洞破坏,所以安全系数为 1.50。

(2)动力有限元完全动力稳定性分析

完全动力情况下,采用 FLAC 动力强度折减法。计算时从底部输入水平地震波,由于土

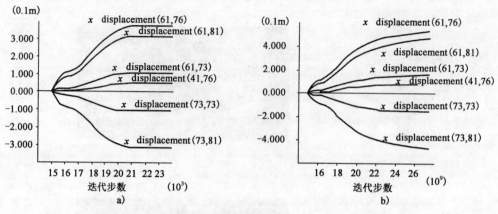

图 16-35　静力情况下关键点位移曲线图
a)折减系数 1.50；b)折减系数 1.51

体材料为黄土，所以在输入地震波时选用的不是一般常用的加速度时程，而是由加速度时程转化为应力时程曲线，这种曲线比较适合土体材料，这样更有利于 FLAC 程序进行计算分析。计算中动应力需要与静应力相加，不需要设定计算时刻。地震作用下关键点位移曲线图如图

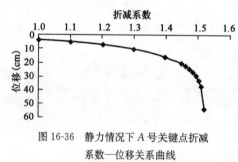

图 16-36　静力情况下 A 号关键点折减
系数—位移关系曲线

16-37 所示。在折减 1.39 的时候，当输入 7s 的地震波停止后，隧洞周边几个关键点的位移—时间曲线都是一条明显的水平直线，说明地震荷载过后隧洞仍然保持稳定。而在折减 1.40［图 16-37b）中采用1.42，这样曲线倾斜更为明显］时隧洞周边几个关键点的位移—时间曲线，在 7s 的地震荷载过后已经出现了倾斜，同时 FLAC 计算也已经不收敛了，表明土体已经破坏。在 A 号关键点的折减系数与位移的关

系图上（图 16-38），当折减 1.4 时对应曲线上的点已经是拐点了，因而可将 1.39 作为完全动力安全系数。再次强调，完全动力分析法的优点是能充分考虑地震的动力效应，这样就不必考虑黄土动力强度的增高。

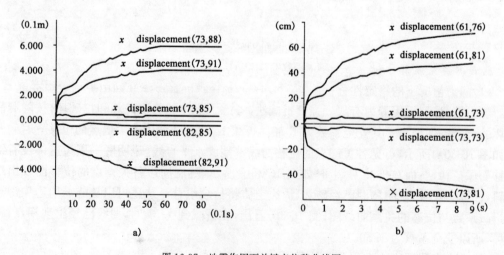

图 16-37　地震作用下关键点位移曲线图
a)折减系数 1.39；b)折减系数 1.42

（3）动力有限元静态稳定性分析

动力有限元静态分析情况下，需要设定计算时刻，一般采用峰值时刻，先计算得到地震波峰值时刻的动应力，将其施加到静力情况下，由此得到静态动力稳定安全系数。由于输入的地震波加速度峰值时刻为1.06s，因而需将输入的加速度时程加到1.06s的峰值时刻，考虑到峰值时刻后隧洞围岩变形发展情况，需多计算两秒，所以本算例计算到3.5s。计算得出当折减1.33时，各关键点的位移曲线图的末端

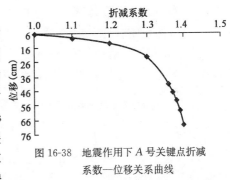

图16-38　地震作用下A号关键点折减系数—位移关系曲线

保持水平，土体没有破坏，如图16-39a)所示；折减1.34［图16-39b)中采用1.36，这样曲线倾斜更为明显］时，FLAC计算不收敛，峰值后隧洞周边各关键点的位移曲线图中某些关键点曲线的末端已经倾斜，如图16-39b)所示，土体破坏。所以将1.33作为隧洞静态动力安全系数，这还可以从A号关键点折减系数与位移的关系曲线（图16-40）上可以看出，折减1.34对应的点也已经是拐点了。由于动力有限元静态分析是按峰值荷载求出的隧洞静态动力安全系数，没有考虑动力效应，所以其值低于完全动力情况下的完全动力安全系数，所以计算结果过分保守。

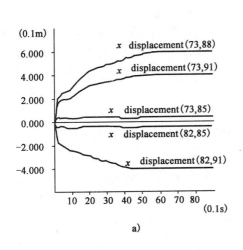

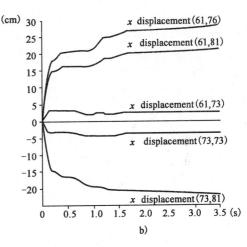

图16-39　动力有限元静态分析情况下关键点位移曲线图
a)折减系数1.33；b)折减系数1.36

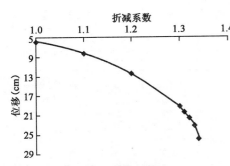

图16-40　动力有限元静态分析情况下A号关键点折减系数—位移关系曲线

本节采用强度折减法并利用大型有限元差分软件FLAC，对无衬砌黄土隧洞进行了静力响应分析、地震作用下动力有限元静态响应分析以及完全动力响应分析。研究结果表明：

（1）隧洞的破坏为：在顶部没有整体破坏以前出现了局部拉破坏，峰值后侧墙出现大范围拉破坏和整体剪切破坏。

（2）提出了两种动力分析方法：一是有限元静态动力时程分析法，但这种分析法与目前相关规范中所说的时程分析法是不一样的，规范方法不能计算

安全系数,本节方法可以计算安全系数;二是有限元完全动力时程分析法,可以充分反映动力特性,这种方法科学合理,更符合实际,还能节省费用。

（3）算例的安全系数静力情况下最大,为1.50;完全动力情况下次之,为1.39;静态动力情况下最小,为1.33,比完全动力情况下小4.5%。

16.6.2 地震作用下隧洞的设计计算方法

1. 概述

当前我国相关隧道设计规范中适用的抗震设防烈度为7、8、9度地区的隧道,对9度以上地区应进行专门的抗震设计。隧道设计要求高于一般建筑,要求做到中震不坏、大震可修。当发生相当于本地区抗震设防烈度的地震影响时,一般高级公路隧道的主体结构不受损坏,或经一般整修即可正常使用;发生相当于罕遇地震烈度的地震影响时,经短期抢修即可恢复使用。

隧道位置应选择在山坡稳定、地质条件较好、对抗震有利的地段。避免通过断层破碎带或软弱地层,尤其是液化场地。隧洞洞口应避免设在地震时易产生崩塌、滑坡、错落等不良地质现象的地段。隧道应避开主断裂带,抗震设防烈度为8、9度地区,其与主断裂带的距离分别不宜小于200m和400m。隧道平行于活动性断裂带布置时,宜布设在断裂带的下盘内。

由于隧道良好的抗震性能,围岩级别为Ⅰ、Ⅱ级时可不做抗震计算;围岩级别为Ⅲ级,或设防烈度为7度(0.10g)的独立单洞、双洞隧道,也可不做计算。

隧道衬砌结构应采取抗震措施:当采用钻爆法施工时,初期支护和围岩地层间应紧密接触;二次衬砌背后的空洞应紧密回填;隧道洞口段、浅埋偏压段、深埋软弱围岩段和断层破碎带等地段的结构,其抗震加强长度应根据地形、地质条件确定,可参见相应规范;土体和Ⅴ级围岩二衬宜采用钢筋混凝土或按相关规范确定。

2. 地震隧道的设计计算方法

地震作用时隧道围岩和衬砌所受的荷载是动力荷载,围岩和衬砌修建中已承受了一定的静荷载,并在施工中有部分静荷载释放,为了便于计算,建议做如下假定:静力计算中荷载释放一定量后施作衬砌(包括初衬与二衬),荷载释放量可依据围岩情况来定,如Ⅲ级围岩可释放60%～80%;如土质围岩或Ⅳ、Ⅴ级围岩,可释放50%～60%;施作衬砌后施加动载再进行计算。

［例16-4］ 仍以［例16-2］中的黄土隧洞为例,但在地震作用下进行计算。隧道计算按照平面应变问题考虑,采用理想弹塑性本构模型、莫尔—库仑准则或平面应变关联法则下莫尔—库仑匹配准则,也可采用平面应变非关联法则下莫尔—库仑匹配准则。隧道初衬和二衬采用C25混凝土,考虑到只计算围岩安全系数,分析时将初衬和二衬同时加上,按弹性杆件计算。隧道计算中结构尺寸为:初衬厚30cm,二衬厚40cm,共计70cm,材料物理力学参数见表16-22。

材料物理力学参数 表16-22

材料	重度(kN/m³)	黏聚力(MPa)	内摩擦角(°)	剪胀角(°)	弹性模量(MPa)	泊松比	抗拉强度(MPa)
黄土	17	0.02	22	22	40.00	0.35	0.01
衬砌	26	—	—	—	29 500	0.2	—

底部输入峰值为0.3g,时长为20s的qiqi地震波(图16-41),在加衬砌前考虑围岩50%的应力释放,然后施加动荷载计算围岩安全系数。如设计安全系数在1.2以上,则认为满足设计

要求,一般不需要再对衬砌本身进行验算,否则应对衬砌再进行验算。

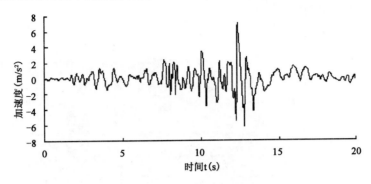

图 16-41　输入的水平向加速度曲线

通过对围岩各关键点的折减系数—位移曲线确定围岩安全系数,图 16-42 示出关键点 C 的折减系数位移—曲线,折减系数 1.30 时位移发生突变,而且突变明显,可以直接判定围岩安全系数为 1.30。

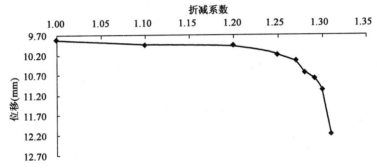

图 16-42　以 C 点为关键点得到的折减系数—位移曲线

图 16-43、图 16-44 示出折减 1.30 后的塑性区图、剪应变增量云图。

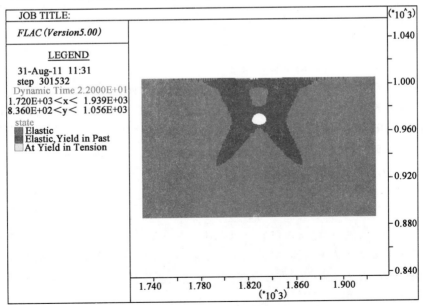

图 16-43　折减 1.30 后的塑性区(彩图见 483 页)

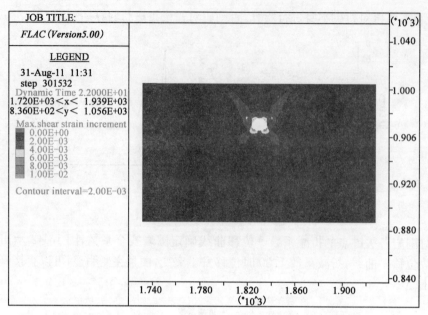

图 16-44　折减 1.30 后剪应变增量云图（彩图见 484 页）

　　目前地震作用下隧洞的完全动力极限分析法还处于研究之中，上述内容还属探讨，仅供学者和研究生们参考，以便进一步发展成熟。

参 考 文 献

[1] 于学馥,郑颖人,刘怀恒,等.地下工程围岩稳定分析[M].北京:煤炭工业出版社,1983.

[2] 顾金才,等.均质材料中几种洞室的破坏形态[J].防护工程,1979(2).

[3] Heuer R E,Hendren A J.受静载岩石硐室的地质力学模型研究[M].顾金才,译.上海:煤炭科学研究院,1980.

[4] 王建宇.锚喷支护原理与设计[M].北京:中国铁道出版社,1980.

[5] 徐干成,白洪才,郑颖人.地下工程支护结构[M].北京:中国水利水电出版社,2001.

[6] 郑颖人,董飞云.地下工程锚喷支护设计指南[M].北京:中国铁道出版社,1988.

[7] 孙钧.地下工程设计理论与实践[M].上海:上海科技出版社,1996.

[8] 赵尚毅,郑颖人,时卫民,等.用有限元强度折减法求边坡稳定安全系数[J].岩土工程学报,2002,24(3):343-346.

[9] 郑颖人,赵尚毅,邓楚键,等.有限元极限分析法发展及其在岩土工程中的应用[J].中国工程科学,2006,8(12):39-61.

[10] 郑颖人,赵尚毅.岩土工程极限分析有限元法及其应用[J].土木工程学报,2005,38(1):91-99.

[11] 郑颖人,胡文清,王敬林.强度折减有限元法及其在隧道与地下洞室工程中的应用[C]//中国土木工程学会第十一届、隧道及地下工程分会第十三届年会论文集.2004:239-243.

[12] 张黎明,郑颖人,王在泉,等.有限元强度折减法在公路隧道中的应用探讨[J].岩土力学,2007,28(1):97-101.

[13] 郑颖人,邱陈瑜,张红,等.关于土体隧洞围岩稳定性分析方法的探索[J].岩石力学与工

程学报,2008,27(10):1968-1980.

[14] 邱陈瑜,郑颖人,宋雅坤.采用 ANSYS 软件讨论无衬砌黄土隧洞安全系数[J].地下空间与工程学报,2009,5(2):291-296.

[15] Zheng Yingren,Tang Xiaosong,Deng Chujian, et al. Strength reduction and step-loading finite element approaches in geotechnical engineering[J]. Journal of Rock Mechanics and Geotechnical Engineering,2009,1(1):21-30.

[16] 李国锋,丁文其,李志厚,等.特殊地质公路隧道动态设计施工技术[M].北京:人民交通出版社,2005.

[17] 杨林德,朱合华,丁文其,等.岩土工程问题安全性的预报与控制[M].北京:科学出版社,2009.

[18] 李志厚,朱合华,丁文其.公路连拱隧道设计与施工关键技术[M].北京:人民交通出版社,2010.

[19] 郑颖人.地下工程稳定与设计的极限分析法[C]∥重大地下工程安全建设与风险管理——国际工程科技发展战略高端论坛文集,2012:108-117.

[20] 肖强,郑颖人,冯夏庭.有衬砌隧道设计计算探讨[J].地下空间与工程学报,2012,8(2):259-267.

[21] 杨臻,郑颖人,张红.岩质隧洞支护结构设计计算方法探索[J].岩土力学,2009,30(增刊1):148-154.

[22] 许强,黄润秋.5·12汶川大地震诱发大型崩滑灾害动力特征初探[J].工程地质学报,2008,16(6):721-729.

[23] 郑颖人,叶海林,黄润秋.地震边坡破坏机制及其破裂面的分析探讨[J].岩石力学与工程学报,2009,28(8):1714-1723.

[24] 郑颖人,叶海林,黄润秋,等.边坡地震稳定性分析探讨[J].地震工程与工程振动,2010,30(2):66-73.

[25] 郑颖人,肖强,叶海林,等.地震隧洞稳定性分析探讨[J].岩石力学与工程学报,2010,29(6):1081-1088.

名词索引 MINGCISUOYIN

Y

Z

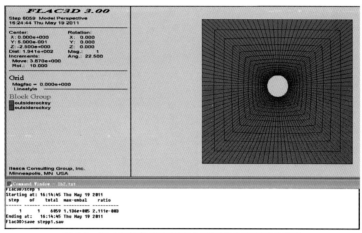

图 7-9　FLAC 软件中应用最大不平衡力实现应力释放

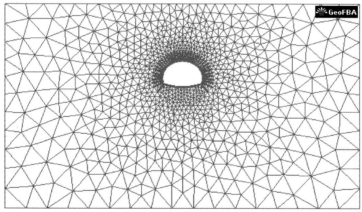

图 7-17　隧洞模型

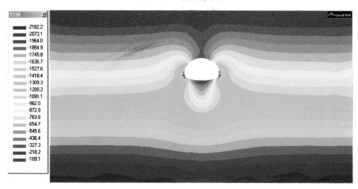

图 7-18　全断面一次开挖最大应力分布

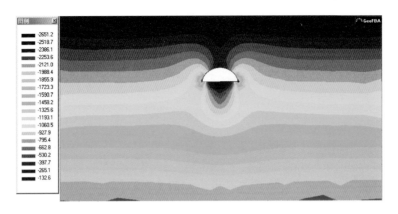

图 7-19　上台阶开挖后最大应力分布

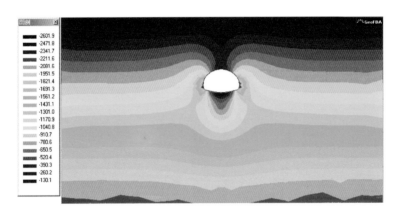

图 7-20　上下台阶法开挖最大应力分布

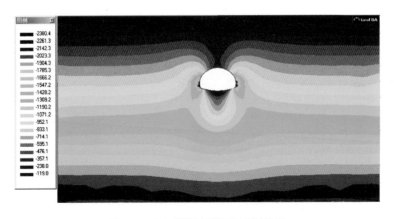

图 7-21　左右导洞(中隔壁法)开挖结果

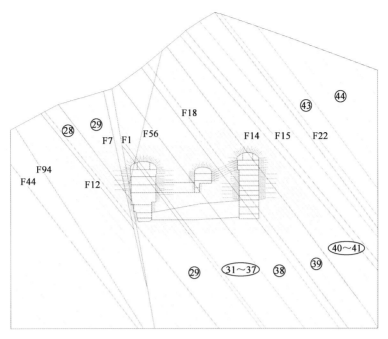

图 9-10 2-2 剖面地质概化模型示意图

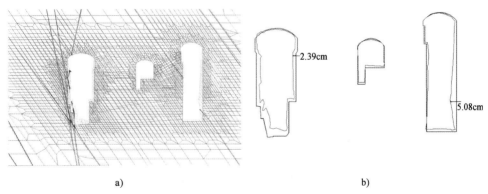

a)   b)

图 9-14 2-2 剖面工况二最终网格变形及洞周位移图

a)网格变形图;b)洞周位移图

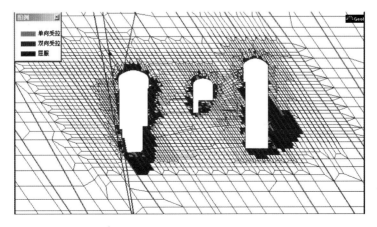

图 9-15 2-2 剖面工况二最终塑性区分布图

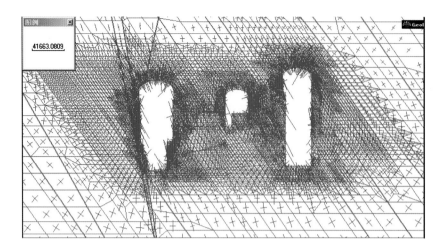

图 9-16 2-2 剖面工况二最终主应力矢量图

图 9-17 2-2 剖面工况二最终最大主应力云图(应力单位:kPa)

图 9-18 2-2 剖面工况二最终最小主应力云图(应力单位:kPa)

图 9-19　2-2 剖面工况二最终最大剪应力云图(应力单位:kPa)

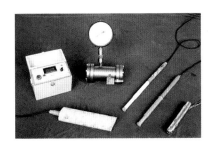

图 11-4　压磁应力计

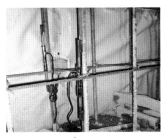

a)　　　　　　　　　　b)

图 11-5　压力盒、钢筋计与锚杆轴力计
a)压力盒与钢筋计;b)锚杆轴力计

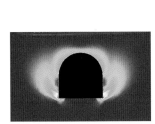

a)

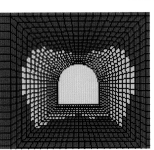

b)

c)

d)

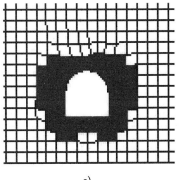

e)

图 12-12　不同软件的塑性区图
a)ANSYS;b)FLAC;c)ABAQUS;d)PLAXIS;e)同济曙光

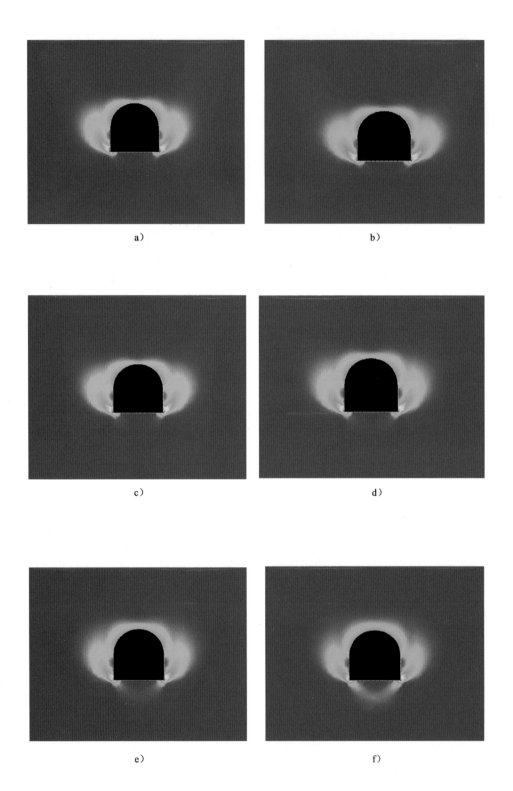

图 13-3　不同泊松比对应的围岩塑性区

a)$\mu=0.20$;b)$\mu=0.25$;c)$\mu=0.30$;d)$\mu=0.35$;e)$\mu=0.40$;f)$\mu=0.45$

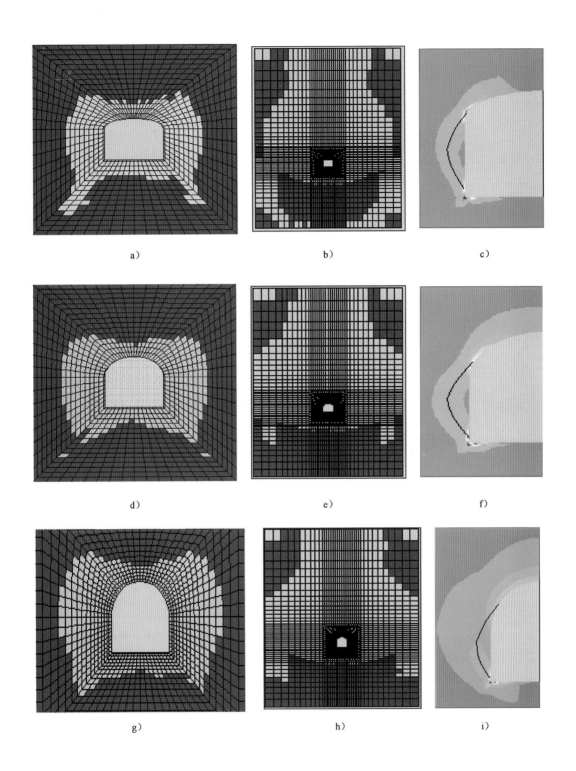

图 13-4　采用 FLAC3D 程序计算的结果

a)开挖后塑性区(拱高 $H=0.5$m);b)破坏时塑性区(拱高 $H=0.5$m);c)破坏时剪应变增量(拱高 $H=0.5$m);d)开挖后塑性区(拱高 $H=1.0$m);e)破坏时塑性区(拱高 $H=1.0$m);f)破坏时剪应变增量(拱高 $H=1.0$m);g)开挖后塑性区(拱高 $H=1.5$m);h)破坏时塑性区(拱高 $H=1.5$m);i)破坏时剪应变增量(拱高 $H=1.5$m)

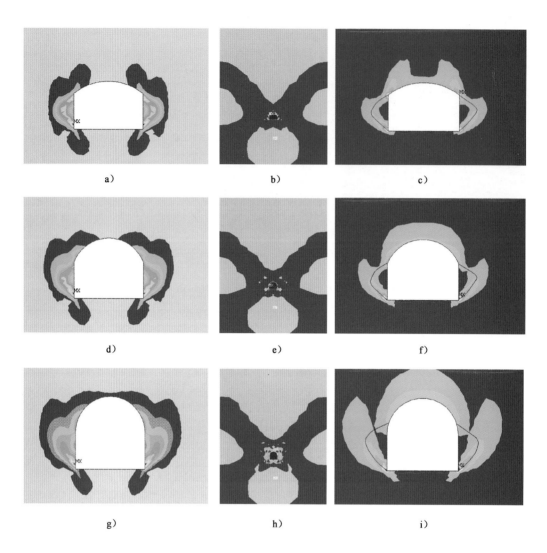

图 13-5　采用 ANSYS 程序计算的结果

a)开挖后塑性区(拱高 $H=0.5$m);b)破坏时塑性区(拱高 $H=0.5$m);c)破坏时等效塑性应变(拱高 $H=0.5$m);d)开挖后塑性区(拱高 $H=1.0$m);e)破坏时塑性区(拱高 $H=1.0$m);f)破坏时等效塑性应变(拱高 $H=1.0$m);g)开挖后塑性区(拱高 $H=1.5$m);h)破坏时塑性区(拱高 $H=1.5$m);i)破坏时等效塑性应变(拱高 $H=1.5$m)

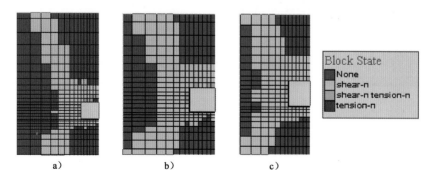

图 13-6　提高抗拉强度时塑性区与拉力区

a)$t=0.001$MPa;b)$t=0.005$MPa;c)$t=0.006$MPa

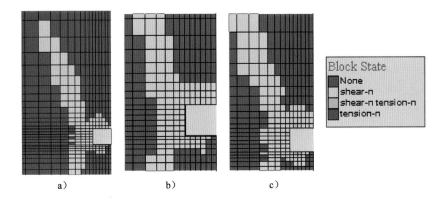

图 13-7　降低抗拉强度时塑性区与拉力区

a)$t=0.02$MPa；b)$t=0.012$MPa；c)$t=0.01$MPa

图 14-14　加载装置

图 14-15　隧洞模型

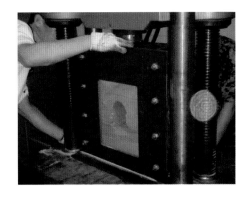

图 14-16　分级加载

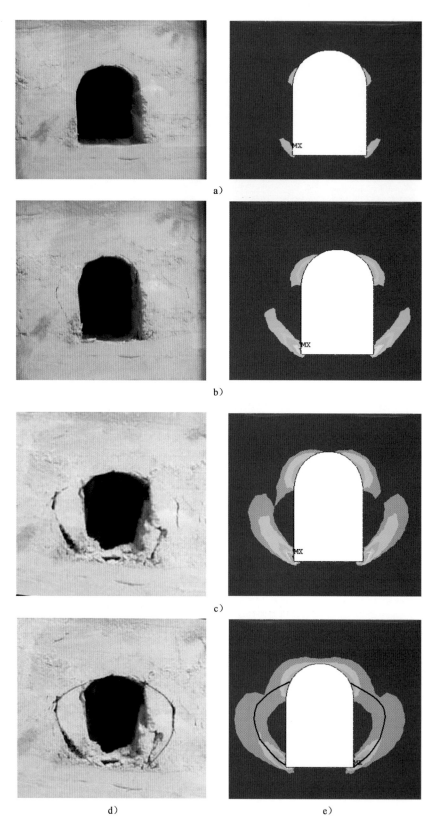

图 14-17　纯石膏模型试验(左)与数值模拟(右)结果

a)荷载 10kN;b)荷载 20kN;c)荷载 25kN;d)荷载 27kN;e)荷载 29kN

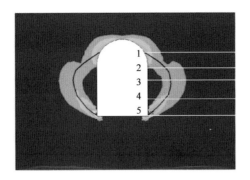

图 14-18   围岩等效塑性应变与潜在破裂面

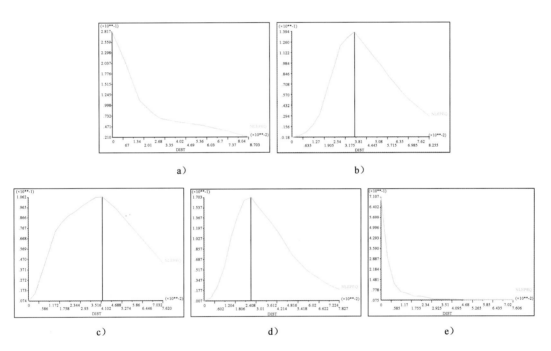

a)

b)

c)   d)   e)

图 14-19   等效塑性应变与 x 坐标关系曲线图

a)1 号路径；b)2 号路径；c)3 号路径；d)4 号路径；e)5 号路径

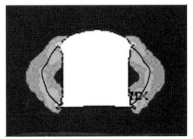

a)

图   14-20

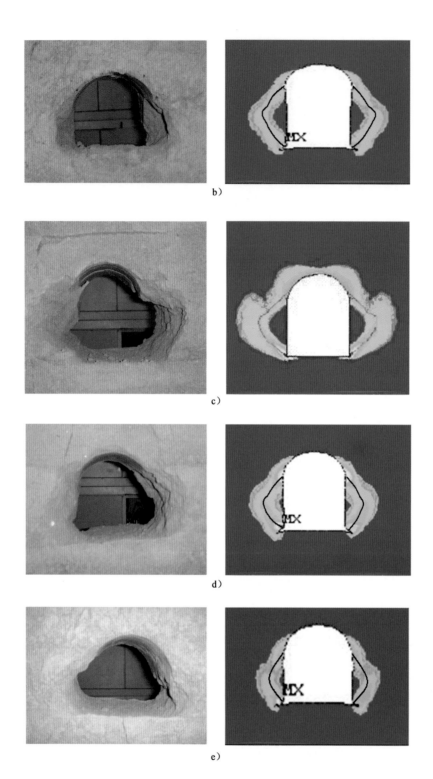

b)

c)

d)

e)

图 14-20 不同方案模型试验(左)与数值模拟(右)结果

a)方案一:侧墙高为 8cm,拱高 2m;b)方案二:侧墙高为 8cm,拱高 3m;c)方案三:侧墙高为 8cm,拱高 4m;
d)方案四:侧墙高为 6cm,拱高 4m;e)方案五:侧墙高为 4cm,拱高 4m

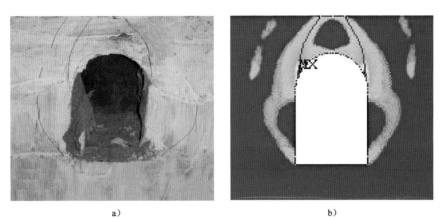

a)　　　　　　　　　　　　　b)

图 14-21　浅埋隧洞破坏情况

a)模型破坏情况(压力 28kN);b)数值模拟破裂面(压力 26kN)

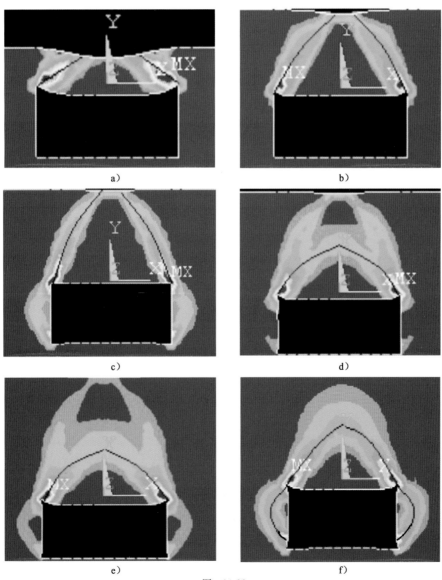

图　14-22

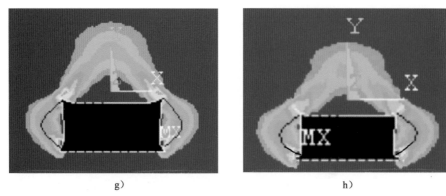

g)   h)

图 14-22　矩形洞室的等效塑性应变图

a)埋深 3m,安全系数 0.52;b)埋深 7m,安全系数 0.65;c)埋深 9m,安全系数 0.66;d)埋深 10m,安全系数 0.69;e)埋深
12m,安全系数 0.7;f)埋深 18m,安全系数 0.7;g)埋深 30m,安全系数 0.67;h)埋深 50m,安全系数 0.61

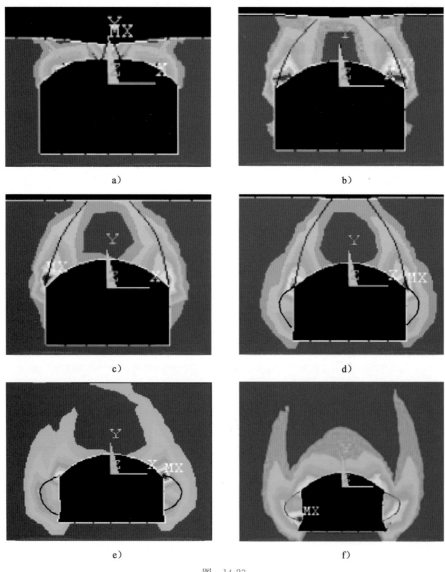

图　14-23

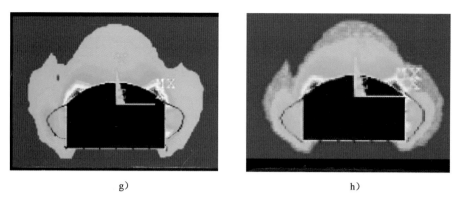

g)　　　　　　　　　　　　　h)

图 14-23　$c=0.07\mathrm{MPa}$,$\varphi=22°$等效塑性应变图

a)埋深 4m,安全系数 1.32;b)埋深 7m,安全系数 1.25;c)埋深 9m,安全系数 1.20;d)埋深 10m,安全系数 1.18;e)埋深
12m,安全系数 1.15;f)埋深 20m,安全系数 1.07;g)埋深 30m,安全系数 1.03;h)埋深 50m,安全系数 0.99

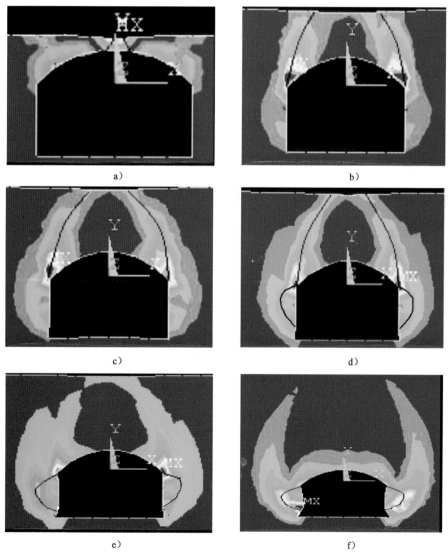

a)　　　　　　　　　　　　　b)

c)　　　　　　　　　　　　　d)

e)　　　　　　　　　　　　　f)

图　14-24

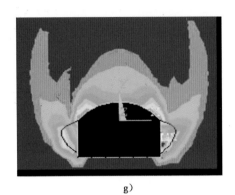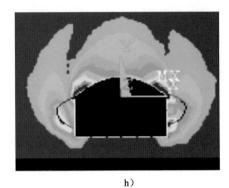

g)   h)

图 14-24　$c=0.04\text{MPa},\varphi=22°$等效塑性应变图

a)埋深 4m,安全系数 0.87;b)埋深 7m,安全系数 0.84;c)埋深 9m,安全系数 0.82;d)埋深 10m,安全系数 0.82;e)埋深 12m,安全系数 0.81;f)埋深 20m,安全系数 0.78;g)埋深 30m,安全系数 0.77;h)埋深 50m,安全系数 0.75

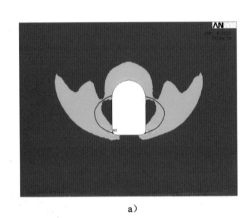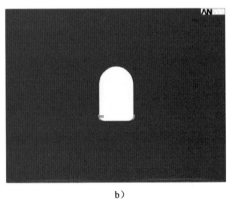

a)   b)

图 14-26　围岩破坏时的等效塑性应变图
a)破坏状态;b)实际状态

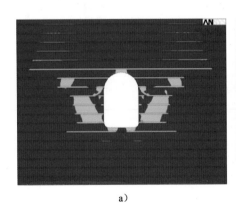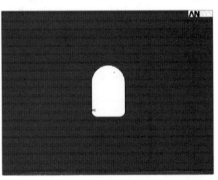

a)   b)

图　14-27

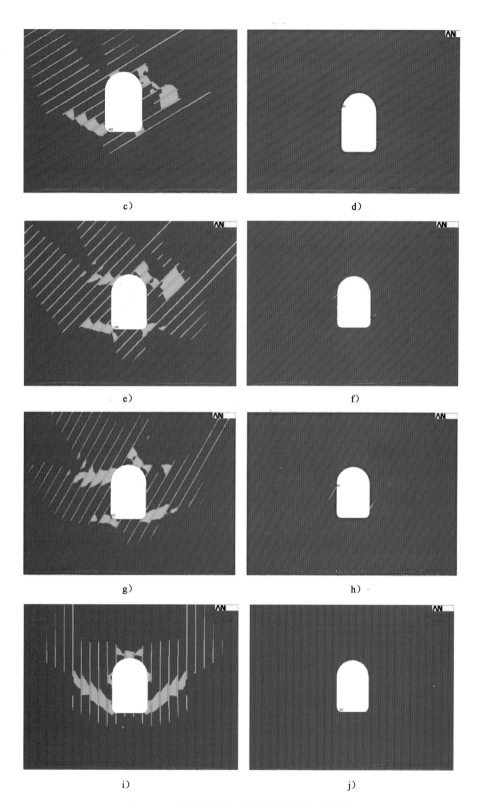

c)   d)

e)   f)

g)   h)

i)   j)

图 14-27　不同节理倾角时隧洞的等效塑性应变图

a)$\alpha=0°$(破坏状态);b)$\alpha=0°$(实际状态);c)$\alpha=30°$(破坏状态);d)$\alpha=30°$(实际状态);e)$\alpha=45°$(破坏状态);f)$\alpha=45°$(实际状态);g)$\alpha=60°$(破坏状态);h)$\alpha=60°$(实际状态);i)$\alpha=90°$(破坏状态);j)$\alpha=90°$(实际状态)

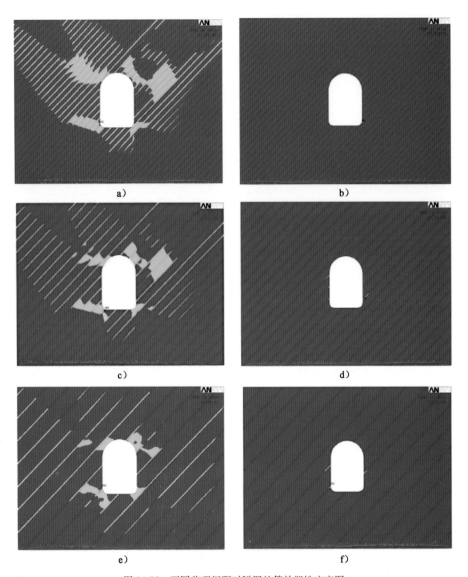

图 14-28 不同节理间距时隧洞的等效塑性应变图

a)间距 1m(破坏状态);b)间距 1m(实际状态);c)间距 2m(破坏状态);d)间距 2m(实际状态);e)间距 4m(破坏状态);f)间距 4m(实际状态)

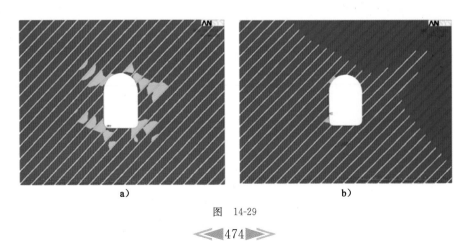

图 14-29

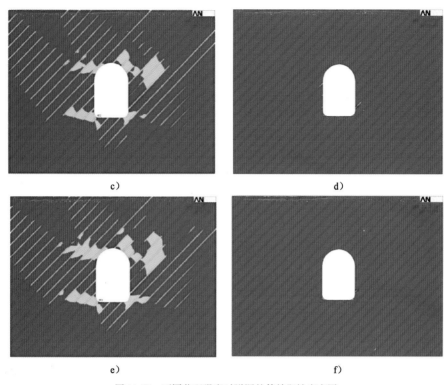

c)   d)

e)   f)

图 14-29 不同节理强度时隧洞的等效塑性应变图

a)节理强度①(破坏状态);b)节理强度①(实际状态);c)节理强度②(破坏状态);d)节理强度②(实际状态);e)节理强度
③(破坏状态);f)节理强度③(实际状态)

注:节理强度类型①②③的参数值见表 14-7。

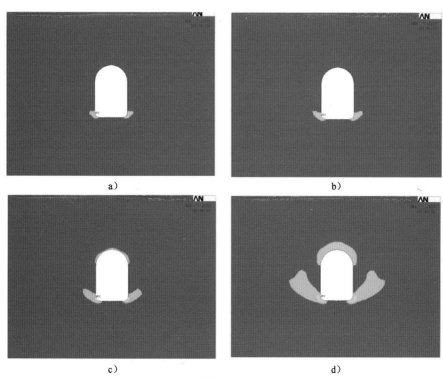

a)   b)

c)   d)

图   14-30

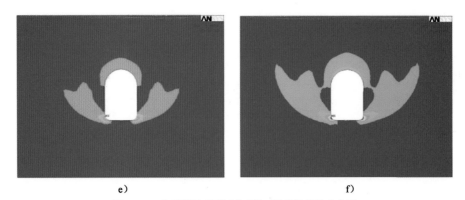

图 14-30　匀质隧洞不同折减系数时的等效塑性应变图

a)折减系数 4.00;b)折减系数 4.20;c)折减系数 4.40;d)折减系数 4.60;e)折减系数 4.63;f)折减系数 4.65

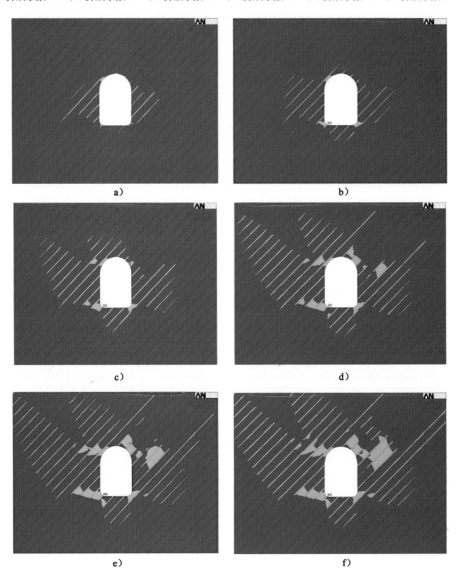

图 14-31　节理隧洞不同折减系数时的等效塑性应变图

a)折减系数 2.25;b)折减系数 2.75;c)折减系数 3.10;d)折减系数 3.30;e)折减系数 3.35;f)折减系数 3.37

图 14-32　节理隧洞模型

图 14-33　加载装置

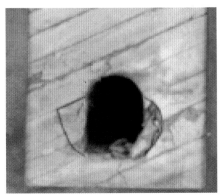

图 14-34　模型试验(左)与数值模拟(右)结果

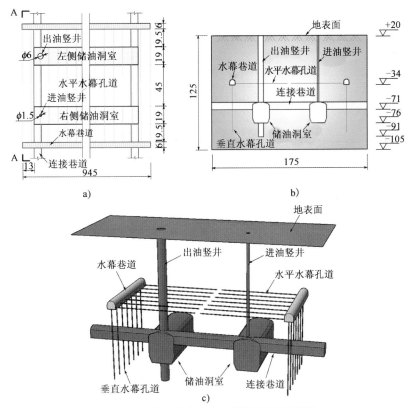

图 14-47　地下洞室复合体 CC♯1 结构布局(尺寸单位:m)

a)平面图;b)以 A—A 为剖面的正立面图;c)三维立体图

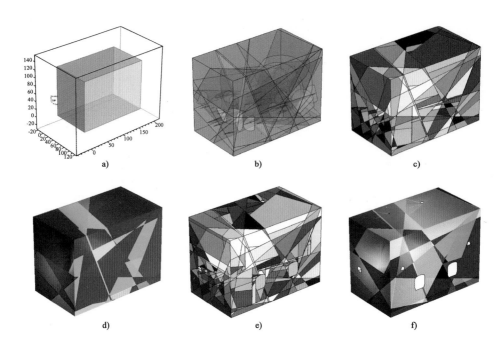

图 14-48 岩体系统建模过程

a)定义计算分析区域(单位:m);b)生成地质不连续面;c)识别单元块体系统;d)构造复杂块体系统;e)模拟岩体系统开挖;f)重构复杂块体系统

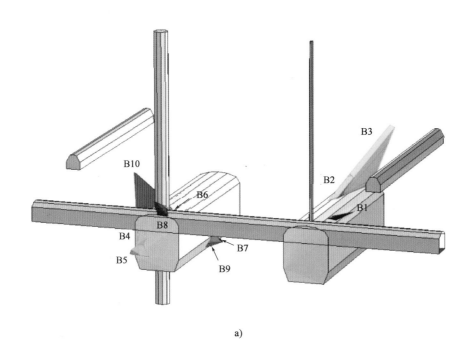

a)

图 14-49

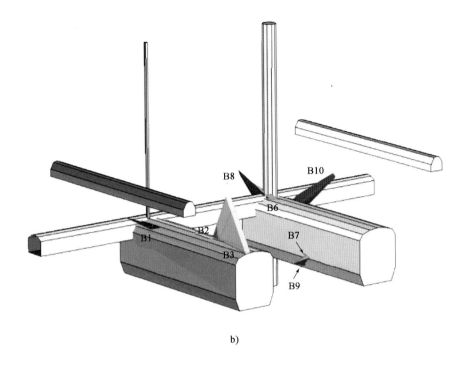

b)

图 14-49　可动块体识别

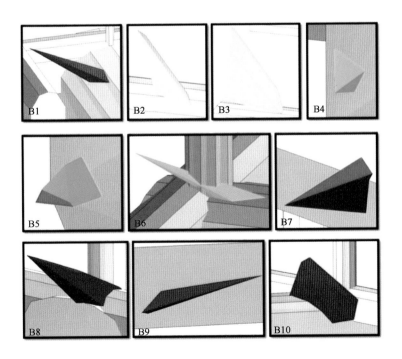

图 14-50　可动块体形态

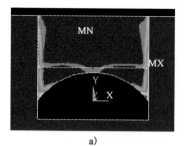
a)

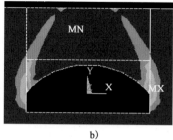
b)

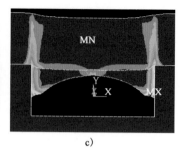
c)

图 15-13　埋深 6m 上覆土体刚达到稳定时的隧洞塑性应变增量图
a)方案 a;b)方案 b;c)方案 c

图 16-10　工况 3 二衬弯矩图和轴力图

图 16-11　工况 4 二衬弯矩图和轴力图

图 16-12　工况 5 二衬弯矩图和轴力图

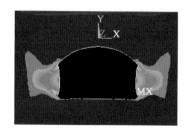

图 16-13　释放 50％荷载施作初衬
后围岩的塑性区

图 16-14　二衬弯矩图

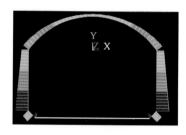

图 16-15　二衬轴力图

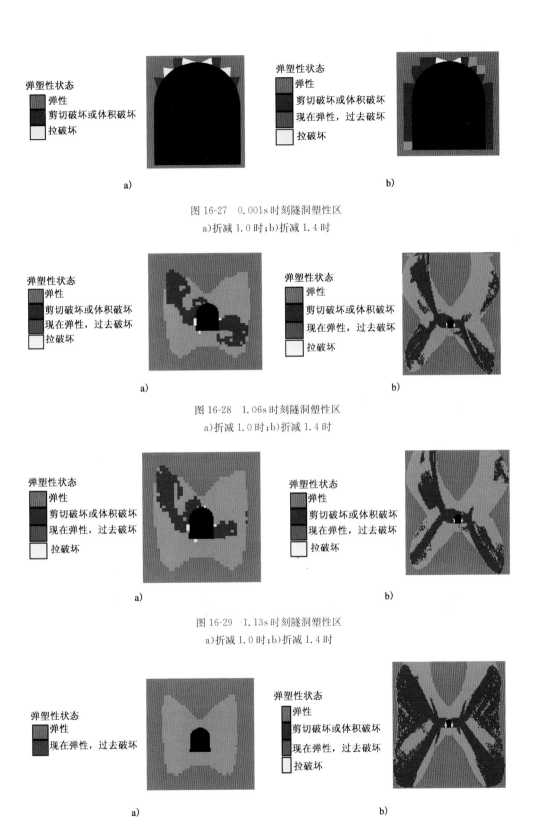

图 16-27　0.001s 时刻隧洞塑性区
a)折减 1.0 时;b)折减 1.4 时

图 16-28　1.06s 时刻隧洞塑性区
a)折减 1.0 时;b)折减 1.4 时

图 16-29　1.13s 时刻隧洞塑性区
a)折减 1.0 时;b)折减 1.4 时

图 16-30　9s 时刻隧洞塑性区
a)折减 1.0 时;b)折减 1.4 时

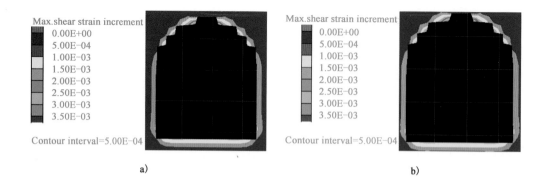

图 16-31　0.001s 时刻剪应变增量云图
a)折减 1.0 时；b)折减 1.4 时

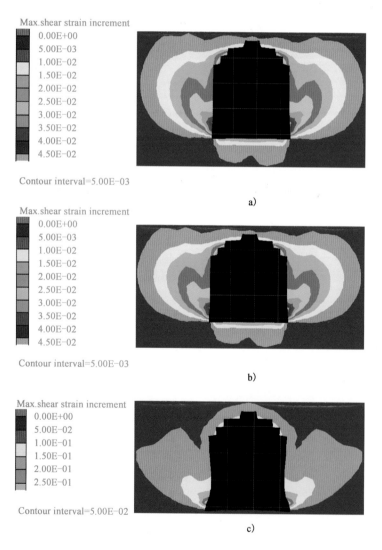

图　16-32

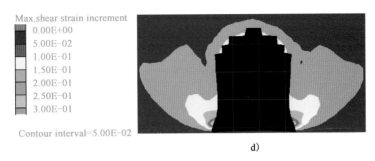

图 16-32 1.13s 时刻剪应变增量云图

a)折减 1.0 时 1.06s 时刻;b)折减 1.0 时 1.13s 时刻;c)折减 1.4 时 1.06s 时刻;d)折减 1.4 时 1.13s 时刻

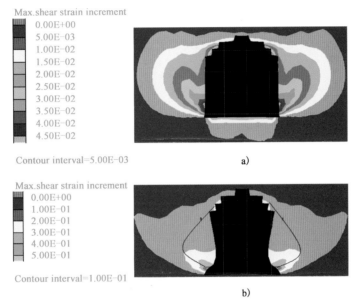

图 16-33 9s 时刻剪应变增量云图

a)折减 1.0 时;b)折减 1.4 时

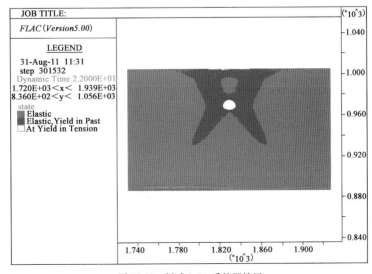

图 16-43 折减 1.30 后的塑性区

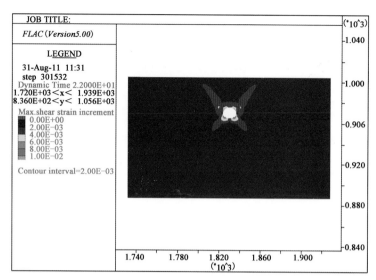

图 16-44　折减 1.30 后剪应变增量云图